高等学校交通运输与工程类专业教材建设委员会规划教材

Hydraulics and Hydrology for Bridge Engineering

# 水力学与桥涵水文

(第3版)

叶镇国　编著

人民交通出版社股份有限公司
China Communications Press Co.,Ltd.

# 内 容 提 要

本书是高等学校交通运输与工程类品牌教材。全书融入了编著者数十年从事教材编写与教学实践研究的成果,教材的理论阐述有创新,易教易学。其中:不满管流最大流量和最大流速充满度的精确解,从“微波波速传播特性”入手建立的明渠非均匀流理论阐述新体系,经验累计频率公式的“简法”推证,以及小流域面积暴雨洪峰流量推算原理的数解法与图解法等四大内容均为本书所独创,提升了本书的理论性。

本书共15章,内容包括:绪论,水静力学基础,水动力学基础,水流阻力与水头损失,有压管流与孔口、管嘴出流,明渠水流,堰流、闸孔出流及泄水建筑物下游的衔接与消能,渗流,河流概论,水文统计的基本原理与方法,桥涵设计流量及水位推算,大中桥位勘测设计,桥梁墩台冲刷计算,小桥涵勘测设计,相似原理与量纲分析方法等。书中标“*”部分可供各院校选学或作课外阅读,以利拓宽专业知识面。

本书可作为高等学校非水利类土木工程专业(道路、桥梁与岩土工程专业方向)、道路桥梁与渡河工程专业等教学用书,亦可作为有关专业技术人员的参考用书。

**图书在版编目(CIP)数据**

水力学与桥涵水文 / 叶镇国编著. —3版. —北京:
人民交通出版社股份有限公司, 2019.1
ISBN 978-7-114-15151-4

Ⅰ.①水… Ⅱ.①叶… Ⅲ.①水力学—高等学校—教材②桥涵工程—工程水文学—高等学校—教材 Ⅳ.①TV13②U442.3

中国版本图书馆CIP数据核字(2018)第272981号

高等学校交通运输与工程类专业教材建设委员会规划教材
Shuilixue yu Qiaohan Shuiwen

**书 名:** 水力学与桥涵水文(第3版)
**著 作 者:** 叶镇国
**责任编辑:** 李 喆
**责任校对:** 宿秀英
**责任印制:** 刘高彤
**出版发行:** 人民交通出版社股份有限公司
**地 址:** (100011)北京市朝阳区安定门外外馆斜街3号
**网 址:** http://www.ccpcl.com.cn
**销售电话:** (010)59757973
**总 经 销:** 人民交通出版社股份有限公司发行部
**经 销:** 各地新华书店
**印 刷:** 北京市密东印刷有限公司
**开 本:** 787×1092 1/16
**印 张:** 27
**字 数:** 656千
**版 次:** 1998年6月 第1版 2011年7月 第2版 2019年1月 第3版
**印 次:** 2024年6月 第3版 第5次印刷 总第37次印刷
**书 号:** ISBN 978-7-114-15151-4
**定 价:** 65.00元

# 高等学校交通运输与工程类专业(道路、桥梁、隧道与交通工程)教材建设委员会

# 第3版前言

《水力学与桥涵水文》(第3版)是教材编写与教学实践研究的成果。书名是原全国路桥专业指导委员会指定,本书第1版编写大纲由本人起草,经全国会议讨论通过,并经原全国路桥专业指导委员会认定本人为主编,东南大学闻德荪教授为主审。编者初心是希望编一本中国式且适合路桥专业用的专业基础课教材,从20世纪50年代至90年代的数十年间才算完成了基本设想,编成了这本独一无二的教材,并延续至今。

在20世纪50年代"水力学与桥涵水文"引用的是苏联的教材,共三门课:"水力学""水文学""桥涵水文",后合并为"水力学""桥涵水文",我们称为传统的"水力学",传统的"桥涵水文"。这两门课,风格各异,彼此搭接过多,有的公式只介绍结果不介绍由来,教学矛盾不少。为了提高这两门课的教学效果,20世纪50年代作者和学生"三同",参加学生的生产实习,实习中带领学生讲现场课,参加洪水调查,了解专业课,作为编教材的准备。直到20世纪末期,为贯彻落实教育部关于"压缩课程门数与周学时"的决定,湖南大学率先在教学改革中将这两门课合二为一,这给了我们好机会,随即编写了合二为一的讲义《桥涵水力水文基础》,并在一些兄弟院校中交流应用数届,这就奠定了本书的基本编写思路与教材内容编排框架。约在1993年,本人在全国院校会议上被推选为《水力学及桥涵水文》(专科用)的主编,并通过了我起草的编写大纲;约在1997年,本人又在全国院校会议上被推选为《水力学与桥涵水文》(本科用)的主编,并通过了我起草的编写大纲,这又给我一个良好的机会,使我"不忘初心、牢记设想",编撰了一本颇具特色的二合一教材。

《水力学与桥涵水文》的第1、第2版完成了水力学与桥涵水文两部分内容的有机优化组合,不仅加强了两者之间的有机关系,而且加强了教材的理论性与专业应用的针对性。水力学作为基本理论贯穿全书,水文学作为本书的第二基本理论并为水力计算数据之源,水力水文计算则为桥涵有关专业设计的理论依据,三者关系紧密,节约了过多课时搭接,突出了专业基础课应有的理论特色,本书独具创新特色之处在于以下8个方面:

(1)这本二合一教材是国内首创,减少了课程门数,减少了周学时,减少了过多的课程搭接学时,是一门专业基础课程。

(2)明渠非均匀流,至今仍是水力学的一大难点。传统水力学从"断面比能"入手,介绍急流、缓流与临界流等有关概念,长期实践结果表明,该部分内容抽象难懂,难教、难学。本人通过多年教材编写与教学实践研究,第一个提出从"微波波速传播特性"入手,介绍急流、缓流与临界流等有关概念,建立了明渠非均匀流的一套新体系,内容深入浅出,简明形象,多年来的教学实践证明难点被分散,效果良好,易懂、易学。

(3)经验累计频率公式,传统水文学从来不讲公式的由来,只讲公式的用法,同学们误认为是"经验"公式,本人根据多年教材编写与教学实践经验,利用"简法"推证出公式,简明易懂。

(4)含特大值系列的频率分析方法,传统水文学方法用文字叙述,本人根据多年教材编写与教学实践经验,利用数学方法讲 $C_{vN}$ 计算,同学自己也能推出公式,文字叙述变成了几个公式,简单明了,一目了然。

(5)对于"小流域暴雨洪峰流量的推算",传统水文学只介绍了图解法,但图解原理未加介绍,学生难以理解,本人根据多年教材编写与教学实践经验,推出了解算原理,得出了数解法与图解法,并举有算例,同学们既能明理,又能实践操作运算,效果良好。

(6)暴雨洪峰流量计算,传统水文学是利用"推理公式"直接计算,原理未说透,实际上是快了两步。本人根据多年教材编写与教学实践经验,第一步先用等流时线法,并用图解法证明最大流量发生在净雨历时$\tau$时段(流域最大汇流历时),第二步用量纲分析法证明暴雨洪峰流量的基本形式,再按"推理公式"推求其中的参数,顺理成章,好懂易学。

(7)传统水文学只有年频率,没有次频率,本人给出了简单的关系,很好懂。

(8)传统水力学的“无压圆管最大流量发生在$\alpha_Q=\left(\frac{h}{d}\right)_Q=0.95$处”,此值有错。本人给出的精确解为最大流量发生在$\alpha_Q=\left(\frac{h}{d}\right)_Q=0.938\,2$处,最大流速发生在$\alpha_V=\left(\frac{h}{d}\right)_V=0.818\,2$处。

此外,对于本书第3版,本人还做了增删,引用了最新规范,广泛吸取了各兄弟院校的宝贵教学经验,例如:在内容方面,重点放在明渠流,适当引用“*”作为“选讲选学”的机动内容等。

本人从20世纪50年代便开始了教材编写与教学实践探索,共出版过11部教材及专著,并发表论文10篇,译文40万字,提出了国内外首创的“水力学计算理论及防拍打理论”,因此很希望能编出一本中国式的、中国人自己的教材。前面说的8个方面的问题,只能是“勇于变革、勇于创新、永不僵化、永不停滞”,才能取得教材改革的胜利。总结既往,编书不等于抄书。完成这本教材,不想已是耄耋之年(今年84岁),人生苦短,但“编者初心”没有忘记,中国人自己编写的、有创新的教材,终于完成。欢迎读者批评指正。

本书由叶镇国教授编著,还得到人民交通出版社股份有限公司李喆编辑的大力帮助,为我提供了全部规范,使我顺利地完成了此次修订工作,特此感谢。

**编著者**

**2018年7月31日于长沙**

# 第2版前言

本书第1版是全国路桥专业教学改革的一项创新成果。教材名称由原全国路桥专业指导委员会定为《水力学与桥涵水文》,编写大纲经原全国路桥专业指导委员会讨论通过,并经原交通部教材会议确定为全国高等学校路桥专业通用教材。本书第1版1998年发行至今,应用景况良好,借再版之际特向兄弟院校及应用各界致谢!

"水力学"与"桥涵水文"课最早长期分设为两门课,分用两本体系独立、风格各异且内容搭接过多的教材,教学矛盾不少。20世纪70年代末期,为贯彻落实教育部关于"压缩课程门数与周学时"的决定,湖南大学率先将两门课合二为一,编著者亦为此编写了合二为一的过渡性教材《桥涵水力水文基础》(讲义),并在一些兄弟院校中应用交流数届,奠定了本书的基本编写思路与内容编排框架。20世纪80年代,我国教育改革迎来了科学的春天,本书第1版亦应运而生。这两门课的变革成果,至今仍有实际意义。

《水力学与桥涵水文》(第2版)是水力学与桥涵水文两大内容的进一步优化组合,不仅加强了两者之间的有机联系,而且加强了教材的理论性和专业应用的针对性。水力学作为基本理论贯穿全书,水文学为本书的第二基本理论并为水力计算数据之源,水力水文计算则为小桥涵勘测设计的理论依据,三者关系紧密,节约了以往过多的课程搭接学时,突出了专业技术基础课应有的理论性特色。第2版教材对于传统水力学与水文学的教材内容还作了不少更新,并编入了编著者多年教材编写探索与教学实践的研究成果。

明渠非均匀流部分为水力学教学一大难点，本书从"微波波速及其传播特性"入手，阐明明渠急流、缓流与临界流概念，建立了本书理论阐述的新体系，内容简明形象，深入浅出，多年教学效果良好。水文学传统教材多以单纯文字阐述、罗列公式用法为主，缺少逻辑演绎方式。本书对此亦有所更新。例如采用"简法"推证经验累积频率公式，同时还采用了图文并用、数学演绎的方法建立了一些计算公式。关于小流域面积暴雨洪峰流量计算，传统水文学中只介绍图解法，但制图原理从略，本书提出的数解法，理论关系严密，逻辑概念清楚，还可以破解制图原理，使有关计算与现代先进计算手段接轨，这在目前水文计算中，尚属首创。再者，本书所载关于"无压圆管水流水力最佳充满度 $\left(\frac{h}{d}\right)_Q = 0.9382$"相对传统水力学教材 $\left(\frac{h}{d}\right)_Q = 0.95$ 则是编著者新发现的精确解。

此外，为了有助于学生减负增效，编著者还更新了《习题集》的编写方式，编写出版了教学系列配套用书《实用桥涵水力水文计算原理与解法指南》（人民交通出版社，2001.2），此书只介绍解题的分析思路与理论应用方法，解题过程及答案留给学生完成，可引导学生参与教学互动，调动学生钻研理论的积极性，以较少的课外学时弄懂更多的理论知识。

本书对第1版教材作了删减、充实和调整，引用了最新规范及水文科技最新成果，较广泛收集了各兄弟院校宝贵的教学实践经验，提升了本书的理论性与专业应用针对性，也深化了教材的教学法变革内涵。

本书由叶镇国教授与彭文波老师编著，其中叶镇国编著第一、二、三、四、五、六、七、八及十五章，负责全书统稿及审校，并提供了本书一~七章课件；彭文波编著第九、十、十一、十二、十三、十四章，提供了九~十四章课件。

编著者从20世纪50年代起便开始了教学实践与教材编写探索，20世纪80年代后，曾先后编写出版了全国教材及专著十本，深知教材编写艺术博大精深，总结既往历程，只为抛砖引玉，限于水平，欢迎批评指正。

**编著者**

**2011.2.28 于长沙岳麓山**

# 第 1 版前言

《水力学与桥涵水文》(本科用)是高等学校路桥及交通工程专业用教材,内容侧重基本原理、方法及其应用,同时还考虑了拓宽专业知识面的需要。全书由湖南大学叶镇国教授编著,东南大学闻德荪教授主审。

本书对于多年来因水力学与桥涵水文课程分设,教材单行中存在的一些概念提法不一,符号多样等问题作了较规范化统一,加强了水力学与桥涵水文两大部分的有机衔接,尽量引用了最新规范及参考文献。全书共十五章,其中有“*”符号部分可供各校选讲选学或课外阅读,以利拓宽专业知识面。本书的出版,希望有益于教和学、有益于工程技术人员和广大读者。

本书在拟定编写大纲以及教材编写过程中,曾得到主审闻德荪教授及各兄弟院校老师们的关心支持,提供了许多宝贵的经验和建议,使本书有所集思广益、博采众长,在此特表鸣谢。如有欠妥之处,敬希读者指正。

**编著者**

**1997 年 5 月于长沙**

# 目录
CONTENTS

# 第一章

# 绪论

## 第一节 水力学与桥涵水文的性质与任务

“水力学与桥涵水文”课程是非水利类土木工程专业(道路、桥梁等)的一门技术基础课,应侧重介绍有关基本原理与方法,为专业课作前期基础理论应用训练及业务素质的培养。

水力学属于物理学中力学的一个分支,它的任务是以水为模型研究液体平衡与运动的规律,侧重于演绎推导及原理方法的应用。它在交通土建、市政工程、水利、环境保护、机械制造、石油工业、金属冶炼、化学工业等方面都有广泛的应用。总的说来,水力学的研究方法包括理论分析、试验验证补充以及利用现代化的电子技术快速求解。

桥涵水文属于工程河川水文学范畴,并独具专业性应用特点。水文现象(河流的流量、水位、降雨量等的统称)发生的数值大小及其发生的时间,会受到众多因素的影响,因而都具有一定的随机性。因此,它主要依靠实地调查勘测的河川水文资料,应用数理统计分析方法,从中选择设计值,通过水力计算解决工程有关问题,并以此预估桥涵工程可能遭遇的未来水文情势。

# 第二节　水力学的研究方法

水力学与桥涵水文两部分各有特点、方法各异。关于桥涵水文的研究方法待后详述,下面先介绍水力学的研究方法。总的说来,水力学的研究方法有三类,分述如下。

## 一、理论分析方法

从微观角度看,液体分子间有间距,但极小。在标准状态下,每立方厘米水体中约有 $3.3\times10^{22}$ 个液体分子,相邻分子间的距离约为 $3\times10^{-8}$ cm。这对一般工程问题的空间尺寸来说,所要解决的工程问题只是液体大量分子运动的宏观特性,这一间距完全可以忽略不计。因此,1753 年欧拉(Euler)采用了连续介质假说,即认为液体和气体充满一个空间时,分子间没有间隙,是一种连续介质,其物理性质和运动要素都是连续分布的。在此基础上,一般还认为液体是均质的,其物理性质具有均匀等向性。所谓液体中的一"点",实际上是指微观上充分大,宏观上充分小的液体微团,并称之为液体质点。理论分析方法主要是对液体流动现象作物理描述,其中以液体质点作对象,按照隔离体受力情况建立液体运动的质量守恒、能量守恒、动量定律(简称液流三大方程)等微分方程,从中求解,以确立液体质点各水力要素(如压强、流速等)的空间分布。

## 二、试验方法

科学试验是自然科学发展的基础。水力学中的试验手段主要是验证和充实理论成果,对一些液体复杂运动特性通过一些经验系数加以粗化描述,运用一些经验公式以简化理论分析。常用的试验方法有以下两种。

1. 原型观测

所谓原型,即实际工程建筑物。原型观测可获得第一手资料,但规律性观测操作难度较大。

2. 模型试验

所谓模型,即按一定比例尺将原型缩小或放大的实物或工程建筑物。此法除可作验证理论的手段外,还可预演各种设计条件的结果,是水力学中不可缺少的常用手段。

## 三、数值计算法

此法利用当代电子技术进行快速计算,如有限差分法、有限元法等,它可求解理论分析所得极其复杂的数学模型(数学方程),还可配合试验研究作数据监测、采集和处理。目前由此发展起来的数据试验和模拟计算已成为新型研究方法,开创了水力学研究的新途径。

# 第三节　液体的主要物理性质

液体受力而做机械运动,其状况取决于自身的物理性质,它是分析计算液体运动规律的要素。从宏观角度研究的液体主要物理性质如下。

## 一、质量和密度

物体中所含物质数量，称为质量，常用符号 $m$ 表示；单位体积内所含液体的质量，称为液体的密度，常用符号 $\rho$ 表示。按定义有

$$\left.\begin{aligned}&\text{均质液体} && \rho=\frac{m}{V}\\ &\text{非均质液体} && \rho=\lim_{\Delta V\to 0}\frac{\Delta m}{\Delta V}=\frac{\mathrm{d}m}{\mathrm{d}V}\\ &\text{一般} && \rho=\rho(x,y,z,t)\end{aligned}\right\}\tag{1-1}$$

式中：$V$——液体体积；

$t$——时间。

式(1-1)表明，按连续介质假说，液体的密度是空间坐标 $x$、$y$、$z$ 的函数，而且可随时间过程而变化。一般情况下，压强和温度对 $\rho$ 的影响极小，而且不随时间变化。在理论分析和工程应用中都把液体看成是均质体，并取 $\rho$ = 常数(const)。在一个标准大气压下，水的密度见表 1-1，水力计算中常取水的密度 $\rho=1\text{g/cm}^3=1\ 000\text{kg/m}^3$。

**不同温度下纯水的物理特性** 表 1-1

| $t$ (℃) | $\gamma$ (kN/m³) | $\rho$ (kg/m³) | $\mu\times10^3$ (Pa·s) | $\nu\times10^6$ (m²/s) | $p_s$ (kPa) | $\sigma$ (N/m) | $E\times10^6$ (kPa) |
|---|---|---|---|---|---|---|---|
| 0 | 9.805 | 999.9 | 1.781 | 1.785 | 0.61 | 0.075 6 | 2.02 |
| 4 | 9.800 | 1000.0 | 1.567 | 1.567 | — | — | — |
| 10 | 9.804 | 999.7 | 1.307 | 1.306 | 1.23 | 0.074 2 | 2.1 |
| 15 | 9.798 | 999.1 | 1.139 | 1.139 | 1.70 | 0.073 5 | 2.15 |
| 20 | 9.789 | 998.2 | 1.002 | 1.003 | 2.34 | 0.072 8 | 2.18 |
| 25 | 9.777 | 997.0 | 0.890 | 0.893 | 3.17 | 0.072 0 | 2.22 |
| 30 | 9.746 | 995.7 | 0.798 | 0.800 | 4.24 | 0.071 2 | 2.25 |
| 40 | 9.730 | 992.2 | 0.653 | 0.658 | 7.38 | 0.069 6 | 2.28 |
| 50 | 9.689 | 988.0 | 0.547 | 0.553 | 12.33 | 0.067 9 | 2.29 |
| 60 | 9.642 | 983.2 | 0.466 | 0.474 | 19.92 | 0.066 2 | 2.28 |
| 70 | 9.589 | 977.8 | 0.404 | 0.413 | 31.16 | 0.064 4 | 2.25 |
| 80 | 9.530 | 971.8 | 0.354 | 0.364 | 47.34 | 0.062 6 | 2.20 |
| 90 | 9.466 | 965.3 | 0.315 | 0.326 | 70.10 | 0.060 8 | 2.14 |
| 100 | 9.399 | 958.4 | 0.282 | 0.294 | 101.33 | 0.058 9 | 2.07 |

注：$t$-水温；$\gamma$-重度；$\rho$-密度；$\mu$-动力黏度；$\nu$-运动黏度；$p_s$-汽化压强；$\sigma$-表面张力系数；$E$-体积弹性模量。

由表 1-1 可见，在标准大气压下，$t=4$℃时水的密度最大，$\rho=1\ 000\text{kg/m}^3$；$t=0\sim30$℃时，密度变化很小，其密度只减小了 0.4%，但当 $t=80\sim100$℃时，其密度比 4℃时的密度减小可达 2.8%～4%。因此，在温差较大的热水循环系统中，应设膨胀接头或膨胀水箱，以防管道或容器被水胀裂。此外，$t=0$℃时，冰的密度和水的密度不同。冰的密度 $\rho_{冰}=916.7\text{kg/m}^3$，水的密度 $\rho_{水}=999.87\text{kg/m}^3$，有

$$\frac{V_{冰}}{V_{水}}=\frac{\rho_{水}}{\rho_{冰}}=\frac{999.87}{916.7}=1.0907$$

可见在 $t=0℃$时，冰的体积比水约大9%，故路基、水管、水泵及盛水容器等在冬季均需加防冰冻破坏措施。

## 二、重力和重度

液体所受地球的引力，称为重力，常用符号 $G$ 表示；单位体积的液体重力，称为重度，常用符号 $\gamma$ 表示。按定义有

均质液体
$$\gamma=\frac{G}{V} \tag{1-2a}$$

非均质液体
$$\gamma=\lim_{\Delta V\to 0}\frac{\Delta G}{\Delta V}=\frac{\mathrm{d}G}{\mathrm{d}V}=\gamma(x,y,z,t) \tag{1-2b}$$

与密度情况类似，在水力计算中常把液体看成均质体，并取 $\gamma$ = 常数(const)，且有

$$\gamma=\frac{G}{V}=\frac{mg}{V}=\rho g \tag{1-3}$$

式中：$g$——重力加速度，一般取 $g=9.80\mathrm{m/s^2}$。

关于物理量单位，早年我国有国际单位制与工程单位制两类。在国际单位制中，质量单位为千克(kg)，长度单位为米(m)，时间单位为秒(s)，力的单位为牛顿(N)；在工程单位制中，质量单位为公斤力·秒²/米(kgf·s²/m)，长度单位为米(m)，时间单位为秒(s)，力的单位为公斤力(kgf)，有

$$1\mathrm{N}=1\mathrm{kg\cdot m/s^2}$$
$$1\mathrm{kgf}=9.8\mathrm{kg\cdot m/s^2}=9.8\mathrm{N}$$

按国际单位制，重度单位为 $\mathrm{N/m^3}$，按工程单位制，重度单位为 $\mathrm{kgf/m^3}$ 或 $\mathrm{tf/m^3}$。一般情况，压强和温度对重度的影响极小，而且不随时间变化，理论分析和工程应用中，都把水看成均质体，水力计算中常取水的重度 $\gamma=9800\mathrm{N/m^3}=9.8\mathrm{kN/m^3}$，水银的重度 $\gamma_p=133.28\mathrm{kN/m^3}$。按工程单位制，水的重度为 $\gamma=1000\mathrm{kgf/m^3}=1\mathrm{tf/m^3}$。在一个标准大气压下，不同温度时纯水的物理特性见表1-1，几种常见流体的重度见表1-2。1982年2月10日起我国决定采用国际单位制，一切论著都必须使用国际单位制。但在早年的文献及非正规场合仍可见工程单位制。国际单位制与工程单位制的换算关系见表1-3。

**几种常见流体的重度** 表1-2

| 名称 | 空气 | 水银 | 汽油 | 酒精 | 四氯化碳 | 海水 |
|---|---|---|---|---|---|---|
| $t$(℃) | 20 | 0 | 15 | 15 | 20 | 15 |
| $\gamma$($\mathrm{kN/m^3}$) | 0.0118 2 | 133.28 | 6.664 ~ 7.350 | 7.778 3 | 15.6 | 9.996 ~ 10.084 |

**国际单位制与工程单位制换算关系** 表1-3

| 物理量 | 国际单位制和符号 | 工程单位制和符号 | 换算关系 |
|---|---|---|---|
| 质量 | 千克(kg) | 公斤力·秒²/米(kgf·s²/m) | $1\mathrm{kgf\cdot s^2/m}=9.8\mathrm{kg}$<br>$1\mathrm{kg}=0.102\mathrm{kgf\cdot s^2/m}$ |
| 密度 | 千克每立方米($\mathrm{kg/m^3}$) | 公斤力·秒²/米⁴($\mathrm{kgf\cdot s^2/m^4}$) | $1\mathrm{kgf\cdot s^2/m^4}=9.8\mathrm{kg/m^3}$<br>$1\mathrm{kg/m^3}=0.102\mathrm{kgf\cdot s^2/m^4}$ |

续上表

| 物 理 量 | 国际单位制和符号 | 工程单位制和符号 | 换 算 关 系 |
| --- | --- | --- | --- |
| 动量 | 千克米每秒(kg·m/s) | 公斤力·秒(kgf·s) | 1kgf·s = 9.8kg·m/s |
| 力 | 牛〔顿〕(N) | 公斤力(kgf) | 1kgf = 9.8N<br>1N = 0.102kgf |
| 力矩 | 牛〔顿〕米(N·m) | 公斤力·米(kgf·m) | 1kgf·m = 9.8N·m |
| 压强<br>应力 | 帕〔斯卡〕(Pa)<br>1 千帕(kPa) = 1 000Pa<br>牛〔顿〕每平方米($N/m^2$)<br>$1Pa = 1N/m^2$ | 公斤力/米$^2$($kgf/m^2$)<br>公斤力/厘米$^2$($kgf/cm^2$) | $1kgf/cm^2 = 9.8kPa$<br>$1kgf/cm^2 = 9.8N/cm^2$ |
| 功,能 | 焦〔耳〕(J)<br>牛〔顿〕米(N·m)<br>1J = 1N·m | 千瓦小时(kW·h) | 1kW·h = 3 600kJ<br>1kW·h = 3 600kN·m |
| 功率 | 瓦(W)<br>1 千瓦(kW) = 1 000W<br>1 焦〔耳〕每秒(J/s) = 1W | 公斤力·米/秒(kgf·m/s)<br>马力(Hp) | 1kgf·m/s = 9.8W<br>1kW = 102kgf·m/s<br>1Hp = 75kgf·m/s |
| 动力黏度 | 1 帕〔斯卡〕秒(Pa·s)<br>$1Pa·s = 1N·s/m^2$ | 泊(P)<br>公斤力·秒/米$^2$($kgf·s/m^2$) | $1P = 10^{-1}Pa·s$<br>$1kgf·s/m^2 = 9.806 65Pa·s$ |
| 运动黏度 | 平方米每秒($m^2/s$) | 斯托克斯,斯(St)<br>平方厘米每秒($cm^2/s$)<br>$1St = 1cm^2/s$ | $1St = 10^{-4}m^2/s$ |

注:1982 年 2 月 10 日起我国已实施国际单位制。工程单位制仅在非正规场合仍有习惯性出现。

## 三、易流动性与黏滞性

静止时,液体不能承受切力及抵抗剪切变形的特性,称为易流动性;在运动状态下,液体所具有抵抗剪切变形的能力,称为黏滞性。在剪切变形过程中,液体质点间存在着相对运动,使液体不但在与固体接触的界面上存在切力,而且使液体内部的流层间也会出现成对的切力,此称为液体内摩擦力。它是液体分子间动量交换和内聚力作用的结果。但液体与气体的黏滞性不同,当温度增高时,液体分子间距增大,内聚力减小,动量交换对液体的黏滞性作用不大,因此液体的黏滞性随温度升高而减小;而气体当温度升高时,动量加剧,黏滞性将随温度升高而增大。通常压强对黏滞性的影响不大,可以忽略不计。由于液体中存在黏滞性,运动液体需要克服内摩擦力做功,因此它是运动液体机械能损失的根源。

1686 年,牛顿(Newton)通过著名的平板试验,发现了流体的黏滞性,并提出了牛顿内摩擦定律。

牛顿的平板试验装置如图 1-1a)所示。它由两平行平板组成,其间距为 $h$,其中充满了液体,上板可做平行滑动,下板固定不动。上板受力 $F$ 作用后可做水平方向滑动,当上板出现匀速运动时,显然,应有 $F = T$,此处 $T$ 为液层间的内摩擦力,其隔离体如图 1-1b)所示。因此,液体的内摩擦力 $T$ 可以通过外加力 $F$ 的大小测得。当上板以匀速 $U$ 做水平滑动时,紧贴板面的液体将随板做同样速度运动。试验得出,当 $U$ 不大时,沿 $y$ 轴方向液体中各点流速 $u$ 一般呈线性分布,如图1-1c)所示,有

$$\left.\begin{aligned} u(y) &= \frac{U}{h}y \\ \frac{\mathrm{d}u}{\mathrm{d}y} &= \frac{U}{h} \end{aligned}\right\} \tag{1-4}$$

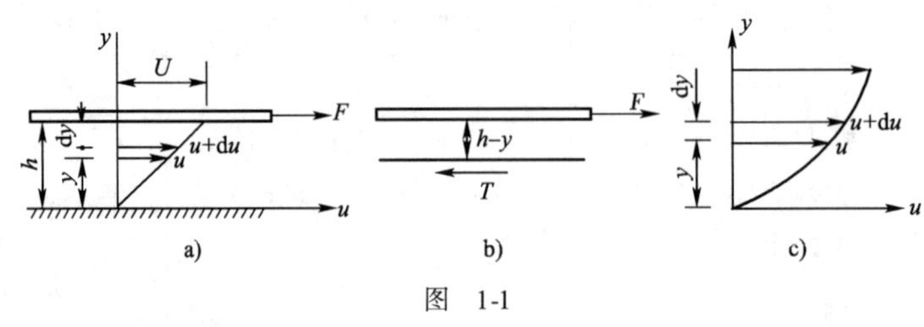


图 1-1

设平板面积为 $A$,由牛顿试验得出液体内摩擦力关系:

$$T \propto \frac{AU}{h}$$

由此有

$$\left.\begin{aligned} T &= \mu A \frac{U}{h} = \mu A \frac{\mathrm{d}u}{\mathrm{d}y} \\ \tau &= \frac{T}{A} = \mu \frac{\mathrm{d}u}{\mathrm{d}y} = \mu \frac{U}{h} \end{aligned}\right\} \tag{1-5}$$

式中:$\tau$——液体内摩擦切应力;

$\frac{\mathrm{d}u}{\mathrm{d}y}$——流速梯度,流速沿 $y$ 方向的变化率;

$\mu$——动力黏度,又称绝对黏度或动力黏滞系数,其单位为:帕斯卡·秒,即Pa·s。

式(1-5)即牛顿内摩擦定律,在水力计算中,$\mu$ 与 $\rho$ 常在同一公式中出现,为简化计算,有

$$\nu = \frac{\mu}{\rho} \tag{1-6}$$

式中:$\nu$——液体的运动黏度,又称黏滞运动系数,$\mathrm{m^2/s}$。

水的运动黏度可按泊肃叶(Poiseulle)公式计算:

$$\nu = \frac{0.01775}{1 + 0.0337t + 0.000221t^2} \tag{1-7}$$

式中:$t$——水温,℃;

$\nu$——运动黏度,$\mathrm{cm^2/s}$。

由式(1-5)可知,当 $u=0$(静止液体)或 $u=$ 常数(const)(质点无相对运动液体)时,$\mathrm{d}u/\mathrm{d}y=0$,$\tau=0$。考虑了液体的黏滞性后,将使液体运动的理论分析变得十分复杂。在水力学中,为了简化分析,常暂不考虑液体的黏滞性,先建立液体运动的物理数学模型,而后通过试验对所得理论结果加以修正。这是水力学研究的基本方法。

没有黏滞性的液体,称为理想液体。它是一种假想的物理模型。在理想液体模型中,$\mu=0$。存在黏滞性的液体,称为实际液体,即真实的液体。此外,具有黏滞性的液体还有多种类

型。凡 $\tau$ 与 $\mathrm{d}u/\mathrm{d}y$ 呈过原点的正比例关系的液体,称为牛顿流体。凡与牛顿内摩擦定律不相符的液体,称为非牛顿流体。一些多分子结构简单的液体,如水、酒精、苯、各种油类、水银和一般气体多属于牛顿流体。泥浆、血浆、重水中悬浮核燃料颗粒而形成的流体、胶溶液、橡胶、纸浆、血液、牛奶、水泥浆、石膏溶液、油漆、高分子聚合物溶液等均属非牛顿流体。本书所讨论的液体仅限于牛顿流体。

**例 1-1** 如图 1-2 所示,其轴承的 $D=10\text{cm}$,长 $L=8\text{cm}$,转轴外径 $d=9.96\text{cm}$,轴间润滑油的动力黏度 $\mu=0.16\text{Pa}\cdot\text{s}$,转速 $n=1\,000\text{r/min}$。求转轴所受的扭矩 $M$。

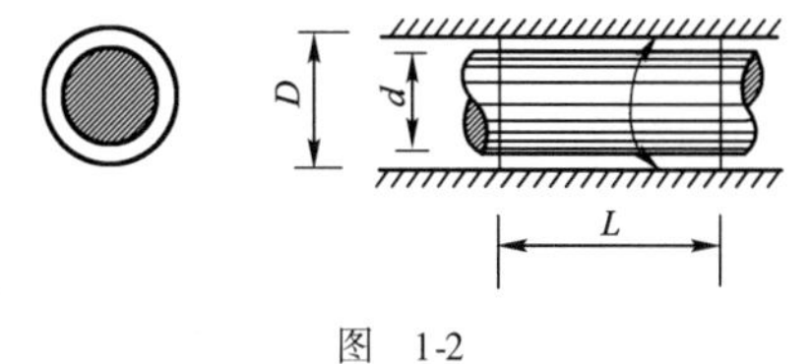

图 1-2

**解**:转轴与轴承的间隙很小,可认为流速近似于直线分布。其中转轴的线速度

$$U=\frac{nd\pi}{60}=\frac{1\,000\times 9.96\times\pi}{60}=521.5(\text{cm/s})$$

转轴与轴承间隙 $$h=\frac{D-d}{2}=\frac{10-9.96}{2}=0.02(\text{cm})$$

$$\frac{\mathrm{d}u}{\mathrm{d}y}=\frac{U}{h}=\frac{521.5}{0.02}$$

$$\tau=\mu\frac{\mathrm{d}u}{\mathrm{d}y}=\mu\frac{U}{h}=0.16\times\frac{521.5}{0.02}=4\,172(\text{Pa})$$

$$M=\tau\pi\cdot L\cdot\frac{d^2}{2}=4\,172\times\pi\times\frac{0.099\,6^2}{2}\times 0.08=5.2(\text{N}\cdot\text{m})$$

## 四、压缩性

液体宏观体积可随压强增大而减小的特性,称为压缩性,解除外力后又能恢复原状的特性,称为弹性。

液体的压缩性和弹性,常用压缩系数 $\beta$ 和弹性系数 $E$ 表示:

$$\left.\begin{aligned}\beta&=-\frac{\frac{\mathrm{d}V}{V}}{\mathrm{d}p}=\frac{\frac{\mathrm{d}\rho}{\rho}}{\mathrm{d}p}\\E&=\frac{1}{\beta}=-\frac{\mathrm{d}p}{\frac{\mathrm{d}V}{V}}\end{aligned}\right\}\tag{1-8}$$

式中:$\beta$——压缩系数,$\text{m}^2/\text{N}$;

$E$——弹性系数;

$\rho$——液体密度;

$V$——液体体积;

$p$——外加压强。

$\beta$ 值越大,液体越易压缩;$E$ 值越大,液体越不易压缩。同一种液体的 $\beta$ 和 $E$ 值也随压强和温度而略有变化,因此液体并不完全符合弹性体的虎克定律。因 $\mathrm{d}V$ 与 $\mathrm{d}p$ 的符号相反,为使 $\beta$ 和 $E$ 保持正值,故式(1-8)中引入“ - ”号。

如表 1-1 所示,水的弹性系数 $E = 2.1 \times 10^6 \text{kPa}$,若 $dp = 1p_a$($p_a$ 为工程大气压,$1p_a = 98\text{kN/m}^2$),则有:

$$\frac{dV}{V} = -\frac{dp}{E} = \frac{98}{2.1 \times 10^6} \approx \frac{1}{20\,000}$$

即此时水的体积压缩量只有两万分之一,因此除水击现象等特殊情况需要考虑水的压缩性外,一般工程的水力计算均忽略水的压缩性。

在水力学中,通常把液体看成不可压缩的,并以不可压缩液体作为简化理论分析的物理模型。

## 五、汽化特性和表面张力

液体分子逸出液面向空间扩散的现象,称为汽化。沿液体自由表面,液体分子引力所产生的张力,称为表面张力。

液体汽化为蒸汽,蒸汽凝结又可成为液体,其中凝结是汽化的逆过程。在液体中,汽化和凝结同时存在,当这两个过程达到动态平衡时,宏观汽化现象随之停止,此时液体的绝对压强(液体中的实有压强)称为汽化压强或饱和蒸汽压强,常用 $p_s$ 表示。液体的汽化压强与温度有关。水的汽化压强见表 1-1。液体发生汽化的条件是

$$p_{abs} \leqslant p_s \tag{1-9}$$

式中:$p_{abs}$——液体中某处的绝对压强;

$p_s$——汽化压强。

液体汽化,不但可发生在液面,也可以发生在液体内部。所谓液体汽化,即在其内部出现气体空泡,又称为空泡或空化现象,它可造成虹吸管真空条件破坏而中断流动,也可造成水泵工作破坏、对固体边壁产生破坏性的气蚀现象及引起建筑物振动等。因此,预防汽化出现则是水力计算的问题之一。

表面张力常用表面张力系数 $\sigma$ 来度量。单位长度的表面张力,称为表面张力系数,其单位为 N/m,它随液体种类和温度而变化。当 $t = 20℃$ 时,水的表面张力系数 $\sigma = 0.072\,8\text{N/m}$,详见表 1-1;水银的表面张力系数 $\sigma = 0.54\text{N/m}$。

表面张力的作用是使液面拉紧,促使体积很小的液体形成球状液滴。它的作用不但可发生在气体与液体分界的自由表面,也可发生在不同液体相接触的界面处,还可发生在液体与固体接触的界面上。表面张力可导致液体内部产生附加压强,这对一些试验装置不可忽视。例如,水银内聚力大于附着力,在玻璃测压管中,呈上凸的弯曲自由表面,表面张力产生的附加压力指向其内部,方向向下,使管内外出现高差 $h$,管内水银面低于管外,如图 1-3a)所示;水的内聚力小于附着力,在玻璃测压管中,呈下凹的弯曲自由表面,表面张力的附加压力指向液面外法向,方向向上,因而可使管中液面高于管外液面并出现液面差 $h$,如图 1-3b)所示。土壤、岩石裂隙及细玻璃管中的毛细现象都是水的表面张力作用的结果。试验得出,对于 $t = 20℃$ 的水及水银,测压管内外的液面差有

$$\left.\begin{aligned} &\text{水} \qquad h = \frac{29.8}{d} \\ &\text{水银} \qquad h = \frac{10.15}{d} \end{aligned}\right\} \tag{1-10}$$

式中：$d$——管径，mm；

$h$——管内外液面高差（图 1-3），mm。

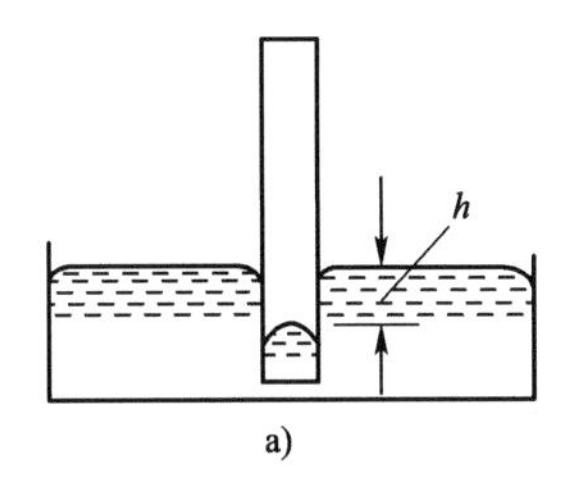


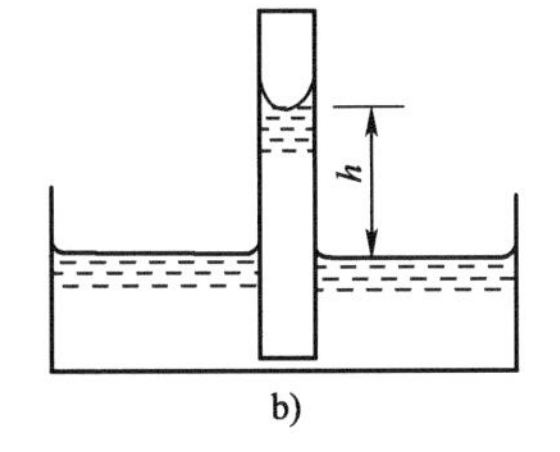


图 1-3

式(1-10)表明，若测压管的直径 $d$ 过小，将使读数出现较大的偏差，通常应选用 $d \geq 10$mm。

一般的土木工程问题，由于液体的表面张力很小，而且它只在液体界面上起作用，液体内部并不存在其作用，因此常忽略不计。但在研究雨滴的形成，水舌簿而曲率大的过堰水流（见第七章）以及波长较小（小于 4～7cm）的微幅波运动中，表面张力的影响不可忽略。

## 第四节 作用在液体上的力

所谓作用在液体上的力，即作用在隔离体上的外力。分析液体微元隔离体的平衡或运动规律，并从中建立基本方程，这是水力学的基本研究手段。作用在液体上的力按力的物理性质可分为黏性力、重力、惯性力、弹性力和表面张力等，按力的作用特点又可分为质量力和表面力两类。

### 一、质量力

作用在液体每一质点上，其大小与受作用液体质量成正比例的力，称为质量力。在均质液体中，质量与体积成正比，则此时的质量力必与液体体积成正比，故又称体积力。水力学中常用的质量力有重力和惯性力。

设液体的质量为 $m$，加速度为 $a$，则其所受质量力有

$$\left.\begin{aligned} F_1 &= -ma \\ F_2 &= -mg \end{aligned}\right\} \tag{1-11}$$

式中：$g$——重力加速度。

式(1-11)表示液体所受的质量力与加速度 $a$ 或重力加速度 $g$ 的方向相反。水力学中隔离体受力分析，其外力常采用单位质量力 $f$。设液体所受质量力为 $F$，质量为 $m$，则

$$f = \frac{F}{m} \tag{1-12}$$

$$\left.\begin{aligned} \boldsymbol{f} &= \frac{F}{m} = X\boldsymbol{i} + Y\boldsymbol{j} + Z\boldsymbol{k} \\ X &= \frac{F_x}{m} \end{aligned}\right\}$$

$$\left.\begin{aligned} Y &= \frac{F_y}{m} \\ Z &= \frac{F_z}{m} \end{aligned}\right\} \tag{1-13}$$

式中:$\boldsymbol{i}$、$\boldsymbol{j}$、$\boldsymbol{k}$——单位矢量;

$X$、$Y$、$Z$——$f$ 在三个坐标轴方向的分量。

单位质量力 $f$、$X$、$Y$、$Z$ 的单位与加速度单位相同,即 $m/s^2$。对于只受重力作用的液体,称为重力液体,有

$$X = Y = 0, Z = -g$$

## 二、表面力

作用于液体隔离体表面上的力,称为表面力。按液体的物理性质,液体界面上的拉力可以忽略不计,只有压力和切力两类。它是相邻液体或固体边壁与隔离体界面间相互作用的结果。按连续介质假说,表面力应连续分布在隔离体表面上,由于液体不能承受集中力,对隔离体表面某点所受的外力,只能用应力表示,即

$$\left.\begin{aligned} p &= \lim_{\Delta A \to 0} \frac{\Delta P}{\Delta A} = \frac{dP}{dA} \\ \tau &= \lim_{\Delta A \to 0} \frac{\Delta T}{\Delta A} = \frac{dT}{dA} \end{aligned}\right\} \tag{1-14}$$

式中:$p$——某点压强,又称为某点的水压力;

$A$——受压面积或受剪切面积;

$P$——面积 $A$ 上所受总压力;

$T$——面积 $A$ 上所受的切力;

$\tau$——某点切应力。

由此可知,液体的平衡与运动状态只是上述质量力与表面力相互作用的结果。显然,在静止液体或无相对运动的液体中,$\tau = 0$,此时作用于隔离体表面的表面力只有压力。

压强及切应力的基本单位与应力相同,即帕斯卡(Pa),简称"帕"。在国际单位制(SI)中 $1Pa = 1N/m^2$。

## 【习题】

1-1　水力学为什么侧重于演绎推理方法?桥涵水文为什么侧重于统计分析方法?

1-2　水力学对液体做了哪些物理模型化假设?

1-3　液体内摩擦力有哪些特性?什么情况下需要考虑内摩擦力的影响?

1-4　如习题1-4图所示,其套筒内径 $D = 12cm$,活塞外径 $d = 11.96cm$,活塞长 $L = 14cm$,润滑油动力黏度 $\mu = 0.172Pa \cdot s$,活塞往复运动速度(匀速)$v = 1m/s$,求作用于活塞杆

上的力 $F$。

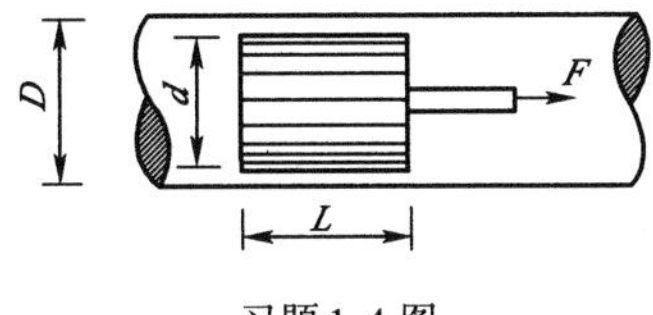


习题 1-4 图

1-5　设水温 $t=30℃$，求 1L 水的质量和重力。

1-6　已知 500L 水银的质量为 6 795kg，求水银的密度和重度。

1-7　水温从 $t=5℃$ 升高到 100℃，求水的体积将比原有体积增加百分之几?

1-8　设水的重度 $\gamma = 9.71\text{kN/m}^3$，动力黏度 $\mu=0.599\times10^{-3}\text{Pa}\cdot\text{s}$，求其运动黏度。

1-9　$t=0℃$ 时，冰的密度 $\rho_{冰} = 916.7\text{kg/m}^3$，其体积比同样温度下水的体积大还是小? 两者体积比为多少?

1-10　封闭容器盛水从空中自由下落时，求液体所受单位质量力 $X$、$Y$、$Z$。

1-11　底面积为 40cm × 45cm 的矩形平板，质量 $m=5\text{kg}$，沿斜面以 $v=1\text{m/s}$ 做匀速下滑，斜面倾角 $\alpha=30°$，如习题 1-11 图所示，平板与斜面间的油层厚度 $\delta=1\text{mm}$，求油的动力黏度 $\mu$。

1-12　有上下两平行圆盘，直径为 $D$，间隙厚度为 $\delta$，其中充满液体，其动力黏度为 $\mu$，若下盘固定不动，上盘以角速度 $\omega$ 旋转，如习题 1-12 图所示，求所需转动力矩 $M$ 的表达式。

1-13　已知圆管半径为 $R$，水流速度沿圆管断面的分布为 $u(r)=\alpha_0(R^2-r^2)$，其中 $\alpha_0$ 为常数，$r$ 为自管轴线起算的径向坐标，试求内摩擦切应力沿管径的分布图。

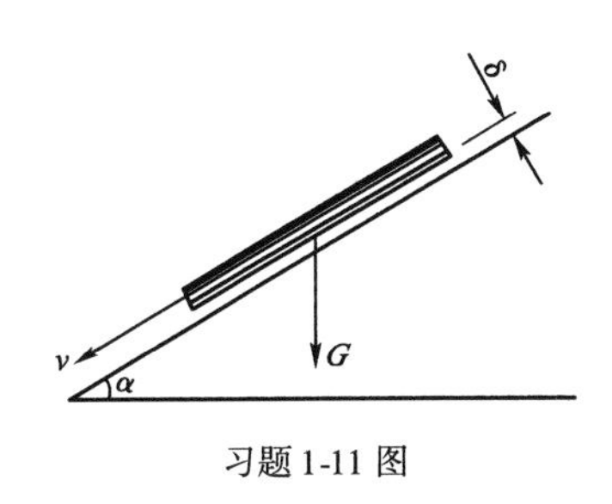


习题 1-11 图

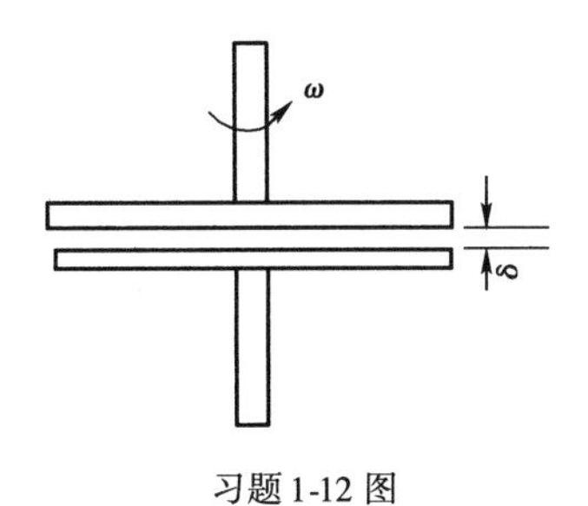


习题 1-12 图

第二章

# 水静力学基础

## 第一节　静水压强及其特性

本章研究液体在静止状态下的平衡规律及其应用。

所谓“静止”是一个相对的概念。液体相对于地球没有运动,通常称为绝对静止;液体与运动容器之间没有运动,则称为相对静止。水静力学研究的静止状态是液体质点相对于参考坐标系没有运动的静止情况。在这种情况下,液体内部质点间没有相对运动,其黏滞性不起作用。

由前可知,在静止液体中,其质点间或液体与边壁间的作用是通过压强形式来表现的。因此水静力学的核心问题是根据平衡条件建立压强分布规律及确定作用在建筑物表面上的静水总压力的大小、方向及作用点。此外,从后面的章节中可知,在流动的水体中,在某些情况下,也可认为动水压强与静水压强的分布规律相同。

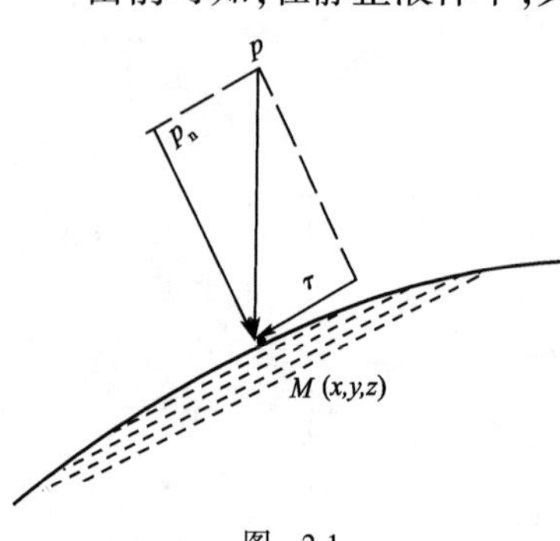


图　2-1

静水压强有如下特性。

1. 垂直指向作用面

考虑液体黏滞性影响,液体界面上所受表面力可有 $p_n$ 及 $\tau$,$p=\sqrt{p_n^2+\tau^2}$,如图 2-1 所示,但因静水中 $\tau=0$,则 $p=p_n$,故静水压强的作用线必垂直指向作用面。

2. 同一点处，静水压强各向等值

如图 2-2a）所示，在静水中取一含 $M$ 点在内的无穷小三棱形隔离体 $MABC$，作用于此微元三棱体四个不同方位受压界面的表面力只有 $p_x$、$p_y$、$p_z$、$p_n$，而单位质量力的三个坐标轴分别有 $X$、$Y$、$Z$，各界面上的切应力 $\tau_x=\tau_y=\tau_z=\tau_n=0$，其中$p_x$、$p_y$、$p_z$、$p_n$ 按式（1-14）定义都可作为 $M$ 点的压强，但方向不同。设三棱体中斜面 $ABC$ 的面积为 $\mathrm{d}A$，其中液体的密度为 $\rho$，则有

体积
$$\mathrm{d}V=\frac{1}{6}\mathrm{d}x\mathrm{d}y\mathrm{d}z$$

$\mathrm{d}A$ 投影面积
$$\mathrm{d}A_x=\mathrm{d}A\cos(n,x)=\frac{1}{2}\mathrm{d}y\mathrm{d}z$$
$$\mathrm{d}A_y=\mathrm{d}A\cos(n,y)=\frac{1}{2}\mathrm{d}x\mathrm{d}z$$
$$\mathrm{d}A_z=\mathrm{d}A\cos(n,z)=\frac{1}{2}\mathrm{d}x\mathrm{d}y$$
$$\mathrm{d}P_n=p_n\mathrm{d}A$$

质量力分量
$$\mathrm{d}F_x=X\rho\mathrm{d}V=\frac{1}{6}\rho X\mathrm{d}x\mathrm{d}y\mathrm{d}z$$
$$\mathrm{d}F_y=Y\rho\mathrm{d}V=\frac{1}{6}\rho Y\mathrm{d}x\mathrm{d}y\mathrm{d}z$$
$$\mathrm{d}F_z=Z\rho\mathrm{d}V=\frac{1}{6}\rho Z\mathrm{d}x\mathrm{d}y\mathrm{d}z$$

微元三棱体取自静止液体，其外合力在三坐标轴方向应有：$\sum F_{0x}=0$，$\sum F_{0y}=0$，$\sum F_{0z}=0$，因此有

$$\mathrm{d}P_x-\mathrm{d}P_n\cos(n,x)+\mathrm{d}F_x=0$$
$$\mathrm{d}P_y-\mathrm{d}P_n\cos(n,y)+\mathrm{d}F_y=0$$
$$\mathrm{d}P_z-\mathrm{d}P_n\cos(n,z)+\mathrm{d}F_z=0$$

由此有
$$p_x-p_n+\frac{1}{3}\rho X\mathrm{d}x=0$$
$$p_y-p_n+\frac{1}{3}\rho Y\mathrm{d}y=0$$
$$p_z-p_n+\frac{1}{3}\rho Z\mathrm{d}z=0$$

式中，$p_x$、$p_y$、$p_z$、$p_n$ 为有限值，当三棱体无限缩小到 $M$ 点时，即 $\mathrm{d}V\to 0$，则$\frac{1}{3}\rho X\mathrm{d}x\to 0$，$\frac{1}{3}\rho Y\mathrm{d}y\to 0$，$\frac{1}{3}\rho Z\mathrm{d}z\to 0$，取此极限

得
$$p_x=p_n,p_y=p_n,p_z=p_n$$

即
$$p_x=p_y=p_z=p_n$$

由此证明，在静止液体中任一点的压强值与其作用面的方位无关，各方向的压强大小相等，如图 2-2b）所示，有 $p_1=p_2$。

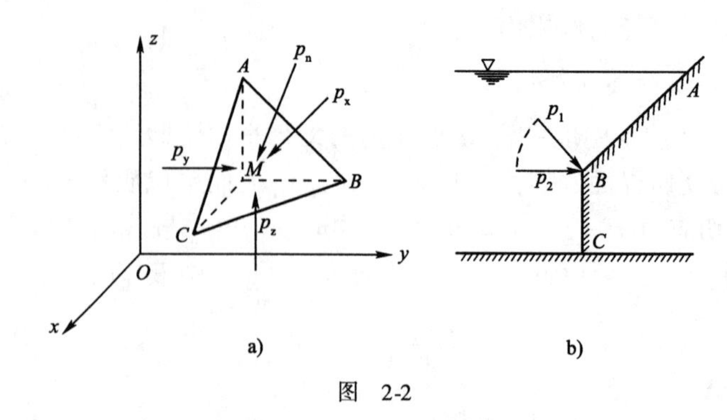


图 2-2

但是,不同点的静水压强值一般来说是不同的,按照连续介质假说,液体中任一点压强可用下式表示

$$p = p(x,y,z) \tag{2-1}$$

若已知某点压强 $p=p(x_0,y_0,z_0)$,则相邻点 $M(x,y,z)$ 的压强按泰勒级数可表达为

$$p(x_0 \pm \mathrm{d}x) = p \pm \frac{\partial p}{\partial x}\mathrm{d}x + \frac{\partial^2 p}{\partial x^2}(\mathrm{d}x)^2 \pm \cdots$$

$$p(y_0 \pm \mathrm{d}y) = p \pm \frac{\partial p}{\partial y}\mathrm{d}y + \frac{\partial^2 p}{\partial y^2}(\mathrm{d}y)^2 \pm \cdots$$

$$p(z_0 \pm \mathrm{d}z) = p \pm \frac{\partial p}{\partial z}\mathrm{d}z \pm \frac{\partial^2 p}{\partial z^2}(\mathrm{d}z)^2 \pm \cdots$$

略去高阶无穷小项,有

$$\left.\begin{aligned} p(x_0 \pm \mathrm{d}x) &= p \pm \frac{\partial p}{\partial x}\mathrm{d}x \\ p(y_0 \pm \mathrm{d}y) &= p \pm \frac{\partial p}{\partial y}\mathrm{d}y \\ p(z_0 \pm \mathrm{d}z) &= p \pm \frac{\partial p}{\partial z}\mathrm{d}z \end{aligned}\right\} \tag{2-2}$$

# 第二节　静水压强分布规律

## 一、液体平衡微分方程

分析静水压强分布规律,即求解 $p=p(x,y,z)$ 的数学表达式。下面先讨论微元液体的平衡条件。如图 2-3 所示,在静止液体中取一含点 $M$ 的微元六面体,$M$ 点位于六面体的中心处,该点压强为 $p=p(x,y,z)$,六面体边长分别为 $\mathrm{d}x$、$\mathrm{d}y$、$\mathrm{d}z$,液体密度为 $\rho$,对于静止液体,$\tau = T = 0$,作用于此微元隔离体上的外力只有表面处压力和质量力。隔离体沿 $x$ 轴方向的外力有

$$P_{\mathrm{A}} = p_{\mathrm{A}}\mathrm{d}y\mathrm{d}z = \left(p - \frac{1}{2}\frac{\partial p}{\partial x}\mathrm{d}x\right)\mathrm{d}y\mathrm{d}z$$

$$P_{\mathrm{B}} = p_{\mathrm{B}}\mathrm{d}y\mathrm{d}z = \left(p + \frac{1}{2}\frac{\partial p}{\partial x}\mathrm{d}x\right)\mathrm{d}y\mathrm{d}z$$

$$F_x = \rho X\mathrm{d}V = \rho X\mathrm{d}x\mathrm{d}y\mathrm{d}z$$

其平衡条件为 $P_{\mathrm{A}} - P_{\mathrm{B}} + F_x = 0$,将以上各式代入得

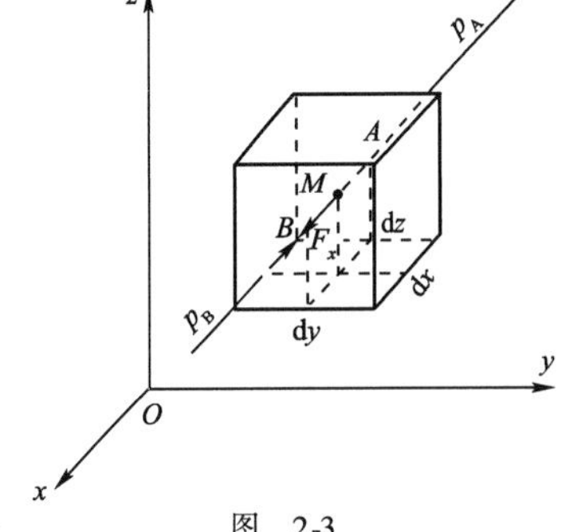

图 2-3

同理有

$$\left.\begin{aligned} X - \frac{1}{\rho}\frac{\partial p}{\partial x} &= 0 \\ Y - \frac{1}{\rho}\frac{\partial p}{\partial y} &= 0 \\ Z - \frac{1}{\rho}\frac{\partial p}{\partial z} &= 0 \end{aligned}\right\} \tag{2-3}$$

上式即液体平衡微分方程。它由瑞士学者欧拉(L. Euler)于1775年提出,又称欧拉平衡微分方程。由此可知,静止液体的平衡条件是单位质量力与其表面力相等。同时它也是牛顿定律 $F = ma$ 当 $a = 0$ 时在水力学中的表达式。

将上式分别乘以 $\mathrm{d}x$、$\mathrm{d}y$、$\mathrm{d}z$,而后相加,得

$$\frac{1}{\rho}\left(\frac{\partial p}{\partial x}\mathrm{d}x + \frac{\partial p}{\partial y}\mathrm{d}y + \frac{\partial p}{\partial z}\mathrm{d}z\right) = X\mathrm{d}x + Y\mathrm{d}y + Z\mathrm{d}z$$

得

$$\mathrm{d}p = \rho(X\mathrm{d}x + Y\mathrm{d}y + Z\mathrm{d}z) \tag{2-4}$$

上式即静水压强分布的微分方程。它表明静水压强分布取决于液体所受的单位质量力。

## 二、等压面

液体中压强相等各点所构成的曲面,称为等压面。例如液体自由表面各点压强相等,此即为等压面。按定义有 $p =$ 常数(const),由式(2-4)得等压面方程

$$X\mathrm{d}x + Y\mathrm{d}y + Z\mathrm{d}z = 0 \tag{2-5}$$

此即等压面方程。式中,$\mathrm{d}x$、$\mathrm{d}y$、$\mathrm{d}z$ 为在 $X$、$Y$、$Z$ 作用方向液体质点沿等压面相应的位移分量。对于单位质量力的合力 $f$ 及合位移 $\mathrm{d}s$,式(2-5)也可写成

$$f \cdot \mathrm{d}s = 0 \tag{2-6}$$

这表明,在等压面上质量力所做的微功等于零。但 $f \neq 0$,$\mathrm{d}s \neq 0$,可见只有 $f$ 与 $\mathrm{d}s$ 互相垂直,式(2-6)或式(2-5)才能成立。由此可知,在静止液体中,质量力与等压面必互相垂直。等压面这一水力特性,在静水压强计算中可有广泛的应用。

1. 静止重力液体的等压面

由 $X = Y = 0$,$Z = -g$,代入式(2-5)得

$$\left.\begin{aligned} \mathrm{d}p = -g\mathrm{d}z &= 0 \\ z &= C \end{aligned}\right\} \tag{2-7}$$

这表明,重力液体的等压面是与重力加速度 $g$ 互相垂直的曲面。$g$ 的方向指向地球中心,

故等压面为垂直于地球引力方向($g$ 方向),并以地球球心为中心的一系列曲面。但是,由于地球曲率半径很大,在有限水域范围内,常把 $g$ 的方向看成为铅垂向下,因而等压面为一系列水平面。

在应用等压面概念的时候要注意,它必须是相连通的同种液体。例如在图 2-4a) 中水平面 1-1 不是等压面,但 2-2 平面为等压面;图 2-4b) 中 3-3、4-4 平面都不是等压面,读者试考虑其理由何在。对于重力液体等压面有:同种液体,同一高程(或水平面)压强相同,两点间的压差看高差,这便是熟知的连通器原理。按这一原理,人们可以很简便地测得液体中任一点压强。但是,对于相对平衡液体,其等压面另有特性。

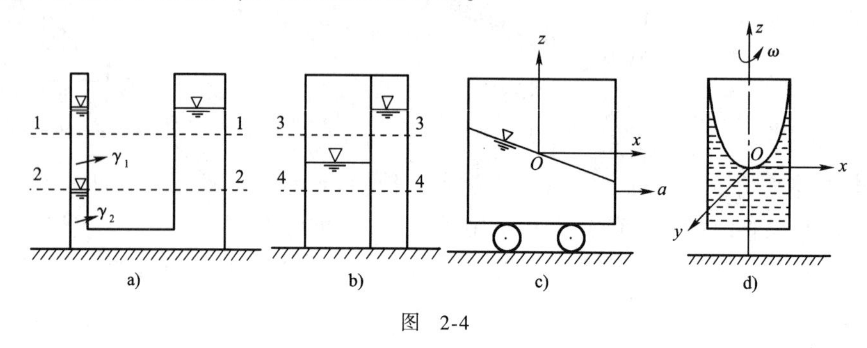


图 2-4

2. 相对平衡液体的等压面

当盛水容器对地球作运动,但容器与其中的液体之间及液体本身的质点间均无相对运动时,称为相对平衡或相对静止。例如做等加速度水平运动车厢中的液体平衡[图 2-4c)]、等角速度旋转容器的液体平衡[图 2-4d)]以及弯道水流沿断面方向的平衡特性等均属此类。

如图 2-5 所示,设凸岸的曲率半径为 $r_1$,凹岸的曲率半径为 $r_2$,垂直于流向断面的平均流速为 $v$,而沿断面方向假定无流速分量,则相当于处在相对静止状态。对任一点 $M(r,z)$,液体因做曲线运动,所受的离心力 $F=\frac{mv^2}{x}$,如图 2-5b) 所示。三坐标轴向的单位质量力计算如下:

$$X=\frac{v^2}{x}, Y=0, Z=-g$$

图 2-5

代入式(2-5)得弯道水流等压面方程为

$$z=\frac{v^2}{g}\ln x-C \tag{2-8}$$

对于自由表面,$x=r_1$,$z=0$ 时,$C=\frac{v^2}{g}\ln r_1$,得弯道自由表面方程

$$z=2.3\times\frac{v^2}{g}\lg\frac{x}{r_1} \tag{2-9}$$

此即自由表面上任一点水位比凸岸的水位超高值。对于凹岸 $x=r_2$,则

$$z_0 = 2.3 \times \frac{v^2}{g}\lg\frac{r_2}{r_1} \qquad (r_2 > r_1) \tag{2-10}$$

此即凹岸水面比凸岸水面的最大超高值,水面的横向坡度为

$$I = \frac{dz}{dx} = \frac{v^2}{gx} \tag{2-11}$$

设 $v=2.3\text{m/s}, r_2=150\text{m}, r_1=135\text{m}$,则

$$z_0 = 2.3 \times \frac{2.3^2}{9.8} \times \lg\frac{150}{135} = 0.057(\text{m})$$

由上所述,弯道水流的等压面及横断面的自由表面,都是一系列对数曲面,其水面横向坡度(又称横比降)沿河宽变化,凸岸大,凹岸小;而其水位则凸岸低,凹岸高。

# 第三节 重力作用下水静力学基本方程

## 一、水静力学基本方程

绝对静止状态的重力液体点压强表达式,称为水静力学基本方程。

如图 2-6a)所示,对于绝对静止状态的重力液体,$X=Y=0, Z=-g$,代入式(2-4)有

$$dp = \rho(-g dz) = -\gamma dz = -d(\gamma z)$$

得

$$z + \frac{p}{\gamma} = C \tag{2-12}$$

当 $z=z_0$ 时(自由表面),$p=p_0$,得

$$C = z_0 + \frac{p_0}{\gamma}$$

由式(2-12)得

$$\left.\begin{aligned} p &= p_0 + \gamma(z_0 - z) = p_0 + \gamma h \\ h &= z_0 - z \end{aligned}\right\} \tag{2-13}$$

式中:$p_0$——表面压强,一般情况,$p_0$ 以 $p_a$ 计算,其中 $p_a$ 为工程大气压,$1p_a=98\text{kN/m}^2=98\text{kPa}$;

$h$——从自由表面起至计算点的铅垂深度。

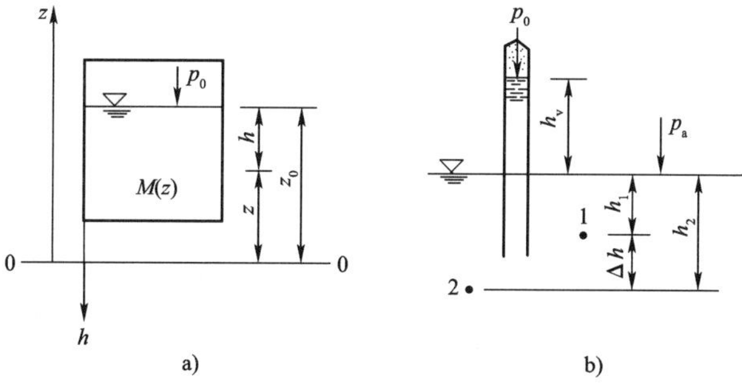


图 2-6

如图2-6b)所示,按式(2-13),若已知静止液体中的两点铅垂高差 $\Delta h$,则可得两点间的压强关系为

$$p_1 = p_2 + \gamma\Delta h \tag{2-14}$$

式中:$p_1$——点1处的压强;

$p_2$——点2处的压强;

$\Delta h$——1、2两点的铅垂向高差。

式(2-12)、式(2-13)、式(2-14)三种表达式均称为重力液体的水静力学基本方程。由式(2-13)有

$$\frac{p}{\gamma} = \frac{p_0}{\gamma} + h \tag{2-15}$$

由于 $\gamma$ 为常数,故用液柱高度亦可反映压强 $p$ 的大小。由此压强的单位可有三种表示方法:

(1)用单位面积上的力表示:用应力单位Pa。$1\text{Pa} = 1\text{N/m}^2$。

(2)用液柱高度表示:如 $p = 98\text{kN/m}^2$,则有 $\frac{p}{\gamma} = \frac{98}{9.8} = 10\text{m}$(水柱),$\frac{p}{\gamma_\text{p}} = \frac{98}{133.28} = 73.5\text{mm}$(汞柱)。

(3)用工程大气压 $p_\text{a}$ 的倍数表示:$1p_\text{a} = 98\text{kPa}$,如某点压强 $p = 196\text{kPa}$,则可表示为 $p = \frac{196}{98} = 2p_\text{a}$,即等于两个工程大气压。

## 二、绝对压强、相对压强、真空值

压强 $p$ 的大小可以从不同的基准起算,因而可有不同的表示方法。

1. 绝对压强 $p_\text{abs}$

以绝对真空作起算零点的压强,称为绝对压强,常用 $p_\text{abs}$ 表示。它是液体中的实际压强,且有 $p_\text{abs} \geqslant 0$,由式(2-13)有

$$p_\text{abs} = p_0 + \gamma h \tag{2-16}$$

一般工程问题可有 $p_0 \geqslant p_\text{a}$ 或 $p_0 \leqslant p_\text{a}$,$p_\text{a}$ 为工程大气压强。

2. 相对压强 $p_\gamma$

以工程大气压 $p_\text{a}$ 作起算零点的压强,称为相对压强,常用 $p_\gamma$ 表示。压力表测得的压强属于此类。按定义有

$$p_\gamma = p_\text{abs} - p_\text{a} = p_0 + \gamma h - p_\text{a} \tag{2-17}$$

当 $p_0 = p_\text{a}$,即自由表面压强为大气压强时,

$$p_\gamma = \gamma h \tag{2-18}$$

上式表明,相对压强是液体自重产生的压强,其大小与水深 $h$ 呈线性关系。自由表面处 $h = 0$,$p_\gamma = 0$;水深越大,相对压强越大;水深越小,相对压强越小。此外,相对压强还可以有正负。当 $p_\text{abs} > p_\text{a}$ 时,$p_\gamma > 0$,此称为正压强;当 $p_\text{abs} < p_\text{a}$ 时,$p_\gamma < 0$,此称为负压强,简称负压。负压不是指液体中出现了拉应力,只是表明液体绝对压强小于大气压强。$p_\text{abs} = p_\text{a}$ 时,$p_\gamma = 0$,此称为无压。

通常建筑物表面及液面都受到大气压强作用,对建筑物结构稳定分析有影响的只有相对压强,而周围的大气压强作用已互相抵消。因此水力学所讨论的压强大多指相对压强,并仍用 $p$ 表示,只在需要计算绝对压强时,才用符号 $p_{abs}$ 和 $p$ 加以区别。

3. 真空值 $p_v$ 及真空度 $h_v$

绝对压强小于大气压强时的水力现象,称为真空。当 $p_{abs}<p_a$ 时,$p_a-p_{abs}$ 即大气压强与绝对压强的差值,称为真空值,以 $p_v$ 表示。按定义,有

$$p_v=p_a-p_{abs} \tag{2-19}$$

而

$$h_v=\frac{p_v}{\gamma}=\frac{p_a-p_{abs}}{\gamma} \tag{2-20}$$

式中:$h_v$——真空高度,又称真空度,以液柱表示;

$p_v$——真空值,又称真空压强。

由

$$p_v=|p_\gamma|=|p_{abs}-p_a|$$

而

$$p_{abs}<p_a$$

则

$$p_v=-(p_{abs}-p_a)=p_a-p_{abs}$$

可见,负压的绝对值即真空值。如图 2-6b)所示,倒置玻璃管内的水面高出管外液面,按等压面原理及式(2-16)可知,在管外液面以上高度内,且在 $h_v$ 范围内,均有 $p_{abs}<p_a$,此即为真空现象,$h_v$ 即真空高度(简称为真空度)。显然,在 $h_v$ 高度范围内各点真空值不相同。管内任一液面高度都属于真空高度。高度越大,$p_0$ 的绝对压强越小,真空值越大。从理论上说,管内自由表面以上空间内的空气完全被抽尽时,即为绝对真空状态,又称为完全真空状态。此时管中表面压强 $p_{0abs}=0$,其真空度最大,有

$$h_{vmax}=\frac{p_a-p_{0abs}}{\gamma}=\frac{p_a-0}{\gamma}=\frac{98}{9.8}=10\text{m(水柱)}$$

这表明当管内处于绝对真空时,液面上升可达 10m 水柱。但因液体具有汽化特性,当 $p_{abs}<p_s$ 时[见式(1-9)],液体将出现汽化使真空状态受到破坏。因此,液体中不可能达到绝对真空状态,即最大真空高度不可能达到 10m 水柱。为免真空状态被破坏,液体允许的最大真空度按下式控制

$$[h_{vmax}]\leqslant\frac{p_a-p_s}{\gamma}=7\sim8\text{m 水柱} \tag{2-21}$$

式中:$p_s$——汽化压强(表 1-1);

$p_a$——工程大气压强。

**例 2-1** 设自由表面处压强 $p_0=p_a$,求淡水自由表面下 2m 深度处的绝对压强和相对压强,并用三种压强单位表示。

**解:**(1)绝对压强 $p_{abs}$

$$p_{abs}=p_a+\gamma h=98+9.8\times2=117.6\text{(kPa)}$$

$$=117.6\text{(kN/m}^2\text{)}=\frac{117.6}{98}p_a=1.2p_a$$

$$\frac{p_{abs}}{\gamma}=\frac{117.6}{9.8}=12\text{m(水柱)}$$

(2)相对压强 $p_\gamma$

$$p_\gamma = \gamma h = 9.8 \times 2 = 19.6(\text{kPa}) = 19.6(\text{kN/m}^2) = 0.2p_a$$

$$\frac{p_\gamma}{\gamma} = \frac{\gamma h}{\gamma} = h = 2\text{m}(水柱)$$

**例 2-2** 如图 2-6b)所示,当 $h_v = 2\text{m}$ 时,求管中液面压强 $p_0$。

**解**:按式(2-16)及式(2-17)有

$$p_{0\text{abs}} = p_a - \gamma h_v = 98 - 9.8 \times 2 = 78.4(\text{kPa})$$
$$= 78.4(\text{kN/m}^2) < p_a(液面呈真空状态)$$

$$p_{0\gamma} = p_{0\text{abs}} - p_a = -\gamma h_v = -9.8 \times 2 = -19.6(\text{kPa})$$
$$= -19.6(\text{kN/m}^2)(负压)$$

$$p_{0v} = p_a - p_{0\text{abs}} = p_a - (p_a - \gamma h_v) = \gamma h_v$$
$$= 19.6(\text{kPa}) = 19.6(\text{kN/m}^2)(真空值)$$

**例 2-3** 如图 2-7a)所示,在两条管路间设有压差计,$h_1 = 0.2\text{m}$,$h_2 = 0.6\text{m}$,$h = 0.3\text{m}$,水银重度 $\gamma_p = 133.28\text{kN/m}^3$,求 $A$、$B$ 两点间压差 $\Delta p_{AB}$。

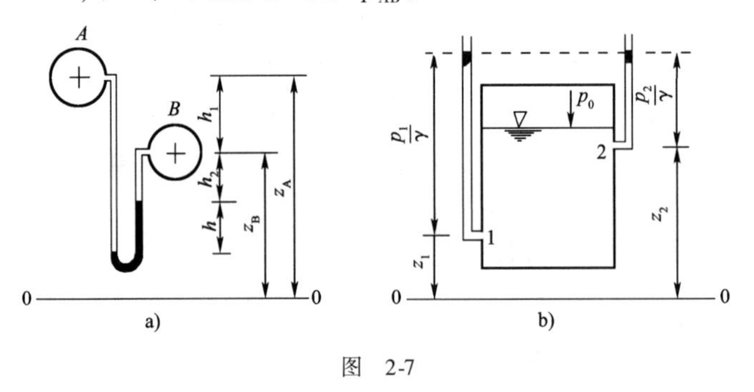


图 2-7

**解**:按式(2-16)及式(2-17)有

$$p_A + \gamma(h_1 + h_2 + h) - \gamma_p h - \gamma h_2 = p_B$$

$$\Delta p_{AB} = p_A - p_B = (\gamma_p - \gamma)h - \gamma h_1 = (133.28 - 9.8) \times 0.3 - 9.8 \times 0.2$$
$$= 35.08(\text{kPa})$$

因 $h_1 = z_A - z_B$,有

$$\left(z_A + \frac{p_A}{\gamma}\right) - \left(z_B + \frac{p_B}{\gamma}\right) = \left(\frac{\gamma_p}{\gamma} - 1\right)h$$

又 $\gamma_p = 133.28\text{kN/m}^3$,$\gamma = 9.8\text{kN/m}^3$,有

$$\left(z_A + \frac{p_A}{\gamma}\right) - \left(z_B + \frac{p_B}{\gamma}\right) = \left(\frac{133.28}{9.8} - 1\right)h = 12.6h$$

## 三、帕斯卡原理及压强图示

### 1.帕斯卡原理

如图 2-6b)所示,设 1 点压强 $p_1$ 若增减 $\Delta p_1$,则 2 点压强 $p_2$ 将相应有增减量 $\Delta p_2$,即

$$p'_1 = p_1 \pm \Delta p_1$$

$$p'_2 = p_2 \pm \Delta p_2$$

按式(2-14)有

$$p'_2 = p'_1 + \gamma\Delta h$$

即
$$(p_2 \pm \Delta p_2) = (p_1 \pm \Delta p_1) + \gamma\Delta h$$

但
$$p_2 = p_1 + \gamma\Delta h$$

故
$$\Delta p_2 = \Delta p_1$$

这表明,在静止液体中任一点压强的增减,必将引起其他各点压强的等值增减。这就是熟知的帕斯卡原理。它由法国物理学家帕斯卡(Blaise Pascal,1623—1662 年)大约在 1647—1654 年间提出。此原理已在水压机、水力起重机及液压传动装置等设计中得到广泛应用。

**例 2-4** 如图 2-8 所示,$A_1$、$A_2$ 分别为水压机的大小活塞。彼此连通的活塞缸中充满液体,若忽略活塞质量及其与活塞缸壁的摩擦影响,当小活塞加力 $P_1$ 时,求大活塞所产生的力 $P_2$。

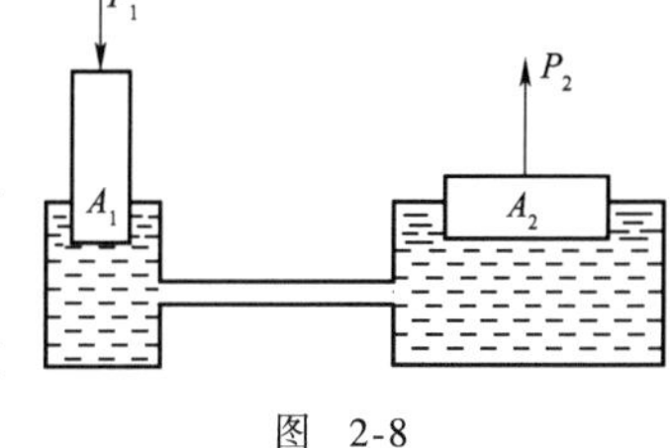

图 2-8

**解:**由 $P_1$ 得小活塞面积 $A_1$ 上的静水压强 $p_1 = \frac{P_1}{A_1}$,按帕斯卡原理,$p_1$ 将等值传递到 $A_2$ 上,则 $P_2 = p_1 A_2 = \frac{A_2}{A_1}P_1$,因 $A_2 >> A_1$,故 $P_2 >> P_1$。

可见,利用帕斯卡原理,水压机可以较小的力获得较大的力。

2. 压强图示

水静力学基本方程(2-13)的几何表示,即用线段长度表示各点压强大小,用箭头表示压强的方向,由此绘成的压强分布图形,称为压强分布图。按式(2-13)有

$$p = p_0 + \gamma h = p_0 + p_\gamma$$

$$p_\gamma = \gamma h$$

由此可知,静止液体中的压强由两部分压强组成。$p_0$ 为表面压强,按帕斯卡原理,它等值传递到液体中各点,与计算点所处深度无关,其压强分布图形是平行四边形或矩形。$p_\gamma$ 为液体自重产生的压强,与水深呈线性关系,自由表面处,$h = 0$,$p_\gamma = 0$,沿水深的压强分布图为直角三角形。关于压强分布图的绘制与应用要点如下。

(1)压强分布图中各点压强方向恒垂直指向作用面,两受压面交点处的压强大小具有各向等值性。

(2)压强分布图与受压面所构成的体积,即为作用于受压面上的静水总压力,其作用线通过此力图体积的形心,压强分布图可叠加。

(3)由于建筑物通常都处于大气之中,作用于建筑物的有效力为相对压强,故一般只需绘制相对压强分布图。

(4)工程应用中可只绘制建筑物有关受压部分的压强分布图。

压强分布图直观明了,有助于分析计算。现列举几种压强分布以作示例,如图 2-9 所示。

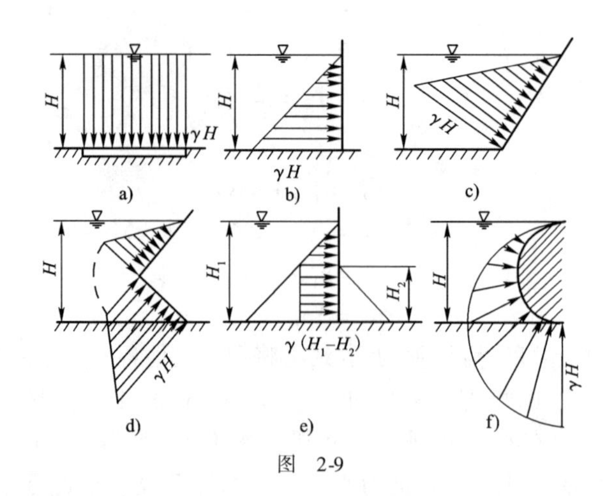


图 2-9

## 四、水静力学基本方程的几何意义、水力学意义及能量意义

按水静力学基本方程有

$$z + \frac{p}{\gamma} = C$$

其中各项均具有长度单位,在几何上各项均为一段铅垂高度。在水力学中,“高度”习惯称呼为“水头”。如图 2-7b)所示,各项意义如下。

1. 几何意义及水力学意义

$z$——计算点的位置高度,即计算点距计算基准面的高度,水力学中称为位置水头。

$\frac{p}{\gamma}$ ——因 $p = \gamma h$,则 $h = \frac{p}{\gamma}$称为压强高度,即测压管中水面至计算点 $M$ 的高度,水力学中称为压强水头。$p$ 可为相对压强,亦可为绝对压强,两者相差的高度为$\frac{p_a}{\gamma} = 10$m 水柱。

$z + \frac{p}{\gamma}$ ——计算点处测压管中水面距计算基准面的高度。当 $p = p_\gamma$ 时($p_\gamma$ 为相对压强),水力学中称为测压管水头,当 $p = p_{abs}$时($p_{abs}$为绝对压强),水力学中称为静力水头。

$z + \frac{p}{\gamma} = C$——静止液体中各点位置高度与压强高度之和不变。位置高度大处,压强高度小;位置高度小处,压强高度大。其水力学意义为静止液体中各点测压管水头或静力水头相等。此外,各点测压管水头及静力水头的连线,称为测压管水头线及静力水头线。$z + \frac{p}{\gamma} = C$表示静止液体中的测压管水头线及静力水头线均为水平线,两者高差 10m。

2. 能量意义

$z$——因有$\frac{mgz}{G} = z$,故为单位重量液体对计算基准面的位置势能,简称为单位位能。

$\frac{p}{\gamma}$ ——因有$\frac{mg\frac{p}{\gamma}}{G} = \frac{p}{\gamma}$,故为单位重量液体对计算点所具有的压力势能,简称为单位压能。

$z+\frac{p}{\gamma}$——单位重量液体的全势能，简称单位全势能。

$z+\frac{p}{\gamma}=C$——表示静止液体中各点单位重量液体的全势能守恒。因此，水静力学基本方程，也是静止液体的能量方程。

了解水静力学基本方程的上述意义，将有助于今后对水动力学理论的学习，建议读者熟记。

# 第四节　点压强测量

水力学的研究方法有理论分析、试验方法等。其中许多理论成果必须通过试验加以验证和充实，才能应用于实际工程，而测量技术则是试验方法中的重要手段，它主要依靠各种量测设备。

测量压强的仪器有多种，主要类型有：液体测压计、金属压力表及其他非电量电测仪表三大类。非电量电测仪表是利用前端设置于测点的传感器将该点压强转化为电学量，如电压、电流、电容、电感等，再经两次电学仪表换算成所测的压强。这种仪表属于现代化量测设备，精度高，但维护管理要求较高，价格贵，随着对水力学研究的深入，它将会得到更广的应用。液体测压计及金属压力表则属于传统测压仪器，其结构简单，价格低廉，操作运用方便，也是试验室中的常规设备。本书只介绍液体测压计及金属压力表，以加深对水静力学基本方程的理解。

## 一、测压管

测压管是一种较简单的液体测压计。它是一根两端开口的玻璃管，上端通大气，下端与被测液体连通而成为连通器。测读管中的液柱高度可得计算点 $M$ 的压强 $p$，如图 2-10a）所示。设测压管中的液柱高度为 $h$，则 $M$ 点的压强为

$$p_{\mathrm{Mabs}}=p_{\mathrm{a}}+\gamma h$$

$$p_{\mathrm{M\gamma}}=\gamma h$$

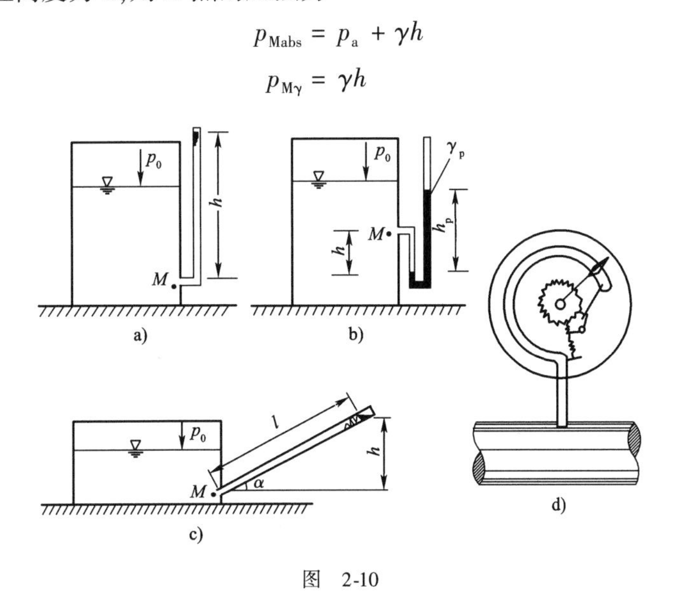


图　2-10

测压管通常用于测量较小压强，当 $p_\gamma>0.2p_{\mathrm{a}}$ 时，$h>2\mathrm{m}$，即测压管高度需大于 2m，使用很不方便。为此，常用水银测压计［图 2-10b）］代之，其中测压管需做成 U 形以便存放水银。

### 二、水银测压计

如图 2-10b)所示。若测得水银柱高 $h_p$ 及 $M$ 点至水银液面的高差 $h$,则 $M$ 点压强有

$$p_{Mabs} = p_a + \gamma_p h_p - \gamma h$$

$$p_{M\gamma} = p_{Mabs} - p_a = \gamma_p h_p - \gamma h$$

式中:$\gamma_p$——水银的重度;

$\gamma$——水的重度。

### 三、低压测压计

当所测压强较小时,可改用下列措施:

(1)采用与液体不相混溶的小重度液体作为测压管中的测压介质,如酒精、油类等。

(2)采用倾斜式测压管,如图 2-10c)所示。测读斜测管中的液柱长度,可得 $M$ 点压强。

$$p_{M\gamma} = \gamma h = \gamma l \sin\alpha$$

$$l > h$$

由此可提高测读精度。

### 四、水银压差计

如图 2-7a)所示,即为水银压差计,用它可测量两点间的压差,也可测量两点的测压管水头差。由例 2-3 推证有:

$$\Delta p_{AB} = p_A - p_B = (\gamma_p - \gamma)h - \gamma h_1$$

$$\left(z_A + \frac{p_A}{\gamma}\right) - \left(z_B + \frac{p_B}{\gamma}\right) = \left(\frac{\gamma_p}{\gamma} - 1\right)h = \left(\frac{133.28}{9.8} - 1\right)h = 12.6h \tag{2-22}$$

### 五、金属压力表

这类测压仪器可有压力表与真空表两种,所测压强为相对压强,其构造如图 2-10d)所示。它由一根“镰刀形”黄铜管、中央齿轮、扇形齿轮、刻度表盘、指针及联动细链等部件组成。

黄铜管下端开口与测点相通,液体由此处充满镰刀形黄铜管部分,黄铜管的上端封闭,并通过细链与扇形齿轮相连,扇形齿轮又与中央齿轮咬合。当测点压强增大时,黄铜管向外伸展变形,由此经细链牵动扇形齿轮、带动中央齿轮、转动其中指针,并在表头刻度盘上显示测点相对压强的大小。真空表的构造与压力表相似,但因测点压强为负压值,黄铜管将发生向内收缩弯曲变形,由此也可使指针在刻度盘中指示真空值的大小。金属压力表常用于测定液体的较大压强。在有水泵的管路中,压力表应安装在水泵出口的压水管上,真空表则应安装在水泵进口的吸水管上。

## 第五节　作用在平面壁上的静水总压力

静水压力有两种:其一是压强,用 $p$ 表示,如前所述,它是点压力的描述方式;另一种是总压力,用 $P$ 表示,它是力,有大小、方向、作用点问题。研究静水压强的主要目的是计算总压

力。关于力的三要素,对于静水总压力而言,所需确定的是其大小、作用点,其方向与压强方向一致,即垂直指向受压面。沿江路堤、围堰及闸门等设计都需要计算平面壁所受的静水压力,因此它是工程中的常遇问题。计算方法有两种:解析法和图解法。

## 一、解析法

如图2-11所示,设平面 $ab$ 的形状任意,其受压面积为 $A$,且斜放在静水中,倾斜角度为 $\alpha$,平面形心在自由表面下的深度为 $h_C$,沿平面 $ab$ 取 $xOy$ 坐标平面,$y$ 轴沿平面 $ab$ 方向,坐标平面与水面的交线为 $Ox$ 轴。为便于分析,将 $xOy$ 坐标面绕 $O$ 点旋转90°,以展示平板 $ab$ 在此坐标平面中的位置及其形状尺寸。

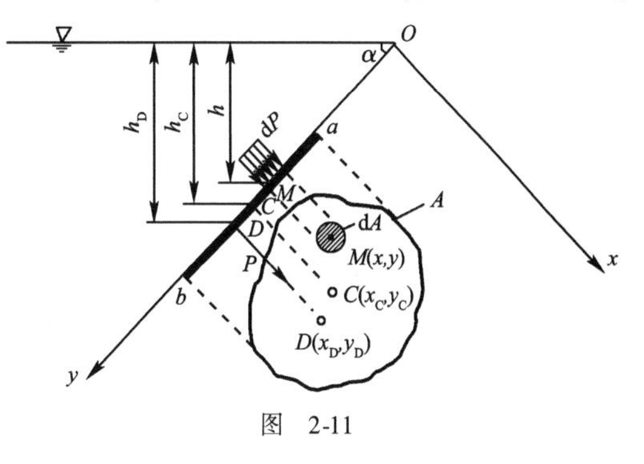

图 2-11

在平板 $ab$ 上任取一微分面积 $\mathrm{d}A$,设它的中心点 $M$ 在自由表面下的深度为 $h$。总压力 $P$ 的作用点为 $D$,它在水下的深度为 $h_D$。由于 $\mathrm{d}A$ 为微元面积,可以认为其中压强呈均匀分布。因有

$$\mathrm{d}P = p\mathrm{d}A = \gamma h\mathrm{d}A = \gamma y\sin\alpha\mathrm{d}A$$

$$h = y\sin\alpha$$

$$h_C = y_C\sin\alpha$$

$$h_D = y_D\sin\alpha$$

$ab$ 平面上各点静水压力属平行力系,可直接求和,因此有

$$P = \int\mathrm{d}P = \gamma\sin\alpha\int_A y\mathrm{d}A = \gamma\sin\alpha y_C A$$

即

$$P = \gamma h_C A = p_C A \tag{2-23}$$

其中

$$\int_A y\mathrm{d}A = y_C A$$

式中:$p_C$——平面形心处压强;

$\int_A y\mathrm{d}A$——平面 $ab$ 对 $Ox$ 轴的静面矩;

$\gamma$——液体重度。

式(2-23)即作用于平面壁上静水总压力的计算公式。平面壁所受静水总压力的大小等于其形心处压强与受压面积的乘积。

因此,应用式(2-23)时,应先找出形心在受压平面中的位置,再确定形心在自由表面以下的深度,最后按此公式即可求得总压力 $P$。

下面求总压力作用点 $D(x_D,y_D)$ 的计算公式。

静水总压力的作用点又称压力中心。在实际工程中,挡水平面一般多为有轴对称的平面,如矩形、圆形等,$D$ 点必然位于其对称轴上。若沿对称轴取 $Oy$ 轴,则有 $x_D=0$,故问题大多只是确定 $y_D$ 值。按合力矩定理,有

$$Py_D = \int_A y\mathrm{d}P = \int_A(\gamma y\sin\alpha)\mathrm{d}A$$

$$= \gamma\sin\alpha\int_A y^2\mathrm{d}A = \gamma\sin\alpha I_x$$

$$I_x = \int_A y^2 \mathrm{d}A = I_C + y_C^2 A$$

由此得

$$y_D = y_C + \frac{I_C}{y_C A} \tag{2-24}$$

式中:$I_x$——受压平面对 $Ox$ 轴的惯性矩;

$I_C$——受压平面对过其形心 $C$ 而又与 $Ox$ 平行的坐标轴 $Cx$ 轴的惯性矩,常见平面图形的面积 $A$、形心 $y_C$ 及惯性矩 $I_C$ 见表 2-1。

由式(2-24)有

$$y_D - y_C = \frac{I_C}{y_C A}$$

因 $I_C > 0, y_C > 0, A > 0$,则 $y_D - y_C > 0$,可见 $y_D > y_C$,即 $D$ 点应在 $C$ 点下方。只有当受压平面水平放置时,如图 2-9a)所示,$y_C \to \infty$,$\frac{I_C}{y_C} \to 0$,有 $y_D \to y_C$,此时 $D$、$C$ 重合。

## 二、图解法

如图 2-12a)所示,利用压强分布图可求得总压力的大小和作用点。设受压平面的长度为 $L$,宽度为 $b$,则受压面面积 $A = bL$,压强分布图的面积 $\Omega = \frac{1}{2}\gamma HL$,对于微元受压面有

$$\mathrm{d}A = b\mathrm{d}L$$

$$\mathrm{d}\Omega = \gamma h \mathrm{d}L$$

$$\mathrm{d}P = p\mathrm{d}A = \gamma h(b\mathrm{d}L)$$

$$P = \int \mathrm{d}P = b\int_L \gamma h \mathrm{d}L = b\int_\Omega \mathrm{d}\Omega = b\Omega$$

即

$$P = V_A \tag{2-25}$$

式中:$V_A$——受压平面上压强分布图所构成的力图体积。

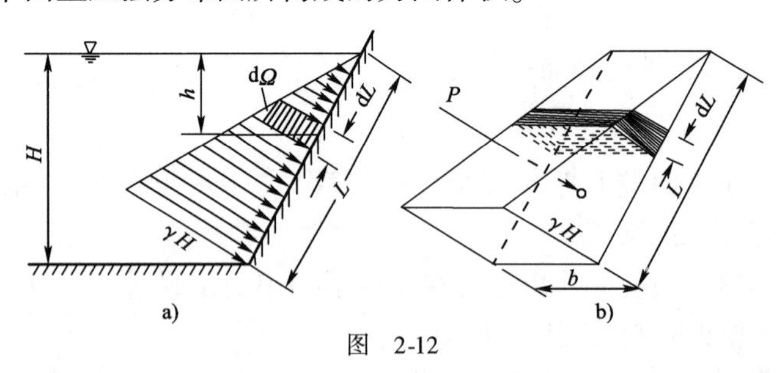


图 2-12

式(2-25)表明,平面壁所受的总压力,其大小等于受压平面上压强分布图所构成的力图体积;其作用线通过力图体积中心,与平面的交点 $D$ 即总压力的作用点,方向垂直指向受压平面,如图 2-12b)所示。

常见平面图形的 $A$、$y_C$、$I_C$ 值见表 2-1。

**例 2-5** 如图 2-13 所示,求每米围堰用钢板桩上所受的静水总压力。

**解:**$\alpha = 90°$,有 $h_C = y_C = \frac{h}{2}$,$x_C = x_D = \frac{b}{2}$,$I_C = \frac{bh^3}{12}$,得

$$P = p_C A = \gamma h_C bh = 9.8 \times 9 \times 1 \times 18 = 1\,587.6(\mathrm{N})$$

$$y_D = h_D = y_C + \frac{I_C}{y_C A} = \frac{h}{2} + \frac{\frac{hb^3}{12}}{\frac{h}{2}bh} = \frac{2}{3}h = \frac{2 \times 18}{3} = 12(\mathrm{m})$$

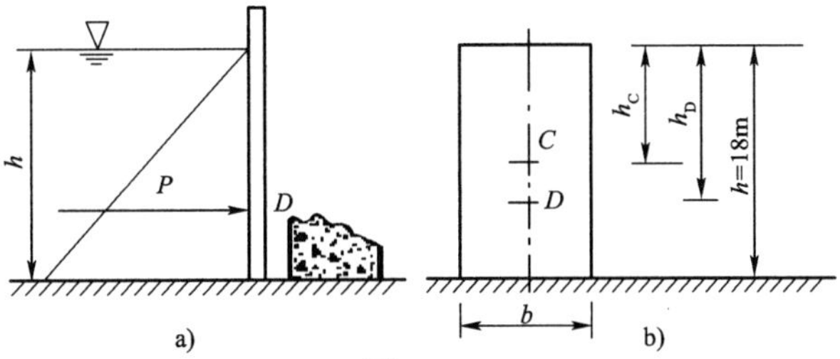

图 2-13

**例 2-6** 如图 2-14 所示,矩形闸门,高 2m,宽 5m,它的开关可绕轴转动(如图中虚线所示),其上、下游水位分别高出门顶 1m 及 0.5m,求作用于此闸门的静水总压力及作用点。若上、下游同时上涨 0.5m,静水总压力的作用点是否会发生变化。

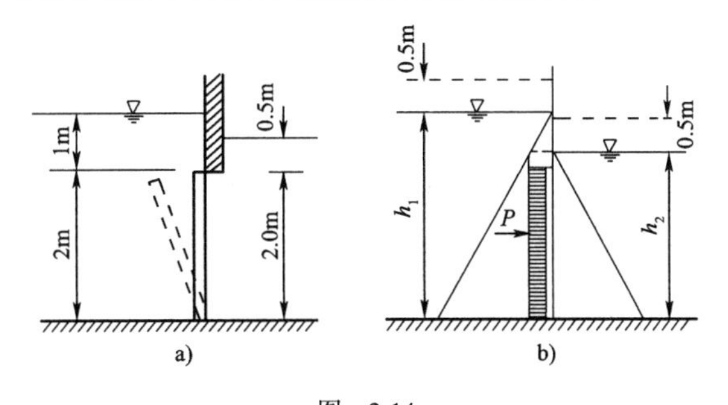


图 2-14

**常见平面图形的面积 $A$、形心位置 $y_C$ 及惯性矩 $I_C$ 值** 表 2-1

| 名 称 | 图 形 | $A$ | $y_C$ | $I_C$ |
|---|---|---|---|---|
| 矩形 | 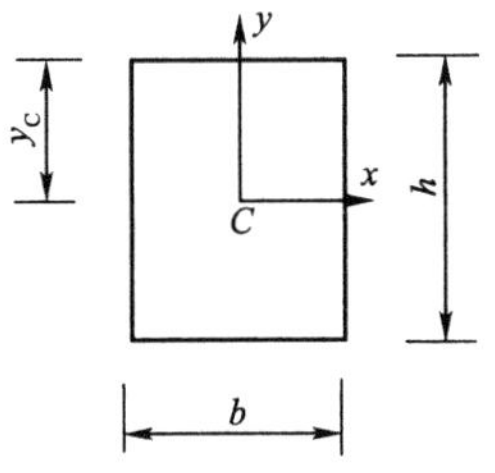 | $bh$ | $\frac{1}{2}h$ | $\frac{1}{12}bh^3$ |
| 三角形 | 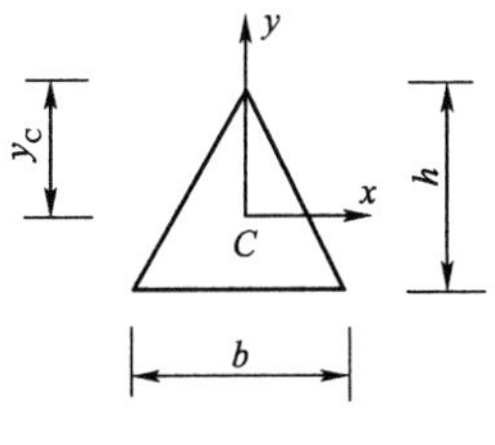 | $\frac{1}{2}bh$ | $\frac{2}{3}h$ | $\frac{1}{36}bh^3$ |

续上表

| 名 称 | 图 形 | $A$ | $y_C$ | $I_C$ |
|---|---|---|---|---|
| 梯形 | 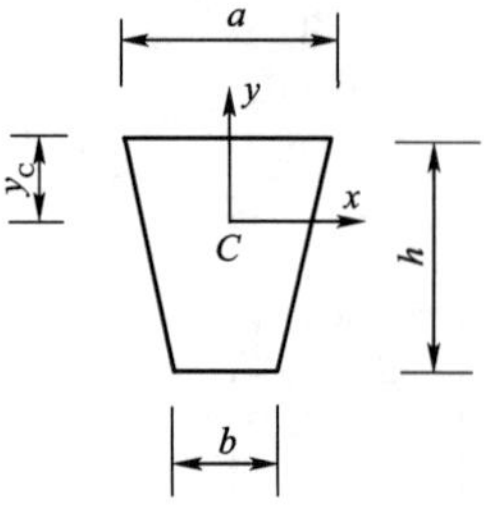  | $\frac{1}{2}h(a+b)$ | $\frac{h}{3}\cdot\frac{a+2b}{a+b}$ | $\frac{1}{36}h^3\cdot\frac{a^2+4ab+b^2}{a+b}$ |
| 圆形 | 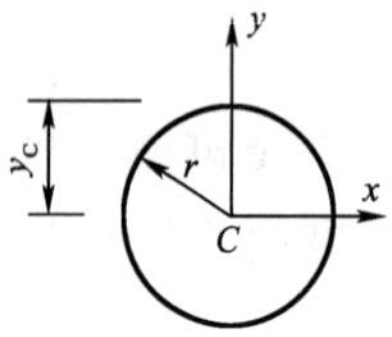  | $\pi r^2$ | $r$ | $\frac{1}{4}\pi r^4$ |
| 半圆形 | 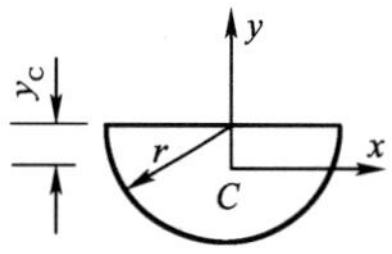  | $\frac{1}{2}\pi r^2$ | $\frac{4}{3}r/\pi$ | $\frac{9\pi^2-64}{72\pi}r^4$ |

**解:**(1)上、下游水压力合力及其作用点。

将上、下游压强分布图叠加得合力分布图,为矩形,如图2-14b)所示,由此得

$$P=\gamma(h_1-h_2)\times A=9.8\times(2+1-2+0.5)\times2\times5=49(\mathrm{kN})$$

$$y_D=h_D=1+1=2(\mathrm{m})$$

(2)上、下游同时上涨0.5m时,等于原上、下游水面同时增大压强 $\Delta p_1=\Delta p_2=\gamma\times0.5$,上、下游静水总压力按帕斯卡原理有

$$P'=\gamma[(h_1+\Delta p_1)-(h_2+\Delta p_2)]\times A=P=49(\mathrm{kN})$$

合力作用点不变。

即 $$y'_D=h'_D=2\mathrm{m}$$

**例2-7** 如图2-15a)所示为桥头路堤,挡水深 $h=4\mathrm{m}$,边坡倾角 $\alpha=60°$,取计算长度 $s=1\mathrm{m}$,试用解析法及图解法计算路堤所受静水总压力。

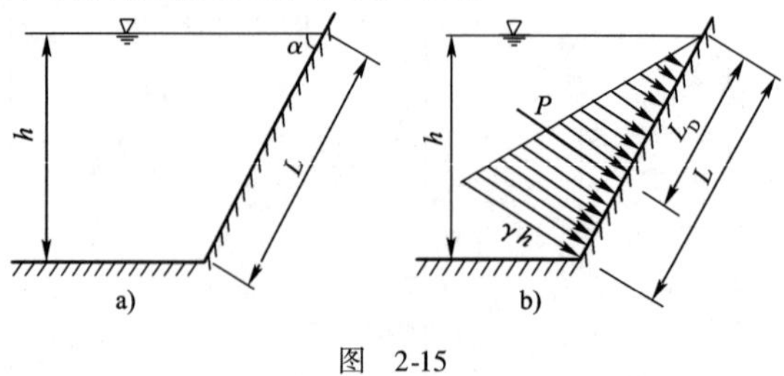


图 2-15

**解**:(1)解析法

由题意可知,路堤淹没面积即其受压面积为一矩形平面,有

$$L = \frac{h}{\sin\alpha} = \frac{4}{\sin60^\circ} = \frac{8}{3}\sqrt{3}(\text{m})$$

$$A = s \cdot L = 1 \times \frac{8}{3}\sqrt{3} = \frac{8}{3}\sqrt{3}(\text{m}^2)$$

取 $y$ 轴与受压平面的对称轴重合,则受压平面的形心坐标为

$$x_C = 0, y_C = \frac{L}{2} = \frac{4}{3}\sqrt{3}(\text{m}), h_C = \frac{h}{2} = \frac{4}{2} = 2(\text{m})$$

单宽路堤所受静水总压力

$$P = p_C A = \gamma h_C A = 9.8 \times 2 \times \frac{8}{3}\sqrt{3} = 90.5(\text{kN})$$

压力中心 $D(x_D, y_D)$:

$$\left.\begin{aligned} x_D &= 0, I_C = \frac{sL^3}{12} = \frac{1 \times \left(\frac{8}{3}\sqrt{3}\right)^3}{12} = 8.12(\text{m}^4) \\ y_D &= y_C + \frac{I_C}{y_C A} = \frac{4}{3}\sqrt{3} + \frac{8.21}{\frac{4}{3}\sqrt{3} \times \frac{8}{3}\sqrt{3}} = 3.08(\text{m}) \end{aligned}\right\}$$

(2)图解法

如图 2-15b)所示,作静水压强分布图。单宽路堤所受的总压力

$$P = \Omega \cdot 1 = \frac{1}{2}(\gamma h) \cdot L \cdot 1 = \frac{1}{2} \times 9.8 \times 4 \times \frac{8}{3}\sqrt{3} = 90.5(\text{kN})$$

压力中心 $D(x_D, y_D)$:

$$x_D = 0, y_D = \frac{2}{3}L = \frac{2}{3} \times \frac{8}{3}\sqrt{3} = 3.08(\text{m})$$

# 第六节　作用在曲面壁上的静水总压力

## 一、二向曲面壁上的静水总压力及其分力

如图 2-16 所示的二向曲面 $ab$,其母线长度为 $b$。由压强分布图可知,作用于此曲面上各点的压强方向不同,为非平行力系,总压力不能按平面壁上总压力的计算方法简单求其代数和。通常将各点水压力分解为水平分力和铅垂分力,并分别求其代数和,而后再求作用在此曲面上的静水总压力,即求解两分力的几何和。

对于图 2-16 所示的二向曲面,在曲面上取微元面积 $dA$,它在水平和铅垂面上的投影面积分别为 $dA_x$、$dA_z$,所在水深为 $h$,因有

$$dP = pdA = \gamma h dA$$

$$dP_x = dP\cos\alpha = \gamma h dA\cos\alpha = \gamma h dA_x$$

$$dP_z = dP\sin\alpha = \gamma h dA\sin\alpha = \gamma h dA_z = \gamma dV$$

式中:$A_z$、$A_x$——曲面 $A$ 在水平面和铅垂面上的投影面积,均为平面。

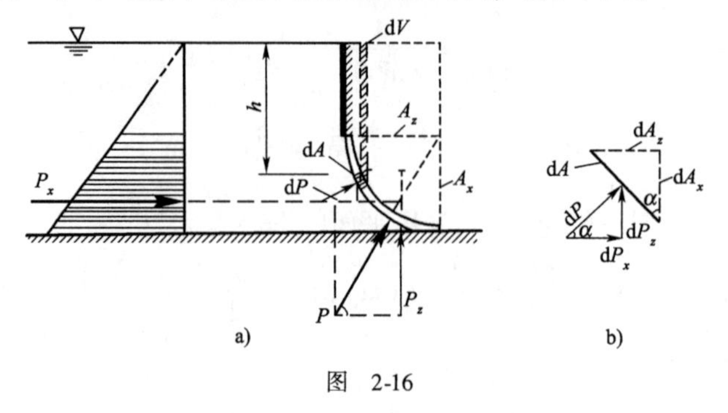


图 2-16

设 $h_C$ 为 $A_x$ 投影面积形心在自由表面以下的深度,由此有

$$p = \gamma h, \cos\alpha = \frac{dA_x}{dA}, \sin\alpha = \frac{dA_z}{dA}$$

$$dP = pdA = \gamma h dA$$

$$dP_x = dP\cos\alpha = pdA\cos\alpha = \gamma h dA_x$$

$$dP_z = dP\sin\alpha = pdA\sin\alpha = \gamma h dA_z = \gamma dV$$

由此得

$$P_x = \int dP_x = \gamma\int_{A_x} h dA_x = \gamma h_C A_x = p_C A_x \tag{2-26}$$

$$P_z = \int dP_z = \gamma\int_V dV = \gamma V \tag{2-27}$$

式中:$p_C$——投影面积 $A_x$ 形心处压强;

$\gamma$——液体重度;

$V$——压力体,即以曲面为底直至自由表面间铅垂液柱的体积[图 2-16a)]。

式(2-26)及式(2-27)表明,二向曲面壁所受静水总压力的水平分力 $P_x$ 值等于曲面铅垂投影面积 $A_x$ 形心处压强 $P_C$ 与 $A_x$ 的乘积,其作用线通过面积 $A_x$ 上压强分布图的形心并沿水平指向曲面,$P_x$ 的压力中心($x_D$,$y_D$)可按式(2-24)计算。总压力的铅垂分力 $P_z$ 等于压力体中的液体重力,其方向可向上,也可向下,取决于作用于曲面上 $dP_z$ 的合成。当液体和压力体分居曲面异侧时,压力体中无液体,此称为虚压力体,各点 $dP_z$ 方向向上,故 $P_z$ 方向向上;当液体与压力体同居曲面一侧时,压力体中充满液体,此称为实压力体,各点 $dP_z$ 方向向下,$P_z$ 方向向下。$P_z$ 的作用线通过压力体中心与曲面的交点,即为 $P_z$ 的作用点。虚、实压力体如图 2-17 所示。

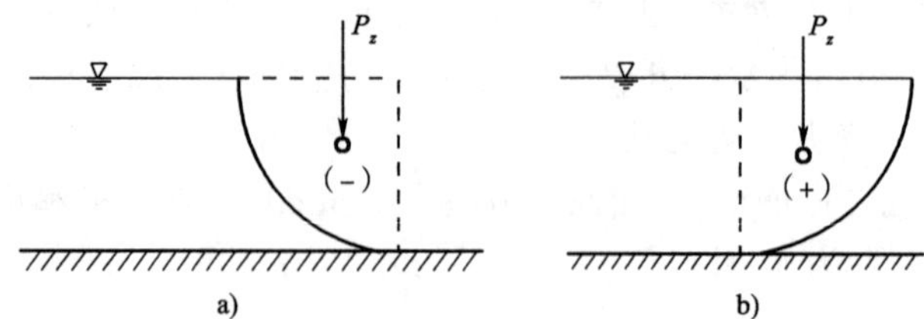


图 2-17

a)虚压力体;b)实压力体

若已知 $P_x$、$P_z$，则曲面壁所受静水总压力 $P$ 可按下式计算

$$\left.\begin{aligned} P &= \sqrt{P_x^2 + P_z^2} \\ \alpha &= \arctan\frac{P_z}{P_x} \end{aligned}\right\} \tag{2-28}$$

式中：$\alpha$——总压力 $P$ 的作用线与水平线的夹角。

如图 2-16 所示，$P$ 的作用线与曲面的交点即 $P$ 的作用点。

上述曲面壁静水总压力的分析方法，也可用于分析计算平面壁上所受的静水总压力。如图 2-18 所示，倾斜平面 $ab$，其铅垂投影面 $A_x$ 上的静水总压力即 $P_x$，由平面 $ab$ 即组合面 $abc$ 所构成的压力体，亦可求得 $P_z$，如图 2-18 中的阴影线所示（请读者自述其中的原理与方法）。

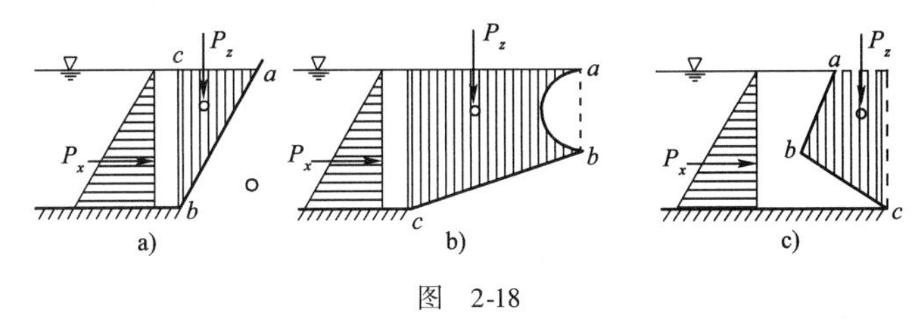


图 2-18

## 二、浮力

漂浮在液体自由表面的物体，称为浮体。全部浸没于液体中的物体，称为潜体。沉没于液体底部的物体，称为沉体。物体在液体中所受铅垂向上的浮托力，称为浮力。

如图 2-19 所示，潜体的表面由曲面 $abcda$ 组成，它在铅垂面上的投影面积 $A_{x1}=A_{x2}$，形状相同，则 $P_{x1}=P_{x2}$，故浮体或潜体在静水中均不会做水平位移。按曲面静水总压力分析，潜体表面可分成曲面 $abc$ 与 $adc$ 两部分。$adc$ 曲面的压力体为 $V_{\text{adcefa}}$，属实压力体，$P_{z1}=\gamma V_{\text{adcefa}}$，方向向下；$abc$ 曲面的压力体为 $V_{\text{abcefa}}$，属虚压力体，$P_{z2}=\gamma V_{\text{abcefa}}$，方向向上。显然 $P_{z1}$ 与 $P_{z2}$ 的作用线重合，且 $P_{z2} > P_{z1}$。设物体的体积为 $V$，其表面所受铅垂方向的静水总压力有

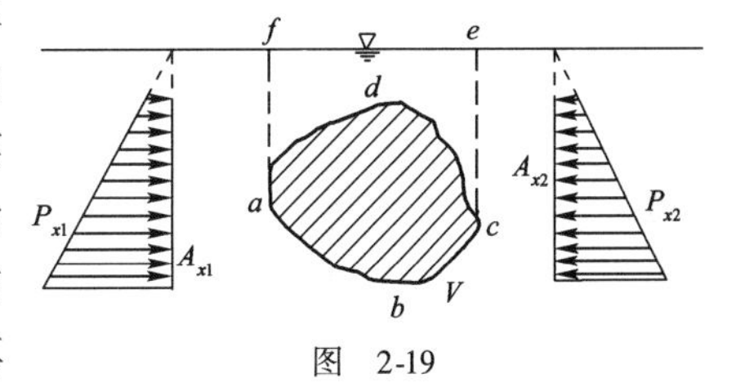


图 2-19

$$P_z = P_{z2} - P_{z1} = \gamma(V_{\text{abcefa}} - V_{\text{adcefa}}) = \gamma V \tag{2-29}$$

式(2-29)表明，物体在静止液体中所受曲面总压力 $P_z$，即物体所受的浮力。此浮力大小等于物体在液体中所排开的同体积液体重力，方向恒向上，其作用线通过物体的重心，这就是熟知的阿基米德（Archimed）原理。由此可见，阿基米德原理中的浮力，实际上就是物体表面的各部分曲面总压力中铅垂分力的合力 $P_z$。对于潜体或浮体的受力分析，当作了曲面总压力计算时，则不应再加入浮力项。

桥墩、水坝、泵房等建筑物基础所受的浮托力问题，也是一种曲面静水总压力问题，它和建筑物基础与不透水岩层的结合情况有关。

如图 2-20a）所示，若基础与不透水岩层间出现裂缝时，裂缝部分的底板曲面将构成虚压力体，如图 2-20a）中阴影部分所示。由此产生的曲面总压力的铅垂方向分力，即方向向上的浮托力，它对建筑物的稳定不利；若基础与不透水岩层结合良好且无裂缝，则底板曲面将无浮托力作用，而基础扩大部分的上表面所构成的为实压力体，总压力的铅垂分力方向向下，如图

2-20b)中阴影部分,它加大了建筑物的重力,增加了建筑物的稳定性。因此,加强基础与不透水岩层的结合或将基础嵌入不透水层是消除基础浮托力的有效措施。

**例 2-8** 如图 2-21 所示为转动式桥孔桁架,它支承于直径 $d=4.6\text{m}$ 的圆柱体浮筒上,浮筒漂浮于直径 $D=4.8\text{m}$ 的储水室内,求:

(1)若桁架及浮筒自重 $G=294.2\text{kN}$ 时,求浮筒的吃水深度 $h$;

(2)当桥孔桁架负荷 $F=98\text{kN}$ 时,求桥的下沉深度 $s$。

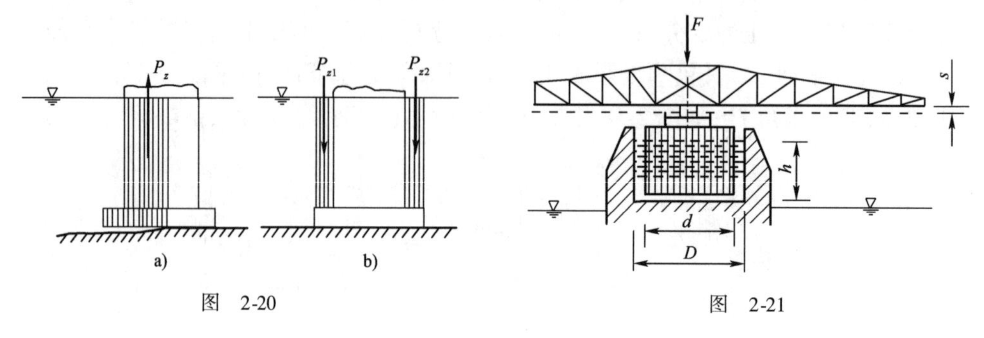


图 2-20　　　　图 2-21

**解:**(1)求浮筒吃水深度 $h$(浮筒浸入深度)

浮筒底所受铅垂方向曲面静水总压力为

$$P_z=\gamma V=\gamma\left(\frac{\pi d^2}{4}\times h\right)=9.8\times\frac{\pi\times4.6^2}{4}h=162.8664h$$

其中,$V$ 为虚力体。

又 $$P_z=G$$

得 $$h=\frac{294.2}{162.8664}=1.81(\text{m})$$

(2)求桥的下沉深度 $s$

由 $$P_z=\gamma V=\gamma\left[\frac{\pi d^2}{4}\times(h+s)\right]=G+F$$

得 $$s=\frac{G+F}{\frac{\gamma\pi d^2}{4}}-h=\frac{294.2+98}{\frac{9.8\times\pi\times4.6^2}{4}}-1.81=0.6(\text{m})$$

**例 2-9** 如图 2-22 所示为圆柱闸门,其直径 $d=1\text{m}$,上游水深 $h_1=1\text{m}$,下游水深 $h_2=0.5\text{m}$,求每米长柱体上受的静水总压力的水平分压力和铅垂分压力。

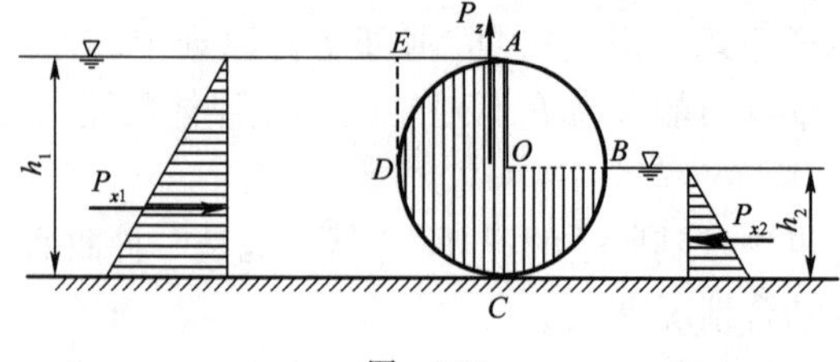


图 2-22

**解:**(1)水平分压力 $P_x$

$$P_x=\frac{1}{2}\gamma(h_1^2-h_2^2)=\frac{1}{2}\times9.8\times(1^2-0.5^2)=3.68(\text{kN})$$

(2)铅垂分压力 $P_z$

计算方法:先求压力体——计算压力体体积,再求 $P_z$。

压力体:受压圆柱曲面可分为三部分,即$\overset{\frown}{AD}$、$\overset{\frown}{DC}$、$\overset{\frown}{CB}$,分别讨论其压力体。

$V_{ADEA}$——实压力体,$P_{zADEA}\downarrow$

$V_{AEDCA}$——虚压力体,$V_{AEDCA}=V_{ADEA}+V_{ADCA}$,$P_{zAEDCA}\uparrow$

$V_{BCOB}$——虚压力体,$P_{zBCOB}\uparrow$

$$P_z=P_{zADEA}-P_{zAEDCA}-P_{zBCOB}=\gamma(V_{ADEA}-V_{AEDCA}-V_{BCOB})$$

$$=-\gamma(V_{ADCA}+V_{BCOB})=-\gamma V_{ADCBOA}=-\gamma\frac{3}{4}\cdot\frac{\pi d^2}{4}\times 1$$

$$=-9.8\times\frac{3}{4}\times\frac{\pi\times 1^2}{4}\times 1=-5.77\text{kN}(\text{方向向上,通过压力体重心})$$

## *三、潜体和浮体的平衡与稳定

浮体或潜体表面构成的均为虚压力体,其形心即浮力的作用点,称为浮心。浮体的最大浸入深度,称为吃水深度。浮体与水面相交的平面,称为浮面。潜体的几何形状形心即浮心,浮体水下部分的几何形心为浮心。显然,浮心与物体所排开液体体积的形心重合。

所谓潜体和浮体的平衡,即指潜体和浮体所受浮力 $P_z$ 与其自重 $G$ 具有等量关系,即 $G=P_z$。而潜体与浮体平衡的稳定性是指当 $G=P_z$ 时,若遇外界干扰发生倾斜后,具有恢复它原来平衡状态的能力。物体的沉浮取决于其重量 $G$ 与浮力 $P_z$ 的大小情况。当 $G>P_z$ 时,物体将沉于水的底部;当 $G<P_z$ 时,物体将漂浮于液面而成浮体;当 $G=P_z$ 时,物体将可潜没于液体中的任意位置并保持平衡。潜体和浮体的平衡稳定性与其重心和浮心的相对位置有关。

通常,物体质量多呈不均匀分布,因而重心 $D$ 与浮心 $C$ 多不重合。它们的位置将对潜体和浮体的稳定性产生不同的影响。以下简要加以说明。

1. 潜体的平衡稳定性

如图 2-23 所示,潜体的平衡稳定性按重心 $D$、浮心 $C$ 的相对位置可有三种情况:

(1)重心低于浮心。如图 2-23a)所示,当解除使发生倾斜的外力后,$G\sim P_z$ 组成的力偶成抗倾倒力矩,它可使潜体恢复原来的平衡位置,此称稳定平衡。

(2)重心高于浮心。如图 2-23b)所示,当解除使发生倾斜的外力后,$G\sim P_z$ 组成的力偶成倾倒力矩,它将促使潜体迅速倾倒,此称不稳定平衡。

(3)重心与浮心重合。如图 2-23c)所示,$G\sim P_z$ 组成的力偶消失,对任何方位,潜体均可处于稳定状态,此称随遇平衡。

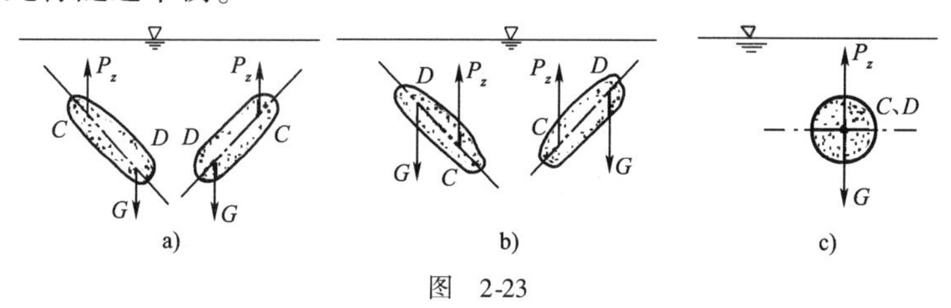


图 2-23

由此可见,潜体的平衡稳定性条件是:

(1)$G=P_z$,即重力与浮力相等。

(2)重心低于浮心。

2. 浮体的平衡稳定性

浮体的平衡条件与潜体相同,且自动满足 $G=P_z$,但稳定性条件不同。当重心高于浮心时,浮体仍有可能保持其平衡的稳定性,其原因是在倾斜后,其浸没在水中部分的形状起了变化,浮心的位置随之有变动,在一定的条件下,也有可能出现抗倾倒力矩使浮体仍可保持其平衡的稳定性。

如图2-24a)所示,通过重心 $D$ 和浮心 $C$ 的直线 $n$-$n$ 称为浮轴。在正常情况下,浮轴是铅垂的。重心与浮心间的距离,称为偏心距,以 $e$ 表示。当浮体受到某种外力,如风吹、浪击等,浮体将发生倾斜,此时,浮体浸没在液体中的部分形状有变化,并使原浮心 $C$ 偏离 $n$-$n$ 轴而移位至 $C'$处,如图2-24b)所示。通过 $C'$点浮力 $P_z'$作用线与浮轴 $n$-$n$ 的交点 $M$,称为定倾中心。定倾中心 $M$ 与浮心 $C$ 的距离,称为定倾半径,以 $\rho$ 表示。有 $CD=e$,$CM=\rho$。当浮体倾角 $\alpha$ 不太大时($\alpha<15°$),在实用上可近似认为 $M$ 点在浮轴上的位置是不变化的。由图2-24可见,浮体的稳定性可有三种情况:

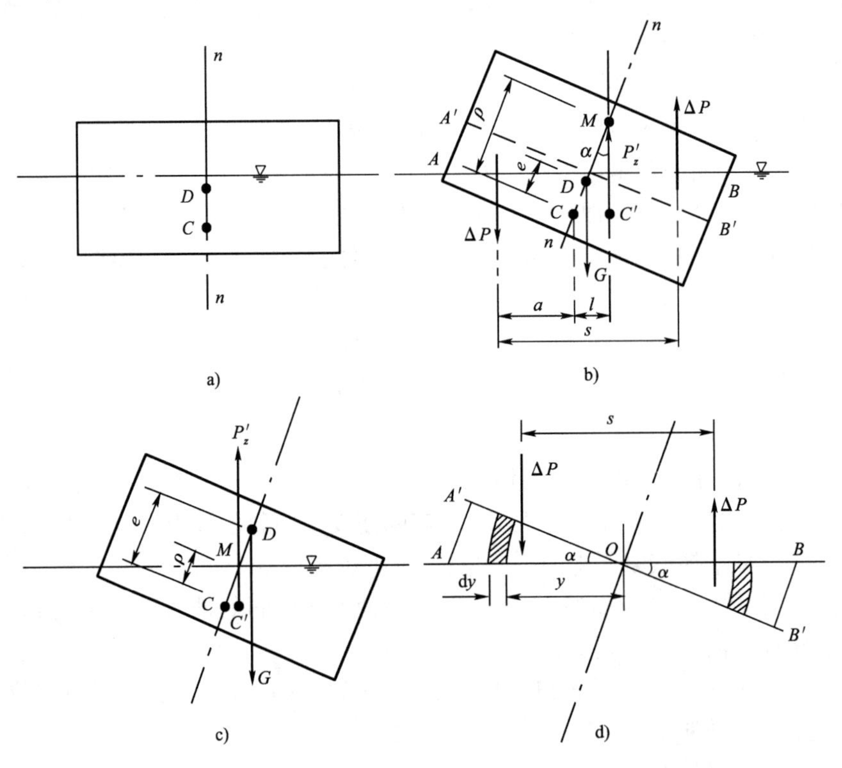


图 2-24

(1)$\rho>e$,即定倾中心 $M$ 点高于重心 $D$ 点,如图2-24b)所示,$G\sim P_z'$组成的力偶为抗倾倒力矩,它可使倾斜浮体恢复原来的平衡状态,如图2-24a)所示,浮体将呈稳定的平衡。

(2)$\rho<e$,即定倾中心 $M$ 点低于重心 $D$ 点,如图2-24c)所示,$G\sim P_z'$组成的力偶为倾倒力矩,它可促使浮体迅速倾倒,浮体将呈不稳定平衡。

(3)$\rho=e$,即定倾中心 $M$ 点与重心 $D$ 点重合,$G\sim P_z'$组成的力偶为零,浮体呈随遇平衡。

由此可知,浮体的平衡稳定条件为:

(1)$G = P_z$,对于浮体,这是必然结果。

(2)$\rho \geqslant e$,即定倾中心 $M$ 高于重心。

当浮体形状和质量分布一定时,重心 $D$ 与浮心 $C$ 间的偏心距亦确定,特别是对于重心不变的对称浮体,$e$ 更易定出。当 $\alpha < 15°$时,$\tan\alpha \approx \alpha$。由图2-24b)及图2-24c)所示,浮心由 $C$ 移到 $C'$点,显然,浮体浸没部分形状变化后,浮力不会改变,即 $P_z' = P_z$,由图2-24b)有

$$\rho = \frac{l}{\sin\alpha}$$

由图2-24d)可知,浸入水中的体积 $BOB'$和浮出水面的体积 $AOA'$应相等,$P_z'$也可看成是原浮力 $P_z$ 加上三棱体 $BOB'$的浮力 $\Delta P_1$,再减去三棱体 $AOA'$的浮力 $\Delta P_2$,而 $P_z' = P_z$,$\Delta P_1 = \Delta P_2 = \Delta P$,其中 $\Delta P_1 \sim \Delta P_2$ 所构成的力偶将促使浮体恢复原来的平衡位置。按合力矩定理,有

$$P'_z l = P_z \times 0 + \Delta P_2(s - a) - \Delta P_1(-a) = \Delta P \cdot s$$

$$l = \frac{\Delta P \cdot s}{P'_z} = \frac{\Delta P \cdot s}{\gamma V}$$

由此可知,求解 $l$,需要确定 $\Delta P$ 值。

如图2-24d)所示,设浮体长为 $l$,因 $\alpha < 15°$,取 $\tan\alpha \approx \alpha$,其中三棱柱的微小体积有

$$\mathrm{d}V = (\gamma\alpha\mathrm{d}y)l = \gamma\alpha\mathrm{d}A$$

$$\mathrm{d}A = l\mathrm{d}y$$

其中 $A$ 为原浮面的面积,$\mathrm{d}V$ 产生的浮力为

$$\mathrm{d}P = \gamma\mathrm{d}V = \gamma y\alpha\mathrm{d}A$$

$\mathrm{d}P$ 对 $O$ 点的力矩为

$$y\mathrm{d}P = \gamma y^2\alpha\mathrm{d}A$$

而

$$\Delta P \cdot s = 2\int y\mathrm{d}P = 2\gamma\alpha\int y^2\mathrm{d}A = \gamma\alpha I_0$$

其中

$$I_0 = 2\int_A y^2\mathrm{d}A$$

得

$$l = \frac{\gamma\alpha I_0}{\gamma V} = \frac{\alpha I_0}{V}$$

$$\rho = \frac{l}{\sin\alpha} = \frac{\alpha I_0}{V\sin\alpha} \tag{2-30}$$

当 $\alpha < 15°$,$\alpha \approx \sin\alpha$,故有

$$\rho = \frac{I_0}{V} \tag{2-31}$$

式中:$I_0$——浮面面积 $A$ 对其中心纵轴 $O\text{-}O$ 的惯性矩;

$V$——浮体浸入水中的全部体积。

不难看出,浮体的稳定性还与浮面形状有关。当排水量 $V$ 一定时,浮面愈宽,$I_0$ 愈大,浮体的稳定性愈好。但过宽的船舶灵活性差且阻力大,因此,船体一般多做成长条形。

潜体及浮体的平衡稳定性条件,对于潜艇、船舶及沉井浮运等都具有重要意义。

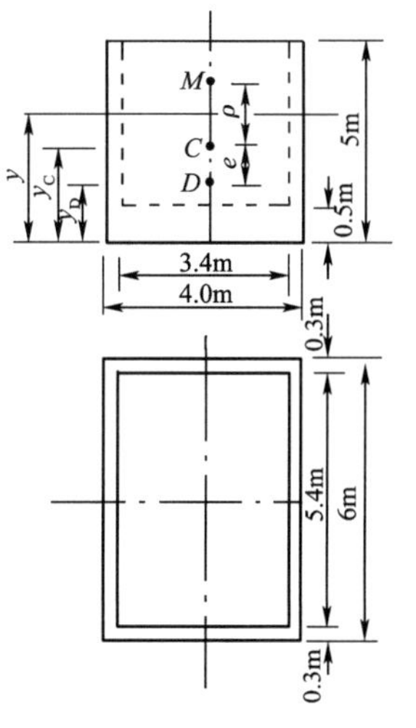

图 2-25

**例 2-10** 如图2-25所示,钢筋混凝土沉箱长 $L = 6\text{m}$,宽 $B = 4\text{m}$,

高 $H=5\text{m}$，底厚 $\delta=0.5\text{m}$，侧壁厚 $t=0.3\text{m}$。钢筋混凝土的重度 $\gamma_s=23.5\text{kN/m}^3$，海水重度 $\gamma_s=10.1\text{kN/m}^3$。试验算浮运时的稳定性。

**解：**(1)沉箱重力 $G$

$$G=\gamma_s[H\times B\times L-(H-\delta)(B-2\times t)(L-2\times t)]$$
$$=23.5\times[5\times4\times6-(5-0.5)\times(4-2\times0.3)\times(6-2\times0.3)]$$
$$=879(\text{kN})$$

(2)沉箱吃水深度 $y$

$$P_z=\gamma V=10.1\times6\times4\times y=242.4y$$
$$\text{由 } P_z=G\text{，得 } y=3.63(\text{m})$$

(3)偏心距 $e$

浮心 $C$ 距沉箱底高度：$y_C=\dfrac{y}{2}=\dfrac{3.63}{2}=1.82(\text{m})$

重心 $D$ 距沉箱底高度：由合力矩定理有

$$Gy_D=H\times B\times L\times\gamma_s\times\frac{H}{2}-(H-\delta)(B-2\times t)(L-2\times t)\gamma_s\times\left(\frac{H-0.05}{2}+\delta\right)$$
$$=5\times4\times6\times23.5\times\frac{5}{2}-(5-0.5)\times(4-2\times0.3)\times(6-2\times0.3)\times$$
$$23.5\times\left(\frac{5-0.05}{2}+0.5\right)$$

得

$$y_D=1.95(\text{m})$$
$$e=y_D-y_C=1.95-1.82=0.13(\text{m})$$

$y_D>y_C$，这表示此沉箱的重心高于浮心，需作平衡稳定性验算。

如图2-25所示，沉箱绕其纵轴（长轴）的惯性矩小于绕其横轴（短轴）的惯性矩，因此只需验算绕其长轴的平衡稳定性。绕长轴的惯性矩为

$$I_0=\frac{L\times B^3}{12}=\frac{6\times4^3}{12}=32(\text{m}^4)$$

沉箱排水体积为

$$V=L\times B\times y=6\times4\times3.63=87.4(\text{m}^3)$$

沉箱定倾半径

$$\rho=\frac{I_0}{V}=\frac{32}{87.4}=0.37(\text{m})>e=0.13(\text{m})$$

这表明此沉箱的定倾中心 $M$ 位于重心 $D$ 之上，故此沉箱在海水中漂浮属稳定平衡。

## 【习题】

2-1　压力表测得的压强属哪类压强？绝对压强可否为负值？

2-2　液体中某点压强为什么可以从该点前、后、左、右方向去测量。测压管安装在容器壁处，为什么可以测量液体内部距测压管较远处的压强？

2-3 什么是水头、水头线及测压管水头线？它们的物理意义是什么？

2-4 如习题2-4图所示，已知某水塔中水体某点 $z=1\text{m}$，$h=2\text{m}$，$p_0=2p_a$，问水塔箱底部的测压管水头为多少？该处的相对压强及绝对压强各为多少？

2-5 如习题2-5图所示，已知大气压强 $p_a=98\text{kPa}$，液体重度 $\gamma=9.8\text{kN/m}^3$，水银重度 $\gamma_p=133.28\text{kN/m}^3$，$y=20\text{cm}$，$h_p=10\text{cm}$。求 $A$ 点的绝对压强 $p_{abs}$、相对压强 $p_\gamma$，并分别用三种压强单位表示。

2-6 如习题2-6图所示，水箱侧壁压力表读数为40.2kPa，压力表中心距水箱底部的高度 $h=4\text{m}$，求水箱中的水深 $H$。

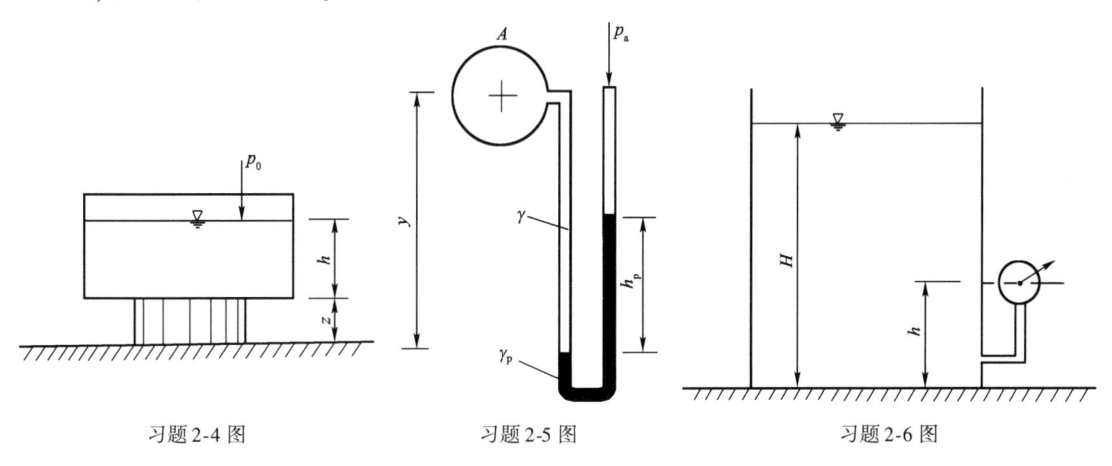


习题2-4图　　习题2-5图　　习题2-6图

2-7 如习题2-7图所示，已知两压力容器中 $A$、$B$ 两点高差 $\Delta z=2\text{m}$，$p_A=21.4\text{kPa}$，$\gamma_p=133.28\text{kN/m}^3$，$\Delta h=0.5\text{m}$。(1)若容器中为空气，求 $B$ 点压强 $p_B$；(2)若容器中为水，$p_B=1.37\text{kPa}$，求 $\Delta h$。

2-8 如习题2-8图所示，敞开容器内注有三种不相混的液体，求侧壁三根测压管内液面至容器底部的高度 $h_1$、$h_2$、$h_3$。

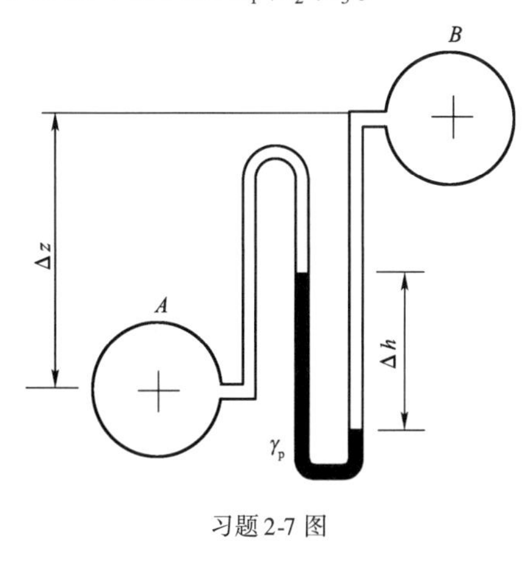


习题2-7图

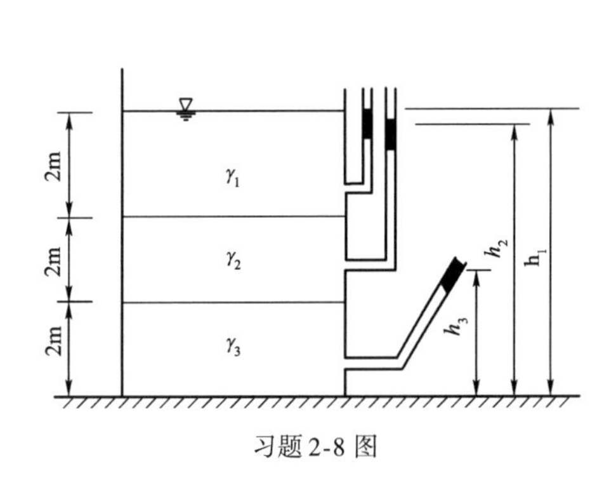


习题2-8图

2-9 如习题2-9图所示为测定汽油库内液面位置的装置，$AB$ 管内充满压缩空气，已知油的重度 $\gamma_0=6.8\text{kN/m}^3$，$h=0.8\text{m}$，测压管中液体为水，求油库中汽油深度 $H$。

2-10 如习题2-10图所示的测量物体加速度装置，它安装在运动物体上。U形管直径很小，$L=30\text{cm}$，$h=5\text{cm}$，求物体加速度 $a$。

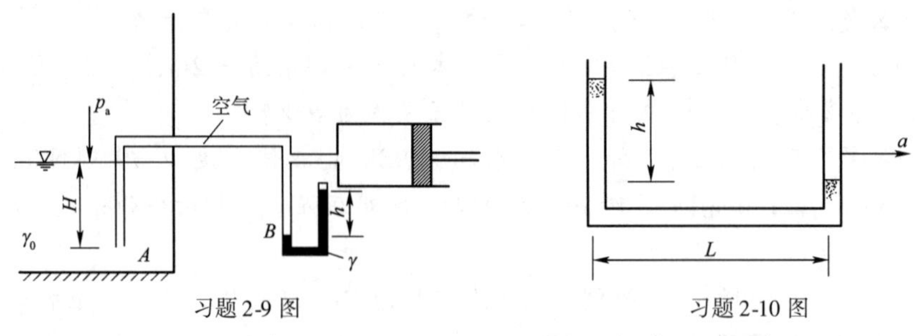


习题 2-9 图　　　　习题 2-10 图

2-11　如习题 2-11 图所示为 $D=30\text{cm}$、$H=50\text{cm}$ 的圆柱容器,原有水深 $h=30\text{cm}$,若使容器绕其中心轴旋转,试确定侧壁水恰好上升到容器顶边时的等角速度 $\omega$。

2-12　如习题 2-12 图所示,水泵前的吸水管和其后的压水管上装有 U 形水银压差计,测得水银面高差 $h_p=120\text{mm}$,问水经过水泵后,其压强增大多少?($\gamma=9.8\text{kN/m}^3$,$\gamma_p=133.28\text{kN/m}^3$)

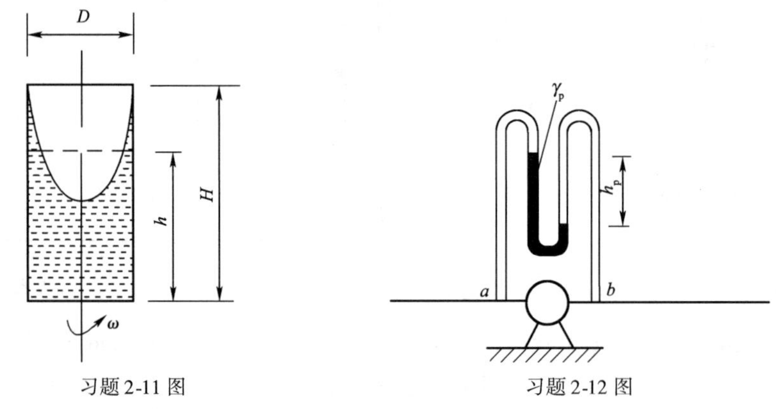


习题 2-11 图　　　　习题 2-12 图

2-13　如习题 2-13 图所示,作给水管道承压试验时压力表 $M$ 的读数为 $10p_a$($p_a$ 为工程大气压),管直径 $d=1\text{m}$,压力表中心至管轴的高度为 1.2m。求作用在管端法兰平面堵头上的静水总压力。

2-14　如习题 2-14 图所示为一长方形平面闸门,高 3m,宽 2m,上游水位高出门顶 3m,下游水位高出门顶 2m。(1)求闸门所受总压力和作用点;(2)若上下游水位同时上涨 1m 时,总压力作用点是否会有变化?试作简要论证。

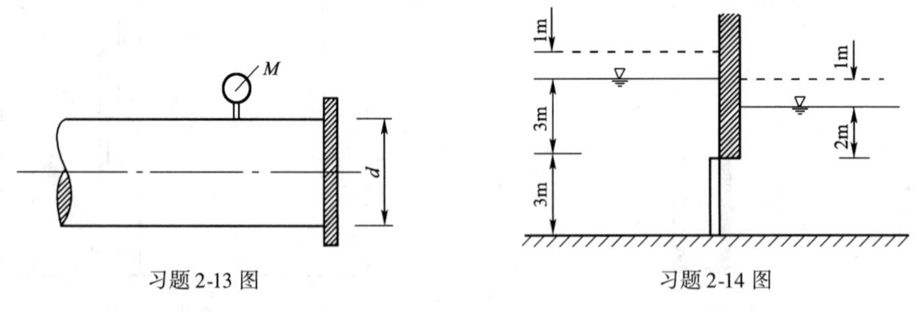


习题 2-13 图　　　　习题 2-14 图

2-15　如习题 2-15 图所示桥墩施工围堰用钢板桩,当水深 $h=5\text{m}$ 时,求每米宽板桩所受的静水总压力及其对 $C$ 点的力矩 $M$。

2-16　如习题 2-16 图所示,为满足农业灌溉蓄水需要,涵洞进口设圆形平板闸门,其直径 $d=1\text{m}$,闸门与水平面成 $\alpha=60°$ 倾角并铰接于 $B$ 点,闸门中心点位于水下 4m,门重 $G=980\text{N}$。当门后无水时,求启门力 $T$(不计摩擦力)。

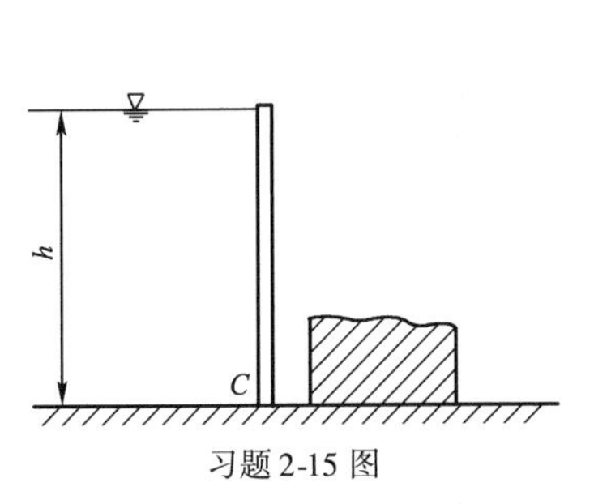


习题 2-15 图

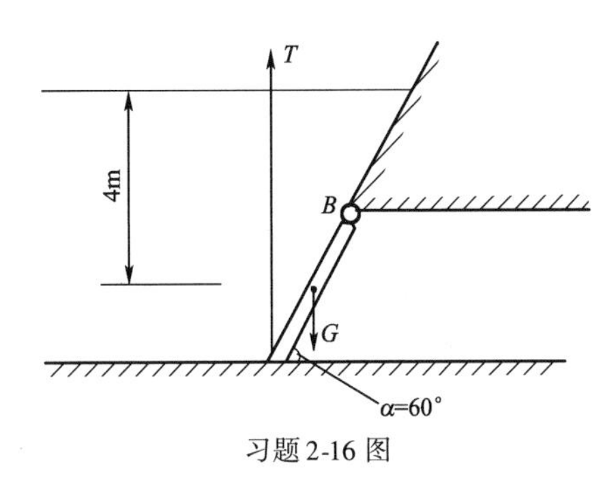


习题 2-16 图

2-17　如习题 2-17 图所示自动翻倒闸门，其支承横轴距门底 $h_1 = 0.4\mathrm{m}$，门可绕此横轴作顺时针方向转动（如图中虚线所示）开启，门高 $h = 1\mathrm{m}$，宽 $b = 0.4\mathrm{m}$，不计支承部分摩擦力，试确定门前水深 $H$ 为多少时，门才可启动打开。

2-18　如习题 2-18 图所示为水力自动翻板闸门，门可绕支承横轴转动（如图中虚线所示），求水深 $h$ 为多少时，此门才能自动绕顺时针方向旋转开启。

2-19　如习题 2-19 图所示，上、下两半圆柱体构成的容器用螺栓连接，柱体直径 $d = 2\mathrm{m}$，长 $L = 2\mathrm{m}$，其中充水。当测压管读数 $H = 3\mathrm{m}$ 时，求：(1) 上半个圆柱体固定不动时，螺栓群所受的总拉力；(2) 下半个圆柱体固定不动时，螺栓群所受的总拉力。

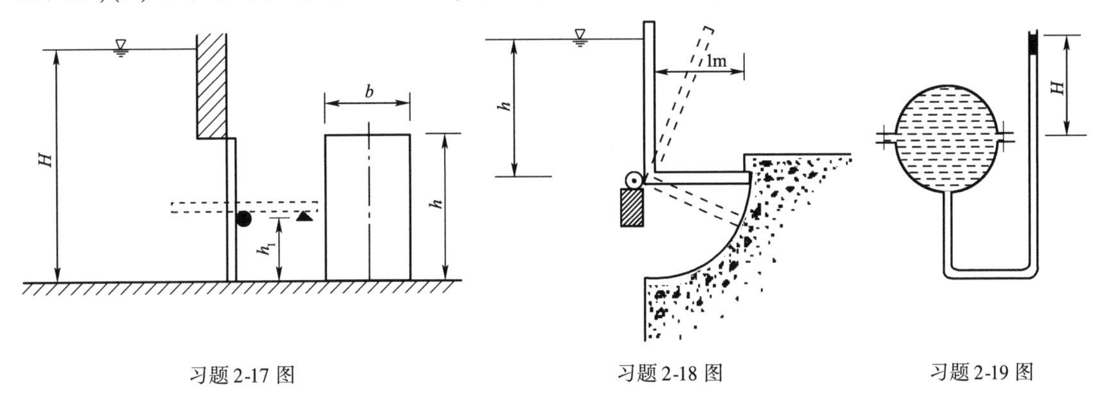


习题 2-17 图　　习题 2-18 图　　习题 2-19 图

2-20　如习题 2-20 图所示为一圆柱形桥墩，半径 $R = 2\mathrm{m}$，埋设在透水层内，其基础为正方形，边长 $b = 4.3\mathrm{m}$，高 $h = 2\mathrm{m}$，水深 $H = 10\mathrm{m}$，试求整个桥墩及基础所受静水总压力。

2-21　如习题 2-21 图所示，其左半部在水中，受有浮力 $P_z$ 作用，设圆筒可绕横轴转动，轴间摩擦力可忽略不计，问圆筒可否在 $P_z$ 作用下转动不止？

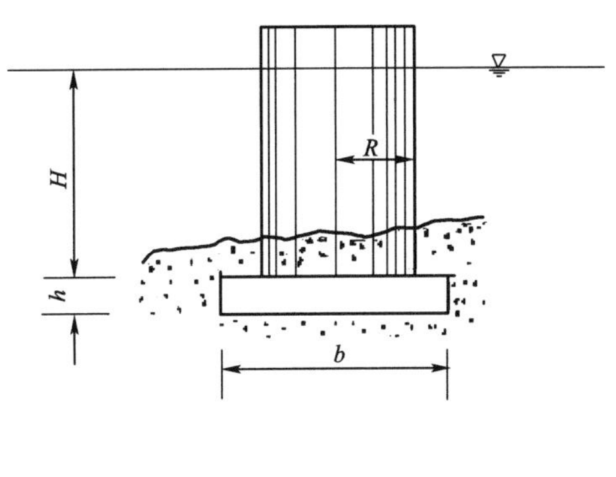


习题 2-20 图

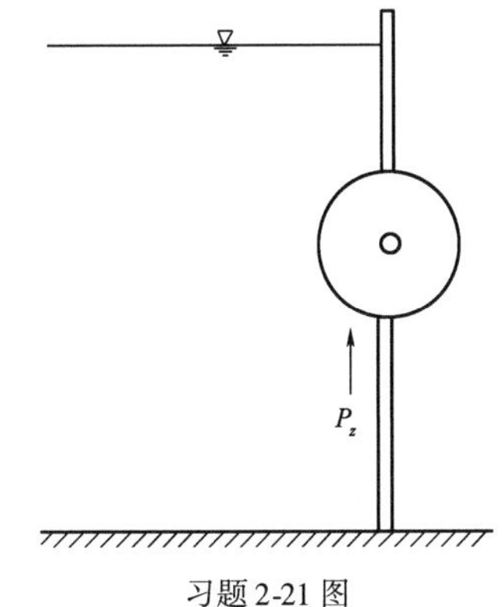


习题 2-21 图

2-22　如习题2-22图所示，试绘出图中侧壁 $AB$ 的压强分布图。

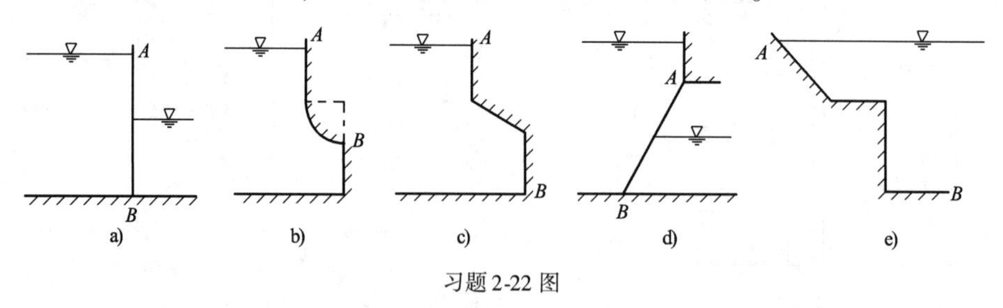


习题2-22图

2-23　如习题2-23图所示，试绘出各圆柱体的压力体。

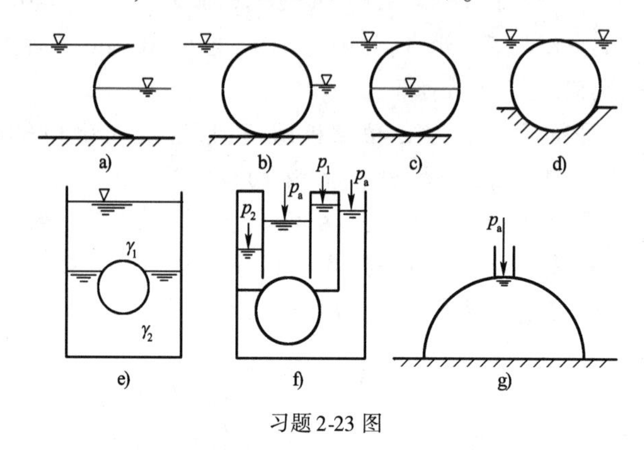


习题2-23图

2-24　如习题2-24图所示，钢管内径 $D=1\mathrm{m}$，管内水压强 $p$ 为500m水柱，钢材的容许应力 $[\sigma]=150\mathrm{MPa}$，求管壁厚度 $\delta$。

2-25　如习题2-25图所示，一直立矩形平面闸门 $AB$，高 $H=3\mathrm{m}$，用三根尺寸相同的工字梁作支承横梁，试确定其位置 $y_1$、$y_2$、$y_3$。

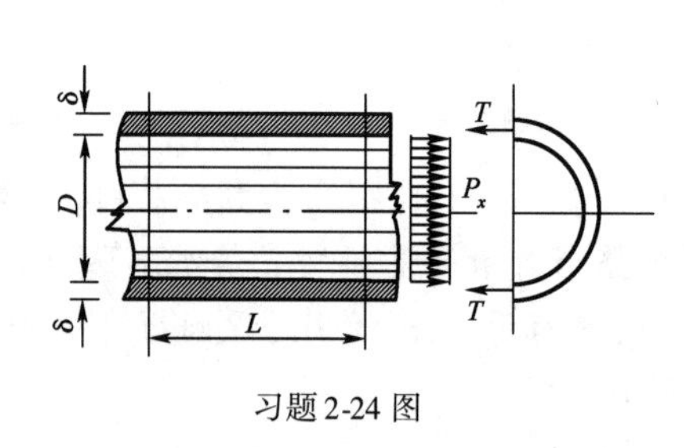


习题2-24图

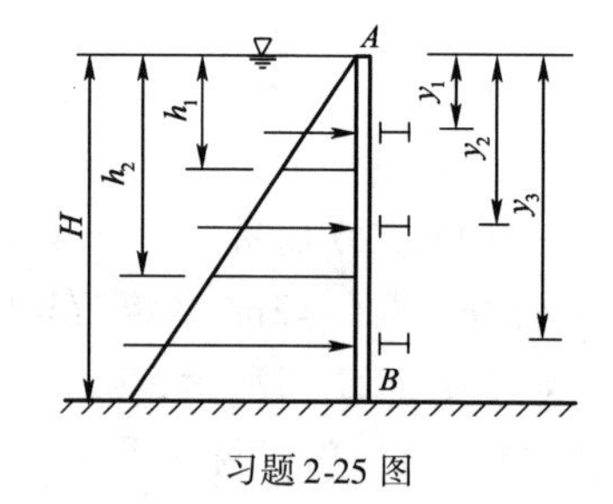


习题2-25图

第三章

# 水动力学基础

## 第一节　描述液体运动的两种方法

液体的物理特性是具有流动性,其静止只是相对的,而运动才是绝对的。水动力学研究的主要问题是流速和压强在流场中的分布。所谓流场,即液体的流动空间。在此两大问题中,流速居首要地位。

液体在流动中,将同时出现惯性力和黏性力的相互作用,欧拉平衡微分方程中的表面力和质量力的平衡关系也将因此被破坏。惯性力是液体质点流速变化的结果,而黏性力则产生于液体质点间或流动层面间的流速梯度,即产生于液体质点间的黏滞性和流速分布不均匀性。因此,流速不但是液体流动状态的数学描述,而且是水动力学研究的基本问题。有关液体流动的分类、计量及一系列概念,都将围绕着流速提出。液体的流速可有质点流动速度(简称质点流速)、断面平均流速和时间平均流速等,待后详述。

关于动水中的压强,由于黏性力的作用,它与静水压强特性有一定区别,即动水中任一点压强不仅与该点空间位置有关,而且与运动速度大小及方向有关,但黏性力对压强所引起的这一影响很小,在动水中任一方向压强的平均值仍然接近于常数。因此,水力学中对于动水压强和静水压强两者在概念和命名上通常没有再作区别,统称压强。

液体流动一般都在固体壁面所限制的空间内外进行。例如,水在管道、河道、渠道内流动,均处于边界固体限制的空间之内,而河水绕桥墩的流动,对桥墩而言,则属于固体所限空间之外。这些流动空间即为流场。水动力学的基本任务就是研究液体在流场中压强和流速的分布规律,从中建立液体运动的质量守恒定律、能量守恒定律和动量守恒定律的数学表达式,并以此作为水力学的理论基础。此外,这些定律对低速流动($v<50$m/s)及密度变化不大的气体也适用。

为建立液体运动要素的数学表达式,通常有两种方法,即拉格朗日(J. L. Lagrange)法和欧拉(L. Euler)法,现分述如下。

## 一、拉格朗日法

此法引用固体力学方法,即把液体看成是一种质点系,把流场中的液体运动看成是由无数液体质点迹线构成。每一质点运动都有其运动迹线,由此可进一步获得液体质点流速及加速度等运动要素的数学表达式。综合每一质点的运动状况,即可获得整个液体的流动状况,即先从单个质点入手,再建立流场中液流流速及加速度的数学表达式。可见,拉格朗日法是用迹线来描绘流场中的运动状况。设 $t=t_0$ 时,某液体质点的初始坐标为$(a,b,c)$,则在任一时刻 $t$,此质点的迹线方程可表达为

$$\left.\begin{aligned} x &= x(a,b,c,t) \\ y &= y(a,b,c,t) \\ z &= z(a,b,c,t) \end{aligned}\right\} \tag{3-1}$$

式中:$a$、$b$、$c$、$t$——拉格朗日变数。

不同的初始值($a$、$b$、$c$)表示流场中不同液体质点的初始位置。因此,每一质点的流速 $u$ 及加速度 $a$ 可表达为

$$\left.\begin{aligned} u_x &= \frac{\partial x}{\partial t} = u_x(a,b,c,t) \\ u_y &= \frac{\partial y}{\partial t} = u_y(a,b,c,t) \\ u_z &= \frac{\partial z}{\partial t} = u_z(a,b,c,t) \\ a_x &= \frac{\partial u_x}{\partial t} = a_x(a,b,c,t) \\ a_y &= \frac{\partial u_y}{\partial t} = a_y(a,b,c,t) \\ a_z &= \frac{\partial u_z}{\partial t} = a_z(a,b,c,t) \end{aligned}\right\} \tag{3-2}$$

式中:$u_x$、$u_y$、$u_z$——分别为液体质点流速 $u$ 沿三坐标轴的分量;

$a_x$、$a_y$、$a_z$——分别为液体质点加速度沿三坐标轴的分量。

由上式可知,按拉格朗日法确定流场中液体质点的流速及加速度等运动要素分布关系的先决条件是建立确定的迹线方程。但是,这在数学上往往难以实现。因此,除分析波浪运动、

水文测验及水工模型试验示踪测速等情况外，水力学中较少采用这一方法建立数学模型。

## 二、欧拉法

此法直接从流场中每一固定空间点流速分布规律入手建立流速、加速度等运动要素的数学表达式，然后从中综合整体水流的运动规律，进一步建立液体运动的质量守恒方程、能量守恒方程及动量方程。欧拉法和拉格朗日法的不同点是它只以空间点的流速、加速度为研究对象，并不涉及液体质点的运动过程，也不考虑各点流速及加速度属于哪一质点，这就大大简化了对运动的分析方法。实际工程问题绝大多数也不需要追求流体流动的全过程，而只需确定流场中每一固定点的运动要素。例如，水流流过桥孔、涵洞或从自来水龙头处流出，工程设计只需掌握在桥涵或自来水龙头处的水位、流速及压强，并不需要追究水从何处来，到何处去。因此，欧拉法便成了液体力学中用于理论分析的主要方法。用此法描述运动时，有

$$\left.\begin{aligned} u_x &= u_x(x,y,z,t) \\ u_y &= u_y(x,y,z,t) \\ u_z &= u_z(x,y,z,t) \end{aligned}\right\} \tag{3-3}$$

$$\left.\begin{aligned} a_x &= \frac{\mathrm{d}u_x}{\mathrm{d}t} = \frac{\partial u_x}{\partial t} + u_x\frac{\partial u_x}{\partial x} + u_y\frac{\partial u_x}{\partial y} + u_z\frac{\partial u_x}{\partial z} \\ a_y &= \frac{\mathrm{d}u_y}{\mathrm{d}t} = \frac{\partial u_y}{\partial t} + u_x\frac{\partial u_y}{\partial x} + u_y\frac{\partial u_y}{\partial y} + u_z\frac{\partial u_y}{\partial z} \\ a_z &= \frac{\mathrm{d}u_z}{\mathrm{d}t} = \frac{\partial u_z}{\partial t} + u_x\frac{\partial u_z}{\partial x} + u_y\frac{\partial u_z}{\partial y} + u_z\frac{\partial u_z}{\partial z} \end{aligned}\right\} \tag{3-4}$$

式中：　$x$、$y$、$z$、$t$——欧拉变数；

$\frac{\partial u}{\partial t}$——当地加速度；

$u_x\frac{\partial u_x}{\partial x}$、$u_y\frac{\partial u_y}{\partial x}$、$u_z\frac{\partial u_z}{\partial x}$——迁移加速度。

当地加速度是因时间推移出现的速度变化，例如，当河水上涨时，河水中任一点的速度将随时而异；迁移加速度是不同空间点液体的速度变化，例如河水流经宽窄不同的河段时，其流速将因位置不同而发生变化。

当上述运动要素是三个空间坐标的函数时，称为三元流动，天然河道中的水流属此类。当运动要素只是空间两个坐标的函数时，称为二元流动；当运动要素只是一个坐标的函数时，称为一元流动。显然，坐标变量越少，则问题的处理越简单。水力学中多用一元流动方法（又称为流束理论）研究河道或管道中沿程流速和压强或水深的变化规律，若以流动路程 $s$ 为坐标轴（可为曲线坐标轴），则式（3-3）及式（3-4）可表达为

$$\left.\begin{aligned} u &= u(s,t) \\ a_s &= \frac{\partial u}{\partial t} + u\frac{\partial u}{\partial s} \\ p &= p(s,t) \end{aligned}\right\} \tag{3-5}$$

式中：$p$——压强。

值得注意的是欧拉变数（$x,y,z,t$）与拉格朗日变数（$a,b,c,t$）中的坐标在概念上是有区别

的,其运动要素 $u$、$a$ 的概念也不同。欧拉变数的坐标($x,y,z$)只是空间点的位置坐标,与液体运动轨迹无关,其 $u$、$a$ 只是指流经某空间点时的速度与加速度,不只限于某一质点流经该空间点时的速度与加速度。而拉格朗日法中的坐标($x,y,z$)是指单一质点在各时刻所处的位置,$u$、$a$ 则是单一质点在不同时刻、不同位置的速度和加速度,它与迹线有关。

# 第二节　欧拉法的基本概念

## 一、流线、流管、流股、过水断面

通常,确立有关概念,建立有关要素的数学表达式,而后推求有关要素关系的数学物理方程,这是创立计算理论的基本手段。运用欧拉法建立液流三大方程除需运用式(3-5)对运动的数学描述方式外,还需借助于下述设定的有关概念作过渡手段,现分述如下。

1. 流线

式(3-3)只能确定液流质点流速的大小,而流速的方向欧拉法则采用流线描述。

所谓流线,即同一时刻与流场中各质点运动速度矢量相切的曲线。它是一根描述液体运动的方向线,欧拉法用一系列流线来描绘流场中的流动状况,由此构成的流线图,称为流谱。如图 3-1a)所示为流线,图 3-1b)及 c)为水流经桥墩绕流和管径沿程变化管道中流动的流谱。可以证明,流线密处流速大,流线稀处流速小。

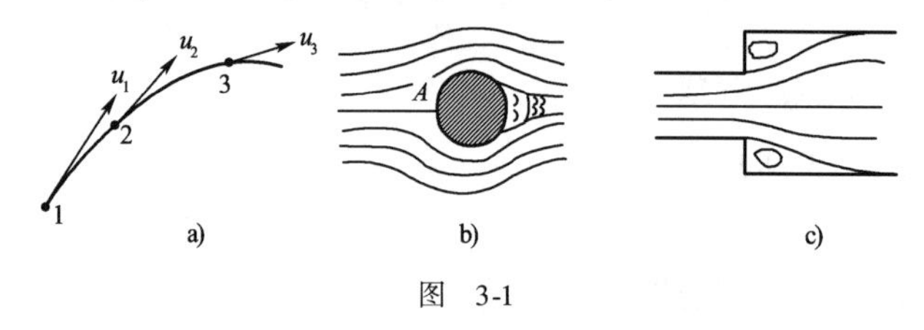


图 3-1

按流线定义,它有如下特性:

(1)流线一般不会相交,也不会成90°的折转。否则,在交点或折点处将出现两种运动方向的矛盾结果,但图 3-1b)所示的驻点 $A$ 除外。

(2)流线只能是一根光滑曲线。因液体为连续介质,故运动要素的空间分布为连续函数。

(3)任一瞬时,液体质点沿流线的切线方向流动,在不同瞬时,因流速可能有变化,流线的图形可以不同。

按流线定义,在流线上含某点 $M$ 取一微元长度 $\mathrm{d}s$,它在三个坐标轴向的投影分别为 $\mathrm{d}x$、$\mathrm{d}y$、$\mathrm{d}z$,$M$ 点的流速为 $u$,它在三轴向的分量为 $u_x$、$u_y$、$u_z$,因流线上每一点的流速矢量与流线相切,故有

$$\cos\alpha = \cos(u,x) = \frac{u_x}{u} = \frac{\mathrm{d}x}{\mathrm{d}s}$$

$$\cos\beta = \cos(u,y) = \frac{u_y}{u} = \frac{\mathrm{d}y}{\mathrm{d}s}$$

$$\cos\gamma = \cos(u,z) = \frac{u_z}{u} = \frac{\mathrm{d}z}{\mathrm{d}s}$$

由此得流线方程为

$$\frac{dx}{u_x}=\frac{dy}{u_y}=\frac{dz}{u_z}=\frac{ds}{u} \tag{3-6}$$

式中，$u_x$、$u_y$、$u_z$、$u$ 都是坐标 $x$、$y$、$z$ 及时间 $t$ 的函数，因此 $t$ 亦为流线方程的参数，不同时刻的流线不同。对于同一时刻当积分流线方程时，$t$ 可看作常数。

2. 流管与流股

如图 3-2a）所示，在流场中取一封闭的几何曲线 $C$，在此曲线上各点作流线，则可构成一管状流动界面，此称为流管。流管是欧拉法将流场划分成若干流动小空间，并为建立运动方程的一种手段。流管内的液流，称为流股，又称为流束，如图 3-2b）所示。显然，在流管内外的液流将不会互相作穿越流管的交流。

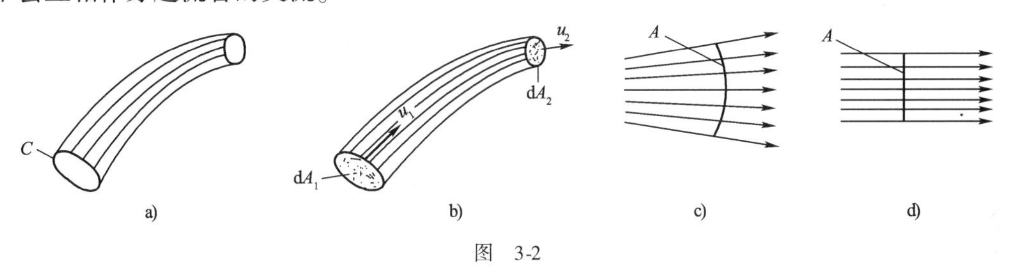


图 3-2

3. 过水断面

如图 3-2c）所示，垂直于流线簇所取的断面，称为过水断面。可见当流线簇彼此不平行时，过水断面为曲面，当流线簇为彼此平行直线时，过水断面为一平面，如图 3-2d）所示。例如等直径管道中的水流，其过水断面即为平面。由于过水断面与流速矢量正交，故液流将不会沿过水断面方向流动。

4. 元流与总流

（1）元流

过水断面无限小的流股，称为元流，如图 3-3a）所示。由于元流的过水断面无限小，故断面上的压强、流速都可看作为均匀分布，即元流过水断面上各点流速及压强都相等。元流的极限情况即为流线。若沿元流的流动方向取坐标轴，则元流各断面的流速可表达为：

$$u=u(s,t)$$

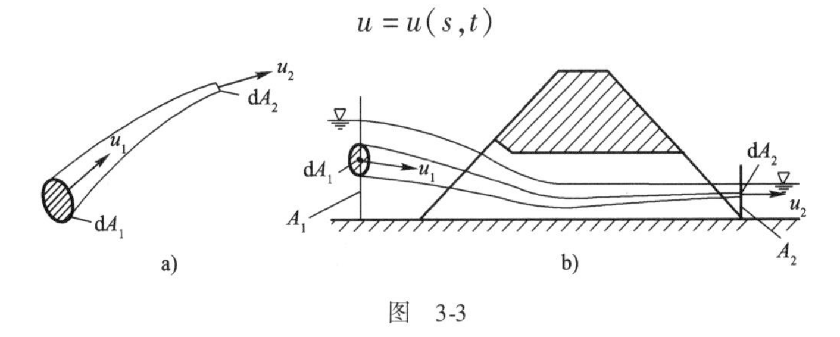


图 3-3

由此，欧拉法四个变数可简化为两个，三元流动问题则简化为一元问题。

（2）总流

无数元流的总和，称为总流。如图 3-3b）所示的涵洞水流即为总流，它是有限断面的整股水流，但总流的过水断面上，流速和压强一般可呈不均匀分布。例如河中水流，由于两岸边界情况的影响，河流中间的流速较大，两岸处的流速则较小。

## 二、液流计量方法

液体是一种不可数物质,为定量计算,其方法分述如下。

1. 流量

单位时间内流经过水断面的液体体积,称为流量,以 $Q$ 表示。

如图 3-4a)所示,设元流过水断面为 $\mathrm{d}A$,断面上的流速为 $u$,$\mathrm{d}t$ 时间内充水的距离为 $\mathrm{d}s$,则通过元流过水断面的液体体积 $\mathrm{d}V$ 有

$$\mathrm{d}V = \mathrm{d}s\mathrm{d}A = u\mathrm{d}t\mathrm{d}A$$

$$\mathrm{d}Q = \frac{\mathrm{d}V}{\mathrm{d}t} = u\mathrm{d}A \tag{3-7}$$

$$Q = \int_A \mathrm{d}Q = \int_A u\mathrm{d}A \tag{3-8}$$

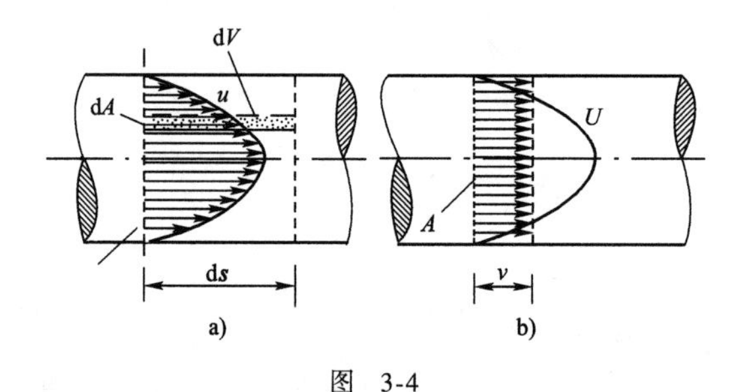


图 3-4

式(3-7)与式(3-8)分别为元流与总流流量的定义式。上式中,流量的单位为 $\mathrm{m^3/s}$、$\mathrm{L/s}$。其中 $1\mathrm{m^3} = 1\ 000\mathrm{L} = 10^6\mathrm{cm^3}$。此流量亦称为体积流量。若取单位时间内流经过水断面液体的重量或质量,则称为重量流量 $Q_G$ 或质量流量 $Q_\rho$,三种流量的关系如下

$$\left.\begin{aligned} Q &= \int_A u\mathrm{d}A \qquad (\mathrm{m^3/s}) \\ Q_G &= \gamma Q \qquad (\mathrm{kN/s}) \\ Q_\rho &= \rho Q \qquad (\mathrm{kg/s}) \end{aligned}\right\} \tag{3-9}$$

2. 断面平均流速

实际液体中因黏滞性的影响,过水断面上的流速一般呈不均匀分布,各点流速的加权平均值,称为断面平均流速,用 $v$ 表示。如图 3-4b)所示,有

$$v = \frac{\int_A u\mathrm{d}A}{\int_A \mathrm{d}A} = \frac{Q}{A} \tag{3-10}$$

式中:$A$——过水断面面积。

断面平均流速与过水断面的这一关系,也是大中桥孔径计算的理论依据,详见第十二章第四节。

引入断面平均流速概念,这是欧拉法将三元流动简化为一元流动的科学手段。式(3-10)为断面平均流速的定义式,它等于流量与过水断面之比。当流量一定时,过水断面越大,断面

平均流速越小;过水断面越小,则断面平均流速越大。若沿流程取坐标轴 $s$,可有

$$v = v(s,t)$$

3. 动能修正系数与动量修正系数

引入断面平均流速概念虽可达到简化理论分析的目的,但它只是一种计算手段,对于实际水力计算将会有一定误差,还需要作适当分析修正。现简述如下。

(1)计算流量时的误差

设 $u = v + \Delta u$($\Delta u$ 可有正负),由式(3-8)有

$$\begin{aligned} Q &= \int_A u\mathrm{d}A = \int_A (v + \Delta u)\mathrm{d}A = vA + \int_A \Delta u\mathrm{d}A \\ &= vA + \Delta Q \end{aligned}$$

因
$$vA = Q$$

故
$$\Delta Q = \int_A \Delta u\mathrm{d}A = 0$$

这一结果表明,采用断面平均流速计算流量与按实际流速分布关系计算流量的结果一致,其误差 $\Delta Q = 0$。

(2)计算动能时的误差修正——动能修正系数 $\alpha$

设流经元流过水断面的液流质量为 $\mathrm{d}m$,流速为 $u$,则总流过水断面 $A$ 上的实际动能为

$$\begin{aligned} E_{\mathrm{ku}} &= \int_A \frac{1}{2}\mathrm{d}mu^2 = \frac{1}{2}\int_A (\rho\mathrm{d}Q\mathrm{d}t)u^2 \\ &= \frac{1}{2}\rho\mathrm{d}t\int_A u^3\mathrm{d}A \end{aligned}$$

令
$$u = v + \Delta u(\Delta u \text{ 可有正负})$$

则

$$\begin{aligned} \int_A u^3\mathrm{d}A &= \int_A (v + \Delta u)^3\mathrm{d}A \\ &= v^3A + 3v^2\int_A \Delta u\mathrm{d}A + 3v\int_A (\Delta u)^2\mathrm{d}A + \int_A (\Delta u)^3\mathrm{d}A \end{aligned}$$

因
$$\int_A \Delta u\mathrm{d}A = 0$$

则
$$\int_A u^3\mathrm{d}A = v^3A + 3v\int_A (\Delta u)^2\mathrm{d}A + \int_A (\Delta u)^3\mathrm{d}A$$

采用断面平均流速计算动能时,有

$$E_{\mathrm{kv}} = \frac{1}{2}mv^2 = \frac{1}{2}\rho Q\mathrm{d}tv^2 = \frac{1}{2}\rho\mathrm{d}tv^3A$$

令
$$\alpha = \frac{E_{\mathrm{ku}}}{E_{\mathrm{kv}}} = \frac{\int_A u^3\mathrm{d}A}{v^3A}$$

得
$$\alpha = 1 + \frac{3}{A}\int_A \left(\frac{\Delta u}{v}\right)^2\mathrm{d}A + \frac{1}{A}\int_A \left(\frac{\Delta u}{v}\right)^3\mathrm{d}A \tag{3-11}$$

因
$$\int_A \left(\frac{\Delta u}{v}\right)^2\mathrm{d}A > 0,\quad \int_A \left(\frac{\Delta u}{v}\right)^3\mathrm{d}A < \int_A \left(\frac{\Delta u}{v}\right)^2\mathrm{d}A$$

故 $\alpha>1$,即 $\int_A u^3\mathrm{d}A>v^3A$,$E_{ku}>E_{kv}$,有

$$\int_A u^3\mathrm{d}A=\alpha v^3A=\alpha v^2Q \tag{3-12}$$

式中:$\alpha$——动能修正系数。

式(3-11)表明,当用断面平均流速 $v$ 计算动能时,其值小于用实际流速 $u$ 计算的动能,需引用动能修正系数加以修正。动能修正系数 $\alpha$ 是断面流速分布不均匀的结果。当已知断面流速分布关系 $u=u(A)$ 时,$\alpha$ 可按积分式(3-11)求得。当断面流速分布均匀时($u=v=\text{const}$),$\alpha=1$;$\alpha$ 值最大可达2,通常由试验确定,$\alpha=1.05\sim1.10$,实际工程中常取 $\alpha=1$。

(3)计算动量时的误差修正——动量修正系数 $\alpha'$

同上,取 $u=v+\Delta u$

$$K_u=\int_A \mathrm{d}m\cdot u=\rho\mathrm{d}t\int_A u^2\mathrm{d}A$$

$$\int_A u^2\mathrm{d}A=\int_A(v+\Delta u)^2\mathrm{d}A=v^2A+\int_A(\Delta u)^2\mathrm{d}A+2v\int_A\Delta u\mathrm{d}A$$

$$=v^2A+\int_A(\Delta u)^2\mathrm{d}A$$

$$K_v=mv=\rho Q\mathrm{d}tv=\rho\mathrm{d}tv^2A$$

令

$$\alpha'=\frac{K_u}{K_v}=\frac{\int_A u^2\mathrm{d}A}{v^2A}=1+\frac{1}{A}\int_A\left(\frac{\Delta u}{v}\right)^2\mathrm{d}A>1 \tag{3-13}$$

式中:$\alpha'$——动量修正系数。

上式表明 $K_u>K_v$,$\int_A u^2\mathrm{d}A>v^2A$,有

$$\int_A u^2\mathrm{d}A=\alpha'v^2A=\alpha'vQ \tag{3-14}$$

动量修正系数来源于断面流速分布不均匀,当已知 $u$ 分布关系 $u=u(A)$ 时,$\alpha'$可由式(3-13)求得,其值可达 $\alpha'=1.33$。一般 $\alpha'=1.02\sim1.05$,由试验确定。实际工程中常取 $\alpha'=1$。

## 三、液流分类

为便于分析研究,水力学中常将液体流动分为以下三类。

1. 恒定流与非恒定流

运动要素不随时间变化的流动,称为恒定流,否则称为非恒定流。水力学中的水流通常作为恒定流处理。

对于恒定流,有

(1)
$$\left.\begin{aligned}u&=u(x,y,z)\\a&=a(x,y,z)\\p&=p(x,y,z)\end{aligned}\right\} \tag{3-15}$$

(2)
$$\left.\begin{aligned}&\frac{\partial u}{\partial t}=0,\frac{\partial p}{\partial t}=0\\&a_s=u\frac{\partial u}{\partial s}\end{aligned}\right\} \tag{3-16}$$

(3)流线与迹线重合,有

$$\left.\begin{aligned}\frac{\mathrm{d}x}{\mathrm{d}t} &= u_x \\ \frac{\mathrm{d}y}{\mathrm{d}t} &= u_y \\ \frac{\mathrm{d}z}{\mathrm{d}t} &= u_z\end{aligned}\right\} \tag{3-17}$$

对于非恒定流,有

(1)

$$u = u(x,y,z,t)$$
$$p = p(x,y,z,t)$$

(2)

$$\frac{\partial u}{\partial t} \neq 0, \frac{\partial p}{\partial t} \neq 0$$

(3)流线与迹线不重合

2. 均匀流与非均匀流

流线簇彼此呈平行直线的流动,称为均匀流;否则称为非均匀流。

在均匀流中,过水断面为平面,沿程断面流速分布相同,断面平均流速相等,过水断面的大小形状一致,沿程动能修正系数及动量修正系数均相等,这是一种匀速直线流动。液体在离进口较远处的等直径长管道中的流动或在过水断面形状大小沿程一致的长直渠道中的流动均属此类。液体在渐缩或渐扩大的管道、弯管、断面沿程变化的河渠中的流动,均属于非均匀流。非均匀流中,过水断面为曲面,流速分布沿程不同,流速沿程不等,动能修正系数及动量修正系数沿程也分别不一致。

此外,非均匀流中,又可分渐变流与急变流两类。

(1)渐变流

流线簇彼此呈接近平行直线的流动,称为渐变流,又称为缓变流。它是一种近似的均匀流,其极限情况即为均匀流。在渐变流中,各流线间夹角很小,曲率也很小,沿程的迁移加速度也很小,惯性力影响可以忽略不计。

(2)急变流

流线簇彼此不平行,流线间夹角大或流线曲率大的流动,称为急变流。在急变流中,惯性力不可忽视。

3. 有压流与无压流

过水断面的全部周界都与固体边壁接触且无自由表面,液体压强不等于大气压强的流动,称为有压流,如自来水管中的水流属于此类。有压流又称有压管流。在有压流中,由于液流受到边界条件约束,流量变化只会引起压强、流速的变化,但过水断面的大小、形状不会改变。

过水断面部分周界具有自由表面的流动,称为无压流或明渠流。显然,在无压流中,自由表面处的相对压强为零,表面压强为大气压强。这类水流的特性与有压流不同,当流量变化时,过水断面的大小、形状均可随之改变,故流速和压强的变化表现为流速及水深的变化,并可有流速大、水深小,流速小、水深大等多种组合情况(详见第六章明渠非均匀流部分),因此,明渠流较有压流复杂,河渠水流属于此类。

区分液流的类型,将有助于由浅入深、由简而繁去研究水流的运动规律。

## 四、渐变流与急变流的压强分布特性

1. 急变流过水断面上的压强分布

如图 3-5a)、b)所示,在急变流中,沿弯道 $n$-$n$ 处取过水断面,忽略水流紊动及切应力的影响,讨论其中的微元隔离体上沿 $n$-$n$ 方向的受力平衡条件,可以得到过水断面上的压强分布特性。

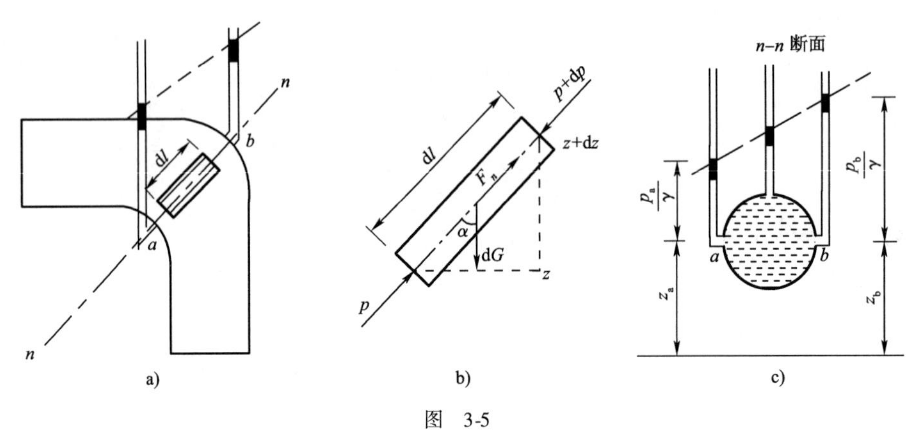


图 3-5

作用于此隔离体上的外力有表面力和质量力两类,其中沿 $n$-$n$ 方向的外力有:

1)表面力

(1)上、下面的水压力:

$$P_1 = p\mathrm{d}A$$

$$P_2 = (p + \mathrm{d}p)\mathrm{d}A$$

(2)侧面内摩擦力:

$$T \approx 0$$

2)质量力

(1)重力:

$$\mathrm{d}G = \gamma \mathrm{d}A\mathrm{d}l$$

(2)离心惯性力:

$$\begin{aligned} F_n &= \rho \mathrm{d}Q\mathrm{d}t a_n \\ &= \rho \mathrm{d}Q\mathrm{d}t\left(\frac{\partial u_\mathrm{n}}{\partial t} + \frac{u^2}{r}\right) \end{aligned}$$

按过水断面定义,沿 $n$-$n$ 方向无液体流动,液体处于平衡状态,则应有 $\sum F_{n\text{-}n} = 0$,即

$$(p + \mathrm{d}p)\mathrm{d}A - p\mathrm{d}A + \gamma \mathrm{d}A\mathrm{d}l\cos\alpha - T - F_n = 0$$

$$\cos\alpha = \frac{\mathrm{d}z}{\mathrm{d}l}$$

有

$$\mathrm{d}p + \gamma \mathrm{d}z = \frac{F_n + T}{\mathrm{d}A}$$

$$\mathrm{d}\left(z+\frac{p}{\gamma}\right)=\frac{F_n+T}{\gamma \mathrm{d}A}\approx\frac{F_n}{\gamma \mathrm{d}A} \tag{3-18}$$

因
$$\frac{F_n}{\gamma \mathrm{d}A}\neq 0$$

故
$$z+\frac{p}{\gamma}\neq 常数$$

上式表明,在急变流中,过水断面上各点测压管水头不等,即不为常数。在内弯处曲率半径小,离心惯性力大,对重力产生的压强抵消作用大,故 $a$ 点测压管水头低;在外弯处曲率半径大,离心惯性力小对重力产生的压强抵消作用小,故 $b$ 点测压管水头高。如图 3-5c)所示,沿 $n$-$n$ 方向过水断面上的压强分布由 $a$ 至 $b$ 点,其测压管水头渐增。

2. 渐变流过水断面上的压强分布

如图 3-6a)、b)所示,沿过水断面 $n$-$n$ 方向取隔离体,对于渐变流,其流线曲率半径 $r\to\infty$,当为恒定流时,$\frac{\partial u}{\partial t}=0$,$F_n=0$,由式(3-18),有

$$\mathrm{d}\left(z+\frac{p}{\gamma}\right)=0$$

$$z+\frac{p}{\gamma}=C(常数) \tag{3-19}$$

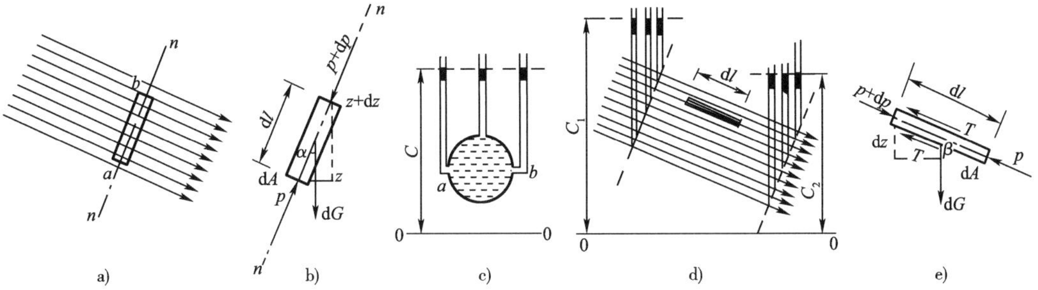

图 3-6

上式表明,恒定渐变流过水断面上各点测压管水头为一常数,即渐变流过水断面上各点测压管水头相等。式(3-19)和静水力学基本方程式(2-12)在形式上完全相同,它表明在渐变流或均匀流断面上的压强分布规律与静水压强分布规律相同,各点测压管水头位于同一水平线上。

但需注意:在静止液体中各点 $z+\frac{p}{\gamma}=C$,而在渐变流或均匀流中只限于同一过水断面上 $z+\frac{p}{\gamma}=C$。对于不同过水断面则有不同情况。如图 3-6d)、e)所示,沿渐变流断面 1-1、2-2 间取隔离体分析,有

$$(p+\mathrm{d}p)\mathrm{d}A-p\mathrm{d}A+\gamma \mathrm{d}A\mathrm{d}l\cos\beta-T=0$$

$$\mathrm{d}\left(z+\frac{p}{\gamma}\right)=\frac{T}{\gamma \mathrm{d}A}$$

因
$$\frac{T}{\gamma \mathrm{d}A}>0$$

有 $$d\left(z+\frac{p}{\gamma}\right)>0,\quad z_1+\frac{p_1}{\gamma}>z_2+\frac{p_2}{\gamma}$$

又 $$C_1=z_1+\frac{p_1}{\gamma}$$

$$C_2=z_2+\frac{p_2}{\gamma}$$

有 $$C_1>C_2$$

上式表明,渐变流或均匀流各断面的测压管水头都为某一常数,但沿程各断面的测压管水头不相等。由于黏性内摩擦力的影响,渐变流或均匀流各断面的测压管水头将沿程下降,即 $C_2<C_1$,如图3-6d)所示。

# 第三节　恒定流连续性方程

## 一、元流连续性方程

液体质量守恒关系在流体力学及水力学中的表达式,称为连续性方程。如图3-7a)所示,设元流进出过水断面面积及流速分别为 $dA_1$、$dA_2$、$u_1$、$u_2$,总流进出口过水断面面积及流速分别为 $A_1$、$A_2$、$v_1$、$v_2$。对于元流,其侧面不可能有液体交流,元流内部因液体是一种连续介质,其内部也不可能有空隙。若进出元流过水断面的流量为 $dQ$,则质量为

$$dm_1=\rho_1 dQdt=\rho_1 u_1 dA_1 dt$$

$$dm_2=\rho_2 dQdt=\rho_2 u_2 dA_2 dt$$

按质量守恒原理,有 $dm_1=dm_2$,得

$$\rho_1 u_1 dA_1=\rho_2 u_2 dA_2 \tag{3-20}$$

式中:$\rho_1$——断面1-1处流体密度;

$\rho_2$——断面2-2处流体密度。

上式即为可压缩液体元流质量守恒原理的表达式,称为可压缩液体元流连续性方程。对于不可压缩液体,$\rho_1=\rho_2=\rho$,得

$$u_1 dA_1=u_2 dA_2 \tag{3-21}$$

上式即为不可压缩液体元流的连续性方程。

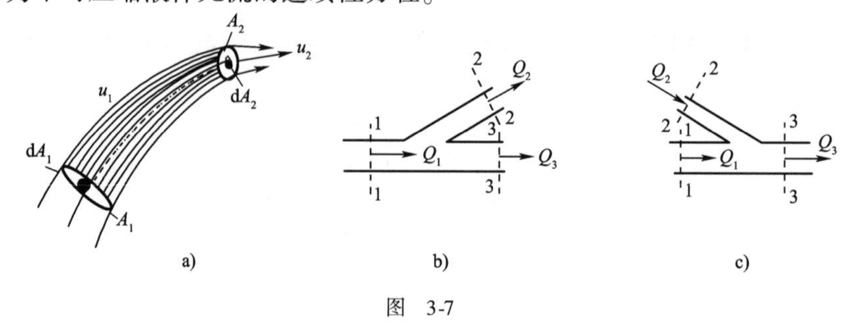

图 3-7

## 二、总流连续性方程

对于总流,有

$$m = \int_m \mathrm{d}m$$

由式(3-20)及式(3-21)有

$$\int_{A_1} \rho_1 u_1 \mathrm{d}A_1 = \int_{A_2} \rho_2 u_2 \mathrm{d}A_2$$

$$\rho_1 \int_{A_1} u_1 \mathrm{d}A_1 = \rho_2 \int_{A_2} u_2 \mathrm{d}A_2$$

因

$$\int_A u \mathrm{d}A = Q = vA$$

得

$$\rho_1 v_1 A_1 = \rho_2 v_2 A_2 \tag{3-22}$$

或

$$v_1 A_1 = v_2 A_2 \tag{3-23}$$

式中:$v_1$、$v_2$——断面平均流速。

式(3-22)为可压缩液体总流连续性方程,式(3-23)为不可压缩液体连续性方程。这两个公式都是在流量沿程不变条件下的推导结果,若沿程有流量流出或汇入,如图3-7b)、c)所示,按质量守恒原理,液流的连续性方程有

$$\left.\begin{aligned} Q_1 &= Q_2 + Q_3 \\ A_1 v_1 &= A_2 v_2 + A_3 v_3 \end{aligned}\right\} [\text{图 3-7b})] \tag{3-24}$$

$$\left.\begin{aligned} Q_3 &= Q_1 + Q_2 \\ A_3 v_3 &= A_1 v_1 + A_2 v_2 \end{aligned}\right\} [\text{图 3-7c})] \tag{3-25}$$

由连续性方程式(3-23)可知,它所反映的是沿程两断面间的流速关系,液流沿程两过水断面间的流速与过水断面积大小成反比。因此,流线密处(过水断面小)流速大,流线稀处(过水断面大)流速小。连续性方程中既没涉及任何力,也没有含时间条件,是个运动方程。它对理想液体与实际液体、恒定流与非恒定流、均匀流与非均匀流、渐变流与急变流以及有压流与无压流等水流运动都适用。

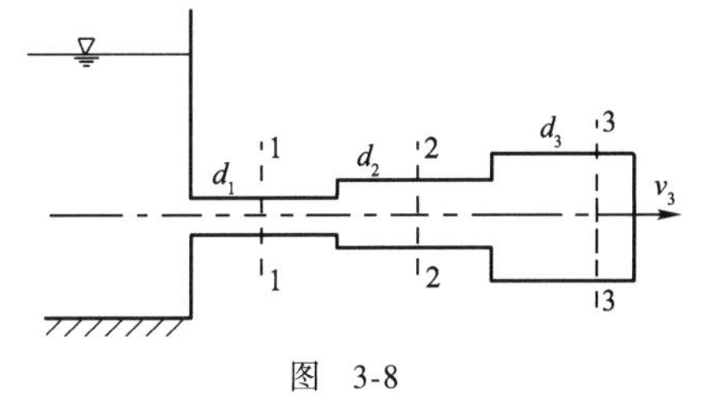

图 3-8

**例 3-1** 已知输水管各段直径分别为 $d_1 = 2.5\text{cm}$、$d_2 = 5\text{cm}$、$d_3 = 10\text{cm}$,出口流速 $v_3 = 0.51\text{m/s}$,如图3-8所示,求流量及其他管段的断面平均流速。

**解:**

$$Q = v_3 A_3 = \frac{1}{4}\pi d_3^2 v_3 = \frac{1}{4} \times \pi \times 0.1^2 \times 0.51 = 0.004(\text{m}^3/\text{s})$$

$$v_1 = \left(\frac{A_3}{A_1}\right) v_3 = \left(\frac{d_3}{d_1}\right)^2 v_3 = \left(\frac{0.1}{0.025}\right)^2 \times 0.51 = 8.15(\text{m/s})$$

$$v_2 = \left(\frac{A_3}{A_2}\right) v_3 = \left(\frac{d_3}{d_2}\right)^2 v_3 = \left(\frac{0.1}{0.05}\right)^2 \times 0.51 = 2.04(\text{m/s})$$

# 第四节　恒定流元流能量方程(元流伯诺里方程)

## 一、理想液体元流能量方程

本节研究液体流动中,沿程流速和压强的变化规律。

为简化分析过程,先从理想液体入手。对于理想液体及恒定流,有$\frac{\partial u}{\partial t}=0$,$\frac{\partial p}{\partial t}=0$,黏性力$T=0$。如图3-9a)及b)所示,在理想液体中沿流线取坐标轴$s$,从中取微元隔离体,其长为$\mathrm{d}s$,断面面积为$\mathrm{d}A$,微段倾角为$\alpha$。微元隔离体沿流线方向所受的外力有

水压力

$$P_1 = p\mathrm{d}A$$

$$P_2 = (p + \mathrm{d}p)\mathrm{d}A$$

重力

$$\mathrm{d}G = \gamma \mathrm{d}s\mathrm{d}A$$

$$\sin\alpha = \frac{\mathrm{d}z}{\mathrm{d}s}$$

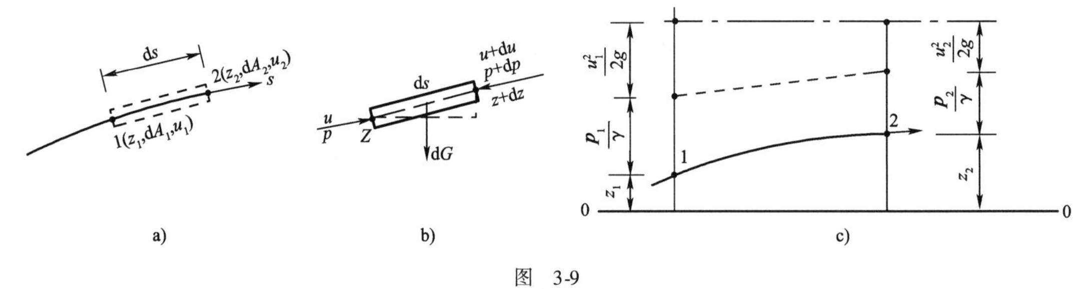


图　3-9

沿$s$轴方向隔离体所受的外合力

$$F_s = P_1 - P_2 - \mathrm{d}G\sin\alpha = -\mathrm{d}p\mathrm{d}A = \gamma\mathrm{d}A\mathrm{d}z$$

此微元体在$F_s$的作用下沿流线作加速运动,对于恒定流,其加速度按式(3-5),有

$$a_s = \frac{\partial u}{\partial t} + u\frac{\partial u}{\partial s} = u\frac{\partial u}{\partial s} = u\frac{\mathrm{d}u}{\mathrm{d}s}$$

按牛顿第二定律,$F_s = \mathrm{d}ma_s$,并以微元体质量$\rho\mathrm{d}A\mathrm{d}s$除各项,得

$$\frac{\mathrm{d}}{\mathrm{d}s}\left(gz + \frac{p}{\rho} + \frac{u^2}{2}\right) = 0 \tag{3-26}$$

上式称为恒定流理想液体元流欧拉运动微分方程。它是牛顿第二定律在流体力学中的表达式。

对式(3-26)积分,得

$$\left.\begin{aligned} z + \frac{p}{\gamma} + \frac{u^2}{2g} &= C \\ z_1 + \frac{p_1}{\gamma} + \frac{u_1^2}{2g} &= z_2 + \frac{p_2}{\gamma} + \frac{u_2^2}{2g} \end{aligned}\right\} \tag{3-27}$$

上式称为恒定流不可压缩理想液体元流能量方程,又称为恒定流不可压缩理想液体元流

伯诺里(Bernoulli)方程,简称理想液体元流能量方程或伯诺里方程。

## 二、理想液体元流能量方程各项意义

式(3-27)中各项的单位都为高度,如前所述,水力学中对"高度"惯称为水头,如图3-9c)所示,现就其中各项意义分述如下:

$z$——计算点距基准面0-0的位置高度;在水力学中,称为位置水头,它表征单位重量液体的位置势能,简称单位位能。

$\frac{p}{\gamma}$——测压管中水面距计算点的压强高度,称为压强水头或单位重量液体的压力势能,简称单位压能。

$z+\frac{p}{\gamma}$——测压管水面距基准面$O$-$O$的高度,称为测压管水头或单位重量液体的总势能,简称单位总势能,沿程测压管水头的连线,称为测压管水头线,它是测压管水头的几何图示。

$\frac{u^2}{2g}$——流速$u$所转化的高度,即不计液流本身重量及空气阻力时,以速度$u$可铅垂向上的喷射高度,又称为流速水头。因有$\frac{u^2}{2g}=\frac{\frac{1}{2}mu^2}{G}$,故又称为单位重量液体所具有的动能,简称为单位动能。

令

$$H=z+\frac{p}{\gamma}+\frac{u^2}{2g} \qquad (总水头)$$

$$H_{\mathrm{p}}=z+\frac{p}{\gamma} \qquad (测压管水头)$$

式中:$H$——计算点处液体的总水头,称为单位总能。沿程总水头的连线称为总水头线,它是液流能量守恒关系的几何图示。

式(3-27)表明,理想液体元流的单位总能沿程守恒,由此所得的总水头线为一水平线,而测压管水头线则沿程可有升降,如图3-9c)所示。当为加速流动时,测压管水头线沿程下降;当为减速流动时,测压管水头线沿程上升;当为等速流动时(均匀流),测压管水头线与总水头线平行,为水平线。

## 三、实际液体元流能量方程

实际液体具有黏滞性,由于内摩擦阻力的影响,液体流动时,其能量将沿程不断消耗,总水头线因此沿程下降,因有

$$H_1>H_2$$

设单位重量液体沿元流(或流线)两点间的能量损失为$h'_{\mathrm{w}}$,按能量守恒原理,上式可写成

$$H_1=H_2+h'_{\mathrm{w}}$$

即

$$z_1+\frac{p_1}{\gamma}+\frac{u_1^2}{2g}=z_2+\frac{p_2}{\gamma}+\frac{u_2^2}{2g}+h'_{\mathrm{w}} \tag{3-28}$$

上式即恒定流、不可压缩实际液体元流能量方程,又称为实际液体元流伯诺里方程。

## 四、水力坡度与测压管坡度

单位长度上的水头损失,称为水力坡度,以 $J$ 表示;单位长度上的测压管水头变化,称为测压管坡度,以 $J_p$ 表示。它们是总水头线和测压管水头线沿程变化的数值指标,也是以后水力计算的一个重要参数。按定义,有

$$
\left.\begin{aligned}
J &= -\frac{dH}{ds} = \frac{dh'_w}{ds} > 0 \\
J_p &= -\frac{dH_p}{ds} = -\frac{d}{ds}\left(z + \frac{p}{\gamma}\right)\begin{cases} > 0 \\ = 0 \\ < 0 \end{cases}
\end{aligned}\right\} \tag{3-29}
$$

通常定义水头线沿程下降时为正值,故公式中引入“-”号。对于总水头线,因 $H_2 < H_1$,故 $J = -\frac{dH}{ds} > 0$。对于测压管水头线,当为沿程下降时,$J_p > 0$;沿程上升时,$J_p < 0$;沿程不变时,$J_p = J$,此时测压管水头线与总水头线为沿程下降的平行线。

## 五、毕托管——元流能量方程经典应用

毕托(H. Pitot)管是一种点流速的测量仪器,为 18 世纪法国工程师毕托发明。如图 3-10a)所示为毕托管的构造原理,实用毕托管如图 3-10b)所示。

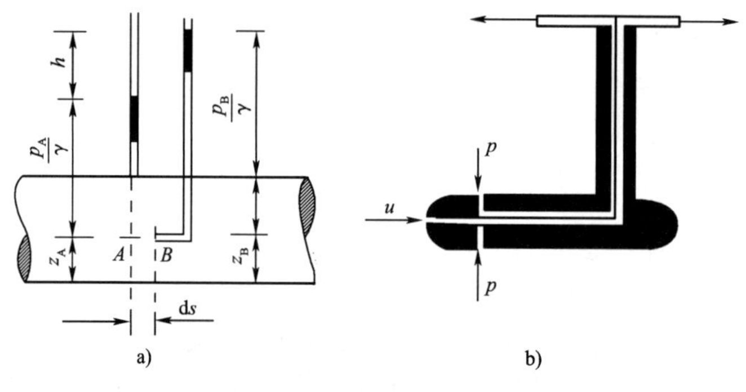


图 3-10

如图 3-10a)所示,毕托管由一根两端开口并与流向正交的测压管和一根两端开口并成直角弯曲的测速管组成。测速管下端开口正对来流,置于待测点 $A$ 同一水平线的下游 $B$ 点处,$A$、$B$ 两点相距很近,但 $A$ 点在 $B$ 点上游,水流未受到测速管的影响。$B$ 点的液流由于测速管的阻滞,进入弯管后流速将等于零,其动能由此全部转化为压能,使得测速管中的液面升高$\frac{p_B}{\gamma}$。$B$ 点称为滞止点或驻点。此外,$A$ 点的压强高度 $\frac{p_A}{\gamma}$可通过同一过水断面管壁处的测压管测定。因为渐变流及均匀流断面,动水压强分布规律与静水压强的分布规律相同,故测压管不必置于 $A$ 点,只需安装在同一过水断面的管壁处[图 3-10a)]。在理论上,$A$、$B$ 两点应位于同一流线上。$B$ 点除与 $A$ 点一样有压强水头外,还有流速转化的压能,因此$\frac{p_B}{\gamma} > \frac{p_A}{\gamma}$。对任一计算基准面,设 $A$、$B$ 两点的位置高程分别为 $z_A$、$z_B$,沿流线上两点 $A$、$B$ 列出恒定流理想液体元流能量方

程,有

$$z_A + \frac{p_A}{\gamma} + \frac{u_A^2}{2g} = z_B + \frac{p_B}{\gamma} + \frac{u_B^2}{2g} + 0$$

因 $$u_B = 0,\quad \left(z_B + \frac{p_B}{\gamma}\right) - \left(z_A + \frac{p_A}{\gamma}\right) = h$$

得 $$u_A = \sqrt{2g\left[\left(z_B + \frac{p_B}{\gamma}\right) - \left(z_A + \frac{p_A}{\gamma}\right)\right]} = \sqrt{2gh} \tag{3-30}$$

式中:$u_A$——待测 $A$ 点流速。

根据式(3-30)原理,可将测压管与测速管组合制成一种测定点流速的仪器,如图3-10b)所示,此即实用毕托管。其中前端迎流头部有测孔并用细管道与上部一端测压管相通,此即测速管;侧面有测孔并经细管道与上部另一端的测压管相通。这种毕托管也可连液体压差计。当测量低速时,压差计中的测压介质可用重度较小且不混溶于待测流速的液体,如油类等,其测压管水头差为

$$\left(z_B + \frac{p_B}{\gamma}\right) - \left(z_A + \frac{p_A}{\gamma}\right) = \left(1 - \frac{\gamma_C}{\gamma}\right)h \tag{3-31}$$

式中:$\gamma$——被测液体重度;

$\gamma_C$——测压管所用测压液体的重度,$\gamma_C < \gamma$。

当测量高速时,可用水银作测压介质,有

$$\left(z_B + \frac{p_B}{\gamma}\right) - \left(z_A + \frac{p_A}{\gamma}\right) = \left(\frac{\gamma_p}{\gamma} - 1\right)h_p = 12.6h_p \tag{3-32}$$

式中:$\gamma_p$——水银重度;

$h_p$——水银液面高差。式(3-30)中 $h = h_p$。

考虑到毕托管前端小孔至侧面小孔间的黏滞性效应及 $A$、$B$ 两点的压强高度$\frac{p_A}{\gamma}$、$\frac{p_B}{\gamma}$不是同一点的数值,以及毕托管在流场中实际上会有一定干扰,所以式(3-30)应用下式加以修正,即

$$u = C\sqrt{2gh} \tag{3-33}$$

式中:$C$——毕托管修正系数,由试验率定,其值接近于1(通常 $C = 1 \sim 1.04$)。

**例 3-2** 如图3-11所示微压计,$h = 24\text{mm}$ 水柱,求被测点的气流速度。空气重度$\gamma_a = 11.86\text{N/m}^3$。

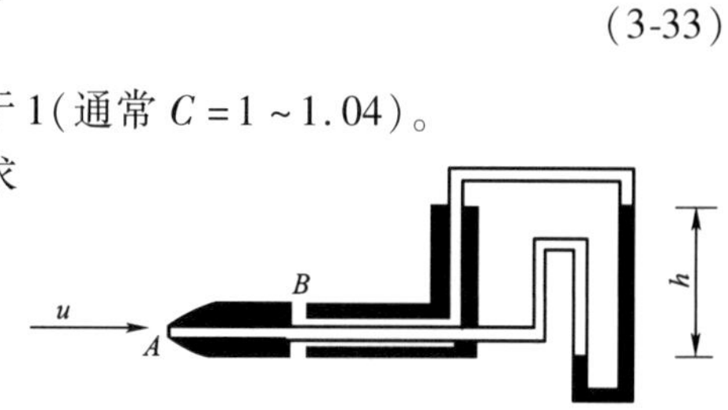

图 3-11

**解:** $$\Delta p_{AB} = p_A - p_B = \gamma h$$

$$\left(z_A + \frac{p_A}{\gamma}\right) - \left(z_B + \frac{p_B}{\gamma}\right) = \frac{\gamma h}{\gamma_a}$$

故 $$u = \sqrt{2g\frac{\gamma h}{\gamma_a}} = \sqrt{2 \times 9.8 \times \frac{9\,800 \times 0.024}{11.86}} = 19.7(\text{m/s})$$

# 第五节 恒定流实际液体总流能量方程(总流伯诺里方程)

## 一、单一水道($Q_1=Q_2=Q$)的能量方程

由实际液体元流能量方程,有

$$z_1+\frac{p_1}{\gamma}+\frac{u_1^2}{2g}=z_2+\frac{p_2}{\gamma}+\frac{u_2^2}{2g}+h'_w$$

设总流沿程流量为 $Q$,前后两过水断面为渐变流,其过水断面处的总机械能为 $E$,两断面间能量损失为 $\Delta E$,按总流与元流的关系及式(3-12)、式(3-14)及式(3-19),有

$$\begin{aligned}E&=\int_A\left(z+\frac{p}{\gamma}+\frac{u^2}{2g}\right)\mathrm{d}G=\int_A\left(z+\frac{p}{\gamma}+\frac{u^2}{2g}\right)\gamma\mathrm{d}Q\mathrm{d}t\\&=\left(z+\frac{p}{\gamma}\right)\gamma Q\mathrm{d}t+\frac{\gamma\mathrm{d}t}{2g}\int_A u^3\mathrm{d}A\\&=\left(z+\frac{p}{\gamma}\right)\gamma Q\mathrm{d}t+\frac{\gamma\mathrm{d}t}{2g}(\alpha v^3A)\\&=\left(z+\frac{p}{\gamma}\right)\gamma Q\mathrm{d}t+\frac{\alpha v^2}{2g}\gamma Q\mathrm{d}t\end{aligned}\tag{3-34}$$

$$\Delta E=\int_A h'_w\mathrm{d}G=\int_A h'_w\gamma\mathrm{d}Q\mathrm{d}t$$

其中 $h'_w$ 沿断面分布一般不为常量,即两断面间各元流的能量损失 $h'_w$ 不会相同,取其加权平均值计算,有

$$h_w=\frac{\int_A h'_w\mathrm{d}G}{\int_A\mathrm{d}G}=\frac{\int_A h'_w\gamma\mathrm{d}Q\mathrm{d}t}{\gamma\mathrm{d}t\int_A\mathrm{d}Q}$$

则

$$\int_A h'_w\gamma\mathrm{d}Q\mathrm{d}t=\gamma\mathrm{d}th_w\int_A\mathrm{d}Q=\gamma\mathrm{d}th_w\int_A u\mathrm{d}A=\gamma\mathrm{d}th_wQ\tag{3-35}$$

由此,实际液体总流两渐变流(或均匀流)断面间的能量方程可用下式表达,即

$$E_1=E_2+\Delta E\tag{3-36}$$

得

$$z_1+\frac{p_1}{\gamma}+\frac{\alpha_1v_1^2}{2g}=z_2+\frac{p_2}{\gamma}+\frac{\alpha_2v_2^2}{2g}+h_w\tag{3-37}$$

式中:$z_1$、$z_2$——分别为两断面处计算点的位置水头;

$p_1$、$p_2$——分别为两断面处计算点的相对压强或绝对压强;

$\alpha_1$、$\alpha_2$——分别为两断面的动能修正系数;

$h_w$——两断面间的水头损失。

式(3-37)即恒定流实际液体总流能量方程的基本形式,又称为实际液体总流伯诺里方程。它是沿程流量不变($Q_1=Q_2=Q$)单位重量液体能量守恒原理在水力学中的表达式。其各项的几何意义、水力学意义及能量意义如元流能量方程一节所述,不同处是各项均具有平均值概念;此外,元流能量方程限用于同一流线,即前后两计算点必须取在同一流线上,而总流能量方

程前后两断面处的计算点可不在同一流线上，因此比元流能量方程更具有灵活性和适应性。

## 二、两断面间有能量加入或输出的能量方程

由式(3-37)可知，液流任一断面处单位重量液体的总能量有

$$H = z + \frac{p}{\gamma} + \frac{\alpha v^2}{2g}$$

若已知两断面间的能量损失及外加或输出的能量，按能量守恒原理亦可列出等式。

有能量加入或输出的能量方程

$$z_1 + \frac{p_1}{\gamma} + \frac{\alpha_1 v_1^2}{2g} \pm H_m = z_2 + \frac{p_2}{\gamma} + \frac{\alpha_2 v_2^2}{2g} + h_w \tag{3-38}$$

式中：$H_m$——外加或输出的能量。

如图3-12所示为有水泵或水轮机的有压管路。其中水头线呈阶梯形下降折线的原因是液流受到局部阻力和沿程阻力的影响，本书将在第四章中详述。所谓外加能量，即利用了其他动力机械提供的做功能量；而输出的能量，即利用了水流本身的机械能对其他水力机械做功的能量。当为外加能量时，式(3-38)中 $H_m$ 取"+"号；当为输出能量时，式(3-38)中 $H_m$ 取"-"号。

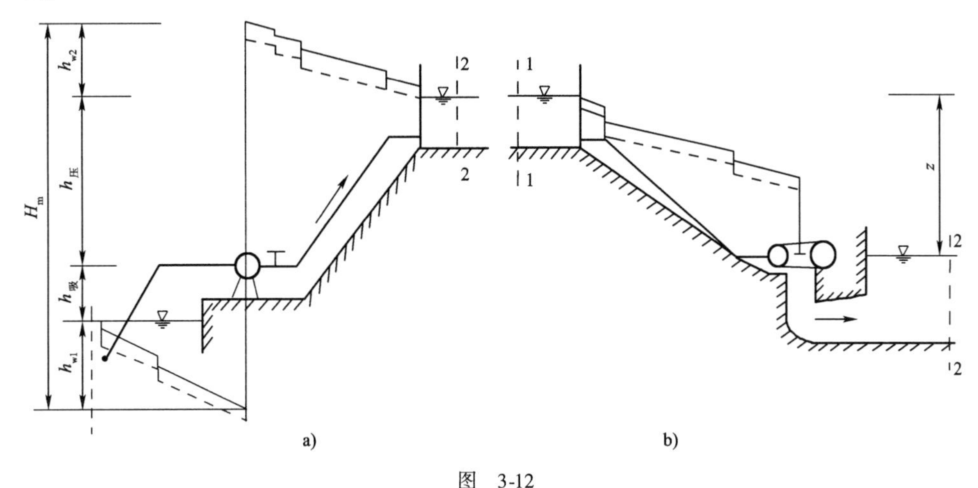


图 3-12

如图3-12a)为有水泵外加能量的加压管道。$h_吸$ 为水泵的吸水高度，又称水泵的安装高度，$h_压$ 为水泵的压水高度，$z$ 为水泵的提水高度，即上下水池的水位差，有

$$z = h_吸 + h_压$$

列上、下水池两过水断面的能量方程。因水池断面很大，$v_1$、$v_2$ 可忽略不计，基准面取在下水池水面处，两计算点取在自由表面，有

得
$$\left.\begin{aligned} 0 + 0 + 0 + H_m &= z + 0 + 0 + h_w = z + h_w \\ h_w &= h_{w1} + h_{w2} \\ z &= h_吸 + h_压 \end{aligned}\right\} \tag{3-39}$$

式中：$H_m$——水泵扬程(外加能量)；

$h_{w1}$、$h_{w2}$——分别为吸水管及压水管的水头损失。

由上可知，水泵克服重力和阻力所做的功为

$$W = mgH_m = (\rho Q\mathrm{d}t)gH_m = \gamma QH_m\mathrm{d}t$$

有

$$\left.\begin{aligned} N &= \frac{W}{\mathrm{d}t} = \gamma QH_m \\ N_p &= \frac{N}{\eta_p} = \frac{\gamma QH_m}{\eta_p} \end{aligned}\right\} \tag{3-40}$$

式中:$N$——水泵对水流提供的功率;

$N_p$——水泵轴功率;

$\eta_p$——水泵的轴效率;

$Q$——水泵抽水流量;

$\gamma$——液体重度。

有

$$H_m = \frac{\eta_p N_p}{\gamma Q} \tag{3-41}$$

由上式可见,当选定水泵后,其扬程与抽水流量成反比例关系,即流量大,扬程小;流量小,扬程大。$H_m$ 可作为选定水泵的主要参数。如图3-12a)所示,对于有水泵的有压管流,其水头线将在水泵处发生突变升高。

如图3-12b)所示为有水轮机的管流,它利用上、下水池的水位落差使水轮机转动并带动其上部的发电机转子转动发电,水流所输出的能量由此转化为电能。列上、下游水池间的能量方程有

$$z + 0 + 0 - H_m = 0 + 0 + 0 + h_w$$

即

$$H_m = z - h_w \tag{3-42}$$

式中:$H_m$——水轮机的作用水头(输出能量)。

上式表明,水库中的水流向水轮机,为水轮机提供了运转能量,即作用水头。水流做功为

$$\left.\begin{aligned} W &= mgH_m = \gamma QH_m\mathrm{d}t \\ N_t &= \eta_t\gamma QH_m \end{aligned}\right\} \tag{3-43}$$

式中:$N_t$——水轮机输出功率;

$\eta_t$——水轮机轴效率;

$\gamma$——水的重度。

## 三、分岔水流能量方程

1. 有流量分出时

如图3-7b)所示,按能量守恒原理,有

$$\left.\begin{aligned} &Q_1 = Q_2 + Q_3 \\ &z_1 + \frac{p_1}{\gamma} + \frac{\alpha_1 v_1^2}{2g} = z_2 + \frac{p_2}{\gamma} + \frac{\alpha_2 v_2^2}{2g} + h_{w1-2} \\ &z_1 + \frac{p_1}{\gamma} + \frac{\alpha_1 v_1^2}{2g} = z_3 + \frac{p_3}{\gamma} + \frac{\alpha_3 v_3^2}{2g} + h_{w1-3} \end{aligned}\right\} \tag{3-44}$$

2. 有流量汇入

如图3-7c)所示,按能量守恒原理,有

$$
\left.\begin{aligned}
&Q_3 = Q_1 + Q_2 \\
&z_1 + \frac{p_1}{\gamma} + \frac{\alpha_1 v_1^2}{2g} = z_3 + \frac{p_3}{\gamma} + \frac{\alpha_3 v_3^2}{2g} + h_{w1-3} \\
&z_2 + \frac{p_2}{\gamma} + \frac{\alpha_2 v_2^2}{2g} = z_3 + \frac{p_3}{\gamma} + \frac{\alpha_3 v_3^2}{2g} + h_{w1-3}
\end{aligned}\right\} \tag{3-45}
$$

## 四、文丘里管——总流能量方程经典应用

文丘里(Venturi)管是一种有压管道的流量测量装置,又称为文丘里流量计。如图3-13所示,文丘里管由渐缩管、喉管、渐扩管三部分组成。在渐缩管前端及喉管处装有液体测压管,或水银压差计。这种流量计最早在19世纪末提出,它利用压缩过水断面而引起局部压强变化,导出了流量与测压管水头差的关系,使有压管道的流量测量简单方便。

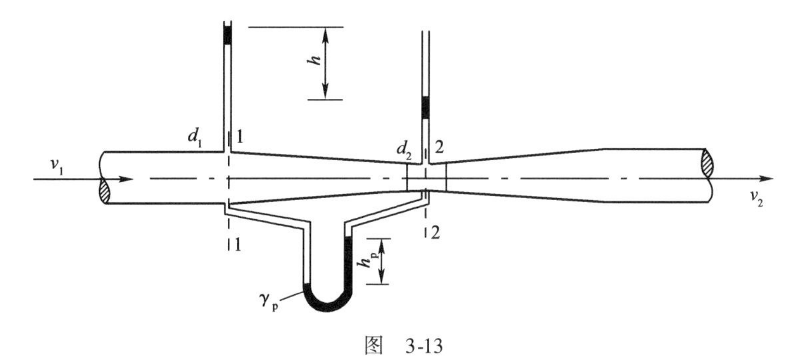


图 3-13

如图3-13所示,列断面1-1、2-2的能量方程,取 $\alpha_1=\alpha_2=1$,令 $h_w=0$,则有

$$z_1 + \frac{p_1}{\gamma} + \frac{v_1^2}{2g} = z_2 + \frac{p_2}{\gamma} + \frac{v_2^2}{2g} + 0$$

又
$$v_2 = \left(\frac{d_1}{d_2}\right)^2 v_1$$

由管道上方测压管有
$$\left(z_1 + \frac{p_1}{\gamma}\right) - \left(z_2 + \frac{p_2}{\gamma}\right) = h$$

得
$$v_1 = \frac{1}{\sqrt{\left(\frac{d_1}{d_2}\right)^4 - 1}}\sqrt{2gh}$$

$$Q = v_1 A_1 = \frac{\frac{\pi}{4}d_1^2}{\sqrt{\left(\frac{d_1}{d_2}\right)^4 - 1}}\sqrt{2gh} = C\sqrt{h} \tag{3-46}$$

$$C = \frac{\frac{1}{4}\pi d_1^2\sqrt{2g}}{\sqrt{\left(\frac{d_1}{d_2}\right)^4 - 1}} = C(d_1, d_2)$$

式中:$C$——文丘里管仪器常数。

但是,由于 $\alpha\neq1$,$h_w\neq0$,式(3-46)的计算只是一种理论值,与实际将有误差,实用中需经

率定修正。有

$$Q = \mu C\sqrt{h} \tag{3-47}$$

式中:$\mu$——文丘里管流量系数,由试验率定,一般 $\mu = 0.95 \sim 0.99$。

试验得出,当雷诺数 $Re > 2\times10^5$ 时,$\mu$ 值为常数;当 $Re < 2\times10^5$ 时,Re 越大,$\mu$ 值越大。(Re 详见第四章)。

如图 3-13 所示,当采用水银压差计时,设水银面高差为 $h_p$,则有

$$\left.\begin{aligned}&\left(z_1 + \frac{p_1}{\gamma}\right) - \left(z_2 + \frac{p_2}{\gamma}\right) = \left(\frac{\gamma_p}{\gamma} - 1\right)h_p = 12.6h_p\\&Q = \mu C\sqrt{12.6h_p}\end{aligned}\right\} \tag{3-48}$$

式中:$\gamma_p$——水银的重度($\gamma_p = 133.28\text{kN/m}^3$);

$\gamma$——水的重度($\gamma = 9.8\text{kN/m}^3$)。

## 五、总流能量方程的应用要点

1. 能量方程基本关系式(3-37)的应用条件

(1)恒定流。

(2)不可压缩液体。

(3)重力液体。

(4)两计算断面必须为渐变流或均匀流,但两断面间可以有急变流存在。

2. 能量方程式的应用要点

(1)两计算断面必须为渐变流或均匀流断面,并使其中的未知数量少。例如,在压力管道中,任一断面的未知数有两个,即流速及压强,但在水流进入大气的管道出口断面处,其相对压强为零,只有流速未知。

(2)选定计算断面后,应确定计算基准面与计算点的位置,以便确定位置水头及测压管水头。在计算断面处,能量方程有关未知数有三个,即 $z$、$p$、$v$,其中 $v$ 与计算点的位置无关,$z$、$p$ 与计算点的位置有关。例如,在一个大水池中,在同一渐变流过水断面上,计算点取在水面时,$p_\gamma = 0$,计算点取在水面下水深为 $H$ 处,$p_\gamma = \gamma H$。

计算基准面的位置可任选,但两过水断面的计算点必须取同一个基准面。通常使 $z \geqslant 0$,以保证位能不出现负值。

(3)两断面的压强可用相对压强或绝对压强,但必须取同一种压强。一般多取相对压强计算。

(4)当前后过水断面面积 $A_1$、$A_2$ 确定后,相应流速 $v_1$、$v_2$ 关系由连续性方程确定,若已知 $v_1$,则 $v_2 = \dfrac{A_1}{A_2}v_1$。

**例 3-3** 如图 3-14 所示水平放置的有压涵管,直径 $d = 1.8\text{m}$,长 $L = 103\text{m}$,出口底部高程 $\nabla_0 = 96.7\text{m}$,上、下游水位分别为 $\nabla_1 = 118.50\text{m}$、$\nabla_2 = 98.50\text{m}$,涵管水头损失 $h_w = 12\text{m}$(水柱),求涵内的流速及泄流量。

**解**:列断面 1-1、2-2 能量方程,取 $\alpha_1 = \alpha_2 = 1$,有

$$\nabla_1 + 0 + 0 = \nabla_2 + 0 + \frac{\alpha_2 v_2^2}{2g} + h_w$$

$$v_2 = \sqrt{2g(\nabla_1 - \nabla_2 - h_w)} = \sqrt{2g(118.5 - 98.5 - 12)} = 12.5(\mathrm{m/s})$$

$$Q = Av_2 = \frac{\pi}{4}d^2 v_2 = \frac{\pi \times 1.8^2}{4} \times 12.5 = 31.9(\mathrm{m^3/s})$$

**例 3-4** 如图 3-15 所示虹吸管，直径 $d = 50\mathrm{mm}$，求虹吸管的流量 $Q$ 和压强 $p_3$（不计水头损失）。

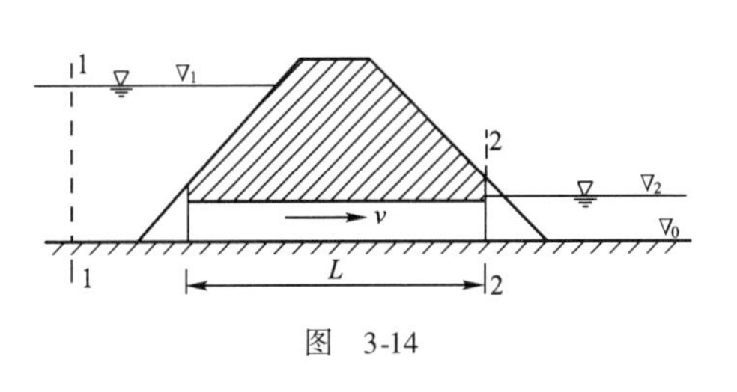


图 3-14

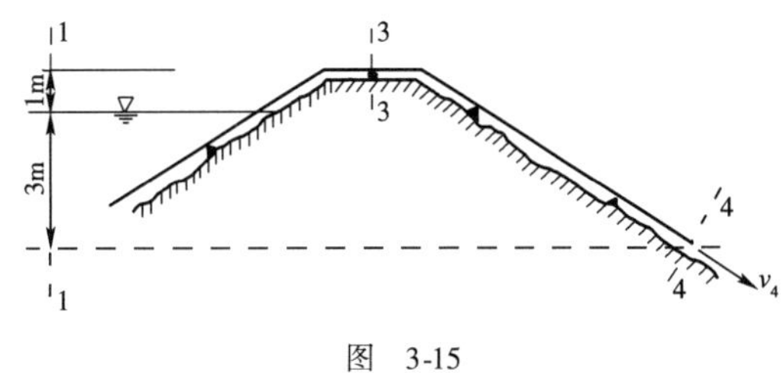


图 3-15

**解**：设计算基准面通过虹吸管出口形心处，列出断面 1-1、4-4 能量方程，其中断面 1-1 计算点取在上游自由表面处，断面 4-4 计算点取在管轴处。水库中流速很小，忽略不计，出口断面在大气中，$p_\gamma = 0$；不计水头损失，取 $\alpha_1 = \alpha_2 = 1$，则

$$3 + 0 + 0 = 0 + 0 + \frac{v_4^2}{2g} + 0$$

得
$$v_4 = \sqrt{2g \times 3} = \sqrt{2 \times 9.8 \times 3} = 7.67(\mathrm{m/s})$$

$$Q = v_4 \frac{\pi d^2}{4} = 7.67 \times \frac{\pi}{4} \times 0.05^2 = 0.015(\mathrm{m^3/s}) = 15(\mathrm{L/s})$$

列出断面 3-3、4-4 能量方程，取 $\alpha_3 = \alpha_4 = 1$，有

$$z_3 + \frac{p_3}{\gamma} + \frac{v_3^2}{2g} = 0 + 0 + \frac{v_4^2}{2g} + 0$$

因
$$v_3 = v_4 = 7.67\mathrm{m/s}$$

得
$$\frac{p_3}{\gamma} = -z_3 = -4\mathrm{m}(\text{水柱})$$

**例 3-5** 如图 3-16 所示为测定水泵扬程装置。已知水泵吸水管直径 $d_1 = 200\mathrm{mm}$，压水管直径 $d_2 = 150\mathrm{mm}$，抽水流量 $Q = 60\mathrm{L/s}$，水泵进口真空表读数为 4m 水柱，出口压力表读数为 $2p_a$（$p_a$ 为工程大气压强），两表连接测孔的位置高差 $h = 0.5\mathrm{m}$，求水泵扬程 $H_m$。若同时测得水泵功率 $N_p = 18.38\mathrm{kW}$，求水泵效率 $\eta_p$。

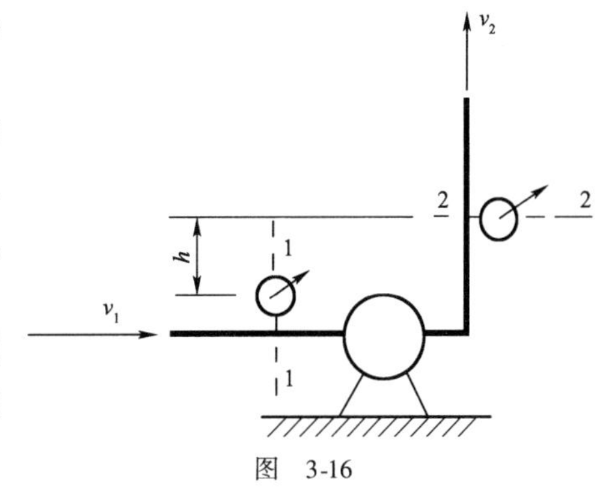


图 3-16

**解**：水泵效率中已考虑了水泵进出口间的水头损失，故水流经水泵时，可不再计算水流水头损失。如图 3-16 所示，列出断面 1-1、2-2 的能量方程，取 $\alpha_1 = \alpha_2 = 1$，则

$$z_1 + \frac{p_1}{\gamma} + \frac{\alpha_1 v_1^2}{2g} + H_m = z_2 + \frac{p_2}{\gamma} + \frac{\alpha_2 v_2^2}{2g} + 0$$

即
$$0 + (-4) + \frac{\alpha_1 v_1^2}{2g} + H_m = 0.5 + 20 + \frac{\alpha_2 v_2^2}{2g} + 0$$

因 $$A_1=\frac{\pi d_1^2}{4}=\frac{\pi}{4}\times 0.2^2=0.0314(\mathrm{m}^2)$$

$$A_2=\frac{\pi d_2^2}{4}=\frac{\pi}{4}\times 0.15^2=0.0177(\mathrm{m}^2)$$

$$v_1=\frac{Q}{A_1}=\frac{0.06}{0.0314}=1.91(\mathrm{m/s}),\quad \frac{v_1^2}{2g}=\frac{1.91^2}{2\times 9.8}=0.186(\mathrm{m})$$

$$v_2=\frac{Q}{A_2}=\frac{0.06}{0.0177}=3.39(\mathrm{m/s}),\quad \frac{v_2^2}{2g}=\frac{3.39^2}{2\times 9.8}=0.586(\mathrm{m})$$

由此得 $$H_\mathrm{m}=0.5+20+0.586+4-0.186=24.9(\mathrm{m})$$

又 $$N_\mathrm{p}=18.38\mathrm{kW}=18.38\mathrm{kN\cdot m/s}$$

$$\gamma=9.8\mathrm{kN/m^3}$$

代入式(3-40),得

$$\eta_\mathrm{p}=\frac{\gamma QH_\mathrm{m}}{N_\mathrm{p}}=\frac{9.8\times 0.06\times 24.9}{18.38}=0.797=79.7\%$$

## 第六节　恒定流总流动量方程

### 一、液流动量方程

液流动量方程是自然界动量守恒定律在水流运动中的表达式。它反映液流动量变化与固体边壁作用力的关系,常用以求解水流对边壁的作用力。

按理论力学中的质点系动量定理:单位时间内质点系的动量变化率等于其所受外合力。其表达式为

$$\left.\begin{aligned}&\frac{\mathrm{d}\boldsymbol{K}}{\mathrm{d}t}=\frac{\mathrm{d}\sum(m\boldsymbol{u})}{\mathrm{d}t}=\boldsymbol{F}\\&\boldsymbol{K}=m\boldsymbol{u}\end{aligned}\right\}\tag{3-49}$$

式中:$\boldsymbol{K}$——质点系动量;

$m$——质点质量;

$\boldsymbol{u}$——质点速度;

$\boldsymbol{F}$——质点系所受的外合力;

$t$——时间。

式(3-49)为一矢量式,方程中不出现内力。下面据此定理建立用欧拉法表述的恒定流动量方程。

如图3-17a)所示恒定流动,在总流中任取一流段作隔离体,其前后过水断面称为控制断面。为了便于计算水压力,两控制断面取在渐变流断面处,并使此流段包含有关计算问题。如图3-17a)所示,设总流流段(又称为控制体)控制断面面积分别为$A_1$、$A_2$,相应断面平均流速分别为$v_1$、$v_2$,d$t$时间由原来断面1-1和2-2间的水体移动至1′-1′和2′-2′,由于此液流为不可压缩流体的恒定流,则断面1′-1′和2-2间的水体在此d$t$时段内其速度及质量均保持不变。取其

中的元流分析，如图 3-17b）所示，设元流的控制断面面积及流速分别为 $dA_1$、$dA_2$、$u_1$、$u_2$，$dt$ 时段前后的动量矢量用黑体字表示，则可写成

$$\boldsymbol{K}_{1-2}=\boldsymbol{K}_{1-1'}+\boldsymbol{K}_{1'-2}$$

$$\boldsymbol{K}_{1'-2'}=\boldsymbol{K}_{1'-2}+\boldsymbol{K}_{2-2'}$$

$$\begin{aligned}\mathrm{d}\boldsymbol{K}&=\boldsymbol{K}_{1'-2'}-\boldsymbol{K}_{1-2}=\boldsymbol{K}_{2-2'}-\boldsymbol{K}_{1-1'}\\&=m\boldsymbol{u}_2-m\boldsymbol{u}_1=\rho\mathrm{d}Q\mathrm{d}t\boldsymbol{u}_2-\rho\mathrm{d}Q\mathrm{d}t\boldsymbol{u}_1\end{aligned}$$

有

$$\boldsymbol{F}=\frac{\mathrm{d}\boldsymbol{K}}{\mathrm{d}t}=\rho\mathrm{d}Q(\boldsymbol{u}_2-\boldsymbol{u}_1) \tag{3-50}$$

上式即元流动量方程。对于总流有

$$\begin{aligned}\sum\boldsymbol{F}&=\rho\int\mathrm{d}Q\ (\boldsymbol{u}_2-\boldsymbol{u}_1)\\&=\rho\left[\int_{A_2}(\boldsymbol{u}_2\mathrm{d}A_2)\ \boldsymbol{u}_2-\int_{A_1}(\boldsymbol{u}_1\mathrm{d}A_1)\ \boldsymbol{u}_1\right]\\&=\rho\left(\boldsymbol{i}\int_{A_2}u_2^2\mathrm{d}A_2-\boldsymbol{j}\int_{A_1}u_1^2\mathrm{d}A_1\right)\end{aligned}$$

由式(3-14)有

$$\sum\boldsymbol{F}=\rho(\boldsymbol{i}\alpha_2'v_2^2A_2-\boldsymbol{j}\alpha_1'v_1^2A_1)$$

因

$$Q=v_2A_2=v_1A_1$$

得

$$\left.\begin{aligned}\sum\boldsymbol{F}&=\rho Q(\alpha_2'\boldsymbol{v}_2-\alpha_1'\boldsymbol{v}_1)\\\sum\boldsymbol{F}&=\boldsymbol{P}_1+\boldsymbol{P}_2+\boldsymbol{G}+\boldsymbol{R}\end{aligned}\right\} \tag{3-51}$$

式中：$\alpha_1'$、$\alpha_2'$——两断面动量修正系数；

$\boldsymbol{v}_1$、$\boldsymbol{v}_2$——控制体进出口断面平均流速；

$\boldsymbol{P}_1$、$\boldsymbol{P}_2$——控制断面上的总水压力；

$\boldsymbol{G}$——控制体重力；

$\boldsymbol{R}$——管壁约束对总流隔离体（控制体）侧表面的作用力（合力）。

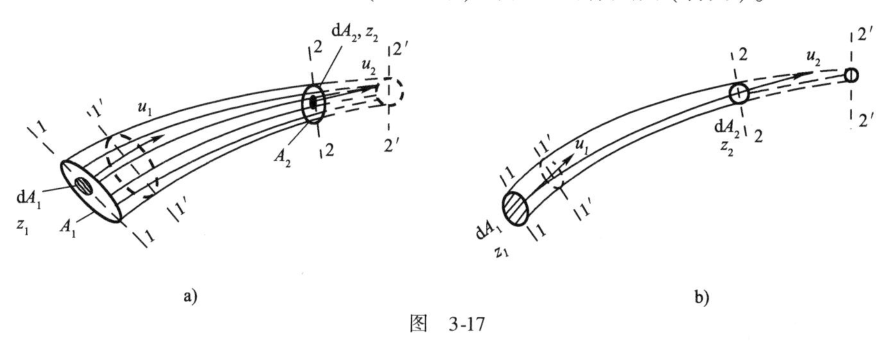


图 3-17

式(3-51)为总流动量方程的矢量式。它对于任一坐标轴均成立。若沿 $s$ 轴写液流动量方程，可表达为

$$\sum\boldsymbol{F}_s=\rho Q(\alpha_2'\boldsymbol{v}_{2s}-\alpha_1'\boldsymbol{v}_{1s}) \tag{3-52}$$

通常将液流动量方程写成直角坐标系三坐标轴向的标量式，即

$$\left.\begin{aligned}\sum F_x &= \rho Q(\alpha_2' v_{2x} - \alpha_1' v_{1x})\\ \sum F_y &= \rho Q(\alpha_2' v_{2y} - \alpha_1' v_{1y})\\ \sum F_z &= \rho Q(\alpha_2' v_{2z} - \alpha_1' v_{1z})\end{aligned}\right\} \tag{3-53}$$

式中:$v_{1x}$、$v_{1y}$、$v_{1z}$、$v_{2x}$、$v_{2y}$、$v_{2z}$——分别为流速 $v_1$、$v_2$ 在三坐标轴向的分量,顺轴向取正值,逆轴向取负值;

$F_x$、$F_y$、$F_z$——合力 $F$ 在三坐标轴向的分量,顺轴向取正值,逆轴向取负值。

式(3-52)即恒定流总流动量方程的标量式。

## 二、动量方程应用要点

(1)应用动量方程解题,必须先绘出计算流段的隔离体,并标明外力方向及所取坐标系。

(2)液流动量变化,只能是隔离体的出口动量与流入动量之差,两者不可颠倒计算。如图3-18a)、b)所示,其动量变化应为

$$\Delta \boldsymbol{K} = (\boldsymbol{K}_2 + \boldsymbol{K}_3) - \boldsymbol{K}_1 \tag{3-54}$$

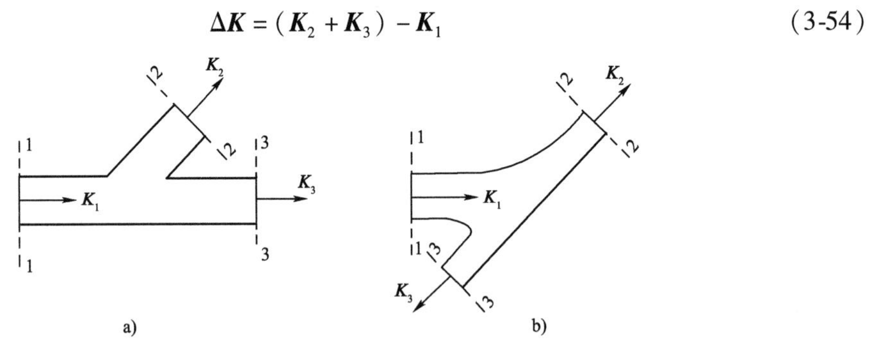


图 3-18

(3)前后控制断面应选在渐变流断面处。此时总压力可按下式计算

$$P_1 = p_1 A_1$$

$$P_2 = p_2 A_2$$

式中:$p_1$、$p_2$——断面形心处压强。

(4)式(3-51)中的边壁反力 $\boldsymbol{R}$ 为边壁对液流的外力,绘制隔离体时,其方向可任意设定,若所得 $\boldsymbol{R}$ 的计算结果为正值,则 $\boldsymbol{R}$ 的实际作用方向与所设一致;若计算结果为负值,则 $\boldsymbol{R}$ 的实际作用方向与所设相反。

(5)按动量方程所得的边壁作用力 $\boldsymbol{R}$ 与水流对边壁的作用力 $\boldsymbol{R}'$ 大小相等,方向相反,且位于同一作用线。所以应用动量方程并不能直接求得水流对边界壁面的作用力,只能通过 $\boldsymbol{R}$ 计算求得 $\boldsymbol{R}'$。

(6)式(3-51)~式(3-53)对理想液体与实际液体均适用。它常与能量方程、连续性方程联立解题。工程计算一般取 $\alpha_1' = \alpha_2' = 1$。

**例3-6** 如图3-19a)所示为一水平安装的三通水管,干管 $d_1 = 1\ 200\text{mm}$,支管 $d_2 = d_3 = 900\text{mm}$,夹角 $\theta = 45°$,干管流量 $Q_1 = 3\text{m}^3/\text{s}$,支管流量 $Q_2 = Q_3$,断面1-1的相对压强 $p_1 = 100\text{kPa}$,断面1-1至断面2-2或3-3的能量损失 $h_w = \left(0.03\dfrac{L_1}{d} + 0.5\right)\dfrac{v_1^2}{2g}$,其中:$L_1 = 20\text{m}$,求水流对管道支墩的力 $R'$。

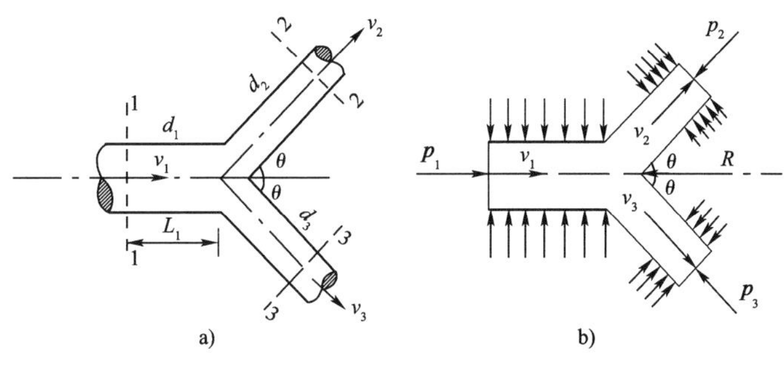


图 3-19

**解**:(1)绘出计算流段的隔离体,外力方向如图 3-19b)所示。

(2)计算进口流速 $v_1$ 与出口流速 $v_2$、$v_3$。

$$Q_2 = Q_3 = \frac{1}{2}Q_1 = \frac{3}{2} = 1.5(\mathrm{m^3/s})$$

$$v_1 = \frac{4Q_1}{\pi d_1^2} = \frac{4\times 3}{\pi\times 1.2^2} = 2.653(\mathrm{m/s})$$

$$v_2 = v_3 = \frac{4Q_2}{\pi d_2^2} = \frac{4\times 1.5}{\pi\times 0.9^2} = 2.358(\mathrm{m/s})$$

(3)求 $p_2$、$p_3$

取 $\alpha_1=\alpha_2=1$,列断面 1-1、2-2 及 3-3 能量方程

$$z_1 + \frac{p_1}{\gamma} + \frac{v_1^2}{2g} = z_2 + \frac{p_2}{\gamma} + \frac{v_2^2}{2g} + h_{\mathrm{w1-2}}$$

$$z_1 + \frac{p_1}{\gamma} + \frac{v_1^2}{2g} = z_3 + \frac{p_3}{\gamma} + \frac{v_3^2}{2g} + h_{\mathrm{w1-3}}$$

因 $z_2=z_3, v_2=v_3, h_{\mathrm{w1-2}}=h_{\mathrm{w1-3}}$,有 $p_2=p_3$

得
$$p_2=p_3=p_1+\gamma\frac{v_1^2-v_2^2}{2g}-\gamma\left(0.03\frac{L_1}{d_1}+0.5\right)\frac{v_1^2}{2g}$$

$$=100+9.8\times\frac{2.653^2-2.358^2}{2\times 9.8}-9.8\times\left(0.03\times\frac{20}{1.2}+0.5\right)\times\frac{2.653^2}{2\times 9.8}$$

$$=97.22(\mathrm{kPa})$$

(4)列动量方程求解反力

如图 3-19b)所示,取 $\alpha_1'=\alpha_2'=\alpha_3'=1$,列断面 1-1 和 2-2 及 3-3 间的动量方程,有

$$P_1 - R - P_2\cos45° - P_3\cos45° = (\rho Q_2 v_2\cos45° + \rho Q_3 v_3\cos45°) - \rho Q_1 v_1$$

又 $Q_1 = Q_2 + Q_3, P_2 = P_3$

得 $R = P_1 - 2P_2\cos45° + \rho Q_1(v_1 - v_2\cos45°)$

$$=p_1\times\frac{\pi d_1^2}{4}-2p_2\times\frac{\pi d_2^2}{4}\cos45°+\rho Q_1(v_1-v_2\cos45°)$$

$$=100\times\frac{3.14\times1.2^2}{4}-2\times97.22\times\frac{3.14\times0.9^2}{4}\times0.707+1\times3\times(2.653-2.358\times0.707)$$

$$=28.6(\mathrm{kN})$$

水流对支墩的作用力:

$R' = -R = -28.6\text{kN}$[方向与图3-19b)所示的$R$方向相反,并同在一直线上。]

**例3-7** 如图3-20a)所示,射流沿水平方向射向一斜置的固定平板后,即沿板面分成水平的两股水流,其流速分别为$v_1$、$v_2$。喷嘴出口直径为$d$,射流速度为$v_0$,平板光滑,如不计水流质量、空气阻力及水头损失,求此射流分流后的流量分配情况及对平板的作用力。

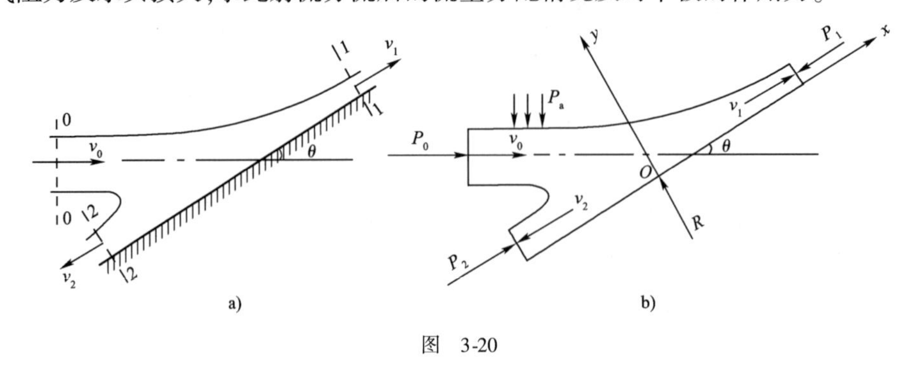


图 3-20

**解:**(1)绘隔离体,标明外力方向。如图3-20b)所示。

(2)确定$v_1$、$v_2$

因$h_w=0$,$z_1=z_2=z_0$,射流四周为大气,则$p_{1\gamma}=p_{2\gamma}=p_{0\gamma}$,取$\alpha_1=\alpha_2=\alpha_0=1$,列断面0-0与1-1、2-2能量方程,有

$$z_0+0+\frac{\alpha_0 v_0^2}{2g}=z_1+0+\frac{\alpha_1 v_1^2}{2g}+0$$

$$z_0+0+\frac{\alpha_0 v_0^2}{2g}=z_2+0+\frac{\alpha_2 v_2^2}{2g}+0$$

得
$$v_1=v_2=v_0$$

(3)列动量方程求解流量分配及边界反力$R$

为计算简便,沿平板板面取$x$轴、$y$轴垂直于平板。因$p_{1\gamma}=p_{2\gamma}=p_{0\gamma}=0$,故$P_1=P_2=P_0=0$,列$x$轴向的动量方程,有

$$\rho Q_1 v_1-\rho Q_2 v_2-\rho Q_0 v_0=\sum F_x$$

$$\sum F_x=P_1-P_2-P_0\cos\theta=0-0-0\times\cos\theta=0$$

又
$$v_1=v_2=v_0$$

得
$$Q_1-Q_2-Q_0\cos\theta=0$$

而
$$Q_1+Q_2=Q_0$$

得
$$\left.\begin{aligned}Q_1&=\frac{Q_0}{2}(1+\cos\theta)\\Q_2&=\frac{Q_0}{2}(1-\cos\theta)\end{aligned}\right\}(\text{流量分配})$$

列$y$轴向动量方程,有

$$\sum F_y=R=0-(-\rho Q_0\sin\theta)=\rho Q_0\sin\theta$$

水流对平板作用力

$$R'=-R=-\rho Q_0\sin\theta(\text{方向与}y\text{轴向相反,即垂直指向平板})$$

## 【习题】

3-1　已知圆管内半径为 $r_0$，断面流速分布关系为(1) $u=u_{\max}\left[1-\left(\frac{r}{r_0}\right)^2\right]$，(2) $u=u_{\max}\left(\frac{y}{r_0}\right)^{\frac{1}{7}}$，$u_{\max}$为管线上最大流速，求此两种流速分布下动能修正系数 $\alpha$。

3-2　什么是理想液体？什么是实际液体？

3-3　恒定流是否可以同时为急变流？均匀流是否可以同时为非恒定流？

3-4　应用能量方程时，计算断面为什么只能选用渐变流断面？但两断面间为什么允许存在急变流？两计算断面是否可以选在非均匀流断面？

3-5　渐变流或均匀流过水断面压强分布与静水中的压强分布有何异同处？

3-6　如习题3-6a)图所示，铅垂放置的有压流管道，已知 $d_1=200\text{mm}$，$d_2=100\text{mm}$，断面1-1流速 $v=1\text{m/s}$。求：(1)断面2-2处平均流速 $v_2$；(2)输水流量 $Q$；(3)若此管道平置或斜置，上述 $v_2$、$Q$ 计算结果是否会变化[如习题3-6b)、c)图所示]；(4)如习题3-6a)图所示，数据不变，若水自下而上流动，$v_2$、$Q$ 的上述计算结果是否会有变化？

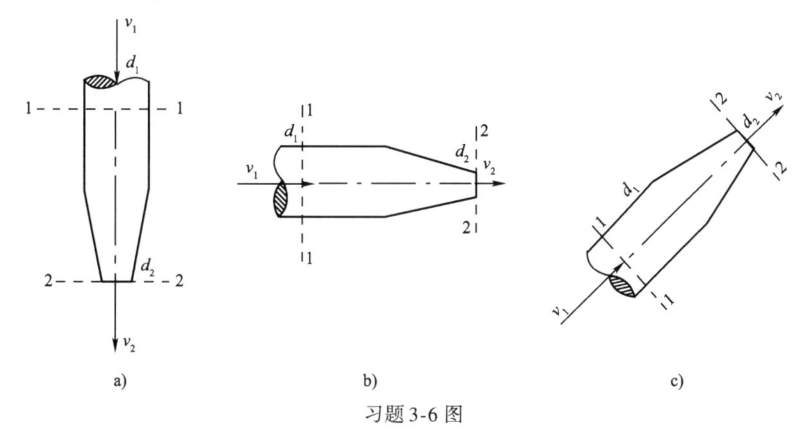

习题3-6图

3-7　如习题3-7图所示，$d_1=200\text{mm}$，$d_2=400\text{mm}$，已知 $p_1=68.6\text{kPa}$，$p_2=30.2\text{kPa}$，$v_2=1\text{m/s}$，$\Delta z=1\text{m}$，试确定水流方向及两断面间的水头损失。

3-8　如习题3-8图所示，在倒U形管比压计中，油的重度 $\gamma'=8.16\text{kN/m}^3$，水油界面高差 $\Delta h=200\text{mm}$，求 $A$ 点流速 $u$。

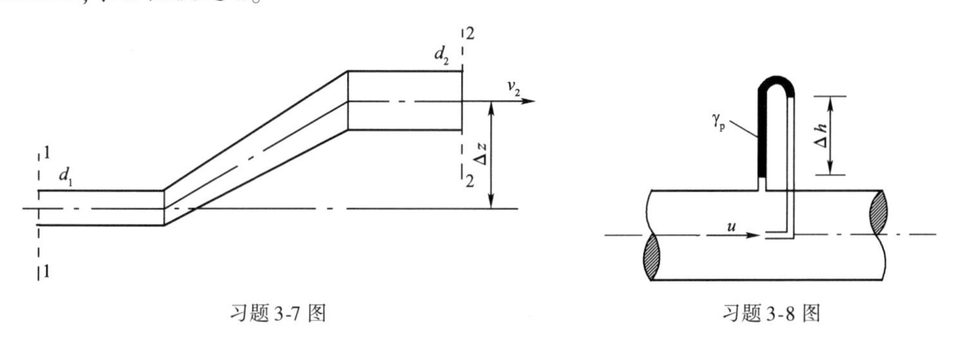

习题3-7图　　习题3-8图

3-9　如习题3-9图所示文丘里管。已知 $d_1=50\text{mm}$，$d_2=100\text{mm}$，$h=2\text{m}$，不计水头损失，问管中流量至少为多大时，才能抽出基坑中的积水？

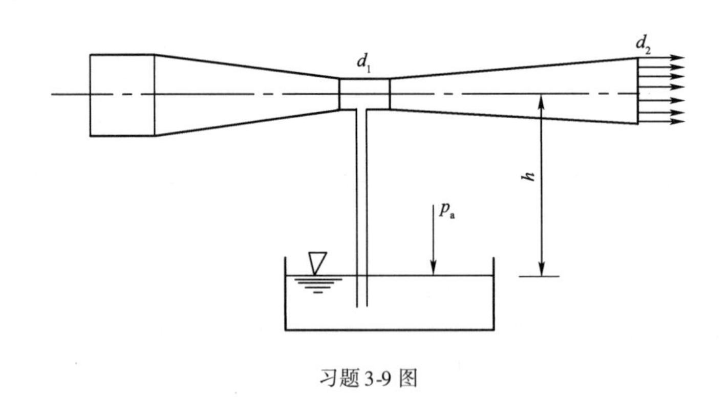


习题3-9图

3-10　如习题3-10图所示平底渠道,断面为矩形,宽 $b=1\text{m}$,渠底上升的坎高 $P=0.5\text{m}$,坎前渐变流断面处水深 $H=1.8\text{m}$,坎后水面跌落 $\Delta z=0.3\text{m}$,坎顶水流为渐变流,忽略水头损失,求渠中流量 $Q$。

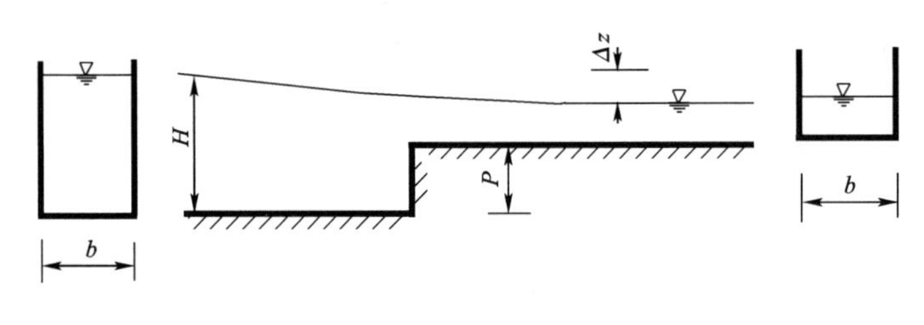


习题3-10图

3-11　如习题3-11图所示的有压涵管,其管径 $d=1.5\text{m}$,上、下游水位差 $H=2\text{m}$。设涵管水头损失 $h_m=2\dfrac{v^2}{2g}$($v$ 为管中流速),求涵管泄流量 $Q$。

3-12　如习题3-12图所示,某水泵在运行时,其进口真空表读数为3m水柱,出口压力表读数为28m水柱,吸水管直径 $d_1=400\text{mm}$,压水管直径 $d_2=300\text{mm}$,流量读数为180L/s,设此水泵吸水管和压力管的总水头损失 $h_w=8\text{m}$,求水泵扬程。

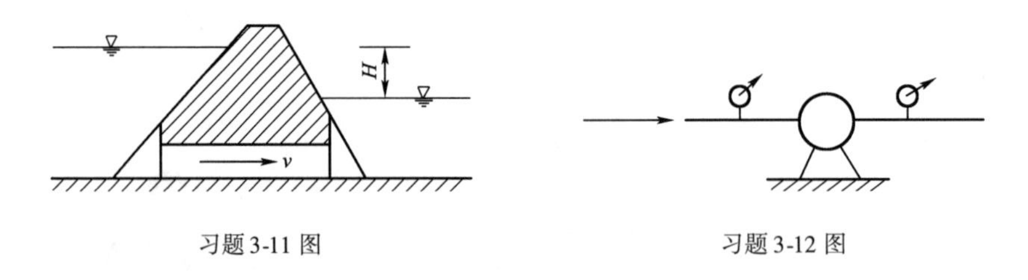


习题3-11图　　　　习题3-12图

3-13　如习题3-13图所示,竖管直径 $d_1=100\text{mm}$,出口为一收缩喷嘴,其直径 $d_2=60\text{mm}$,不计水头损失,求泄流量 $Q$ 及 $A$ 点压强 $p_A$。

3-14　如习题3-14图所示,平板与自由射流轴线垂直,它截去射流的一部分流量为 $Q_1$,并使其余部分偏转角度 $\theta$。已知射流流速 $v=30\text{m/s}$,流量 $Q=36\text{L/s}$,$Q_1=12\text{L/s}$,求射流对平板的作用力 $R'$ 以及偏角 $\theta$。不计摩擦力及液体质量影响。

3-15　如习题3-15图所示为矩形断面渠道,渠宽 $B=10\text{m}$。渠内插入一直立式平板闸门。

已知闸前水深 $H=5\text{m}$，行近流速 $v_0=0.96\text{m/s}$，闸后收缩断面水深 $h_c=0.8\text{m}$。求水流对闸门的推力 $R'$。

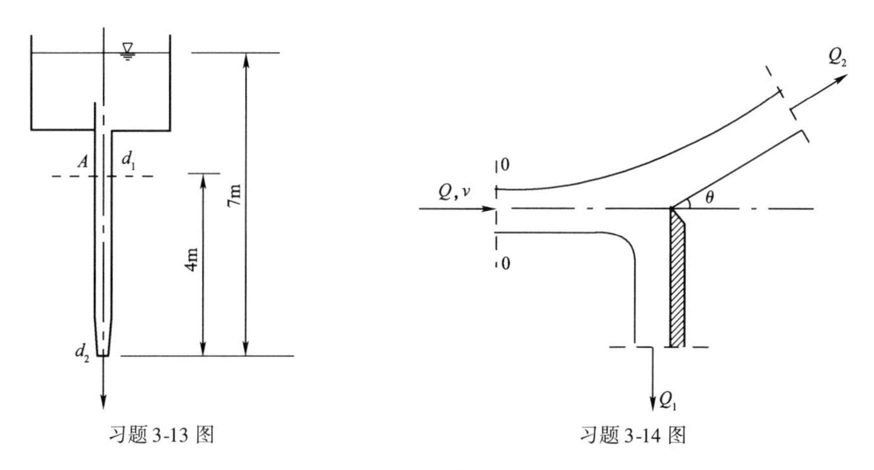

习题 3-13 图　　习题 3-14 图

3-16　如习题 3-16 图所示为水平放置的弯管，弯转角度 $\alpha=45°$，其出口水流流入大气，为恒定流。已知 $Q=50\text{L/s}$，$d_1=150\text{mm}$，$d_2=100\text{mm}$，不计摩擦阻力和水头损失。求限制弯管变形的混凝土镇墩所受作用力的大小和方向。

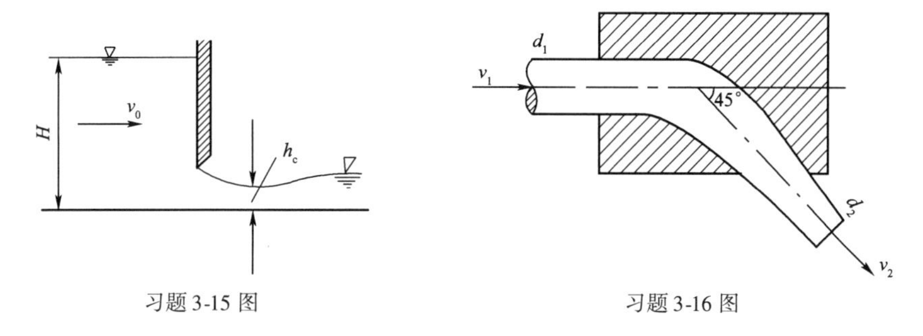

习题 3-15 图　　习题 3-16 图

3-17　如习题 3-17 图所示为嵌入支座内的一段输水管，其管径 $d_1=1.5\text{m}$，$d_2=1\text{m}$，支座前压力表 $M$ 读数为 $p=4p_a$（$p_a$ 为工程大气压），流量 $Q=1.8\text{m}^3/\text{s}$，不计水头损失，试确定支座所受的轴向力 $R'$。

3-18　水由一容器小孔口流出，如习题 3-18 图所示。孔口直径 $d=1.0\text{cm}$，若容器中水面至孔口中心的铅垂距离 $H=3\text{m}$，求射流的反作用力 $R$。

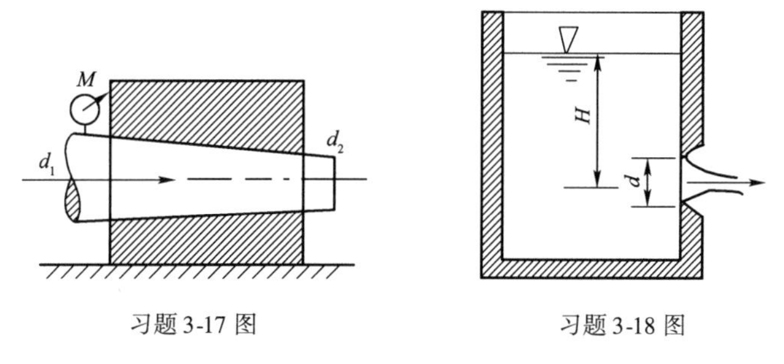

习题 3-17 图　　习题 3-18 图

3-19　如习题 3-19 图所示，已知喷枪流量 $Q=5\text{L/s}$，$d_1=80\text{mm}$，$d_2=20\text{mm}$，长 $L=50\text{mm}$，仰角 $\alpha=30°$，求水喷枪作用于支柱的力 $R'$ 和冲击物体 $A$ 的力 $R''$。

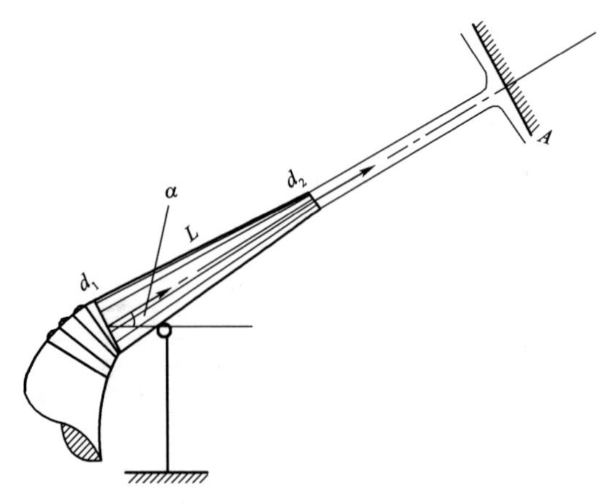


习题 3-19 图

3-20　如习题 3-20 图所示,河内有一排桥墩,其间距 $B=2\text{m}$,墩前水深 $H_1=6\text{m}$,行近流速 $v_0=2\text{m/s}$,下游水深 $H_2=5\text{m}$,求每个桥墩所受的水平推力。

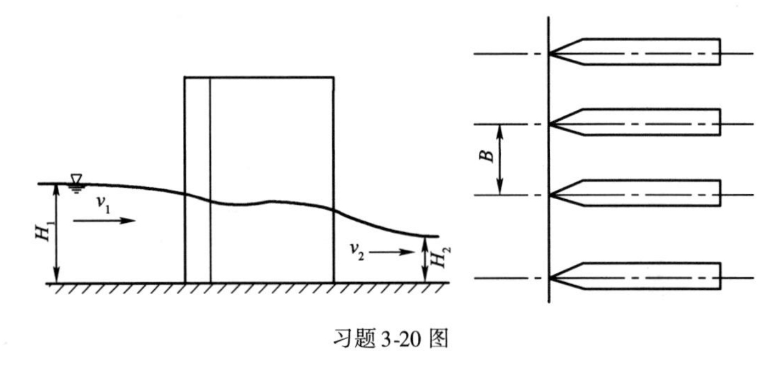


习题 3-20 图

第四章

# 水流阻力与水头损失

## 第一节　水流阻力与水头损失的类型

在能量方程的实际应用中，需确定水头损失 $h_w$，本章将做专题论述。

液体黏性及惯性对流动产生的阻力，称为水流阻力。单位重量液体在流动中的能量损失，称为水头损失，在能量方程中用 $h_w$ 表示。

水流阻力有两类，一类为液体内摩擦力(又称黏性力)，它与液体流动的路程成正比，称为沿程阻力，单纯的沿程阻力只发生在均匀流中；另一类是局部边界条件急剧改变(例如过水断面突然扩大、缩小或有闸阀等)引起流速沿程突变所产生的惯性阻力，称为局部阻力。这些阻力可导致液流一部分机械能转化为不可逆的热能、声能等，从而造成液流的能量损失。沿程阻力造成的水头损失，称为沿程水头损失，以 $h_f$ 表示；局部阻力造成的水头损失，称为局部水头损失，以 $h_j$ 表示。通常液流过程均兼有这两类水头损失，总的水头损失可按式(4-1)叠加计算。

$$h_w = \sum h_f + \sum h_j \tag{4-1}$$

式(4-1)亦称为水头损失的叠加原理。它表明液流的水头损失可以分别计算而后叠加。

如图 4-1 所示，在等直径的长直管段中的液流，沿程流速不变，只有沿程阻力导致的沿程水头损失，其水头线沿程下降，水头损失大小与流程长短成正比关系。但因受到局部因素的影响,水头线在局部处较短流段内将出现急降,局部阻力越大,水头线的急降也越大,在绘制水头线时,通常则在局部处按局部水头损失大小集中用铅垂线段长度表示。因此,总水头线则呈铅垂折线下降的图形。如图 3-12 所示的水泵管路中,水流流入水泵吸水管段时,总能沿程下降,整个吸水管段的液流将出现负压,只能依靠水泵扬程 $H_m$ 才能将下水池的水提升到上水池。因此,在水泵处水头线呈突变铅垂升高。定量计算两类水头损失的主要手段是通过试验研究获得与水头损失有关的水力要素,从中建立定量计算公式,其中雷诺(Osborne Reynolds)试验则是最早揭示水头损失机理的科学手段。

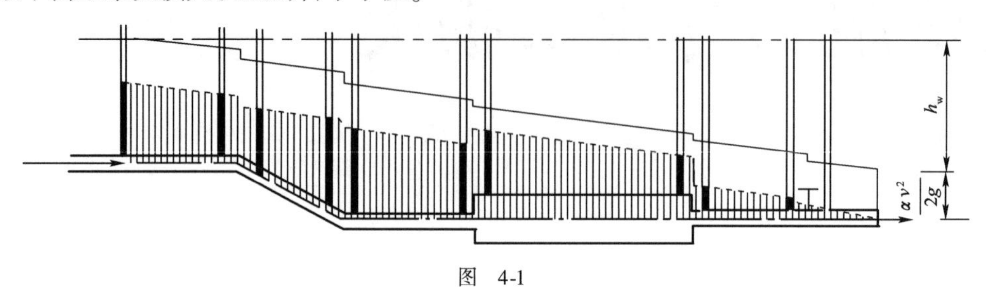


图 4-1

## 第二节 液体运动的两种流动形态——层流与紊流

### 一、雷诺试验

早在 19 世纪初,水力学家在应用实践中已发现圆管中的液体流动水头损失与流速有一定关系。当速度很小时,水头损失与流速成正比,当流速较大时,水头损失与流速的二次方或接近二次方成正比。但这只是一种纯经验认识。直到 1883 年英国科学家雷诺所作的试验研究,才科学地阐明了水头损失的机理,明确了上述水头损失与流速间关系是由于液流中存在层流和紊流两类性质不同的流动形态,定量计算水头损失,必须区别对待。

如图 4-2a)所示为雷诺试验装置示意图。其中 1 为水箱;2 为溢流板(保证水箱中水位恒定);3 为玻璃直管,用以观察水流形态;4 为调节阀门,用以改变管中的流速;5 为有色液体容器;6 为有色液体导引细管,用以对流经其出口处的液体质点染色;7 为有色液体细管控制阀门,用以调节进入玻璃管 3 的有色液体;8 为测压管,用以测量沿程水头损失与管中流速的关系。关于试验操作,必须注意下述要求:

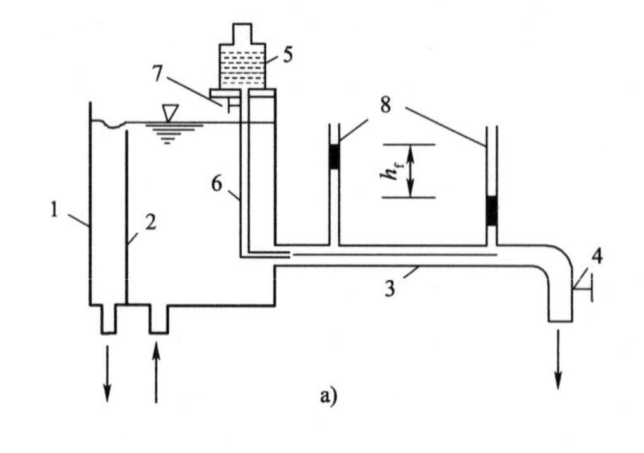


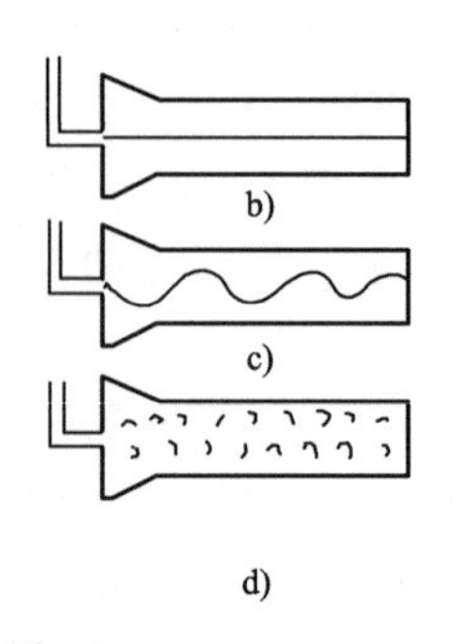


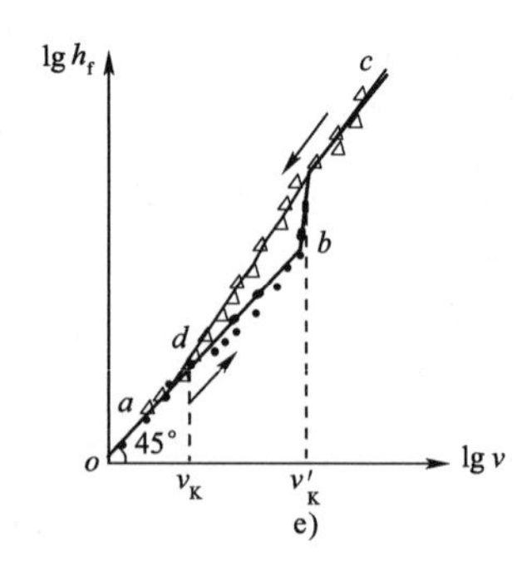


图 4-2

(1)水箱中的水位必须恒定,整个试验台必须避免受振动。

(2)开关调节阀门4必须十分缓慢,避免管中流速急剧变化,只能使水流缓慢变速,不能使流速忽大忽小,否则将难以看清水流现象的真实变化。

(3)有色液体重度以接近水的重度为宜,注入玻璃管3的有色液体应尽量少。试验室中通常用高锰酸钾溶液,但它有一定腐蚀性,也可用红墨水。

试验时,应缓慢开大阀门4使管中流速缓慢增大并尽力保证仪器不受振动,当流速较小时,经有色液体导引细管6出口处的各液体质点因被染红,可在管中显示出一条鲜明的红色纤细直线,此即流经有色液体导管出口处的一条流线,如图4-2b)所示。它表明,管中的液体质点在流动中互不发生混掺而是在分层有序地流动,这种流动称为层流。当流速增大到某一流速 $v'_K$ 时,有色流线经过一段波动后,随即出现破碎消失,如图4-2c)所示,这一现象表明,管中液流发生了混掺。若试验以相反程序进行,使管中流速由大到小变化。当流速较大时,染色流线消失,当流速降低到某下限值 $v_K$ 时,导管6出口处染色流线会再次出现,这表明液流混掺现象停止,管中液流重新恢复到分层有序的层流状态。试验得出 $v_K < v'_K$。液体质点互相混掺的无序无章流动,称为紊流,又称为湍流,如图4-2d)所示。由层流突变为紊流时的临界流速 $v'_K$,称为上临界流速;由紊流突变为层流时的流速 $v_K$,称为下临界流速。然而,不论试验程序是由层流向紊流或是由紊流向层流程序操作,在 $v < v_K$ 的范围内,其流动状态均为层流,且水流现象十分稳定。因此,$v_K$ 常用作判别层流与紊流的重要参数。

在紊流状态下,若用灯光照射,还可发现被相邻混掺液体冲散的染色液体质点形成了许多明晰的、时而产生时而消失的大小旋涡,液体质点的运动轨迹亦毫无规律,不但有随主流方向的运动,而且有其他方向的位移。尽管液流总体在向前运动,但各点流速的大小和方向变化仍具有明显的随机性。显然,紊流状态下的水头损失将大于层流。如图4-2e)所示,试验得出:

(1)$v < v_K$ 时,液流只可能为层流,$h_f \propto v$,试验点据的分布与横轴成45°的直线,如图4-2e)中 $ab$ 直线,其斜率 $m = 1$。

(2)$v > v_K$ 时,液流为紊流,$h_f \propto v^{1.75\sim2}$,如图4-2e)中 $cd$ 段所示,试验点据的分布为直线,与横轴成60°15′,往上略呈弯曲,然后又渐与横轴成63°25′的直线,其斜率 $m = 1.75 \sim 2.0$。

(3)$v_K < v < v'_K$ 时,水流状态不稳定,既可能是层流,也可能为紊流,并取决于试验的程序及水流的初始状态。原为层流时,在此流速范围内一般多为层流;原为紊流时,此时一般为紊流。此外,在此流速范围内的层流状态若受到任何干扰而成为紊流时,将不会再恢复到原来的层流状态。

(4)沿水头损失 $h_f$ 与流速 $v$ 的关系,如图4-2e)所示,有

$$\left.\begin{aligned} \lg h_f &= \lg K + m \lg v \\ h_f &= K v^m \end{aligned}\right\} \tag{4-2}$$

式中:$m$——指数,由试验确定,层流 $m = 1$,紊流 $m = 1.75 \sim 2.0$;

$K$——系数。

如图4-2a)所示试验装置,其中玻璃管沿程断面大小相等,形状相同,是一种均匀流动。按式(4-1),这类水流运动只有沿程水头损失,即 $h_w = h_f$,列出图中两测压管处过水断面间的能量方程,有

$$\left(z_1 + \frac{p_1}{\gamma}\right) - \left(z_2 + \frac{p_2}{\gamma}\right) = h_f \tag{4-3}$$

这表明,图 4-2e)中的 $h_f$ 可通过两测压管中的测压管水头差测得,流速 $v$ 可通过测量出口流量 $Q$ 测得,$v=\dfrac{4Q}{\pi d^2}$,其中 $d$ 为管径。显然,当流速一定时,可测得相应的水头损失。调节阀门4 即可测得各种流速下相应的沿程水头损失,并获得图 4-2e)所示的沿程水头损失与流速关系曲线。

雷诺试验虽然是在圆管中进行,所用的是水,但在其他非圆形断面及其他液体或气体的流动试验中,都已发现同样有层流和紊流两种流动形态(简称为流态)。因此,这一试验的意义在于揭示了流体运动中可有两种流态:层流和紊流。这两种流态中,不仅其液体质点的运动轨迹不同,而且水流内部结构(如流速分布、压强特性等)也完全不同,因而其水头损失及扩散规律都不一样。在水力学中,对于两种流态的沿程水头损失,已有大量的研究成果,而两种流动形态的判别标准则是雷诺试验的成果。

## 二、层流与紊流的判别标准——临界雷诺数

雷诺通过不同管径圆管和多种流体的试验发现:两种流态的临界流速($v_K$,$v'_K$)都与管径 $d$ 和流体密度 $\rho$ 成反比,与流体的动力黏度 $\mu$ 成正比,即

$$v_K \propto \frac{\mu}{\rho d} \qquad v'_K \propto \frac{\mu}{\rho d}$$

写成等式有

$$v_K = Re_K \frac{\mu}{\rho d}, \qquad v'_K = Re'_K \frac{\mu}{\rho d}$$

令

$$\nu = \frac{\mu}{\rho}$$

有

$$\left.\begin{aligned} Re_K &= \frac{v_K d}{\nu} \\ Re'_K &= \frac{v'_K d}{\nu} \end{aligned}\right\} \tag{4-4}$$

式中:$Re_K$——下临界雷诺数(纯数);

$Re'_K$——上临界雷诺数(纯数);

$\nu$——运动黏度;

$v_K$——下临界流速;

$v'_K$——上临界流速。

试验得出 $Re_K = 2\,320$,$Re'_K \approx 12\,000 \sim 50\,000$,这说明上临界雷诺数极不稳定,没有什么实际意义,但下临界雷诺数 $Re_K$ 十分稳定,因此,实际工程中采用下临界雷诺数 $Re_K$ 与实际水流雷诺数 Re 作比较,并作为判别流动形态的数值标准。对于圆管有

$$Re = \frac{vd}{\nu}(\text{液流实际雷诺数}) \tag{4-5}$$

$$Re < Re_K = 2\,320 \text{ 时,层流}$$

$$Re > Re_K = 2\,320 \text{ 时,紊流}$$

值得注意的是,建立式(4-4)时采用了特征长度 $d$,即圆管直径,故式(4-4 )及式(4-5)只适用于有压圆管流动。但是特征长度也可用其他具有长度性质的物理量,如圆管半径 $r$ 或过水断面面积 $A$ 与湿周 $\chi$ 的比值 $R$,称为水力半径等。所谓湿周,即过水断面中液体与固体接触的边界长度。如图 4-3 所示断面形状的湿周有:矩形断面渠道,$\chi = b + 2h$;梯形断面渠道,$m = \cot\alpha$,$\chi = b + 2h\sqrt{1+m^2}$;无压圆涵管,$\chi = \frac{d}{2}\theta$;有压圆管流,$\chi = \pi d$;有压方形断面,$\chi = 4a$。由此,雷诺数可表达为

$$\left.\begin{aligned} &\text{圆管} && \mathrm{Re}_r = \frac{vr}{\nu} \\ &\text{非圆管或明渠} && \mathrm{Re}_R = \frac{vR}{\nu} = \frac{vA}{\nu\chi} \\ & && R = \frac{A}{\chi} \end{aligned}\right\} \tag{4-6}$$

式中:$A$——过水面积;

$r$——圆管半径,$r = \frac{d}{2}$;

$R$——水力半径。

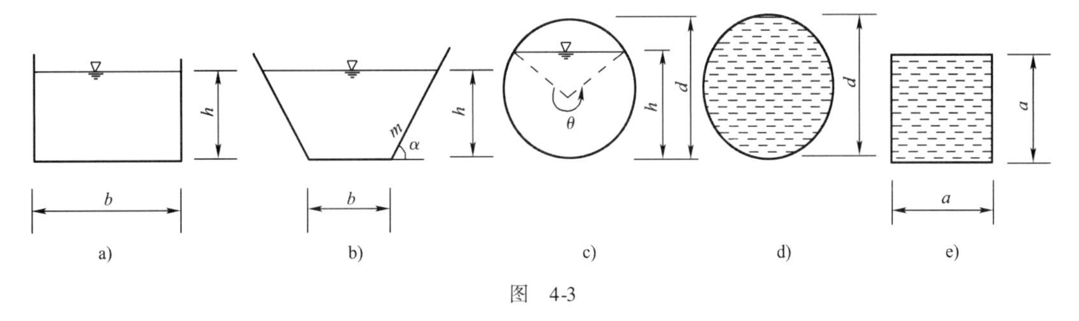


图 4-3

对于有压圆管,$\chi = \pi d$,$A = \frac{\pi}{4}d^2$,$R = \frac{d}{4}$。

采用式(4-6)计算雷诺数时,有压管流的临界雷诺数应作如下变动

$$\mathrm{Re}_{rK} = \frac{v_K r}{\nu} = \frac{v_K d}{2\nu} = \frac{\mathrm{Re}_K}{2} = \frac{2\ 320}{2} = 1\ 160$$

$$\mathrm{Re}_{RK} = \frac{v_K R}{\nu} = \frac{v_K d}{4\nu} = \frac{\mathrm{Re}_K}{4} = \frac{2\ 320}{4} = 580$$

液体具有易流动性,因而对外界的小扰动(如振动、液体初始时刻的平静程度、管壁粗糙度和进口形状的干扰等)也非常敏感,特别在高速流动时,这种敏感则表现为惯性,它可使液体保持和强化流动时所受到的小扰动作用。此外,液体在流动中还受到黏性力的作用。两种流态的相互转化,可以认为实质上是液流中惯性力和黏性力相互作用的结果。雷诺数大,惯性力占支配地位;雷诺数小,黏性力将处于支配地位。

**例 4-1** 有压管道直径 $d = 100$mm,流速 $v = 1$m/s,水温 $t = 10$℃,试判别水流的流态。

**解**:$t = 10$℃时,按式(1-7)得

$$\nu = \frac{0.017\ 75}{1 + 0.033\ 7t + 0.000\ 221t^2} = \frac{0.017\ 75}{1.359\ 1} = 0.013\ 1(\mathrm{cm^2/s})$$

$$Re = \frac{vd}{\nu} = \frac{100 \times 10}{0.013\ 1} = 76\ 600 > Re_K = 2\ 320$$

属于紊流。

**例 4-2** 有压管道直径 $d = 20\text{mm}$,流速 $v = 8\text{cm/s}$,水温 $t = 15℃$,试确定水流流动形态及水流形态转变时的临界流速与水温。

**解:**$t = 15℃$时,查表 1-1 得 $\nu = 0.011\ 39\text{cm}^2/\text{s}$。

$$Re = \frac{vd}{\nu} = \frac{8 \times 2}{0.011\ 39} = 1\ 400 < Re_K = 2\ 320$$

属于层流。

又

$$v_K = \frac{Re_K \nu}{d} = \frac{2\ 320 \times 0.011\ 39}{2} = 13.2(\text{cm/s})$$

$$\nu = \frac{vd}{Re_K} = \frac{8 \times 2}{2\ 320} = 0.006\ 896(\text{cm}^2/\text{s})$$

查表 1-1,$\nu = 0.006\ 896\text{cm}^2/\text{s}$,$t = 37.77℃$(流态转变时的水温)。

**例 4-3** 矩形明渠,底宽 $b = 2\text{m}$,水深 $h = 1\text{m}$,渠中流速 $v = 0.7\text{m/s}$,水温 $t = 15℃$,试判别流态。

**解:**$t = 15℃$时,查表 1-1 得 $\nu = 0.011\ 39\text{cm}^2/\text{s}$。

$$R = \frac{A}{\chi} = \frac{bh}{b + 2h} = \frac{200 \times 100}{200 + 2 \times 100} = 50(\text{cm})$$

$$Re = \frac{vR}{\nu} = \frac{70 \times 50}{0.011\ 39} = 3.07 \times 10^5 > 580\text{,属于紊流}$$

# 第三节 沿程水头损失计算

## 一、沿程水头损失与水流阻力关系——均匀流基本方程

圆管中的水流运动属均匀流,如图 4-4a)所示。设管道半径为 $r_0$,直径为 $d$,流速为 $v$。任取此均匀流段的隔离体分析。设流段长度为 $l$,流段断面 1-1、2-2 形心高差 $\Delta z = z_1 - z_2$,压强分别为 $p_1$、$p_2$,两过水断面面积分别为 $A_1$、$A_2$,且 $A_1 = A_2 = A$,流段轴线与铅垂线的夹角为 $\alpha$,在管壁处的切应力为 $\tau_0$。由此,流段受外力如下所述。

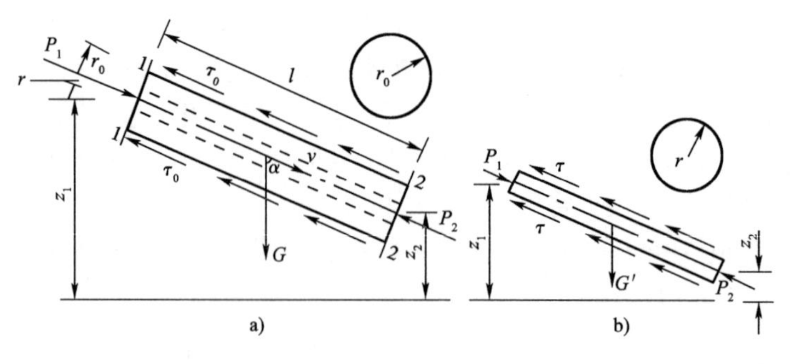


图 4-4

1. 表面力

(1)水压力:$P_1 = p_1A_1$,$P_2 = p_2A_2$,沿管道轴线垂直指向断面 $A_1$、$A_2$。

(2)黏性力:$T = \tau_0\chi l$,($\chi$ 为湿周),沿管壁处的液流表面作用且其方向与主流向相反。

2. 质量力

$G = \gamma Al$,方向铅垂向下,通过流段重心。$G$ 沿轴向的分力有

$$G_1 = G\cos\alpha = \gamma Al\frac{\Delta z}{l} = \gamma A(z_1 - z_2)$$

列断面 1-1、2-2 沿轴线的动量方程,有

$$P_1 - P_2 + G\cos\alpha - T = 0$$

即
$$p_1A_1 - p_2A_2 + \gamma A(z_1 - z_2) - \tau_0\chi l = 0$$

以 $\gamma Al$ 除各项,即对单位重量液体有

$$\frac{\left(z_1 + \frac{p_1}{\gamma}\right) - \left(z_2 + \frac{p_2}{\gamma}\right)}{l} = \frac{\tau_0\chi}{\gamma A} = \frac{\tau_0}{\gamma R}$$

由式(4-3),上式可写成

$$\left.\begin{aligned} h_f &= \frac{\tau_0}{\gamma}\cdot\frac{l}{R} \\ \tau_0 &= \gamma RJ \end{aligned}\right\} \tag{4-7}$$

式中:$R$——水力半径;

$J$——水力坡度;

$\gamma$——液体重度。

式(4-7)称为均匀流基本方程。它导出了沿程水头损失与水流阻力间的关系。它表明,沿程水头损失与液体重度和水力半径成反比,与切应力及流程长度成正比。

如图 4-4b)所示,取任意半径 $r$ 的均匀流隔离体,设其表面切应力为 $\tau$,由 $R = \frac{d}{4} = \frac{r}{2}$,仿前述步骤,有

$$\tau_0 = \gamma\frac{r_0}{2}J$$

$$\tau = \gamma\frac{r}{2}J$$

得
$$\tau = \frac{r}{r_0}\tau_0 \tag{4-8}$$

式(4-8)表明,圆管均匀流过水断面上的切应力呈直线分布。管轴处 $r = 0$,$\tau = 0$;管壁处 $r = r_0$,$\tau = \tau_0$。

均匀流基本方程式(4-7)或式(4-8)对于有压流、无压流、层流、紊流都适用。但 $\tau_0$ 尚待确定,所以它还不能用来解决计算沿程水头损失的问题。

## 二、沿程水头损失计算的通用公式

试验得出,$\tau_0$ 与流速 $v$、水力半径 $R$、液体密度 $\rho$、动力黏度 $\mu$ 以及管壁粗糙的凸起平均高

度$\Delta$(又称为绝对粗糙度)等因素有关,可用下式表达:

$$\tau_0 = f(v, R, \rho, \mu, \Delta) \tag{4-9}$$

求解式(4-9)的数学表达式,可用量纲分析方法(详见第十五章)。

所谓量纲,即物理量性质类别,又称为因次。量纲符号常用“[ ]”表示(详见第十五章)。例如,一切具有长度性质物理量的量纲用$[L]$,时间的量纲用$[T]$,质量的量纲用$[M]$,力的量纲用$[F]$等符号表示。而物理量的量纲与其单位不同。量度各物理量数值大小的标准,称为单位,如长度为1m的管道,可用100cm等单位表示。选用的单位不同,其数值也不同。不同量纲和单位可以作乘除运算,但不能作加减运算。力学中常用$[L]$、$[M]$、$[T]$导出其他物理量的量纲。$[L]$、$[M]$、$[T]$称为基本量纲。由此导出的量纲,称为导出量纲。而基本量纲则是一种不能用其他基本量纲导出的独立量纲。一个物理方程中的基本量纲可以多于三个,也可以少于三个。力学中常用上述三个作基本量纲,由此有

面积 $A = BL$ $[A] = [L][L] = [L]^2$

速度 $v = \dfrac{ds}{dt}$ $[v] = [L][T]^{-1}$

加速度 $a = \dfrac{dv}{dt}$ $[a] = [L][T]^{-2}$

密度 $\rho = \dfrac{dm}{dV}$ $[\rho] = [M][L]^{-3}$

力 $F = ma$ $[F] = [M][L][T]^{-2}$

切应力 $\tau = \dfrac{dT}{dA}$ $[\tau] = [M][L]^{-1}[T]^{-2}$

动力黏度 $\mu = \dfrac{\tau}{\dfrac{du}{dy}}$ $[\mu] = [M][L]^{-1}[T]^{-1}$

任一物理量$x$的量纲均可用基本量纲表示为

$$[x] = [L]^{\alpha}[M]^{\beta}[T]^{\gamma} \tag{4-10}$$

当$\alpha = \beta = \gamma = 0$时,$x$称为无量纲量,即纯数,以$[1]$表示,有$[x] = [L]^0[M]^0[T]^0 = [1]$。$\alpha$、$\beta$、$\gamma$中有任一不等于零时,则称为有量纲数。由此可知,任何函数关系均可用物理量幂的积表示。因此,式(4-9)也可改写成下列形式($K$为系数)

$$\tau_0 = K v^a R^b \rho^c \mu^d \Delta^e \tag{4-11}$$

量纲分析方法是推求物理量间函数关系式结构形式的一种科学方法,特别适用于综合试验研究成果,很有实际意义。它的基本原理是:凡正确反映客观规律的物理方程,其各项的量纲必须一致,此称为量纲齐次原理,又称为量纲和谐性原理或量纲齐次性法则。式(4-10)称为量纲式。按量纲齐次性原理,即可确定式(4-11)中的待定常数$a$、$b$、$c$、$d$、$e$。由式(4-11),其量纲式有

$$[M][L]^{-1}[T]^{-2} = ([L][T]^{-1})^a[L]^b([M][L]^{-3})^c([M][L]^{-1}[T]^{-1})^d[L]^e$$

由量纲齐次性原理,上述量纲式两边的同名量纲的指数应相等,有

$[M]$: $1 = c + d$

$[L]$: $-1 = a + b - 3c - d + e$

$[T]$: $$-2=-a-d$$

上述方程式数少于待求数(共5个),故各指数无确定解,只能解得相互关系,即

$$a=2-d$$
$$b=-(d+e)$$
$$c=1-d$$

代入式(4-11),得

$$\tau_0=Kv^{2-d}R^{-(d+e)}\rho^{1-d}\mu^d\Delta^e$$
$$=K\left(\frac{vR}{\frac{\mu}{\rho}}\right)^{-d}\left(\frac{\Delta}{R}\right)^e\rho v^2$$
$$=K\mathrm{Re}^{-d}\left(\frac{\Delta}{R}\right)^e\rho v^2$$

令 $$\frac{\lambda}{8}=K\mathrm{Re}^{-d}\left(\frac{\Delta}{R}\right)^e$$

得 $$\left.\begin{aligned}\tau_0&=\frac{\lambda}{8}\rho v^2\\ \lambda&=\lambda\left(\mathrm{Re},\frac{\Delta}{R}\right)\end{aligned}\right\}\tag{4-12}$$

将式(4-12)代入式(4-7)得

$$h_f=\lambda\frac{l}{4R}\frac{v^2}{2g}\tag{4-13}$$

$$h_f=\lambda\frac{l}{d}\frac{v^2}{2g}\tag{4-14}$$

式中:$\lambda$——沿程阻力系数(无量纲数)。

式(4-13)及式(4-14),称为达西—魏兹巴赫(Darcy-Weisbach · 1857)公式,它是沿程水头损失计算的通用公式,对于层流和紊流都适用。式(4-13)适用于非圆形断面的有压流或无压流;式(4-14)多用于有压圆管的水头损失计算。

由式(4-7)到式(4-13)或式(4-14),在理论分析上是一大进展,使沿程水头损失归结成一个无量纲系数 $\lambda$ 的求解问题,同时,还为研究沿程阻力系数提供了理论依据。显然,对于层流和紊流,$\lambda$ 将有不同的规律。对于紊流,$\lambda$ 的计算则较为复杂。在水力学中,关于沿程阻力系数的计算已有大量研究成果,如尼古拉兹试验等,待后详述。如何解决沿程阻力系数的计算,这是达西—魏兹巴赫公式应用的关键。

令 $v_*=\sqrt{\frac{\tau_0}{\rho}}$,由式(4-12),得

$$\lambda=8\left(\frac{v_*}{v}\right)^2\tag{4-15}$$

式中:$v_*$——动力流速,它具有流速的量纲,又称为摩阻流速或剪切流速。

断面平均流速可按断面流速分布曲线求得,式(4-15)表明,求解沿程阻力系数 $\lambda$ 的理论途径可从求解断面流速分布入手。

# 第四节　圆管层流沿程阻力系数

## 一、圆管层流的流速分布

圆管层流运动也称为哈根—泊稷叶(Hagen-Poseuille)流动。当为层流时,应力 $\tau$ 可用牛顿内摩擦定律表达

$$\tau=\mu\frac{\mathrm{d}u}{\mathrm{d}y}$$

圆管有压均匀流是轴对称流,为计算方便,采用圆柱坐标$(r,u)$,如图 4-5a)所示,由于

$$r=r_0-y,\mathrm{d}r=-\mathrm{d}y$$

因此

$$\tau=-\mu\frac{\mathrm{d}u}{\mathrm{d}r}$$

又由式(4-8),有

$$\tau=\frac{1}{2}r\gamma J$$

由上两式得

$$-\mu\frac{\mathrm{d}u}{\mathrm{d}r}=\frac{1}{2}r\gamma J$$

有

$$\mathrm{d}u=-\frac{\gamma J}{2\mu}r\mathrm{d}r$$

对于均匀流,各元流的 $J$ 都相等,按上式积分得

$$u=-\frac{\gamma J}{4\mu}r^2+C$$

当 $r=r_0$ 时,$u=0$,$C=\dfrac{\gamma J}{4\mu}r_0^2$

故

$$u=\frac{\gamma J}{4\mu}(r_0^2-r^2)\tag{4-16}$$

上式表明,圆管层流运动过水断面上的流速分布是一个旋转抛物面。这是层流的重要水力特征之一。如图 4-5a)所示,在管轴处,$r=0$,有

$$u_{\max}=\frac{\gamma J}{4\mu}r_0^2\tag{4-17}$$

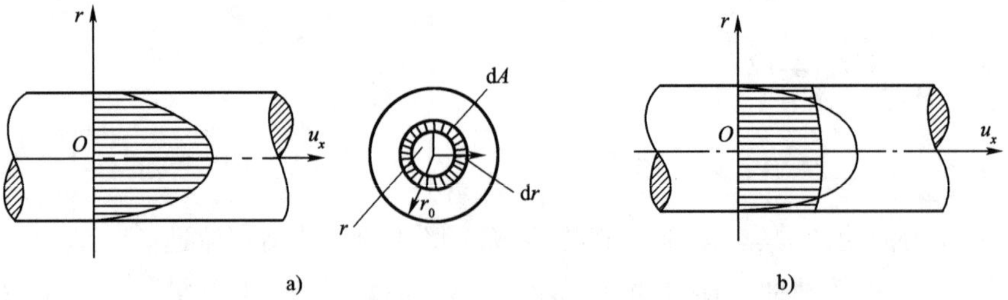

图 4-5

此外,断面平均流速有

$$v=\frac{\int_A u\mathrm{d}A}{A}=\frac{1}{\pi r_0^2}\int_0^{r_0}\frac{\gamma J}{4\mu}(r_0^2-r^2)2\pi r\mathrm{d}r$$

$$=\frac{\gamma J}{8\mu}r_0^2=\frac{1}{2}u_{\max} \tag{4-18}$$

由式(4-16)、式(4-18)及式(3-11)、式(3-13)亦可得圆管层流的动能修正系数与动量修正系数精确解。

$$\frac{u}{v}=2\left[1-\left(\frac{r}{r_0}\right)^2\right]$$

$$\alpha=\frac{\int_A\left(\frac{u}{v}\right)^3\mathrm{d}A}{A}=16\int_0^1\left[1-\left(\frac{r}{r_0}\right)^2\right]^3\frac{r}{r_0}\mathrm{d}\frac{r}{r_0}=2$$

$$\alpha'=\frac{\int_A\left(\frac{u}{v}\right)^2\mathrm{d}A}{A}=8\int_0^1\left[1-\left(\frac{r}{r_0}\right)^2\right]^2\frac{r}{r_0}\mathrm{d}\frac{r}{r_0}=1.33$$

## 二、圆管层流的沿程阻力系数

由式(4-18),可得

$$h_{\mathrm{f}}=\frac{32\mu l}{\gamma d^2}v \tag{4-19}$$

式中:$d$——圆管直径;

$\mu$——动力黏度;

$\gamma$——液体重度。

由式(4-14),有

$$\lambda\frac{l}{d}\frac{v^2}{2g}=\frac{32\mu vl}{\gamma d^2}$$

得

$$\lambda=\frac{64\mu}{\rho vd}=\frac{64}{\frac{vd}{\frac{\mu}{\rho}}}=\frac{64}{\frac{vd}{\nu}}=\frac{64}{\mathrm{Re}} \tag{4-20}$$

式中:Re——雷诺数;

$\nu$——运动黏度。

式(4-20)即为圆管层流沿程阻力系数的理论解。它表明,在圆管层流中,沿程阻力系数只与雷诺数成反比关系,与管壁的粗糙度无关。这一结论已为著名的尼古拉兹试验所证实(待后详述)。此外,由式(4-19)可见,圆管层流运动的沿程水头损失与断面平均流速的一次方成正比。从理论上也进一步论证了雷诺试验的重大发现及前人的实践经验。

# 第五节　圆管紊流沿程阻力系数

## 一、紊流特征

在紊流中液流的运动特性,称为紊流特征。它远比层流复杂,因此,紊流运动的沿程阻力系数至今尚无纯理论解,只有半经验半理论研究成果。关于紊流特征现分述如下。

1. 运动要素的脉动与时间平均值

在紊流运动中,由于液体质点具有随机性的混掺现象,质点间可不断发生动量交换,因而导致液体质点的流速、压强等运动要素都具有随机性的脉动特征。所谓运动要素的脉动,即运动要素(如流速 $u$ 及压强 $p$ 等)在数值上围绕某一时间平均值 $\bar{u}$,$\bar{p}$ 做上、下、左、右跳动的水力现象,如图 4-6 所示。

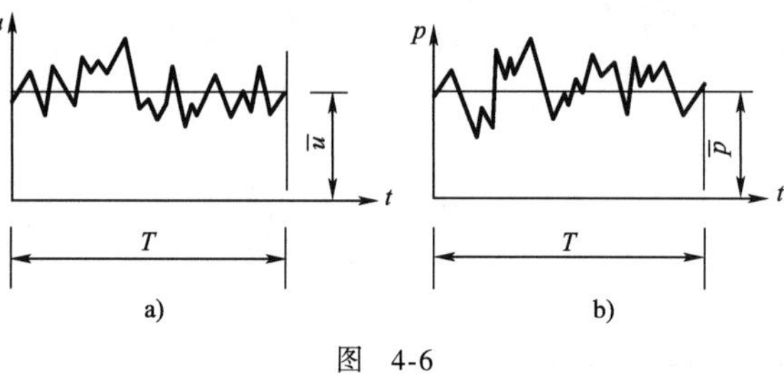


图　4-6

$$u = u(x,y,z,t)$$

$$p = p(x,y,z,t)$$

$$\left.\begin{aligned} \bar{u} &= \frac{1}{T}\int_0^T u\mathrm{d}t = u(x,y,z) \\ \bar{p} &= \frac{1}{T}\int_0^T p\mathrm{d}t = p(x,y,z) \end{aligned}\right\} \tag{4-21}$$

式中:$\bar{u}$——流速的时间加权平均值,称为时均流速;

$\bar{p}$——压强的时间加权平均值,称为时均压强。

由于紊流运动要素的脉动频率高,周期很短,当所取时段足够长时,即可获得较为稳定的时均值,这是一种与时间无关的运动要素。紊流本属非恒定流,但取时间平均值则仍可看作恒定流,并称之为时均紊流,因此,第三章导出的三大方程仍可应用。由式(4-21),紊流运动要素可表达为

$$\left.\begin{aligned} u &= \bar{u} \pm u' \\ p &= \bar{p} \pm p' \end{aligned}\right\} \tag{4-22}$$

式中:$u'$——脉动流速;

$p'$——脉动压强。

有

$$\overline{u'} = \frac{1}{T}\int_0^T u'\mathrm{d}t = 0$$

$$\overline{p'} = \frac{1}{T}\int_0^T p'\mathrm{d}t = 0$$

上式表明,脉动流速与脉动压强的时间平均值等于零。采用时均值计算,只是为研究紊流提供了方便,但不能反映紊流脉动的实际影响。为简便计,时均紊流的运动要素 $\bar{u}$、$\bar{p}$ 在水力学中仍用符号 $u$、$p$ 表示。

2. 时均紊流附加切应力与断面流速分布

(1)时均紊流的附加切应力

由于前述原因,在紊流中的水流阻力除了黏性力 $\tau_1$ 外,液体质点混掺和动量交换还将产生附加的切应力 $\tau_2$,简称紊流附加应力。因此,紊流的水流阻力可表达为

$$\left.\begin{aligned}\tau &= \tau_1 + \tau_2\\ \tau_1 &= \mu\frac{\mathrm{d}u}{\mathrm{d}y}\end{aligned}\right\}\text{(时均值表达式)} \tag{4-23}$$

关于附加切应力 $\tau_2$ 的计算,目前尚无纯理论成果,只有一些半经验的理论计算方法。1925 年德国学者普郎特(L. Prandtl)提出了混合长度理论,导出了 $\tau_2$ 的计算公式(证明略)。

$$\left.\begin{aligned}\tau_2 &= \rho l^2\left(\frac{\mathrm{d}u}{\mathrm{d}y}\right)^2\\ l &= Ky\sqrt{1-\frac{y}{r_0}}\end{aligned}\right\} \tag{4-24}$$

式中:$l$——混合长度;

$\rho$——液体密度;

$K$——卡门(Von. Kármán)常数,试验得出 $K=0.36\sim0.435$,一般取 $K=0.4$。

式(4-24)表明,紊流附加切应力与黏性无关,而与惯性有关。当为充分发展的紊流时,$\tau_2 >> \tau_1$,故有

$$\tau = \tau_2 \tag{4-25}$$

(2)时均紊流流速分布

由式(4-8)可知,均匀流过水断面上的切应力成直线分布,即

$$\tau = \tau_0\frac{r}{r_0} = \tau_0\left(1-\frac{y}{r_0}\right)$$

而

$$\tau = \tau_2 = \rho l^2\left(\frac{\mathrm{d}u}{\mathrm{d}y}\right)^2$$

$$l = Ky\sqrt{\left(1-\frac{y}{r_0}\right)}$$

于是有

$$\tau_0\left(1-\frac{y}{r_0}\right) = \rho K^2y^2\left(1-\frac{y}{r_0}\right)\left(\frac{\mathrm{d}u}{\mathrm{d}y}\right)^2$$

因

$$v_* = \sqrt{\frac{\tau_0}{\rho}}$$

得

$$\mathrm{d}u = \frac{v_*}{K}\frac{\mathrm{d}y}{y}$$

$$\frac{du}{v_*}=\frac{1}{K}\frac{d\left(\frac{v_* y}{\nu}\right)}{\frac{v_* y}{\nu}}$$

得

$$\left.\begin{aligned}u&=v_*\left[\frac{1}{K}\ln\left(\frac{v_* y}{\nu}\right)+C\right]\\u&=v_*\left[\frac{2.3}{K}\lg\frac{v_* y}{\nu}+C\right]\end{aligned}\right\}\tag{4-26}$$

上式即为按混合长度理论得到的紊流流核的流速分布规律。它具有对数特性,表明紊流流核的断面流速分布较圆管层流的断面流速分布更趋均匀化[图4-5b)]。其中常数 $C$ 由试验确定。

(3)圆管紊流结构

紊流内部组成称为紊流结构。由前可知,雷诺数是判别两种流态(层液与紊流)的数值标准。雷诺数越大,液流的黏滞性影响越小,惯性作用则越大。从理论上说,当雷诺数很大时,黏滞性影响将可以忽略不计,液流应接近于理想流体的流动。但实际情况却与此有很大的差别。究其原因,雷诺数变化,紊流的结构也会随之变化。紊流的沿程水头损失,还要受到管壁粗糙程度的影响。

在实际液流中,由于液体与管壁间的附着力作用,在管壁上会有一层极薄层液体贴附在管壁上不动,其流速为零,此称为无滑动条件。在紧靠管壁附近的液层流速从零增加到有限值,速度梯度很大,而管壁却抑制了其附近液体质点的紊动,混合长度几乎为零。因此,在这一液层内紊流附加切应力 $\tau_2=0$,黏性切应力不可忽视。这一薄层称为黏性底层或层流底层。可见紊流结构是由黏性底层及黏性底层外的紊流流核所组成。管壁粗糙情况常用管壁粗糙突出的平均高度 $\Delta$ 表示,称为绝对粗糙度。它对紊流运动的影响,则取决于黏性底层的厚度 $\delta$。

按式(4-26)有

$$\mathrm{Re}_*=\frac{v_* y}{\nu}\tag{4-27}$$

式中:$\mathrm{Re}_*$——用动力流速表示的雷诺数。

当 $y<\delta$ 时,液流为层流;当 $y>\delta$ 时,液流为紊流;当 $y=\delta$ 时,为层流与紊流的临界状态,有

$$\mathrm{Re}_{*K}=\frac{v_*\delta}{\nu}$$

即层流与紊流区交界面上的临界雷诺数。试验得出 $\mathrm{Re}_*=11.6$,因此有

$$\delta=11.6\frac{\nu}{v_*}$$

由公式(4-15)有

$$v_*=\frac{v\sqrt{\lambda}}{\sqrt{8}}$$

$$\delta=11.6\frac{\nu}{v_*}=11.6\frac{\nu}{\frac{v\sqrt{\lambda}}{\sqrt{8}}}=11.6\times\sqrt{8}\frac{\nu}{v\sqrt{\lambda}}$$

得
$$\delta = \frac{32.81\nu}{v\sqrt{\lambda}} = \frac{32.81d}{\mathrm{Re}\sqrt{\lambda}} \tag{4-28}$$

式中：Re——雷诺数；

$d$——圆管直径；

$\lambda$——沿程阻力系数。

式(4-28)即黏性底层厚度公式。它表明，当管径一定时，流速增大，雷诺数随之增大，而黏性底层的厚度则变薄。一般 $\delta$ 只有十分之几毫米，但它对水流阻力或水头损失却有重大影响。

如图 4-7 所示，管壁粗糙突出的平均高度，即绝对粗糙度 $\Delta$，它对水流运动的影响，可有两类情况：

①$\Delta < \delta$，如图 4-7a)所示，管壁绝对粗糙度被黏性底层淹没，$\Delta$ 对紊流结构基本上没有影响，黏性底层成了紊流流核的天然光滑壁面，这种管道在水力学中称为"水力光滑管"。

②$\Delta > \delta$，如图 4-7b)所示，管壁绝对粗糙度突出于黏性底层之外并伸入到紊流的流核之中，它可使液流产生旋涡，加剧紊流的脉动，这种管道称为水力粗糙管。

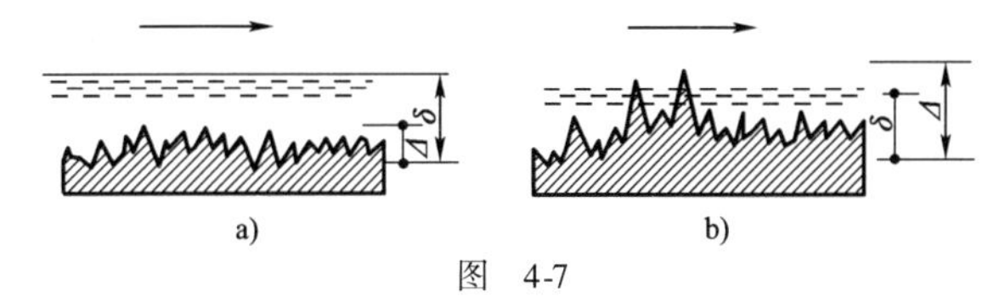


图 4-7

必须注意，水力光滑管与水力粗糙管概念并无绝对不变的含义。绝对粗糙度是一个定值，它由加工过程造成，而黏性底层则与流动情况有关。它与流速或雷诺数成反比关系，雷诺数越大，黏性底层越薄。当雷诺数增大时，原为水力光滑管条件，也可能转化为水力粗糙管。显然，水力粗糙管的水头损失将大于水力光滑管。当为水力光滑管时，紊流流核以黏性底层作流动边界，水头损失只与流态(雷诺数)有关，与管壁粗糙度无关，此时，水泥管虽较粗糙，但仍可与玻璃管中水头损失完全一样。但对于水力粗糙管而言，水头损失不但与流态(雷诺数)有关，而且与边壁的粗糙度有关，水泥管的水头损失和玻璃管则完全不同。

由此可知，紊流运动的水头损失不但需要区别流态(属于层流还是紊流)，还需了解管壁粗糙度影响，即还应判明是属于水力粗糙还是水力光滑条件。

## 二、尼古拉兹试验

由上所述，紊流沿程阻力系数远比层流运动复杂，至今尚无理论解。1933 年，尼古拉兹(J. Nikuradse)在圆管内壁面用人工胶粘上经过筛分并具有同粒径 $\Delta$ 的沙粒，制成了均匀的人工绝对粗糙度，并完成了著名的尼古拉兹试验，对圆管有压流沿程阻力系数的变化规律，率先作了系统的分析研究，并获得了尼古拉兹曲线，如图 4-8a)所示。其试验装置如图 4-8b)所示。

尼古拉兹曲线发现，沿程阻力系数的变化可分为五个阻力流区。

Ⅰ区——层流区。$\mathrm{Re} < 2\ 320$，各相对粗糙度$\frac{\Delta}{d}$的试验点据均沿直线 $ab$ 分布，沿程阻力系数只与雷诺数成反比关系，与管壁相对粗糙度$\frac{\Delta}{d}$无关。$ab$ 直线的相关方程为

$$\lambda = \frac{64}{\mathrm{Re}}$$

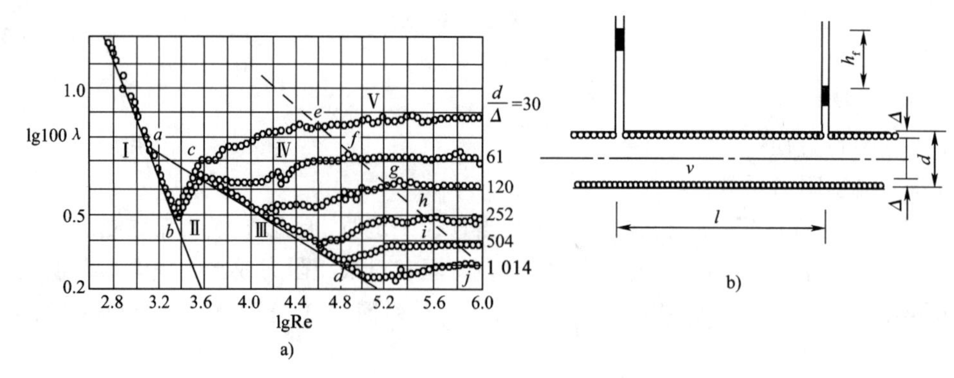


图 4-8

它验证了式(4-20)的正确性。

Ⅱ区——层流向紊流转变的过渡区。2 320 < Re <4 000,试验点据沿曲线 $bc$ 变化,$\lambda=\lambda(\mathrm{Re})$ ,但无成熟公式。

Ⅲ区——水力光滑区,Re >4 000,液流处于紊流状态的最初阶段,不同$\frac{\Delta}{d}$的试验点据沿 $cd$ 变化,$\lambda=\lambda(\mathrm{Re})$。

Ⅳ区——紊流水力光滑区与水力粗糙区之间的紊流过渡区。试验曲线的变化除与 Re 有关外,还与$\frac{\Delta}{d}$有关。不同的$\frac{\Delta}{d}$,试验点据分布有 $c$-$e$、$c$-$f$、$c$-$g$、$c$-$h$ 等,$\lambda=\lambda\left(\mathrm{Re},\frac{\Delta}{d}\right)$。

Ⅴ区——紊流水力粗糙区。在此流区内,水流阻力与流速平方成正比,又称为阻力平方区。各种相对粗糙度$\frac{\Delta}{d}$的尼古拉兹曲线与 Re 坐标轴平行,$\lambda=\lambda\left(\frac{\Delta}{d}\right)$,即沿程阻力系数与雷诺数无关,而与管壁粗糙度有关。在此阻力流区内,对于模型试验研究的阻力相似条件,因 $\lambda$ 与雷诺数无关,只与管壁粗糙度有关,只要保证模型与原型的几何相似即可达到阻力相似的目的,故水力粗糙区又称为自动模型区。

尼古拉兹试验成果补充了普朗特理论,为推导沿程阻力系数的半理论公式提供了试验数据。1938 年,蔡克斯达在人工加糙的明渠中进行了沿程阻力系数测定,亦得出了与尼古拉兹曲线类似的成果。

经试验研究,圆管有压流紊流的断面流速分布及明渠水流的断面流速分布,已有一系列半经验公式:

1. 尼古拉兹公式(适用于管流及明渠流)

(1)水力光滑区

取卡门常数 $K=0.4$,通过尼古拉兹试验研究,由式(4-26)有

$$u=v_*\left(5.75\lg\frac{v_* y}{\nu}+5.5\right) \tag{4-29}$$

(2)水力粗糙区

$$u=v_*\left(5.75\lg\frac{y}{\Delta}+8.48\right) \tag{4-30}$$

2. 范诺里(Vanoni)公式(适用于宽明渠均匀流)

$$u = v + \frac{1}{K}\sqrt{gh_0 i}\left(1 + 2.3\lg\frac{y}{h_0}\right) \tag{4-31}$$

式中:$v$——断面平均流速;

$K$——卡门常数,一般取 $K=0.4$,当挟沙水流含沙浓度大时,$K=0.2$;

$h_0$——明渠均匀流的渠中水深,亦称正常水深;

$i$——渠道底坡,单位长度内的渠底高程变化值;

$y$——计算点距渠底的高度。

## 三、紊流沿程阻力系数公式

1. 人工粗糙管的沿程阻力系数

(1)水力光滑管

由式(4-29)可得断面平均流速

$$v = \frac{Q}{A} = \frac{\int_0^{r_0} u(2\pi r)\,\mathrm{d}r}{\pi r_0^2} = v_*\left[5.75\lg\frac{v_* r_0}{\nu} + 1.75\right]$$

由式(4-15)有

$v_* = v\sqrt{\frac{\lambda}{8}}$,代入上式,得

$$\frac{1}{\sqrt{\lambda}} = 2.03\lg(\mathrm{Re}\sqrt{\lambda}) - 0.9115$$

经尼古拉兹试验修正后,得

$$\left.\begin{aligned} &\frac{1}{\sqrt{\lambda}} = 2\lg(\mathrm{Re}\sqrt{\lambda}) - 0.8 \\ &\mathrm{Re} = 5\times10^4 \sim 3\times10^6\text{(适用范围)} \end{aligned}\right\} \tag{4-32}$$

上式称为尼古拉兹光滑管公式。它适用于工业管道(绝对粗糙度不均匀的实际管道)计算。

(2)水力粗糙管

由式(4-30)对断面面积积分得断面平均流速

$$v = v_*\left[5.75\lg\left(\frac{r_0}{\Delta}\right) + 4.75\right]$$

$$v_* = v\sqrt{\frac{\lambda}{8}}$$

得

$$\left.\begin{aligned} &\lambda = \frac{1}{\left(2\lg\frac{r_0}{\Delta} + 1.74\right)^2} \\ &\mathrm{Re}_* > 70 \end{aligned}\right\} \tag{4-33}$$

上式称为尼古拉兹粗糙管公式。它适用于 $\mathrm{Re} > \frac{382}{\sqrt{\lambda}}\left(\frac{r_0}{\Delta}\right)$的人工均匀粗糙管道,但不适用

于工业管道。

2. 工业管道的沿程阻力系数

实际工程中常用的管道,称为工业管道。它的壁面由于加工原因,其绝对粗糙度及其形状和分布都是不规则的,这与人工加糙的均匀粗糙边界情况完全不同。尼古拉兹光滑管公式可用于计算工业管道的原因是水力光滑管条件时,黏性底层厚度淹没了边壁的绝对粗糙度($\delta > \Delta$),沿程阻力系数与绝对粗糙度无关。因式(4-33)中的 $\Delta$ 为均匀绝对粗糙度,故不能直接应用于工业管道计算。但工业管道沿程阻力系数的变化规律仍然相同,只需在计算中引入"当量粗糙度"的概念,把工业管道的绝对粗糙度折算成人工均匀绝对粗糙度后,仍可按式(4-33)计算。

所谓"当量粗糙度",即和工业管道沿程阻力系数相等的同直径人工均匀粗糙管道的绝对粗糙度。常用工业管道的当量绝对粗糙度见表4-1。

**当量粗糙度 Δ 值** 表4-1

| 序号 | 壁面种类 | Δ(mm) | 序号 | 壁面种类 | Δ(mm) |
|---|---|---|---|---|---|
| 1 | 清洁铜管、玻璃管 | 0.001 5 ~ 0.01 | 11 | 涂有珐琅质的排水管 | 0.25 ~ 6.0 |
| 2 | 涂有沥青的钢管 | 0.12 ~ 0.24 | 12 | 无抹面的混凝土管 | 1.0 ~ 2.0 |
| 3 | 白铁皮管 | 0.15 | 13 | 有抹面的混凝土管 | 0.5 ~ 0.6 |
| 4 | 一般钢管 | 0.19 | 14 | 水泥浆砖砌体 | 0.8 ~ 6.0 |
| 5 | 清洁镀锌铁管 | 0.25 | 15 | 混凝土衬砌渠道 | 0.8 ~ 9.0 |
| 6 | 新生铁管 | 0.25 ~ 0.42 | 16 | 琢石护面 | 1.25 ~ 6.0 |
| 7 | 木管或清洁的水泥面 | 0.25 ~ 1.25 | 17 | 土渠 | 4 ~ 11 |
| 8 | 磨光的水泥管 | 0.33 | 18 | 水泥勾缝的普通块石砌体 | 6 ~ 17 |
| 9 | 旧的生锈钢管 | 0.60 ~ 0.62 | 19 | 砌石渠道(干砌、中等质量) | 25 ~ 45 |
| 10 | 陶土排水管 | 0.45 ~ 6.0 | 20 | 卵石河床($d$ = 70 ~ 80mm) | 30 ~ 60 |

通过试验研究,对于工业管道常用公式如下。

(1)柯列勃洛克(C. F. Colebrook)公式

$$\frac{1}{\sqrt{\lambda}} = -2\lg\left(\frac{\Delta}{3.7d} + \frac{2.51}{\mathrm{Re}\sqrt{\lambda}}\right), 5 < \mathrm{Re}_* < 70 \tag{4-34a}$$

式中:$\Delta$——当量粗糙度,见表4-1;

Re——雷诺数;

$d$——圆管直径。

上式称为工业管道"水力光滑区"、"过渡区"、"水力粗糙区"三区通用公式。当为水力光滑区时,Re 偏低,式中第二项较大,有 $\frac{2.51}{\mathrm{Re}\sqrt{\lambda}} \gg \frac{\Delta}{3.7d}$,忽略公式中的第一项,得

$$\frac{1}{\sqrt{\lambda}} = -2\lg\frac{2.51}{\mathrm{Re}\sqrt{\lambda}} \tag{4-34b}$$

当为水力粗糙区时,Re 很大,式中第二项可忽略不计,得

$$\frac{1}{\sqrt{\lambda}} = -2\lg\frac{\Delta}{3.7d} \tag{4-34c}$$

(2)齐恩(A. k. Jain)公式(1976 年)

$$\left.\begin{aligned}\lambda &= \frac{1.325}{\left[\ln\left(\dfrac{\Delta}{3.7d}+\dfrac{5.74}{\mathrm{Re}^{0.9}}\right)\right]^2}\\ 10^{-6} &\leqslant \frac{\Delta}{d} \leqslant 10^{-2}, 5\times10^3 \leqslant \mathrm{Re} \leqslant 10^8\end{aligned}\right\} \tag{4-35}$$

(3)按近壁紊流脉动理论的紊流区通用公式

$$\lambda = 0.11\left(\frac{\Delta}{d}+\frac{68}{\mathrm{Re}}\right)^{0.25} \tag{4-36}$$

此式认为紊流中近壁处没有黏性底层,而是在近壁处仍存在紊流脉动,据此提出上述公式。这表明紊流沿程水头损失计算至今尚在探索中。

3. 沿程阻力系数的其他公式

1)布拉休斯(Blassius)公式(1912 年)

$$\lambda = \frac{0.3164}{\mathrm{Re}^{0.25}}(\mathrm{Re} \leqslant 10^5) \tag{4-37}$$

上式为紊流水力光滑区公式。

2)谢才(Cheyz)公式(1769 年)

$$\left.\begin{aligned}v &= C\sqrt{RJ}\\ J &= \frac{h_f}{l}\\ Q &= Av = AC\sqrt{RJ} = K\sqrt{J}\end{aligned}\right\} \tag{4-38}$$

式中:$R$——水力半径;

$J$——水力坡度;

$h_f$——沿程水头损失;

$l$——流程长度;

$v$——断面平均流速;

$C$——谢才系数;

$K$——流量模数,$m^3/s$。

谢才公式是针对明渠水流水力计算提出的最古老公式之一,它在实际工程中应用至今已有 200 余年历史,对于明渠流及有压管流都适用。但计算谢才系数的经验公式中引用资料大多为紊流条件,而明渠水流大多为紊流,所以谢才公式的应用不再作阻力流区的限制,这一公式多用于紊流阻力平方区。

谢才系数常用下述经验公式计算。

(1)曼宁(R. Mannig)公式(1889 年)

$$C = \frac{1}{n}R^{\frac{1}{6}} \tag{4-39}$$

式中:$n$——糙率,又称粗糙系数,又称为曼宁系数;

$R$——水力半径,m;

$C$——谢才系数,$m^{0.5}/s$。

(2)巴甫洛夫斯基(Н. Н. Павловский)公式(1925 年)

$$\left.\begin{aligned} C &= \frac{1}{n}R^{y} \\ y &= 2.5\sqrt{n} - 0.13 - 0.75\sqrt{R}(\sqrt{n} - 0.1) \end{aligned}\right\} \tag{4-40}$$

$$\left.\begin{aligned} &\text{当 } R < 1\text{m 时}, y \approx 1.5\sqrt{n} \\ &\text{当 } R > 1\text{m 时}, y \approx 1.3\sqrt{n} \end{aligned}\right\}(0.1\text{m} < R < 3.0\text{m}, 0.04 < n < 0.11)$$

由式(4-38)有

$$h_{\text{f}} = \frac{v^2 l}{C^2 R} \tag{4-41}$$

由式(4-13)有

$$h_{\text{f}} = \frac{\lambda}{8g} \cdot \frac{v^2 l}{R}$$

由此得

$$\lambda = \frac{8g}{C^2} \tag{4-42}$$

由此可知,谢才公式只是达西—魏兹巴赫公式的变形。但谢才公式是两百多年前提出的古老公式,达西—魏兹巴赫公式则是近 20 世纪 80 年代后的研究成果,其中 $C$ 是有量纲数,而 $\lambda$ 是个无量纲数。因此,达西—魏兹巴赫公式在理论上更为合理,这是水力学理论研究的一大进展。但是,对于明渠水流来说,当量粗糙度资料至今仍很少,且很不成熟,因此明渠水流主要用谢才公式,有压管流多用达西—魏兹巴赫公式。谢才公式在理论上对层流、紊流都适用,但表 4-2 中的 $n$ 值资料大都来自紊流粗糙区,若采用表 4-2 中的 $n$ 值计算谢才系数时,谢才公式只适用于紊流粗糙区;若采用式(4-42)计算谢才系数时,因 $\lambda$ 有层流与紊流的区别,故谢才公式可用于层流或紊流。但应注意式(4-38)中各物理量的单位规定。

关于糙率 $n$ 的选择还没有十分成熟的方法。对 $n$ 的选择,意味着对所给渠道水流阻力的估计,不易做到恰当取值。$n$ 值对渠道水力计算成果和工程造价影响颇大。若 $n$ 值取小了,即对水流阻力估计过小,预计渠道的泄水能力大了,由此可造成渠水漫溢等。因此,对于重要工程的 $n$ 值有时还需作试验确定。

**例 4-4** 梯形断面渠道,底宽 $b = 10\text{m}$,水深 $h_0 = 3\text{m}$,边坡系数 $m = 1$,混凝土衬砌,糙率 $n = 0.014$,流动为阻力平方区,试确定其谢才系数 $C$ 值。

**解:**

$$A = (b + mh_0)h_0 = (10 + 1 \times 3) \times 3 = 39(\text{m}^2)$$

$$\chi = b + 2h_0\sqrt{1 + m^2} = 10 + 2 \times 3\sqrt{1 + 1^2} = 18.5(\text{m})$$

$$R = \frac{A}{\chi} = \frac{39}{18.5} = 2.11(\text{m})$$

按曼宁公式计算

$$C = \frac{1}{n}R^{\frac{1}{6}} = \frac{1}{0.014} \times 2.11^{\frac{1}{6}} = 71.5 \times 1.132 = 81.0(\text{m}^{0.5}/\text{s})$$

按巴甫洛夫斯基公式计算

$$\begin{aligned} y &= 2.5\sqrt{n} - 0.13 - 0.75\sqrt{R}(\sqrt{n} - 0.10) \\ &= 2.5 \times \sqrt{0.014} - 0.13 - 0.75 \times \sqrt{2.11} \times (\sqrt{0.014} - 0.1) \\ &= 0.146 \end{aligned}$$

$$C = \frac{1}{n}R^{y} = \frac{1}{0.014} \times 2.11^{0.146} = 71.5 \times 1.115 = 79.7(\text{m}^{0.6}/\text{s})$$

糙率(或粗糙系数)$n$ 值 表 4-2

| 序号 | 边 界 种 类 及 状 况 | $n$ |
|---|---|---|
| 1 | 仔细刨光的木板;新制清洁生铁管和铸铁管,铺设平整,接缝光滑 | 0.01 |
| 2 | 未刨光但接缝很好的木板;正常情况下的给水管;极清洁的排水管;很光滑的混凝土面 | 0.012 |
| 3 | 正常情况下的排水管;略有污秽的给水管;很好的砖砌 | 0.013 |
| 4 | 污秽的给水和排水管;一般混凝土面;一般砖砌 | 0.014 |
| 5 | 陈旧的砖砌面;相当粗糙的混凝土面;光滑、仔细开挖的岩石面 | 0.017 |
| 6 | 山区河流,在陡壁上开凿出来的十分平整的人工引水渠 | 0.020 |
| 7 | 山区河流,同序号 6,但表面作了一般处理 | 0.022 |
| 8 | 坚实黏土中的土渠;有连续淤泥层的黄土或砂砾石中的土渠;维修良好的大土渠 | 0.022 5 |
| 9 | 一般大土渠;情况良好的小土渠;情况极好的天然河流(河床顺直,水流畅通,无浅滩深槽,其纵坡 $i=0.000\,5\sim0.000\,8$) | 0.025 |
| 10 | 情况较坏的土渠(如有部分杂草或砾石,部分河岸塌倒等);情况良好的天然河流;源于山区河流的天然河槽;小卵石、砾石河槽,纵坡 $i=0.000\,8\sim0.001\,0$ | 0.030 |
| 11 | 情况极坏的土渠(剖面不规则,有杂草、块石,水流不流畅等);情况较好的天然河流(块石和野草不多);山区河流,河槽形状和表面状况良好的周期性河槽;源于山区河流的天然河槽(其中有小卵石、砾石,但带有较大的小卵石,纵坡 $i=0.001\sim0.003$) | 0.035 |
| 12 | 情况特别不好的土渠(深槽或浅滩,杂草众多,渠底有大块石等);情况不甚良好的天然河道(野草、块石较多,河床不甚规则而有弯曲,有不少的塌倒和深潭等);山区河流在良好条件下,周期性流水的土质河槽(干沟);山区河流的下游规则且整治良好的小卵石河槽,纵坡 $i=0.003\sim0.007$ | 0.040 |
| 13 | 在岩石中粗凿出的河槽 | 0.045 |
| 14 | 山区及平原河流颇为堵塞、弯曲和局部植物丛生、水流不平稳的石质河槽(较大和中等河流);河底为大卵石覆盖或有植物覆盖的山区周期性(暴雨和春汛)流水的河槽,纵坡 $i=0.007\sim0.015$;稍加整治的较大和中等平原河流的河槽 | 0.050 |
| 15 | 山区河流非常堵塞和弯曲的周期性流水的河槽;水流表面不平稳的山区型(中游)的卵石或巨石河槽,纵坡 $i=0.015\sim0.05$;平原河流的多石滩区段 | 0.065 |
| 16 | 山区河流(中游和上游)与周期性流水的山区型巨石河槽;水流湍急有泡沫(水花向上喷溅)的河流,其纵坡 $i=0.05\sim0.09$;平原河流具有很深的深坑、植物丛生的河槽与河滩(水流很慢) | 0.080 |
| 17 | 山区瀑布型河槽(多在上游区段)河床弯曲并有大漂石、跌水现象明显,水花四溅、水流呈白色、水流响声大,其纵坡 $i=0.09\sim0.20$;平原河流有深潭且植物丛生的河槽与河滩,具有很不规则的斜流和回水等现象 | 0.10 |
| 18 | 特征与序号 17 相同的山区河流,但具有更强的阻力;平原河流中沼泽型河流(芦丛、草丘,在很多地方水不流动等),具有很大死水区的多树林的、有深潭及湖泊的河滩等 | 0.110 |
| 19 | 具有极限最高阻力的山区河流;同序号 18 类型的平原河流;满布树木堵塞河滩的平原河流 | 0.20 |

上述计算结果表明,按曼宁公式计算的 $C$ 值偏大,比巴甫洛夫斯基公式计算结果大 1.6%。

**例 4-5** 如图 4-9 所示,有一向高地灌溉用水泵,已知水泵的压水高度 $z=8\text{m}$,压水管长 $l=200\text{m}$,管径 $d=20\text{cm}$,当量粗糙度 $\Delta=0.2\text{m}$,水的运动黏度 $\nu=0.015\text{cm}^2/\text{s}$,泵出口断面 1-1 处压强 $\dfrac{p}{\gamma}=8.47\text{m}$,不计局部水头损失,求压水管流量 $Q$。

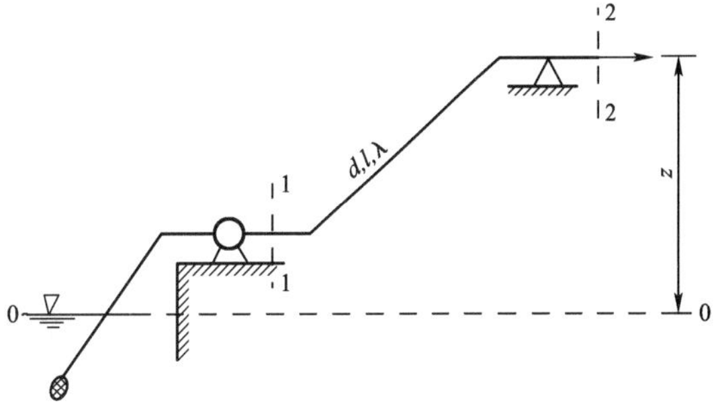


图 4-9

**解:**列断面 1-1、2-2 的能量方程

$$0+\frac{p_1}{\gamma}+\frac{v_1^2}{2g}=z+0+\frac{v_2^2}{2g}+h_f+h_j$$

其中

$$v_1=v_2=\frac{4Q}{\pi d^2},h_f=\lambda\frac{l}{d}\frac{v_1^2}{2g},h_j=0$$

有

$$\frac{p_1}{\gamma}-z-\frac{8l}{g\pi^2 d^5}\lambda Q=0$$

$$847-800-\frac{8\times 20\ 000}{980\times 3.14^2\times 20^5}\lambda Q=0$$

$$47-5.16\times 10^{-6}\lambda Q=0 \qquad ①$$

由齐恩公式有

$$\lambda=\frac{1.325}{\left[\ln\left(\frac{\Delta}{3.7d}+\frac{5.74}{\mathrm{Re}^{0.9}}\right)\right]^2}=\frac{1.325}{\left\{\ln\left[\frac{0.02}{3.7\times 20}+\frac{5.74}{\left(\frac{4Q}{3.14\times 0.015\times 20}\right)^{0.9}}\right]\right\}^2}$$

$$=\frac{1.325}{\left[\ln\left(2.7\times 10^{-4}+\frac{1.562}{Q^{0.9}}\right)\right]^2} \qquad ②$$

解式①、式②,得

$$Q=2\times 10^4\mathrm{cm^3/s}=20\mathrm{L/s}$$

$$\lambda=0.022\ 7$$

**例 4-6** 已知明渠水深为 $h_0$,欲测量渠中断面平均流速,试确定测点的位置。

**解:**由式(4-31)知明渠流速分布为

$$u=v+\frac{1}{K}\sqrt{gh_0 i}\left(1+2.3\lg\frac{y}{h_0}\right)$$

设测点在自由表面下的深度为 $h_x$。当 $y=y_x$ 时,应有 $u=v$,由此有

$$1+2.3\lg\frac{y_x}{h_0}=0$$

解得

$$y_x=0.367h_0$$

$$h_x=h_0-y_x=0.633h_0$$

# 第六节 局部水头损失计算

## 一、局部水头损失的成因

如图 4-10 所示,局部边界条件急剧改变是引起局部水头损失的直接原因。它对水流运动的影响有两个方面:

(1)导致液流中产生旋涡,加大水流的紊乱与脉动,增大液流的能量损失。

(2)造成液流断面流速重新分布,加大流速梯度及紊流附加切应力,导致局部较集中的水头损失。

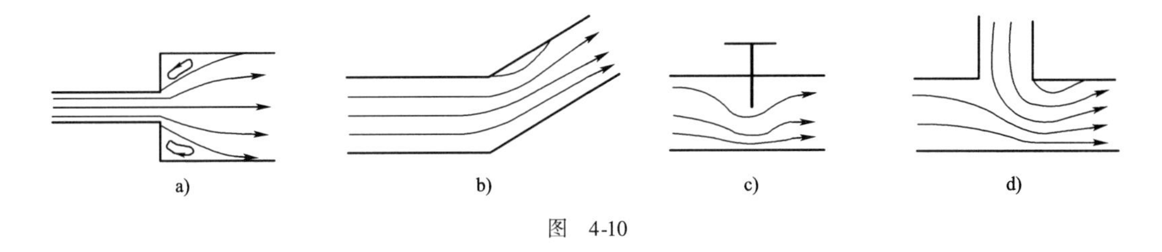


图 4-10

## 二、局部水头计算公式

局部水头损失计算主要靠试验成果，只有断面突然扩大情况可有理论解。

如图 4-11 所示为局部断面突然扩大管路。设 $\alpha_1=\alpha_2=\alpha_1'=\alpha_2'=1$，断面 1-1、2-2 间流段摩擦阻力不计。流段重力 $G=\gamma A_2 l$，$\cos\theta=\frac{z_2-z_1}{l}$。试验得出，其中环形断面 $A_2$-$A_1$ 上的动水压强与静水压强分布规律相同，即 $P'=p_1(A_2-A_1)$。列断面 1-1、2-2 能量方程有

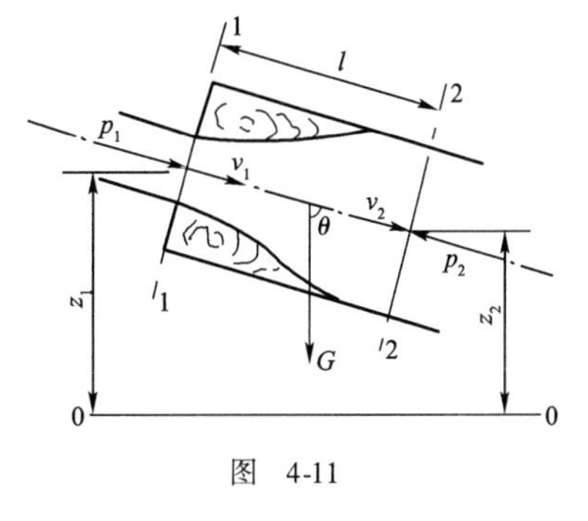


图 4-11

$$z_1+\frac{p_1}{\gamma}+\frac{v_1^2}{2g}=z_2+\frac{p_2}{\gamma}+\frac{v_2^2}{2g}+h_j$$

得
$$h_j=\left(z_1+\frac{p_1}{\gamma}\right)-\left(z_2+\frac{p_2}{\gamma}\right)+\frac{v_1^2-v_2^2}{2g} \tag{4-43}$$

沿管轴列断面 1-1、2-2 的动量方程，有

$$p_1A_1+p_1(A_2-A_1)-p_2A_2+\gamma A_2 l\cos\theta=\rho Q v_2-\rho Q v_1$$

以 $\gamma A_2$ 除上式各项，得

$$\left(z_1+\frac{p_1}{\gamma}\right)-\left(z_2+\frac{p_2}{\gamma}\right)=\frac{v_2}{g}(v_2-v_1) \tag{4-44}$$

联立解式(4-43)、式(4-44)两式，得

$$h_j=\frac{(v_1-v_2)^2}{2g} \tag{4-45}$$

又 $A_1v_1=A_2v_2$，有 $v_1=\frac{A_2}{A_1}v_2$，代入式(4-45)，得

$$\left.\begin{aligned}
h_j&=\left(1-\frac{A_1}{A_2}\right)^2\frac{v_1^2}{2g}=\zeta_1\frac{v_1^2}{2g}\\
h_j&=\left(\frac{A_2}{A_1}-1\right)^2\frac{v_2^2}{2g}=\zeta_2\frac{v_2^2}{2g}\\
\zeta_1&=\left(1-\frac{A_1}{A_2}\right)^2\\
\zeta_2&=\left(\frac{A_2}{A_1}-1\right)^2
\end{aligned}\right\} \tag{4-46}$$

式中：$\zeta_1$、$\zeta_2$——分别为两断面间的局部阻力系数，其中 $\zeta_1<1$，$\zeta_2>1$。

但须注意，应用式(4-46)计算圆管断面突然扩大局部水头损失时，当取 $\zeta_1$ 计算时，只能采

用 $v_1$ 计算流速水头；当取 $\zeta_2$ 计算时，只能采用 $v_2$ 计算流速水头。两者不可混淆。仿式(4-46)形式，有

$$h_j = \zeta \frac{v^2}{2g} \tag{4-47}$$

式中：$\zeta$——局部阻力系数(表4-3)。

**局部阻力系数 $\zeta$** 表4-3

<table>
<tr><th>局 部 情 况</th><th>计算流速</th><th colspan="9">$\zeta$</th></tr>
<tr><td>管道锐缘进口</td><td>$v$</td><td colspan="9">0.5</td></tr>
<tr><td>管道边缘平缓进口</td><td>$v$</td><td colspan="9">0.2</td></tr>
<tr><td>圆管断面突然扩大($A_2>A_1$)</td><td>$v_1=v(A_1)$<br>$v_2=v(A_2)$</td><td colspan="9">$\left(1-\frac{A_1}{A_2}\right)^2$<br>$\left(\frac{A_2}{A_1}-1\right)^2$</td></tr>
<tr><td rowspan="2">管道断面突然收缩($d_2<d_1$)</td><td rowspan="2">$v_2=v(d_2)$</td><td colspan="2">$\frac{A_1}{A_2}$</td><td>0.01</td><td>0.10</td><td>0.20</td><td>0.40</td><td>0.60</td><td>0.80</td><td>1</td></tr>
<tr><td colspan="2">$\zeta$</td><td>0.5</td><td>0.45</td><td>0.40</td><td>0.30</td><td>0.20</td><td>0.10</td><td>0</td></tr>
<tr><td>弯管(管径 $d$，弯曲半径 $r$，圆心角 $\theta$)</td><td>$v$</td><td colspan="9">$\zeta=\left[0.131+0.163\left(\frac{d}{r}\right)^{3.5}\right]\left(\frac{\theta}{90°}\right)^{0.5}$</td></tr>
<tr><td>管道淹没出流</td><td>$v$</td><td colspan="9">1.0</td></tr>
<tr><td rowspan="2">管道中的蝶形阀门(阀门与流向所成角度为 $\alpha$)</td><td rowspan="2">$v$</td><td>α(°)</td><td>5</td><td>10</td><td>20</td><td>30</td><td>45</td><td>60</td><td>70</td><td>90</td></tr>
<tr><td>$\zeta$</td><td>0.24</td><td>0.52</td><td>1.54</td><td>3.91</td><td>18.7</td><td>118</td><td>750</td><td>∞</td></tr>
<tr><td rowspan="2">管道平板闸门(高度 $d$，闸门开启高度 $e$)</td><td rowspan="2"></td><td>$\frac{e}{d}$</td><td>$\frac{0}{8}$</td><td>$\frac{1}{8}$</td><td>$\frac{2}{8}$</td><td>$\frac{3}{8}$</td><td>$\frac{4}{8}$</td><td>$\frac{5}{8}$</td><td>$\frac{6}{8}$</td><td>$\frac{7}{8}$</td><td>$\frac{8}{8}$</td></tr>
<tr><td>$\zeta$</td><td>∞</td><td>97.8</td><td>17.0</td><td>5.52</td><td>2.06</td><td>0.81</td><td>0.26</td><td>0.07</td><td>0</td></tr>
<tr><td rowspan="2">抽水机吸水管(直径为 $d$)末端莲蓬头(具有单向逆止阀)</td><td rowspan="2">$v$</td><td>$d$(cm)</td><td>4</td><td>7</td><td>10</td><td>15</td><td>20</td><td>30</td><td>50</td><td>75</td></tr>
<tr><td>$\zeta$</td><td>12</td><td>8.5</td><td>7</td><td>6</td><td>5.2</td><td>3.7</td><td>2.5</td><td>1.6</td></tr>
<tr><td>渠道有侧收缩及锐缘的进口</td><td></td><td colspan="9">0.4</td></tr>
<tr><td>渠道平缓的进口</td><td></td><td colspan="9">0.1</td></tr>
<tr><td>渠道平缓扩大($A_2>A_1$)</td><td>$v_2=v(A_2)$</td><td colspan="9">$\left(\frac{A_2}{A_1}-1\right)^2$</td></tr>
<tr><td>渠道平缓收缩($A_2<A_1$)</td><td>$v_2=v(A_2)$</td><td colspan="9">0.1</td></tr>
</table>

注：表中 $v$ 为管中流速。

## 三、局部阻力系数

局部阻力系数 $\zeta$ 与雷诺数及液流边界形状有关。但因局部障碍对液流干扰比较强烈，往往在雷诺数较小($Re \approx 10^4$)时就已进入阻力平方区，故一般工程问题都不计雷诺数影响而只按局部障碍的形状决定 $\zeta$ 值，见表4-3，有关水力学书或水力学手册中所载 $\zeta$ 数值表都是在阻力平方区条件下的试验结果。但应注意，当查用表4-3中 $\zeta$ 值时，应严格用表中规定的断面平均流速计算流速水头。此外，表中 $\zeta$ 值是在局部障碍前后两渐变流断面间建立能量方程条件下测算的结果，为保证具有渐变流条件，实际管道中的局部障碍，其间距不得小于三倍管径，否

则表中数值与实际情况将会有较大的偏差。例如,紧连在一起的两个局部阻力系数,不会等于表中所记载同样两个局部阻力系数之和,遇此情况时,应另作测定。这类问题在水泵管路中可能遇到。

在实际应用中,几种常遇的局部阻力系数若能加以熟记,则进行水力计算时会比较方便。

(1)有压管路液流射入大气的出口——此称为自由出流。因在出口后不长的距离内,水股依惯性前进,其过水断面的大小形状几乎保持沿程一致。此时按式(4-46),因前后断面面积有 $A_1 = A_2$,则 $\zeta = 0$。

(2)有压管路液流在水下的出口——此称为淹没出流。若出口后的过水断面很大,例如液流进入水库或湖海,此时按式(4-46)有

$$A_2 >> A_1, \frac{A_1}{A_2} \to 0, \zeta = 1$$

此称淹没出流的出口局部阻力系数。

(3)水流自水库或水池进入管道的锐缘进口:$\zeta = 0.5$。

## 【习题】

4-1 均匀流基本方程的结论是什么?它对水头损失计算有什么意义?

4-2 什么是“阻力平方区”、“水力光滑区”、“水力粗糙区”?阻力平方区为什么可为自动模型区?

4-3 什么是“当量粗糙度”?

4-4 什么是量纲?什么是单位?

4-5 边界层理论有何重要意义?

4-6 某水管长 $l = 500\text{mm}$,直径 $d = 200\text{mm}$,当量粗糙度 $\Delta = 0.1\text{mm}$,输水流量 $Q = 10\text{L/s}$,水温 $t = 10℃$,试计算沿程水头损失 $h_f$(注意区别阻力流区而后选用计算公式)。

4-7 铸铁管直径 $d = 250\text{mm}$,长 $l = 700\text{m}$,流量 $Q = 56\text{L/s}$,水温 $t = 10℃$,求管中流动所属的流区与沿程水头损失 $h_f$。

4-8 动能修正系数及动量修正系数在什么条件下其值取 $\alpha = \alpha' = 1$ 比较合理?

4-9 已知试验渠道断面为矩形,底宽 $b = 25\text{cm}$,当 $Q = 10\text{L/s}$ 时,渠中水深 $h = 30\text{cm}$,测知水温 $t = 20℃$,运动黏度 $v = 0.010\ 1\text{cm}^2/\text{s}$,试判别渠中流态。

4-10 输送石油管道直径 $d = 200\text{mm}$,石油重度 $\gamma = 8.34\text{kN/m}^3$,动力黏度 $\mu = 0.29\text{Pa}\cdot\text{s}$,求管中流量 $Q$ 为多少时,液流将从层流转变为紊流?

4-11 管径 $d = 300\text{mm}$,水温 $t = 15℃$,流速 $v = 3\text{m/s}$,沿程阻力系数 $\lambda = 0.015$,求管壁切应力 $\tau_0$ 及 $r = 0.5r_0$($r_0$ 为圆管半径)处的切应力 $\tau$。

4-12 水管直径 $d = 50\text{mm}$,长 $l = 10\text{m}$,$Q = 10\text{L/s}$,处于阻力平方区,若测得沿程水头损失,$h_f = 7.5\text{m}$,求管壁材料的当量粗糙度。

4-13 钢筋混凝土涵管内径 $d = 800\text{mm}$,粗糙系数 $n = 0.014$,长 $l = 240\text{m}$,沿程水头损失 $h_f = 2\text{m}$,求断面平均流速及流量。

4-14　新铸铁管,$\Delta=0.3\mathrm{mm}$,长 $l=1\ 000\mathrm{m}$,内径 $d=300\mathrm{mm}$,流量 $Q=100\mathrm{L/s}$,水温 $t=10℃$,试分别用达西—魏兹巴赫公式及谢才公式计算水头损失,并比较哪一公式结果偏安全。

4-15　土渠断面为梯形,边坡系数 $m=1.4$(渠道斜边与水平线夹角的余切),渠中水深 $h=1\mathrm{m}$,粗糙系数 $n=0.03$,试用曼宁公式和巴甫洛夫斯基公式计算谢才系数 $C$。

4-16　如习题4-16 图所示,流速由 $v_1$ 变为 $v_3$ 的三级突然扩大圆管,若改为两级断面扩大。问中间级流速 $v_2$ 应取多大时,所产生的局部水头损失最小?

4-17　如习题4-17 图,直立水管 $d_1=150\mathrm{mm}$,$d_2=300\mathrm{mm}$,$h=1.5\mathrm{m}$,$v_2=3\mathrm{m/s}$,问水银比压计中的液面哪一侧较高?求高差 $\Delta h$ 值。

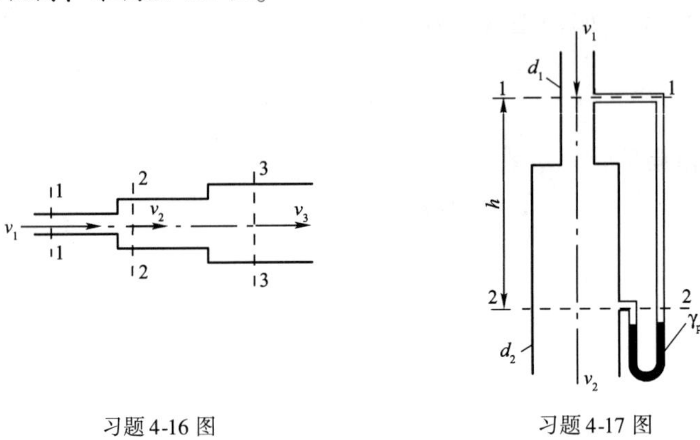


习题4-16 图　　习题4-17 图

4-18　为测定阀门的阻力系数 $\zeta$,在阀门 $K$ 的上下游装三个测压管,如习题4-18 图所示,已知水管直径 $d=50\mathrm{mm}$,$l_1=1\mathrm{m}$,$l_2=2\mathrm{m}$,$\nabla_1=150\mathrm{cm}$,$\nabla_2=125\mathrm{cm}$,$\nabla_3=40\mathrm{cm}$,$v=3\mathrm{m/s}$,试确定 $\zeta$ 值。

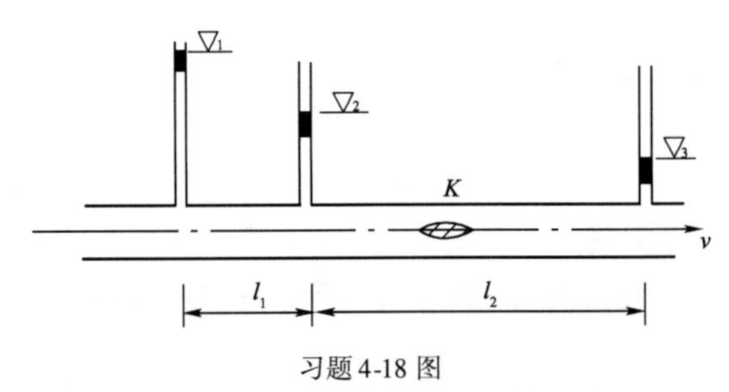


习题4-18 图

4-19　试证明在直径一定的圆管中,层流区:$h_f\propto v$,水力光滑区:$h_f\propto v^{1.75}$,阻力平方区:$h_f\propto v^2$。

# 第五章

# 有压管流与孔口、管嘴出流

前面几章所阐述的是液流运动的基本规律。从本章开始将分类研究有关工程的水力计算专题。下面先讨论有压管流与孔口、管嘴的水力计算,它是连续性方程、能量方程、水流阻力和水头损失规律的具体应用。

水沿管道满管流动的水力现象,称为有压管流;水经容器壁孔口流出的水力现象,称为孔口出流;安装在孔口外壁处,长为 3 ~4 倍孔口直径的短管段,称为管嘴,水经管嘴并在其出口处满管流出的水力现象,称为管嘴出流。

有压管道又称为有压管路,它是生产、生活输水系统的重要组成部分。土木工程的工地临时供水、路基涵洞的泄水能力计算以及有关试验研究,都会遇到有压管路的水力计算问题,各种取水、泄水闸孔以及某些流量量测设备的水力计算均属孔口出流问题;消防水枪和水力机械化施工用水枪都是管嘴的应用。因此,本章内容对于桥、涵、给水及水利等工程均有实际意义。

## 第一节　有压管路水力计算

### 一、有压管路的类型

有压管流的管道,又称有压管路,其水力计算常归类分析。有压管流的基本特征是断面形状多为圆形,整个断面上被水充满,无自由表面,过水断面的周界即为湿周,管壁处处受到水压力作用,液体压强一般都不等于大气压;管中流量变化,只会引起过水断面上的压强和流速变化,总水头线及测压管水头线则是这种变化的几何图示。有压管流也可有恒定流与非恒定流、均匀流与非均匀流之分;有压管路一般多为若干等直径管段所组成。按管路布设与其组成情况可分为简单管路与复杂管路两类;按水力计算方法可分为短管与长管两类。现分述如下。

1. 简单管路

管径沿程不变的管路,称为简单管路,如路基中的倒虹吸涵管、水泵的吸水管、压水管、管路系统中等直径管段均属此类。

2. 复杂管路

由两根以上管道组成的管路,称为复杂管路。其中又可有:

(1)串联管路——直径不同但首尾串接而成的管路系统,称为串联管路,它可以节约管材。

(2)并联管路——两根以上首尾并接的管路,称为并联管路,它可增加供水的可靠性。

(3)管网——由多种管路组合而成的管道系统,称为管网,其中还可有枝状管网与环状管网两种。呈树枝状布设的管系,称为枝状管网;呈封闭环形的管系,称为环状管网。这类管系可保证更多地区的用水需要。城乡自来水管的布置属于管网系统。

3. 长管与短管

(1)短管——必须同时计算管路沿程水头损失、局部水头损失及流速水头的管路,称为短管。通常管道长度 $l$ 与管径 $d$ 的比值 $\frac{l}{d}<1\,000$ 时,按短管计算。土木工程常见的倒虹吸管及有压涵管等属于此类。

(2)长管——管路流速水头及局部水头损失可忽略不计的管路,称为长管。通常 $\frac{l}{d}>1\,000$ 时,一般按长管计算。

## 二、短管水力计算

1. 短管简单管路水力计算

(1)短管自由出流

如图5-1a)所示,当管路出口为大气,即水流流入大气时,称为自由出流。设管路直径为 $d$,长度为 $l$,沿程有若干折弯、阀门等局部障碍。列断面1-1、2-2的能量方程,有

$$H+0+\frac{\alpha_0 v^2}{2g}=0+0+\frac{\alpha v^2}{2g}+h_w$$

$$H_0=H+\frac{\alpha_0 v_0^2}{2g}=\frac{\alpha v^2}{2g}+h_w \tag{5-1}$$

式中:$H_0$——作用水头;

$v$——管道出口流速;

$v_0$——行近流速。

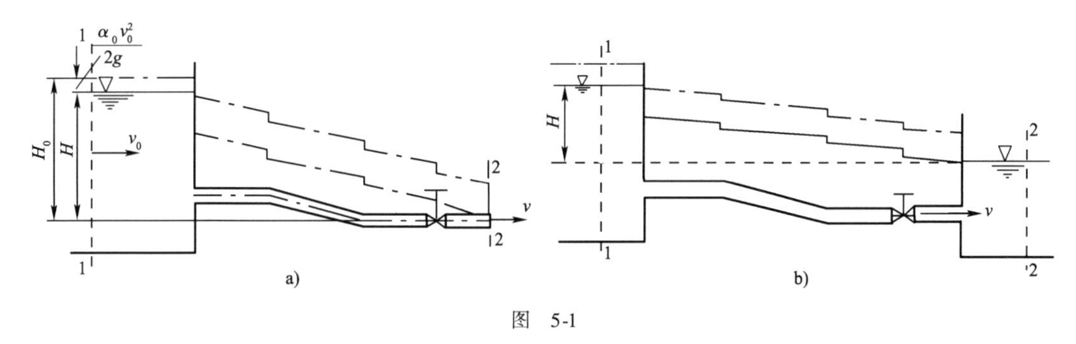


图 5-1

所谓作用水头,即出口流速水头与管路损失水头之和。它是用于克服水头损失并保证出口动能的能量。由式(5-1)有

$$h_w = \sum h_{fi} + \sum h_{ji} = \sum \lambda_i \frac{l_i}{d} \cdot \frac{v^2}{2g} + \sum \zeta_i \cdot \frac{v^2}{2g}$$

故

$$\left.\begin{aligned} h_w &= \left( \sum \lambda_i \frac{l_i}{d} + \sum \zeta_i \right) \frac{v^2}{2g} = \zeta_c \frac{v^2}{2g} \\ \zeta_c &= \sum \lambda_i \frac{l_i}{d} + \sum \zeta_i \end{aligned}\right\} \tag{5-2a}$$

式中:$\lambda_i$——各段管道的沿程阻力系数;

$\zeta_i$——局部阻力系数;

$\zeta_c$——管系阻力系数。

当为简单管路且管道材料一致时,$\lambda_i = \lambda$,$\sum l_i = l$,$d$ = const,则

$$\zeta_c = \lambda \frac{l}{d} + \sum \zeta_i \tag{5-2b}$$

$$h_w = \left( \lambda \frac{l}{d} + \sum \zeta_i \right) \frac{v^2}{2g} = \zeta_c \frac{v^2}{2g} \tag{5-3}$$

由此有

$$H_0 = (\zeta_c + \alpha) \frac{v^2}{2g} \tag{5-4a}$$

$$v = \frac{1}{\sqrt{\alpha + \zeta_c}} \sqrt{2gH_0} \tag{5-4b}$$

$$\left.\begin{aligned} Q &= Av = \frac{1}{\sqrt{\alpha + \zeta_c}} A \sqrt{2gH_0} = \mu_c A \sqrt{2gH_0} \\ \mu_c &= \frac{1}{\sqrt{\alpha + \zeta_c}} = \frac{1}{\sqrt{\alpha + \lambda \dfrac{l}{d} + \sum \zeta_c}} \end{aligned}\right\} \tag{5-4c}$$

式中:$\mu_c$——短管自由出流流量系数;

$\alpha$——动能修正系数;

$A$——过水断面面积。

式(5-4a)、式(5-4b)及式(5-4c)即为短管自由出流计算公式。式(5-4a)可用于计算水塔水面高度。

(2)短管淹没出流

如图 5-1b)所示,当管路出口淹没在水下时,称为淹没出流。取下水池水面作为基准面,列出断面1-1、2-2的能量方程。因上、下水池很大,通常取 $v_{01} \approx v_{02} \approx 0$。设管中流速为 $v$,有

$$H + 0 + 0 = 0 + 0 + 0 + h_w$$

$$H_0 = H = h_w = \sum h_{fi} + \sum h_{ji}$$

这表明,淹没出流时,作用水头完全消耗于水头损失。由此有

$$\left.\begin{aligned} H_0 &= \left(\lambda \frac{l}{d} + \sum\zeta_i\right)\frac{v^2}{2g} = \zeta_s \frac{v^2}{2g} \\ \zeta_s &= \lambda \frac{l}{d} + \sum\zeta_i \end{aligned}\right\} \tag{5-5a}$$

$$v = \frac{1}{\sqrt{\zeta_s}} \sqrt{2gH_0} \tag{5-5b}$$

$$\left.\begin{aligned} Q &= av = \frac{1}{\sqrt{\zeta_s}}A\sqrt{2gH_0} = \mu_s A\sqrt{2gH_0} \\ \mu_s &= \frac{1}{\sqrt{\zeta_s}} \end{aligned}\right\} \tag{5-5c}$$

式中:$\zeta_s$——短管淹没出流管系阻力系数;

$v$——流速;

$H_0$——以下水池水面作基准面的作用水头。

式(5-5a)、式(5-5b)、式(5-5c)即为短管淹没出流的计算公式。

设管系的局部阻力系数有:进口 $\zeta_1$、折弯 $\zeta_2$、阀门 $\zeta_3$、出口 $\zeta_4$。如图5-1a)所示,当为自由出流时,取 $\alpha = 1$,有

$$\sum\zeta_i = \zeta_1 + 2\zeta_2 + \zeta_3$$

$$\mu_c = \frac{1}{\sqrt{\alpha + \lambda \frac{l}{d} + \zeta_1 + 2\zeta_2 + \zeta_3}} = \frac{1}{\sqrt{1 + \lambda \frac{l}{d} + \zeta_1 + 2\zeta_2 + \zeta_3}}$$

如图5-1b)所示,当为淹没出流时,$\zeta_4 = 1$。

$$\sum\zeta_i = \zeta_1 + 2\zeta_2 + \zeta_3 + \zeta_4 = \zeta_1 + 2\zeta_2 + \zeta_3 + 1$$

$$\mu_s = \frac{1}{\sqrt{\zeta_s}} = \frac{1}{\sqrt{\lambda \frac{l}{d} + \sum\zeta_i}} = \frac{1}{\sqrt{\lambda \frac{l}{d} + \zeta_1 + 2\zeta_2 + \zeta_3 + 1}}$$

由 $\mu_c$ 及 $\mu_s$ 计算比较,可知 $\mu_c = \mu_s$,即短管淹没出流流量系数与自由出流的流量系数相等,但作用水头的计量与自由出流情况不同。自由出流时,作用水头是出口中心以上的水头,而淹没出流时,则是上下游的水位差。

短管沿程流速与压强的变化情况可用水头线表示。如图5-1a)所示,短管的水头线呈阶梯形。

2. 短管水力计算问题及解法

1)已知:$Q,d,l,\lambda,\sum\zeta_i$,求 $H$。

解法:按出流情况(判断是自由出流还是淹没出流),可利用式(5-4a)或式(5-5a)计算。若已知涵前河渠断面形状,由此还可求得涵前水深 $H$。

$$H = H_0 - \frac{\alpha_0 v_0^2}{2g} = H_0 - \frac{\alpha_0 Q^2}{2gA_0^2}$$

$$A_0 = A_0(H)$$

其解算步骤如框图示意(图5-2):

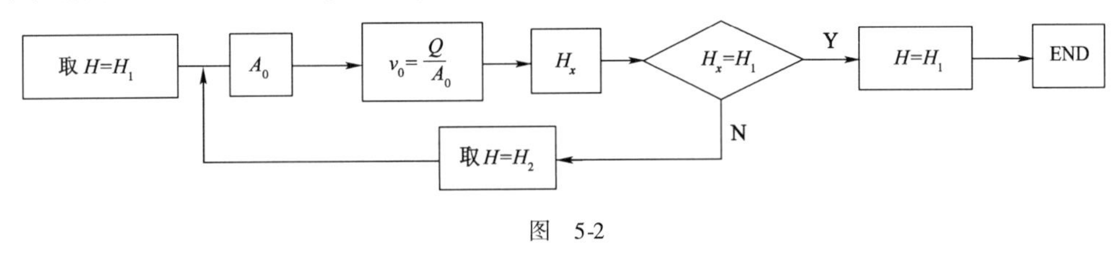


图 5-2

2)已知:$H_0,d,l,\sum\zeta_i$,求 $Q$。

解法:因 $\lambda=\lambda(\mathrm{Re})$,而 $\mathrm{Re}=\mathrm{Re}(Q)$,$Q$ 未知则需先确定沿程阻力系数 $\lambda$ 而后求解,可有两种情况:

(1)先选定管路的材料或衬砌方案。一般有压管流多处于阻力平方区,$\lambda=\lambda\left(\frac{\Delta}{d}\right)$,故可按选定的管材查当量粗糙度 $\Delta$ 或糙率 $n$,计算沿程阻力系数 $\lambda$ 值,再按出流状态代入式(5-4c)或式(5-5c)求 $Q$。

(2)试算 $\lambda$ 值求 $Q$,再由 $\lambda$ 选用管道材料。

其解算步骤如框图示意(图5-3):

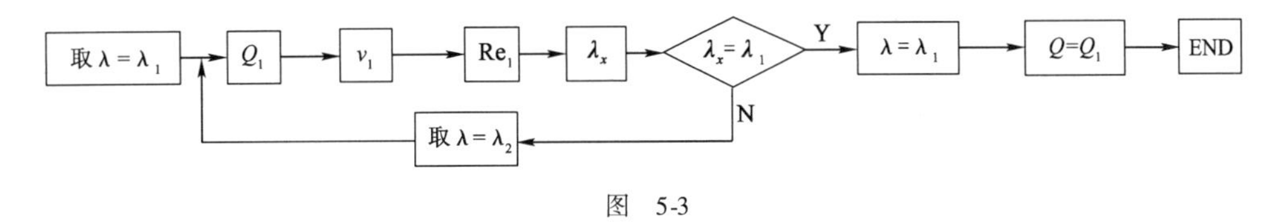


图 5-3

3)已知:$H_0,Q,l,\sum\zeta_i,\Delta$,求 $d$,解法步骤如框图示意(图5-4):

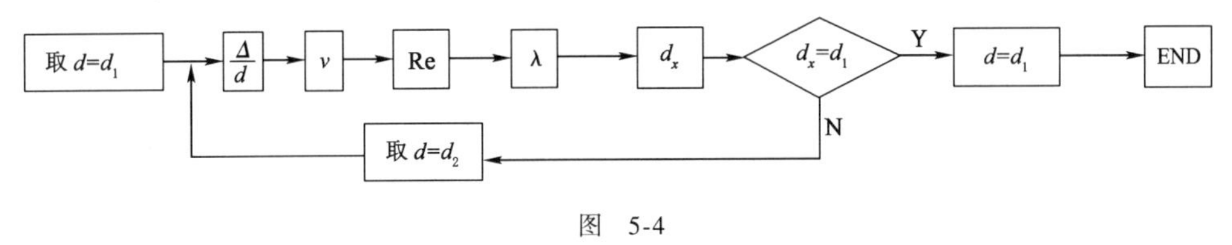


图 5-4

**例5-1** 如图5-5所示 $ab$ 段为路基倒虹吸有压涵管,长 $l=50\mathrm{m}$,上下游水位差 $z=3\mathrm{m}$,沿程阻力系数 $\lambda=0.03$,局部阻力系数:进口 $\zeta_1=0.5$,折弯 $\zeta_2=0.65$,出口 $\zeta_3=1.0$(淹没出流),流量 $Q=3\mathrm{m^3/s}$,求管径 $d$。

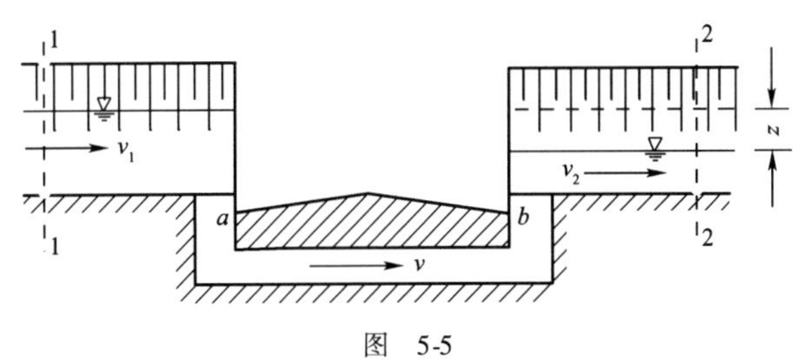


图 5-5

**解**:忽略上、下游渠中流速水头,列断面 1-1、2-2 的能量方程,有

$$z+0+0=0+0+0+h_w$$

$$z=h_w=\sum h_{fi}+\sum h_{ji}=\left(\lambda\frac{l}{d}+\zeta_1+2\zeta_2+\zeta_3\right)\frac{(4Q)^2}{2g(\pi d^2)^2}$$

得 $$3d^5-2.08d-0.745=0$$

解之得:$d=0.98\text{m}$,故采用标准管径 $d=1\text{m}$(偏安全)。

**例 5-2** 如图 3-12a)所示水泵抽水系统。已知吸水管直径 $d_1=250\text{mm}$,长 $l_1=20\text{m}$,压水管直径 $d_2=200\text{mm}$,长 $l_2=260\text{m}$,局部阻力系数:底阀 $\zeta_1=5$,弯头 $\zeta_2=0.2$,阀门 $\zeta_3=0.5$,出口 $\zeta_4=1$,沿程阻力系数 $\lambda=0.03$,吸水高度 $h_s=3\text{m}$,压水高度 $h=17\text{m}$,水泵扬程 $H_m=25\text{m}$,求抽水量 $Q$。

**解**:本题 $d_1\neq d_2$,属复杂管路,但吸水管及压水管仍属简单管路,故水头损失应分部计算,而后叠加。列断面 1-1、2-2 的能量方程,有

$$0+0+0+H_m=h_s+h+0+0+\sum h_{fi}+\sum h_{ji}$$

作用水头

$$H_0=\sum h_{fi}+\sum h_{ji}=H_m-(h_s+h)=25-(3+17)=5(\text{m})$$

又 $$H_0=\sum h_{fi}+\sum h_{ji}=\left(\lambda_1\frac{l_1}{d_1}+\zeta_1+\zeta_2\right)\frac{v_1^2}{2g}+\left(\lambda_2\frac{l_2}{d_2}+\zeta_3+\zeta_2+\zeta_4\right)\frac{v_2^2}{2g}$$

而 $$v_1=\frac{Q}{A_1}=\frac{4Q}{\pi d_1^2},v_2=\frac{4Q}{\pi d_2^2}$$

则 $$H_0=\left(\lambda_1\frac{l_1}{d_1}+\zeta_1+\zeta_2\right)\frac{8Q^2}{g(\pi d_1^2)^2}+\left(\lambda_2\frac{l_2}{d_2}+\zeta_3+\zeta_2+\zeta_4\right)\frac{8Q^2}{g(\pi d_2^2)^2}$$

令 $$S_1=\left(\lambda_1\frac{l_1}{d_1}+\zeta_1+\zeta_2\right)\frac{8}{\pi^2d_1^4g},S_2=\left(\lambda_2\frac{l_2}{d_2}+\zeta_3+\zeta_2+\zeta_4\right)\frac{8}{\pi^2d_2^4g}$$

则 $$H_0=S_1Q^2+S_2Q^2=(S_1+S_2)Q^2$$

$$S_1=\left(0.03\times\frac{20}{0.25}+5+0.2\right)\times\frac{8}{\pi^2\times0.25^4\times9.8}=160.9(\text{s}^2/\text{m}^5)$$

$$S_2=\left(0.03\times\frac{260}{0.2}+0.5+0.2+1\right)\frac{8}{\pi^2\times0.2^4\times9.8}=2\ 104(\text{s}^2/\text{m}^5)$$

$$Q=\sqrt{\frac{H_0}{S_1+S_2}}=\sqrt{\frac{5}{160.9+2\ 104}}=0.047(\text{m}^3/\text{s})=47(\text{L/s})$$

如图 3-12a)所示,水泵管路的水头线呈突变阶梯形。已知水泵扬程及流量,即可据此选用适当型号的水泵。

此题也可代入公式计算。

因 $$v_1=\frac{A_2}{A_1}v_2=\left(\frac{d_2}{d_1}\right)^2v_2$$

$$H_0=h_w=\sum h_{fi}+\sum h_{ji}$$

$$=\left(\lambda_1\frac{l_1}{d_1}+\zeta_1+\zeta_2\right)\frac{v_1^2}{2g}+\left(\lambda_2\frac{l_2}{d_2}+\zeta_3+\zeta_2+\zeta_4\right)\frac{v_2^2}{2g}$$

$$= \left[\left(\lambda_1 \frac{l_1}{d_1} + \zeta_1 + \zeta_2\right)\left(\frac{d_2}{d_1}\right)^4 + \left(\lambda_2 \frac{l_2}{d_2} + \zeta_3 + \zeta_2 + \zeta_4\right)\right]\frac{v_2^2}{2g}$$

又
$$H_0 = H_s - (h_s + h) = 25 - (3 + 17) = 5(\text{m})$$

由式(5-5c)得

$$\mu_s = \frac{1}{\sqrt{\left(\lambda_1 \frac{l_1}{d_1} + \zeta_1 + \zeta_2\right)\left(\frac{d_2}{d_1}\right)^4 + \left(\lambda_2 \frac{l_2}{d_1} + \zeta_3 + \zeta_2 + \zeta_4\right)}}$$

$$= \frac{1}{\sqrt{\left(0.03 \times \frac{20}{0.25} + 5 + 0.2\right) \times \left(\frac{0.2}{0.25}\right)^4 + \left(0.03 \times \frac{260}{0.2} + 0.5 + 0.2 + 1\right)}} = 0.153\,7$$

$$Q = \mu_s A_2 \sqrt{2gH_0} = 0.153\,7 \times \frac{\pi \times 0.2^2}{4} \times \sqrt{2 \times 9.8 \times 5} = 0.047(\text{m}^3/\text{s}) = 47(\text{L/s})$$

## *三、长管水力计算

1. 简单管路

如图 5-6a)所示,按长管定义,列断面 1-1、2-2 能量方程,有

$$H = h_f = \lambda \frac{l}{d}\frac{v^2}{2g} = \lambda \frac{l}{d}\frac{(4Q)^2}{2g(\pi d^2)^2} = \frac{8\lambda}{g\pi^2 d^5} lQ^2$$

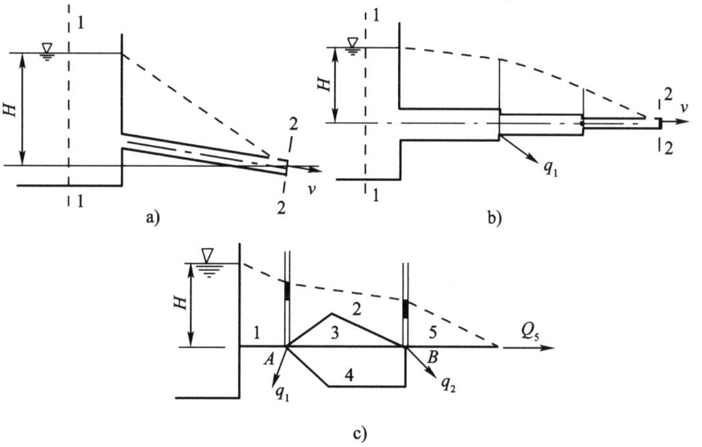

图 5-6

令
$$A = \frac{8\lambda}{g\pi^2 d^5} = A(d, \lambda) \tag{5-6}$$

由
$$\lambda = \frac{8g}{C^2}, C = \frac{1}{n}R^{\frac{1}{6}}$$

有
$$A = \frac{10.3n^2}{d^{5.33}} \tag{5-7}$$

式中:$A$——比阻,即单位流量通过单位长度管段所需的水头,$s^2/m^6$;

$d$——管径,m。

由式(5-6)或式(5-7)有

$$H = AlQ^2 \tag{5-8}$$

上式即长管简单管路水力计算公式。对于旧钢管及旧铸铁管,比阻亦可按舍维列夫(Φ. A. щевелев)公式计算

$$\left.\begin{aligned} A &= \frac{0.001\,736}{d^{5.33}},(v \geqslant 1.2\text{m/s},\text{阻力平方区}) \\ A &= 0.852 \times \left(1 + \frac{0.876}{v}\right)^{0.3} \times \left(\frac{0.001\,736}{d^{5.33}}\right),(v < 1.2\text{m/s},\text{过渡区}) \end{aligned}\right\} \tag{5-9}$$

式中:$d$——管径,m。

2. 串联管路

如图 5-6b)所示为串联管路,各管段的管径、流量、流速可不同。水头损失应分段计算而后叠加。设各串联管段的长度、直径、流量、分流量及沿程阻力系数(或管材料)分别为 $l_i,d_i$,$Q_i,q_i,\lambda_i$,则串联管道的水头损失为

$$\left.\begin{aligned} H = h_{\text{w}} &= \sum_{i=1}^{n} h_{\text{f}i} = \sum_{i=1}^{n} A_i l_i Q_i^2 \\ Q_i &= Q_{i+1} + q_i \end{aligned}\right\} \tag{5-10}$$

式中:$Q_i$——流进节点的流量;

$Q_{i+1}+q_i$——流出节点的流量。

上式即为串联管路水力计算公式。串联管路的测压管水头线与总水头线重合且呈折线形。它表明各管段流速不同,水力坡度不等。

3. 并联管路

如图 5-6c)所示为并联管路,可提高供水的可靠性。其特点是两节点 $A$,$B$ 处的水头损失相等,有

$$\left.\begin{aligned} & h_{\text{f2}} = h_{\text{f3}} = h_{\text{f4}} = h_{\text{fAB}} \\ & A_2 l_2 Q_2^2 = A_3 l_3 Q_3^2 = A_4 l_4 Q_4^2 \\ & Q_1 = q_1 + Q_2 + Q_3 + Q_4 \\ & Q_2 + Q_3 + Q_4 = Q_5 + q_2 \end{aligned}\right\} \tag{5-11}$$

上式即为并联管路水力计算公式。

*4. 沿程均匀泄流管路

如图 5-7 所示为沿程均匀泄流管路。$Q_{\text{t}}$ 为途泄总流量,$Q_{\text{t}}=ql$,其中 $q$ 为单位长度内的沿程泄出流量,称为途泄流量;$Q_{\text{z}}$ 为管中通过的流量,又称为转输流量。设管路直径为 $d$,长度为 $l$,在 $M$ 点断面处取微小流段 $\mathrm{d}x$ 分析。因 $\mathrm{d}x$ 很小,可以认为此微段内的转输流量 $Q_x$ 不变,有

$$\mathrm{d}h_{\text{f}} = AQ_x^2\mathrm{d}x$$

而

$$Q_x = Q_{\text{z}} + Q_{\text{t}} - qx = Q_{\text{z}} + Q_{\text{t}} - Q_{\text{t}}\frac{x}{l}$$

得

$$h_{\text{f}} = \int_0^l \mathrm{d}h_{\text{f}} = \int_0^l A\left(Q_{\text{z}} + Q_{\text{t}} - Q_{\text{t}}\frac{x}{l}\right)^2\mathrm{d}x$$

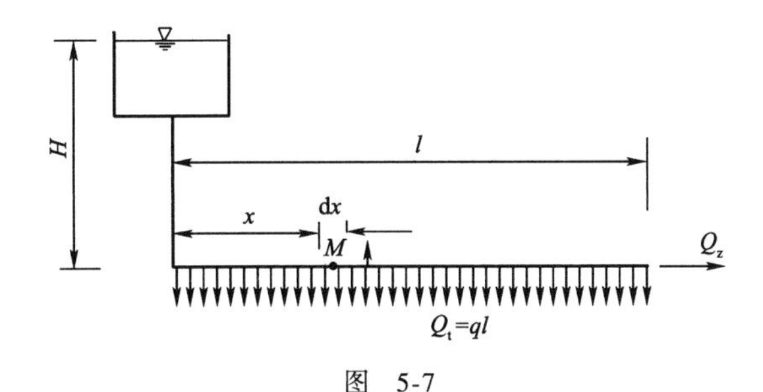


图 5-7

当管段糙率和直径沿程不变且流动处于阻力平方区时，$A=\text{const}$，上式积分有

$$\left.\begin{aligned} h_f &= Al\left(Q_z^2+Q_zQ_t+\frac{1}{3}Q_t^2\right)^2 \\ h_f &\approx Al(Q_z+0.55Q_t)^2 \\ h_f &= AlQ_c^2 \\ Q_c &= Q_z+0.55Q_t \end{aligned}\right\} \tag{5-12}$$

式中 $Q_c$ 称为计算流量，当 $Q_z=0$ 时：

$$h_f=\frac{1}{3}AlQ_t^2 \tag{5-13}$$

上式表明，当管路只有沿程均匀泄流的途泄流量时，其水头损失仅为以 $Q_t$ 作转输流量从末端输出时水头损失的1/3，其原因是沿程均匀泄流时，管中转输流速沿程减小。

**例 5-3** 如图 5-8 所示的水塔供水系统，管路长 $l=2\ 500\text{m}$，管径 $d=400\text{mm}$，比阻 $A=0.223\ 2\text{s}^2/\text{m}^6$（铸铁管），水塔处地面高程$\nabla_1=61\text{m}$，水塔水面距地面高度 $H_1=18\text{m}$，工区地面高程$\nabla_2=45\text{m}$，管道末端自由水头（即末端压强余量）$H_2=25\text{m}$，求（1）管中流量 $Q$；（2）若要求供水的流量 $Q=0.152\text{m}^3/\text{s}$，求水塔高度 $H_1$。

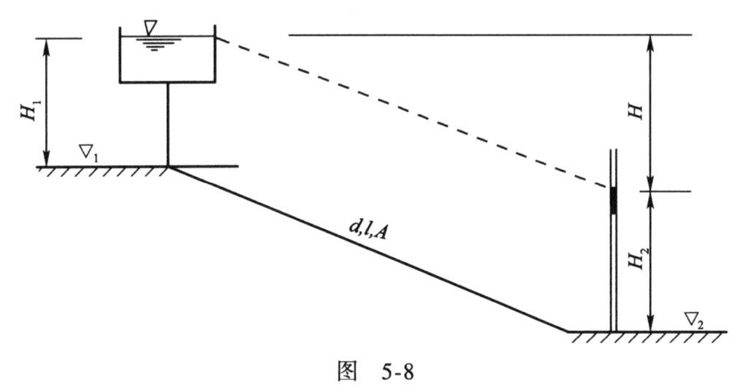


图 5-8

**解：**（1）已知 $H_1$，求 $Q$。

列出水塔水面与管路末端断面的能量方程，并以海拔零点为基准面，有

$$(\nabla_1+H_1)+0+0=(\nabla_2+H_2)+0+0+h_f$$

$$h_f=(\nabla_1+H_1)-(\nabla_2+H_2)=(18+61)-(25+45)=9\text{m}$$

因 $$H=h_f$$

故 $$Q=\sqrt{\frac{H}{Al}}=\sqrt{\frac{9}{0.223\ 2\times 2\ 500}}=0.127(\text{m}^3/\text{s})$$

(2)已知 $Q$,求 $H_1$。

$$H = h_f = AlQ^2 = 0.2232 \times 2500 \times 0.152^2 = 12.89(\text{m})$$

水塔高度 $H_1 = (\nabla_2 + H_2 + H) - \nabla_1 = 45 + 25 + 12.89 - 61 = 21.89(\text{m})$

**例 5-4** 如图 5-8 所示供水系统,为充分利用水头和节约管材,采用两段旧铸铁管串联,$d_1 = 400\text{mm}$,$d_2 = 450\text{mm}$,已知 $\nabla_1 = 61\text{m}$,$H_1 = 18\text{m}$,$\nabla_2 = 45\text{m}$,$H_2 = 25\text{m}$,$Q = 0.152\text{m}^3/\text{s}$,总长 $l = 2500\text{m}$,求两段串联管段长 $l_1$,$l_2$。

**解:**管路总长为 $l = 2500\text{m}$ 时的作用水头为

$$H = h_f = (\nabla_1 + H_1) - (\nabla_2 + H_2) = (18 + 61) - (25 + 45) = 9(\text{m})$$

$$A = \frac{H}{Q^2 l} = \frac{9}{0.152^2 \times 2500} = 0.1558(\text{s}^2/\text{m}^6)$$

由式(5-8)有

$$\left.\begin{aligned} &H = AlQ^2 = A_1 l_1 Q^2 + A_2 l_2 Q^2 \\ &l_1 + l_2 = l \end{aligned}\right\}$$

因 $$v_1 = \frac{4Q}{\pi d_1^2} = \frac{4 \times 0.152}{3.14 \times 0.4^2} = 1.21(\text{m/s}) > 1.2(\text{m/s})$$

$$v_2 = \frac{4Q}{\pi d_2^2} = \frac{4 \times 0.152}{3.14 \times 0.45^2} = 0.9562(\text{m/s}) < 1.2(\text{m/s})$$

得 $$A_1 = \frac{0.001736}{d^{5.3}} = \frac{0.001736}{0.4^{5.3}} = 0.2232(\text{s}^2/\text{m}^6)$$

$$\begin{aligned} A_2 &= 0.852 \times \left(1 + \frac{0.867}{v^2}\right)^{0.3} \times \left(\frac{0.001736}{d^{5.3}}\right) \\ &= 0.852 \times \left(1 + \frac{0.867}{0.9562}\right)^{0.3} \times \left(\frac{0.001736}{0.45^{5.3}}\right) \\ &= 0.1237(\text{s}^2/\text{m}^6) \end{aligned}$$

代入上式得

$$l_1 + l_2 = 2500 \quad ①$$

$$0.1558 \times 2500 = 0.2232 l_1 + 0.1237 l_2$$

有 $$389.5 = 0.2232 l_1 + 0.1237 l_2 \quad ②$$

解式①、式②得

$$l_1 = 806.5(\text{m}), l_2 = 1693.5(\text{m})$$

**例 5-5** 如图 5-9 所示为三根并联的铸铁管道,已知 $Q = 0.28\text{m}^3/\text{s}$,$l_1 = 500\text{m}$,$d_1 = 300\text{mm}$,$l_2 = 800\text{m}$,$d_2 = 250\text{mm}$,$l_3 = 1000\text{m}$,$d_3 = 200\text{mm}$,求此并联管中每一管段的流量及水头损失。

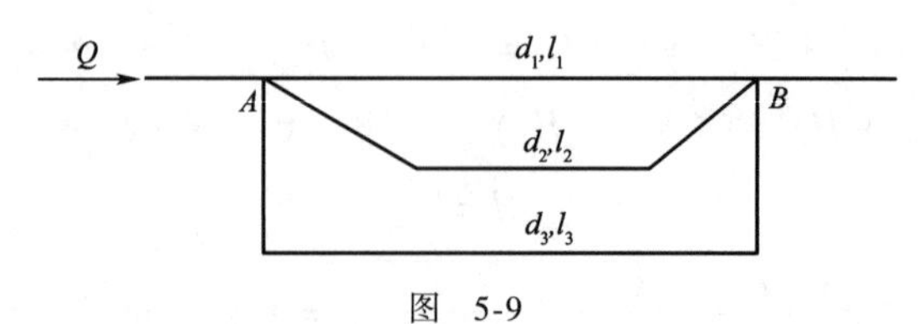


图 5-9

**解**:由式(5-7)有

$$A_1 = 1.025\mathrm{s^2/m^6}, A_2 = 2.752\mathrm{s^2/m^6}, A_3 = 9.029\mathrm{s^2/m^6}$$

由式(5-11)有

$$A_1 l_1 Q_1^2 = A_2 l_2 Q_2^2 = A_3 l_3 Q_3^2$$

即

$$5.125Q_1^2 = 2.02Q_2^2 = 9.029Q_3^2$$

$$Q_1 = 4.197Q_3, Q_2 = 2.025Q_3$$

而

$$Q_1 + Q_2 + Q_3 = Q = 0.28$$

得

$$Q_1 = 0.1627(\mathrm{m^3/s}), Q_2 = 0.07851(\mathrm{m^3/s}),$$

$$Q_3 = 0.03877(\mathrm{m^3/s})$$

$$h_{\mathrm{f(AB)}} = h_{\mathrm{f1}} = h_{\mathrm{f2}} = h_{\mathrm{f3}} = A_3 l_3 Q_3^2 = 9.029 \times 1000 \times (0.0387)^2$$
$$= 13.52(\mathrm{m})$$

**例 5-6** 如图 5-10a)所示,为三段铸铁管组成的管系,其中段为均匀泄流。已知 $l_1 = 500\mathrm{m}, d_1 = 200\mathrm{mm}, l_2 = 150\mathrm{m}, d_2 = 150\mathrm{mm}, l_3 = 200\mathrm{m}, d_3 = 125\mathrm{mm}$,节点 $B$ 分出流量 $q = 0.01\mathrm{m^3/s}$,途泄流量 $Q_t = 0.015\mathrm{m^3/s}$,转输流量 $Q_z = 0.02\mathrm{m^3/s}$,求水塔高度 $H$。

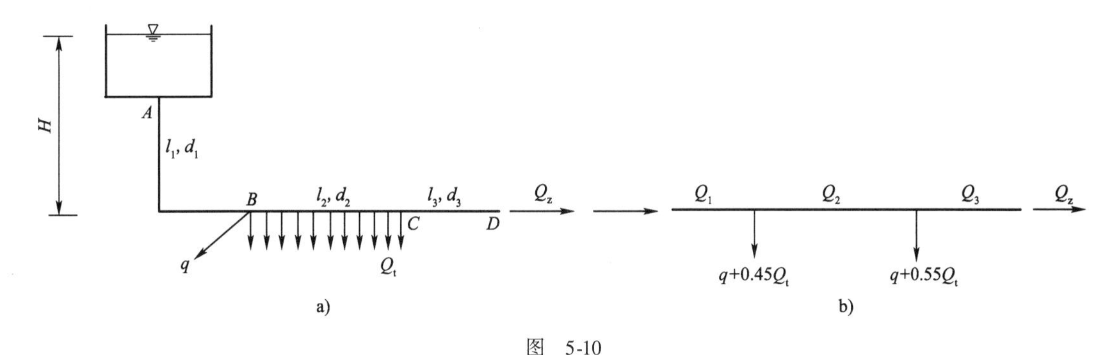


图 5-10

**解**:(1)转输流量

$$Q_1 = q + Q_t + Q_z = 0.01 + 0.015 + 0.02 = 0.045(\mathrm{m^3/s})$$

$$Q_2 = 0.55Q_t + Q_z = 0.55 \times 0.015 + 0.02 = 0.028(\mathrm{m^3/s})$$

$$Q_3 = Q_z = 0.02(\mathrm{m^3/s})$$

(2)沿程水头损失及水塔高度

$$h_{\mathrm{f(AB)}} = A_1 l_1 Q_1^2$$

$$h_{\mathrm{f(BC)}} = A_2 l_2 Q_c^2 = A_2 l_2 (Q_z + 0.55Q_t)^2 = A_2 l_2 Q_2^2$$

$$h_{\mathrm{f(CD)}} = A_3 l_3 Q_3^2 = A_3 l_3 Q_z^3$$

由式(5-9),得

$$A_1 = 9.029\mathrm{s^2/m^6}, A_2 = 41.85\mathrm{s^2/m^6}, A_3 = 110.8\mathrm{s^2/m^6}$$

$$H = \sum h_f = 9.029 \times 500 \times (0.045)^2 + 41.85 \times 150 \times (0.028)^2 +$$
$$110.8 \times 200 \times (0.02)^2 = 22.93(\mathrm{m})$$

此即所求水塔水面距出口断面中心点的高度。

# *第二节　孔 口 出 流

如图5-11a)所示为薄壁孔口出流,其壁厚对射流形态的影响可以不考虑,孔口直径为 $d$,其中心点水头为 $H$。当 $d<0.1H$ 时,称为薄壁小孔口;$d>0.1H$ 时,称为薄壁大孔口;当 $H$ 保持不变时,称为孔口恒定出流,否则称为孔口非恒定出流。孔口出流时,由于水流运动的惯性,孔口断面处的流线呈急剧弯曲,出口后距孔口约 $0.5d$ 处形成收缩断面 $c$-$c$,流线在此断面处趋于平行,$c$-$c$ 断面称为收缩断面。

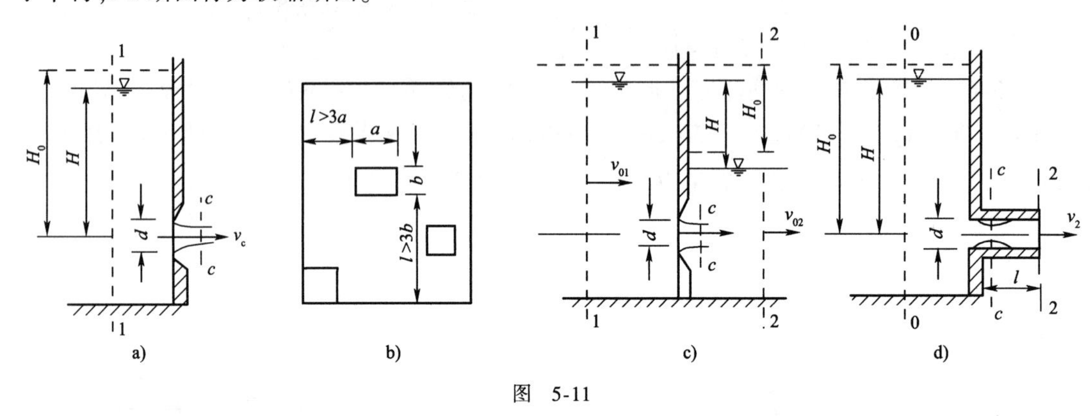


图　5-11

孔口出流的收缩情况还与孔口在壁面的位置有关。如图5-10b)所示,若孔口与相邻壁面的距离大于同方向孔口尺寸的3倍($l>3a$,$l>3b$)时,孔口出流的收缩不受边壁的影响,孔口四周将发生全部收缩,此称为全部完善收缩。否则,则称为非完善的全部收缩。当孔口边界与容器边壁重合时,则将发生非全部收缩。孔口收缩参数用收缩系数 $\varepsilon$ 表示,设收缩断面面积为 $A_c$,孔口面积为 $A$,则

$$\varepsilon=\frac{A_c}{A}<1 \tag{5-14}$$

$\varepsilon$ 值由试验确定。对于薄壁全部完善收缩的小孔口,$\varepsilon=0.64$。孔口出流的沿程水头损失可以忽略不计,有 $h_w=h_j$。当孔口出流流入大气中时,称为自由出流;孔口淹没在水下的出流时,称为淹没出流。孔口出流的水力计算主要是泄流量问题。

## 一、薄壁小孔口自由出流

如图5-10a)所示薄壁小孔口,可以认为断面上各点水头都相等。列出断面1-1、$c$-$c$ 的能量方程,有

$$\left.\begin{aligned}
H_0&=(\alpha_c+\zeta_0)\frac{v_c^2}{2g}\\
v_c&=\frac{1}{\sqrt{\alpha_c+\zeta_0}}\sqrt{2gH_0}=\varphi\sqrt{2gH_0}\\
Q&=A_cv_c=\varepsilon A\varphi\sqrt{2gH_0}=\mu A\sqrt{2gH_0}\\
\mu&=\varepsilon\varphi
\end{aligned}\right\} \tag{5-15}$$

式中：$\zeta_0$——局部阻力系数；

$\varepsilon$——孔口收缩系数；

$\varphi$——孔口的流速系数；

$\alpha_c$——动能修正系数；

$\mu$——孔口的流量系数；

$H_0$——孔口作用水头；

$A$——孔口面积。

取 $\varphi=0.97$，$\varepsilon=0.64$，有

$$\zeta_0=\frac{1}{\varphi^2}-1=\frac{1}{0.97^2}-1=0.06$$

$$\mu=\varepsilon\varphi=0.64\times0.97=0.6208$$

式(5-15)为薄壁小孔口自由出流的基本公式。

## 二、薄壁小孔口淹没出流

如图 5-11c)所示孔口淹没出流，经孔口的水流，其流线呈先收缩而后扩大，其局部水头损失大于自由出流情况。以下游水面为基准面，列出断面 1-1、2-2 的能量方程，其中因上、下游水池较大，$v_1\approx v_2\approx 0$，有

$$H_0=H=(\zeta_0+\zeta_s)\frac{v_c^2}{2g}$$

$$A_2>>A_c,\zeta_s=\left(1-\frac{A_c}{A_2}\right)^2\approx 1$$

得

$$\left.\begin{aligned}v_c&=\frac{1}{\sqrt{\zeta_0+1}}\sqrt{2gH_0}=\varphi_s\sqrt{2gH_0}\\Q&=A_cv_c=\varepsilon\varphi_sA\sqrt{2gH_0}=\mu_sA\sqrt{2gH_0}\end{aligned}\right\}\tag{5-16}$$

式中：$\varphi_s$——孔口淹没出流流速系数；

$H$——作用水头；

$\zeta_s$——断面突然扩大的局部阻力系数；

$\zeta_0$——孔口进口局部阻力系数。

上式为薄壁小孔口淹没出流计算公式。其中 $\varphi_s=\varphi$，$\mu_s=\mu$，但作用水头为上、下游水位差。上式表明，薄壁小孔口淹没出流的流速和流量都与孔口在水面以下的深度无关，也无“大”、“小”孔口的区别。

孔口的流量系数取决于局部阻力系数与收缩系数，其中局部阻力系数 $\zeta_0$ 与收缩系数、雷诺数及边界条件有关。当为阻力平方区时，$\zeta_0$ 与 $\varepsilon$ 及 Re 无关，只与边界条件有关。不完善收缩的流量系数大于完善收缩情况。工程问题大多属于阻力平方区内，可以认为 $\varphi$ 及 $\mu$ 只与边界条件有关，而与雷诺数无关。对薄壁小孔口全部完善收缩，有

$$\varepsilon=0.64,\zeta_0=0.06,\varphi=0.97,\mu=0.6208$$

### 三、薄壁大孔口出流

薄壁大孔口出流可以看成是许多薄壁小孔口出流的组合结果,可按式(5-15)或式(5-16)计算,其中作用水头为大孔口形心处的水头,流量系数大于小孔口。水利工程中的闸孔出流,可按大孔口出流计算。大孔口出流的流量系数见表5-1。

**大孔口流量系数 $\mu$ 值** 表5-1

| 孔口形状及水流情况 | $\mu$ | 孔口形状及水流情况 | $\mu$ |
|---|---|---|---|
| 全部不完善收缩 | 0.70 | 底部无收缩,侧向很小收缩 | 0.70～0.75 |
| 底部无收缩,但有适度侧收缩 | 0.65～0.70 | 底部无收缩,侧向极小收缩 | 0.80～0.90 |

## *第三节 管嘴出流

如图5-11d)所示为圆柱形外接管嘴,其长度 $l=(3\sim4)d$。管嘴形状随各自用途而异,有圆柱形、圆锥形扩张式、圆锥形收敛式或流线型等多种。管嘴出流特性与孔口类似,沿程水头损失可以忽略不计,$h_w=h_j$。如图5-11d)所示,水流入管嘴后先出现收缩断面,而后扩大充满全管断面流出管嘴。在收缩断面处,水流与管壁分离并产生漩涡。试验得出,收缩断面的漩涡区压强明显下降,并出现真空现象,这相当于增大了管嘴的作用水头,虽然管嘴的局部阻力大于孔口,但其泄流能力却大于孔口。

列断面0-0与管嘴出口断面2-2的能量方程,有

$$\left.\begin{aligned}H_0&=(\alpha+\xi_n)\frac{v^2}{2g}\\H_0&=H+\frac{\alpha_0v_0^2}{2g}\\v&=\frac{1}{\sqrt{\zeta_n+1}}\sqrt{2gH_0}=\varphi_n\sqrt{2gH_0}\\Q&=Av=\varphi_nA\sqrt{2gH_0}=\mu_nA\sqrt{2gH_0}\\\mu_n&=\varphi_n=\frac{1}{\sqrt{\alpha+\zeta_n}}\end{aligned}\right\}\tag{5-17}$$

式中:$\zeta_n$——管路锐缘进口局部阻力系数,一般取 $\zeta_n=0.5$;

$\varphi_n$——管嘴流速系数,取 $\alpha=1$,$\zeta_n=0.5$,由式(5-18)有 $\varphi_n=0.816\,5$;

$\mu_n$——孔口流量系数,$\mu_n=\varphi_n=0.82$。

式(5-17)为管嘴出流的计算公式。它与孔口出流式(5-15)形式上完全相同,但 $\mu_n>\mu$,即

$$\frac{\mu_n}{\mu}=\frac{0.816\,5}{0.620\,8}=1.32$$

这表明,管嘴的泄流能力比孔口大1.32倍,因此,常用管嘴作泄水管。列断面 $c$-$c$ 及断面2-2的能量方程,有

$$\frac{p_c}{\gamma}+\frac{\alpha_c v_c^2}{2g}=\frac{p_a}{\gamma}+\frac{\alpha v^2}{2g}+\zeta_s\frac{v^2}{2g}$$

因

$$v_c=\frac{A}{A_c}v=\frac{1}{\varepsilon}v$$

$$\frac{v^2}{2g}=\varphi_n^2 H_0$$

$$\zeta_s=\left(\frac{A}{A_c}-1\right)^2=\left(\frac{1}{\varepsilon}-1\right)^2$$

得

$$\frac{p_c}{\gamma}=\frac{p_a}{\gamma}-\left[\frac{\alpha_c}{\varepsilon^2}-\alpha-\left(\frac{1}{\varepsilon}-1\right)^2\right]\varphi_n^2 H_0 \tag{5-18}$$

对于圆柱形外接管嘴有 $\alpha_c=\alpha=1$，$\varepsilon=0.64$，$\varphi_n=0.816\,5$，代入上式得

$$\left.\begin{aligned}\frac{p_c}{\gamma}&=\frac{p_a}{\gamma}-0.75H_0\\ h_v&=\frac{p_a-p_c}{\gamma}=0.75H_0\end{aligned}\right\} \tag{5-19}$$

式中：$h_v$——真空高度；

$H_0$——管嘴作用水头。

上式表明，圆柱形外接管嘴可使其作用水头增大75%，$H_0$ 越大，则 $h_v$ 越大。但是，当 $h_v>7$m时，因液体有汽化特性，收缩断面将被破坏，同时，管嘴出口水流所起的水封作用也将失效，空气可从管嘴出口处被吸入，管嘴将不能再保持满管出流而转变为孔口出流形式，由此导致管嘴出流破坏。因此，管嘴出流的作用水头应有的上限值为

$$[H_0]=\frac{7}{0.75}=9.33\text{m}$$

此外，管嘴的长度也有一定限制，管嘴过短，则流束在进口收缩后尚未扩大到整个管嘴断面即已流出管嘴出口，收缩断面不能形成真空，管嘴作用将因此失效；管嘴过长，又会使沿程水头损失比重增大。因此，圆柱形外接管嘴的正常工作条件取

(1) $H_0\leqslant 9$m；

(2) $l=(3\sim4)d$。

## 【习题】

5-1 如习题5-1图所示为连通两水池的虹吸管，上下游水位差 $H=2$m，各段长度 $l_1=3$m，$l_2=5$m，$l_3=4$m，管径 $d=200$mm，$h=1$m，沿程阻力系数 $\lambda=0.026$，局部阻力系数：底阀 $\zeta_1=10$，弯头 $\zeta_2=1.5$，出口被淹没，求

(1)虹吸管流量 $Q$。

(2)管中压强最低点的位置及最低压强值。

(3)压强最低点是否会出现汽化。

5-2　如习题5-2图所示A、B两水池用旧钢管连接。已知各段长 $l_1=l_2=l_3=1\ 000\text{m}$,各管段直径 $d_1=d_2=d_3=400\text{mm}$,各管段粗糙系数相同,$n=0.012$,两水池水面高差 $\Delta z=12.5\text{m}$,求 $A$ 流入 $B$ 的流量 $Q\left(\dfrac{l_1+l_3}{d}=\dfrac{2\ 000}{0.4}=5\ 000\right)$。

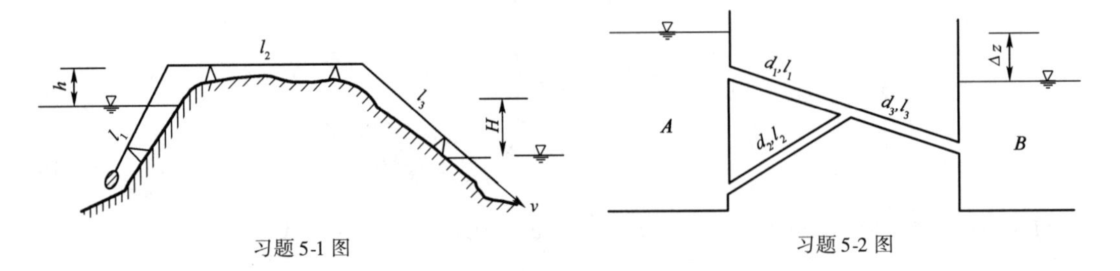


习题5-1图　　　　习题5-2图

5-3　如习题5-3图所示,已知管道 $d_1=75\text{mm}$,$l_1=25\text{m}$,$d_2=50\text{mm}$,$l_2=150\text{m}$,后段管道出口为大气,$H=8\text{m}$,闸门局部阻力系数 $\zeta=3$,管道沿程阻力系数 $\lambda=0.03$。试求流量 $Q$ 和水位差 $h$;绘制总水头线和测压管水头线。

5-4　抽水量各为 $50\text{m}^3/\text{s}$ 的两台水泵同时从吸水井中抽水,如习题5-4图所示。井与河道设有自流管道,管径 $d=200\text{mm}$,长 $l=60\text{m}$,管道粗糙系数 $n=0.011$,进口滤网阻力系数 $\zeta_1=5$,末端闸门阻力系数 $\zeta_2=0.5$,试求井中水面与河水面的水位差 $\Delta H$。

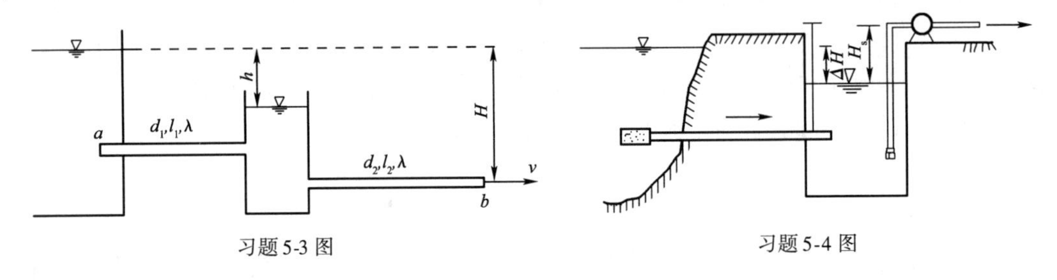


习题5-3图　　　　习题5-4图

5-5　如习题5-4图所示,引水钢管长 $L=50\text{m}$,水泵吸水管的直径 $d=200\text{mm}$,长 $l=6\text{m}$,泵的抽水量 $Q=0.064\text{m}^3/\text{s}$,进口滤网阻力系数 $\zeta_1=\zeta_2=6$,弯头阻力系数 $\zeta_3=0.3$,阀门阻力系数 $\zeta_4=3$,自流引水管与吸水管的沿程阻力系数 $\lambda=0.03$,试求

(1)水池与吸水井水位差 $h=2\text{m}$ 时,自流引水管直径 $D$;

(2)当水泵安装高度 $H_s=2\text{m}$ 时,水泵进口断面 $A$-$A$ 的压强。

5-6　如习题5-6图所示大桥工地临时供水管道。由水泵A向B、C、D三处供水,已知流量 $Q_B=0.01\text{m}^3/\text{s}$,$Q_C=0.005\text{m}^3/\text{s}$,$Q_D=0.01\text{m}^3/\text{s}$,铸铁管直径 $d_{AB}=200\text{mm}$,$d_{BC}=150\text{mm}$,$d_{CD}=100\text{mm}$,管长 $l_{AB}=350\text{m}$,$l_{BC}=450\text{m}$,$l_{CD}=100\text{m}$,整个场地为水平,试求水泵出口处的水头。

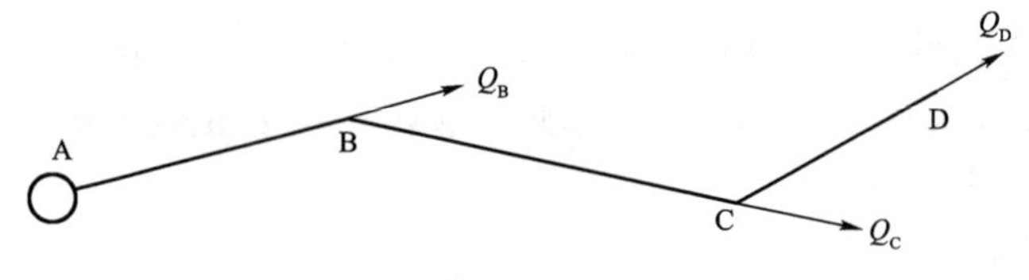


习题5-6图

5-7　如习题5-7图所示，流量 $Q=0.08\text{m}^3/\text{s}$，钢管直径 $d_1=150\text{mm}$，$d_2=200\text{mm}$，长 $l_1=500\text{m}$，$l_2=800\text{m}$，求流量 $Q_1$、$Q_2$，$A$、$B$ 两点间的水头损失。

5-8　如习题5-8图所示三根并联管路，$d_1=d_3=300\text{mm}$，$d_2=250\text{mm}$，长 $l_1=100\text{m}$，$l_2=120\text{m}$，$l_3=130\text{m}$，$Q=0.25\text{m}^3/\text{s}$，求 $Q_1$、$Q_2$、$Q_3$。

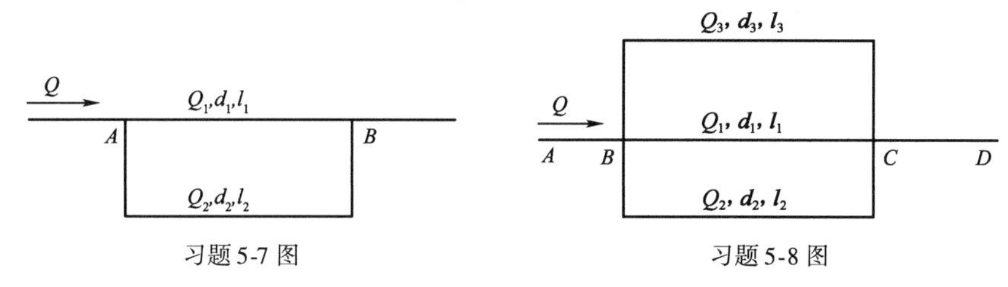


习题5-7图　　习题5-8图

5-9　如习题5-9图所示，两水池同水位差 $H=8\text{m}$，其中并联了两根高程相同的管路，直径 $d_1=50\text{mm}$，$d_2=100\text{mm}$，长 $l_1=l_2=30\text{m}$，试求：

(1)每根管路通过的流量；

(2)如改为单管，通过的流量及管长不变，求单管直径 $d$。设各种情况下，局部水头损失均为 $0.5\dfrac{v^2}{2g}$，沿程阻力系数 $\lambda$ 均为0.032。

5-10　如习题5-10图所示管路直径为 $d$，长 $2l$，在其中点并联一根长为 $l$ 直径相同的支管，如图中虚线所示，若水头 $H$ 不变，求并联管路前后的流量比(不计局部水头损失)。

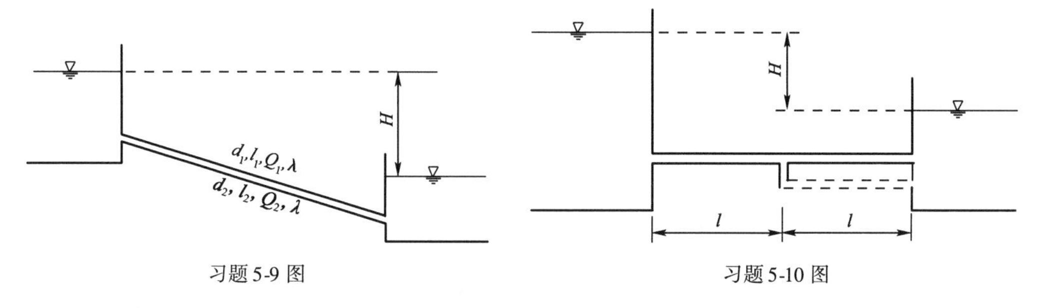


习题5-9图　　习题5-10图

5-11　如习题5-11图所示管路。已知流量 $Q=0.1\text{m}^3/\text{s}$，长 $l_1=1\ 000\text{m}$，$l_2=l_3=500\text{m}$；直径 $d_1=250\text{mm}$，$d_2=300\text{mm}$，$d_3=200\text{mm}$。若为铸铁管，求 $Q_1$、$Q_2$、$Q_3$ 及 $A$、$B$ 两点间的水头损失。

5-12　如习题5-12图所示，已知 $C$ 点流量 $Q=0.01\text{m}^3/\text{s}$，要求自由的水头(即供水末端的压强水头) $H_z=5\text{m}$，$B$ 点分出流量 $q_B=5\text{L/s}$，各管段直径 $d_1=150\text{mm}$，$d_2=100\text{mm}$，$d_3=200\text{mm}$，$d_4=150\text{mm}$，管长 $l_1=300\text{m}$，$l_2=400\text{m}$，$l_3=l_4=500\text{m}$。求并联管路内的流量分配及所需水塔高度。

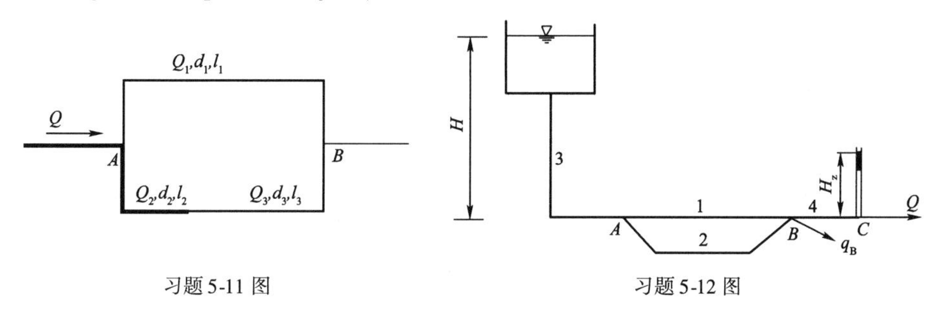


习题5-11图　　习题5-12图

5-13　如习题5-13图所示供水管路，已知各管段直径 $d_1=d_2=150\text{mm}$，$d_3=250\text{mm}$，$d_4=$

200mm,管长 $l_1=350\text{m}$,$l_2=700\text{m}$,$l_3=500\text{m}$,$l_4=300\text{m}$,流量 $Q=20\text{L/s}$,$q_B=45\text{L/s}$,$q_{CD}=0.11\text{m}^3/\text{s}\cdot\text{m}$,$D$ 点要求的自由水头 $H_z=8\text{m}$,采用铸铁管,试求水塔高度 $H$。

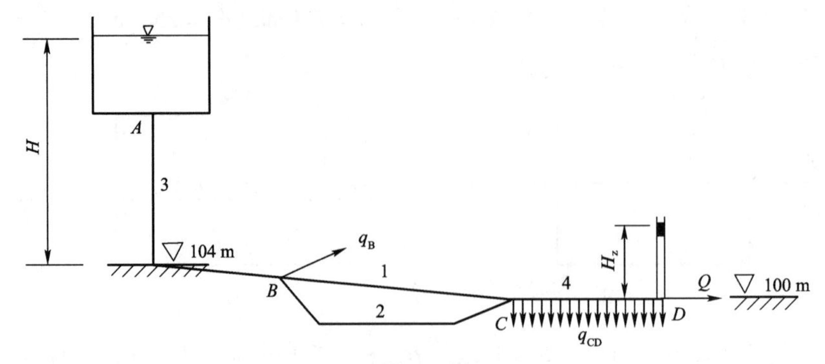


习题 5-13 图

5-14 如习题 5-14 图所示供水系统。已知全管路直径 $d=250\text{mm}$,吸水管及压水管总长 $l=1\ 500\text{m}$,沿程阻力系数 $\lambda=0.025$,基坑水面与水塔水面的高差 $z=20\text{m}$,抽水量为 70L/s,试求水泵的电动机功率 $N_P$(水泵的效率 $\eta=55\%$)。

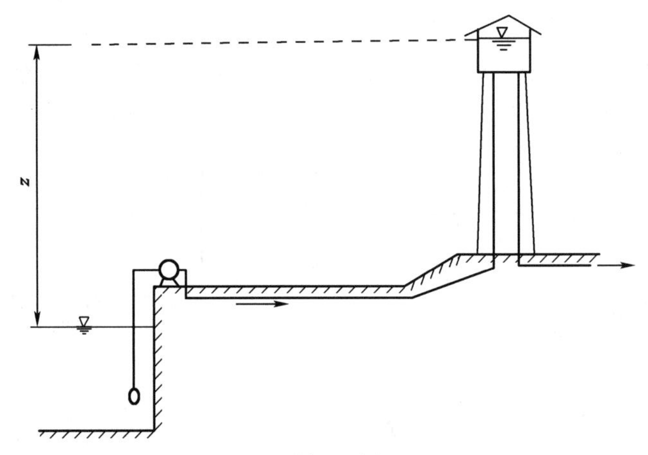


习题 5-14 图

5-15 如习题 5-15 图所示,已知 $d_1=40\text{mm}$,$d_2=30\text{mm}$,$H=3\text{m}$,$h_3=0.5\text{m}$,出流恒定。求 $h_1$、$h_2$ 及流量 $Q$。

5-16 如习题 5-16 图所示整流板,为使水流平顺均匀,板上开有 14 个正方形孔,正方形边长为 10cm,通过的总流量 $Q=122\text{L/s}$。板厚及孔间相互影响不计,求穿孔板前后的水位差 $H$。

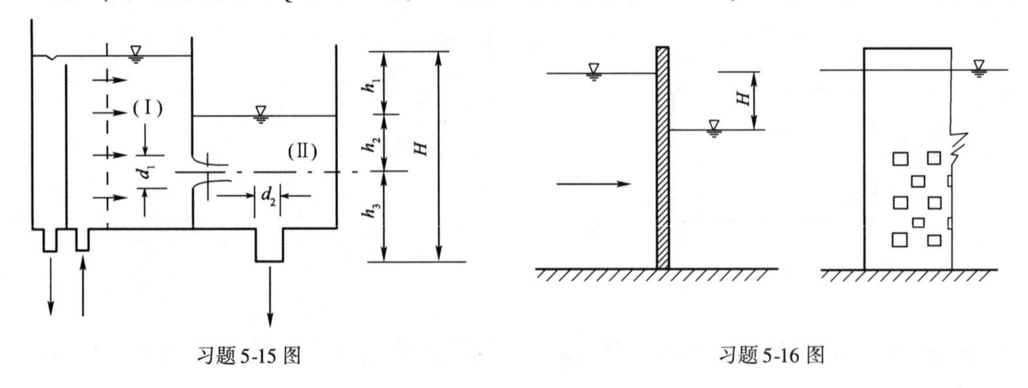


习题 5-15 图　　　　习题 5-16 图

# 第六章 明渠水流

开敞式的泄水凹槽，称为明渠或河道。其中人工开挖的泄水凹槽称为渠道，天然的泄水凹槽称为河道。河渠中的水流运动，称为明渠水流，简称明渠流。明渠流同样有恒定流与非恒定流、均匀流与非均匀流、渐变流与急变流等类型。

明渠水流具有自由表面，其表面处相对压强为零，故又称为无压流。明渠水流因自由表面无约束，流量、断面尺寸、底坡、糙率等因素的变化，其过水断面、渠中水深和流速等都会随之变化。此外，河渠还会有冲淤破坏问题，因而对渠中流速还有附加要求，即还应受容许流速制约：为防止冲刷，渠中流速不能大于容许不冲刷流速；为防止淤积，渠中流速不能小于容许不淤积流速。另外，渠道设计不但需要考虑泄水能力，还要考虑综合应用要求，如灌溉、航运、发电等条件限制，因此，明渠水流通常要比有压管流复杂得多。

有压管流每一过水断面上的两大问题为压强和流速，而明渠水流每一过水断面上的两大问题为水深和流速。明渠水流沿程剖面的自由表面线称为水面曲线，它是明渠非均匀流水力计算的基本问题，对土木工程（道路、桥梁等）设计很有实际意义。

## 第一节 明渠几何特征与容许流速

### 一、明渠断面水力要素

明渠水流的过水断面有多种形状，如图 6-1 所示。

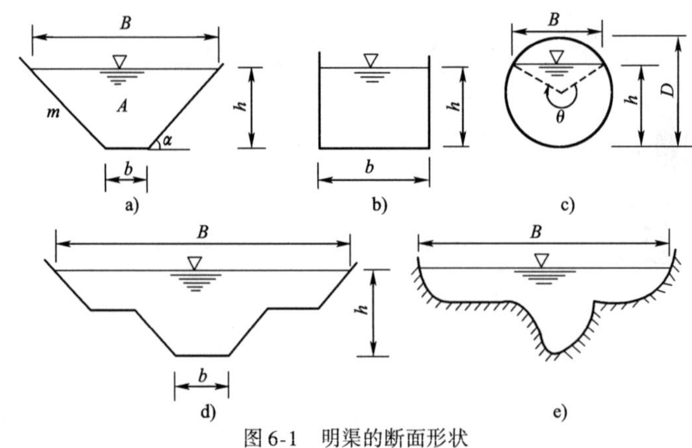


图 6-1　明渠的断面形状

a)梯形;b)矩形;c)圆形;d)、e)复式断面

1. 梯形断面

$$\left.\begin{aligned}&\text{过水面积} && A=(b+mh)h\\&\text{水面宽度} && B=b+2mh\\&\text{湿周} && \chi=b+2h\sqrt{1+m^2}\\&\text{水力半径} && R=\frac{A}{\chi}\\&\text{边坡系数} && m=\cot\alpha(\text{表 6-1})\end{aligned}\right\}\qquad(6\text{-}1)$$

式中:$\alpha$——边坡角,如图 6-1a)所示。

2. 矩形断面

取 $m=0$,按式(6-1)计算。

3. 圆形断面渠道水力要素

$$\left.\begin{aligned}&\text{过水面积} && A=\frac{d^2}{8}(\theta-\sin\theta)\\&\text{水面宽度} && B=d\sin\frac{\theta}{2}=2\sqrt{h(d-h)}\\&\text{湿周} && \chi=\frac{d}{2}\theta\\&\text{水力半径} && R=\frac{A}{\chi}\\&\text{充满度} && a=\frac{h}{d}=\sin^2\frac{\theta}{4}\end{aligned}\right\}\qquad(6\text{-}2)$$

式中:$\theta$——充满角,如图 6-1c)所示。

明渠边坡系数取决于土质条件和护面材料,见表 6-1。

**渠道边坡系数 *m* 值**　　表 6-1

| 土壤种类 | $m$ | 土壤种类 | $m$ | 土壤种类 | $m$ |
|---|---|---|---|---|---|
| 粉砂 | 3~3.5 | 沙壤土 | 1.25~2.0 | 半岩土抗水性土壤 | 0.5~1 |
| 疏松的细、中、粗砂 | 2~2.5 | 黏壤土、黄土、黏土 | 1.25~1.5 | 风化岩石 | 0.25~0.5 |
| 密实的细、中、粗砂 | 1.5~2.0 | 卵石和砌石 | 1.25~1.5 | 未风化岩石 | 0~0.25 |

## 二、棱柱形渠道及非棱柱形渠道

1. 棱柱形渠道

断面形状及尺寸[如式(6-1)中的 $b$ 及 $m$ ]沿程不变的渠道,称为棱柱形渠道。这类渠道的过水面积只随水深 $h$ 变化,与断面的位置无关。因此有:

$$A = A(h)$$

对于断面形状及尺寸沿程变化不大的河段,常按这类渠道计算。

2. 非棱柱形渠道

断面形状及尺寸沿程变化的渠道,称为非棱柱形渠道。这类渠道的过水面积不但与水深 $h$ 变化,而且与断面的位置有关。沿流动路程取坐标轴 $s$ ,则有

$$A = A(h,s)$$

天然河道及断面变化的渠道过渡段均属此类。显然,对于非棱柱形渠道,其水力计算更为复杂。

## 三、明渠底坡

渠道沿程单位长度内的渠底高程变化值,称为渠道底坡,又称为比降,以 $i$ 表示。设渠段长度为 $l$ ,沿流向的前后渠底高程为 $z_1$ 、$z_2$ ,渠底平面与水平线的夹角为 $\theta$ ,如图 6-2 所示,按底坡定义,有

$$\left.\begin{aligned} i &= \frac{z_1 - z_2}{l} = \sin\theta \\ i &= -\frac{\mathrm{d}z}{\mathrm{d}s} \end{aligned}\right\} \tag{6-3}$$

式中:$s$——流程。

工程计算中的习惯规定:沿程下降( $z_2 < z_1$ )的底坡为正值,故式(6-3)中引入负号,按式(6-3)有 $i > 0$ 。

通常渠道的底坡都比较小( $i \leqslant 0.01$ ),实用上可取 $z_1$ 、$z_2$ 两点水平长度 $l_x \approx l$ ,因有

$$\left.\begin{aligned} i &= \frac{z_1 - z_2}{l_x} = \tan\theta \\ h_n &= h \end{aligned}\right\} \tag{6-4}$$

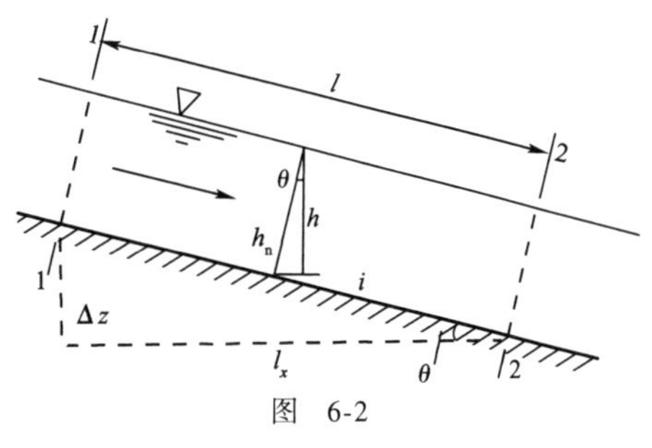

图 6-2

即过水断面的水深 $h_n$ ,可以该处的铅垂水深 $h$ 计算,如图 6-2 所示。

按底坡几何特征,明渠可分为三类:

(1) $i > 0$ 时,即渠底高程沿程下降的渠道,称为顺坡渠道,如图 6-3a)所示。

(2) $i = 0$ 时,即渠底高程沿程不变(水平线)的渠道,称为平坡渠道,如图 6-3b)所示。

(3) $i < 0$ 时,即渠底高程沿程上升的渠道,称为逆坡渠道,如图 6-3c)所示。

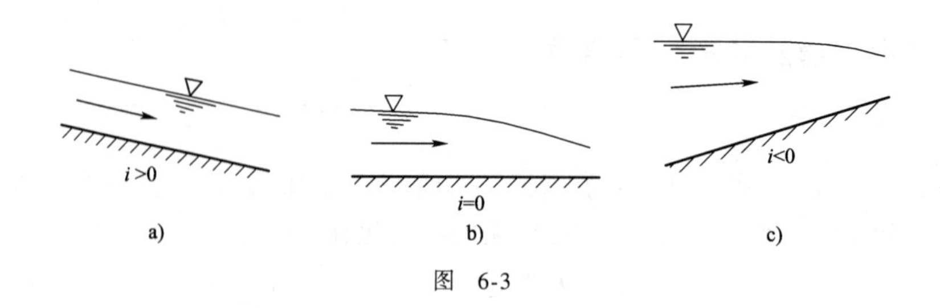

图 6-3

## 四、渠道容许流速

由前所述,明渠设计时,还需考虑渠道的冲淤及运用上的要求。例如输水和泄水渠道,从水力学观点出发,希望渠中的流速快、泄量大,但从工程的安全运用出发,要求渠中不出现冲刷现象,渠道运用寿命长;从降低水头损失,提高水头运用效果出发,渠中流速偏小为好,但流速过小又会引起淤积,使渠道断面变小、泄水能力下降或渠水漫溢。设渠道的设计流速为 $v$ ,渠中容许流速的上、下限值为 $v_{max}$ 及 $v_{min}$ ,则渠中实际流速应按下式控制,即

$$v_{min} < v < v_{max} \tag{6-5}$$

式中:$v_{max}$——容许不冲流速;

$v_{min}$——容许不淤流速。

容许流速 $v_{max}$ 及 $v_{min}$ 由试验确定,已有大量成果可供查用。$v_{max}$ 取决于土质(土壤种类、颗粒大小及密实程度)、衬砌材料强度、流量及水深等因素,见附录1。$v_{min}$ 可按经验公式及有关经验值选用,有

$$v_{min} = \beta h_0^{0.64} \tag{6-6}$$

式中:$h_0$——作均匀流动时的渠中水深,m;

$\beta$——淤积系数,与水流挟沙情况有关。挟带粗砂:$\beta = 0.6 \sim 0.7$;挟带中砂:$\beta = 0.54 \sim 0.57$;挟带细砂:$\beta = 0.39 \sim 0.41$。

此外,为防止渠中滋生植物,应有 $v > 0.6\text{m/s}$;为防止淤泥沉积,应有 $v > 0.2\text{m/s}$;为防止淤砂,$v > 0.4\text{m/s}$。

# 第二节　明渠均匀流特性

## 一、明渠均匀流的水力特性

明渠均匀流是明渠水流中的一种特殊情况,也是明渠渐变流的极限,其流线为彼此平行的直线,具有以下特性:

(1)明渠均匀流是一种等深、等速直线运动,断面流速分布沿程不变,有 $\alpha_1 = \alpha_2, \alpha'_1 = \alpha'_2$。明渠均匀流的渠中水深,称为正常水深,常用 $h_0$ 表示。

(2)总水头线、测压管水头线及渠底线三者平行,因此水力坡度 $J$ 、测压管坡度 $J_p$ 及渠底坡度 $i$ 三者相等,即

$$J = J_p = i \tag{6-7}$$

## 二、明渠均匀流产生的条件

如图 6-4 所示为一明渠均匀流流段。列前后两断面的动量方程,有

$$P_1 - P_2 - T + G\sin\theta = 0$$

而

$$P_1 = P_2$$

$$\sin\theta = i = \frac{\Delta z}{l}$$

得

$$\left.\begin{aligned} Gi &= T \\ G\Delta z &= Tl \end{aligned}\right\} \tag{6-8}$$

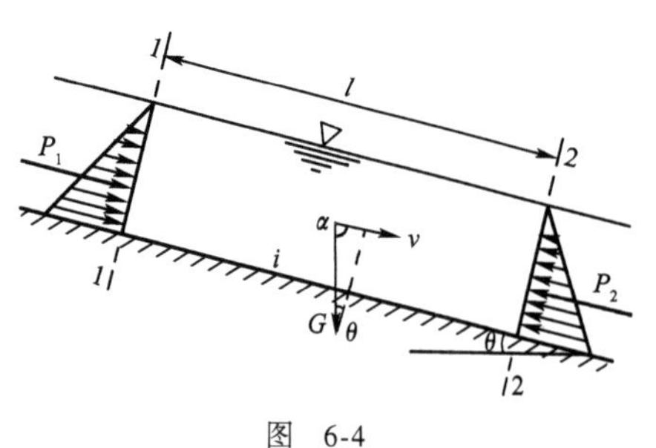

图 6-4

式(6-8)表明,明渠均匀流中重力做功与阻力做功相等,其重力沿流向的分力与液流摩阻力相平衡。其中 $G>0$, $T>0$,应有 $i>0$。由式(4-12)及式(4-42),有

$$T = \frac{\lambda}{8}\rho\chi l v^2 = \frac{\gamma\chi}{C^2} l v^2 = T(l, x, n, v) \tag{6-9}$$

由以上分析可知,明渠均匀流的发生条件为:

(1)属恒定流,流量沿程不变;

(2)长直的棱柱形顺坡( $i>0$)渠道;

(3)渠道糙率 $n$ 及底坡 $i$ 沿程不变。

上述几个条件中任一个受到破坏,渠中水流都将由均匀流转变为非均匀流。凡破坏明渠均匀流条件的局部因素,统称为“干扰”。在长直的棱柱形渠道中,这类干扰可有多种。如桥梁涵洞压缩了渠道断面、渠道底坡折变等,均可导致非均匀流现象。由式(6-9)可见,当渠段长度足够时,远离干扰端某一断面的渠段中可有 $Gi = T$,即可有均匀流。从理论上说,这一均匀流断面应在距干扰端无穷远处。因此,明渠均匀流计算对于明渠非均匀流的分析计算有其重要意义。牢记这一概念,将有利于分析水面曲线变化。

# 第三节 明渠均匀流基本公式

## 一、基本公式

如上所述,在明渠均匀流中,有 $J = J_p = i$,因此,谢才公式(4-38)可写成

$$\left.\begin{aligned} v &= C\sqrt{Ri} \\ Q &= Av = AC\sqrt{Ri} = K\sqrt{i} \\ K &= AC\sqrt{R} \end{aligned}\right\} \tag{6-10}$$

式中:$i$——渠道底坡;

$K$——流量模数,$m^3/s$。

式(6-10)即为明渠均匀流的基本公式。

对于梯形断面渠道,若底宽 $b$,边坡系数 $m$,糙率 $n$ 一定时,由式(6-10)可知,有

$$\left.\begin{aligned} K &= K(h) \\ K_0 &= K(h_0) = \frac{Q}{\sqrt{i}} \end{aligned}\right\} \tag{6-11}$$

式中:$h_0$——正常水深;

$K(h_0)$ ——相应于 $h_0$ 的流量模数。

由式(6-11)可见,正常水深 $h_0$ 与断面尺寸、糙率、流量、底坡有关,并与底坡成反比关系,即

$$\left.\begin{aligned} h_0 &= f(\text{断面尺寸}, n, Q, i) \\ h_0 &\propto \frac{1}{i} \end{aligned}\right\} \tag{6-12}$$

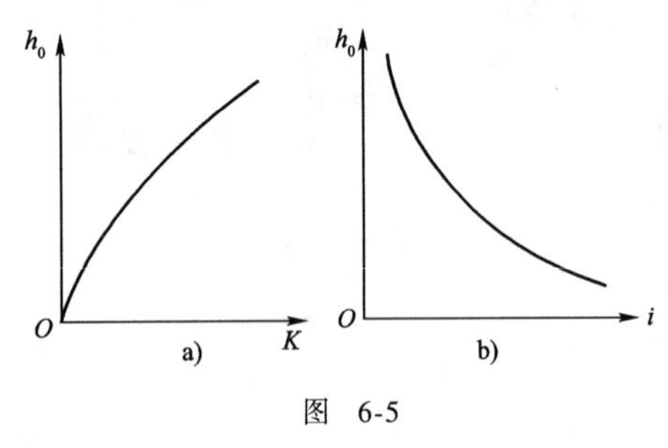

图 6-5

此外,若断面尺寸已知(例如梯形渠道已知底宽 $b$ 及边坡系数 $m$ ),渠道护面材料确定(即糙率 $n$ 已知)时,按式(6-11)即可求得 $K-h_0$ 关系曲线,如图 6-5a)所示;若已知流量 $Q$ ,按式(6-11)亦可绘出 $h_0-i$ 关系曲线,如图 6-5b)所示;利用式(6-11)可求得 $K(h_0)$ ,相应的正常水深 $h_0$ 则在图 6-5a)中可图解得出。

## 二、明渠水力最佳断面

### 1.梯形及矩形断面

当渠道过水断面面积 $A$ 、糙率 $n$ 及渠道底坡一定时,过水能力(即流量)最大的断面形状,称为水力最佳断面形状,简称为水力最佳断面。

若谢才系数按曼宁公式(4-39)计算,有

$$\left.\begin{aligned} C &= \frac{1}{n}R^{\frac{1}{6}} \\ Q &= AC\sqrt{Ri} = \frac{1}{n}AR^{\frac{2}{3}}i^{\frac{1}{2}} = \left(\frac{\sqrt{i}A^{\frac{5}{3}}}{n}\right)\frac{1}{\chi^{\frac{2}{3}}} \end{aligned}\right\} \tag{6-13}$$

上式中,$i$ 、$A$ 、$n$ 均已知,$Q$ 与 $\chi$ 成反比例关系。由此可见,欲得渠道泄水流量最大,应使其湿周最小。而面积相等的断面形状中以圆形断面或半圆形断面的湿周最小,可见圆形断面或半圆形断面都是一种水力最佳断面形状,因此,有压管道均采用圆形。对于明渠,除少数钢筋混凝土渠槽在技术上有可能做成半圆外,大多数渠道都在土基上建造,根据土渠边坡稳定的需要,只可能做成梯形。在梯形断面中,边坡系数 $m$ 值按渠道所经地区的土质情况选定,见表 6-1。这样,欲得明渠水力最佳断面形状便归结为如何确定最佳断面的宽深比关系。

对于梯形断面,由式(6-1)有

$$A = (b + mh)h$$

$$\chi = b + 2h\sqrt{1+m^2} = \frac{A}{h} - mh + 2h\sqrt{1+m^2} = \chi(h)$$

因

$$\frac{d\chi}{dh} = -\frac{A}{h^2} - m + 2\sqrt{1+m^2}$$

$$\frac{d^2\chi}{dh^2} = 2\frac{A}{h^3} > 0$$

这表明$\chi$有最小值。令$\frac{d\chi}{dh}=0$,得

$$-\frac{A}{h^2}-m+2\sqrt{1+m^2}=0$$

有
$$-\frac{b}{h}-2m+2\sqrt{1+m^2}=0$$

故有
$$\beta_0=\left(\frac{b}{h}\right)_0=2(\sqrt{1+m^2}-m)=f(m) \tag{6-14}$$

式中:$\beta_0$——水力最佳断面的宽深比;

$m$——渠道边坡系数。

式(6-14)即水力最佳梯形断面的宽深比。$\beta_0$只与边坡系数有关。不同$m$值的$\beta_0$见表6-2。

**梯形断面水力最佳宽深比$\beta_0$** 表6-2

| $m$ | 0 | 0.25 | 0.5 | 0.75 | 1.0 | 1.25 | 1.50 | 1.75 | 2.00 | 3.00 |
|---|---|---|---|---|---|---|---|---|---|---|
| $\beta_0$ | 2.00 | 1.56 | 1.24 | 1.00 | 0.83 | 0.70 | 0.61 | 0.53 | 0.47 | 0.32 |

由表6-2可见,当$m>0.75$时,$b<h$。土渠一般$m=1.5\sim3$,则$\beta_0=0.61\sim0.32$,此时水力最佳的梯形断面呈窄而深形状。对于大型渠道,当为窄而深断面时,取土太深会受到地质条件和地下水影响,使施工困难,造价较高。因此,水力最佳断面可能不是经济上的最佳断面,应用上仍有一定的局限性。一般中小型渠道,其建造费用主要取决于土方量,多按水力最佳断面条件设计。对于大型渠道,常取$\beta=3\sim4$,做成宽而浅的断面形状。

当为矩形断面时,$m=0$,其水力最佳断面宽深比为

$$\left.\begin{aligned}\beta_0&=2\\ b&=2h\end{aligned}\right\} \tag{6-15}$$

上式表明,水力最佳矩形断面的宽深比具有宽而浅的特点。由式(6-14)有

$$b=2(\sqrt{1+m^2}-m)h$$

$$R_\beta=\frac{A}{\chi}=\frac{(b+mh)h}{b+2h\sqrt{1+m^2}}=\frac{(2\sqrt{1+m^2}-m)h^2}{(2\sqrt{1+m^2}-m)2h}=\frac{h}{2} \tag{6-16}$$

由此可知,当为矩形断面时,其水力最佳断面的水力半径$R_\beta$为水深$h$的一半。

2. 无压圆管(又称不满管流)

无压圆管中的水流,过水断面有自由表面,也属于明渠水流。因过水断面面积、湿周及水力半径几何关系比较复杂,另有独有的水力特性。其过水断面水力要素可按式(6-2)计算。当底坡及管道材料选定时,底坡$i$及糙率$n$已知,由式(6-13)有

$$\left.\begin{aligned}Q&=f_1(A,\chi)=f_1(\theta)\\ v&=\frac{Q}{A}=f_2(\theta)\end{aligned}\right\} \tag{6-17}$$

这表明无压圆管流的过水能力(即流量)仅为过水断面充满角$\theta$的函数。发生最大流量及最大流速的充满度$\left(\frac{h}{d}\right)_Q$及$\left(\frac{h}{d}\right)_v$可由下述方法求得

令 $\frac{dQ}{d\theta_Q}=0$,有

$$\frac{dQ}{d\theta_Q}=\frac{d}{d\theta_Q}\left[\frac{(\theta_Q-\sin\theta_Q)^{\frac{5}{3}}}{\theta_Q^{\frac{5}{3}}}\right]=0$$

$$1-\frac{5}{3}\cos\theta_Q+\frac{2}{3}\left(\frac{\sin\theta_Q}{\theta_Q}\right)=0$$

解之得 $\theta_Q=302.41°$

$$a_Q=\left(\frac{h}{d}\right)_Q=\sin^2\frac{\theta_Q}{4}=\left(\sin\frac{302.41°}{4}\right)^2=0.938\ 2$$

此即无压圆管水力最佳断面的充满角及充满度的精确解,它可作为修改有关设计规范的新理论依据[1]。

令 $\frac{dv}{d\theta}=0$,有

$$\tan\theta_v-\theta_v=0$$

解之得 $$\theta_v=257.45°$$

$$a_v=\left(\frac{h}{d}\right)_v=\sin^2\frac{\theta_v}{4}=\left(\sin\frac{257.45°}{4}\right)^2=0.812\ 8$$

这表明无压圆管流最大流速发生在断面水深 $h=0.812\ 8d$ 处。

无压圆管流的泄水能力(流量)常利用专用计算表查算。原理如下:

设满流无压情况的断面水深为 $h=d$,泄流量为 $Q_0$,不满流时的断面水深 $h<d$,泄流量为 $Q$,有

$$\left.\begin{aligned}
Q_0&=A_0C_0\sqrt{R_0i}=K_0\sqrt{i}\\
Q&=AC\sqrt{Ri}=K\sqrt{i}\\
\overline{Q}&=\frac{Q}{Q_0}=\frac{A}{A_0}\left(\frac{R}{R_0}\right)^{\frac{2}{3}}=\left(\frac{\theta-\sin\theta}{2\pi\theta}\right)^{\frac{2}{3}}=\overline{Q}\left(\frac{h}{d}\right)\\
\bar{v}&=\frac{v}{v_0}=\frac{C\sqrt{Ri}}{C_0\sqrt{R_0i}}=\left(\frac{R}{R_0}\right)^{\frac{2}{3}}=\left(1-\frac{\sin\theta}{\theta}\right)^{\frac{2}{3}}=\bar{v}\left(\frac{h}{d}\right)
\end{aligned}\right\}\tag{6-18}$$

式中:$A_0$、$C_0$、$R_0$、$K_0$——满流无压圆管的过水断面面积,谢才系数,水力半径,流量模数;

$A$、$C$、$R$、$K$——不满流时圆管流过水断面面积,谢才系数,水力半径,流量模数;

$\overline{Q}$、$\bar{v}$——比流量与比流速,均为纯数。

按式(6-2),对各种充满度 $\frac{h}{d}$ 制成相应的 $A,R,\overline{Q}$ 数值表(表6-3),以备查用,若知 $\overline{Q}$,则有

$$Q=\overline{Q}Q_0\tag{6-19}$$

[1] 此精确解是编著者1986年的最新发现。按20世纪70年代前国外引进的教材所载及国内一些《水力学》教材转载,$\theta_Q=308°$,$\left(\frac{h}{d}\right)_Q=0.95$,均有误差——编著者。

谢才系数通常按曼宁公式计算,则有

$$\left.\begin{aligned} A_0 &= \frac{\pi d^2}{4} \\ R_0 &= \frac{d}{4} \\ K_0 &= A_0 C_0 \sqrt{R_0} = \frac{0.132}{n} d^{\frac{2}{3}} = f(n,d) \end{aligned}\right\} \tag{6-20}$$

无压圆管流水力要素及比流量 $\overline{Q}$　　表6-3

| $a=\frac{h}{d}$ | $A$ | $R$ | $\overline{Q}$ | $a=\frac{h}{d}$ | $A$ | $R$ | $\overline{Q}$ |
|---|---|---|---|---|---|---|---|
| 0.05 | $0.0147d^2$ | $0.0325d$ | 0.0448 | 0.55 | $0.4425d^2$ | $0.2649d$ | 0.5860 |
| 0.10 | $0.0408d^2$ | $0.0635d$ | 0.0204 | 0.60 | $0.4919d^2$ | $0.2776d$ | 0.6721 |
| 0.15 | $0.0739d^2$ | $0.0928d$ | 0.0487 | 0.65 | $0.5403d^2$ | $0.2882d$ | 0.7567 |
| 0.20 | $0.1118d^2$ | $0.1206d$ | 0.0876 | 0.70 | $0.5871d^2$ | $0.2962d$ | 0.8376 |
| 0.25 | $0.1535d^2$ | $0.1466d$ | 0.1370 | 0.75 | $0.6318d^2$ | $0.3017d$ | 0.9124 |
| 0.30 | $0.1981d^2$ | $0.1709d$ | 0.1959 | 0.80 | $0.6735d^2$ | $0.3042d$ | 0.9780 |
| 0.35 | $0.2449d^2$ | $0.1935d$ | 0.2631 | 0.85 | $0.7114d^2$ | $0.3033d$ | 1.0310 |
| 0.40 | $0.2933d^2$ | $0.2142d$ | 0.3372 | 0.90 | $0.7444d^2$ | $0.2980d$ | 1.0662 |
| 0.45 | $0.3427d^2$ | $0.2331d$ | 0.4168 | 0.95 | $0.7706d^2$ | $0.2865d$ | 1.0752 |
| 0.50 | $0.3926d^2$ | $0.2500d$ | 0.5003 | 1.00 | $0.7853d^2$ | $0.2500d$ | 1.0000 |

对于钢筋混凝土管,一般取 $n=0.013$ ,$K_0$-$d$ 关系亦可制表备用(表6-4)。其他管材同样可以预制专用表备用。

**钢筋混凝土管 $K_0$-$d$ 值**　　表6-4

| $d$(m) | 0.50 | 0.55 | 0.60 | 0.65 | 0.70 | 0.75 | 0.80 |
|---|---|---|---|---|---|---|---|
| $K_0$($m^3/s$) | 3.78 | 4.87 | 6.15 | 7.61 | 9.27 | 11.14 | 13.24 |
| $d$(m) | 0.85 | 0.90 | 0.95 | 1.00 | 1.25 | 1.50 | 2.00 |
| $K_0$($m^3/s$) | 15.56 | 18.12 | 20.93 | 24.00 | 43.51 | 70.76 | 152.39 |

**例6-1**　直径为0.6m的钢筋混凝土排水管,底坡 $i=0.005$,粗糙系数 $n=0.013$,充满度 $a=\frac{h}{d}=0.75$ ,求流量和流速。

**解:**查表6-4,当 $d=0.6$m时,得 $K_0=6.15\text{m}^3/\text{s}$;查表6-3,当 $\frac{h}{d}=0.75$ 时,得 $\overline{Q}=0.9124$ ,$A=0.6318d^2$ ,故管中流量和流速为

$$Q=\overline{Q}K_0\sqrt{i}=0.9124\times 6.15\sqrt{0.005}=0.397(\text{m}^3/\text{s})$$

$$v=\frac{Q}{A}=\frac{0.397}{0.6318\times 0.6^2}=1.75(\text{m/s})$$

# 第四节 明渠均匀流水力计算基本问题

## 一、梯形断面渠道水力计算

由明渠均匀流基本公式(6-10)有

$$Q = AC\sqrt{Ri} = f(b,m,i,n,h_0)$$

水力计算主要有三类基本问题:验算渠道的泄水能力;确定渠道底坡;确定渠道过水断面尺寸。此外,一般还需核算流速是否合乎容许流速要求。

1. 已知 $b,m,i,n,h_0$ ,求 $Q$

此即验算渠道的泄水能力,常见于启用已建成渠道。这类问题只需先计算 $A,\chi,R,C$ ,再代入式(6-10),即可求得渠中流量 $Q$ 及流速 $v$ 。

**例6-2** 有一情况较坏的梯形断面路基排水土渠,长1.0km,底宽3m,按均匀流计算,设渠中正常水深为0.8m,边坡系数为1.5,渠底落差为0.5m,试验算渠道的泄水能力及渠中流速。

**解:**查表4-2,得 $n=0.03$。

$$i = \frac{\Delta z}{l} = \frac{0.5}{1\ 000} = 0.000\ 5$$

$$A = (b + mh)h = (3 + 1.5 \times 0.8) \times 0.8 = 3.36(\mathrm{m}^2)$$

$$\chi = b + 2h\sqrt{1 + m^2} = 2 + 2 \times 0.8\sqrt{1 + 1.5^2} = 5.88(\mathrm{m})$$

$$R = \frac{A}{\chi} = \frac{3.36}{5.88} = 0.57(\mathrm{m})$$

按巴甫洛夫斯基公式(4-41)计算,因 $R<1\mathrm{m}$,有

$$y = 1.5\sqrt{n} = 1.5\sqrt{0.03} = 0.259\ 8$$

$$C = \frac{1}{n}R^y = \frac{1}{0.03} \times (0.57)^{0.259\ 8} = 28.8(\mathrm{m}^{0.5}/\mathrm{s})$$

$$Q = AC\sqrt{Ri} = 3.36 \times 28.8\sqrt{0.57 \times 0.000\ 5} = 1.63(\mathrm{m}^3/\mathrm{s})$$

$$v = \frac{Q}{A} = \frac{1.63}{3.36} = 0.485(\mathrm{m/s})$$

若按曼宁公式(4-39)计算

$$C = \frac{1}{n}^{\frac{1}{6}} = 30.4\mathrm{m}^{0.5}/\mathrm{s}$$

$$Q = AC\sqrt{Ri} = 3.36 \times 30.4\sqrt{0.57 \times 0.000\ 5} = 1.72(\mathrm{m}^3/\mathrm{s})$$

$$v = \frac{Q}{A} = \frac{1.72}{3.36} = 0.513(\mathrm{m/s})$$

由以上计算结果可知,巴甫洛夫斯基公式结果偏小,曼宁公式偏大。对于渠道泄水能力估算,巴甫洛夫斯公式结果偏安全,但曼宁公式简单方便,对于渠道的护面设计偏安全。编制有关设计手册时多用曼宁公式。此题,若已知土质情况,即可确定此渠道是否会发生冲刷,并确定相关的衬砌材料。

2. 已知 $Q$ 、$b$ 、$m$ 、$n$ 、$h_0$ ,求 $i$

这类问题应先计算 $A$ 、$\chi$ 、$R$ 、$C$ 、$K$ ,然后代入式(6-10),有

$$i = \frac{Q^2}{K^2} \tag{6-21}$$

式中:$K$ ——流量模数。

由此可见,$i$ 越大,渠中正常水深 $h_0$ 越小。

**例 6-3** 某灌区需兴建一条跨越公路上方的钢筋混凝土矩形输水渡槽,其底宽为 5.1m ,水深为 3.08m ,糙率 $n = 0.014$ ,设计流量 $Q = 25.6\text{m}^3/\text{s}$,试确定渠底坡度 $i$ 及渠中流速。

**解:**

$$A = bh_0 = 5.1 \times 3.08 = 15.71(\text{m}^2)$$

$$\chi = b + 2h_0 = 5.1 + 2 \times 3.08 = 11.26(\text{m})$$

$$R = \frac{A}{\chi} = \frac{15.71}{11.26} = 1.3952(\text{m})$$

按巴甫洛夫斯基公式计算,因 $R > 1\text{m}$ ,有

$$y = 1.3\sqrt{n} = 1.3\sqrt{0.014} = 0.1538$$

$$C = \frac{1}{n}R^y = \frac{1}{0.014} \times (1.3952)^{0.1538} = 75.18(\text{m}^{0.5}/\text{s})$$

$$K = AC\sqrt{R} = 15.71 \times 75.18 \times \sqrt{1.3952} = 1395(\text{m}^3/\text{s})$$

$$i = \frac{Q^2}{K^2} = \left(\frac{25.6}{1395}\right)^2 = 0.000337$$

$$v = \frac{Q}{A} = \frac{25.6}{15.71} = 1.63(\text{m/s})$$

按曼宁公式计算

$$C = \frac{1}{n}R^{\frac{1}{6}} = \frac{1}{0.014} \times (1.3952)^{\frac{1}{6}} = 75.51(\text{m}^{0.5}/\text{s})$$

$$K = AC\sqrt{R} = 15.71 \times 75.51 \times \sqrt{1.3952} = 1401(\text{m}^3/\text{s})$$

$$i = \frac{Q^2}{K^2} = \left(\frac{25.6}{1401}\right)^2 = 0.000338$$

$$v = \frac{Q}{A} = \frac{25.6}{15.71} = 1.63(\text{m/s})$$

**注意:**底坡值一般应取三位有效数字。

3. 已知 $Q$ 、$i$ 、$n$ 、$m$ ,求渠道过水断面尺寸 $b$ 和 $h_0$

这类问题未知数有两个,必须再附加一个条件才能求解,即在 $b$ 、$h_0$ 中先设定一个,再求另一个,可有三种解法:

1)选定 $h_0$ ,求 $b$

按渠道的运用需要(如通航水深要求)先选定渠中水深 $h_0$ ,求 $b$ 。由式(6-10),当渠道底坡、糙率、边坡系数已定时,有

$$K = AC\sqrt{R} = K(b, h_0)$$

选定 $h_0$ 后,则有 $K = K(b)$ ,因此,可绘制 $K$-$b$ 曲线,如图 6-6a)所示,按已知条件相应的流

量模数 $K(b)=\frac{Q}{\sqrt{i}}$,据此在 $K$-$b$ 图中即可图解得 $b$ 值。

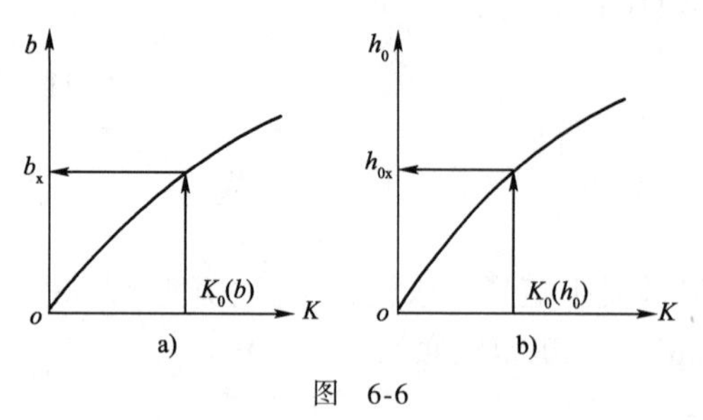


图 6-6

2)选定 $b$,求 $h_0$

也可按地形情况选定 $b$ 值。当 $b$ 确定后,由式(6-10)有

$$K=AC\sqrt{R}=K(h_0)$$

按上述方法绘制 $K-h_0$ 曲线,由 $K(h_0)=\frac{Q}{\sqrt{i}}$ 亦可在图中解得 $h_0$ 值,如图 6-6b)所示。

3)按合适宽深比 $\beta$,求解 $b$、$h_0$

(1)中小型渠道取 $\beta=\beta_0=\frac{b}{h_0}=2(\sqrt{1+m^2}-m)$,此即水力最佳断面宽深比。

(2)大型渠道取 $\beta=3\sim4$。

由 $b=\beta h_0$,代入式(6-10)即可解得 $b$,$h_0$。

**例 6-4** 有一梯形断面渠道。已知流量 $Q=3\text{m}^3/\text{s}$,底坡 $i=0.004\,9$,糙率 $n=0.022\,5$,边坡系数 $m=1.0$,求此渠道的断面尺寸 $b$,$h_0$。

**解:**(1)按水力最佳条件确定断面尺寸。

$$\beta_0=2(\sqrt{1+m^2}-m)=2\times(\sqrt{1+1^2}-1)=0.828\,4$$

即 $b=\beta_0 h_0=0.828\,4h_0$

$$A=(b+mh_0)h_0=(0.828\,4h_0+1\times h_0)h_0=1.828\,4h_0^2$$

$$R=0.5h_0$$

$$C=\frac{1}{n}R^{\frac{1}{6}}=\frac{1}{0.022\,5}(0.5h_0)^{\frac{1}{6}}=39.595\,5h_0^{\frac{1}{6}}$$

$$Q=AC\sqrt{Ri}=(1.828\,4h_0^2)(39.595\,5h_0^{\frac{1}{6}})(0.5h_0)^{\frac{1}{2}}\sqrt{0.004\,9}=3.583\,4(h_0)^{\frac{8}{3}}$$

$$h_0=\left(\frac{Q}{3.583\,4}\right)^{\frac{3}{8}}=\left(\frac{3}{3.583\,4}\right)^{\frac{3}{8}}=0.936(\text{m})$$

$$b=0.828\,4h_0=0.828\,4\times0.936=0.775(\text{m})$$

(2)按地形情况取 $b=1\text{m}$,以减小劈坡土方量,求 $h_0$。

$$A=(b+mh_0)h_0=(1+h_0)h_0$$

$$\chi=b+2h_0\sqrt{1+m^2}=1+2\sqrt{2}h_0$$

$$R=\frac{A}{\chi}$$

$$C=\frac{1}{n}R^{\frac{1}{6}}$$

$$K=AC\sqrt{R}=A\left(\frac{1}{n}R^{\frac{1}{6}}\right)R^{\frac{1}{2}}=A\frac{1}{n}\left(\frac{A}{\chi}\right)^{\frac{1}{6}}\times\left(\frac{A}{\chi}\right)^{\frac{1}{2}}$$

$$=\frac{A^{\frac{5}{3}}}{n\chi^{\frac{2}{3}}}=\frac{[(1+h_0)h_0]^{\frac{5}{3}}}{0.022\,5(1+2\sqrt{2}h_0)^{\frac{2}{3}}}=K(h_0)$$

而
$$K(h_0)=\frac{Q}{\sqrt{i}}=\frac{3}{\sqrt{0.0049}}=42.86(\mathrm{m^3/s})$$

则有
$$\frac{[(1+h_0)h_0]^{\frac{5}{3}}}{0.0225(1+2\sqrt{2}h_0)^{\frac{2}{3}}}=42.86$$

列表试算 $h_0$，见表6-5。

**$K$-$h_0$ 计 算 表** 表6-5

| $h_0$(m) | 0 | 0.5 | 0.75 | 0.86 | 0.861 | 1.00 |
|---|---|---|---|---|---|---|
| $K(\mathrm{m^3/s})$ | 0 | 15.29 | 32.74 | 42.73 | 42.83 | 57.66 |

由表6-5试算结果
$$K(0.861)=42.83\approx K(h_0)=42.86$$

故
$$h_0=0.861(\mathrm{m})$$

(3)按最大容许流速 $v_{\max}$ 确定渠道断面尺寸。

设
$$v_{\max}=0.9(\mathrm{m/s})$$

则
$$A=\frac{Q}{v_{\max}}=\frac{3}{0.9}=3.33(\mathrm{m^2})$$

$$R=\left(\frac{nv_{\max}}{\sqrt{i}}\right)^{\frac{3}{2}}=\left(\frac{0.0225\times0.9}{\sqrt{0.0049}}\right)^{\frac{3}{2}}=0.1556(\mathrm{m})$$

$$\chi=b+2h_0\sqrt{1+m^2}=b+2\sqrt{2}h_0=b+2.8284h_0$$

由此有
$$\begin{cases}(b+h_0)h_0=3.33 & ①\\ \dfrac{(b+h_0)h_0}{b+2.8284h_0}=0.1556 & ②\end{cases}$$

解①、②两式，有
$$h_0^2+35.71h_0-5.5564=0$$

得
$$h_0=0.155(\mathrm{m})$$

$$b=\frac{A}{h_0}-h_0=\frac{3.33}{0.155}-0.155=21.35(\mathrm{m})$$

复核结果
$$A=(b+mh_0)h_0=(21.35+1\times0.155)\times0.155=3.33(\mathrm{m^2})$$

$$v=\frac{Q}{A}=\frac{3}{3.33}=0.9(\mathrm{m/s})$$

以上计算结果表明，渠道过水断面尺寸的确定，取决于工程要求及预定的设计控制条件。显然，各类结果的建造经费不同。

4. 已知 $b$、$m$、$i$、$Q$、$h_0$，求糙率 $n$

这类问题常见于试验研究或现场测定。由曼宁公式，有
$$C=\frac{1}{n}R^{\frac{1}{6}}$$

$$n=\frac{A}{Q}R^{\frac{2}{3}}i^{\frac{1}{2}} \tag{6-22}$$

**例6-5** 已知梯形渠道底宽 $b=1.5\mathrm{m}$，边坡系数 $m=1.0$，底坡 $i=0.0006$，流量 $Q=$

$1m^3/s$,测得渠中水深 $h_0 = 0.86m$,求糙率 $n$。

**解:**
$$A = (b + mh_0)h_0 = (1.5 + 1 \times 0.86) \times 0.86 = 2.03(m^2)$$

$$\chi = b + 2h_0\sqrt{1 + m^2} = 1.5 + 2 \times 0.86\sqrt{1 + 1^2} = 3.93(m)$$

$$R = \frac{A}{\chi} = \frac{2.03}{3.93} = 0.516\ 5(m)$$

$$n = \frac{A}{Q}R^{\frac{2}{3}}i^{\frac{1}{2}} = \frac{2.03}{1} \times (0.516\ 5)^{\frac{2}{3}}(0.000\ 6)^{\frac{1}{2}} = 0.032$$

## *二、梯形断面渠道断面尺寸的图解方法

梯形断面渠道断面尺寸计算工作量较大,可用专用图表查算。如图 6-7 所示,详见附录 2(a)与附录 2(b)。

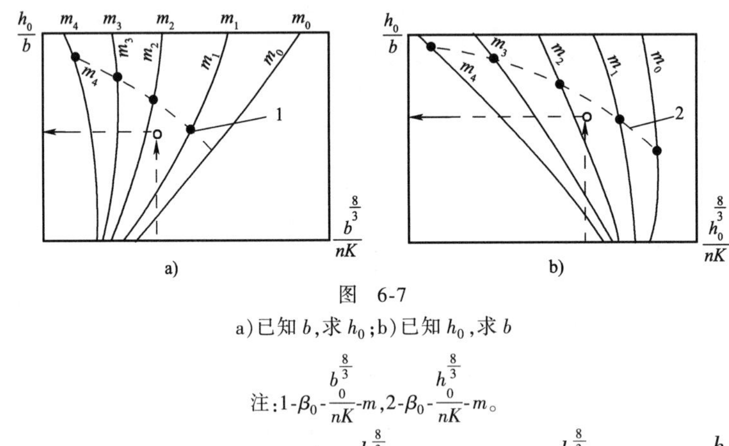


图 6-7

a)已知 $b$,求 $h_0$;b)已知 $h_0$,求 $b$

注:1-$\beta_0$-$\frac{b^{\frac{8}{3}}}{nK}$-$m$,2-$\beta_0$-$\frac{h_0^{\frac{8}{3}}}{nK}$-$m$。

如图 6-7a)所示,由已知 $b$ 等条件计算出 $\frac{b^{\frac{8}{3}}}{nK}$,再按 $m$ 值及 $\frac{b^{\frac{8}{3}}}{nK}$ 可图解得 $\frac{h_0}{b}$,即得 $h_0$ 值;同理,如图 6-7b)所示,已知 $h_0$,可图解得 $\frac{h_0}{b}$,即可得 $b$ 值。

## 三、复式断面渠道水力计算

如图 6-8a )所示,梯形、矩形等单一形式的断面,称为单式断面。由两个以上单式断面组合而成的多边形断面,称为复式断面。天然河道下游河段的断面与此类似,如图 6-1e)所示。图 6-8a)中 $A_1$ 、$A_3$ 相当于河滩面积,$A_2$ 相当于主河槽面积。

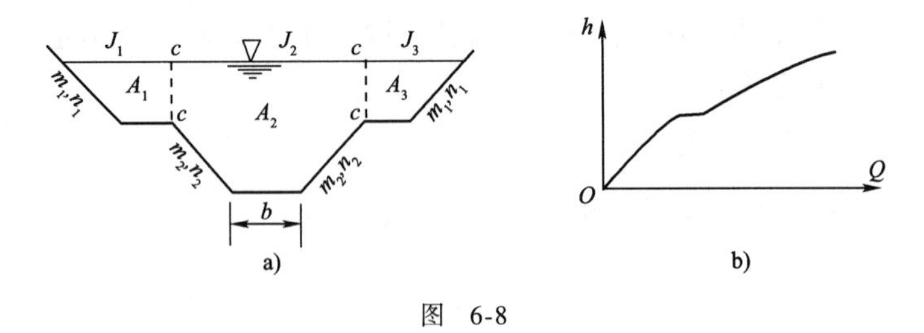


图 6-8

1. 复式断面明渠的水力特性

(1)过水断面形状多呈上部宽而浅,下部窄而深,断面几何形状有突变,如图 6-8a)所示。

(2)过水断面面积及湿周都不是水深的连续函数,水位流量关系曲线不连续,如图6-8b)所示。

(3)过水断面上的糙率可能不一致。对于天然河道,主槽常年受流水冲刷,壁面较光滑,糙率小,边滩大多在洪水期有主槽漫溢水流,往往沙波起伏,水草丛生,壁面糙率大。

2.复式断面明渠均匀流水力计算基本公式

由于边滩和主槽的糙率不一致,它们的水流阻力也不会相同,因此,对于复式断面的水力计算,通常是分部计算而后叠加。按照湿周的定义,主槽和边滩过水断面的水体界面[图6-8a)中的 $c$-$c$ 界面]不作湿周计算。此外,取边滩和主槽水力坡度一致,即

$$J_1 = J_2 = J_3 = J = i$$

按分部计算方法有

$$Q_1 = A_1 C_1 \sqrt{R_1 i} = K_1 \sqrt{i}$$

$$Q_2 = A_2 C_2 \sqrt{R_2 i} = K_2 \sqrt{i}$$

$$Q_3 = A_3 C_3 \sqrt{R_3 i} = K_3 \sqrt{i}$$

全断面流量由以上三部分叠加而成,得

$$\left.\begin{aligned} Q &= Q_1 + Q_2 + Q_3 = K\sqrt{i} \\ K &= K_1 + K_2 + K_3 \end{aligned}\right\} \tag{6-23}$$

这就是复式断面明渠均匀流的基本计算公式。

在明渠流中,对于非矩形断面,其中水深各处都不一样,即中间水深大,两边水深小,为简化计算,常引用断面平均水深概念,即取断面沿宽度各点水深的加权平均值,有

当为宽浅式河渠,湿周可取 $\chi \approx B$ ,则其水力半径有

$$\bar{h} = \frac{A}{B} \tag{6-24}$$

$$R = \frac{A}{\chi} = \frac{A}{B} = \bar{h}$$

**例6-6** 如图6-9所示为一顺直河段的平均断面,中间为主槽,两侧为边滩。已知主槽在中水位以下的面积为160m$^2$,水面宽度为80m ,水面坡度为0.000 2,主槽糙率 $n_2 = 0.03$ ,边滩糙率 $n_1 = n_3 = 0.05$ ,设计流量 $Q = 2\ 300\text{m}^3/\text{s}$ ,两岸防洪大堤高度为4m 。现拟横跨两堤间建大桥,桥梁底面高程与堤顶同高,桥下净空为1m(即桥梁底面至水面的高度),两岸墩台与大堤一致,求桥孔长度。

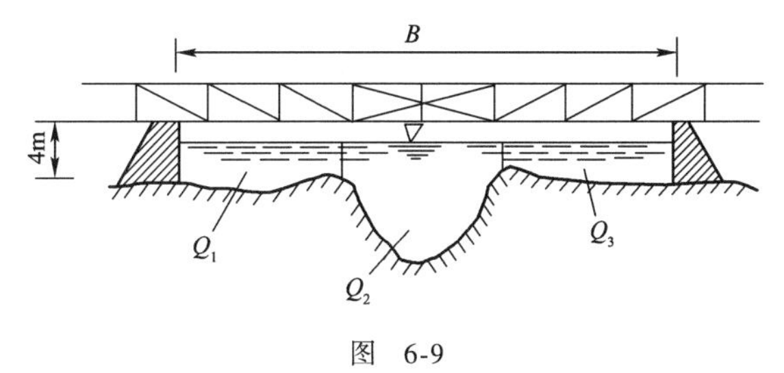


图 6-9

**解:**桥孔长度即两岸墩台间的水面宽度 $B$ 。依题意,这一问题是求解保证泄流量 $Q = 2\ 300\text{m}^3/\text{s}$时的堤距或水面宽度 $B$ 。由此,有

滩地水深 $h_1 = h_3 = 4 - 1 = 3(\text{m})$

滩地水力半径 $R_1 \approx R_3 \approx h_1 = 3(\text{m})$

主槽过水面积 $A_2 = 160 + 3 \times 80 = 400(\text{m}^2)$

主槽湿周 $\chi_2 \approx B_2 = 80(\text{m})$

主槽水力半径 $R_2 = \dfrac{A_2}{\chi_2} = \dfrac{400}{80} = 5(\text{m})$

主槽流量

$$Q_2 = A_2 C_2 \sqrt{R_2 i} = 400 \times \frac{1}{0.03} \times 5^{\frac{2}{3}} (0.000\ 2)^{\frac{1}{2}} = 552(\text{m}^3/\text{s})$$

滩地流量 $Q_1 + Q_3 = Q - Q_2 = 2\ 300 - 552 = 1\ 748(\text{m}^3/\text{s})$

滩地流速

$$v_1 = v_3 = C_1 \sqrt{R_1 i} = \frac{1}{n_1} R_1^{\frac{2}{3}} i^{\frac{1}{2}} = \frac{1}{0.05} \times 3^{\frac{2}{3}} (0.000\ 2)^{\frac{1}{2}} = 0.588(\text{m/s})$$

滩地过水面积 $A_1 + A_3 = \dfrac{Q_1 + Q_3}{v_1} = \dfrac{1\ 748}{0.588} = 2\ 980(\text{m}^2)$

滩地水面宽度 $B_1 + B_3 = \dfrac{A_1 + A_3}{h_1} = \dfrac{2\ 980}{3} = 993(\text{m})$

桥孔长度 $L = B = B_1 + B_2 + B_3 = 993 + 80 = 1\ 073(\text{m})$

由上述计算结果可知,欲减小桥长,则应增加堤高,通常由经济比较决定。

# 第五节 明渠非均匀流

## 一、明渠非均匀流水力现象的类型

明渠均匀流的发生条件中,任一条件不满足都将发生明渠非均匀流现象。渠道糙率沿程变化,桥、涵、堰、坝、渠底坡度折变等因素,统称为局部"干扰"。它在局部渠段中可使过水断面剧变,即使在长直的棱柱形顺坡渠道中,也将导致非均匀流现象。

明渠非均匀流与明渠均匀流的水力特征不同。明渠非均匀流所受的重力沿流向的分力与摩擦阻力不平衡,它是一种沿程变速、变深流动,沿程剖面的水面线即水面曲线,且有

$$J \neq J_p \neq i$$

$$v = C\sqrt{RJ} \neq C\sqrt{Ri}$$

明渠非均匀流可有渐变流与急变流、恒定流与非恒定流等类型。本章所述为明渠恒定渐变流水面曲线及明渠恒定急变流水跌与水跃现象的分析与计算。

明渠渐变流水面曲线通常以水深 $h$ 与流程 $s$ 的关系表达,即 $h = h(s)$ ,其中水深为纵坐标

轴，$s$ 为沿流向的曲线坐标轴。明渠非均匀流的水力现象可有四类，现分述如下：

(1)壅水曲线——如图 6-10a)、图 6-10b)所示，即水深沿程增大的水面曲线，有 $\frac{dh}{ds} > 0$。

(2)降水曲线——如图 6-10c)所示，即水深沿程减小的水面曲线 $\frac{dh}{ds} < 0$。

(3)水跌现象——如图 6-10c)所示，在底坡突降或底坡由缓变陡折变处附近局部渠段内，水面曲线急剧下降的水力现象，称为水跌现象。水跌是一种急变流，渐变流水面曲线方程描述至此终止，$\frac{dh}{ds} \to -\infty$。它是上渠段渐变流水面曲线与下渠段渐变流水面曲线的衔接过渡。

(4)水跃现象——如图 6-10d)所示，渠中水深在局部渠段内呈突跃性增大的水力现象，称为水跃现象。在水跃区内，水深呈突跃性增大，流速沿程急剧减小，主流位于底部，表面有掺气的逆流向旋滚，水流紊动强烈，能量损失大，属于急变流，上游渐变流水面曲线方程描述至此终止，有 $\frac{dh}{ds} \to +\infty$。它也是上下渠段渐变流水面曲线的一种衔接过渡。

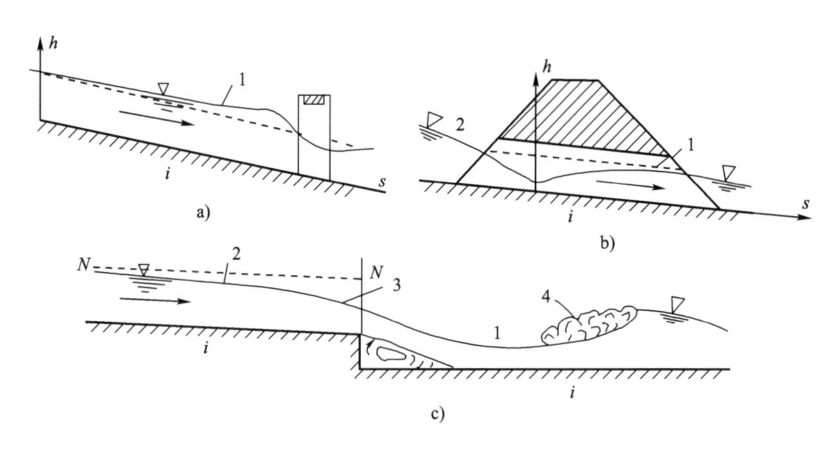


图 6-10

1-壅水曲线；2-降水曲线；3-水跌；4-水跃

上述 4 类水力现象都是局部干扰的结果，但在长直的棱柱型渠道中，远离干扰端的渠段内，仍可有均匀流存在。因此，同一渠道中可有均匀流段与非均匀流段，在非均匀流段中又可有渐变流段与急变流段。但流量计算公式可有两种，即按均匀流段或非均匀流段条件，分别有

$$\left.\begin{aligned}&\text{均匀流段} && Q = A_0 C_0 \sqrt{R_0 i} = K_0 \sqrt{i}\\ &\text{非均匀流段} && Q = AC\sqrt{RJ} = K\sqrt{J}\\ &&& J = \frac{dh_f}{ds}\end{aligned}\right\} \tag{6-25}$$

式中：$A_0$、$C_0$、$R_0$、$K_0$——均匀流段相应于正常水深 $h_0$ 的过水断面面积、谢才系数、水力半径、流量模数；

$A$、$C$、$R$、$K$——非均匀流段相应于水深为 $h$ 的过水断面面积、谢才系数、水力半径、流量模数；

$i$、$J$——渠道底坡及非均匀流段的水力坡度。

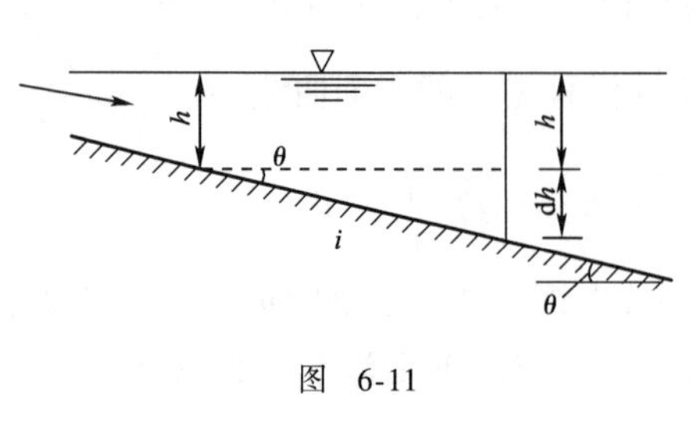

图 6-11

显然,当$h > h_0$时,$K > K_0$
$h < h_0$时,$K < K_0$
$h = h_0$时,$K = K_0$

此外,对于均匀流段,其水面线是一条平行于渠底的直线,有$\frac{dh}{ds} = 0$。当$\frac{dh}{ds} = i = \sin\theta$时,$i = \sin\theta$表明水面线是一根水平线,如图6-11所示。

## 二、局部干扰微波传播特性及水流状态类型

阐述明渠非均匀流至今是水力学的一大难点,传统水力学从"断面比能"入手,介绍急流、缓流、临界流等有关概念,实践结果表明,抽象难懂、难教、难学。叶镇国教授通过多年教材编写与教学实践研究,国内第一个提出从"微波波速传播特性"入手,介绍急流、缓流、临界流等有关概念,建立了明渠非均匀流的理论阐述新体系,内容深入浅出,简明形象,多年来实践效果良好,易懂、易学。

欲建立明渠非均匀流水面曲线方程,必须先了解干扰微波对渠中水深变化的影响及其传播特性。如图6-12a)所示,投石于静水水面,水面受扰动后产生的波高不大的波浪,称为微波,其波峰所到之处将引起一系列水深变化,平面上的波形则是一系列以投石处为中心的同心圆。微波波峰在静水中的传播速度,称为微波波速,以$C$表示。理论上,这种波动可以传播到无穷远处,但实际上,由于水流阻力的影响,波动将逐渐衰减,只能传播到有限的距离。水流受桥墩、桥台壁面及底坡折变等局部因素干扰,也会产生水面波动,其性质与投石于静水面所引起的波动相同。微波在明渠水流中的传播,必然会引起渠中水面曲线一系列变化,即使渠中水深沿程变化,并导致明渠非均匀流现象。但是,这种干扰微波的传播与静水情况不同,它还要受到渠中流速$v$的制约。

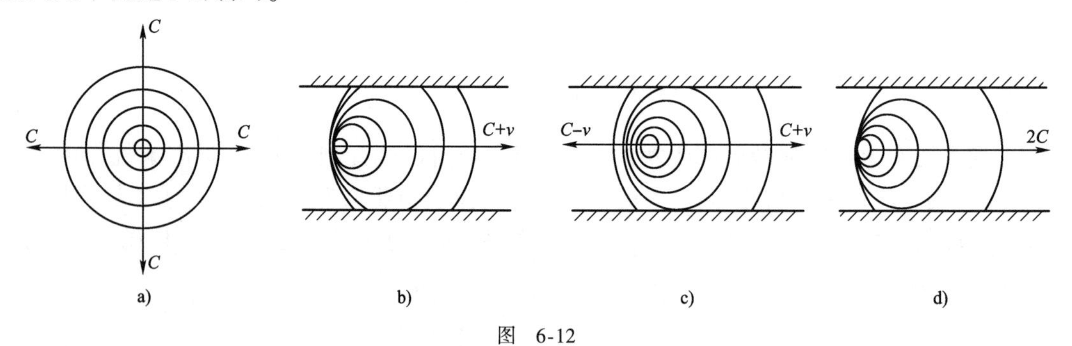

图 6-12

a)$v=0$;b)$v>C$;c)$v<C$;d)$v=C$

按微波在渠中的传播特性,可将明渠水流的流动状态分为三种类型:

(1) $v > C$,此称为急流。

如图6-12b)所示,在急流中,干扰微波只能向下游传播,引起下游水面曲线变化,但不能向上游传播,对上游水面曲线形状无影响。向下游传播的绝对速度$C' = C + v$。

(2) $v < C$,此称为缓流。

如图6-12c)所示,在缓流中,干扰微波既可向下游传播,也可向上游传播,即干扰微波不但可以引起下游水面曲线变化,而且还可以引起上游水面曲线变化。向下游传播的绝对速度

为 $C' = C + v$ ,向上游传播的绝对速度 $C'' = C - v$ 。

(3) $v = C$ ,此称为临界流。

如图 6-12d)所示,在临界流中,干扰微波只能向下游传播,不能向上游传播,即只能引起下游水面曲线变化,对上游水面曲线无影响。向下游传播的绝对速度 $C'' = 2C$ ,向上游传播的绝对速度 $C'' = C - v = 0$ 。此时渠中流速称为临界流速,常用 $v_K$ 表示,即 $v = C = v_K$ 。

### 三、明渠非均匀流水力计算基本问题

明渠非均匀流的水力计算,一般已知渠中流量、渠道断面形状及尺寸(对于梯形渠道即已知底宽 $b$ 及边坡系数 $m$ )、渠道底坡及糙率或护面方案。其水力计算基本问题有:

(1)渠中水流状态类型的判别及渐变流段水面曲线的定性分析与定量计算。

(2)急变流段水力现象的分析与计算。

(3)棱柱形渠道不同渠底坡度渠段间水面曲线的衔接分析与计算。

上述计算的工程意义在于可为渠道开挖深度、护砌方式及计算土石方工程量提供设计依据。

## 第六节 急流、缓流及临界流的判别标准

### 一、微波波速(流速标准)

由前可知,微波波速 $C$ 可作为明渠三种流动状态的判别标准,下面推导微波波速公式。如图 6-13a)所示,设有一任意断面形状的棱柱形平坡渠道,渠中原为静水,水深为 $h$ ,断面面积为 $A$,水面宽度为 $B$。现以其中的挡水板推动渠中静水体作局部干扰,它将引起渠中产生微波,其波高为 $\Delta h$ ,波速为 $C$,波峰将以速度 $C$ 自右向左传播。波形所到之处,渠中水深将发生变化,并带动渠中水体运动,水体的速度随时间而变化,显然,这是一种非恒定流。但是,若将坐标系设在波峰上,并随微波一起运动,即把波峰看成是静止的,把渠中断面 1-1 处的水质点看成以 $v = C$ 的速度向断面 2-2 运动,则水流运动要素不随时间变化,只是水深及流速沿程有变化,它由 $h$ 增大到 $h + \Delta h$ ,流速由 $v_1$ 变化为 $v_2$ ,这是一种明渠恒定非均匀流动。

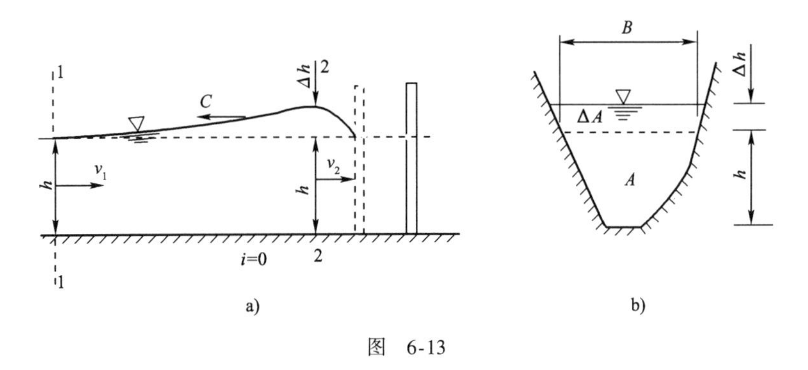


图 6-13

列断面 1-1、2-2 的能量方程,令 $\alpha_1 = \alpha_2 = \alpha$ ,忽略水头损失,有

$$h + 0 + \frac{\alpha v_1^2}{2g} = (h + \Delta h) + 0 + \frac{\alpha v_2^2}{2g} + 0$$

其中

$$v_1 = C, v_2 = \frac{Av_1}{A + \Delta A} = \frac{A}{A + \Delta A}C$$

得

$$\left.\begin{aligned} C &= \pm\sqrt{\frac{2g\left(\frac{A}{B} + \Delta h\right)^2}{\alpha\left(\frac{2A}{B} + \Delta h\right)}} = \sqrt{\frac{2g(\bar{h} + \Delta h)^2}{\alpha(2\bar{h} + \Delta h)}} \\ \bar{h} &= \frac{A}{B} \end{aligned}\right\} \tag{6-26}$$

式中:$\bar{h}$——平均水深。

对于微波,$\bar{h} >> \Delta h$,$\Delta h$ 可忽略不计,有

$$C = \pm\sqrt{\frac{g}{\alpha}\frac{A}{B}} = \pm\sqrt{\frac{g}{\alpha}\bar{h}} \tag{6-27}$$

上式即微波波速的计算公式。它表明,水深越大,微波传播越快。

## 二、弗汝德数 Fr(数值标准)

由前所述,明渠水流的缓、急状态,可以微波波速 $C$ 作为比较标准。此外,还有数值标准。

令 $\mathrm{Fr} = \left(\frac{v}{C}\right)^2$,得

$$\mathrm{Fr} = \left(\frac{v}{C}\right)^2 = \frac{\alpha v^2}{g\frac{A}{B}} = \frac{\alpha Q^2}{g\frac{A^3}{B}} \tag{6-28}$$

式中 Fr 为一无量纲数,称为弗汝德(Froude)数,它可由渠中流量、过水面积及水面宽度求得,是一个确定数值,也是判别渠中三种流动状态的数值标准。由此有:

(1)急流:$v > C$,$\mathrm{Fr} > 1$

(2)缓流:$v < C$,$\mathrm{Fr} < 1$

(3)临界流:$v = C$,$\mathrm{Fr} = 1$

关于弗汝德数的物理意义,可通过量纲分析加以明确。Fr 的量纲可以由下式导出

$$[\mathrm{Fr}] = \frac{[v]^2}{[g]\frac{[A]}{[B]}} = \frac{[v]^2}{[g]\frac{[L]^2}{[L]}} = \frac{[v]^2}{[g][L]}$$

此外,按惯性力与重力量纲比有

$$\frac{[F]}{[G]} = \frac{[M]}{[M]}\frac{[a]}{[g]} = \frac{[\rho]}{[\rho]}\frac{[L]^3}{[L]^3}\frac{\left[\frac{v}{T}\right]}{[g]} = \frac{[L]^2}{[L]^3}\frac{[v]^2}{[g]} = \frac{[v]^2}{[g][L]}$$

由上分析得 $[\mathrm{Fr}] = \frac{[F]}{[G]}$。这表明,弗汝德数反映了水流惯性力与重力作用的对比关系。当 Fr >1 时,即在明渠急流中,水流的惯性力占优势,微波只能向下游传播,不能向上游传播;当 Fr <1 时,即在缓流中,惯性力对微波的制约作用不大,重力对液流影响占优势,微波既可向下游传播,又可向上游传播;当 Fr =1 时,这是一种临界状态,惯性力与重力的作用相当,微波

此时也只能向下游传播而不能向上游传播。

由以上所述可知,在明渠非均匀流中,对于局部干扰微波的传播,在急流、缓流、临界流中,对于水面曲线的影响,可有完全不同的结果。因此,在分析和计算水深沿程变化情况时,需要掌握局部干扰造成的断面水深是在急流区还是在缓流区;水面曲线的变化是在急流区还是在缓流区。因此,还需了解上述三种流动状态中的水深特性以及水深的判别标准。

## 三、临界水深 $h_K$(水深标准)

所谓临界水深,即临界流时的水深,其 Fr = 1。它是比较急流与缓流水深特性的水深标准,其计算方法可有三种:

1. 任意断面形状

方法一:引用计算公式求解——由式(6-28)有

$$\left.\begin{aligned}\frac{A_K^3}{B_K} &= \frac{\alpha Q^2}{g}\\ \frac{A_K^3}{B_K} &= f(h_K)\\ h_K &= f(Q,\text{断面形状})\end{aligned}\right\}\tag{6-29}$$

式中:$A_K$——相应于临界流时的过水面积;

$B_K$——相应于临界流时的水面宽度。

式(6-29)即任意断面形状的临界水深 $h_K$ 计算公式。式(6-29)右边 $Q$ 为已知,$\frac{\alpha Q^2}{g}$ 为常数,由此可知,按此式即可试算解得临界水深 $h_K$。当断面形状为矩形时,有

$$A_K = B_K h_K$$

$$h_K = \sqrt[3]{\frac{\alpha Q^2}{g B_K^2}} = \sqrt[3]{\frac{\alpha q^2}{g}}\tag{6-30}$$

方法二:绘制断面比能曲线图解

如图 6-14a)、图 6-14b)所示,对于任一断面的机械能可表达为

$$E = z + h + \frac{\alpha v^2}{2g} = z + E_s$$

由此得

$$E_s = E - z = h + \frac{\alpha v^2}{2g} = h + \frac{\alpha Q^2}{2gA^2} = f(h)\tag{6-31}$$

式中:$E_s$——断面比能,它是以断面最低点作为基准面的单位重量液体的能量;

$E$——断面总能,它以全渠最低点作为计算基准面。

由式(6-31)可知

$$h\to 0,E_s\to\infty$$

$$h\to\infty,E_s\to h\to\infty$$

故 $E_s=f(h)$ 曲线可有最小值,如图 6-14c)所示。因

$$\frac{dE_s}{dh} = 1 - \frac{\alpha Q^2}{g\frac{A^3}{B}} = 1 - \text{Fr} = 0$$

有
$$\frac{A^3}{B} = \frac{\alpha Q^2}{g} = f(h_K)$$
此即式(6-29)。可见由断面比能曲线上 $E_s = E_{smin}$ 处即可图解得 $h_K$。

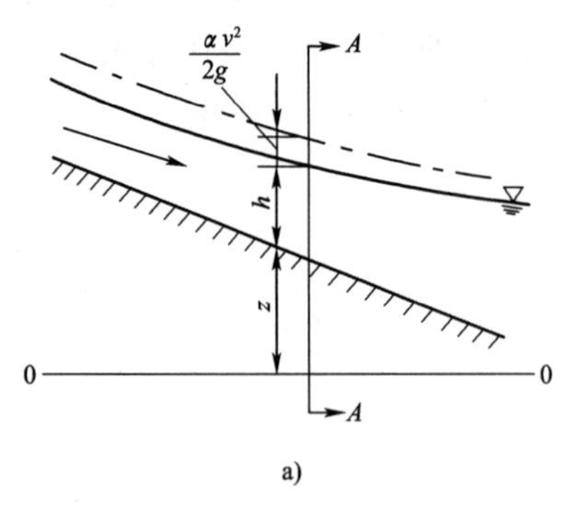

a)

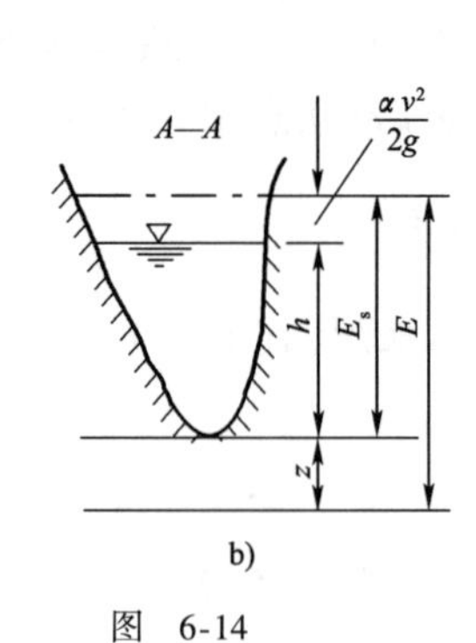

b)

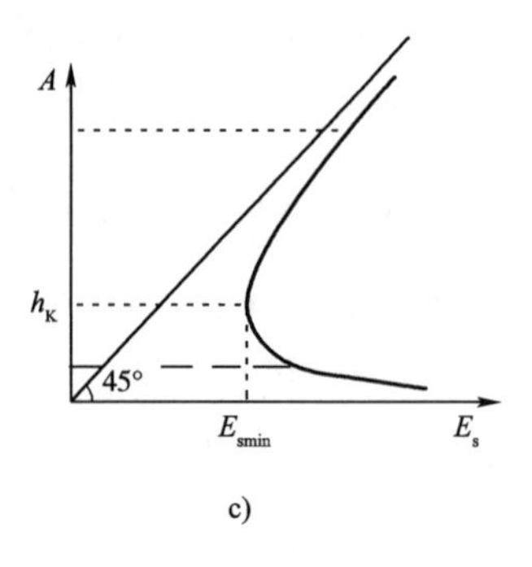

c)

图 6-14

方法三:绘制 $h = f(\frac{A^3}{B})$ 关系曲线,如图6-15所示。

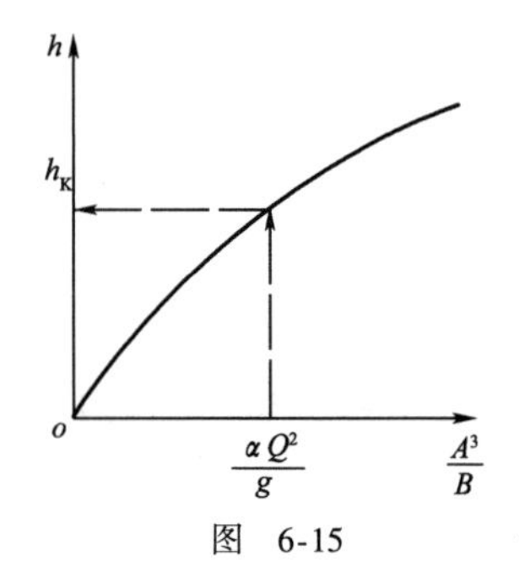

图 6-15

2. 矩形断面

方法一:利用公式计算

当为矩形断面时,有
$$A_K = B_K h_K$$
$$h_K = \sqrt[3]{\frac{\alpha Q^2}{g B_K^2}} = \sqrt[3]{\frac{\alpha q^2}{g}} \tag{6-32}$$
式中:$q$——单宽流量,$q = \frac{Q}{B_K}$。

方法二:利用临界水深专用计算图表查算。

对于梯形、矩形及圆形断面的临界水深也可查附录2(c)。

# 第七节 明渠三种水流状态的水力特性

## 一、急流、缓流、临界流水力特性

1. 急流($Fr>1$)水力特性

设急流水深为 $h$,由式(6-28)及式(6-29)可知
$$\frac{A^3}{B} = f(h)\ ,\ \frac{A^3}{B} < \frac{\alpha Q^2}{g}$$
而
$$\frac{A_K^3}{B_K} = f(h_K)\ ,\ \frac{A_K^3}{B_K} = \frac{\alpha Q^2}{g}$$
有
$$\frac{A^3}{B} < \frac{A_K^3}{B_K}$$
故
$$h < h_K\ ,\ A < A_K\ ,\ v > v_K$$

这表明,急流时水深小于临界水深,流速大于临界流速,对渠道冲蚀能力强。

2. 缓流($Fr<1$)水力特性

同上述可有

$$\frac{A^3}{B} > \frac{\alpha Q^2}{g}$$

$$h > h_K$$

$$v < v_K$$

这表明缓流中水深大于临界水深,流速小于临界流速。其冲蚀能力虽较弱,但易于产生淤积现象。

3. 临界流($Fr=1$)水力特性

如图6-14c)所示,临界水深将断面比能曲线分成两支,上支为缓流区,$h > h_K$,$\frac{dE_s}{dh} > 0$,断面比能随水深增加而增大,其中势能大,动能小;下支为急流区,$h < h_K$,$\frac{dE_s}{dh} < 0$,断面比能随水深增加而减小,其中动能大,势能小。当为临界流时,$h = h_K$,$Fr=1$,由式(6-28)有

$$Fr = \frac{\alpha v^2}{g\frac{A}{B}} = 2\frac{\frac{\alpha v^2}{2g}}{\bar{h}} = 1$$

即

$$\bar{h} = 2\left(\frac{\alpha v^2}{2g}\right)$$

这表明,在临界流时,势能是动能的两倍。

由式(6-29)可知,临界水深 $h_K$ 与底坡 $i$ 和糙率 $n$ 无关,只与断面形状和流量有关。当为棱柱形渠道时,各类底坡渠段的临界水深相等,可用一根贯通各渠段的 $K$-$K$ 线表示。如图6-16所示,但正常水深 $h_0$ 只能发生在顺坡渠道中。

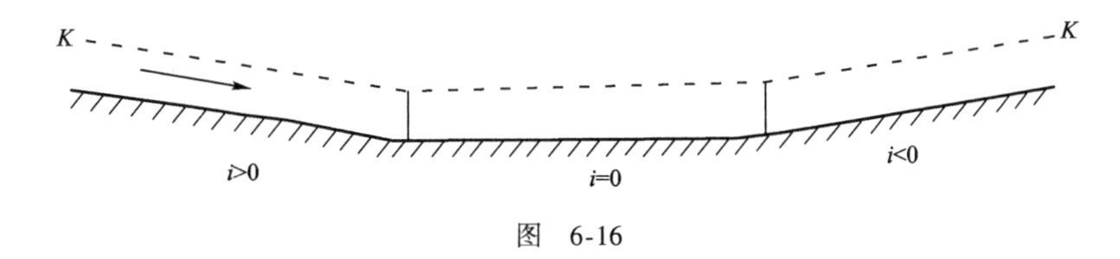


图 6-16

## 二、渠道底坡缓急判别及其水力特性

1. 临界底坡 $i_K$

底坡缓急也可直接影响渠中水深特性。区别渠道底坡缓急,以临界底坡为判别标准。所谓临界底坡,即渠中做均匀流动时,其正常水深恰等于临界水深时的相应底坡,常用 $i_K$ 表示。

按均匀流条件有 $$Q = A_K C_K \sqrt{R_K i_K} = K_K \sqrt{i_K}$$

按临界流条件有 $$\frac{A_K^3}{B_K} = \frac{\alpha Q^2}{g}$$

以上两式联立解之,得

$$i_K = \frac{Q^2}{A_K^2 C_K^2 R_K} = \frac{Q^2}{K_K^2} = \frac{g}{\alpha C_K^2} \cdot \frac{\chi_K}{B_K} = f(Q, n, \text{断面形状尺寸}) \tag{6-33}$$

对于宽浅式渠道，$\chi_K = B_K$，则

$$i_K = \frac{g}{\alpha C_K^2} \tag{6-34}$$

式(6-33)、式(6-34)即为棱柱形渠道临界底坡的计算公式。

2. 三类渠道底坡的水力特性

(1)急坡渠道

渠道底坡 $i$ 由地形条件及设计要求确定，当 $i > i_K$ 时，称为急坡渠道。由图 6-5 可知，当 $i > i_K$ 时，有 $h_0 < h_K$。

(2)缓坡渠道

同理，当 $i < i_K$ 时，称为缓坡渠道，有 $h_0 > h_K$。

(3)临界坡渠道

按定义有 $i = i_K$，$h_0 = h_K$。

但必须注意，$i_K$ 可随糙率及流量变化。以宽浅型渠道为例，$B_K = b =$ 常数，有

$$A_K = B_K h_K, \chi_K \approx B_K, R_K = \frac{A_K}{\chi_K} = \frac{A_K}{B_K} = h_K$$

有
$$i_K = \frac{g}{\alpha C_K^2} = \frac{g}{\alpha} \cdot \frac{n^2}{R_K^{\frac{1}{3}}} = \frac{g}{\alpha} \cdot \frac{n^2}{h_K^{\frac{1}{3}}}$$

∵
$$h_K = \sqrt[3]{\frac{\alpha Q^2}{g B_K^2}}$$

∴
$$i_K = \frac{g n^2}{\alpha \left(\frac{\alpha Q^2}{g B_K^2}\right)^{\frac{1}{9}}} = f(Q, n) \tag{6-35}$$

这表明当糙率 $n$ 一定时，$i_K \propto \frac{1}{Q}$，$i_K$ 可随流量变化。因 $i$ 为定值(由地形条件选定)，当原来是缓坡渠道时，即 $i < i_K$，若流量增大，则 $i_K$ 将随之减小，并因此可成为急坡渠道。这表明 $i_K$ 是个不确定值，故在无压涵洞设计时，涵洞底坡通常应尽量避免选用 $i_K$，但 $i_K$ 可作为涵洞底坡的下限值，而以不冲刷容许流速 $v_{max}$ 对应的底坡 $i_{max}$ 作为上限值。

因
$$i_{max} = \left(\frac{n v_{max}}{R^{\frac{2}{3}}}\right)^2 \tag{6-36}$$

渠道底坡选用原则应有
$$i_K < i < i_{max} \tag{6-37}$$

**例 6-7** 梯形断面排水渠道，底宽 $b = 12\text{m}$，边坡系数 $m = 1.5$，流量 $Q = 18\ \text{m}^3/\text{s}$，求渠中临界水深 $h_K$，如图 6-17a)所示。

**解**：列表计算 $h - \frac{A^3}{B}$ 关系曲线。如表 6-6 及图 6-17b)所示。以 $h = 0.4\text{m}$ 为例，有

$$h = 0.4\text{m}$$

$$A = (b + mh)h = (12 + 1.5 \times 0.4) \times 0.4 = 5.04(\text{m}^2)$$

$$B = b + 2mh = 12 + 2 \times 1.5 \times 0.4 = 13.2(\text{m})$$

$$\frac{A^3}{B} = \frac{5.04^3}{13.2} = 9.7(\mathrm{m}^5)$$

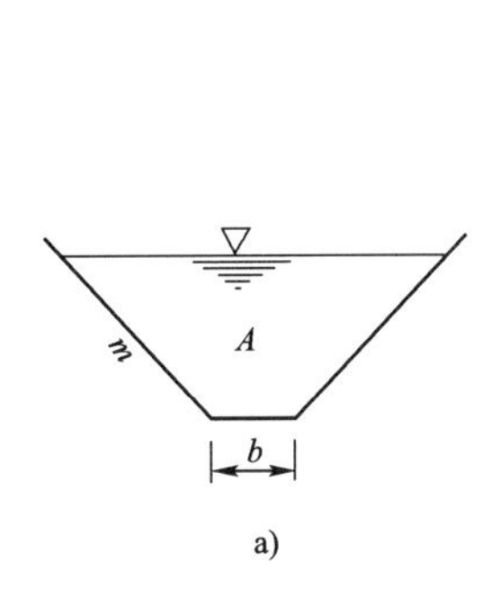


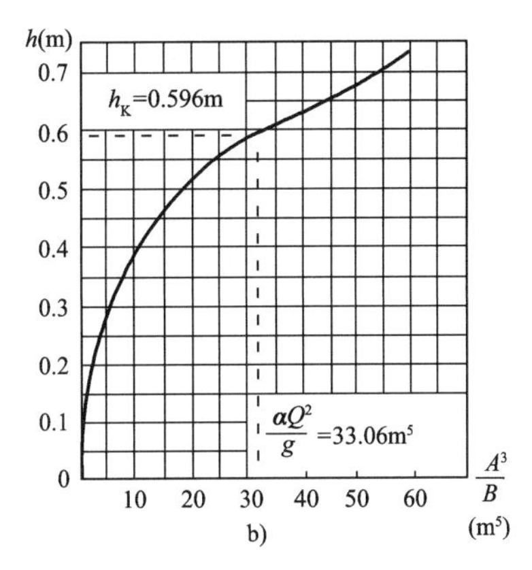


图 6-17

其余类推,将($h$=0.4、0.5、0.6、0.7)值填入表6-6。因

$$\frac{\alpha Q^2}{g} = \frac{1\times 18^2}{9.8} = 33.06(\mathrm{m}^5)$$

由图6-17b)可得 $h_K = 0.596\mathrm{m}$

**$\frac{A^3}{B}$-$h$ 关系计算** 表6-6

| $h$(m) | 0.4 | 0.5 | 0.6 | 0.7 |
|---|---|---|---|---|
| $A$(m²) | 5.04 | 6.38 | 7.74 | 9.14 |
| $B$(m) | 12.3 | 13.5 | 13.80 | 14.10 |
| $\frac{A^3}{B}$(m⁵) | 9.7 | 19.24 | 33.60 | 54.15 |

**例6-8** 梯形断面渠道,$b = 12\mathrm{m}$,边坡系数 $m = 1.5$,流量 $Q = 18\ \mathrm{m^3/s}$,糙率 $n = 0.025$。按地形情况选定渠道底坡 $i = 0.0094$,试判别渠道底坡的缓急类型。

**解:**按例6-7,得 $h_K = 0.596\mathrm{m}$,有

$$A_K = (b + mh_K)h_K = (12 + 1.5\times 0.596)\times 0.596 = 7.68(\mathrm{m}^2)$$

$$B_K = b + 2mh_K = 12 + 2\times 1.5\times 0.596 = 13.79(\mathrm{m})$$

$$\chi_K = b + 2h_K\sqrt{1+m^2} = 12 + 2\times 0.596\times\sqrt{1+1.5^2} = 14.15(\mathrm{m})$$

$$R_K = \frac{A_K}{\chi_K} = \frac{7.68}{14.15} = 0.543(\mathrm{m})$$

$$C_K = \frac{1}{n}R_K^{\frac{1}{6}} = \frac{1}{0.025}\times(0.543)^{\frac{1}{6}} = 36.13(\mathrm{m^{0.5}/s})$$

$$i_K = \frac{g}{\alpha C_K^2}\cdot\frac{\chi_K}{B_K} = \frac{9.8}{1\times 36.13^2}\times\frac{14.15}{13.79} = 0.0077$$

$$i = 0.0094 > i_K = 0.0077$$

故为急坡渠道。

对于不同底坡的棱柱形渠道,其全渠水面曲线可有渐变流段和急变流段两类。渐变流水面曲线发生在远离干扰端的渠段,水面曲线有数学解;急变流段发生在局部干扰附近(如桥涵及底坡折变处等),它由水流阻力突变引起,流线将发生急剧弯曲,渐变流水面曲线方程描述在此流段失效,渠中水流将以急变流方式与上下游衔接,水力计算详见第六章的第八节。

明渠急变流段常遇的水力现象有水跌、水跃。因此,分析计算渐变流段水面曲线、计算急变流段的水跌或水跃及其与渐变流段的衔接方式便是明渠非均匀流水力计算的基本任务。如前所述,它可为渠道工程设计提供较合理的理论依据。

## 第八节　明渠急变流

明渠急变流是渠中水面曲线因受局部干扰造成的水力现象,也是水面曲线上下游衔接的一种过渡,还需作水跌与水跃计算,对于工程应用,很有意义。

### 一、水跌现象

如图 6-18 所示,在缓坡渠底突然下降 (称为跌坎)或渠底由缓坡向急坡折变处,水流因失去渠底依托,阻力突然减小而加速流动,由此可导致水面曲线急剧弯曲并呈急变流降水曲线,此称为水跌现象。

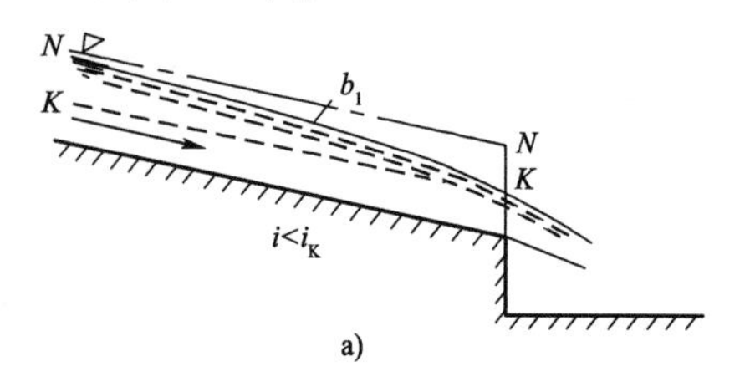


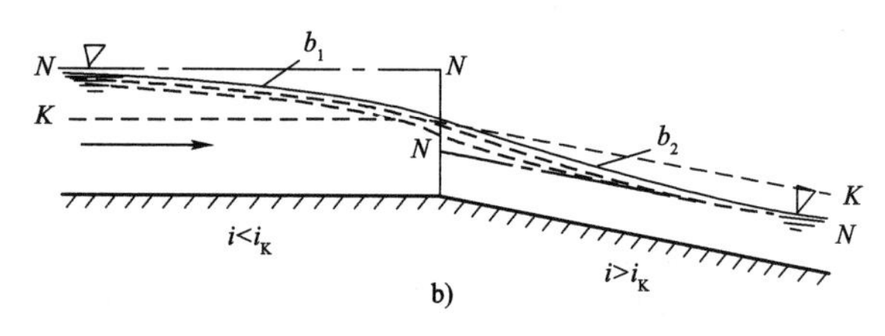


图　6-18

在缓坡渠道中,水跌的水面曲线向上游与 $b_1$ 型水面曲线衔接,上游远端渐近于正常水深,下游末端穿越临界水深断面并由缓流区进入急流区。水跌的水力计算是确定临界水深及其发生位置、验算急变流段的防冲刷条件。跌坎处的临界水深可按式(6-29)求得,称为控制水深,它所在的断面即为控制断面。实际观测表明,跌坎处的水深并不恰好等于临界水深,而是略小于临界水深。对于矩形渠道,跌坎处的水深约为 0.72 $h_K$ 。不过,在工程实践中,常近似取跌坎处水深为 $h_K$ 。

### 二、水跃现象

水流从急流向缓流过渡时,在局部渠段内出现的突跃式水位升高,称为水跃现象,如图 6-19所示。从侧面看,水跃主流在底部,副流在上部,由于主流受到下游缓流水体阻挡表面出现反向坡度,表面流速方向与主流相反,因而在主流的上部会发生饱掺空气的“表面旋滚”。水跃区内水流紊动强烈,能量损失很大,一般可达跃前断面能量的60% ~70% 。因此,在泄水建筑物的下游,常利用水跃方式来消能降速,以减小对下游河床的冲刷破坏。但是,水跃区及其附近的渠段冲刷力很大,应加强对河床的防护,以防止水跃引起的冲刷。

水跃表面旋滚的前后断面,分别称为跃前断面与跃后断面;相应的断面水深,称为共轭水深。跃前断面的共轭水深常用 $h'$ 表示,跃后断面的共轭水深常用 $h''$ 表示;水跃前后断面的距离,称为水跃长度,常以 $l_y$ 表示;前后断面的水位差称为坎高:

$$a = h'' - h' \tag{6-38}$$

理论分析可以证明[见式(6-40)],$h'$ 与 $h''$ 有函数制约关系,故有"共扼"之名。其中 $h' < h_K$,$h'' > h_K$。

1. 水跃现象的类型

1)完整水跃

当 $h'' \geq 2h'$ 且有明显表面旋滚时,称为完整水跃,如图 6-19a)所示。

2)波状水跃

当 $h'' < 2h'$ 且无明显表面旋滚时,称为波状水跃,如图 6-19b)所示。

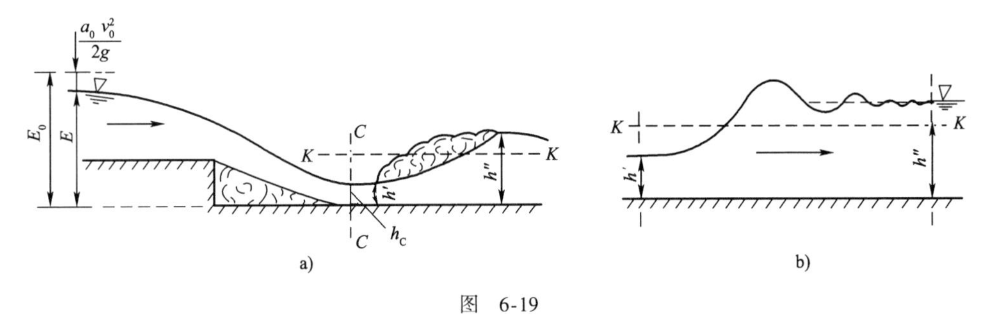


图 6-19

2. 水跃水力计算内容

(1)确定共轭水深 $h'$ 或 $h''$。

(2)计算水跃长度 $l_y$。

(3)确定水跃与下游水面曲线的衔接方式,即确定水跃发生的位置。

3. 完整水跃基本方程(共轭水深计算公式)

1)推导条件

(1) $i = 0$,即为棱柱形平坡渠道;渠道断面形状、尺寸、流量已知。

(2)水跃区内液流所受摩擦阻力不计。

(3)水跃前后断面为渐变流断面,因此有

$$P_1 = \gamma y_{c1} A_1$$

$$P_2 = \gamma y_{c2} A_2$$

式中:$y_{c1}$、$y_{c2}$——断面面积 $A_1$、$A_2$ 的形心在自由表面以下的淹没深度。

(4)两过水断面的动量修正系数 $\alpha'_1 = \alpha'_2 = \alpha$。

2)完整水跃基本方程

如图 6-20 所示,列断面 1-1、2-2 的动量方程,有

$$\gamma(y_{c1}A_1 - y_{c2}A_2) = \frac{\alpha' \gamma Q}{g}(v_2 - v_1)$$

整理后得

$$y_{c1}A+\frac{\alpha'Q^2}{gA_1}=y_{c2}A_2+\frac{\alpha'Q^2}{gA_2} \tag{6-39a}$$

上式即恒定流平坡棱柱形渠道的完整水跃基本方程。当渠道底坡很小时,此式也适用。

令

$$y_cA+\frac{\alpha'Q^2}{gA}=\theta(h) \tag{6-39b}$$

式中:$\theta(h)$——水跃函数。

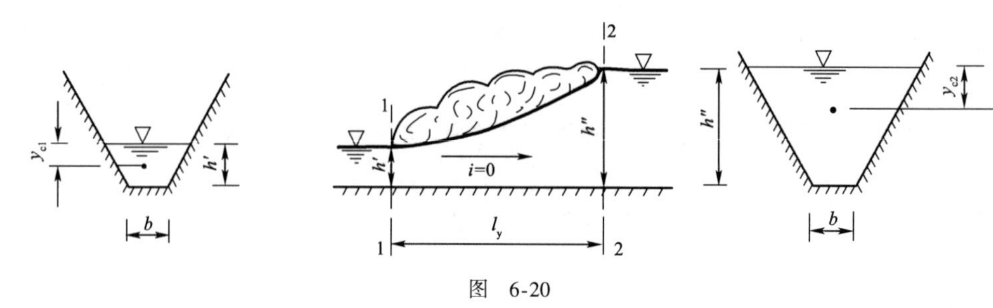


图 6-20

由此,式(6-39a)可写成

$$\theta_1(h'_1)=\theta_2(h''_2) \tag{6-40}$$

式中:$\theta_1(h'_1)$——跃前断面水跃函数;

$\theta_2(h''_2)$——跃后断面水跃函数。

式(6-40)表明,完整水跃前后断面的水跃函数相等。当已知其中任一共轭水深时,按此式即可求得另一共轭水深。

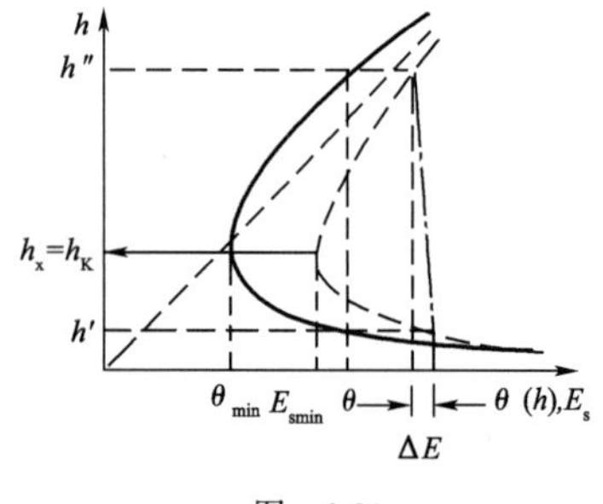


图 6-21

3)水跃函数的数学性质

由式(6-39b), $\theta(h)=y_cA+\frac{\alpha'Q^2}{gA}$

当 $h\to 0$ 时, $\theta(h)\to\infty$

$h\to\infty$ 时, $\theta(h)\to\infty$

可以证明, $\theta$ 有最小值,如图 6-21 所示。

设 $\theta=\theta_{min}$ 时, $h=h_x$ , $A=A_x$ , $B=B_x$ ,令 $\frac{d\theta}{dh}=0$ ,略去高阶无穷小量,有

$$\frac{\alpha'Q^2}{gA_x^2}B_x-A_x=0$$

$$\left.\begin{aligned}\frac{A_x^3}{B_x}&=\frac{\alpha'Q^2}{g}\\ \frac{A_x^3}{B_x}&=f(h_x)\end{aligned}\right\} \tag{6-41}$$

而

由式(6-29),取 $\alpha=\alpha'$ ,有

$$\frac{A_x^3}{B_x}=\frac{A_K^3}{B_K}$$

$$h_x=h_K$$

这表明,水跃函数与断面比能二者的最小值都发生在临界流情况。可见:

(1) $h' < h_x$ ,即 $h' < h_K$ ,跃前断面为急流。

(2) $h'' > h_x$ ,即 $h'' > h_K$ ,跃后断面为缓流。

4)棱柱形平坡渠道水跃的能量损失

对于平坡渠道,以渠底为基准面,由式(6-31)有

$$E_s = E$$

故

$$\Delta E = \Delta h_w = E_1 - E_2 = E_{s1} - E_{s2}$$

得

$$\Delta E = \left(h' + \frac{\alpha_1 v_1^2}{2g}\right) - \left(h'' + \frac{\alpha_2 v_2^2}{2g}\right) \tag{6-42}$$

式中:$E_1$——跃前能量;

$E_2$——跃后能量;

$\Delta E$ ——经水跃的能量损失,一般可达(0.6~0.7) $E_{s1}$ ,故常利用水跃作为消能措施。

## 三、水跃共轭水深计算方法

1. 任意断面形状(含梯形断面)

(1)绘制水跃函数 $\theta - h$ 曲线图解,如图6-21所示。当已知水跃的一个共轭水深时,按此曲线即可图解得另一共轭水深。

(2)利用式(6-39a)试算。程序框图如图6-22所示。

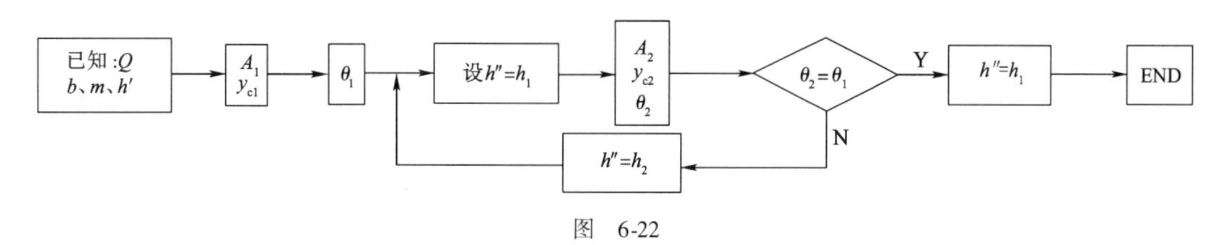


图 6-22

2. 矩形断面

因 $A = bh$ , $y_c = \frac{1}{2}h$ , $h_K^3 = \frac{\alpha q^2}{gB^2} = \frac{\alpha q^2}{g}$ ,取 $\alpha' = \alpha$ ,则

$$\theta(h) = \frac{\alpha' Q^2}{gA} + y_c A = \frac{\alpha b^2 q^2}{gbh} + \frac{h}{2}(bh)$$

$$= b\left(\frac{\alpha q^2}{gh} + \frac{h^2}{2}\right) = b\left(\frac{h_K^3}{h} + \frac{h^2}{2}\right)$$

由 $\theta_1(h') = \theta_2(h'')$ 有

$$b\left(\frac{h_K^3}{h'} + \frac{h'^2}{2}\right) = b\left(\frac{h_K^3}{h''} + \frac{h''^2}{2}\right)$$

$$h'h''(h' + h'') = 2h_K^3$$

$$h'^2 h'' + h'h''^2 - 2h_K^3 = 0$$

解上述方程得

$$\left.\begin{aligned} h' &= \frac{h''}{2}\left[\sqrt{1+8\left(\frac{h_K}{h''}\right)^3}-1\right] \\ h'' &= \frac{h'}{2}\left[\sqrt{1+8\left(\frac{h_K}{h'}\right)^3}-1\right] \end{aligned}\right\} \tag{6-43}$$

因

$$\left(\frac{h_K}{h}\right)^3 = \frac{\alpha q^2}{g}\cdot\frac{1}{h^3} = \frac{\alpha v^2}{gh} = \mathrm{Fr}$$

故式(6-43)可写:

$$\left.\begin{aligned} h' &= \frac{h''}{2}\left[\sqrt{1+8\mathrm{Fr}_2}-1\right] \\ h'' &= \frac{h'}{2}\left[\sqrt{1+8\mathrm{Fr}_1}-1\right] \end{aligned}\right\} \tag{6-44}$$

式中:$\mathrm{Fr}_1$——跃前断面弗汝德数;

$\mathrm{Fr}_2$——跃后断面弗汝德数。

3. 无压圆涵管

1) $h'' < d$ [如图 6-23a)所示]

此时,按前述任意断面形状渠中水跃共轭水深计算方法求解。

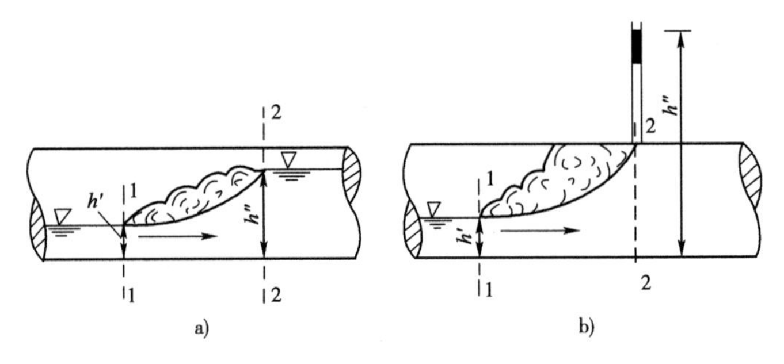


图 6-23

2) $h'' > d$ [如图 6-23b)所示]

有

$$h'' = z_2 + \frac{p_2}{\gamma},\ A_2 = \frac{\pi d^2}{4},\ y_{c2} = h'' - \frac{d}{2}$$

以 $A_2$, $y_{c2}$ 代入式(6-39a)得

$$h'' = \frac{16\alpha'}{g}\left(\frac{Q}{\pi d^2}\right)^2\left(\frac{\pi d^2}{4A_1}-1\right) + \frac{4A_1 y_{c1}}{\pi d^2} + \frac{d}{2} \tag{6-45}$$

式中:$\alpha'$——动量修正系数;

$d$——管径;

$Q$——流量;

$A_1$——跃前过水面积;

$y_{c1}$——形心淹没深度。

无压圆涵管的共轭水深 $h''$ 计算,需先试算情况属哪一类,而后按公式再试算 $h''$ 值,步骤如图 6-24 所示。

此外,无压圆涵管中的水跃共轭水深还可用附录 2(d)图解,其示意图如图 6-25 所示。

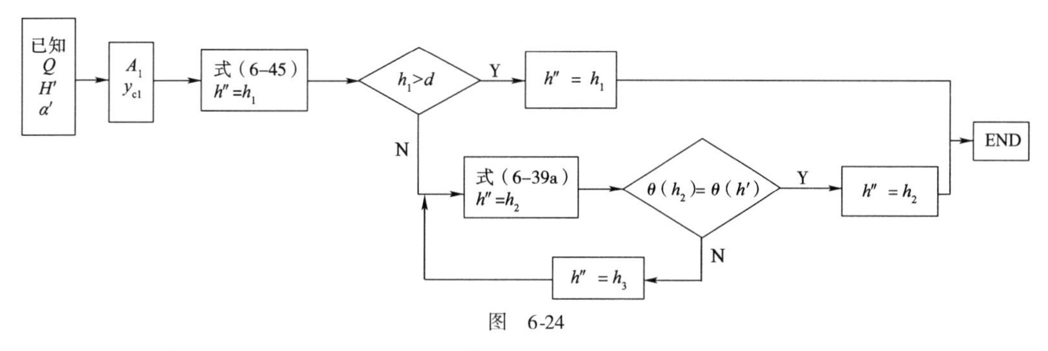


图 6-24

**例 6-9** 已知矩形断面渠道 $Q = 40\text{m}^3/\text{s}$,底宽 $b = 5\text{m}$,跃后共轭水深 $h'' = 2.8\text{m}$,求跃前共轭水深 $h'$。

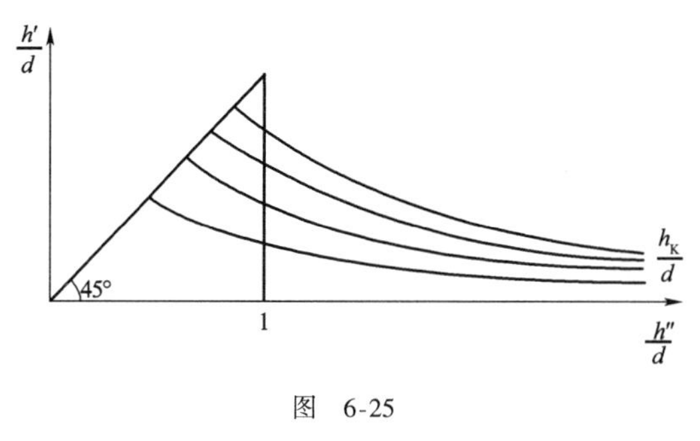


图 6-25

**解:** 
$$\text{Fr}_2 = \frac{\alpha v^2}{gh''} = \frac{\alpha Q^2}{gh''A_2^2} = \frac{1\times 40^2}{9.8\times 2.8\times(5\times 2.8)^2} = 0.2975$$

$$h' = \frac{h''}{2}\left[\sqrt{1+8\text{Fr}_2}-1\right] = \frac{2.8}{2}\left[\sqrt{1+8\times 0.2975}-1\right] = 1.17\ (\text{m})$$

**例 6-10** 一水平设置的无压圆涵管,直径 $d = 2\text{m}$,流量 $Q = 10\text{m}^3/\text{s}$,跃前水深 $h' = 1\text{m}$,求跃后水深 $h''$;若 $h' = 1.5\text{m}$,求 $h''$。

**解:**(1)$h' = 1\text{m}$

先按 $h'' > d$ 计算。由式(6-2),有

$$\sin^2\frac{\theta_1}{4} = \frac{h'}{d} = \frac{1}{2} = 0.5$$

得
$$\theta_1 = 180^\circ\ (\text{充满角})$$

又
$$y_{c1} = \frac{4r}{3\pi} = \frac{4\times 1}{3\times\pi} = 0.4244(\text{m})$$

$$A_1 = \frac{d^2}{8}(\theta_1 - \sin\theta_1) = \frac{180^\circ\times 0.0174 - 0}{8}\times 2^2 = 1.57(\text{m}^2)$$

得
$$h'' = \frac{16\times\alpha'}{g}\left(\frac{Q}{\pi d^2}\right)^2\left(\frac{\pi d^2}{4A_1}-1\right) + \frac{4}{\pi d^2}A_1 y_{c1} + \frac{d}{2}$$

$$= \frac{16\times 1}{9.8}\left(\frac{10}{\pi\times 2^2}\right)^2\left(\frac{\pi\times 2^2}{4\times 1.57}-1\right) + \frac{4\times 1.57\times 0.4244}{\pi\times 2^2} + 1$$

$$= 2.25(\text{m}) > d = 2(\text{m})$$

故
$$h'' = 2.25(\text{m})$$

另按附录 2(d)查算:

由式(6-29)试算得 $h_K = 1.56\text{m}$

查附录 2(d),当 $\frac{h_K}{d} = 0.78$,$\frac{h'}{d} = 0.5$ 时,得

$$\frac{h''}{d} = 1.125$$

$$h'' = 1.125d = 1.125 \times 2 = 2.25(\mathrm{m})\ (\text{与计算值一致})$$

(2) $h' = 1.5\mathrm{m}$

按式(6-29)得

$$h_K = 1.56\mathrm{m},\ \frac{h_K}{d} = 0.78,\ \frac{h'}{d} = \frac{1.5}{2} = 0.75$$

查附录2(d)得

$$\frac{h''}{d} = 0.83$$

$$h'' = 0.83d = 0.83 \times 2 = 1.66(\mathrm{m}) < d$$

上述计算结果表明，$h' = 1\mathrm{m}$ 时，$h'' = 2.25\mathrm{m} > d$，跃后断面出现有压流，这对无压涵管工作不利，应加以避免。

## 四、水跃长度

关于水跃长度，目前尚无理论公式，主要由模型试验确定。下面介绍几个平坡矩形断面棱柱形渠道完整水跃长度的经验公式：

(1)吴持恭公式(1951年)

$$l_y = \frac{10(h'' - h')}{Fr_1^{0.16}} \tag{6-46}$$

(2)巴甫洛夫斯基公式

$$l_y = 2.5(1.9h'' - h') \tag{6-47}$$

(3)欧勒佛托斯基(E. A. Elevatorski)公式(1959年)

$$l_y = 6.9(h'' - h') \tag{6-48}$$

上述各式中：$Fr_1$——跃前断面弗汝德数；

$h''$——跃后共轭水深；

$h'$——跃前共轭水深。

水跃区内水流冲刷力强，应重点加固，在跃后一定距离内，水流仍有较大危害，故河床加固长度应有

$$l_0 = l_y + l_x = l_y + (2.5 \sim 3)l_y = (3.5 \sim 4)l_y \tag{6-49}$$

上述经验公式所得水跃长度可作为工程初步估算数据。若要获得较为切合实际的数值，一般通过模型试验测定。

## 五、水跃与下游的衔接方式

### 1. 衔接水深(收缩断面水深)

棱柱形渠道中的明渠水流，由于渠底突降(图6-24)，水流将在跌坎附近渠段内加速下泄，并在跌坎下游不远处形成纵向的收缩断面 $c\text{-}c$，此处水深小，流速大，一般都处于急流状态，收缩断面水深 $h_c < h_K$。设下游为缓坡渠道($0 < i < i_K$)，且长度足够，距跌坎远端的下游渠段

内水深 $h_0 = h_t > h_K$，渠中水流为缓流，因此，上游下泄水流将通过水跃形式与下游水流衔接。其中收缩断面水深 $h_c$ 又称为衔接水深。$h_c$ 取决于上游水头 $E_0$，而水跃与下游的衔接形式又与 $h_c$ 有关，因此，确定水跃衔接方式，首先应计算 $h_c$。

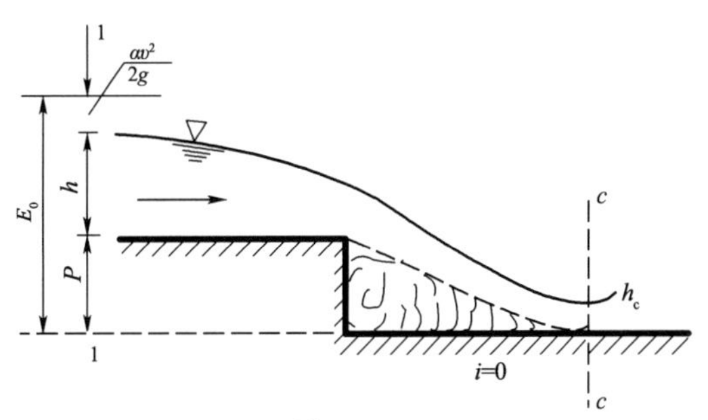


图 6-26

如图6-26所示，过收缩断面的渠底取基准面，列断面1-1、c-c断面的能量方程，有

$$E_0 = h_c + \frac{\alpha_c v_c}{2g} + \zeta\frac{v_c^2}{2g} = h_c + (\alpha_c + \zeta)\frac{v_c^2}{2g}$$

令
$$\varphi = \frac{1}{\sqrt{\alpha_c + \zeta}}，又 v_c = \frac{Q}{A_c}，E_0 = P + h + \frac{\alpha_1 v_1^2}{2g}$$

得
$$E_0 = h_c + \frac{Q^2}{2g\varphi^2 A_c^2} = f(h_c) \tag{6-50}$$

式中：$\varphi$——流速系数，一般取 $\varphi = 0.80 \sim 0.97$。

式(6-50)即为衔接水深 $h_c$ 的基本计算公式。计算程序框图如图6-27所示。

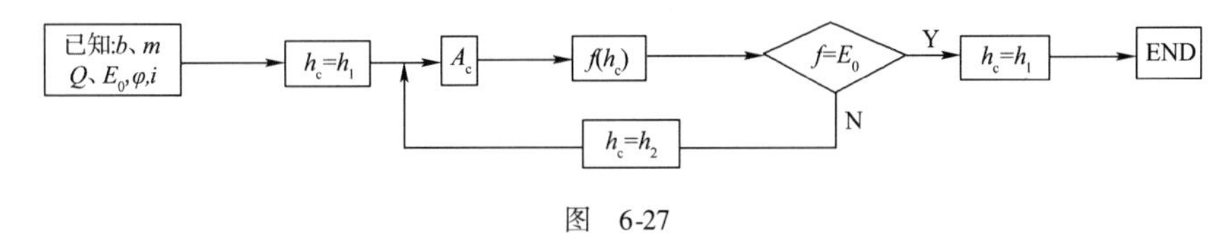


图 6-27

当为矩形断面时，有

$A_c = bh_c$，$q = \dfrac{Q}{b}$，式(6-50)可改写成

$$E_0 - h_c = \frac{q^2}{2g\varphi^2 h_c^2}$$

$$\left.\begin{aligned} h_c &= \frac{k_0}{\sqrt{E_0 - h_c}} \\ k_0 &= \frac{q}{\sqrt{2g}\varphi} \end{aligned}\right\} \tag{6-51}$$

上式即矩形断面渠道中衔接水深的计算公式。$h_c$ 可用下述迭代法求解：

第一次：令 $E_0 - h_c = E_0$，得 $\qquad h_c^{(1)} = \dfrac{k_0}{\sqrt{E_0}}$

第二次：取 $h_c = h_c^{(1)}$，得 $\qquad h_c^{(2)} = \dfrac{k_0}{\sqrt{E_0 - h_c^{(1)}}}$

第三次：取 $h_c = h_c^{(2)}$，得 $\qquad h_c^{(3)} = \dfrac{k_0}{\sqrt{E_0 - h_c^{(2)}}}$

……

第 $n$ 次：取 $h_c = h_c^{(n-1)}$，得 $\qquad h_c^{(n)} = \dfrac{k_0}{\sqrt{E_0 - h_c^{(n-1)}}}$

按上述方法,一般 $n = 3$ 时,即可达到一定的计算精度。

2. 水跃与下游的衔接方式

由式(6-39a)可知,若取 $h'_c = h_c$,即以 $h_c$ 作跃前共轭水深,则可求得 $h''_c$。设下游水深为 $h_t$,由 $h''_c$ 与 $h_t$ 的对比关系,水跃的衔接方式可以有三种情况:

(1) $h''_c = h_t$,水跃前断面恰好与 c-c 断面重合,水跃前端停在 c-c 断面,此称为临界水跃。如图 6-28a)所示。

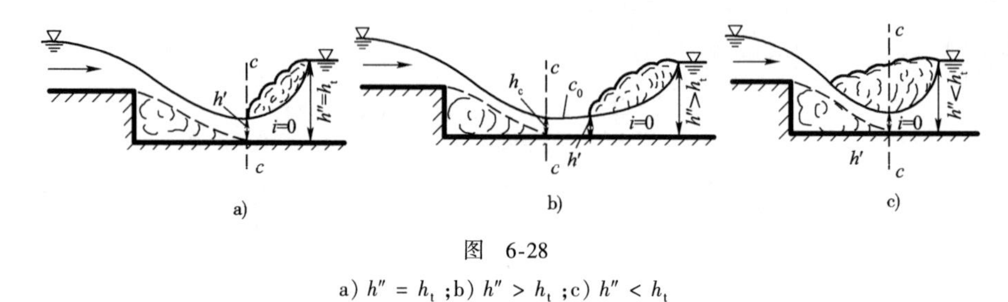


图 6-28

a) $h'' = h_t$;b) $h'' > h_t$;c) $h'' < h_t$

(2) $h''_c > h_t$,跃后势能大于下游渠中缓流前端的液体势能,因此水跃将被推向下游,直到跃后势能下降到与下游缓流前端的液体势能相等时,水跃的推移才会停止。这种远离 c-c 断面的水跃,称为远离水跃。如图 6-28b)所示,随着水跃向下游推移,$h''_c$ 沿程减小,$h'_c$ 则沿程增大,因此,远离水跃的跃前断面与 c-c 断面间将出现一段急流状态的 $C$ 型壅水曲线,这对渠道将存在一定的冲刷危害。水跃向下游推移得越远,则跃前急流段越长,对渠道危害越大。

(3) $h''_c < h_t$,跃后势能小于下游渠中缓流前端液体的势能。水跃将被下游水体推向 c-c 断面的上游,并淹没 c-c 断面,如图 6-28c)所示,称为淹没式水跃,这类水跃的跃后渠道内均为缓流,只在水跃区才会冲刷强烈,可集中防护,这对下游渠道的防冲刷非常有利。因此,工程中常制造条件,利用淹没式水跃作为桥、涵、堰、坝等泄水建筑物下游的防冲刷消能衔接措施,详见第七章。

3. 下游水深 $h_t$ 的确定方法

(1)人工棱柱形顺坡渠道——取 $h_t = h_0$,即取渠中正常水深。

(2)人工棱柱形平坡及逆坡渠道——由渠道出口断面水深及下游渠道长度,通过水面曲线计算反推此水深或由下游顶托水位确定。

(3)天然河沟——可概化为规则断面后,再按均匀流条件计算正常水深作 $h_t$,又称天然水深。

**例 6-11** 已知跌坎上游水头 $E_0 = 13\text{m}$,渠道断面为矩形,$i = 0$,单宽流量 $q = 11.27\text{m}^3/\text{s}\cdot\text{m}$,流速系数 $\varphi = 0.95$,下游水深 $h_t = 3.5\text{m}$。试判别跌坎下游水流的衔接方式及计算水跃长度。

**解:**(1)衔接水深 $h_c$

$$k_0 = \frac{q}{\sqrt{2g}\,\varphi} = \frac{11.27}{\sqrt{2 \times 9.8} \times 0.95} = 2.68(\text{m})$$

$$h_c^{(1)} = \frac{k_0}{\sqrt{E_0}} = \frac{2.68}{\sqrt{13}} = 0.743\ 3(\text{m})$$

$$h_c^{(2)} = \frac{k_0}{\sqrt{E_0 - h_c^{(1)}}} = \frac{2.68}{\sqrt{13 - 0.743\ 3}} = 0.765\ 5(\text{m})$$

$$h_c^{(3)} = \frac{k_0}{\sqrt{E_0 - h_c^{(2)}}} = \frac{2.68}{\sqrt{13 - 0.7655}} = 0.7662(\text{m})$$

取 $h_c = 0.766(\text{m})$

(2)计算临界水深 $h_K$

$$h_K = \sqrt[3]{\frac{\alpha q^2}{g}} = \sqrt[3]{\frac{1 \times 11.27^2}{9.8}} = 2.35(\text{m})$$

$h_c < h_K < h_t$,下泄水流由急流向下游的缓流过渡,将发生水跃。

(3)计算跃后共轭水深 $h''_c$,判别衔接形式

取 $h' = h'_c = h_c = 0.766\text{m}$

$$h''_c = \frac{h'_c}{2}\left[\sqrt{1 + 8\left(\frac{h_K}{h_c}\right)^3} - 1\right] = \frac{0.766}{2}\left[\sqrt{1 + 8 \times \left(\frac{2.35}{0.766}\right)^3} - 1\right]$$

$$= 1.71(\text{m}) < h_t = 3.5\text{m}\ (\text{淹没式水跃})$$

(4)水跃长度 $l_y$

①按式(6-46)计算

$$\text{Fr}_1 = \left(\frac{h_K}{h'_c}\right)^3 = \left(\frac{2.35}{0.766}\right)^3 = 28.87$$

$$l_y = 10(h''_c - h'_c)\text{Fr}_1^{-0.16} = 10 \times (1.71 - 0.766) \times 28.87^{-0.16} = 5.51(\text{m})$$

②按式(6-47)计算

$$l_y = 2.5(1.9h''_c - h'_c) = 2.5 \times (1.9 \times 1.71 - 0.766) = 6.21(\text{m})$$

③按式(6-48)计算

$$l_y = 6.9(h''_c - h'_c) = 6.9 \times (1.71 - 0.766) = 6.51(\text{m})$$

为安全计,取 $l_y = 6.51(\text{m})$

## *六、波状水跃

如图6-19b)所示为波状水跃,常见于无压涵洞或小桥的泄流中。它的存在有可能造成无压条件失效,使设计情况受到破坏,故一般应设法避免。

波状水跃可以看作为驻波,即 $C = v$。下面讨论平坡棱柱形矩形断面渠道的波状水跃方程。

设单宽流量为 $q$,有

$$v = \frac{q}{h'},\ \bar{h} = \frac{A}{B} = \frac{Bh''}{B} = h''$$

由式(6-27),微波波速为

$$C = \sqrt{\frac{g\bar{h}}{\alpha}} = \sqrt{\frac{gh''}{\alpha}}$$

当为驻波时,有 $C = v$

$$\frac{q}{h'} = \sqrt{\frac{gh''}{\alpha}}$$

$$\frac{h''}{h'} = \frac{\alpha q^2}{gh'^3} = \frac{\alpha v^2}{gh'} = \mathrm{Fr}_1 \tag{6-52}$$

式中:$h'$、$h''$——分别为水跃前后断面的共轭水深;

$\mathrm{Fr}_1$——跃前断面的弗汝德数。

式(6-52)即平坡棱柱形矩形渠道波状水跃基本方程。由此有:

$$a = h'' - h' = h'\left(\frac{h''}{h'} - 1\right) = h'(\mathrm{Fr}_1 - 1) \tag{6-53}$$

式中:$a$——波高。

# 第九节　明渠恒定渐变流基本微分方程

## 一、基本微分方程

明渠恒定渐变流水深沿程变化的微分关系式,称为明渠恒定渐变流基本微分方程。它是水面曲线分析与计算的理论依据,水面曲线定量计算,对于渠道沿程防护工程设计很有实用意义。按渐变流条件,在微小流段内局部水头损失可以忽略不计,有

$$\left.\begin{aligned} \mathrm{d}h_{\mathrm{w}} &= \mathrm{d}h_{\mathrm{j}} + \mathrm{d}h_{\mathrm{f}} = \mathrm{d}h_{\mathrm{f}} \\ \frac{\mathrm{d}h_{\mathrm{f}}}{\mathrm{d}s} &= J = \frac{Q^2}{K^2} = \frac{Q^2}{A^2C^2R} \end{aligned}\right\} \tag{6-54}$$

又
$$\frac{\mathrm{d}z}{\mathrm{d}s} = -\sin\theta = -i$$

如图6-29所示,列前后断面的能量方程,有

$$(z+h) + \frac{\alpha v^2}{2g} = (z+\mathrm{d}z) + (h+\mathrm{d}h) + \frac{\alpha(v+\mathrm{d}v)^2}{2g} + \mathrm{d}h_{\mathrm{f}}$$

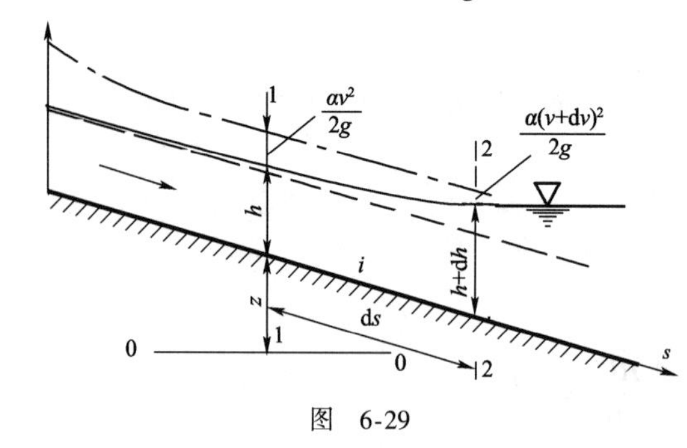

图　6-29

$$\frac{\mathrm{d}z}{\mathrm{d}s} + \frac{\mathrm{d}h}{\mathrm{d}s} + \frac{\mathrm{d}}{\mathrm{d}s}\left(\frac{\alpha v^2}{2g}\right) + \frac{\mathrm{d}h_{\mathrm{f}}}{\mathrm{d}s} = 0 \tag{6-55}$$

从上式获得水面曲线 $\frac{\mathrm{d}h}{\mathrm{d}s}$ 的表达式,可有两种类型:

1. 非棱柱形渠道(天然河渠属此类)

当为非棱形渠道时,$A = A(h,s)$,$\frac{\partial A}{\partial h} = B$,有

$$\frac{\mathrm{d}A}{\mathrm{d}s} = \frac{\partial A}{\partial h}\frac{\mathrm{d}h}{\mathrm{d}s} + \frac{\partial A}{\partial s} = B\frac{\mathrm{d}h}{\mathrm{d}s} + \frac{\partial A}{\partial s}$$

$$\frac{\mathrm{d}}{\mathrm{d}s}\left(\frac{v^2}{2g}\right) = \frac{\mathrm{d}}{\mathrm{d}s}\left(\frac{\alpha Q^2}{2gA^2}\right) = -\frac{\alpha Q^2}{gA^3}\frac{\mathrm{d}A}{\mathrm{d}s}$$

$$= -\frac{\alpha Q^2}{gA^3}\left(B\frac{\mathrm{d}h}{\mathrm{d}s} + \frac{\partial A}{\partial s}\right)$$

得
$$\frac{\mathrm{d}h}{\mathrm{d}s}=\frac{i-\frac{Q^2}{K^2}}{1-\frac{\alpha Q^2}{g}\cdot\frac{B}{A^3}}\left(1-\frac{\alpha C^2 R}{gA}\frac{\partial A}{\partial s}\right) \tag{6-56}$$

因
$$\frac{\alpha Q^2}{g}\cdot\frac{B}{A^3}=\mathrm{Fr}\ (\text{弗汝德数})$$

得
$$\frac{\mathrm{d}h}{\mathrm{d}s}=\frac{i-\frac{Q^2}{K^2}}{1-\mathrm{Fr}}\left(1-\frac{\alpha C^2 R}{gA}\frac{\partial A}{\partial s}\right) \tag{6-57}$$

式中：$K$——流量模数；

$C$——谢才系数；

$R$——水力半径。

式(6-57)即非棱柱形断面明渠渐变流基本微分方程。

2. 棱柱形渠道(人工渠道多属此类)

对于棱柱形渠道，$A=A(h)$，$\frac{\partial A}{\partial s}=0$，由式(6-57)得

$$\frac{\mathrm{d}h}{\mathrm{d}s}=\frac{i-\frac{Q^2}{K^2}}{1-\mathrm{Fr}} \tag{6-58}$$

上式为棱柱形明渠渐变流基本微分方程。

## 二、棱柱形渠道水面曲线定性分析公式

1. 顺坡渠道( $i>0$ )

在顺坡渠道中，流量可有三种表达式：

$Q=K_0\sqrt{i}$ （均匀流渠段）

$Q=K\sqrt{J}$ （非均匀流渠段）

$Q=K_{\mathrm{K}}\sqrt{i_{\mathrm{K}}}$ （临界流断面）

显然，当 $h>h_0$ 时，$K>K_0$

$h<h_0$ 时，$K<K_0$

$h=h_0$ 时，$K=K_0$

将上述流量表达式代入式(6-58)，得

$$\frac{\mathrm{d}h}{\mathrm{d}s}=i\frac{1-\left(\frac{K_0}{K}\right)^2}{1-\mathrm{Fr}} \tag{6-59}$$

*2. 平坡渠道( $i=0$ )

由 $Q=K\sqrt{J}$，$Q=K_{\mathrm{K}}\sqrt{i_{\mathrm{K}}}$，$i=0$，代入式(6-58)，得

$$\frac{\mathrm{d}h}{\mathrm{d}s}=-\frac{i_{\mathrm{K}}\left(\frac{K_{\mathrm{K}}}{K}\right)^2}{1-\mathrm{Fr}} \tag{6-60}$$

*3. 逆坡渠道( $i < 0$ )

令 $i' = |i|$ ,则渠中流量可表达为

$$Q = K'_0\sqrt{i'}$$

$$Q = K\sqrt{J}$$

有

$$\frac{dh}{ds} = -i'\frac{1+\left(\frac{K'_0}{K}\right)^2}{1-\mathrm{Fr}} \tag{6-61}$$

# 第十节　棱柱形渠道恒定渐变流水面曲线定性分析

## 一、水面曲线定性分析的必备条件

(1)已知棱柱形渠道断面形状尺寸、糙率、底坡及流量。其中 $K_0 = K(h_0)$ , $K = K(h)$ 。

(2)渠段长度无限(或长度足够),水面曲线在渠中可以充分发展。

## 二、水面曲线变化分区

根据三类渠道的水深特性,通常用 $N$-$N$ 线(渠中正常水深等深线)及 $K$-$K$ 线(渠中临界水深等深线)将三类底坡棱柱形长直渠道水面曲线变化区间划分为12个,如图6-30所示。当 $i < i_K$ 时,有 $a_1$ 、$b_1$ 、$c_1$ 区,如图6-27所示,在每一区间变化的水面曲线则以所在分区名称命名,如在 $a_1$ 区的水面曲线,称为 $a_1$ 型水面曲线,在 $b_1$ 区的称为 $b_1$ 型水面曲线,在 $c_1$ 区的称为 $c_1$ 型水面曲线,其余类推。水面曲线属于哪一区由其任一断面水深 $h$ 及底坡类型确定。例如在 $i < i_K$ 渠道中,已知水面曲线某一断面水深为 $h$ ,且有 $h > h_0 > h_K$ ,表示此水面曲线在 $a_1$ 区变化;若有 $h_K < h_0 < h$ ,则表示此水面曲线在 $b_1$ 区变化;若有 $h < h_K < h_0$ ,则表示此水面曲线在 $c_1$ 区变化,其余类推。凡可确定水面曲线水深的断面,称为控制断面。它的水深即为分析计算水面曲线的初始值,并以此讨论水面曲线在某分区内的上下游变化。

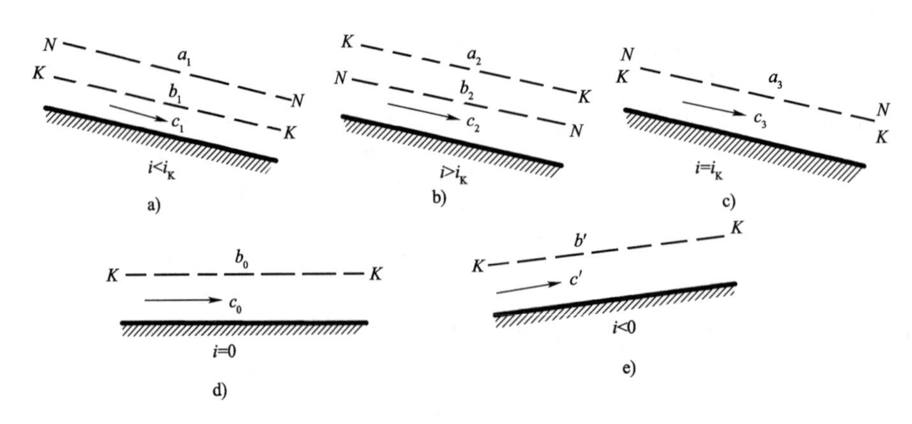


图　6-30

## 三、水面曲线定性分析示例

定性分析水面曲线的变化趋势,是定量计算各类水面曲线的第一步。如图 6-31 所示,三类底坡共有水面曲线 12 种。作定性分析前,应先确定 $h_0$ 、$h_K$ 、$i_K$ 及控制断面水深 $h$ 并在渠中绘出 $N$-$N$、$K$-$K$ 线,而后按 $h$ 所在区间,利用水面曲线基本微分方程分析水面曲线的类型与两端变化趋势。通常在急流区( $h < h_K$ )的水面曲线控制断面多在上游,其水深即曲线起始断面处水深;对于缓流,其控制断面多在下游。现就顺坡渠道的水面曲线作示例分析:

1. $a_1$ 型水面曲线

1)曲线类型

如图 6-28a)所示,已知 $i < i_K$ , $h_0 > h_K$ ,曲线的某一断面水深 $h > h_0 > h_K$ , $h$ 位于 $a_1$ 区,属 $a_1$ 型水面曲线。

因 $$h > h_0 > h_K , i > 0$$

$$K > K_0 , \mathrm{Fr} < 1$$

按式(6-59)有 $$\frac{\mathrm{d}h}{\mathrm{d}s} > 0$$

表明 $a_1$ 型水面曲线为壅水曲线,其水深沿程增大。

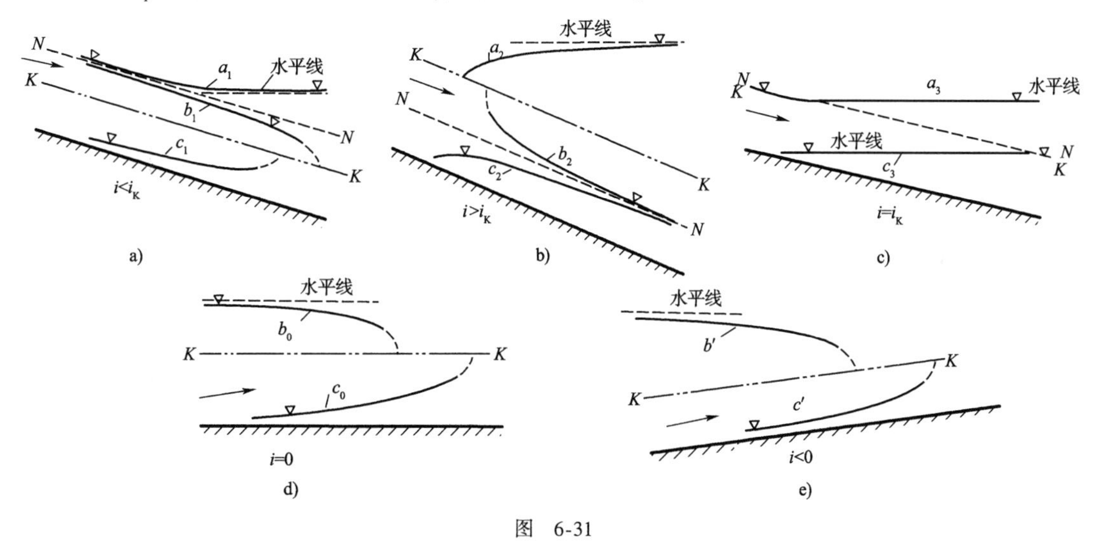


图 6-31

2)两端变化趋势( $s \to \infty$ 或有足够长度)

(1)上游端—— $h \to h_0$ , $K \to K_0$ ,因 Fr<1,按式(6-59)则 $\frac{\mathrm{d}h}{\mathrm{d}s} \to 0$ ,表明 $a_1$ 型水面曲线的上游以 $N$-$N$ 为渐近线。

(2)下游端—— $h \to \infty$ , $K \to \infty$ , $v \to 0$ , Fr→0,按式(6-59)则 $\frac{\mathrm{d}h}{\mathrm{d}s} \to i$ ,由图 6-11 证明, $a_1$ 型水面曲线的下游将渐趋水平。

2. $b_1$ 型水面曲线

如图 6-31a)所示,已知 $i < i_K$ , $h_0 > h_K$ ,曲线的水深 $h_K < h < h_0$ , $h$ 位于 $b_1$ 区,属 $b_1$ 型水面曲线。

1)曲线类型

因
$$h_K < h < h_0,\ i > 0$$
$$K < K_0,\ \mathrm{Fr} < 1$$

按式(6-59),有
$$\frac{\mathrm{d}h}{\mathrm{d}s} < 0$$

表明 $b_1$ 型水面曲线为降水曲线,其水深沿程减小。

2)两端变化趋势

(1)上游端—— $h \to h_0, K \to K_0$,因 Fr < 1,按式(6-59)则 $\frac{\mathrm{d}h}{\mathrm{d}s} \to 0$,表明 $b_1$ 型水面曲线的上游以 N-N 为渐近线。

(2)下游端—— $h \to h_K, \mathrm{Fr} \to 1, K \to K_K$,按式(6-59)则 $\frac{\mathrm{d}h}{\mathrm{d}s} \to -\infty$,呈水跌现象,其终端水深为 $h_K$。

3. $c_1$ 型水面曲线

1)曲线类型

如图 6-31a)所示,已知 $i < i_K$,$h_0 > h_K$,曲线的断面水深 $h < h_K < h_0$,$h$ 位于 $c_1$ 区,属 $c_1$ 型水面曲线。

因
$$h < h_K < h_0,\ i > 0$$
$$K < K_0,\ \mathrm{Fr} > 1$$

按式(6-59),有
$$\frac{\mathrm{d}h}{\mathrm{d}s} < 0$$

表明 $c_1$ 型水面曲线为壅水曲线,其水深沿程增大。

2)两端变化趋势

(1)上游端——以急流控制断面水深为起始水深(如收缩断面水深、急坡渠道末端水深等)。

(2)下游端—— $h \to h_K, \mathrm{Fr} \to 1$,按式(6-59),$\frac{\mathrm{d}h}{\mathrm{d}s} \to +\infty$,水流穿越 K-K 线时,渠中将出现水跃与下游水面曲线衔接。

*4. $a_3$ 与 $c_3$ 型水面曲线

如图 6-31c)所示,已知 $i = i_K$,$h_0 = h_K$。当为 $a_3$ 型水面曲线时,曲线的断面水深 $h > h_0 = h_K$,$h$ 位于 $a_3$ 区;当为 $c_3$ 型水面曲线,其断面水深 $h < h_0 = h_K$,$h$ 位于 $c_3$ 区。但因 N-N 线与 K-K 线重合,当 $h \to h_0 = h_K$ 时,有 $K \to K_0, \mathrm{Fr} \to 1, \frac{\mathrm{d}h}{\mathrm{d}s} \to \frac{0}{0}$,按式(6-59)讨论不能反映出水面曲线的变化规律。为此,需另行建立下述分析式。

现将式(6-59)中的弗汝德数作适当变换,因 $i = i_K$,$h_0 = h_K$,有

$$\mathrm{Fr} = \frac{\alpha Q^2 B}{gA^3} = \frac{\alpha K_0^2 iB}{gA^3} \cdot \frac{C^2 R}{C^2 R} = \frac{\alpha K_0^2 i_K}{g} \cdot \frac{BC^2}{A^2 C^2 R} \frac{R}{A}$$
$$= \frac{\alpha i_K C^2}{g} \cdot \frac{B}{\chi} \cdot \frac{K_0^2}{K^2}$$

得
$$\left.\begin{aligned}\mathrm{Fr} &= j\left(\frac{K_0}{K}\right)^2 \\ j &= \frac{\alpha i_K C^2 B}{g\chi} = \frac{i_K}{\dfrac{g}{\alpha C^2}\cdot\dfrac{\chi}{B}}\end{aligned}\right\} \tag{6-62}$$

故
$$\frac{\mathrm{d}h}{\mathrm{d}s} = i\,\frac{1-\left(\dfrac{K_0}{K}\right)^2}{1-\mathrm{Fr}} = i\,\frac{1-\left(\dfrac{K_0}{K}\right)^2}{1-j\left(\dfrac{K_0}{K}\right)^2} \tag{6-63}$$

按式(6-63),有

当 $h \to h_0 = h_K$ 时,$C = C_K, \chi = \chi_K, B = B_K, \dfrac{g}{\alpha C^2}\dfrac{\chi}{B} = i_K$,由此,$j \to \dfrac{i_K}{i_K} = 1$,$\dfrac{K_0}{K} \to 1$,则

$$\frac{\mathrm{d}h}{\mathrm{d}s} \to i = i_K$$

这表明,$a_3$ 与 $c_3$ 型水面曲线有:

(1)当 $h \to h_0 = h_K$ 时,$K > K_0$,$\mathrm{Fr} < 1$,$\dfrac{\mathrm{d}h}{\mathrm{d}s} > 0$,即 $a_3$ 型水面曲线为壅水曲线,其水深沿程增大。当 $h \to h_0 = h_K$ 时,$\dfrac{\mathrm{d}h}{\mathrm{d}s} \to i = i_K$,当 $h \to \infty$ 时,$K \to \infty$,$\mathrm{Fr} \to 0$,$\dfrac{\mathrm{d}h}{\mathrm{d}s} \to i = i_K$,此时 $a_3$ 型水面曲线其上端以 $h_0 = h_K$ 为起始水深,并为一条水平线。

(2)当 $h < h_0 = h_K$ 时,$K < K_0$,$\mathrm{Fr} > 1$,$\dfrac{\mathrm{d}h}{\mathrm{d}s} > 0$,即 $c_3$ 型水面曲线为壅水曲线,其水深沿程增大。其上端以急流控制断面水深为起始水深,后则以水平线接近 $N$-$N$、$K$-$K$ 线。关于急流控制断面水深,如闸下出流收缩断面水深 $h_c$ 等详见第七章第四节。

## 四、水面曲线变化的基本规律

(1)凡 $a$ 区、$c$ 区的水面曲线,均为壅水曲线,$\dfrac{\mathrm{d}h}{\mathrm{d}s} > 0$,水深沿程增大。

(2)凡 $b$ 区的水面曲线均为降水曲线,$\dfrac{\mathrm{d}h}{\mathrm{d}s} < 0$,水深沿程减小。

(3)除 $i = i_K$ 渠道外,当 $h \to h_0$ 时,$\dfrac{\mathrm{d}h}{\mathrm{d}s} \to 0$,水面曲线以 $N$-$N$ 为渐近线;$h \to \infty$ 时,$\dfrac{\mathrm{d}h}{\mathrm{d}s} \to i$,水面曲线渐趋水平线。

(4)除 $i = i_K$ 渠道外,当 $h \to h_K$ 时,$\dfrac{\mathrm{d}h}{\mathrm{d}s} \to \pm\infty$,当由急流穿越 $K$-$K$ 线进入缓流区时,$\dfrac{\mathrm{d}h}{\mathrm{d}s} \to +\infty$,渠中出现水跃衔接方式;当由缓流穿越 $K$-$K$ 线进入急流区时,$\dfrac{\mathrm{d}h}{\mathrm{d}s} \to -\infty$,渠中出现水跌衔接方式。

(5)对于 $a_3$、$c_3$ 型水面曲线,当 $h \to h_0 = h_K$ 时,$\dfrac{\mathrm{d}h}{\mathrm{d}s} \to i = i_K$,水面曲线渐趋水平。

## 五、棱柱形变坡渠道中的水面衔接

多段底坡不同的渠段连接而成的渠道,称为变坡渠道。对于长度足够的各段棱柱形渠道,

其水面曲线衔接特性如下：

1. 急坡—缓坡

如图6-32所示,渠中将发生水跃衔接。设上段渠道中的正常水深为 $h_{01}$ ,下段渠道的正常水深为 $h_{02}$ ,则 $h' = h_{01}$ ,水跃位置取决于跃后共轭水深 $h''$ 与 $h_t = h_{02}$ 的大小关系,可呈远离式水跃,发生在下游渠段,也可呈淹没式水跃发生在上游渠段。

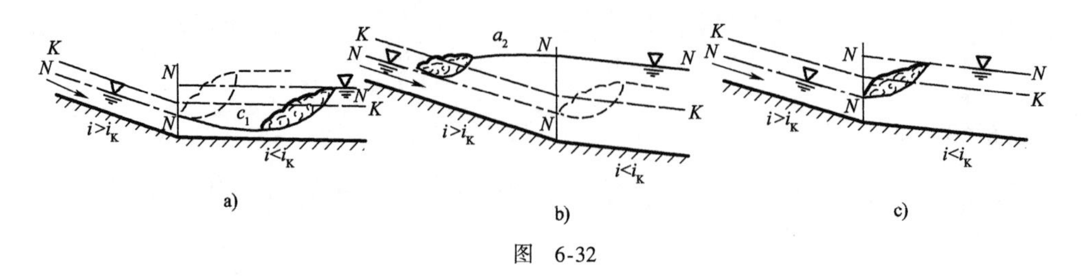


图 6-32

2. 缓坡—急坡

如图6-33a)所示,衔接水深 $h = h_K$ 。

3. 缓坡—缓坡

如图6-33b)所示,衔接水深 $h = h_{02}$ ,渠中无水跃。

4. 急坡—急坡

如图6-33c)所示,衔接水深 $h = h_{01}$ ,渠中不发生水跃。

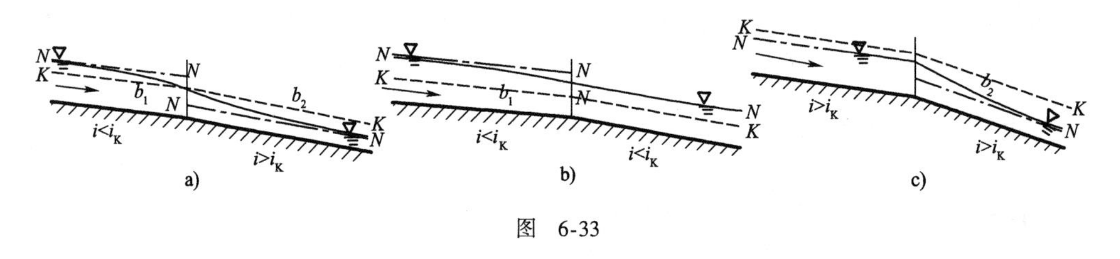


图 6-33

5. 多段变坡渠道的水面衔接

多段变坡渠道的水面衔接如图6-34所示。

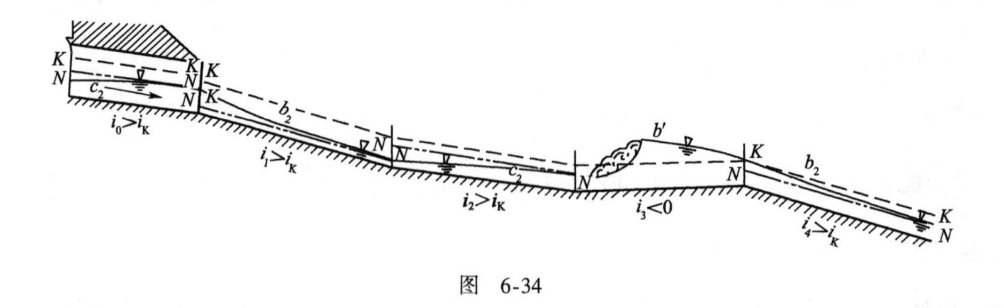


图 6-34

6. 渠道长度不足时的水面曲线衔接

如图6-35所示,当渠道长度不足或受局部因素影响时,水面曲线衔接可有例外,在缓坡渠道中可不出现水跃,在急坡渠道末端也可出现缓流。

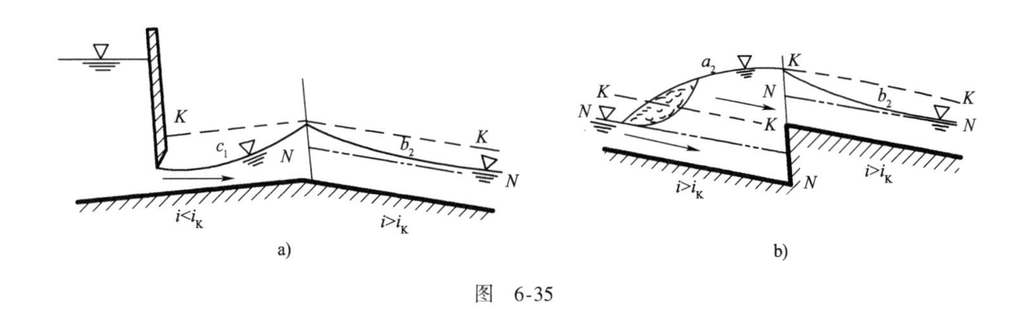


图 6-35

# 第十一节 明渠恒定渐变流水面曲线计算(分段求和法)

## 一、水面曲线计算公式

如图 6-29 所示,对于渠道任一断面,其总水头有

$$E = z + h + \frac{\alpha v^2}{2g} = z + E_s$$

$$\frac{dE}{ds} = \frac{dz}{ds} + \frac{d}{ds}\left(h + \frac{\alpha v^2}{2g}\right) = \frac{dz}{ds} + \frac{dE_s}{ds}$$

而
$$\frac{dE}{ds} = -J, \frac{dz}{ds} = -i$$

得
$$\frac{dE_s}{ds} = i - J \tag{6-64}$$

式中:$E_s$——断面比能;

$i$——渠道底坡;

$J$——水力坡度。

对于非均匀流断面,有

$$J = \frac{Q^2}{K^2} = \frac{v^2}{C^2 R} \tag{6-65}$$

式中:$v$——非均匀流断面流速;

$K$——流量模数;

$R$——水力半径;

$C$——谢才系数。

由式(6-64)有

$$ds = \frac{dE_s}{i - J} \tag{6-66}$$

式(6-64)或式(6-66)为明渠恒定非均匀流微小流段能量方程。将上式写成有限差分方程,有

$$
\left.\begin{aligned}
\Delta s &= \frac{\Delta E_s}{i-\bar{J}} = \frac{\left(h_2 + \dfrac{\alpha_2 v_2^2}{2g}\right) - \left(h_1 + \dfrac{\alpha_1 v_1^2}{2g}\right)}{i-\bar{J}} \\
\bar{J} &= \frac{1}{2}(J_1 + J_2) = \frac{1}{2}\left(\frac{v_1^2}{C_1^2 R_1} + \frac{v_2^2}{C_2^2 R_2}\right) \\
l &= \sum \Delta s = f_1(h_1, h_2) \\
\Delta s &= f_2(h_1, h_2)
\end{aligned}\right\} \tag{6-67}
$$

式中:$h_1$、$h_2$——分别为流程 $\Delta s$ 的前、后两断面水深;

$v_1$、$v_2$——分别为前、后断面流速;

$J_1$、$J_2$——分别为前、后断面处的水力坡度;

$l$、$\Delta s$——渠道全长和分段计算的流段长度。

式(6-67)即为水面曲线分段求和法的基本公式。它表明,在前后两断面间,若知一个断面水深和水面曲线的变化趋势,即可假定另一水深并求得两断面的距离 $\Delta s_i$ 。由此逐段计算,即可得全渠水面曲线。前后断面水深取值越接近, $\Delta s_i$ 越小,水面曲线的计算精度越高。此法简明方便,而且便于使用计算机完成。

## 二、分段求和法计算要点

1. 计算的已知条件

(1)渠道的断面形状及尺寸。例如,梯形断面渠道,应知 $b$ 、$m$ 。

(2)底坡 $i$ 、流量 $Q$ 和糙率 $n$ 。

(3)任一控制断面水深 $h_1$ (或 $h_2$ )。(收缩断面水深 $h_c$、跌坎处临界水深 $h_K$、水跃共轭水深 $h'$ 或 $h''$、涵前水深 $H$ 及均匀流水深等可通过水力计算确定,均可作为控制断面水深。)

2. 计算步骤

(1)计算 $h_0$ 、$h_K$ ,在纵剖面图中绘出 $N-N$ 、$K-K$ 线。

(2)按控制水深 $h_1$ (或 $h_2$ )所在区间定性分析水面曲线上、下游端的变化趋势。

(3)按水面曲线变化趋势选定相邻断面水深 $h_2$(或 $h_1$ ),计算 $\Delta s_{1-2}$ ,由此可得水面曲线坐标值( $s_1$ , $h_2$ )。其余类推,可得( $s_2$ , $h_3$ ) ,…,( $l$ , $h_n$ )。由此则可绘出全渠水面曲线。如图 6-36所示。

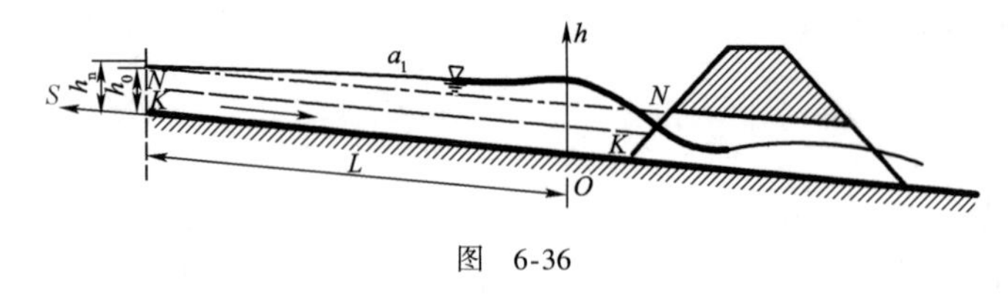


图 6-36

(4)关于渠道远端断面水深的选定

从理论上,当 $h \to h_0$ 时,$\dfrac{dh}{ds} \to 0$,水面曲线以 $N-N$ 线为渐近线,意即水面曲线将在无穷远处才会等于正常水深。因此,末端水深不能取 $h = h_0$ ,一般规定:

①$a$ 型曲线，$h > h_0$，取 $h_n = 1.01h_0$。

②$b$ 型或 $c$ 型曲线，$h < h_0$，$h_n = 0.99h_0$。

## 三、非棱柱形渠道恒定渐变流的水面曲线计算方法

对于非棱柱形渠道，有 $A = A(h,s)$，天然河道属此类。其水面曲线也可利用分段求和法近似计算。

1. 方法一程序(图6-37)

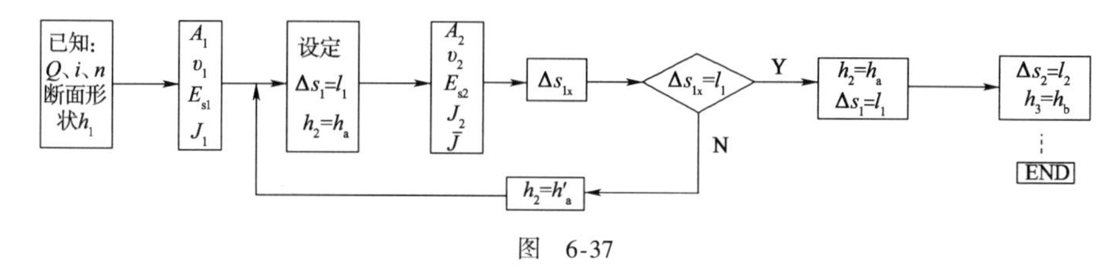


图 6-37

2. 方法二程序

1)取 $\Delta s_1$，确定相邻断面的形状；

2)因 $\Delta s = \Delta s_1$，又已知 $h_1$，则式(6-67)中右边仅为 $h_2$ 的函数，以 $f(h_2)$ 表示。假定一系列 $h$ 值，按式(6-67)可计算得一系列 $\Delta s$ 值，并绘制 $h_2$-$f(h_2)$ 曲线；

3)由 $\Delta s = \Delta s_1$，在 $h_2$-$f(h_2)$ 曲线上可查得相应的 $h_2$ 值。

此法实际上是将试算法中的数据绘成曲线图解。

**例6-12** 如图6-36所示，已知涵前水深 $h_1 = 3.4\text{m}$，涵前为棱柱形渠道，底宽 $b = 10\text{m}$，边坡系数 $m = 1.5$，底坡 $i = 0.0009$，糙率 $n = 0.022$，流量 $Q = 45\text{m}^3/\text{s}$，试求涵前水面曲线。

**解:**(1)计算 $h_0$、$h_K$，确定渠中 $N-N$、$K-K$ 线的位置。

得 $h_0 = 1.96\text{m}$，$h_K = 1.2\text{m}$。渠道为缓坡，$i < i_K$。

(2)定性分析水面曲线变化趋势。

因 $h_1 > h_0 > h_K$，属 $a_1$ 型水面曲线，水深沿程增大，故上游水深应有 $h_2 < h_1$，取 $h_2 = 3.2\text{m}$。

(3)计算相邻断面的位置 $\Delta s_1$，有

$$A_1 = (b + mh_1)h_1 = (10 + 1.5 \times 3.4) \times 3.4 = 51.34(\text{m}^2)$$

$$A_2 = (b + mh_2)h_2 = (10 + 1.5 \times 3.2) \times 3.2 = 47.36(\text{m}^2)$$

$$\chi_1 = b + 2h_1\sqrt{1 + m^2} = 10 + 2 \times 3.4\sqrt{1 + 1.5^2} = 22.26(\text{m})$$

$$\chi_2 = b + 2h_2\sqrt{1 + m^2} = 10 + 2 \times 3.2\sqrt{1 + 1.5^2} = 21.54(\text{m})$$

$$R_1 = \frac{A_1}{\chi_1} = \frac{51.34}{22.26} = 2.306(\text{m})$$

$$R_2 = \frac{A_2}{\chi_2} = \frac{47.36}{21.54} = 2.199(\text{m})$$

$$v_1 = \frac{Q}{A_1} = \frac{45}{51.34} = 0.8765(\text{m/s})$$

$$v_2 = \frac{Q}{A_2} = \frac{45}{47.36} = 0.9502(\text{m/s})$$

$$C_1R_1^{\frac{1}{2}} = \frac{1}{n}R_1^{\frac{2}{3}} = \frac{1}{0.022} \times (2.306)^{\frac{2}{3}} = 79.34(\text{m/s})$$

$$C_2R_2^{\frac{1}{2}} = \frac{1}{n}R_2^{\frac{2}{3}} = \frac{1}{0.022} \times (2.199)^{\frac{2}{3}} = 76.86(\text{m/s})$$

$$J_1 = \frac{v_1^2}{C_1^2R_1} = \left(\frac{0.876\ 5}{79.34}\right)^2 = 1.220 \times 10^{-4}$$

$$J_2 = \frac{v_2^2}{C_2^2R_2} = \left(\frac{0.950\ 2}{76.86}\right)^2 = 1.528 \times 10^{-4}$$

$$\overline{J} = \frac{1}{2}(J_1 + J_2) = \frac{1}{2}(1.22 + 1.528) \times 10^{-4} = 1.374 \times 10^{-4}$$

$$\frac{\alpha_1 v_1^2}{2g} = \frac{1 \times (0.876\ 5)^2}{2 \times 9.8} = 0.039\ 2(\text{m})$$

$$\frac{\alpha_2 v_2^2}{2g} = \frac{1 \times (0.950\ 2)^2}{2 \times 9.8} = 0.046\ 1(\text{m})$$

$$E_{s1} = h_1 + \frac{\alpha_1 v_1^2}{2g} = 3.4 + 0.039\ 2 = 3.439\ 2(\text{m})$$

$$E_{s2} = h_2 + \frac{\alpha_2 v_2^2}{2g} = 3.2 + 0.046\ 1 = 3.246\ 1(\text{m})$$

$$\Delta s_1 = \frac{E_{s2} - E_{s1}}{i - \overline{J}} = \frac{3.439\ 2 - 3.246\ 1}{(9 - 1.374) \times 10^{-4}} = 253.2(\text{m})$$

取 $h_n = 1.01h_0 = 1.01 \times 1.96 = 1.98\text{m}$，其余各段 $\Delta s_2$、$\Delta s_3$…按此类推，仿此计算结果列于表 6-7 中。水面曲线如图 6-36 所示。

水面曲线计算　　　　表 6-7

| $h$ (m) | $A$ ($\text{m}^2$) | $\chi$ (m) | $R$ (m) | $v$ (m/s) | $J$ ($10^{-4}$) | $\overline{J}$ ($10^{-4}$) | $i-\overline{J}$ ($10^{-4}$) | $\frac{\alpha v^2}{2g}$ (m) | $E_s$ (m) | $\Delta E_s$ (m) | $\Delta s$ (m) | $\Sigma\Delta s$ (m) | 水位 (m) |
|---|---|---|---|---|---|---|---|---|---|---|---|---|---|
| 3.4 | 51.34 | 22.26 | 2.306 | 0.876 5 | 1.220 | | | 0.039 2 | 3.440 | | | 0 | 3.40 |
| | | | | | | 1.374 | 7.626 | | | 0.194 | 253.2 | | |
| 3.2 | 47.36 | 21.54 | 2.199 | 0.950 2 | 1.528 | | | 0.046 1 | 3.246 | | | 253.2 | 3.43 |
| | | | | | | 1.73 | 7.267 | | | 0.191 | 262.8 | | |
| 3.0 | 43.50 | 20.82 | 2.089 | 1.034 | 1.938 | | | 0.054 5 | 3.055 | | | 516.0 | 3.46 |
| | | | | | | 2.218 | 6.782 | | | 1.190 | 280.2 | | |
| 2.8 | 39.76 | 20.10 | 1.978 | 1.132 | 2.498 | | | 0.065 4 | 2.865 | | | 796.2 | 3.52 |
| | | | | | | 2.883 | 6.117 | | | 0.186 | 304.1 | | |
| 2.6 | 36.14 | 19.38 | 1.865 | 1.245 | 3.268 | | | 0.079 1 | 2.679 | | | 1 100.3 | 3.59 |
| | | | | | | 3.816 | 5.184 | | | 0.182 | 351.1 | | |
| 2.4 | 32.64 | 18.65 | 1.750 | 1.379 | 4.364 | | | 0.097 0 | 2.497 | | | 1 451.4 | 3.71 |
| | | | | | | 5.161 | 3.839 | | | 0.176 | 458.5 | | |
| 2.2 | 29.26 | 17.93 | 1.632 | 1.538 | 5.958 | | | 0.120 7 | 2.321 | | | 1 909.9 | 3.92 |
| | | | | | | 6.493 | 2.507 | | | 0.086 | 343.0 | | |
| 2.1 | 27.62 | 17.57 | 1.572 | 1.629 | 7.027 | | | 0.135 4 | 2.235 | | | 2 252.9 | 4.13 |
| | | | | | | 7.848 | 1.152 | | | 0.098 | 850.7 | | |
| 1.98 | 25.68 | 17.14 | 1.498 | 1.752 | 8.668 | | | 0.156 6 | 2.137 | | | 3 103.6 | 4.77 |

## 【习题】

6-1 什么情况下才能发生明渠均匀流?

6-2 明渠水流与有压管流的水力特性有何差异?

6-3 什么是水力最佳断面? 什么是流量模数?

6-4 明渠均匀流与有压管流中的谢才公式有何差异?

6-5 在黏壤土地带,修建一条梯形断面渠道,底坡 $i=0.0008$,糙率 $n=0.03$,边坡系数 $m=1.0$,底宽 $b=2\text{m}$,渠中水深 $h=1.2\text{m}$,若按均匀流计算,试确定此渠道的流量和流速。

6-6 已知梯形断面路基排水沟设计流量 $Q=1\text{m}^3/\text{s}$,粗糙系数 $n=0.02$,边坡系数 $m=2$,底坡 $i=0.002$,试按水力最佳断面条件设计渠道的过水断面尺寸。

6-7 如习题6-7图所示顺直河段的平均断面,已知主槽断面平均水深 $h_1=6\text{m}$,水面宽度 $B_1=15\text{m}$,粗糙系数 $n_1=0.03$,边滩的断面平均水深 $h_2=2\text{m}$,水面宽度 $B_2=60\text{m}$,粗糙系数 $n_2=0.04$,河底坡度 $i=0.04\%$,按均匀流计算,试估算此河道的流量 $Q$。

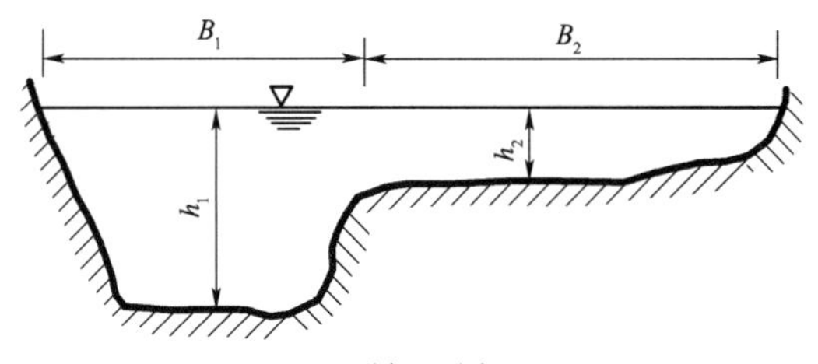


习题6-7图

6-8 已知一梯形渠道的设计流量 $Q=0.5\text{m}^3/\text{s}$,底宽 $b=0.5\text{m}$,渠中正常水深 $h_0=0.82\text{m}$,边坡系数 $m=1.5$,粗糙系数 $n=0.025$,试设计此渠道底坡 $i$($C$ 值按巴甫洛夫斯基公式计算)。

6-9 已知一矩形断面排水暗沟的设计流量 $Q=0.6\text{m}^3/\text{s}$,断面宽度 $b=0.8\text{m}$,渠道粗糙系数 $n=0.014$(砖砌护面),正常水深 $h_0=0.4\text{m}$,试计算此渠道底坡 $i$($C$ 值按曼宁公式计算)。

6-10 有一梯形断面渠道,$Q=10\text{m}^3/\text{s}$,采用小片石干砌护面($n=0.02$),设边坡系数 $m=1.5$,底坡 $i=0.003$,水深 $h_0=1.5\text{m}$,求渠道底宽 $b$($C$ 值按巴甫洛夫斯基公式计算)。

6-11 有一矩形断面渠道,底坡 $i=0.0015$,粗糙石块干砌护面,流量 $Q=18\text{m}^3/\text{s}$,渠中正常水深 $h_0=1.21\text{m}$,求渠道底宽 $b$。

6-12 一长直矩形断面明渠,水面宽度 $b=2.4\text{m}$,底坡 $i=0.0025$,谢才系数 $C=51\text{m}^{0.5}/\text{s}$,流量 $Q=85\text{m}^3/\text{s}$,求渠中正常水深 $h_0$。

6-13 有一长直矩形断面明渠,过水断面宽度 $b=2\text{m}$,水深 $h_0=0.5\text{m}$,若流量变为原来的两倍,设谢才系数 $C$ 不改变,则渠中水深变化为多少?

6-14 一梯形断面明渠,碎石护面($n=0.02$),底宽 $b=2\text{m}$,边坡系数 $m=1.5$,$i=0.005$,$Q=12.5\text{m}^3/\text{s}$,求水深 $h_0$。

6-15 有一输水渠道,$Q=1.2\text{m}^3/\text{s}$,底坡 $i=0.003$,此渠道在岩石中开凿,采用矩形断面,试按水力最佳断面条件设计该断面尺寸。

6-16 一宽浅式棱柱形渠道,底坡为 $i$,流量为 $Q$,做均匀流动,试问:

(1)如原来是缓流,流量变化,渠中流动状态是否会变化?当流量加大时,渠中水流是否会转为急流?

(2)如原来为急流,当流量加大或减小时,哪种情况可能变为缓流?试证明之。

6-17　某梯形平坡渠道,底宽 $b = 10\text{m}$,边坡系数 $m = 1.0$,流量 $Q = 40\text{m}^3/\text{s}$,动能修正系数取 1.1,求临界水深 $h_K$。

6-18　某矩形排水沟,渠宽 $B = 5\text{m}$,粗糙系数 $n = 0.025$,流量 $Q = 40\text{m}^3/\text{s}$,试求临界水深及临界底坡。若渠道底坡 $i = 0.005$,试判别渠道类型及 $N - N$, $K - K$ 线的相对位置。

6-19　有一矩形排水沟,底宽 $b = 2\text{m}$,底坡 $i < i_K$,末端有一跌坎,其断面水深 $h = 1\text{m}$,求渠中流量 $Q$。

6-20　梯形断面渠道,底宽 $b = 3\text{m}$,边坡系数 $m = 2$,糙率 $n = 0.02$,流量 $Q = 5\text{m}^3/\text{s}$,试求临界水深及临界底坡。

6-21　已知梯形断面渠道底宽 $b = 10\text{m}$,边坡系数 $m = 1.5$,水深 $h = 5\text{m}$,流量 $Q = 300\text{m}^3/\text{s}$,试求弗汝德数及渠中流动状态。

6-22　棱柱形梯形断面渠道,底宽 $b = 10\text{m}$,边坡系数 $m = 1.0$,流量 $Q = 40\text{m}^3/\text{s}$,动量修正系数 $\alpha' = 1.1$,若渠中发生水跃,跃后共轭水深 $h'' = 2.5\text{m}$,求跃前水深 $h'$。

6-23　如习题6-23图所示棱柱形矩形渠道,跌坎坎高 $P = 80\text{cm}$,流量 $Q = 1.05\text{m}^3/\text{s}$,跌坎上游渠道正常水深 $h_0 = 0.3\text{m}$,渠宽 $b = 1\text{m}$,设流速系数 $\varphi = 0.95$,动能修正系数 $\alpha = 1$,求跌坎下游收缩断面水深 $h_c$,判明是否会发生水跃?若发生水跃,求跃后共轭水深 $h''_c$。

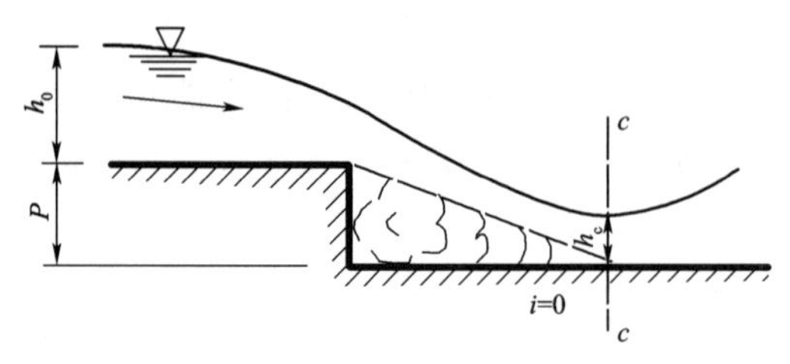


习题6-23图

6-24　如习题6-24图所示,渠道长度足够,水流方向自左而右(如图中箭头所示)。试定性分析水面曲线衔接情况(绘出全渠水面曲线,指出各段水面曲线的名称)。

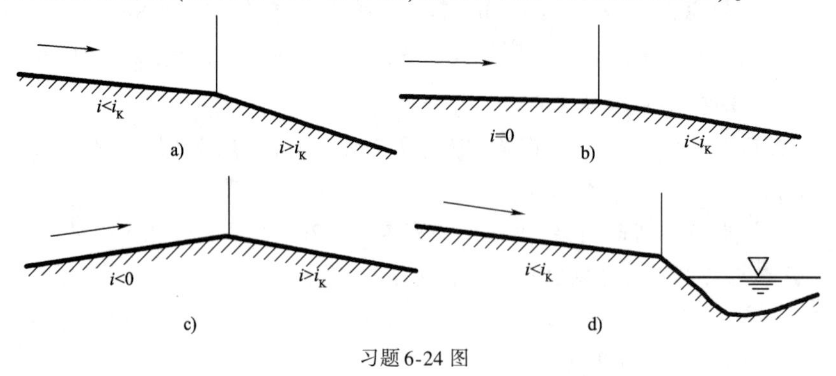


习题6-24图

第七章

# 堰流、闸孔出流及泄水建筑物下游的衔接与消能

## 第一节 堰的类型及流量公式

### 一、堰的类型

如图7-1a)、b)、c)、d)所示，明渠水流中的局部障壁，称为堰；无压缓流经堰顶溢流时形成堰上游水位壅高而后水面急剧下降的局部水力现象，称为堰流。无压缓流经小桥涵时水力现象也与堰流类似，如图7-1e)、f)所示，堰在纵向压缩了过水断面，小桥涵则在横向压缩了过水断面，局部阻力条件类似。因此，堰流理论也是小桥涵水力计算的基本理论。

但须注意，急流过堰时，不会发生堰流现象，只会引起堰前水位急剧升高，如图7-2a)、b)所示，而上游渠道中的水位将不受堰的影响，在渠中可出现菱形冲击波，如图7-2c)所示。天然河沟底坡大多平缓，故桥涵水力计算多属堰流问题。但在山区河沟底坡较陡时，也有例外。

如图7-1所示，距堰前缘(3～5)$H$处的上游水位至堰顶的水深$H$，称为堰顶水头，又称为堰顶水深。该处过水断面是上游渠中$a_1$型水面曲线的末端，也是距堰壁最近的一个渐变流水面曲线控制断面。该断面的平均流速，称为行近流速，常用$v_0$表示。按堰壁厚度$\delta$对水流的影

响程度,通常将堰分为三种类型:

1. 薄壁堰

如图 7-1a)所示,当 $\frac{\delta}{H}<0.67$ 时,堰壁厚度对过堰水流无影响,水流过堰呈自由下落曲线,此称为薄壁堰。它常被用作量水设备。

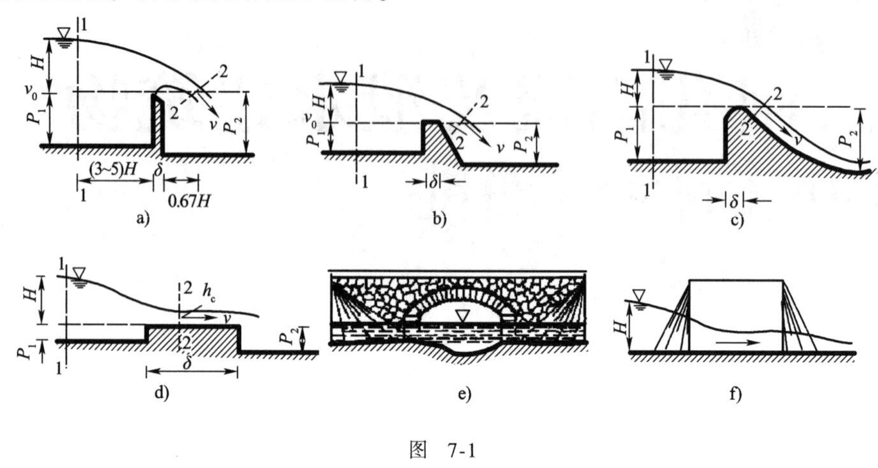

图 7-1

2. 实用堰

如图 7-1b)、c)所示,当 $0.67<\frac{\delta}{H}<2.5$ 时,堰顶厚度对过堰水流开始有顶托和约束作用,但是过堰水流还是在重力作用下做自由下落运动,此称为实用断面堰。常见的实用断面堰有折线形和曲线形两种,如图 7-1b)及 c)所示。水利工程中常用来作泄水建筑物,如溢流坝等。

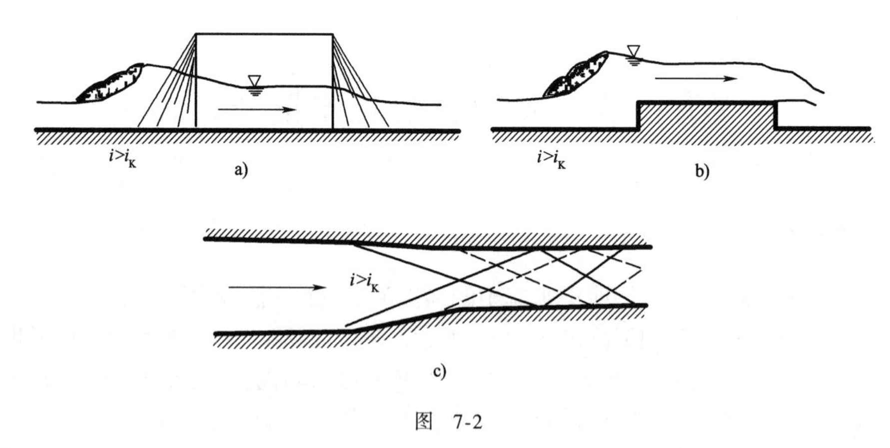

图 7-2

3. 宽顶堰

如图 7-1d)所示,当 $2.5<\frac{\delta}{H}<10$ 时,堰壁厚度对水流有顶托约束作用,此称为宽顶堰。其水力特征是水流在堰顶进口处呈急变流型降水曲线,并在进口附近形成收缩断面;堰顶水面几乎与堰顶平行且呈急流状态,堰顶水深 $h$ 接近临界水深 $h_K$,即 $h\approx h_K$;收缩断面水深 $h_c=\psi h_K$,$\psi<1$。当下游水位较低时,过堰水流的水位在进口有第一次跌落,出口有第二次

跌落。按急流的水力特性,宽顶堰的过水能力(即泄流量)只受收缩断面控制。当下游水位较低且 $h_c < h_K$ 时,宽顶堰的过水能力取决于堰顶水头,不受收缩断面下游水位波动的影响。小桥涵的泄流图式与宽顶堰相同,因此,小桥涵又称无槛宽顶堰。宽顶堰的水力计算理论,对于路桥专业更具意义。

试验证明,当 $\frac{\delta}{H} > 10$ 时,沿程水头损失已不能忽略,水力特性已不再属堰流,而转变为明渠水流性质。对于堰流,主要是局部阻力作用,只需考虑局部水头损失,即

$$h_w = h_f + h_j = h_j = \zeta \frac{v^2}{2g}$$

## 二、堰流流量公式

1. 堰流的泄流类型

按下游水位对泄流能力的影响程度,堰的泄流情况可分为两类:

(1)自由出流

如图7-3a)、b)所示,$h_t$ 为下游水深,当 $h_t < P_2$ 时,$h_c < h_K$,收缩断面处于急流状态,其下游水位波动对堰的泄流能力无影响,称为自由出流。

(2)淹没出流

如图7-3c)、d)所示,当 $h_t > P_2$,$h_{c-c} > h_K$ 时,下游水位波动对堰的泄流能力有影响,此称为淹没出流。显然,当 $h_{c-c} > h_K$ 时,堰顶水流由急流转入缓流,下游水位波动造成的微波将向上游传播,可引起上游水位或堰顶水头波动变化。

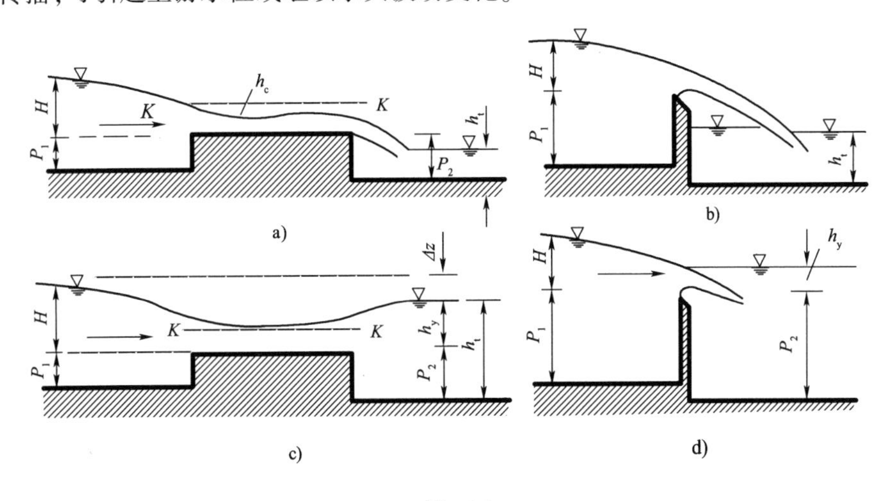


图 7-3

2. 堰流流量公式

堰流所形成的降水水面曲线属于明渠急变流,它的水头损失是局部水流阻力作用的结果。各类堰的阻力特性基本一致,因此有共同的流量公式。

试验证明,距堰前(3~5)$H$ 处的断面1-1可视为渐变流。如图7-1所示,以堰顶作计算基准面,取断面1-1、2-2的能量方程。有

$$z_1+\frac{p_1}{\gamma_1}+\frac{\alpha_0 v_0^2}{2g}=z+\frac{p}{\gamma}+\frac{\alpha v^2}{2g}+h_j$$

其中
$$z_1+\frac{p_1}{\gamma_1}=H=\text{const},h_j=\zeta\frac{v^2}{2g}$$

但
$$z+\frac{p}{\gamma}\neq\text{const}$$

令
$$H_0=H+\frac{\alpha_0 v_0^2}{2g}$$

因为$(z+\frac{p}{\gamma})$不为常数,取其平均值$(\overline{z+\frac{p}{\gamma}})$,并令$(\overline{z+\frac{p}{\gamma}})=KH_0$

有
$$H_0=KH_0+(\alpha+\zeta)\frac{v^2}{2g}$$

令
$$\varphi=\frac{1}{\sqrt{\alpha+\zeta}}$$

得
$$v=\varphi\sqrt{(1-K)2gH_0} \tag{7-1}$$

设堰顶过水断面形状为矩形,宽度为 $b$ ,断面 2-2 处的水舌厚度用 $\xi H_0$ 表示,则其过水断面面积为

$$A=b(\xi H_0)$$

有
$$Q=Av=(\varphi\xi\sqrt{1-K})b\sqrt{2g}H_0^{\frac{3}{2}}$$

令
$$m=\varphi\xi\sqrt{1-K} \tag{7-2}$$

得
$$Q=mb\sqrt{2g}H_0^{\frac{3}{2}} \tag{7-3}$$

或
$$Q=m_0 b\sqrt{2g}H^{\frac{3}{2}} \tag{7-4}$$

式中:$\varphi$——流速系数;

$m_0$、$m$ ——分别为用 $H$ 或 $H_0$ 计算时,堰的流量系数;

$H$ ——堰顶水头。

式(7-3)或式(7-4)即堰流流量通用公式。堰流水力计算一般有三个问题:

(1)求泄水流量 $Q$ ;

(2)求堰宽 $b$ ,即堰的溢流宽度;

(3)求堰顶水头 $H$ 。

式(7-3)实际上是自由出流条件下且无侧收缩现象时堰的流量公式。流量系数 $m$ 只考虑了堰高、进口形状等边界条件影响对堰流泄流量的折减。但是,当为淹没出流或因堰泄流宽度 $b$ 小于上游渠道宽度 $B$ 时,过堰水流的流线将出现侧向收缩,使有效泄流宽度减小为 $b_c$ ,$b_c<b$,因而堰的泄流量将再度折减。因此,通用公式常写成

$$Q=\varepsilon\sigma mb\sqrt{2g}H_0^{\frac{3}{2}} \tag{7-5}$$

或
$$Q=\varepsilon\sigma m_0 b\sqrt{2g}H^{\frac{3}{2}} \tag{7-6}$$

式中:$\varepsilon$——侧收缩系数,$\varepsilon=\frac{b_c}{b}<1$ ;

$\sigma$ ——淹没系数,即淹没出流时,堰流流量折减系数,自由出流时,$\sigma=1$;

$m_0$、$m$——分别为用 $H$ 或 $H_0$ 计算时，堰的流量系数。

## 第二节　堰的流量系数、侧收缩系数及淹没系数

堰流的流量系数、侧收缩系数及淹没系数是反映局部阻力因素影响堰泄流能力的三个折减系数，由试验确定，下面介绍常用的经验公式。

### 一、流量系数

1. 薄壁堰流量系数

1）矩形薄壁堰（初步设计时可取 $m_0 = 0.42$）

$$m_0 = \left(0.405 + \frac{0.0027}{H} - 0.03\frac{B-b}{B}\right)\left[1 + 0.55\left(\frac{b}{B}\right)^2\left(\frac{H}{H+P}\right)^2\right] \tag{7-7}$$

式中：$B$——上游渠道宽度；

$b$——堰口宽度；

$P$——上游堰高；

$H$——堰顶水头。

当 $B = b$ 时，即为无侧收缩堰。有

$$m_0 = \left(0.405 + \frac{0.0027}{H}\right)\left[1 + 0.55\left(\frac{H}{H+P}\right)^2\right] \tag{7-8}$$

上式称为巴赞（Bazin，法国，1889）公式。其适用范围：$0.24\text{m} < P < 1.13\text{m}$，$0.2\text{m} < b < 2\text{m}$，$0.05\text{m} < H < 1.24\text{m}$。

2）梯形薄壁堰

如图 7-4a）所示，当 $\theta = 14°$ 时，称为西波利地（Cipoletti）堰，当 $Q < 50\text{L/s}$ 时常用。

$$m_0 = 0.42$$

3）直角三角形薄壁堰

如图 7-4b）所示，$\theta = 90°$。$H = 0.05 \sim 0.25\text{m}$，$Q < 0.1\text{m}^3/\text{s}$ 时常用。有

$$Q = 1.343H^{2.47} \quad (\text{m}^3/\text{s}) \tag{7-9}$$

式中：$H$——堰顶水头，m。

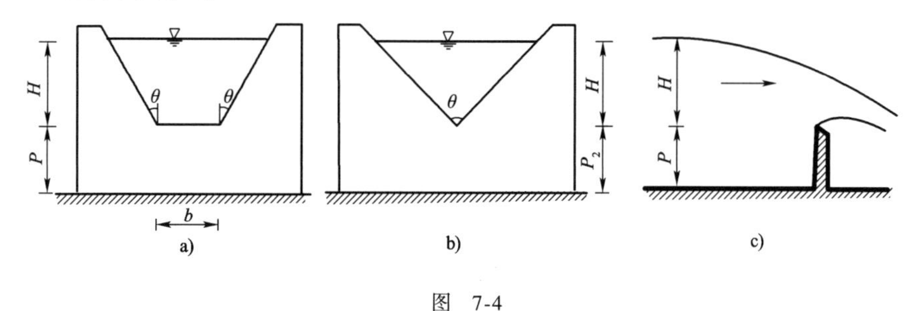


图 7-4

2. 实用断面堰

折线多边形堰常取 $m = 0.35 \sim 0.42$，流量按式（7-3）计算，即堰顶水头取 $H_0$ 计算。

3. 宽顶堰

流量按式(7-3)计算,即计算水头用 $H_0$,流量系数 $m$ 常按经验公式计算。

1)经验公式及经验值

(1)堰顶直角边缘进口:$\frac{P}{H}>3$, $m=0.32$

(2)堰顶圆弧进口:$\frac{P}{H}>3$, $m=0.36$

(3)$0<\frac{P}{H}<3$

堰顶直角边缘进口:
$$m=0.32+0.01\frac{3-\frac{P}{H}}{0.46+0.75\frac{P}{H}} \tag{7-10}$$

堰顶圆弧进口($\frac{r}{H}\geqslant 0.2$,$r$ 为圆进口的圆弧半径):
$$m=0.36+0.01\frac{3-\frac{P}{H}}{1.2+1.5\frac{P}{H}} \tag{7-11}$$

式中:$P$——上游堰高;

$H$——堰顶水头。

2)宽顶堰流量系数最大值

改善堰的进水条件,提高堰的流量系数,是增大堰泄水能力的有效途径之一。所以在水利工程中的溢流坝常采用实用堰。但是对于宽顶堰的最大流量系数,理论分析结果如下:

如图7-1d)所示,对于宽顶堰有
$$h_c=\left(z+\frac{p}{\gamma}\right)=KH_0=\xi H_0$$
$$\xi=K$$

试验得出,$h_c<h_K$(临界水深),取 $h_c=\psi h_K$,$\psi<1$,而
$$h_K=\sqrt[3]{\frac{\alpha Q^2}{gb^2}}$$

有
$$\begin{cases} h_c=\psi\sqrt[3]{\frac{\alpha Q^2}{gb^2}}=KH_0 & ① \\ Q=\varphi\xi\sqrt{1-K}b\sqrt{2g}H_0^{\frac{3}{2}}=\varphi K\sqrt{1-K}b\sqrt{2g}H_0^{\frac{3}{2}} & ② \end{cases}$$

解上式联立方程,得
$$\left.\begin{aligned} K&=\frac{2\psi^3\alpha\varphi^2}{1+2\psi^3\alpha\varphi^2} \\ m&=\frac{2\psi^3\alpha\varphi^3\sqrt{1+2\psi^3\alpha\varphi^2}}{(1+2\psi^3\alpha\varphi^2)^2} \end{aligned}\right\} \tag{7-12}$$

式中:$\psi$——进口形状系数,一般为0.75~0.85。

对于理想液体，过堰水流无水头损失，断面流速分布也因无黏滞性影响而分布均匀，由此有 $\psi = \varphi = \alpha = 1$，由式(7-12)得宽顶堰最大流量系数为：

$$m_{\max} = \frac{2\sqrt{3}}{3^2} = 0.384\ 9 \approx 0.385$$

$$K = \frac{2}{3}$$

其中有

$$h_c = \frac{2}{3}H_0 = 0.667H_0$$

上述计算结果表明宽顶堰流量系数将不会超过0.385。但对于实际液体，流速系数 $\varphi$ 及进口形状系数 $\psi$ 均与宽顶堰进口情况有关，由试验确定。一般取 $\alpha = \psi = 1$，按式(7-12)计算，宽顶堰的流量系数见表7-1，其中 $\varphi$ 为试验值。

**宽 顶 堰 $\varphi$，$m$ 值** 表7-1

| 堰槛进口情况 | $\varphi$ | $m$ | 堰槛进口情况 | $\varphi$ | $m$ |
|---|---|---|---|---|---|
| 1.不计阻力 | 1 | 0.384 9 | 4.直角边缘 | 0.85 | 0.321 5 |
| 2.情况良好 | 0.95 | 0.365 0 | 5.条件不好(尖锐且不平) | 0.80 | 0.297 4 |
| 3.圆弧进口 | 0.92 | 0.352 4 | | | |

由表7-1计算结果可知，宽顶堰的流量系数变化范围为：$m = 0.3 \sim 0.385$，其平均值 $m = 0.344\ 2$。

## 二、宽顶堰侧收缩系数

宽顶堰的侧收缩系数常用经验公式计算：

$$\varepsilon = 1 - \frac{a}{\sqrt[3]{0.2 + \frac{P_1}{H}}}\sqrt[4]{\frac{b}{B}}\left(1 - \frac{b}{B}\right) \tag{7-13}$$

式中：$P_1$——上游堰高；

$B$——上游渠宽；

$b$——堰口溢流宽度；

$H$——堰顶水头；

$a$——墩形系数；矩形边缘，$a = 0.19$，圆形边缘，$a = 0.1$。

## 三、宽顶堰的淹没系数

1.淹没标准

宽顶堰的泄流特性如图7-5所示。如图7-5a)及b)所示，$h_c < h_K$，收缩断面为急流，其下游水位波动将不会引起堰顶水头变化；图7-5b)中虽出现波状水跃，也不会上移淹没 $c$-$c$ 断面，这两种情况下堰的泄流量将不受下游水位的影响。图7-5c)中，收缩断面处水深 $h_{c-c} = h_K$，堰开始出现淹没出流现象(临界状态)，当为图7-5d)时，$h_{c-c} > h_K$，收缩断面转入缓流状态，下游水位波动将影响堰顶水头变化，即影响堰的泄流能力，此即淹没出流。由于下游水位抬高，堰出口断面扩大，流速减小，水的部分动能转化为势能，在堰出口处，下游水位略有回升，呈反

向落差,此称为动能恢复现象,但下游水位仍低于堰前水位。由试验得出,宽顶堰的淹没标准是:

$$\frac{h_y}{H_0} \geqslant 0.8,\text{淹没出流}$$

$$\frac{h_y}{H_0} < 0.8,\text{自由出流}$$

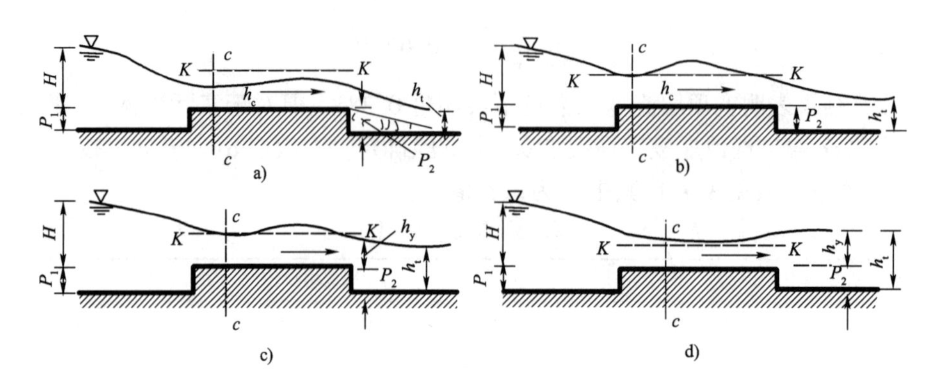


图 7-5

2. 淹没系数

宽顶堰的淹没系数 $\sigma = \sigma\left(\frac{h_y}{H_0}\right)$ 已有试验成果,见表 7-2。当自由出流时,$\sigma = 1$。

**宽顶堰淹没系数 $\sigma$** 表 7-2

| $h_y/H_0$ | 0.80 | 0.81 | 0.82 | 0.83 | 0.84 | 0.85 | 0.86 | 0.87 | 0.88 | 0.89 |
|---|---|---|---|---|---|---|---|---|---|---|
| $\sigma$ | 1.00 | 0.995 | 0.990 | 0.980 | 0.970 | 0.960 | 0.950 | 0.930 | 0.90 | 0.87 |
| $h_y/H_0$ | 0.90 | 0.91 | 0.92 | 0.93 | 0.94 | 0.95 | 0.96 | 0.97 | 0.98 | |
| $\sigma$ | 0.84 | 0.82 | 0.78 | 0.74 | 0.70 | 0.65 | 0.59 | 0.50 | 0.40 | |

# 第三节　宽顶堰水力计算

## 一、宽顶堰的水力计算公式

因 $H_0 = H + \frac{\alpha_0 v_0^2}{2g} = H + \frac{\alpha_0 Q^2}{2gA_0^2}$,按式(7-5),

有

$$\left.\begin{aligned} Q &= \varepsilon\sigma mb\sqrt{2g}\left(H + \frac{\alpha_0 Q^2}{2gA_0^2}\right)^{\frac{3}{2}} \\ A_0 &= f(H) \end{aligned}\right\} \tag{7-14}$$

式中:$A_0$——堰前断面 1-1 处的过水面积[图 7-1d)]。

若上游渠道断面为矩形,渠宽为 $B$ 时,式(7-14)可写成

$$Q = \varepsilon\sigma mb\sqrt{2g}\left[H + \frac{\alpha_0 Q^2}{2gB^2(H+P)^2}\right]^{\frac{3}{2}} \tag{7-15}$$

上式中 $Q$ 和 $H$ 均为隐函数,求解 $Q$ 或 $H$ 均需试算。计算步骤如下:

(1)判别出流状态,确定淹没系数 $\sigma$。

(2)计算流量系数(按经验公式) $m$ 及侧收缩系数。

(3)按已知条件,求解有关问题。

## 二、宽顶堰水力计算问题及方法

(1)已知 $H$ 、$P_1$ 、$P_2$ 、$B$ 、$b$ 、$h_t$ 渠道断面形状尺寸,求 $Q$ (符号意义见前)。

按式(7-14)试算流量 $Q$ ,一般按下式控制精度要求,即

$$\left|\frac{Q_n - Q_{n-1}}{Q_n}\right| \leqslant \Delta \tag{7-16}$$

式中:$\Delta$——允许误差,一般取 $\Delta = 0.01 \sim 0.05$。

计算流量的程序框图如图 7-6 所示。

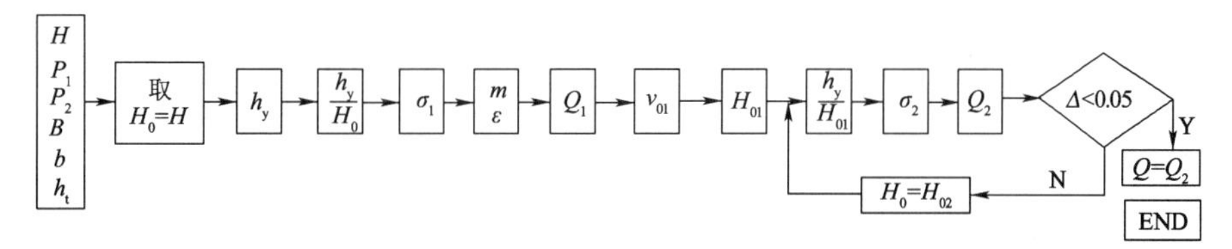


图 7-6

(2)已知 $Q$ 、$H$ 、$P_1$ 、$P_2$ 、$B$ 、$h_t$ 渠道断面形状,求堰的泄流宽度 $b$ 。程序框图如图 7-7 所示。

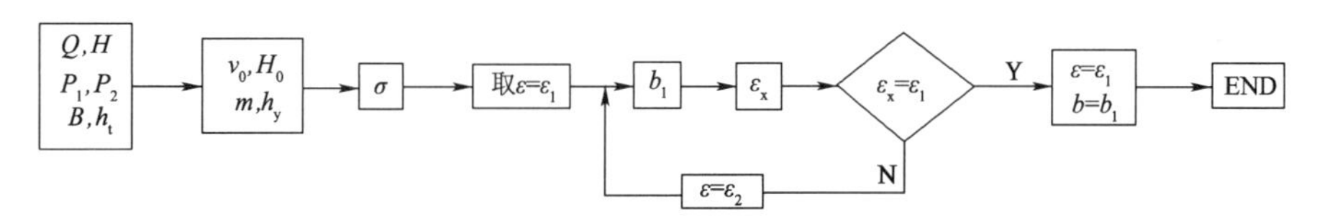


图 7-7

(3)已知 $Q$ 、$B$ 、$b$ 、$P_1$ 、$P_2$ 、$h_t$ 渠道断面形状,求堰顶水头 $H$ 。试算框图如图 7-8 所示。

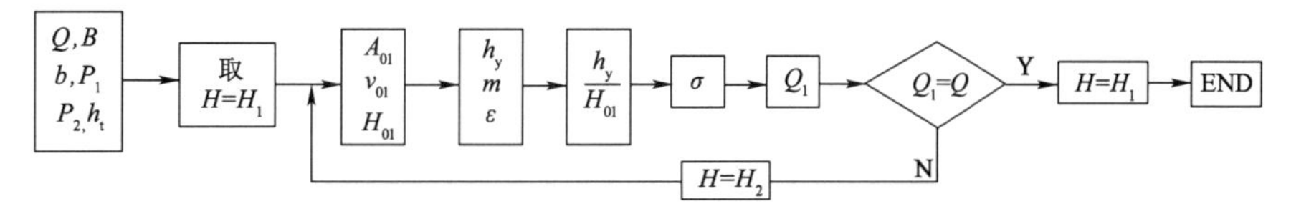


图 7-8

**例 7-1** 已知宽顶堰 $H = 0.85\text{m}$,坎高 $P_1 = P_2 = 0.5\text{m}$,下游水深 $h_t = 1.12\text{m}$,无侧收缩,$b = 1.28\text{m}$,求泄流量 $Q$ 。

**解:**(1)第一次计算

取 $H_0 = H = 0.85\text{m}$。

$\dfrac{h_y}{H_0} = \dfrac{h_t - P_2}{H_0} = \dfrac{1.12 - 0.5}{0.85} = 0.73 < 0.8$ ,属自由出流,$\sigma = 1$。

$\frac{P_1}{H}=\frac{0.5}{0.85}=0.588\,2<3$,采用式(7-10)计算流量系数,有

$$m=0.32+0.01\frac{3-\frac{P_1}{H}}{0.46+0.75\frac{P_1}{H}}=0.32+0.01\times\frac{3-\frac{0.5}{0.85}}{0.46+0.75\times\frac{0.5}{0.85}}=0.344\,6$$

又 $\varepsilon=1$

得 $Q=\varepsilon\sigma mb\sqrt{2g}H_0^{\frac{3}{2}}=1\times1\times0.344\,6\times1.28\times\sqrt{2\times9.8}\times0.85^{\frac{3}{2}}=1.54(\mathrm{m^3/s})$

$$v_{01}=\frac{Q_1}{b(H+P_1)}=\frac{1.54}{1.28\times(0.85+0.5)}=0.89(\mathrm{m/s})$$

(2)第二次计算,按第一次计算的 $H_0$、$v_{01}$ 值再代入公式计算:

$$H_{01}=H+\frac{\alpha_0v_{01}^2}{2g}=0.85+\frac{1\times0.89^2}{2\times9.8}=0.89(\mathrm{m})$$

$$\frac{h_y}{H_{01}}=\frac{1.12-0.5}{0.89}=0.696\,6<0.8,\ \sigma=1$$

$$Q_2=\varepsilon\sigma mb\sqrt{2g}H_{01}^{\frac{3}{2}}=1\times1\times0.344\,6\times1.28\times\sqrt{2\times9.8}\times0.89^{\frac{3}{2}}=1.64(\mathrm{m^3/s})$$

$$v_{02}=\frac{Q_2}{b(H+P_1)}=\frac{1.65}{1.28\times(0.85+0.5)}=0.95(\mathrm{m/s})$$

(3)第三次计算,按第二次计算的 $H_0$、$v_{02}$ 值再代入公式计算:

$$H_{02}=H+\frac{\alpha_0v_{02}^2}{2g}=0.85+\frac{1\times0.95^2}{2\times9.8}=0.90(\mathrm{m})$$

$$\frac{h_y}{H_{02}}=\frac{h_t-P_2}{H_{02}}=\frac{1.12-0.5}{0.90}=0.688\,9<0.8,\sigma=1$$

$$Q_3=\varepsilon\sigma mb\sqrt{2g}H_{02}^{\frac{3}{2}}=1\times1\times0.344\,6\times1.28\sqrt{2\times9.8}\times0.9^{\frac{3}{2}}=1.67(\mathrm{m^3/s})$$

(4)验算精度

$$\Delta=\left|\frac{Q_3-Q_2}{Q_3}\right|=\left|\frac{1.67-1.65}{1.67}\right|=0.012<0.05$$

(5)验算出流状态

$$v_{03}=\frac{Q_3}{b(H+P_1)}=\frac{1.68}{1.28\times(0.85+0.5)}=0.972\,2(\mathrm{m/s})$$

$$H_{03}=H+\frac{\alpha_0v_{03}^2}{2g}=0.85+\frac{1\times0.972\,2^2}{2\times9.8}=0.898\,2(\mathrm{m})$$

$$\frac{h_y}{H_{03}}=\frac{h_t-P_2}{H_{03}}=\frac{1.12-0.5}{0.898\,2}=0.690\,3<0.8,\ \sigma=1$$

属自由出流,与初判流态一致,故

$$Q=Q_3=1.67(\mathrm{m^3/s})$$

**例 7-2** 有一矩形宽顶堰,槛高 $P_1=P_2=1\mathrm{m}$,堰顶水头 $H=2\mathrm{m}$,堰宽 $b=2\mathrm{m}$,引水渠宽

$B = 3\text{m}$，下游水深 $h_t = 1\text{m}$，求泄流量 $Q$。

**解**：因 $B > b$，故为有侧收缩堰。

又 $h_y = h_t - P_2 = 1 - 1 = 0$，故为自由出流，$\sigma = 1$。由式(7-13)，边墩为矩形边缘，$a = 0.19$

$$\varepsilon = 1 - \frac{a}{\sqrt[3]{0.2 + \frac{P_1}{H}}}\sqrt[4]{\frac{b}{B}}\left(1 - \frac{b}{B}\right) = 1 - \frac{0.19}{\sqrt[3]{0.2 + \frac{1}{2}}}\sqrt[4]{\frac{2}{3}}\left(1 - \frac{2}{3}\right) = 0.935\ 5$$

$\frac{P_1}{H} = \frac{1}{2} = 0.5 < 3$，按式(7-10)计算 $m$，有

$$m = 0.32 + 0.01\frac{3 - \frac{P_1}{H}}{0.46 + 0.75\frac{P_1}{H}} = 0.32 + 0.01 \times \frac{3 - 0.5}{0.46 + 0.75 \times 0.5} = 0.349\ 9$$

若取 $v_0 = 0$，则有 $H_0 = H = 2(\text{m})$，得

$$Q = \varepsilon\sigma mb\sqrt{2g}H_0^{\frac{3}{2}} = 0.935\ 5 \times 1 \times 0.344\ 9 \times 2 \times \sqrt{2 \times 9.8} \times 2^{\frac{3}{2}} = 8.021\ 8(\text{m}^3/\text{s})$$

若考虑 $v_0$ 影响，因渠中流量未知，应按例 7-1 方法计算。渠中行近流速一般应予考虑。若堰前为大水库，可取 $v_0 = 0$。

**例 7-3** 某进水闸具有直角前缘闸坎。坎前河底高程 $\nabla_0 = 100\text{m}$，上游水位 $\nabla_1 = 107\text{m}$，下游水位 $\nabla_2 = 102\text{m}$，坎顶高程 $\nabla = 103\text{m}$，闸分两孔，墩形为圆形边缘，上、下游渠道断面为矩形，渠宽 $B = 20\text{m}$，泄流量 $Q = 200\text{m}^3/\text{s}$，求所需闸孔泄流宽度 $b$。

**解**：(1)求总水头 $H_0$

$$H = \nabla_1 - \nabla = 107 - 103 = 4(\text{m})$$

$P_1 = \nabla - \nabla_0 = 103 - 100 = 3(\text{m})$，取 $\alpha_0 = 1$

$$H_0 = H + \frac{\alpha_0 v_0^2}{2g} = H + \frac{1}{2g}\left[\frac{Q}{B(H + P_1)}\right]^2 = 4 + \frac{1}{19.6} \times \left[\frac{200}{20 \times (4 + 3)}\right]^2 = 4.104(\text{m})$$

(2)流量系数 $m$

$\frac{P_1}{H} = \frac{3}{4} = 0.75 < 3$，按式(7-10)计算

$$m = 0.32 + 0.01 \times \frac{3 - \frac{P_1}{H}}{0.45 + 0.75\frac{P_1}{H}} = 0.32 + 0.01 \times \frac{3 - 0.75}{0.45 + 0.75 \times 0.75} = 0.342$$

(3)泄水宽度 $b$（因 $b$ 与 $\varepsilon$ 有关，只能试算）

$$H_y = \nabla_2 - \nabla = 102 - 103 = -1\text{m}; \sigma = 1。取 \varepsilon_1 = 0.95$$

$$b_1 = \frac{Q}{\varepsilon_1 \sigma m\sqrt{2g}H_0^{\frac{3}{2}}} = \frac{200}{0.95 \times 1 \times 0.342 \times \sqrt{19.6} \times 4.104^{\frac{3}{2}}} = 16.71(\text{m})$$

按式(7-13)计算，墩形系数 $a = 0.1$，有

$$\varepsilon_x = 1 - \frac{a}{\sqrt[3]{0.2 + \frac{P_1}{H}}}\sqrt[4]{\frac{b}{B}}\left(1 - \frac{b}{B}\right) = 1 - \frac{0.1}{\sqrt[3]{0.2 + 0.75}} \times \sqrt[4]{\frac{16.71}{20}} \times \left(1 - \frac{16.71}{20}\right)$$

$$=0.9840 > \varepsilon_1$$

取 $\varepsilon_2 = 0.980$

$$b_2 = \frac{200}{0.980 \times 1 \times 0.342 \times \sqrt{19.6} \times 4.104^{\frac{3}{2}}} = 16.2026\text{m}$$

$$\varepsilon_x = 1 - \frac{0.1}{\sqrt[3]{0.2 + 0.75}} \times \sqrt[4]{\frac{16.2026}{20}}\left(1 - \frac{16.2026}{20}\right) = 0.9816$$

$$\varepsilon_x \approx \varepsilon_2 = 0.980$$

得 $\varepsilon = 0.9816,\ b = b_2 = 16.2026(\text{m})$

每孔宽 $b_n = \dfrac{b}{n} = \dfrac{16.2026}{2} = 8.1(\text{m})$

上述结果为水力条件要求的孔宽,即泄流宽度。在实际工程中,还应考虑闸孔标准梁的长度及闸门尺寸标准等,最后结合水力计算结果选定进水闸孔宽度。

**例 7-4** 进水闸的坎前河底高程 $\nabla_0 = 100\text{m}$,上游水位 $\nabla_1 = 107\text{m}$,下游水位 $\nabla_2 = 106.7\text{m}$,堰顶高程 $\nabla = 103\text{m}$,闸分两孔,闸墩头部为半圆形,堰的进口为直角方形,渠道宽 $B = 20\text{m}$,堰的泄流宽度 $b = 16\text{m}$,求堰的泄流量 $Q$。

**解:**(1)计算 $H$,$m$

$$H = \nabla_1 - \nabla = 107 - 103 = 4(\text{m}),\ P_1 = 3\text{m}$$

$$\frac{P_1}{H} = \frac{3}{4} = 0.75 < 3,\text{按式(7-10)得 } m = 0.342$$

(2)计算 $\sigma$,$\varepsilon$

$$H_y = \nabla_2 - \nabla = 106.7 - 103 = 3.7\ (\text{m})$$

设 $H_0 = H = 4\text{m}$,则 $\dfrac{P_y}{H_0} = \dfrac{3.7}{4} = 0.925 > 0.8$,属淹没出流,查表 7-2(内插)得 $\sigma = 0.76$

$$\varepsilon = 1 - \frac{a}{\sqrt[3]{0.2 + \frac{P_1}{H}}}\sqrt[4]{\frac{b}{B}}\left(1 - \frac{b}{B}\right) = 1 - \frac{0.1}{\sqrt[3]{0.2 + 0.75}} \times \sqrt[4]{\frac{16}{20}}\left(1 - \frac{16}{20}\right) = 0.9808$$

(3)第一次流量值

$$Q_1 = \varepsilon\sigma mb\sqrt{2g}H_0^{\frac{3}{2}} = 0.9808 \times 0.76 \times 0.342 \times 16 \times \sqrt{2 \times 9.8} \times 4^{\frac{3}{2}} = 144.46(\text{m}^3/\text{s})$$

$$v_{01} = \frac{Q_1}{A_{01}} = \frac{Q}{B(H + P_1)} = \frac{144.46}{20 \times (4 + 3)} = 1.0319(\text{m/s})$$

$$H_{01} = H + \frac{\alpha_0 v_0^2}{2g} = 4 + \frac{1 \times 1.0319^2}{2 \times 9.8} = 4.0543\ (\text{m})$$

$$\frac{h_y}{H_{01}} = \frac{3.7}{4.0543} = 0.9175 > 0.8,\text{为淹没出流}$$

查表 7-2 得 $\sigma = 0.817$,又 $\varepsilon = 0.9808$,$m = 0.342$

(4)第二次流量计算

$$Q_2 = \varepsilon\sigma mb\sqrt{2g}H_{01}^{\frac{3}{2}} = 0.9808 \times 0.817 \times 0.342 \times 16 \times \sqrt{19.6} \times 4.0543^{\frac{3}{2}} = 158.47(\text{m}^3/\text{s})$$

$$v_{02}=\frac{Q_2}{B(H+P_1)}=\frac{158.47}{20\times(4+3)}=1.132\,0(\mathrm{m/s})$$

$$H_{02}=H+\frac{\alpha_0 v_{02}^2}{2g}=4+\frac{1\times1.132\,0^2}{2\times9.8}=4.065\,4(\mathrm{m})$$

$\dfrac{h_y}{H_{02}}=\dfrac{3.7}{4.065\,4}=0.915\,0>0.8$,为淹没出流;查表 7-2 得 $\sigma=0.80$

(5)第三次流量计算

$$Q_3=\varepsilon\sigma mb\sqrt{2g}H_{02}^{\frac{3}{2}}=0.980\,8\times0.8\times0.342\times16\times\sqrt{19.6}\times4.064\,3^{\frac{3}{2}}=155.75(\mathrm{m^3/s})$$

$$v_{03}=\frac{Q_3}{B(H+P_1)}=\frac{155.75}{20\times(4+3)}=1.112\,5(\mathrm{m/s})$$

$$H_{03}=H+\frac{\alpha_0 v_{03}^2}{2g}=4+\frac{1\times1.112\,5^2}{2\times9.8}=4.063\,1(\mathrm{m})$$

$$\frac{h_y}{H_{03}}=\frac{3.7}{4.063\,1}=0.910\,6,\ \sigma=0.811\,5$$

(6)第四次流量计算

$$Q_4=\varepsilon\sigma mb\sqrt{2g}H_{03}^{\frac{3}{2}}=0.980\,8\times0.811\,5\times0.342\times16\times\sqrt{19.6}\times4.063\,1^{\frac{3}{2}}$$
$$=158.017\,5(\mathrm{m^3/s})$$

$$v_{04}=\frac{Q_4}{B(H+P_1)}=\frac{158.017\,5}{20\times(4+3)}=1.128\,7(\mathrm{m/s})$$

$$H_{04}=H+\frac{\alpha_0 v_{04}^2}{2g}=4+\frac{1\times1.128\,7^2}{2\times9.8}=4.065\,0(\mathrm{m})$$

$$\frac{h_y}{H_{04}}=\frac{3.7}{4.065\,0}=0.910\,2,\ \sigma=0.819\,8$$

(7)第五次流量计算

$$Q_5=\varepsilon\sigma mb\sqrt{2g}H_{04}^{\frac{3}{2}}=0.980\,8\times0.819\,8\times0.342\times16\times\sqrt{19.6}\times4.065\,0^{\frac{3}{2}}$$
$$=159.75(\mathrm{m^3/s})$$

$$v_{05}=\frac{Q_5}{B(H+P_1)}=\frac{159.75}{20\times(4+3)}=1.141\,1(\mathrm{m/s})$$

$$H_{05}=H+\frac{\alpha_0 v_{05}^2}{2g}=4+\frac{1\times1.141\,1^2}{2\times9.8}=4.066\,4\ (\mathrm{m})$$

$$\frac{h_y}{H_{05}}=\frac{3.7}{4.066\,4}=0.909\,9,\ \sigma=0.820\,0$$

(8)第六次流量计算

$$Q_6=\varepsilon\sigma mb\sqrt{2g}H_{05}^{\frac{3}{2}}=0.980\,8\times0.819\,8\times0.342\times16\times\sqrt{19.6}\times4.066\,4^{\frac{3}{2}}$$
$$=159.83(\mathrm{m^3/s})$$

(9)误差

$$\Delta=\left|\frac{Q_6-Q_5}{Q_6}\right|=\left|\frac{159.83-159.75}{159.83}\right|=0.000\,5=0.05\%$$

故 $Q=159.83(\mathrm{m^3/s})$

# *第四节 闸孔出流

如图 7-9 所示,水从闸门部分开启的孔口出流,称为闸孔出流。水闸门的作用主要是通过闸的启闭控制或调节水库或上游河渠下泄的流量。闸孔泄流时,闸孔下游$(2\sim3)e$处形成收缩断面 $c-c$,该处水深即收缩断面水深,用 $h_c$ 表示,$e$ 为闸孔开度,$h_c<e$,有

$$h_c=\varepsilon_0 e \tag{7-17}$$

其中 $\varepsilon_0<1$,称为闸孔垂直方向收缩系数,由试验确定,见表 7-3,$\varepsilon_0=f\left(\frac{e}{H}\right)$。当 $\frac{e}{H}>0.75$时,闸下出流将转变成堰流。

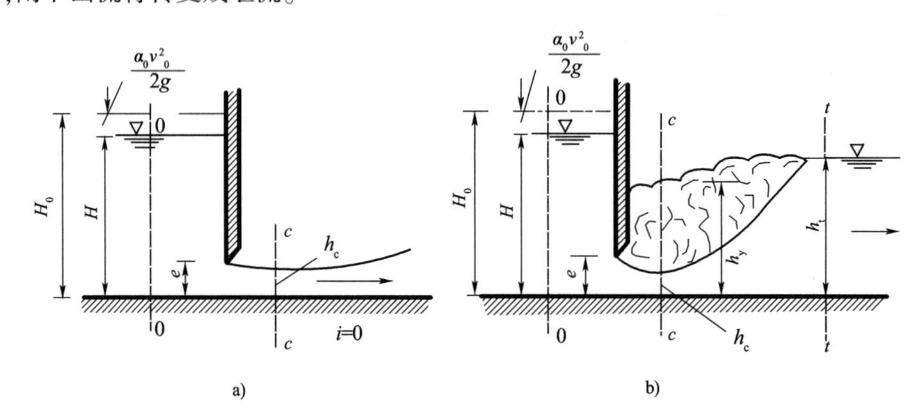


图 7-9

a)闸下自由出流;b)闸下淹没出流

**闸孔垂直方向收缩系数 $\varepsilon_0$** 表 7-3

| $e/H$ | 0.10 | 0.15 | 0.20 | 0.25 | 0.30 | 0.35 | 0.40 | 0.45 | 0.50 | 0.55 | 0.60 | 0.65 | 0.70 | 0.75 |
|---|---|---|---|---|---|---|---|---|---|---|---|---|---|---|
| $\varepsilon_0$ | 0.615 | 0.618 | 0.620 | 0.622 | 0.625 | 0.628 | 0.630 | 0.638 | 0.645 | 0.650 | 0.660 | 0.675 | 0.690 | 0.705 |

水闸是一种泄水建筑物,其闸孔的泄水能力与闸前水头、闸孔开度、闸门形式及下游水位等因素有关。闸孔泄流可有两种情况,即自由出流和淹没出流,如图 7-9 所示。

## 一、闸孔自由出流

如图 7-9a)所示,闸孔下游收缩断面水深 $h_c$,一般小于下游临界水深而呈急流状态,其下游的水面曲线属于 $c$ 型壅水曲线,水深沿程增大。当闸孔下游呈远离式水跃,$h_c<h_K$,下游水位波动对闸孔泄流量无影响时,称为闸孔自由出流。闸下出流主要是局部阻力起作用,沿程水头损失可以忽略不计,$h_w=h_j$;对于自由出流,列出 0-0、$c$-$c$ 断面的能量方程,有

$$H_0=h_c+\frac{\alpha_c v_c^2}{2g}+\zeta_c\frac{v_c^2}{2g}$$

$$v_c=\frac{1}{\sqrt{\alpha_c+\zeta_c}}\sqrt{2g(H_0-h_c)}=\varphi\sqrt{2g(H_0-h_c)}$$

$$A_c=bh_c=b\varepsilon_0 e$$

$$
\left.\begin{aligned}
Q &= A_c v_c = \varphi \varepsilon_0 e b \sqrt{2g(H_0 - h_c)} \\
Q &= \mu e b \sqrt{2g(H_0 - \varepsilon_0 e)} \\
\mu &= \varphi \varepsilon_0
\end{aligned}\right\} \tag{7-18}
$$

式中：$b$——闸孔宽度；

$\mu$——流量系数；

$\varphi$——流速系数；

$\varepsilon_0$——闸孔垂直方向收缩系数。

$\varphi$ 与闸孔进口底部情况有关：

无坎　　　　　　$\varphi$ =0.95～1.00（图7-9）

有坎宽顶堰　　　$\varphi$ =0.85～0.95（宽顶堰进口加闸门）

无坎跌水　　　　$\varphi$ =0.97～1.00（如跌坎上方加设闸门控制）

## 二、闸孔淹没出流

如图7-9b)所示，当闸后出现淹没水跃时，闸孔被水跃封闭，收缩断面处水深 $h_y > h_K$，出流转入缓流，下游水位波动将引起闸前水头 $H_0$ 变化，此称为淹没出流。淹没出流时，收缩断面处压强分布可近似看作与静水压强相同，列出断面0-0与 $c$-$c$ 的能量方程，得

$$
v_c = \varphi \sqrt{2g(H_0 - h_y)}
$$

$$
\left.\begin{aligned}
Q_s &= A_c v_c = b h_c \varphi \sqrt{2g(H_0 - h_y)} \\
&= \varphi \varepsilon_0 e b \sqrt{2g(H_0 - h_y)} \\
Q_s &= \mu e b \sqrt{2g(H_0 - h_y)} \\
\mu &= \varphi \varepsilon_0
\end{aligned}\right\} \tag{7-19}
$$

当已知 $h_y$ 时，按上式即可求得 $Q_s$。列 $c$-$c$，$t$-$t$ 断面沿水流方向的动量方程（忽略边壁摩擦阻力）有

$$
\frac{1}{2}\gamma b(h_y^2 - h_t^2) = \frac{\gamma Q_s}{g}\alpha'(v_t - v_c)
$$

其中：　$v_t = \dfrac{Q_s}{b h_t}, v_c = \dfrac{Q_s}{b h_c}, Q_s = \mu e b \sqrt{2g(H_0 - h_y)}$

代入动量方程，得

$$
\left.\begin{aligned}
h_y &= \frac{A}{2} + \sqrt{h_t^2 - A\left(H_0 - \frac{A}{4}\right)} \\
A &= \frac{4\alpha' \mu^2 e^2 (h_t - h_c)}{h_t h_c} \\
h_c &= \varepsilon_0 e
\end{aligned}\right\} \tag{7-20}
$$

上式即淹没水跃收缩断面处淹没水深 $h_y$ 与跃后水深 $h_t$ 的共轭关系。

上式计算较繁，也可引入淹没系数计算闸孔流量。由此，闸孔泄流量公式可用下式表达：

$$
\left.\begin{aligned}
&\text{自由出流} \quad Q = \mu_0 eb\sqrt{2gH_0} \\
&\mu_0 = \varphi\varepsilon_0\sqrt{1 - \frac{h_c}{H_0}} \\
&\text{淹没出流} \quad Q_s = \mu_s eb\sqrt{2gH_0} \\
&\mu_s = \varphi\varepsilon_0\sqrt{1 - \frac{h_y}{H_0}}
\end{aligned}\right\} \tag{7-21}
$$

令 $\sigma_s = \dfrac{Q_s}{Q}$,称为闸孔淹没系数

有

$$
\sigma_s = \frac{\mu_s}{\mu_0} = \sqrt{\frac{1 - \tau}{1 - \tau_c}} \tag{7-22}
$$

$$
\left.\begin{aligned}
\tau &= \frac{h_y}{H_0} \\
\tau_0 &= \frac{h_c}{H_0}
\end{aligned}\right\} \tag{7-23}
$$

上述 $\sigma_s$ 可按式(7-22)计算,通常由试验方法研究确定。常用经验公式:

$$
\sigma_s = 0.95\sqrt{\frac{\ln\dfrac{H}{h_t}}{\ln\dfrac{H}{h''_c}}} \tag{7-24}
$$

式中:$H$——闸前水头(图7-9);

$h''_c$——$h_c$ 的完整水跃跃后共轭水深。

由此,闸孔淹没出流计算公式可表达为

$$
Q_s = \sigma_s \mu eb\sqrt{2g(H_0 - \varepsilon_0 e)} \tag{7-25}
$$

**例7-5** 某渠道的桥坝结合工程拟兴建矩形断面闸孔水闸,并利用平板闸门控制和调节渠中的水位和流量。桥孔底板水平,闸孔宽度 $b = 3\text{m}$,开度 $e = 0.7\text{m}$ 时,闸前水深 $H = 2\text{m}$,闸孔上游行近流速 $v_0 = 0.75\text{m/s}$,已知闸孔为自由出流,求水闸下泄流量 $Q$。

**解:** $\dfrac{e}{H} = \dfrac{0.7}{2} = 0.35 < 0.75$,属闸孔出流,由表7-3得 $\varepsilon_0 = 0.628$,取 $\varphi = 0.95$,有

$$
\mu = \varphi\varepsilon_0 = 0.95 \times 0.628 = 0.5966
$$

$$
h_c = \varepsilon_0 e = 0.628 \times 0.7 = 0.44\ (\text{m})
$$

$$
\frac{\alpha_0 v_0^2}{2g} = \frac{1.1 \times 0.75^2}{19.6} = 0.03\ (\text{m})
$$

$$
H_0 = H + \frac{\alpha_0 v_0^2}{2g} = 2 + 0.03 = 2.03\ (\text{m})
$$

故 $Q = \mu eb\sqrt{2g(H_0 - \varepsilon_0 e)} = 0.5966 \times 3 \times 0.7 \times \sqrt{19.6 \times (2.03 - 0.44)} = 7\ (\text{m}^3/\text{s})$

**例7-6** 某水闸上游水头 $H = 5.04\text{m}$,净宽 $b = 7\text{m}$,开度 $e = 0.6\text{m}$,下游水深 $h_t = 3.92\text{m}$,求泄流量 $Q$。

**解:**(1)判别出流性质

$\frac{e}{H}=\frac{0.6}{5.04}=0.119$，查表7-3得 $\varepsilon_0=0.616$

$$h_c=\varepsilon_0 e=0.616\times0.6=0.37\,(\mathrm{m})$$

取 $\varphi=0.97$，不计行近流速水头，有

$$v_c=\varphi\sqrt{2g(H_0-h_c)}\approx\varphi\sqrt{2g(H-h_c)}=0.97\times\sqrt{19.6\times(5.04-0.37)}=9.28\,(\mathrm{m/s})$$

$$\mathrm{Fr}=\frac{\alpha v_c^2}{gh_c}=\frac{1.1\times9.28^2}{9.8\times0.37}=26.13>1(\text{急流})$$

$$h''_c=\frac{h_c}{2}(\sqrt{1+8\mathrm{Fr}}-1)=\frac{0.37}{2}\times(\sqrt{1+8\times26.13}-1)=2.5(\mathrm{m})<h_t=3.92(\mathrm{m})$$

故闸孔为淹没出流。

(2)计算泄流量

由式(7-24)、式(7-25)得

$$\sigma_s=0.95\sqrt{\frac{\ln\left(\frac{H}{h_t}\right)}{\ln\left(\frac{H}{h''_c}\right)}}=0.95\sqrt{\frac{\ln\left(\frac{5.04}{3.92}\right)}{\ln\left(\frac{5.04}{2.50}\right)}}=0.5688$$

$$Q=\sigma_s\mu eb\sqrt{2gH_0}=0.5688\times0.616\times0.97\times0.6\times7\times\sqrt{19.6\times5.04}=14.19\,(\mathrm{m^3/s})$$

$$v_0=\frac{Q}{A_0}=\frac{14.19}{5.04\times7}=0.4\,(\mathrm{m/s})$$

$$\frac{\alpha_0 v_0^2}{2g}=\frac{1.1\times0.4^2}{19.6}=0.009\,(\mathrm{m})(\text{很小})$$

可见，忽略行近流速水头，计算的泄流量合理。

## 第五节　泄水建筑物下游的衔接与消能

桥、涵、堰、闸或溢流坝等，其作用是宣泄上游来水，防止水流对路、堤或非溢水建筑物的漫溢水毁。这些建筑物统称为泄水建筑物。其下游往往发生远离式水跃与下游渠道水面曲线衔接。在急流段中，水流湍急，冲刷力强，常常危及泄水建筑物的安全。消除或缩短泄水建筑物下游急流段的工程措施，简称为消能。消能措施的设计原则是：在控制的局部渠段内，增加水流紊乱，以消减下泄水流的能量，降低渠中流速以达到下游渠道的防冲刷目的。如图7-10所示为桥、涵上下游的消能附属建筑物。

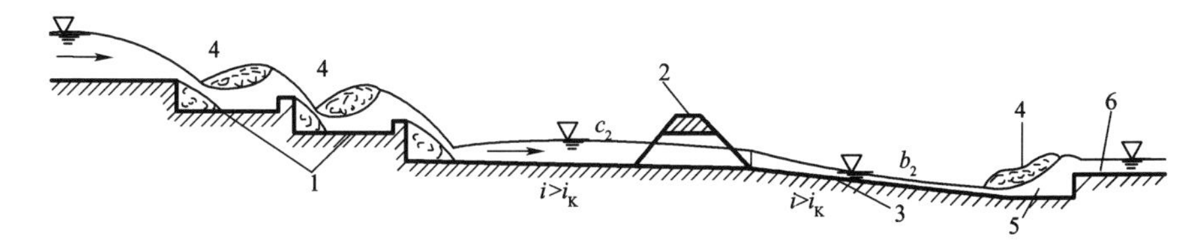


图　7-10

1-多级跌水；2-小桥涵；3-急流槽；4-水跃；5-消力池；6-下游渠道

## 一、消能方式

1. 底流式

这类消能措施的特点是利用水跃消能。通过消力池或消力槛造成淹没水跃条件,使水跃控制在泄水建筑物附近,以缩短下游急流段的长度。其下泄水流的主流在渠底,故名底流式。如图7-11a)所示为消力池,它通常在下游局部渠段挖深渠道形成池塘,加大下游渠道的水深,以满足淹没水跃的水深要求,使水跃发生在消力池内;图7-11b)所示为消力槛,它是在渠底面修建一条矮墙形成消力池塘以造成淹没水跃条件。底流式消能措施常用于非岩石地基。如图7-11a)所示,这类消能措施的消力池末端水深应有

$$h'' = \sigma h''_c = h_t + s + \Delta z \tag{7-26}$$

对于消力槛,如图7-11b)所示,应有

$$h'' = \sigma h''_c = H + C \tag{7-27}$$

式中:$\sigma$ ——安全系数,一般取 $\sigma = 1.05 \sim 1.10$;

$h''_c$ —— $h' = h_c$ 时的跃后共轭水深;

$h''$ ——消力池内应有的跃后共轭水深;

$s$ ——消力池深度;

$C$ ——消力槛高;

$H$ ——消力槛顶水头;

$\Delta z$ ——消力池出口的水位超高。

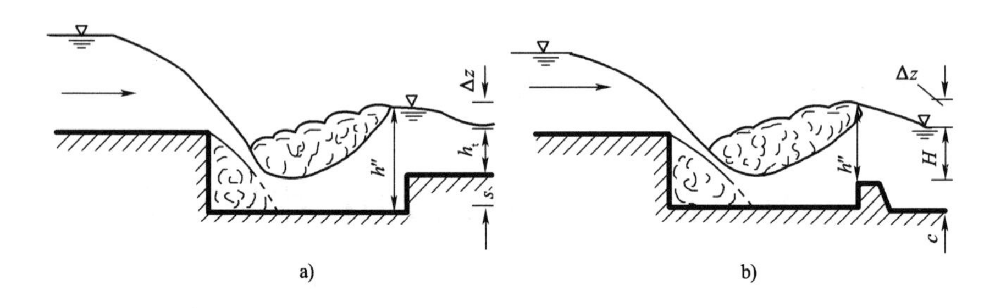


图 7-11

a)消力池;b)消力槛

2. 挑流式

这种消能措施是把下泄水流挑射至远离建筑物的下游河床中,如图7-12a)所示。挑射水流在空中受到空气阻力作用,水股将发生分散,射入下游河床后,水流剧烈混掺,可消耗大量的下泄能量。这类消能方式常用于地质良好河床。

3. 面流式(戽流消能)

如图7-12b)所示,这种消能方式是在泄水建筑物的出口建造一个具有较大反弧半径和较大挑角的凹面,称为消力戽。通过消力戽,将下泄高速水流的主流导向下游水面,形成涌浪,并在戽勺后的河床中产生一个反向的底部旋滚,有时还可在涌浪下游面与戽勺内形成两处较小的表面旋滚,这种现象,又称为戽流。这种消能措施对河床冲刷小,可节约工程费用,但会引起下游水位激烈波动,对岸坡稳定及航运不利。下游水位较高时常用消力戽消能。

4. 人工加糙——辅助消能工

此法是在急流槽或在泄水建筑物下游河床中采用人工方法增加渠道的粗糙度，以降低水流速度，如图 7-13 所示。人工加糙还可应用在消力池内。

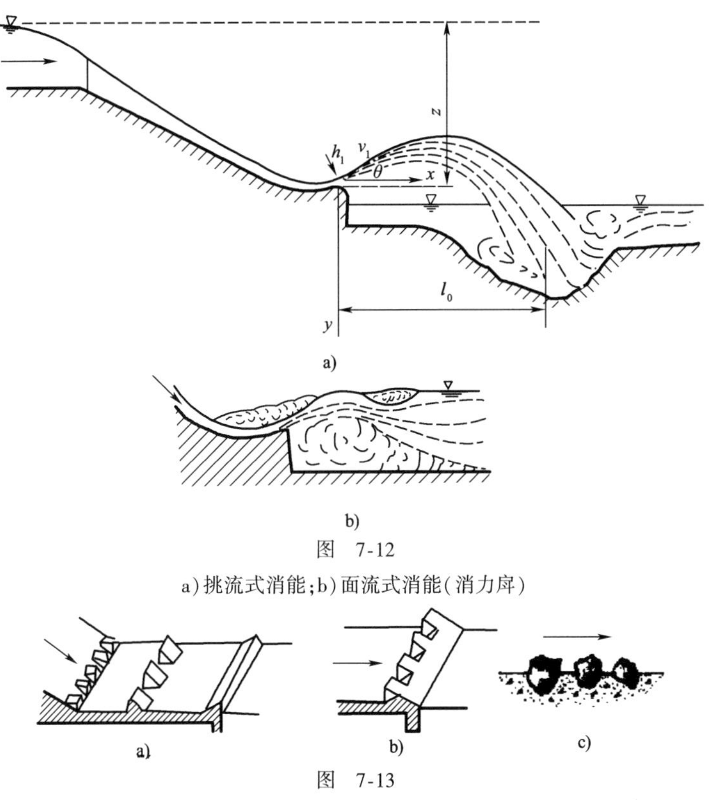


图 7-12

a) 挑流式消能；b) 面流式消能（消力戽）

图 7-13

a) 双排间错式消力齿；b) 消力齿；c) 埋石加糙消力措施

5. 单级跌水或多级跌水

这种消能方式常用于山区公路中地形很陡的河沟。单级跌水的组成有：进口渠槽、跌坎、消能设施三部分。其中消能设施有：消力池、消力槛、综合消力池。它可以减小挖填的土方量。多级跌水如图 7-13 所示。

## 二、消力池水力计算

如图 7-14 所示，消力池的水力计算问题有两个：确定池深和池长。其计算要求是能确保池中的淹没水跃条件。

1. 计算池深 $s$

设渠道为平坡矩形，则有

$$\begin{cases} h''_{c} = \dfrac{h_{c}}{2}\left(\sqrt{1+8\mathrm{Fr}_{1}}-1\right) & ① \\ h_{t}+s+\Delta z = \sigma h''_{c} = h'' & ② \\ \Delta z = \dfrac{q^{2}}{2g\varphi^{2}h_{t}^{2}} - \dfrac{q^{2}}{2g(\sigma h''_{c})^{2}} & ③ \end{cases}$$

式中：$\sigma$ ——安全系数，$\sigma = 1.05 \sim 1.10$；

$\Delta z$ ——消力池出口壅高水头,按宽顶堰前壅高水头计算；

$\varphi$ ——流速系数,一般取 $\varphi = 0.8 \sim 0.95$；

$h_t$ ——下游水深；

$Fr_1$ —— $c$-$c$ 断面弗汝德数；

$q$ ——单宽流量。

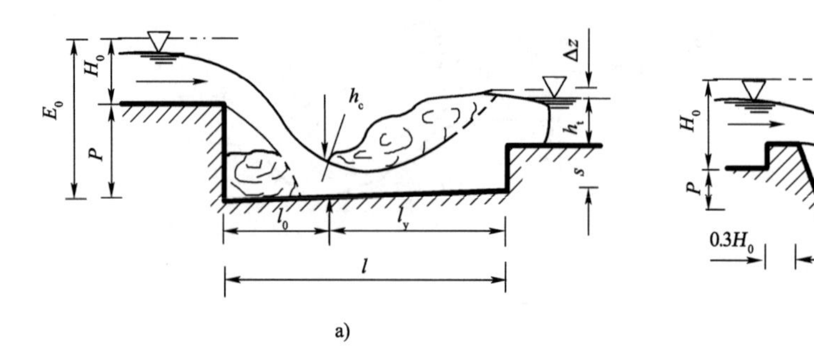


图 7-14

联立解式①、②、③,得

$$\sigma h''_c + \frac{q^2}{2g(\sigma h''_c)^2} - s = h_t + \frac{q^2}{2g\varphi^2 h_t^2} \tag{7-28}$$

令

$$h_t + \frac{q^2}{2g\varphi^2 h_t^2} = f(h_t) = A = \text{const} \tag{7-29}$$

$$\sigma h''_c + \frac{q^2}{2g(\sigma h''_c)^2} - s = f(s) \tag{7-30}$$

则式(7-28)可写成

$$f(s) = f(ht) \tag{7-31}$$

式(7-28)或式(7-31)即为消力池池深的计算公式。其中 $h_t, q, h_c$ 均已知，$A$ 可算出数值,假定一系列 $s$ 值,若式(7-31)成立,则相应的 $s$ 值即所求池深。试算程序框图如图 7-15 所示。

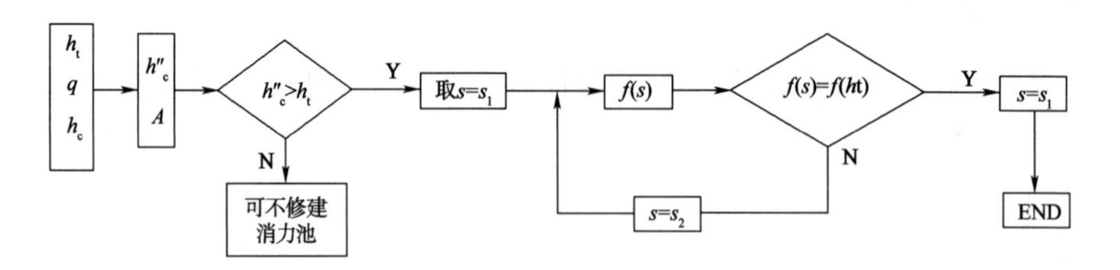


图 7-15

试算时,所取初始值 $s$ 可参考下述经验公式的计算值,即

$$s = 1.25(h''_c - h_t) \tag{7-32}$$

2. 消力池长度 $l$（图 7-14）——按经验公式计算

$$\left.\begin{aligned}&\text{宽顶堰进口} && l_0 = 1.47 \times \sqrt{(P + 0.24H_0)H_0}\\&\text{实用堰进口} && l_0 = 1.33 \times \sqrt{(P + 0.32H_0)H_0}\\& && l = l_0 + l_1 = l_0 + \psi_s l_y\end{aligned}\right\} \tag{7-33}$$

式中：$P$ ——跌坎高度；

$H_0$ ——含行近流速的消力池进口段水头；

$\psi_s$ ——消力池壁面阻挡影响对池长的折减系数，一般取 $\psi_s = 0.7 \sim 0.8$；

$l_y$ ——水跃长度。

**例 7-7** 消力池计算。一矩形渠道中有宽顶堰，堰宽 $b = 8\text{m}$，堰高 $P = 1.5\text{m}$，无侧收缩，流量系数 $m = 0.342$，流量 $Q = 26.8\text{m}^3/\text{s}$，下游水深 $h_t = 1.2\ \text{m}$，$i = 0$，试判别下游水流衔接形式并确定是否需要修建消力池。

**解：**1）判别水流衔接形式

按式（7-5），$\varepsilon = \sigma_s = 1$，$m = 0.342$，有

$$H_0 = \left(\frac{Q}{mb\sqrt{2g}}\right)^{\frac{2}{3}} = \left(\frac{26.8}{0.342 \times 8\sqrt{19.6}}\right)^{\frac{2}{3}} = 1.70\ (\text{m})$$

$$E_0 = H_0 + P = 1.7 + 1.5 = 3.2\ (\text{m})$$

取 $\varphi = 0.95$，由式（6-50）试算得 $h_c = 0.48\ (\text{m})$

$$h_c = h'_c = 0.48(\text{m})$$

又
$$h_K = \sqrt[3]{\frac{\alpha Q^2}{gb^2}} = \sqrt[3]{\frac{1 \times 26.8^2}{9.8 \times 8^2}} = 1.05\ (\text{m})$$

则
$$h''_c = \frac{h'_c}{2}\left[\sqrt{1 + 8\left(\frac{h_K}{h'_c}\right)^3} - 1\right] = \frac{0.48}{2}\left[1 + 8\left(\frac{1.05}{0.48}\right)^3 - 1\right] = 1.95(\text{m})$$

$h''_c > h_t = 1.2\ \text{m}$，将发生远离式水跃，需修建消力池。

2）消力池水力计算

（1）池深 $s$

$$q = \frac{Q}{b} = \frac{26.8}{8} = 3.35\ [\text{m}^3/(\text{s} \cdot \text{m})]$$

$$f(h_t) = h_t + \frac{q^2}{2g\varphi^2 h_t^2} = 1.2 + \frac{3.35^2}{2g(0.95 \times 1.2)^2} = 1.64\ (\text{m})$$

初设值 $s_1 = 1.25(h''_c - h_t) = 1.25(1.95 - 1.2) = 0.94(\text{m})$

$$E_0 = H_0 + P + s = 1.7 + 1.5 + 0.94 = 4.14\ (\text{m})$$

$$k_0 = \frac{q}{\sqrt{2g}\varphi} = \frac{3.35}{\sqrt{19.6} \times 0.95} = 0.796\ 5$$

$$h_c^{(1)} = \frac{k_0}{\sqrt{E_0}} = \frac{0.796\ 5}{\sqrt{4.14}} = 0.391\ 5(\text{m})$$

$$h_c^{(2)} = \frac{k_0}{\sqrt{E_0 - h_c^{(1)}}} = \frac{0.796\ 5}{\sqrt{4.14 - 0.3915}} = 0.411\ 4(\text{m})$$

$$h_c^{(3)} = \frac{k_0}{\sqrt{E_0 - h_c^{(2)}}} = \frac{0.7965}{\sqrt{4.14 - 0.4114}} = 0.4125(\text{m})$$

$$h_c^{(4)} = \frac{k_0}{\sqrt{E_0 - h_c^{(3)}}} = \frac{0.7965}{\sqrt{4.14 - 0.4125}} = 0.4125(\text{m})$$

故 $h_c = 0.4125\text{m}$,令 $h'_c = h_c = 0.413(\text{m})$

则 $h''_c = \frac{h'_c}{2}\left[\sqrt{1 + 8\left(\frac{h_K}{h_c}\right)^3} - 1\right] = \frac{0.413}{2}\left[\sqrt{1 + 8\left(\frac{1.05}{0.413}\right)^3} - 1\right] = 2.17(\text{m})$

$$f(s_1) = \sigma h''_c + \frac{q^2}{2g(\sigma h''_c)^2} - s_1 = 1.05 \times 2.17 + \frac{1}{19.6}\left(\frac{3.35}{1.05 \times 2.17}\right)^2 - 0.94 = 1.45(\text{m})$$

由此可知,$s_1$ 不符合要求,再设 $s$ 值试算,见表7-4。

由表7-4 试算结果得 $s = 0.69$ (m)

(2)池长计算

取 $\varphi = 0.75$ ,由式(7-33)有

$$l_0 = 1.47\sqrt{(P + 0.24H_0)H_0} = 1.47 \times \sqrt{(1.5 + 0.24 \times 1.7) \times 1.7} = 2.65\ (\text{m})$$

$$l_y = 6.9(h''_c - h_c) = 6.9 \times (2.1 - 0.432) = 11.51(\text{m})$$

$$l = l_0 + \psi l_y = 2.65 + 0.75 \times 11.51 = 11.28\ (\text{m})$$

消力池池深 $s$ 试算表 表7-4

| 次数 | $s$ (m) | $E_0$ (m) | $h_c$ (m) | $h''_c$ (m) | $f(s)$ (m) | 次数 | $s$ (m) | $E_0$ (m) | $h_c$ (m) | $h''_c$ (m) | $f(s)$ (m) |
|---|---|---|---|---|---|---|---|---|---|---|---|
| 1 | 0.94 | 4.14 | 0.413 | 2.17 | 1.45 | 3 | 0.70 | 3.90 | 0.432 | 2.10 | 1.63 |
| 2 | 0.80 | 4.00 | 0.432 | 2.11 | 1.56 | 4 | 0.60 | 3.80 | 0.441 | 2.08 | 1.71 |

## *三、消力槛水力计算

消力槛水力计算与消力池相似,即决定槛高及消力池的长度。其中消力池长度可按式(7-33)计算。下面介绍槛高计算方法。

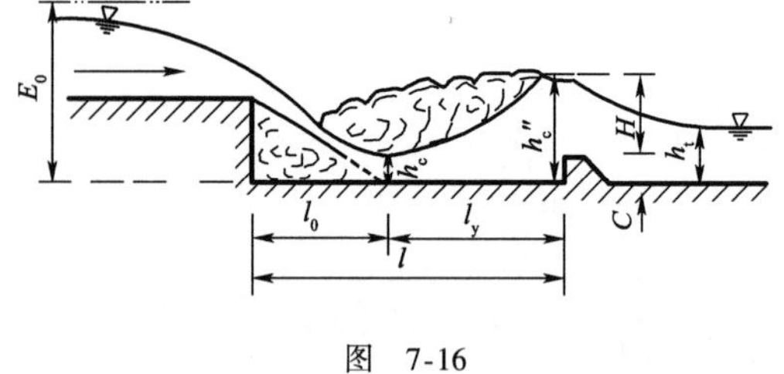


图 7-16

如图7-16 所示,消力槛出口流量按实用断面堰计算,有

$$H = H_{01} - \frac{\alpha v_2^2}{2g} = \left(\frac{q}{\sigma_s m\sqrt{2g}}\right)^{\frac{2}{3}} - \frac{q^2}{2g(\sigma h''_c)^2} \tag{7-34}$$

池内呈淹没式水跃的水力条件为

$$C = \sigma h''_c - H \tag{7-35}$$

联立解式(7-34)、式(7-35)得

$$C = \sigma h''_c - \left(\frac{q}{\sigma_s m\sqrt{2g}}\right)^{\frac{2}{3}} + \frac{q^2}{2g(\sigma h''_c)^2} \tag{7-36}$$

式中:$\sigma_s$ ——实用堰淹没系数,见表7-5;

$\sigma$ ——安全系数,取 $\sigma = 1.05 \sim 1.10$;

$m$——流量系数,一般取 $m=0.4\sim0.43$;

$v_2$——$h''_c$所在断面的平均流速;

$q$——单宽流量。

消力槛淹没系数　　表7-5

| $h_y/H_{01}$ | ≤0.45 | 0.50 | 0.55 | 0.60 | 0.65 | 0.70 | 0.72 | 0.74 | 0.76 | 0.78 |
|---|---|---|---|---|---|---|---|---|---|---|
| $\sigma_s$ | 1.00 | 0.990 | 0.985 | 0.975 | 0.960 | 0.940 | 0.930 | 0.916 | 0.900 | 0.885 |
| $h_y/H_{01}$ | 0.80 | 0.82 | 0.84 | 0.86 | 0.88 | 0.90 | 0.92 | 0.95 | 1.00 | |
| $\sigma_s$ | 0.865 | 0.845 | 0.815 | 0.785 | 0.750 | 0.710 | 0.651 | 0.535 | 0.00 | |

消力槛淹没标准:

$$\left.\begin{aligned}&\frac{h_y}{H_{01}}<0.45\quad 自由出流\\&\frac{h_y}{H_{01}}\geqslant 0.45\quad 淹没出流\\&h_y=h_t-C\end{aligned}\right\}\tag{7-37}$$

式中:$H_{01}$——含行近流速水头的槛顶水头。

由式(7-36)可知,$C=f(\sigma_s)$,只能试算求解 $C$ 值,计算程序框图如图7-17所示。

必须注意,当消力槛为自由出流时,$\sigma_s=1$,还应验算槛后水跃的类型,若为远离式水跃,应加设第二级消力槛或改用综合消力池。

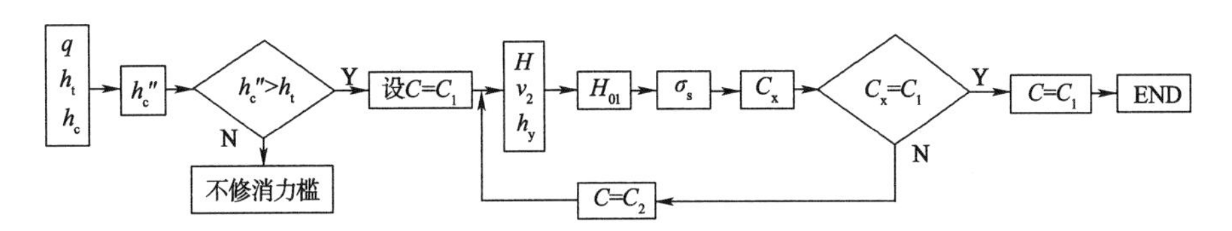


图 7-17

在消力槛高计算中,若 $C_x=C_1$,$\sigma_s<1$,表明第一级槛后为淹没出流,可不必验算槛后水跃类型,也不需加设第二级消力槛。

**例7-8** 消力槛计算。已知矩形断面渠道,单宽流量 $q=10.82\text{m}^3/\text{s}\cdot\text{m}$,下游水深 $h_t=4.5\text{m}$,$i=0$,水跃跃后共轭水深 $h''_c=5.43\text{m}$,试确定无侧收缩实用断面堰下游的消能措施。

**解:**(1)验算水跃衔接形式

因 $h''_c>h_t$,远离式水跃,应修消力池或消力槛。现决定建消力槛式消力池,如图7-16所示。

(2)槛高计算

取 $m=0.42$,淹没系数 $\sigma_s=1$,由式(7-36)有

$$C=\sigma h''_c-\left(\frac{q}{\sigma_s m\sqrt{2g}}\right)^{\frac{2}{3}}+\frac{q^2}{2g(\sigma h''_c)^2}$$

$$=1.05\times5.43-\left(\frac{10.82}{1\times0.42\times\sqrt{19.6}}\right)^{\frac{2}{3}}+\frac{1}{19.6}\times\left(\frac{10.82}{1.05\times5.43}\right)^2=2.65(\text{m})$$

由式(7-34)、式(7-35)有

$$H_{01}=H+\frac{\alpha v_2^2}{2g}=\sigma h''_c-C+\frac{q^2}{2g(\sigma h''_c)^2}$$

$$= 1.05 \times 5.43 - 2.65 + \frac{10.82^2}{19.6 \times (1.05 \times 5.43)^2} = 3.23(\mathrm{m})$$

$$h_y = h_t - C = 4.5 - 2.65 = 1.85\ (\mathrm{m})$$

$\frac{h_y}{H_{01}} = \frac{1.85}{3.23} = 0.57 > 0.45$，为淹没出流，$\sigma_s < 1$，与所设不符，应减小 $C$ 值重新计算，计算结果见表7-6。

**消力槛高 $C_2$ 试算表** 表7-6

| $C$ (m) | $h_y$ (m) | $H_{01}$ (m) | $\frac{h_y}{H_{01}}$ | $\sigma_s$ | $C_x$ | $C$ (m) | $h_y$ (m) | $H_{01}$ (m) | $\frac{h_y}{H_{01}}$ | $\sigma_s$ | $C_x$ |
|---|---|---|---|---|---|---|---|---|---|---|---|
| 2.20 | 2.30 | 3.68 | 0.625 | 0.968 | 2.57 | 2.60 | 1.90 | 3.29 | 0.578 | 0.980 | 2.69 |
| 2.50 | 2.00 | 3.49 | 0.573 | 0.979 | 2.62 | 2.65 | 1.85 | 3.23 | 0.570 | 0.981 | 2.61 |

由表中试算结果得：$C = 2.6\mathrm{m}$ 时，$C_x \approx C$，故得 $C = 2.6\mathrm{m}$。

因 $\sigma_s = 0.980 < 1$，为淹没出流，槛后可不必修建二级消力槛。

## * 四、跌水水力计算

跌水在土木工程中得到广泛的应用。如前所述，单级跌水的计算只有收缩断面水深计算及消力池计算两大问题。下面讨论池式多级跌水的水力计算。

如图7-18所示，池式多级跌水就是一系列相连的消力池。这种跌水的水力计算与单级跌水的计算相似。池式多级跌水的水力计算内容有：确定各级消力槛高和消力池长及最后一级消力池池深及池长。多级跌水的级高一般多取相同数值。

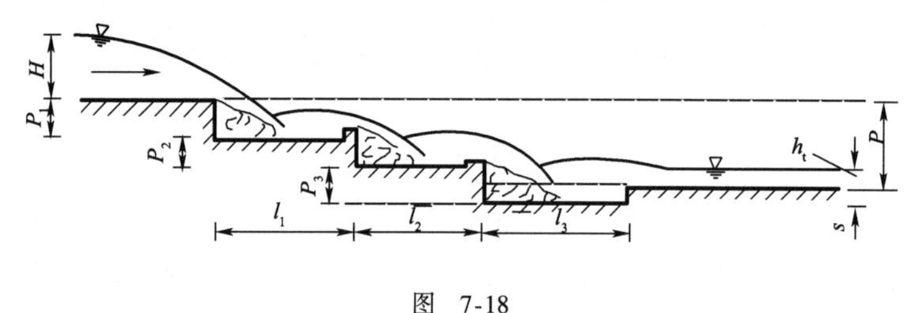


图 7-18

**例7-9** 多级跌水计算。桥前渠道渠底落差 $P = 12\mathrm{m}$，拟建跌水消能以保证小桥安全泄流。沿程泄水渠道为等宽矩形断面，底宽 $b = 5\mathrm{m}$，设计流量 $Q = 11\mathrm{m^3/s}$，上游渠道水深 $H = 1.3\mathrm{m}$，下游渠道水深 $h_t = 1.2\mathrm{m}$，经工程技术经济比较，采用四级跌水，$\alpha = 1.0$，$\varphi = 0.9$，试计算各级跌水尺寸。

**解：**1）级高计算

$$P_1 = P_2 = P_3 = P_4 = \frac{12}{4} = 3.0\ (\mathrm{m})$$

2）各级消力池计算

（1）第一级跌水

①一级跌水池中水深 $h_1$

$$q = \frac{Q}{b} = \frac{11}{5} = 2.2\ [\mathrm{m^3/(s \cdot m)}]$$

$$h_K = \sqrt[3]{\frac{\alpha q^2}{g}} = \sqrt[3]{\frac{1 \times 2.2^2}{9.8}} = 0.79\ (\mathrm{m})$$

$$E_{01} = H_0 + P_1 = H + \frac{\alpha v_0^2}{2g} + P_1 = 1.3 + \frac{1}{19.6} \times \left(\frac{11}{5 \times 1.3}\right)^2 + 3 = 1.45 + 3 = 4.45\ (\mathrm{m})$$

解得 $$h_c = 0.27\mathrm{m}, h''_c = 1.79(\mathrm{m})$$

$h_1 = \sigma h''_c = 1.05 \times 1.79 = 1.88(\mathrm{m}) < P_1 = 3.0\mathrm{m}$，故跌水出口为自由出流。

②一级跌水池中的消力槛高 $C_1$

取消力槛流量系数 $m = 0.42$，有

$$C_1 = h_1 - \left(\frac{q}{m\sqrt{2g}}\right)^{\frac{2}{3}} + \frac{\alpha}{2g}\left(\frac{q}{h_1}\right)^2 = 1.88 - \left(\frac{2.2}{0.42\sqrt{19.6}}\right)^{\frac{2}{3}} + \frac{1}{19.6} \times \left(\frac{2.2}{1.88}\right)^2 = 0.83\ (\mathrm{m})$$

③一级跌水消力池池长[由式(7-36)]

$$l_1 = l_0 + 0.75 l_y = 1.47\sqrt{(P_1 + 0.24H_0)H_0} + 0.75 \times 2.5 \times (1.9h''_c - h_c)$$

$$= 1.47\sqrt{(3 + 0.24 \times 1.45) \times 1.45} + 0.75 \times 2.5 \times (1.9 \times 1.79 - 0.27) = 9.1\ (\mathrm{m})$$

(2)第二级跌水

①池中水深 $h_2$

$$E_{02} = H_1 + C_1 + P_2 = \left(\frac{q}{m\sqrt{2g}}\right)^{\frac{2}{3}} + C_1 + P_2$$

$$= \left(\frac{2.2}{0.42 \times 4.43}\right)^{\frac{2}{3}} + 0.83 + 3$$

$$= 4.95(\mathrm{m})$$

试算得池中收缩断面水深 $h_c = 0.25\mathrm{m}$，令 $h'_c = h_c = 0.25\mathrm{m}$，得 $h''_c = 1.83(\mathrm{m})$

$$h''_2 = \sigma h''_c = 1.05 \times 1.83 = 1.92(\mathrm{m}) < P_2 + C_1 = 3.83(\mathrm{m})$$

可见跌水出口为自由出流，由于消力槛的形式每级相同，且单宽流量相等，均为自由出流，则槛顶水头亦相同，即

$$H_2 = H_1 = 1.12(\mathrm{m})$$

②槛高

$$C_2 = h_2 - H_2 + \frac{\alpha q^2}{2gh_1^2} = 1.92 - 1.12 + \frac{1}{19.6} \times \left(\frac{2.2}{1.92}\right)^2$$

$$= 0.87(\mathrm{m})$$

③二级跌水池长(实用堰条件出流)

由式(7-33)，得

$$l_0 = 1.33\sqrt{[(P_2 + C_1) + 0.32H_0]H_0}$$

$$= 1.33\sqrt{(3.83 + 0.32 \times 1.12) \times 1.12} = 2.88\ (\mathrm{m})$$

$$l_2 = l_0 + 0.75 l_y = 2.88 + 0.75 \times 2.5 \times (1.9h''_c - h_c)$$

$$= 2.88 + 0.75 \times 2.5 \times (1.9 \times 1.83 - 0.25) = 8.93\ (\mathrm{m})$$

(3)第三级跌水

取 $$C_3 = C_2 = 0.87\mathrm{m}$$

$$l_3 = l_2 = 8.93\mathrm{m}$$

(4)第四级跌水——出口

①验算水跃衔接形式,确定是否需要修建消力池。

$$E_{03} = H_3 + C_3 + P_4 = 1.12 + 0.87 + 3 = 4.99\ (\mathrm{m})$$

由此求得 $h'_c = 0.25\mathrm{m}$ ,$h''_c = 1.82\mathrm{m} > h_t = 1.2\mathrm{m}$ ,故出口后将发生远离水跃,需建消力池。

②消力池计算

取 $\varphi = 0.95$,按式(7-31)、式(7-33)得

$$s = 0.65\ \mathrm{m}$$

$$l = 1.33\sqrt{(P_3 + C_3 + s + 0.32H_0)H_0} + 0.75 \times 2.5(1.9h''_c + h'_c)$$

$$= 1.33\sqrt{(4.52 + 0.32 \times 1.12) \times 1.12} + 0.75 \times 2.5 \times (1.9 \times 1.82 - 0.25) = 9.13\ (\mathrm{m})$$

由此,跌水末端采用的消力池尺寸为:

池深 $s = 0.65\ (\mathrm{m})$

池长 $l = 9.13\ (\mathrm{m})$

## *五、急流槽的水力计算

急流槽是解决落差较大的上、下游渠道衔接泄水建筑物,常用作山区小桥涵附属建筑物,在水利工程中已有广泛应用。

为适应山区地形,急流槽的底坡都比较陡,一般为 $i = 0.05 \sim 0.30$ ,在土木工程一般取 $i < 0.667$, 通常都大于临界底坡 $i_K$ ,所以急流槽通常为急坡渠道,当 $i > 10\%$ 时,一般还需考虑掺气问题。

急流槽由进口、急坡渠道槽身、末端消能措施及出口四部分组成,其进出口的作用及水力计算与跌水相似。其平面上,进口段常修成压缩段,而出口段则修成扩张段,即上游渠道宽度大于进口段,而出口段后的下游渠道宽度常大于出口段。其中两不等宽渠道间常用渐变段加以衔接。急流槽的断面可用梯形,也可用矩形。在山区公路工程中,常用的急流槽槽身多为棱柱形矩形断面渠道,末端的消能措施多用消力池,如图 7-19 所示。

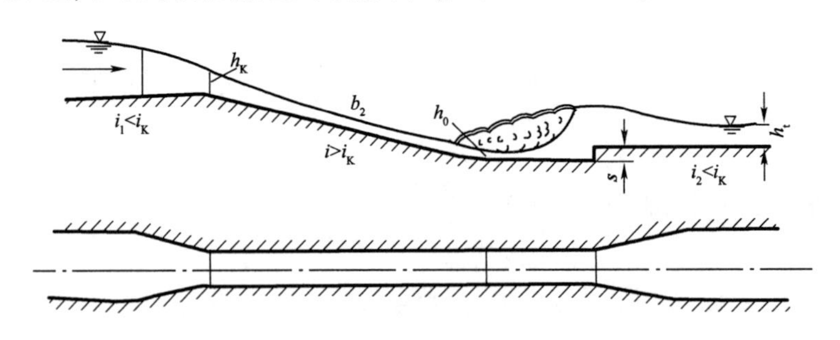


图 7-19

急流槽槽身部分水力计算步骤如下:

(1)计算急流槽进口处的临界水深 $h_K$ 及槽宽 $b$ 。当为棱柱形渠道时, $b$ 为临界流断面底宽 $b_K$ 。

(2)计算临界底坡 $i_K$ ,判明渠道是否符合急坡渠道条件。

(3)计算急流槽中的正常水深 $h_0$ 及验算出口流速。

(4)确定急流槽末端水深 $h_a$,绘制 $b_2$ 型水面曲线。

设急流槽进出口的渠底高差为 $P$,底坡为 $i$,其实际长度有

$$l_a = \sqrt{P^2 + \left(\frac{P}{i}\right)^2} \tag{7-38}$$

此外,已知 $b_2$ 型水面曲线始末水深为 $h_K$、$h_0$,按式(6-62)可得水面曲线的长度为

$$l = \sum \Delta s = f(h_K, h_0)$$

当 $l_a \geqslant l$ 时, $h_a = h_0$

当 $l_a < l$ 时,则 $h_a > h_0$;$h_a = f(h_K, l_a)$

(5)令 $h' = h_a$,计算跃后共轭水深 $h''$,验算急流槽出口水跃的衔接形式,确定修建消力池等消能措施。

(6)消力池计算。急流槽出口下游一般采用消力池或消力槛消能。当 $h'' > h_t$ 时,应考虑修建消力池或消力槛。水力计算内容为确定池深及池长。

**例7-10** 急流槽计算。有一无压涵洞,其出口用矩形渠槽与下游渠道衔接。如图7-20所示,已知涵洞中水深 $H = 0.75$m,下游水深 $h_t = 0.75$m,急坡长 $l_a = 15$m,坡度 $i = 0.30$,护面糙率 $n = 0.03$,容许不冲流速 $v_{max} = 5$m/s,设计流量 $Q = 1.45\text{m}^3/\text{s}$,急流槽进口有八字翼墙,流速系数 $\varphi = 0.85$,收缩系数 $\varepsilon = 0.9$,进口形状系数 $\psi = 0.85$。试对此急流槽作水力计算。

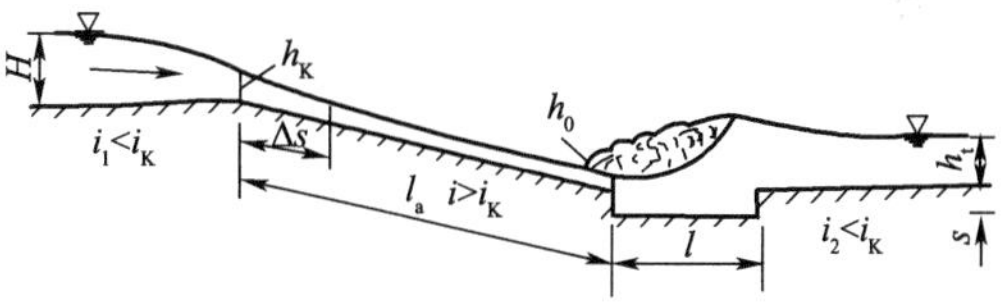

图 7-20

**解:**(1)急流槽底宽计算

按此渠槽为棱柱形矩形渠道,忽略行近流速水头,取 $H_0 = H = 0.75$m,则此渠道的临界水深,有

$$h_K = \frac{2\alpha\varphi^2\psi^2}{1 + 2\alpha\varphi^2\psi^3}H = \frac{2 \times 1 \times 0.85^2 \times 0.85^2}{1 + 2 \times 1 \times 0.85^2 \times 0.85^3} \times 0.75$$
$$= 0.41(\text{m})$$

$$v_K = \sqrt{\frac{h_K \cdot g}{\alpha}} = \sqrt{\frac{0.41 \times 9.8}{1.0}} = 2.02(\text{m/s})$$

$$b = \frac{Q}{\varepsilon h_K v_K} = \frac{1.45}{0.9 \times 0.41 \times 2.02} = 1.95\ (\text{m})$$

(2)急流槽计算条件判别

$$A_K = bh_K = 1.95 \times 0.41 = 0.80\ (\text{m}^2)$$

$$\chi_K = b + 2h_K = 1.95 + 2 \times 0.41 = 2.77\ (\text{m})$$

$$R_K = \frac{A_K}{\chi_K} = \frac{0.8}{2.77} = 0.288\,8\ (\text{m})$$

$$C_K = \frac{1}{n}R_K^{\frac{1}{6}} = \frac{1}{0.03}0.288\,8^{\frac{1}{6}} = 27.10\ (\text{m}^{0.5}/\text{s})$$

$$K_K = A_K C_K \sqrt{R_K} = 0.8 \times 27.1 \times \sqrt{0.288\,8} = 11.65\ (\text{m}^3/\text{s})$$

$$i_K = \frac{Q^2}{K_K^2} = \left(\frac{1.45}{11.65}\right)^2 = 0.0155 < i = 0.3$$

故此渠道应按急流槽(即急坡渠道)计算。显然,$h_K = 0.41\text{m}$ 即急流槽的起始断面水深。

(3)正常水深 $h_0$ 计算

设
$$h_0 = 0.155(\text{m})$$
$$A_0 = bh_0 = 1.95 \times 0.155 = 0.3023\ (\text{m}^2)$$
$$\chi_0 = b + 2h_0 = 1.95 + 2 \times 0.155 = 2.26\ (\text{m})$$
$$R_0 = \frac{A_0}{\chi_0} = \frac{0.3023}{2.26} = 0.1338\ (\text{m})$$
$$C_0 = \frac{1}{n}R_0^{\frac{1}{6}} = \frac{1}{0.03} \times 0.1338^{\frac{1}{6}} = 23.8378\ (\text{m}^{0.5}/\text{s})$$

则
$$K_0 = A_0C_0\sqrt{R_0} = 0.3023 \times 23.8378 \times \sqrt{0.1338} = 2.6359\ (\text{m}^3/\text{s})$$
$$Q_0 = K_0\sqrt{i} = 2.6359 \times \sqrt{0.3} = 1.4437\ (\text{m}^3/\text{s})$$
$$\Delta = \left|\frac{Q - Q_0}{Q}\right| = \left|\frac{1.45 - 1.4437}{1.45}\right| = 0.00432 = 0.432\% << 5\%$$

故
$$h_0 = 0.155\text{m}$$
$$v_0 = \frac{Q_0}{A_0} = \frac{1.4437}{0.3023} = 4.78(\text{m/s}) < v_{max} = 5\text{m/s}$$

(4)$b_2$ 型水面曲线及渠末水深计算由式(6-67)近似计算

有:
$$\Delta s = \frac{\Delta E_s}{i - \bar{J}}, \bar{J} = \frac{1}{2}(J_1 + J_2)$$
$$J_1 = \frac{v_1^2}{C_1^2R_1} = \frac{v_K^2}{C_K^2R_K} = \frac{2.02^2}{27.1^2 \times 0.2888} = 0.01924$$
$$J_2 = \frac{v_0^2}{C_0^2R_0} = \frac{4.78^2}{23.8378^2 \times 0.1338} = 0.3005$$
$$\bar{J} = \frac{1}{2}(J_1 + J_2) = \frac{1}{2} \times (0.01924 + 0.3005) = 0.1599$$
$$E_{s1} = h_K + \frac{\alpha v_K^2}{2g} = 0.41 + \frac{1 \times 2.02^2}{19.6} = 0.6182(\text{m})$$
$$E_{s2} = h_0 + \frac{\alpha v_0^2}{2g} = 0.155 + \frac{1 \times 4.78^2}{19.6} = 1.3207(\text{m})$$
$$\Delta E_s = E_{s2} - E_{s1} = 1.3207 - 0.6182 = 0.7025(\text{m})$$
$$\Delta s = \frac{\Delta E_s}{i - \bar{J}} = \frac{0.7025}{0.3 - 0.1599} = 5.0142(\text{m}) < l_a = 15(\text{m})$$

由此可知,$b_2$ 型水面曲线发生在急流槽内,其末端水深 $h_a = h_0 = 0.155\text{m}$

(5)急流槽出口下游水面衔接类型

令 $h'_c = h_0 = 0.155\text{m}$

则 $$h''_c = \frac{h'_c}{2}\left[\sqrt{1+8\left(\frac{h_K}{h'_c}\right)^3}-1\right] = \frac{0.155}{2}\times\left[\sqrt{1+8\left(\frac{0.41}{0.155}\right)^3}-1\right]$$

$$= 0.869(\text{m}) > h_t = 0.75\text{m}$$

因 $$h_0 = 0.155(\text{m}) < h_K = 0.41\text{m}$$

$$h_t = 0.75(\text{m}) > h_K = 0.41\text{m}$$

故在渠中,必发生远离水跃,需建消力池,水力计算如下:

①衔接水深 $h_c$

如图 7-15 所示,设消力池深为 $s$ ,有

$$E_{01} = h_0 + \frac{\alpha v_0^2}{2g\varphi^2} + s = h_0 + \frac{\alpha}{2g}\left(\frac{Q}{\varphi h_0 b}\right)^2 + s$$

$$= 0.155 + \frac{1}{19.6}\times\left(\frac{1.45}{0.9\times 0.155\times 1.95}\right)^2 + s = 1.6046 + s$$

按式(6-51),有

$$k_0 = \frac{q}{\sqrt{2g}\varphi} = \frac{1.45}{\sqrt{19.6}\times 0.9\times 1.95} = 0.1866(\text{m}^{1.5})$$

设 $s = 0.2\text{m}$ ,则 $E_{01} = 1.6046 + 0.2 = 1.8046(\text{m})$ ,有

$$h_c^{(1)} = \frac{k_0}{\sqrt{E_{01}}} = \frac{0.1866}{\sqrt{1.8046}} = 0.1389(\text{m})$$

$$h_c^{(2)} = \frac{k_0}{\sqrt{E_{01}-h_c^{(1)}}} = \frac{0.1866}{\sqrt{1.8046-0.1389}} = 0.1446(\text{m})$$

$$h_c^{(3)} = \frac{k_0}{\sqrt{E_{01}-h_c^{(2)}}} = \frac{0.1866}{\sqrt{1.8046-0.1446}} = 0.1448(\text{m})$$

$$h_c^{(4)} = \frac{k_0}{\sqrt{E_{01}-h_c^{(3)}}} = \frac{0.1866}{\sqrt{1.8046-0.1448}} = 0.1448(\text{m})$$

故 $h'_c = 0.1448\text{m}$

②消力池池深计算

令 $h'_c = h_c = 0.1448\text{m}$ ,有

$$h''_c = \frac{h'_c}{2}\left[\sqrt{1+8\left(\frac{h_K}{h'_c}\right)^3}-1\right] = \frac{0.1448}{2}\times\left[\sqrt{1+8\left(\frac{0.41}{0.1448}\right)^3}-1\right] = 0.906(\text{m})$$

由式(7-28),有

$$f(h_t) = h_t + \frac{q^2}{2g\varphi^2 h_t^2} = 0.75 + \frac{1}{19.6}\times\left(\frac{1.45}{0.9\times 0.75}\right)^2 = 0.9854(\text{m})$$

$$f(s=0.2) = \sigma h''_c + \frac{q^2}{2g(\sigma h''_c)^2} - s$$

$$= 1.05\times 0.906 + \frac{1}{19.6}\times\left(\frac{1.45}{1.05\times 0.906\times 1.95}\right)^2 - 0.2 = 0.9877$$

$$\frac{f(s)-f(h_t)}{f(s)} = \frac{0.9877-0.9854}{0.9877} = 0.0023 = 0.23(\%)$$

故池深试算结果为 $s = 0.2\text{m}$

③消力池长

按式(7-33), $l_0 = 0$ ,有

$$l = 0.75 l_y = 0.75 \times 2.5(1.9 h''_c - h'_c)$$
$$= 0.75 \times 2.5 \times (1.9 \times 0.906 - 0.1448) = 2.9561(\text{m})$$

(取池长 $l = 3\text{m}$)

## 【习题】

7-1　列出求解堰顶水头 $H$ 所需的计算数据及计算程序框图。

7-2　列出求解堰的泄流量 $Q$ 所需的计算数据及计算程序框图。

7-3　列出求解堰的泄流宽度 $b$ 所需的计算数据及计算程序框图。

7-4　有一无侧收缩矩形薄壁堰,堰高 $P_1 = 0.5\text{m}$,堰顶水头 $H = 0.2\text{m}$,堰的溢流宽度 $b = 0.5\text{m}$,求自由出流时堰的泄流量 $Q$ 。

7-5　顶角 $\theta = 90°$ 的薄壁三角堰,已知堰顶水头 $H = 20\text{cm}$,求自由出流条件下的泄流量。

7-6　矩形渠中有一无侧向收缩的宽顶堰,堰坎进口修圆,堰高 $P_1 = 0.8\text{m}$,宽 $b = 4.8\text{m}$,泄流量 $Q = 12\text{m}^3/\text{s}$ ,下游水深 $h_t = 1.7\text{m}$,求堰顶水头。

7-7　拟建一无侧收缩宽顶堰,堰高 $P_1 = 3.4\text{m}$,堰坎进口修圆,堰顶水头 $H = 0.86\text{m}$,流量 $Q = 22\text{m}^3/\text{s}$ ,求:

(1)堰宽 $b$ ;

(2)保持宽顶堰自由出流的下游水深最大值 $h_{tm}$ 。

7-8　宽顶堰的宽度 $b = 5\text{m}$,堰高 $P_1 = 1\text{m}$,堰前水深 $h = 2.65\text{m}$,堰坎为直角进口,无侧收缩,求下述两种情况的泄流量 $Q$ :

(1)下游水深 $h_t = 2\text{m}$ ;

(2)下游水深 $h_t = 2.55\text{m}$ 。

7-9　在一矩形断面的渠道末端设置一跌坎,坎高 $P = 80\text{cm}$,泄流量 $Q = 1.05\text{m}^3/\text{s}$ ,上游渠道水深 $h_0 = 0.3\text{m}$,上、下游渠道等宽, $b = 1\text{m}$,下游渠道底坡 $i = 0$,设 $\alpha = 1$, $\varphi = 0.95$,求跌坎下游收缩断面水深 $h_c$ 。

7-10　如习题7-10图所示为一缓坡河道,河道断面可概化为矩形,宽 $B = 400\text{m}$,设计最大流量 $Q = 1500\text{m}^3/\text{s}$ ,河道水深 $h_t = 2\text{m}$ ,拟在河中建筑桥基施工围堰,围堰处宽度 $b = 300\text{m}$,容许安全超高 $\Delta z = 0.7\text{m}$,试确定围堰最低应修建多高才能保证基础施工安全。

7-11　如习题7-11图所示矩形渠道泄水闸宽度 $b = 2\text{m}$,闸孔开度 $e = 0.52\text{m}$,流量 $Q = 4\text{m}^3/\text{s}$ ,下游水深 $h_t = 1.2\text{m}$,流速系数 $\varphi = 0.95$,试判别闸门后水流衔接形式;若需修建消力池时,试确定消力池尺寸。

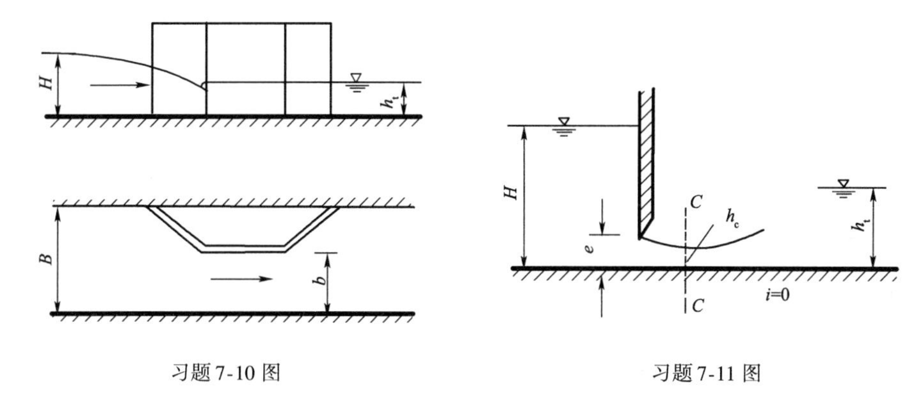


习题7-10图　　习题7-11图

7-12　已知：上游渠底高程 $\nabla_1 = 7.5\text{m}$，下游尾水渠底高程 $\nabla_2 = 5.5\text{m}$，设计流量 $Q = 3\text{m}^3/\text{s}$，行近流速 $v_0 = 0.95\text{m/s}$，下游水深 $h_t = 0.97\text{m}$，现拟建池式二级跌水，跌水进口的水头 $H = 1\text{m}$，跌水为矩形断面，其宽度 $b = 1.5\text{m}$，取流速系数 $\varphi = 0.97$，试计算跌水尺寸。

7-13　已知：$Q = 3\text{m}^3/\text{s}$，$h_K = 0.67\text{m}$，上、下游渠底高差 $P = 2\text{m}$，下游水深 $h_t = 0.75\text{m}$，选定渠道底坡 $i = 0.1$，糙率 $n = 0.035$，此上、下游衔接渠段长 $l_a = 20\text{m}$，断面为矩形，试计算渠道宽度 $b$，渠中水面曲线及下游消能措施（消力池尺寸）。

第八章

# 渗流

## 第一节　渗流达西定律

液体在多孔介质中的流动，称为渗流。所谓多孔介质，即由固体骨架构成具有无数空隙的物质。工程中所指的多孔介质有土壤、沙石及有裂隙的岩石等。地下水运动是常见渗流的实例。渗流计算理论在土木工程、水利工程、水文地质、石油开采等各方面都有重要的意义。例如，井、集水廊道、围堰施工等都需要研究渗流问题。近40年来，渗流理论在生物力学中也有重要应用。

研究渗流主要是分析水在岩土中的流动，即地下水运动。当含水率很大时，在岩土中流动的水，绝大部分为重力水，其自由表面称为浸润面或地下水面，在平面问题中，称为浸润线或地下水面线，其表面压强等于大气压强。在重力水区内，岩土孔隙一般为水所充满，故又称为饱和区。本章介绍重力水的渗流规律。

### 一、岩土渗流特性

岩土的渗流特性主要有两项：

1)透水性——岩土透水的能力。岩土都能透水，只是其透水能力有大小的差别。工程中所指的不透水层，只是与相邻土层比，其透水性可以忽略而已。按岩土的透水性能，可有以下四类岩土。

(1)均质岩土与非均质岩土——凡各点透水性能都相同的岩土,称为均质岩土。否则,称为非均质岩土。

(2)各向同性岩土与各向异性岩土——各个方向透水性都相同的岩土,称为各向同性岩土或等向岩土。否则,称为各向异性岩土。

自然界中的岩土构造是很复杂的,一般都是各向异性非均质岩土。但本章介绍限于较简单的均质各向同性岩土。

2)给水度——在重力作用下岩土中能释放出来的水体积与总体积之比,称为给水度。它等于容水度与持水度之差。容水度即岩土容纳水的最大体积与总体积之比;持水度即重力作用下所保持的水体积与总体积之比。

岩土性质对渗流有很大的制约作用和影响。岩土的结构是由大小不等的固体颗粒混合组成。由岩土颗粒组成的结构,称为骨架。岩土的渗流特性与其孔隙率和不均匀系数有关。岩土所占总体积 $W_0$ 与孔隙体积 $W$ 之比,称为孔隙率 $e_0$ ,由此有

$$e_0 = \frac{W}{W_0} < 1 \tag{8-1}$$

孔隙率反映了岩土的密实程度。对于均质岩土,孔隙率 $e_0$ 与面积孔隙率 $e$ 相等。设岩土中孔隙面积为 $A_1$ ,骨材面积为 $A_2$ ,其总面积为

$$A = A_1 + A_2$$

有

$$e = e_0 = \frac{A_1}{A} < 1 \tag{8-2}$$

对于岩土颗粒的均匀程度,可用不均匀系数 $\eta$ 表示,有

$$\eta = \frac{d_{60}}{d_{10}} \tag{8-3}$$

式中:$d_{60}$——岩土颗粒经过筛分后,小于此粒径的岩土占岩土总质量的60%;

$d_{10}$——岩土颗粒经过筛分后,小于此粒径的岩土占岩土总质量的10%。

上式表明,岩土颗粒越不均匀,$\eta$ 值越大,均匀颗粒岩土则 $\eta = 1$ 。

## 二、渗流的简化模型

岩土的孔隙形状、大小及分布情况都极其复杂,详尽地描述渗流沿孔隙中的流动路径和流动速度是办不到的,实际上也无必要。

所谓渗流简化模型,即把渗流区概化为边界条件、流量、阻力及渗透压力与实际情况完全一样,但渗流区内并无岩土颗粒而是被水充满的连续流动。显然,渗流模型中的流速与实际渗流中的流速是不同的。在渗流模型中,渗流流速的定义为

$$v = \frac{Q}{A} \tag{8-4}$$

式中:$Q$——流量。

但孔隙中的实际流速 $v'$ 为

$$v' = \frac{Q}{A_1} = \frac{Q}{eA} = \frac{v}{e} \tag{8-5}$$

式中:$A_1$——岩土空隙面积;

$A$——岩土总面积。

因 $v = ev'$,$e < 1$,可见渗流模型中的流速远小于实际渗流的流速,即 $v' >> v$,但流量 $Q$ 计算结果仍与实际情况相符,即

$$A_1 v' = eAv' = vA = Q \tag{8-6}$$

显然,渗流模型中的流速 $v$ 只是一种虚构的流速。用 $v$ 来描述或分析渗流运动,只是一种简化复杂渗流问题的手段,但可给理论分析工作带来许多方便。岩土孔隙率 $e$ 见表 8-1。

**岩土孔隙率 $e$** 表 8-1

| 岩土种类 | 黏土 | 粉砂 | 中、粗混合砂 | 均匀砂 | 细、中混合砂 | 砾石 | 砾石粗砂 | 砂岩 |
|---|---|---|---|---|---|---|---|---|
| $e$ | 0.45~0.55 | 0.40~0.50 | 0.35~0.40 | 0.30~0.40 | 0.30~0.35 | 0.30~0.45 | 0.20~0.35 | 0.10~0.20 |

渗流简化模型把渗流看作是流场中的连续介质流动,因而可引入流线概念,将渗流分为均匀渗流和非均匀渗流、渐变渗流和急变渗流、有压渗流与无压渗流、恒定渗流与非恒定渗流、空间渗流与平面渗流和一元渗流等。

本章内容限于均质等向岩土中重力水的恒定渗流。

## 三、渗流达西定律

1852—1855 年,法国工程师达西(Henri Darcy)通过砂质土壤渗流试验得出了渗流线性定律,称为渗流达西定律。

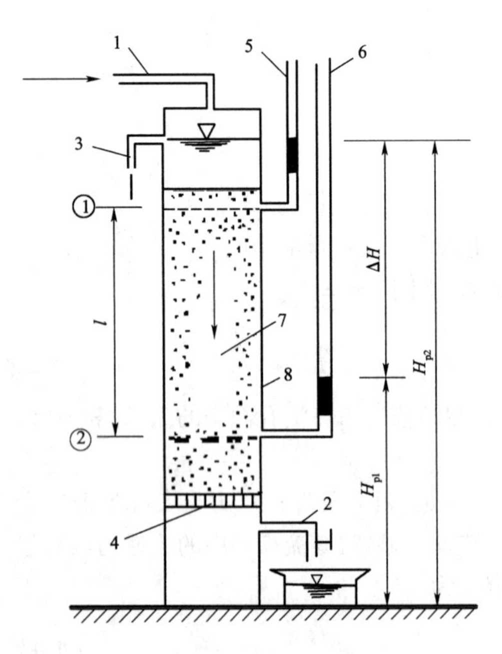


图 8-1 达西试验装置

1-进水管;2-出水管;3-溢流管;4-滤网;5-前断面测压管;6-后断面测压管;7-砂;8-试验圆筒

在图 8-1 中,溢流管 3 的作用是保证圆筒内的恒定水头。前后断面的测压管水头差可在测压管中测得,流量 $Q$ 由出口管测量,圆筒面积为 $A$。由图 8-1 可知,前后断面有 $A_1 = A_2 = A$,两断面间的距离 $l$,称为渗流长度,亦为已知。由于渗透流速极小,流速水头可以忽略不计,因此总水头 $H$ 与测压管水头 $H_p$ 相等,有

$$H = H_p = h = z + \frac{p}{\gamma}$$

$$h_w = H_{p1} - H_{p2} = \Delta H$$

$$J = \frac{h_w}{l} = \frac{\Delta H}{l}$$

达西试验得出渗透流量 $Q$ 与圆管面积 $A$ 和水力坡度 $J$ 成正比,并和土壤的渗透系数 $k$ 有关。即

$$\left.\begin{aligned} Q &= kAJ \\ v &= \frac{Q}{A} = kJ \end{aligned}\right\} \tag{8-7}$$

达西试验的渗流区为均质砂土,属均匀渗

流,断面上任一点流速 $u$ 等于断面平均流速 $v$,因此,达西定律也可以表达为

$$u = kJ \tag{8-8}$$

式(8-7)或式(8-8)表明,渗流的水头损失与渗流流速一次方成正比,故达西定律也称为线性渗流定律。

## 四、达西定律的适用范围

研究证明,达西定律只适用于层流渗流,即线性渗流。巴甫洛夫斯基得出达西定律应用范围,其临界流速按其经验公式计算,即

$$u_K = \frac{(0.75e + 0.23)\nu N}{d} \tag{8-9}$$

式中:$d$——粒径,可取 $d_{10}$ 代替;

$e$——孔隙率;

$\nu$——运动黏度;

$N$——常数,一般取 $N = 7 \sim 9$。

在土木和水利工程中,大多数渗流运动都服从达西定律。但在堆石坝、堆石排水等大孔隙介质中,渗流为紊流,这时应采用非线性渗流定律,巴甫洛夫斯基建议的公式为

$$v = k_t \sqrt{J} \qquad (\text{cm/s}) \tag{8-10}$$

式中:$k_t$——紊流渗透系数。

对于大粒径砾石($d > 5\text{cm}$),根据伊兹巴什(ИзσаЩ,С. В)试验,$k_t$ 由下式计算:

$$k_t = e\left(20 - \frac{a}{d}\right)\sqrt{d} \qquad (\text{cm/s}) \tag{8-11}$$

式中:$e$——孔隙率;

$d$——粒径;

$a$——常数,完整块石,$a = 14$;破碎块石($e = 0.4$),$a = 5$。

本章内容仅限于符合达西定律的渗流,各类岩土的孔隙率及渗透系数见表8-1和表8-2。

**岩土渗透系数 $k$ 值**　　表8-2

| 岩土种类 | $k$(cm/s) | 岩土种类 | $k$(cm/s) |
| --- | --- | --- | --- |
| 经夯实的密实黏土 | $10^{-7} \sim 10^{-1}$ | 纯砂土 | $1.0 \sim 0.01$ |
| 黏土 | $10^{-4} \sim 10^{-7}$ | 砾石($d = 2 \sim 4$mm) | 3.0 |
| 砂质黏土 | $5 \times 10^{-3} \sim 10^{-4}$ | 砾石($d = 4 \sim 7$mm) | 3.5 |
| 混有黏土的砂土 | $0.01 \sim 5 \times 10^{-3}$ | | |

## 五、渗透系数

渗透系数可理解为单位水力坡度下的渗流流速,其量纲为$[LT^{-1}]$,单位为 cm/s。它综合反映了岩土和液体对透水性能的影响,也关系到渗流计算结果。确定渗透系数的方法有三类:

1. 经验法

表8-2所载为各类岩土渗透系数的参考值,近似计算时,可参考选用。此法可靠性较差。

2. 实验室测定法

此法在现场取土样,不加扰动并封闭以保持原有含水情况,然后,利用如图 8-1 所示装置加以测量。此法从实际出发,比经验法可靠,且设备简易,但土样有限,仍难反映真实情况。

3. 现场测定法

此法在现场钻井或挖试坑进行抽水试验。根据有关井的计算公式(详见第三节单井计算)计算 $k$ 值。此法通常用于大型工程,且比较切合实际,但规模大,需要较多的设备、资金和人力。

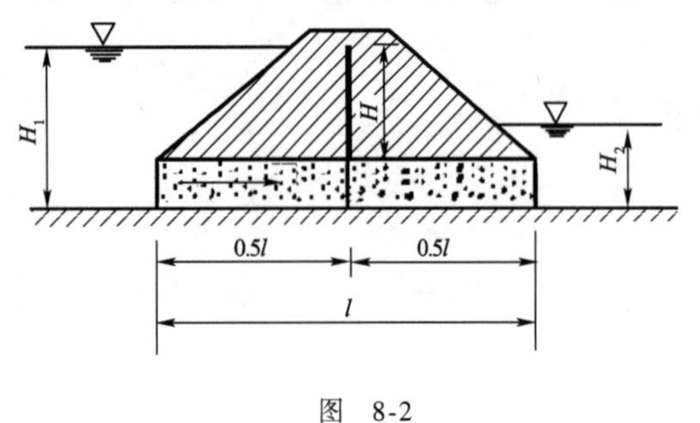


图 8-2

**例 8-1** 如图 8-2 所示,有一断面为正方形的路基排水盲沟,边长为 0.2m,长 $l$ =10m。其前半部充填细砂,渗透系数 $k_1$ = 0.002cm/s;后半部充填粗砂,渗透系数 $k_2$ = 0.05cm/s,上游水深 $H_1$ = 8m,下游水深 $H_2$ = 4m,试计算盲沟的渗流量 $Q$ 。

**解:**设中点测压管水头为 $H$,由式(8-7)有

$$Q_1 = k_1 \frac{H_1 - H}{0.5l}A$$

$$Q_2 = k_2 \frac{H - H_2}{0.5l}A$$

由

$$Q_1 = Q_2$$

得

$$H = \frac{k_1 H_1 + k_2 H_2}{k_1 + k_2} = \frac{0.002 \times 800 + 0.05 \times 400}{0.002 + 0.05} = 415.4(\mathrm{cm})$$

$$Q = Q_1 = k_1 \frac{H_1 - H}{0.5l}A = 0.002 \times \frac{800 - 415.4}{0.5 \times 1\,000} \times 20 \times 20 = 0.616(\mathrm{cm^3/s})$$

## 第二节 无压恒定渐变渗流浸润线方程

### 一、裘皮幼(A. J. Dupuit)公式

无压渗流中重力水的自由表面,称为浸润面,在平面问题中,称为浸润线。工程中常见的地下水运动一般渗流空间很大,渗流具有一定的渐变流特性,并可作平面问题处理。

如图 8-3 所示渐变渗流,其流线是近似平行的直线,过水断面为近似的平面。过水断面上的压强分布规律与静水压强相同,因而同一过水断面上的测压管水头为同一常数,这是明渠渐变流所具有的一般特性。

但是,由于渗流流速很小,流速水头可以忽略,所以同一过水断面上各点的总水头等于测压管水头且为常数,两断面间的总水头差 d$H$ 亦为常数。此外,两断面间任一流线长度 d$s$ 也可近似地认为相等,因此,同一过水断面上各点的水力坡度 $J$ 亦是一常数,有

$$J = -\frac{\mathrm{d}H}{\mathrm{d}s} = 常数$$

对于均质岩土的渗流,由式(8-7)、式(8-8)有 $v = u$ ,则

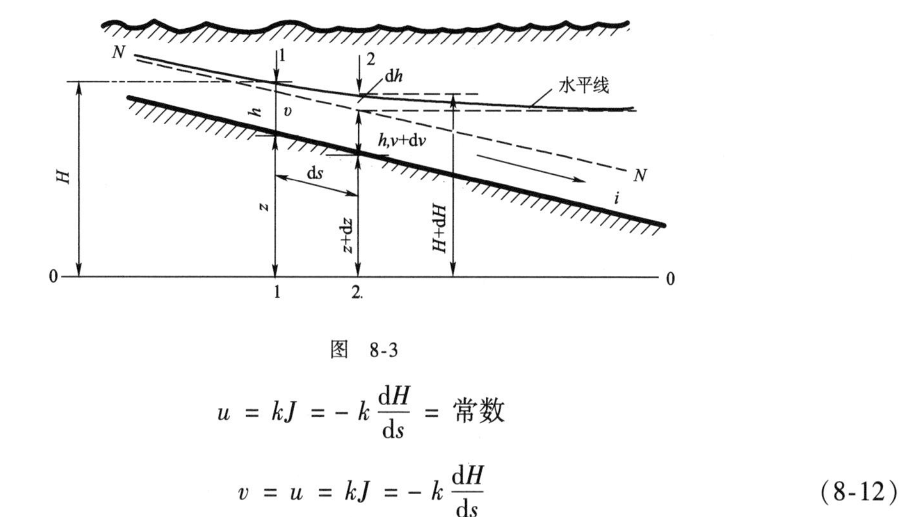


图　8-3

$$u = kJ = -k\frac{dH}{ds} = 常数$$

$$v = u = kJ = -k\frac{dH}{ds} \tag{8-12}$$

式中：$v$——断面平均流速；

$u$——断面上的点流速。

式(8-12)即为渐变渗流的一般公式，又称为裘皮幼(A. J. Dupuit)公式，于1863年提出。它虽与达西定律的式(8-7)或式(8-8)形式一样，但含义不同。式(8-12)是渐变渗流过水断面上渗流流速与水力坡度的关系，也可以说，裘皮幼公式是达西定律普遍表达式(8-7)或式(8-8)的特殊情况。

## 二、无压恒定渐变渗流浸润线

如图8-3所示，有

$$H = z + h$$

$$J = -\frac{dH}{ds} = -\left(\frac{dz}{ds} + \frac{dh}{ds}\right) = i - \frac{dh}{ds}$$

将上式代入裘皮幼公式，有

$$\left.\begin{aligned} v &= k\left(i - \frac{dh}{ds}\right) \\ Q &= Av = kA\left(i - \frac{dh}{ds}\right) \end{aligned}\right\} \tag{8-13}$$

式中：$i$——不透水层基底坡度；

$h$——渗流水深。

式(8-13)即为无压渐变渗流浸润线基本微分方程。它是分析计算渐变渗流浸润线的理论依据。对于均匀渗流，$h = h_0 =$ 常数($h_0$为正常水深)，有

$$\left.\begin{aligned} \frac{dh}{ds} &= 0 \\ Q &= kA_0 i \\ A_0 &= f(h_0) \end{aligned}\right\} \tag{8-14}$$

式中：$A_0$——正常水深时的过水断面面积。

## 三、无压渐变渗流浸润线的分析与计算

1. 无压渐变渗流浸润线的基本特性

(1)总水头线与测压管水头线为接近平行的直线。

(2)由于沿程能量损失,浸润线沿程只能下降,不会沿程不变或沿程上升。

(3)当为均匀渗流时,$J = J_p = i$,即水力坡度、测压管坡度和不透水层基底坡度三者相等,总水头线与测压管水头线重合,其浸润线是一条平行于不透水层基底的直线。

(4)均匀渗流只能发生在顺坡($i > 0$)条件,平坡($i = 0$)及逆坡($i < 0$)不透水层基底不发生均匀渗流。

(5)渗流中,由于流速很小,流速水头可以忽略,因而有

$$E_s = h + \frac{\alpha v^2}{2g} = h \tag{8-15}$$

上式表明:在渗流中,断面比能等于水深,因此渗流中不存在临界水深、急流、缓流、临界底坡等问题,也不会出现水跃现象及水跌现象,也无 $K$-$K$ 线,但有 $N$-$N$ 线。

(6)浸润线沿程变化只可能有壅水曲线与降水曲线两类。

2. 浸润线类型

1)顺坡渗流($i > 0$)

由式(8-13)及式(8-14)得

$$\frac{\mathrm{d}h}{\mathrm{d}s} = i\left(1 - \frac{A_0}{A}\right) \tag{8-16}$$

上式即为顺坡渗流的浸润线方程。由式(8-14),有

$$A_0 = \frac{Q}{ki} = A_0(h_0) \tag{8-17}$$

由上式可解得 $h_0$,如图8-4可绘出 $N$-$N$ 线,并将渗流区分为 $a$、$b$ 两区,其水面曲线只有 $a$ 型与 $b$ 型曲线两类。

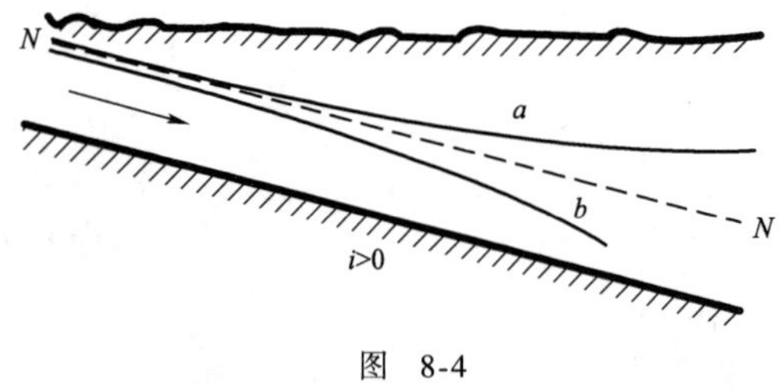


图 8-4

(1) $a$ 型曲线

这表示实际渗流水深位于 $a$ 区,即 $h > h_0$,由此有 $A > A_0$,按式(8-16)得出:$\frac{\mathrm{d}h}{\mathrm{d}s} > 0$,因此,$a$ 型浸润线是一条壅水曲线。

曲线的上游端:当 $h \to h_0$ 时,$A \to A_0$,$\frac{\mathrm{d}h}{\mathrm{d}s} \to 0$,浸润线以 $N$-$N$ 线为渐近线。

曲线的下游端:当 $h \to \infty$ 时,$A \to \infty$,$\frac{\mathrm{d}h}{\mathrm{d}s} \to i$,浸润线渐趋水平。

(2) $b$ 型曲线

这表示实际渗流水深位于 $b$ 区,即 $h < h_0$,由此有 $A < A_0$,按式(8-16)得出:

$\frac{\mathrm{d}h}{\mathrm{d}s} < 0$,因此,$b$ 型浸润线是一条降水曲线。

曲线的上游端:当 $h \to h_0$ 时,$A \to A_0$,$\frac{\mathrm{d}h}{\mathrm{d}s} \to 0$,浸润线以 $N$-$N$ 线为渐近线。

曲线的下游端：当 $h \to 0$ 时，$A \to 0$，$\frac{\mathrm{d}h}{\mathrm{d}s} \to -\infty$，即浸润线与不透水层正交。但当浸润线接近于不透水层时，曲线曲率半径很小，流线急剧弯曲，渐变渗流已转化为急变流，式(8-16)不再适用，$b$ 型曲线末端变化情况，取决于具体边界条件。

2)平坡渗流（$i=0$）

由式(8-13)，当 $i=0$ 时，有

$$\frac{\mathrm{d}h}{\mathrm{d}s} = -\frac{Q}{kA} \tag{8-18}$$

因 $A>0, k>0, Q>0$，故 $\frac{\mathrm{d}h}{\mathrm{d}s}<0$，$\frac{Q}{ki} \to \infty$，这表明平坡渗流不存在正常水深，其浸润线为降水曲线，如图 8-5a)所示。

曲线的上游端：$h \to \infty$，$A \to \infty$，$\frac{\mathrm{d}h}{\mathrm{d}s} \to 0$，浸润线渐趋水平。

曲线的下游端：当 $h \to 0$，$A \to 0$，$\frac{\mathrm{d}h}{\mathrm{d}s} \to -\infty$，曲线与不透水层正交。这表明浸润线接近不透水层时，流线急剧弯曲，已呈急变渗流，式(8-18)不适用。关于此浸润线末端的变化，取决于具体边界条件。

3)逆坡渗流（$i<0$）

由式(8-13)，当 $i<0$ 时，有

$$\frac{\mathrm{d}h}{\mathrm{d}s} = i - \frac{Q}{kA} < 0 \tag{8-19}$$

上式表明，逆坡渗流浸润线只可能为降水曲线，如图 8-5b)所示。

曲线的上游端：$h \to \infty$，$A \to \infty$，$\frac{\mathrm{d}h}{\mathrm{d}s} \to i$，浸润线渐趋水平。

曲线的下游端：当 $h \to 0$，$A \to 0$，$\frac{\mathrm{d}h}{\mathrm{d}s} \to -\infty$，曲线与不透水层正交，表明浸润线在接近不透水层时，流线急剧弯曲，已转入急变渗流，式(8-19)不适用，其实际结果取决于具体边界条件。

综上所述，渐变渗流浸润线在三种底坡情况下只有四条曲线，这是渗流服从达西定律的结果，因而使渗流浸润线具有明渠水流水面曲线所没有的特点。

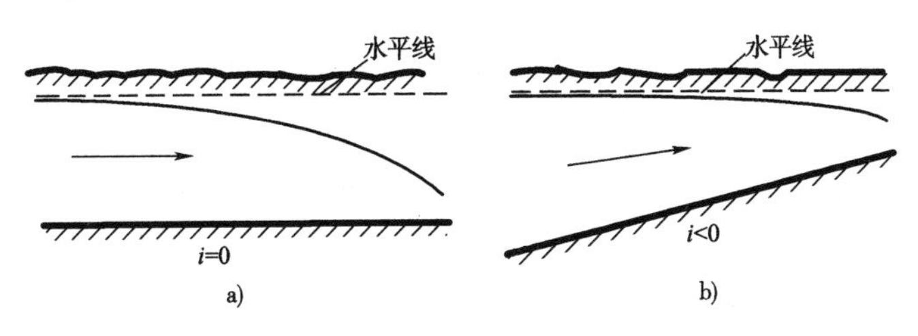


图 8-5

3. 渐变渗流浸润线计算

1)顺坡渗流（$i>0$）

由于渗流空间很大，可按平面问题处理，因此，可设想渗流过水断面为一种宽矩形，宽度为

$b$,则 $A = bh$,令 $\eta = \dfrac{h}{h_0}$,由式(8-16),有

$$\frac{\mathrm{d}h}{\mathrm{d}s} = i\left(1 - \frac{1}{\eta}\right)$$

得
$$\frac{i\mathrm{d}s}{h_0} = \mathrm{d}\eta + \frac{\mathrm{d}\eta}{\eta - 1} \tag{8-20}$$

设浸润线前后两断面的坐标位置分别为 $s_1$、$s_2$,断面水深为 $h_1$、$h_2$,两断面的距离 $l = s_2 - s_1$,对式(8-20)积分,得

$$\frac{il}{h_0} = \eta_2 - \eta_1 + 2.3\lg\frac{\eta_2 - 1}{\eta_1 - 1} \tag{8-21}$$

式中:$h_0$——均匀渗流水深,按式(8-17)计算;

$\eta$——相对水深,$\eta_1 = \dfrac{h_1}{h_0}$,$\eta_2 = \dfrac{h_2}{h_0}$。

式(8-20)或式(8-21)即顺坡渗流浸润线方程,按此式分段计算求和,可绘制浸润曲线图形。

2)平坡渗流($i = 0$)

因 $A = bh$,$q = \dfrac{Q}{b}$,由式(8-18)有

$$\frac{q\mathrm{d}s}{k} = -h\mathrm{d}h$$

$$\frac{ql}{k} = \frac{1}{2}(h_1^2 - h_2^2) \tag{8-22}$$

3)逆坡渗流($i < 0$)

因 $i' = |i|$,则 $A'_0 = \dfrac{Q}{ki'}$,有

$$\frac{i'l}{h'_0} = \eta_1 - \eta_2 + 2.3\lg\left(\frac{\eta_2 + 1}{\eta_1 + 1}\right) \tag{8-23}$$

其中
$$\eta_1 = \frac{h_1}{h'_0},\ \eta_2 = \frac{h_2}{h'_0},\ A'_0 = bh'_0$$

式(8-22)、式(8-23)分别可用以计算平坡及逆坡渗流的浸润线。

**例 8-2** 如图 8-6 所示,在渠道与河道之间为一透水层,两者相距 $l = 180\mathrm{m}$,渠道右岸渗流深度 $h_1 = 1\mathrm{m}$,河道左岸的渗流深度 $h_2 = 1.9\mathrm{m}$,土层渗透系数 $k = 0.005\mathrm{cm/s}$,不透水层基底坡度 $i = 0.02$,试求每米长渠道的渗漏流量 $Q$ 并绘制浸润线。

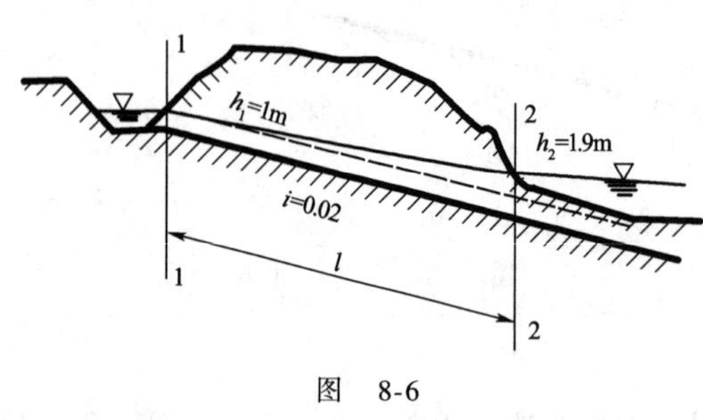


图 8-6

**解:**(1)渗漏流量

因 $i > 0$,$h_2 > h_1$,浸润曲线属 $a$ 型壅水曲线。由式(8-21)有

$$\eta_1 = \frac{h_1}{h_0} = \frac{1}{h_0}$$

$$\eta_2 = \frac{h_2}{h_0} = \frac{1.9}{h_0}$$

$$\frac{0.02 \times 180}{h_0} = \frac{1.9}{h_0} - \frac{1}{h_0} + 2.3\lg\frac{1.9 - h_0}{1 - h_0}$$

试算得 $$h_0 = 0.945(\mathrm{m})$$

故 $$q = kh_0 i = 0.005 \times 0.945 \times 100 \times 0.02 = 0.009\,45(\mathrm{cm^3/s \cdot m})$$

(2)浸润线计算

浸润线坐标：$(h_1, l_x)$。

由 $i = 0.02$，$h_0 = 0.945\mathrm{m}$，$h_1 = 1\mathrm{m}$，代入式(8-21)，得

$$\frac{h_0}{i} = \frac{0.945}{0.02} = 47.25$$

$$\eta_1 = \frac{h_1}{h_0} = \frac{1}{0.945} = 1.058$$

则 $$l_x = \frac{h_0}{i}\left(\eta_{2x} - \eta_1 + 2.3\lg\frac{\eta_{2x} - 1}{\eta_1 - 1}\right) = 47.25 \times \left(\eta_{2x} - 1.058 + 2.3\lg\frac{\eta_{2x} - 1}{1.058 - 1}\right)$$

$\eta_{2x} = \dfrac{h_{2x}}{h_0}$，浸润线计算见表 8-3。

浸 润 线 坐 标 值　　表 8-3

| $h_{2x}$(m) | 1 | 1.2 | 1.4 | 1.7 | 1.9 |
|---|---|---|---|---|---|
| $l_x$(m) | 0 | 80.6 | 117.7 | 156.7 | 180 |

浸润线如图 8-6 所示。

**例 8-3**　位于水平不透水层上的渗流，宽 800m，渗透系数 $k = 0.000\,3\mathrm{m/s}$，在沿程相距 1 000m 的两个观察井中，分别测得水深为 8m 和 6m，求渗透流量 $Q$。

由式(8-22)，得

**解：**
$$q = \frac{k}{2l}(h_1^2 - h_2^2) = \frac{0.000\,3}{2 \times 1\,000} \times (8^2 - 6^2) = 4.2 \times 10^{-6}(\mathrm{m^3/s \cdot m})$$

$$Q = bq = 800 \times 4.2 \times 10^{-6} = 3.36 \times 10^{-3}(\mathrm{m^3/s})$$

# * 第三节　集水廊道及井的渗流计算

## 一、集水廊道渗流

集水廊道是建造在无压含水层中，用以汲取地下水和降低地下水位的建筑物，如图 8-7 所示，其应用很广。从廊道抽水，则地下水会不断流向廊道，其两侧可形成对称于廊道轴线的降水浸润线。这种渗流，一般属于非恒定渗流，但若含水层体积很大，廊道很长，可视为平面渗流问题。抽水一段时间后，廊道中将保持某一恒定水深 $h$，并近似地形成无压恒定渐变渗流，两

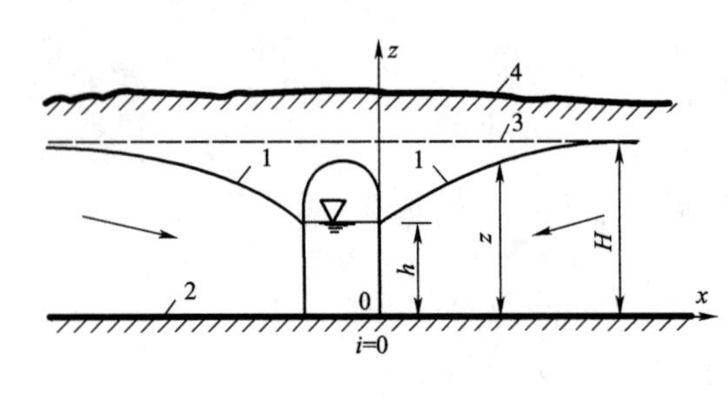


图 8-7

1-浸润线;2-不透水层;3-地下天然水面;4-地面

侧浸润线的形状及位置亦基本不变,所有垂直于廊道轴线的过水断面上,其渗流情况相同。

设不透水层基底坡度 $i = 0$,过水断面为宽矩形时,有 $A = bh, q = \frac{Q}{b}$,由式(8-13)有

$$\frac{q\mathrm{d}s}{k} = -h\mathrm{d}h$$

对廊道一边,自 $(0,h)$ 至 $(x,z)$ 两断面积分上式,得浸润线方程为:

$$z^2 - h^2 = \frac{2q}{k}x \tag{8-24}$$

当 $x = R$ 时,$z = H$,代入上式可得集水廊道每侧单位长度上的涌水量公式:

$$q = \frac{k(H^2 - h^2)}{2R} \tag{8-25}$$

因
$$q = \frac{k(H-h)(H+h)}{2R}$$

令
$$\bar{J} = \frac{H-h}{R}$$

则
$$q = \frac{k\bar{J}}{2}(H+h) \tag{8-26}$$

式中:$q$——单宽流量;

$\bar{J}$——浸润线平均水力坡度,见表 8-4;

$R$——集水廊道影响半径;

$k$——渗透系数。

廊道水深 $h$,一般远小于含水层厚度 $H$,若略去 $h$ 不计,式(8-25)或式(8-26)可简化为

$$\left.\begin{aligned} \bar{J} &= \frac{H}{R} \\ q &= \frac{kH^2}{2R} = \frac{kH\bar{J}}{2} \end{aligned}\right\} \tag{8-27}$$

式(8-26)、式(8-27)可用来初步估算涌水量 $q$。

**浸润线平均水力坡度 $\bar{J}$** 表 8-4

| 土壤类别 | $\bar{J}$ | 土壤类别 | $\bar{J}$ |
|---|---|---|---|
| 粗砂和冰川沉积土 | 0.003~0.005 | 亚黏土 | 0.05~0.10 |
| 砂土 | 0.005~0.015 | 黏土 | 0.15 |
| 微弱黏性砂土 | 0.03 | | |

**例 8-4** 如图 8-8 所示,拟在公路沿线建造一条排水沟,以降低地下水位。已知:含水层厚度 $H = 1.2\text{m}$,土壤渗透系数 $k = 0.012\text{cm/s}$,浸润线平均坡度 $\bar{J} = 0.03$(微弱黏性砂土),排水沟长 $l = 100\text{m}$,试求两侧流向排水明沟的渗透流量及浸润线。

**解:**(1)渗透流量计算

由式(8-27),有 $R = \frac{H}{\bar{J}} = \frac{1.2}{0.03} = 40(\text{m})$

$$q = \frac{kH^2}{2R} = \frac{0.000\,12 \times (1.2)^2}{2 \times 40}$$
$$= 2.16 \times 10^{-6}(\mathrm{m^3/s \cdot m})$$

从两侧流向排水沟的渗流量：

$$Q = 2lq = 2 \times 100 \times 2.16 \times 10^{-6}$$
$$= 4.32 \times 10^{-4}(\mathrm{m^3/s})$$

(2)浸润线计算

因考虑了 $H >> h$ 而用式(8-27)，故取 $h = 0$，由式(8-24)得浸润线方程有

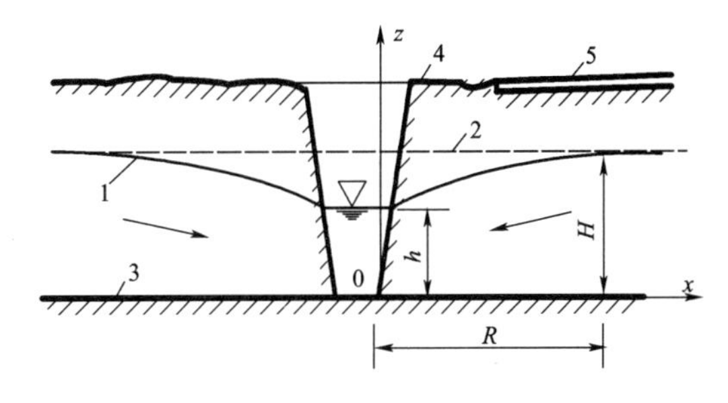


图 8-8

1-浸润线;2-地下天然水面;3-不透水层;4-地面;5-路面

$$z = \sqrt{\frac{2q}{k}x}$$

浸润线坐标见表 8-5，浸润线如图 8-8 所示。

集水廊道浸润线 $z$-$x$ 值 表 8-5

| $x$(m) | 10 | 20 | 30 | 40 |
|---|---|---|---|---|
| $z$(m) | 0.6 | 0.85 | 1.04 | 1.2 |

## 二、单井的渗流

### 1. 井的类型

井在工程上应用甚广，它是汲取地下水或作降低地下水位的集水建筑物。井的类型有多种：

1)普通井

在潜水含水层中开凿的井，称为普通井，又称为潜水井。所谓潜水含水层，即具有自由表面的无压地下水层。这类井又可分为：

(1)完全井——普通井的井底直达不透水层的，称为普通完全井。

(2)不完全井——普通井的井底未达到不透水层的井，称为普通不完全井。

2)自流井

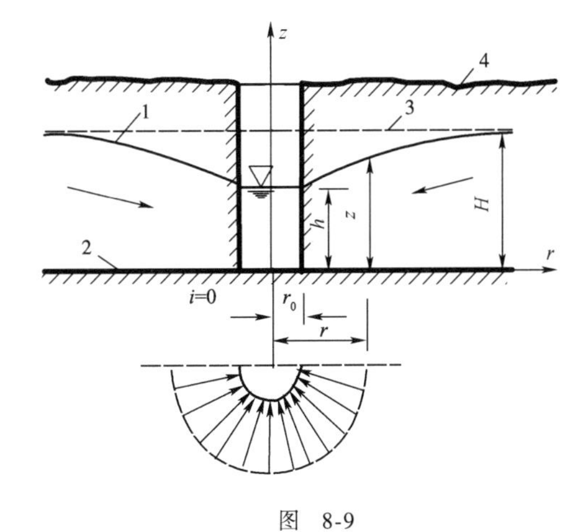


图 8-9

1-浸润线;2-不透水层;3-地下天然水面;4-地面

汲取自流层(或承压层)中地下水的井，称为自流井，又称为承压井。所谓自流层(或承压层)，即两不透水层间压强大于大气压强(无自由表面)的有压地下水层。与普通井一样，这种井也可分为完全井与不完全井两类。

### 2. 普通完全井

如图 8-9 所示，为一普通完全井。设潜水含水层的厚度为 $H$。当从井中抽水时，四周地下水向井集流，并将导致地下水位下降。若含水层体积很大，井中抽水只会在其附近一定影响范围内形成一个对称于井轴的漏斗形浸润线。但含水层厚度 $H$ 仍可保持恒定。此外，渗流流向井的

过水断面则是一系列圆柱面,其径向各断面的渗流情况相同,除井壁附近区域外,浸润线的曲率很小,可看作恒定渐变渗流,并可应用裘皮幼公式计算断面平均流速。

如图 8-9 所示,距井轴 $r$ 处,有

$$A = 2\pi rz$$

$$J = \frac{dz}{dr}$$

由式(8-12)(裘皮幼公式),有

$$v = k\frac{dz}{dr}$$

$$Q = Av = 2\pi krz\frac{dz}{dr}$$

将上式分离变量积分,有

$$\int_h^z z dz = \int_{r_0}^r \frac{Q}{2\pi k}\frac{dr}{r}$$

得浸润线方程为

$$\left.\begin{aligned} z^2 - h^2 &= \frac{Q}{\pi k}\ln\frac{r}{r_0} \\ z^2 - h^2 &= \frac{0.732Q}{k}\lg\frac{r}{r_0} \end{aligned}\right\} \tag{8-28}$$

式中:$r_0$——井的半径;

$h$——井中水深;

$z$——距井中心 $r$ 处的浸润线高度。

从理论上说,浸润线应以地下天然水面线为渐近线,即当 $r \to \infty$ 时,$z = H$。但从工程实用观点看,可以认为井的渗流区是一个有限范围,即有一定的影响半径,在此半径之外,地下水位将不再受抽水的影响而降低。设此影响半径为 $R$,当 $r = R$ 时,$z = H$,由式(8-28)有

$$Q = 1.366\frac{k(H^2 - h^2)}{\lg\frac{R}{r_0}} \tag{8-29}$$

对于一定的涌水量 $Q$,设地下水面的相应最大降落深度为 $s$,即

$$s = H - h$$

而 $$H^2 - h^2 = (H - h)(H + h) = (H + H - s)s = 2Hs\left(1 - \frac{s}{2H}\right)$$

因 $$H >> s,则\ \frac{s}{2H} \approx 0$$

得

$$\left.\begin{aligned} H^2 - h^2 &= 2Hs \\ Q &= 2.73\frac{kHs}{\lg\frac{R}{r_0}} \end{aligned}\right\} \tag{8-30}$$

式(8-29)及式(8-30)为普通完全井的涌水量公式。式(8-30)表明:$Q$ 与 $k$、$H$、$s$ 成正比,并与 $R$ 成反比。但 $R$ 在对数符号内,对 $Q$ 的影响很小,例如 $R=100\text{m}$ 时,$\lg R=2$,$R=1\ 000\text{m}$ 时,$\lg R=3$,即 $R$ 变化 10 倍,$Q$ 仅变化 1.5 倍。在初步设计中,$R$ 值一般可查表选用(表8-6)或按下述经验公式计算:

$$R = 3\ 000s\sqrt{k} \tag{8-31}$$

式中:$k$——渗透系数,m/s;

$s$——地下水面的最大降落深度,m;

$R$——影响半径,m。

若井的附近有河流、湖泊、水库时,$R$ 可取井到这些水体边缘的距离。对于重要工程,最好用野外实测方法确定。

**影响半径 $R$ 经验值** 表8-6

| 岩土种类 | 细粒岩土 | 中粒岩土 | 粗粒岩土 |
|---|---|---|---|
| $R$(m) | 100~200 | 250~700 | 700~1 000 |

**例 8-5** 有一普通完全井,其半径 $r_0=0.5\text{m}$,含水层厚度 $H=8\text{m}$,岩土渗透系数 $k=0.001\ 5\text{m/s}$,抽水时,井中水深 $h=5\text{m}$,试估算井的涌水量 $Q$。

**解:** $s=H-h=8-5=3\text{m}$

$$R = 3\ 000s\sqrt{k} = 3\ 000\times 3\times\sqrt{0.001\ 5} = 342.6(\text{m})$$

取 $R=350\text{m}$,由式(8-29)有

$$Q = 1.366\frac{k(H^2-h^2)}{\lg\dfrac{R}{r_0}} = 1.366\times\frac{0.001\ 2\times(8^2-5^2)}{\lg\dfrac{350}{0.5}} = 0.028(\text{m}^3/\text{s})$$

3. 自流完全井

如图8-10所示,设自流含水层(又称承压含水层)的厚度为 $t$,井身穿过上部不透水层,井底直达下部不透水层表面,地下水由高度为 $t$ 的井壁周围(滤水管)渗入井中,这就是自流完全井。

抽水前,井中初始水深 $H$ 即为含水层的总水头,井中水面即地下水的天然水头面,它高于 $t$,有时可高出地面则成喷泉。当抽水后,井中水面下降,水深由 $H$ 降至 $h$,井外承压含水层各处的测压管水头线将近似地形成一个对称于井轴线的漏斗形水头降落曲面。地下水向井中汇集的过水断面是一系列高度为 $t$ 的圆筒面,径向各断面的渗流状况相同。除井壁周围附近区域外,测压管水头线的曲率很小,可看作恒定渐变渗流。

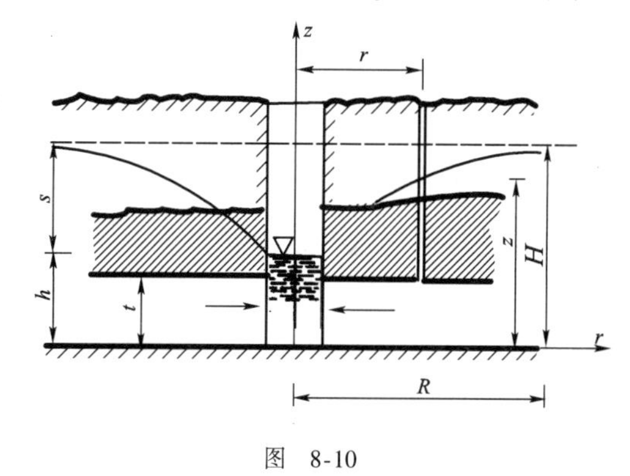

图 8-10

如图8-10所示,距井轴线为 $r$ 处的过水断面及其各点水力坡度为

$$A = 2\pi rt$$

$$J = \frac{\text{d}z}{\text{d}r}$$

由裘皮幼公式,该断面的平均渗流速度及渗流量为

$$v = k\frac{\mathrm{d}z}{\mathrm{d}r}$$

$$Q = Av = kA\frac{\mathrm{d}z}{\mathrm{d}r} = 2\pi krt\frac{\mathrm{d}z}{\mathrm{d}r}$$

对上式分离变量后积分,有

$$\int_h^z \mathrm{d}z = \frac{Q}{2\pi kt}\int_{r_0}^r \frac{\mathrm{d}r}{r}$$

$$z - h = 0.366 \times \frac{Q}{kt}\lg\frac{r}{r_0} \tag{8-32}$$

当 $r = R$ (影响半径)时, $z = H$ ,由上式得

$$\left.\begin{aligned} Q &= 2.73\frac{kts}{\lg\frac{R}{r_0}} \\ R &= 3\,000s\sqrt{k} \end{aligned}\right\} \tag{8-33}$$

式中 $R$ 亦可按表 8-6 选用。

**例 8-6** 如图 8-10 所示,自流含水层厚度 $t = 6\mathrm{m}$,井直径 $d = 200\mathrm{mm}$,当抽水至恒定水位,井中水位降深 $s = 3\mathrm{m}$,距井轴线 15m 处一观测孔中水位降深 $s_1 = 1\mathrm{m}$,试求该井的影响半径。

**解:**当 $r = R$ , $z = H$ ,由式(8-32)有

$$H - h = 0.366 \times \frac{Q}{kt}\lg\frac{R}{r_0}$$

又

$$H - h = s$$

$$H - z_1 = s_1$$

由式(8-32)有

$$s = 0.366 \times \frac{Q}{kt}\lg\frac{R}{r_0}$$

$$s_1 = 0.366 \times \frac{Q}{kt}\lg\frac{R}{r_1}$$

有

$$\frac{s}{s_1} = \frac{\lg R - \lg r_0}{\lg R - \lg r_1}$$

已知

$$r_0 = 0.1\mathrm{m}, r_1 = 15\mathrm{m}, s = 3\mathrm{m}, s_1 = 1\mathrm{m}$$

得

$$R = 184\mathrm{m}$$

4. 大口井与基坑排水

单井是具有透水井壁的滤水管井,主要用于汲取深层地下水。大口井则是井径较大(其直径为 2 ~ 10m,常用直径为 3 ~ 5m )、井深较小的集水井,一般为不完全井。大口井附近和井中的水流阻力较小,在相同水位降深情况下,其涌水量大于直径较小的管井。桥梁工程桥基施工中,通常所遇基坑排水,属于大口井渗流计算问题。

大口井的进水方式有两类:一是井壁进水,二是井底进水。

1)井壁进水的大口井

这类井与管井相似,有普通井与自流井两种,其中可有完全井与不完全井两种。

(1)大口普通完全井——其涌水量按式(8-29)计算,即

$$Q = 1.366\frac{k(H^2 - h^2)}{\lg\frac{R}{r_0}}$$

(2)大口自流完全井——其涌水量按式(8-30)计算,即

$$Q = 2.73\frac{kHs}{\lg\frac{R}{r_0}}$$

2)井底进水的大口井

(1)大口普通非完全井——如图 8-11 所示,当含水层较厚,若井底至含水层底板(不透水层)的深度为 $h_d \geqslant (8 \sim 10) r_0$,且为井底进水的大口普通非完全井时,涌水量按下式计算:

$$Q = 4ksr_0s \tag{8-34}$$

式中:$r_0$——井的半径;

$s$——地下水最大降深。

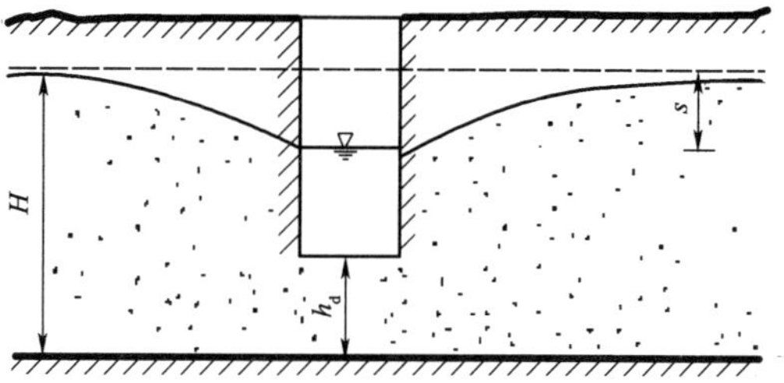

图 8-11

(2)大口自流非完全井——对于平底大口非完全自流井的涌水量计算,有两种学说,有的学者认为底部过水断面是半球面,如图 8-12a)所示,另外,傅希海满(Ph. Forchheimer)则认为井底部过水断面为半椭球面,兹分述如下:

如图 8-12a)所示,当过水断面为半球形底部进水时,其流线为径向直线,过水断面面积为 $A = 2\pi r^2$,断面上各点的水力坡度 $J = \frac{dz}{dr}$,过水断面平均流速和渗流量分别为

$$v = k\frac{dz}{dr}$$

$$Q = 2\pi r^2 k\frac{dz}{dr}$$

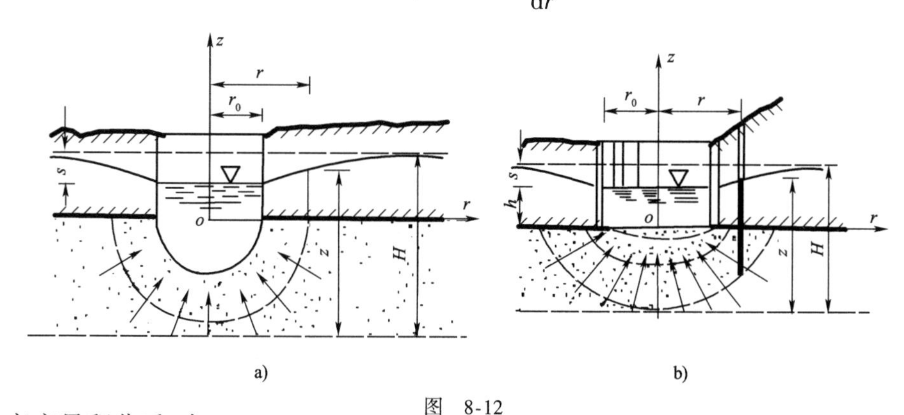


图 8-12

分离变量积分后,有

$$\int_{r_0}^{R}\frac{dr}{r^2} = \frac{2\pi k}{Q}\int_{h}^{H}dz$$

$$Q = \frac{2\pi ks}{\frac{R - r_0}{Rr_0}}$$

因 $R >> r_0$ ,式中 $R - r_0 \approx R$ ,得

$$Q = 2\pi kr_0 s \tag{8-35}$$

上式即按照半球形底部进水学说导出的大口自流非完全井的涌水量计算公式。

如图 8-12b)所示,当过水断面为半椭球面底部进水时,流线不是径向直线而是与椭球面正交的双曲线,其涌水量可按傅希海满公式计算,即

$$Q = 4kr_0 s \tag{8-36}$$

**例 8-7** 直径 $d = 3\text{m}$ 的自流非完全大口井,其含水层深度很大,其渗透系数 $k = 12\text{m/d}$ ,抽水稳定后水位降深 $s = 3\text{m}$ ,试计算涌水量。

**解:**(1)按式(8-35)计算

$$Q = 2\pi kr_0 s = 2 \times 3.14 \times 12 \times 1.5 \times 3 = 340(\text{m}^3/\text{d})$$

(2)按式(8-36)计算

$$Q = 4kr_0 s = 4 \times 12 \times 1.5 \times 3 = 216(\text{m}^3/\text{d})$$

由上例可见,式(8-35)与式(8-36)的计算结果相差悬殊。但可以看出,大口井的涌水量与地下水位降深成正比。因此,如果有条件时,可在现场实测 $Q$-$s$ 关系曲线确定大口井的涌水量。实际应用得出:当含水层较厚,其厚度比大口井半径 $r_0$ 大 8 ~ 10 倍时,自流井井底进水过水断面接近于半球面,故式(8-35)较接近实际涌水量。而普通非完全井的井底进水过水断面则接近于半椭球面,按式(8-36)计算较切合实际。但是,最合适的方法是按实测 $Q$-$s$ 曲线确定井的涌水量。

5. 井群

多个单井的组合群系统,称为井群。它的作用是用以汲取地下水,或用作降低地下水位,以利于基坑开挖。所以井群的渗流计算,也具有重要的实用意义。

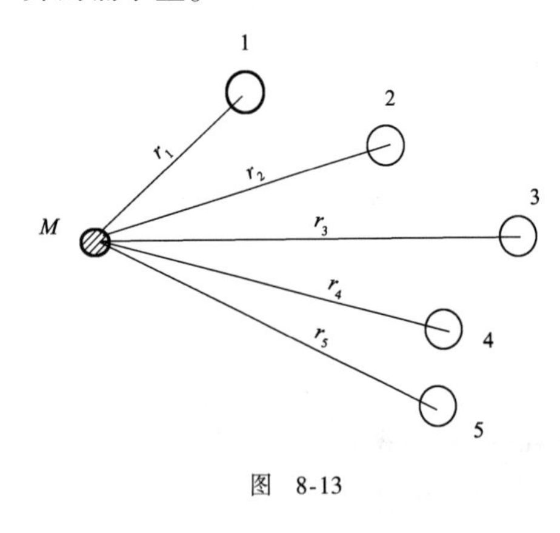

图 8-13

如图 8-13 所示,设有 $n$ 个普通完全井,其半径分别为 $r_{01}, r_{02}, r_{03}, \cdots, r_{0n}$ ,涌水量为 $Q_1, Q_2, Q_3, \cdots, Q_n$ ,每个井距某点 $M$ 的水平距离分别为 $r_1, r_2, r_3, \cdots, r_n$ 。各井单独工作时的井中水深分别为 $h_1, h_2, h_3, \cdots, h_n$ ,它们浸润线在 $M$ 点的渗流深度分别为 $z_1, z_2, z_3, \cdots, z_n$ ,由式(8-28),有

$$z_1^2 - h_1^2 = \frac{Q_1}{\pi k}\ln\frac{r_1}{r_{01}} = \frac{0.732Q_1}{k}\lg\frac{r_1}{r_{01}}$$

$$z_2^2 - h_2^2 = \frac{Q_2}{\pi k}\ln\frac{r_2}{r_{02}} = \frac{0.732Q_2}{k}\lg\frac{r_2}{r_{02}}$$

$$z_n^2 - h_n^2 = \frac{Q_n}{\pi k}\ln\frac{r_n}{r_{0n}} = \frac{0.732Q_n}{k}\lg\frac{r_n}{r_{0n}}$$

若各井同时在抽水,则必然形成一个公共的浸润面,按势流叠加原理,可导出普通完全井群的计算公式如下:

$$z^2 = H^2 - \frac{0.732Q_0}{k}\left[\lg R - \frac{1}{n}\lg(r_1, r_2, r_3, \cdots, r_n)\right] \tag{8-37}$$

其中：

$$\left.\begin{aligned} Q_0 &= \frac{Q_i}{n} \\ R &= 575s\sqrt{Hk} \end{aligned}\right\} \tag{8-38}$$

当已知 $Q_0$、$H$、$k$、$R$、$r_1$、$r_2$、$r_3$、$\cdots$、$r_n$ 时，利用上式可算出任一点的水深；当取 $r_i = r_{0i}$ 时，所解得的 $z$ 值，即该井中的水深 $h_{0i}$；当其他条件已知时，亦可利用上式计算井群的总涌水量 $Q_0$。

**例 8-8** 为了降低基坑地下水位，拟在半径为 30m 的圆周上均匀布置 6 个普通完全井组成的井群，如图 8-14 所示，各井半径 $r_0$ =0.1m，含水层厚度 $H$ =8m，岩土渗透系数 $k$ = 0.1cm/s，井群影响半径 $R$ =500m，总涌水量 $Q_0$ = 0.02m³/s，各井抽水量相同，试求井群中心点 $M$ 的地下水降落值。

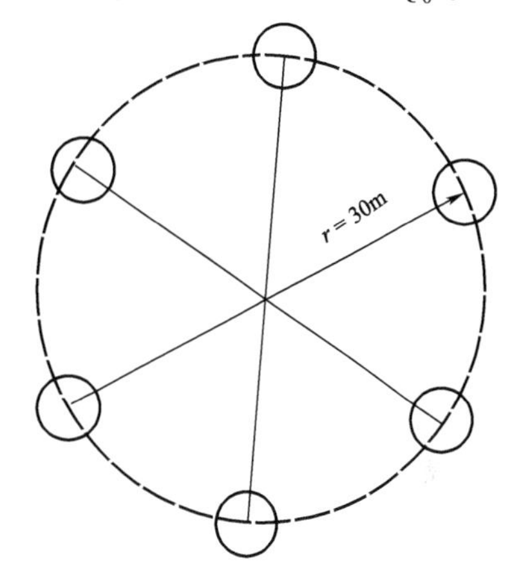

图 8-14

**解**：按式(8-37)，得

$$z^2 = H^2 - \frac{0.732Q_0}{k}(\lg R - \lg r_0)$$

$$= 8^2 - \frac{0.732 \times 0.02}{0.001}(\lg 500 - \lg 30)$$

得 $z$ = 6.79m，$s = H - z = 8 - 6.79 = 1.21$m。

上述计算结果表明，$M$ 点地下水面降落值为 1.21m。

## 【习题】

8-1 如图 8-1 所示，渗透装置的断面面积 $A$ = 37.21cm²，1-1、2-2 断面间的渗流长度 $L$ = 85cm，测得水头差 $\nabla H$ = 103cm，渗透流量 $Q$ = 114cm³/s，试求土样的渗透系数 $k$。

8-2 如习题 8-2 图所示，在不透水层上的细砂含水层中布设两观测井，测得井 1 地下水位 $\nabla_1$ =30.5m，井 2 地下水位 $\nabla_2$ =23.2m，两井相距 $l$ =1 000m，不透水层顶面高程 $\nabla_0$ =10m，已知砂层渗透系数 $k$ = 7.5m/d，试计算：

(1) 单宽流量 $q$ 及 $b$ =150m 内的渗透流量 $Q$。

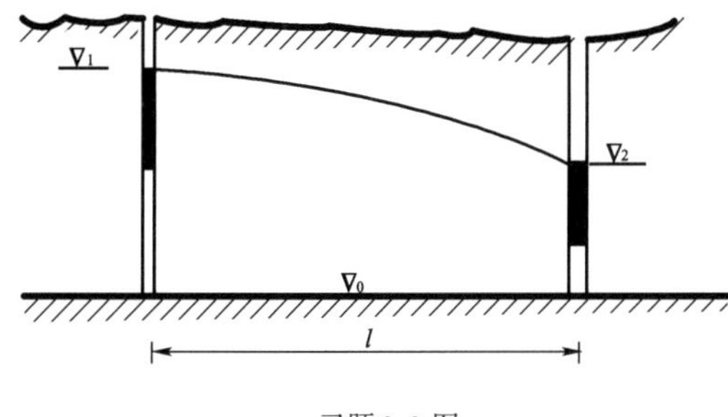

习题 8-2 图

(2) 计算沿渗流方向与井 2 相距 100m、200m、400m、600m、800m 的水深并绘出浸润线。

(3) 若渗透系数增大到 $k$ = 15m/d，求 $b$ = 150m 宽度内的渗透流量 $Q$ 及(2)中各点的水深。

8-3 如习题 8-3 图所示圆柱形滤水器，其直径 $d$ =1.2m，土样高 $h$ =1.2m，渗透系数 $k$ = 0.01cm/s，$H$ =0.6m，试求渗透流量 $Q$。

8-4 如习题8-4图所示,为测定地基土层的渗透系数开凿一普通完全井,其半径 $r_0$ = 0.15m,又在距井轴线60m处设一钻孔,然后从井中抽水,当流量及井中水位恒定时,测得井中水深 $h$ = 2m。钻孔中水深 $H$ = 2.6m,抽水量 $Q$ = 0.002 5m$^3$/s,求土层渗透系数 $k$。

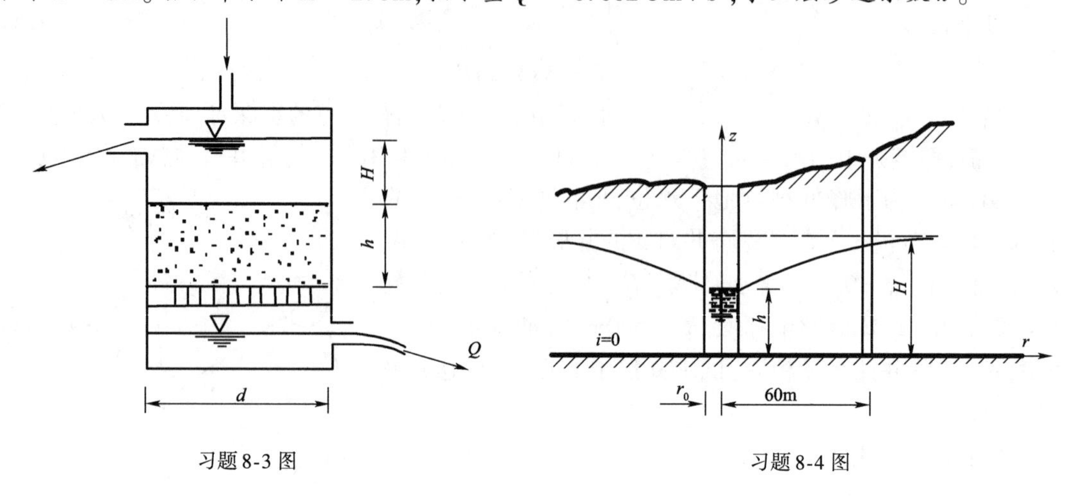


习题8-3图　　习题8-4图

8-5 如习题8-5图所示,自流完全井抽水达恒定时的水位降深 $s$ = 5m,自流井含水层厚度 $t$ = 15.9m,渗透系数 $k$ = 8m/d,井中水深 $h$ = 19.8m,影响半径 $R$ = 100m,井管直径 $d$ = 25.4cm,求涌水量 $Q$。

8-6 如习题8-6图所示,含水层厚度 $H$ = 14m,在此地层中建一普通完全井,井管直径 $d$ = 30.4cm,已知渗透系数 $k$ = 10m/d,水位降深 $s$ = 4m,求涌水量 $Q$。

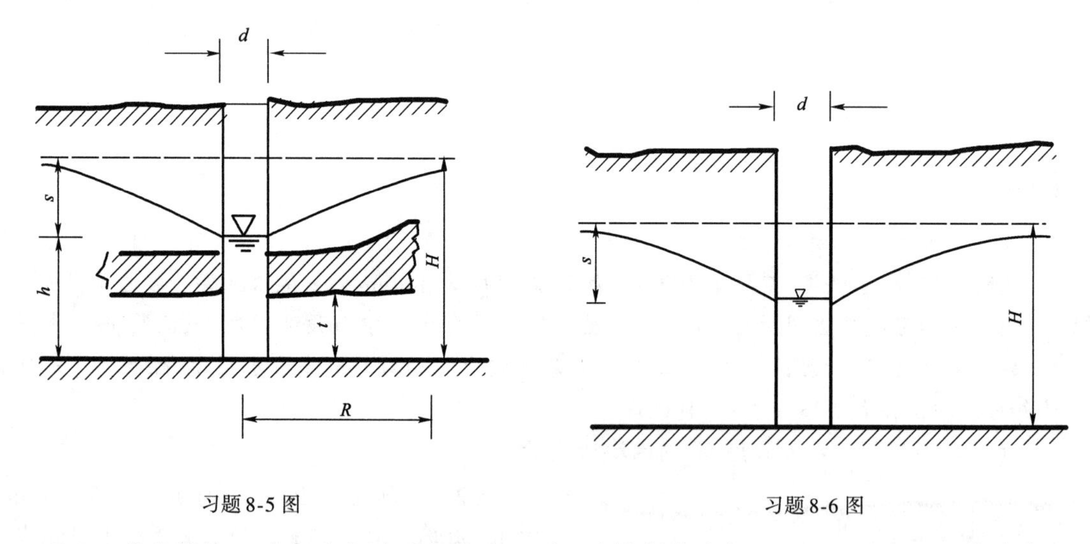


习题8-5图　　习题8-6图

8-7 现欲设计一井底进水的混凝土大口井,测得渗透系数 $k$ = 20m/d,已知井的直径 $d$ = 2.4m,井底为沙层,水位降深 $s$ = 1.5m,求井的涌水量 $Q$。

# 第九章

# 河流概论

## 第一节　河川水文现象的特点与桥涵水文的研究方法

### 一、水文现象的特点

前述各章阐述的是水流运动的基本规律及其运动要素间的联系,此即水力学的基本内容,自本章起将侧重讨论与桥涵设计有关的水力水文分析和计算方法,此即桥涵水文的主要内容。

地球上的水以液态、固态和气态的形式分布于海洋、陆地、大气和生物机体中,这些水体构成了地球的水圈。水圈中的各种水体在太阳的辐射下不断地蒸发变成水汽进入大气,并随气流的运动输送到各地,在一定条件下凝结形成降水。降落的雨水,一部分被植物截留并蒸发,落到地面的雨水,一部分渗入地下,另一部分沿江河流入大海。渗入地下的水,有的被土壤或植物根系吸收,然后通过蒸发或散发返回大气,有的渗透到较深的土层形成地下水,并以地下水流的形式渗入河流流入大海。水圈中的各种水体通过不断蒸发、水汽输送、凝结、降落、下渗、地面和地下流动而形成的往复循环过程,称为水文循环,也称为水分循环。所谓降水,是指空气中的水汽冷凝并降落到地表的现象,如雨、雪、冰、雹和霰(小雪珠)等现象。降水在重力作用下沿一定路径(流域地面或地下)流动(向河川、湖泊、水库、洼地)的水流,称为径流,沿地表流动的水流,称为地表径流;沿坡面漫流的水流,称为坡面漫流;在河槽中流动的水流,称为河川径流;在地下流动的水流,称为地下径流(基流)。桥涵水文研究其中的降水、蒸发、入渗和径流等现象,统称为水文现象。

水文现象的共同特点有:

1. 随机性

水文现象的随机性是指其发生的数值大小和时间都具有一定的偶然性,在同一观测条件下,同一现象结果有不确定性,难以运用演绎方法求得其确定的因果关系。例如,同一断面的河流流量,每天实测均可有不同结果,每年最大流量值出现的时间也无法精确预计。

2. 周期性

水文现象的周期性是指其长时期的重现性。多年实测发现,各种数值的流量均具有一定的重现性,即再发生的可能性。但重现性只存在长期的平均关系,只能表现出相对的重现可能性大小,难以确定其肯定性的重现规律。例如,某一洪水流量从长期观测资料分析,其重现年距平均约100年,即所谓"百年一遇"的重现期,但未来再现的具体日期却难以确定,每年均具有其再现的可能性。因此,"百年一遇"的概念,只表示某一流量在一系列流量中的相对稀遇性,数值越大的洪水流量,其重现的可能性越小。

水文现象的这种随机特性是受到时空分布多变因素影响的结果,而其重现性则是与之关系密切的气候因素受到地球自转、公转及其他天体运动制约的结果,因而具有年、季、日及多年的周期性变化规律。

3. 地区性

水文现象的地区性是指其易受地区、地理、气候等因素影响的特性。地理位置相近、气候因素与地理条件相似的河流或河段,其水文现象特性亦相似;地理位置不同或气候与地理条件有差异的河流或河段,其水文现象可有不同的变化规律。例如,同一地区的不同河流,其汛期与枯水期都十分相近,径流变化过程也十分相似;我国南方河流水量大于北方;山区河流的河水大多暴涨暴落,平原河流的洪水大多涨落平缓等。

水文现象的地区相似性是缺乏实测资料地区移用相似地区实测资料的理论依据,水文学中称之为水文比拟法。另外,应用经验性的分析结果往往应注意地区性的应用局限。

## 二、桥涵水文的研究方法

如上所述,水文现象的数值变化及其变化过程因受到许多复杂因素的影响,难以用简单的数学模型来描述各种物理关系,也不可能从水文现象的实测记录中找到确定的物理关系,因此,桥涵水文计算只能从实测记录中透过现象看本质,寻找其发生的统计规律,并用概率大小来预示各类水文现象的再现可能性,以预估建造桥涵后可能遭遇的水文情势。所以,桥涵水文计算必须作实地调查,收集长期实测资料,寻找水文现象的统计规律,为桥涵设计提供决策依据。其研究方法有三种:

1. 数理统计法

此法把水文现象的特征值(如水位、流量等)看成为随机变量,运用概率论的基本原理,逐一计算各特征值出现的频率,再按国家有关规范所规定的容许破坏率或要求达到的安全率确定合适的设计值(详见第十章)。

2. 成因分析法

此法从径流与降水的成因关系,建立水文现象特征值的物理数学模型,并以此求解各类水文计算问题,例如第十一章中的推理公式即属此类方法。但因水文现象的复杂性,仍难以在成因机理上找到合理的概括,也难以得到十分理想的结果。

3. 地理综合法

此法通过实测资料的整理分析,建立一些水文特征值的地区性经验公式或在地图上绘制成水文特征值的等值线图,也可制成专用的计算用表。此法的应用较为简易,对于缺乏实测资料的地区很有实用意义。等值线图在一定程度上可以反映水文特征值的空间分布。

桥涵水文是工程水文学的一个分支,归结到应用水文学的范畴,它以河川径流为对象,主要通过数理统计的方法,为桥涵工程提供设计依据并预示未来的水文情势。

本章所介绍河川径流的形成过程,资料的收集与整理方法,以及河床演变、泥沙运动等内容,是今后水文分析与计算必需的基本知识。

# 第二节　河流及流域

## 一、河流的基本特征

河流是河槽和其中水流的统称。地质构造及河水冲蚀下切,这是河流形成变化的基本原因。流水的凹槽,称为河槽,又称为河道。包括河槽在内的谷地,称为河谷。枯水期水流淹没的河槽,称为主槽,又称为基本河槽,在洪水期水流淹没的河槽,称为洪水河槽。河流沿程各横断面最大水深点的连线,称为深泓线。

汇集河川径流注入湖、海的河流,称为干流,如长江干流入海,湖南的湘、资、沅、澧四水注入洞庭湖等。流入干流的河流则称为支流。支流又可分为许多级:流入干流的支流,称为一级支流,流入一级支流的河流,称为二级支流,其余类推。显然,级数越大,河流越小。河流干、支流构成脉络状相通的体系,称为水系,或河系。水系通常用干流的名称命名。如长江水系、黄河水系、湘江水系等。

1. 河流分段特性

一条发育完整的河流,按其特性,可分为河源、上游、中游、下游、河口五部分:

(1)河源——即河流的起点或开始具有水流的地方。溪涧、泉水、冰川、湖泊与沼泽往往是河流的源头。

(2)上游——紧接河源而大多奔流于山谷中的河流上段,称为上游。这段河流的水流特性多为落差大,水流急,冲蚀力强,常有急滩瀑布,两岸陡峻,河谷地形常呈“V”字形断面。

(3)中游——上游以下的中间河段。中游河段的基本特性是比降(即河道底坡及水面坡度)逐渐缓和,河床冲淤接近平衡状态,河面逐渐开阔,水量逐渐增大,河谷地形呈“U”形。

(4)下游——紧接中游下段。其特性是河床多在冲积平原之上,底坡小,水流缓慢,泥沙多淤积,沙洲众多,在平面上河道多蜿蜒曲折,断面复杂,多呈复式断面形状,如图 9-1

所示。

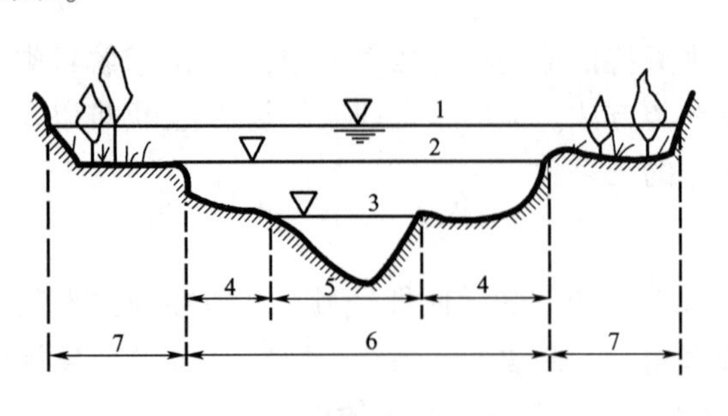

图 9-1
1-洪水位;2-平滩水位;3-枯水位;4-边滩;5-主槽;6-河槽;7-河滩

(5)河口——河口为河流的终点,即河流注入海洋或湖泊的地方。消失在沙漠中的河流,称为无尾河,可以没有河口。河口处断面扩大,水流速度骤减,常有大量泥沙沉积而形成三角形沙洲,称为河口三角洲。

2. 河流基本特征

河流的基本特征,一般用河流长度、弯曲系数、横断面面积及纵横比降(在水力学中,比降即坡度)等表示。

(1)河流长度——从河源到河口的距离,称为河长。它是确定河流比降的基本参数。河长的确定通常在1∶50 000 ~ 1∶100 000 的地形图中沿深泓线用分割规量取,分割规开距常用1 ~ 2mm。

(2)弯曲系数——河道全长与河源到河口的直线长度之比,称为河流的弯曲系数,即

$$\varphi = \frac{L}{l} \tag{9-1}$$

式中:$L$——河长;

$l$——河源到河口的直线长度;

$\varphi$——河流的弯曲系数,$\varphi > 1$。

河流长度和弯曲系数是河流平面形态的两个特征值。在平原河道中,由于断面流速分布不均匀导致的水内环流现象,往往造成河道冲淤或河弯发展,使河道在平面上呈蜿蜒曲折的形态,并使河道的凹岸冲深,凸岸淤浅,在弯段与直段间出现沿程深浅交替的现象,如图 9-2 所示[图 9-2a)为水下地形等深线]。式(9-1)表明,$\varphi$ 值越大,河道越弯曲。河湾的长期发展,常可造成河道截弯取直改道,因此,对于桥位定线,一般多避免通过河流的弯段而取用直段。如图 9-2 中2-2 线所示为选定的桥位断面位置。

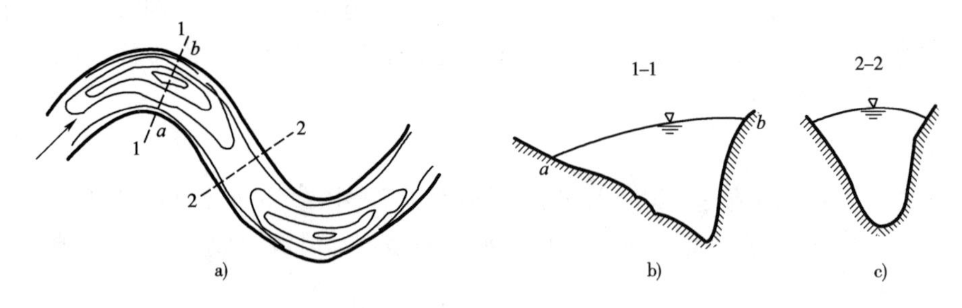

图 9-2
a)河道平面形态;b)凹岸水位超高;c)涨水期水拱现象

但是,对于山区河流,由于一般受岩石河床的限制,河流的平面形态与地质条件有关,因而并无上述平面形态规律,往往是河岸曲折不一,深浅急剧变化,等深线也不调和。

(3)河流的横断面及横比降——横断面即过水断面,与河水流向正交,它是流量及桥长计算的重要数据。从横断面上看,河道又可分为主槽、边滩及河滩三部分。河滩是在高洪水位时的水流通道,常水位以下部分则为主槽。主槽和边滩部分,洪水期常有底沙运动,统称为河槽,

而河滩一般没有底沙运动，因此多杂草丛生。如图 9-1 所示为复式断面河槽。河槽的横断面面积是它的数值特征。

天然河道中，水面一般都有横向比降（横向坡度），在直段河道中，涨水时，河中水位呈中间高，两边低，退水时，则呈中间低，两边高；在弯段河道中，由于水流同时受到重力和离心力作用，断面水位常呈凹岸高，凸岸低。这一水力特征便使得河中水流通常呈螺旋式前进。在断面上，水流质点运动轨迹呈环状，称为水内环流现象，如图 9-3 所示（图中实线箭头表示面流方向，虚线为底流方向）。

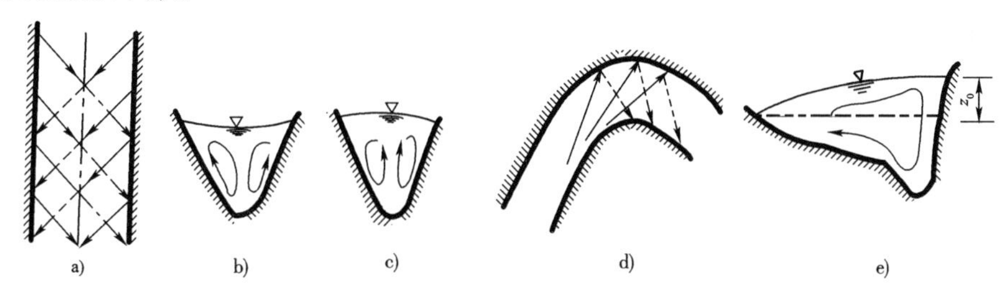


图 9-3

a）直段河道螺旋式流动（又称为平轴副流）；b）退水时的水内环流现象；c）涨水时的水内环流现象及表面的水拱现象；d）弯段河道的螺旋流动；e）弯段河道断面的水内环流现象及凹岸水位超高

关于弯段水流的横比降及超高值 $z_0$，可按水力学公式（2-14）及式（2-13）计算，也可近似地按下式计算：

$$\left.\begin{aligned} I &= \frac{v^2}{Rg} \\ z_0 &= BI = B\frac{v^2}{Rg} \end{aligned}\right\} \tag{9-2}$$

式中：$v$——断面平均流速；

$R$——弯道平均曲率半径；

$B$——水面宽度；

$z_0$——凹岸水面超高；

$I$——水面横比降。

（4）河流的纵断面及纵比降——沿河流深泓线的剖面，称为河流的纵断面。其纵向的坡度（包括河底坡度和水面坡度），工程界惯称为纵比降（此即水力学中的底坡及测压管坡度）。设河段前后两断面的水位或河底高程分别为 $z_1$、$z_2$，两断面间的流程长度为 $L$，则纵比降的定义式为

$$J = \frac{z_1 - z_2}{L} = \frac{\Delta z}{L} \tag{9-3}$$

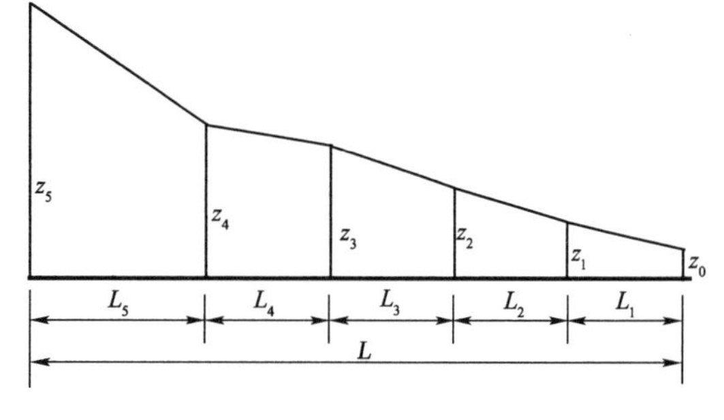


图 9-4

但是，一条河流各段比降是不一致的，水力计算常取其各段比降的加权值，如图 9-4 所示，即

$$\bar{J} = \frac{(z_0 + z_1)L_1 + (z_1 + z_2)L_2 + \cdots + (z_{n-1} + z_n)L_n - 2z_0L}{L^2} \tag{9-4}$$

## 二、河流的流域

河流某断面以上的集水区域,称为该断面以上河段的汇水区域。河口断面以上的集水区域则称为该河流的流域。由定义可知,流域的边界线就是四周地面山脊线或分水线,它由地形图勾绘得出,如图9-5a)所示。该断面以上流域边界线所包围的面积,称为流域面积,又称为汇水面积,常用 $F$ 表示。显然,$F$ 将沿河长增加而增大,常用流域面积增长图表示,其中纵向长度表示河长,横向线段长度表示流域面积,图9-3b)所示为河流左、右岸的流域面积增长图。计算流域面积的方法是:

(1)在大比例尺地形图上按桥位所在断面勾绘出流域边线;

(2)用求积仪或数格的方法计算流域面积。图9-5b)中1、2、3、4、5、6分别代表河流地图中1~6相应部分的流域面积。

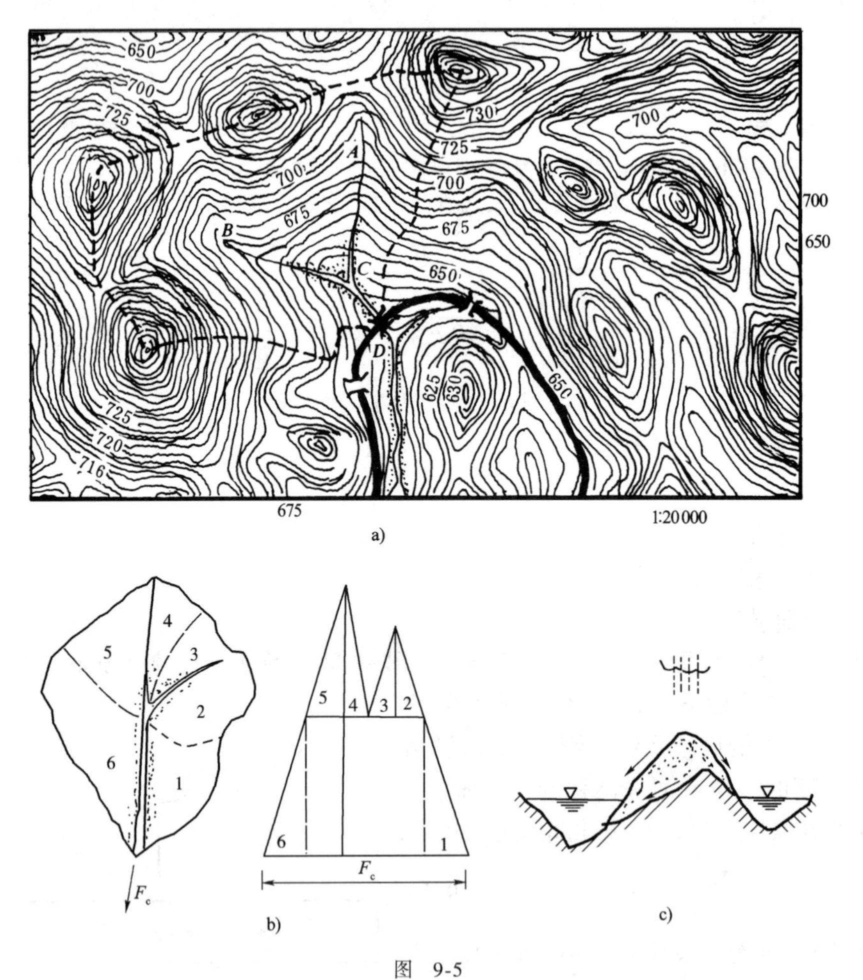


图 9-5

a)图中虚线为流域分水线;b)流域面积增长图;c)非闭合流域

注入河流的水量除地面径流外,还有地下径流。当地面分水线与地下分水线重合时,流域内的地面径流及地下径流都将通过集流断面,这种流域称为闭合流域;否则,称为非闭合流域,如图9-5c)所示。非闭合流域将有一部分雨水通过地下流入相邻河流。

对于闭合流域，设降水量为 $X$，蒸发量为 $Z$，流域内流出集流断面的径流量为 $Y$，时段初的流域蓄水量为 $V_1$，时段末的流域蓄水量为 $V_2$，则水量平衡方程式为

$$X + V_1 = Y + Z + V_2$$

$$X = Y + Z + V_2 - V_1 = Y + Z \pm \Delta V$$

当时段为一年时，$\Delta V > 0$，表示为丰水年；$\Delta V < 0$，表示为少水年。多年观测发现，流域内的旱、涝存在一定的周期交替现象，且有

$$\frac{1}{n}\sum \Delta V \to 0$$

由此，得

$$X_0 = Y_0 + Z_0 \tag{9-5}$$

式中：$X_0$——流域内多年平均降水量，$X_0 = \frac{1}{n}\sum X_i$；

$Y_0$——流域内多年平均径流量，$Y_0 = \frac{1}{n}\sum Y_i$；

$Z_0$——流域内多年平均蒸发量，$Z_0 = \frac{1}{n}\sum Z_i$。

式(9-5)称为流域的水量平衡关系。它表明，闭合流域多年平均降水量消耗于径流量与蒸发量两方面。由式(9-5)有

$$\frac{Y_0}{X_0} + \frac{Z_0}{X_0} = 1 \tag{9-6}$$

有 $\alpha_0 = \frac{Y_0}{X_0} < 1$，称为径流系数；$\beta_0 = \frac{Z_0}{X_0} < 1$，称为蒸发系数。

由此可见，河川中的径流量，即降水扣除损失后的净雨量，其中径流系数为其扣减系数，而河流流域则是河流河口断面以上的汇水区域，其特征直接影响到河川径流量的大小和变化过程。流域的特征有：

(1)几何特征——即流域面积的大小及沿河增长情况。

(2)流域的自然地理特征——包括流域的地理位置(用流域图形形心所在的经纬度表示)，气候条件，地形情况(可用流域平均高程和地表平均坡度表示)，流域内的植被情况，地质情况，湖泊、沼泽率及河网密度等。所谓湖泊、沼泽率即湖泊或沼泽面积与流域面积的比值。

## 三、河段分类

河段类型对于桥位选择、桥孔布设、桥梁墩台的埋深、河道整治方案的选择等都具有重要意义。按《公路工程水文勘测设计规范》(JTG C30—2015)，有以下几种类型：

1. 山区河流的河段类型

(1)峡谷河段——河床窄深，床面岩石裸露或为大漂石覆盖，河床比降大，多急弯、卡口，断面呈 V 形或 U 形。

(2)开阔河段——岸线整齐,河槽稳定,断面多呈U形,滩、槽分明,各级洪水流向基本一致。

2. 平原区河流的河段类型

(1)顺直微弯河段——中水河槽顺直微弯,边滩呈犬牙交错分布;洪水时边滩向下游平移,对岸深槽亦向下游平移。

(2)分汊河段——中高水河槽分汊,两河汊可能有周期性交替变迁趋势。

(3)弯曲河段及宽滩河段——有周而复始的凹冲凸淤,洪水时易发生裁弯取直。

(4)游荡河段——河槽宽浅,沙洲众多,且变化迅速,主流、支汊变化无常。

3. 山前区河流的河段类型

(1)山前变迁河段——其特点与平原游荡型河段相似,但夺流改道之势更为凶猛迅速。

(2)冲积漫流河段——通常无固定河槽,夹带大量粗颗粒泥沙的水流淤此冲彼,河床有可能淤高;洪水后,河床支汊纵横,支离破碎,没有固定河漫滩,是最不稳定的河段。

4. 河口河段类型

(1)三角港河口——凹向大陆的海湾型河口段。

(2)三角洲河口——凸出海岸伸向大海的冲积型河口。

以上两河段特点相似,沙洲林立,支汊纵横交错。

此外,按照河床稳定程度,还可分为:

(1)稳定河段——这类河段多位于丘陵地带及中下游河床地质条件较好,河岸比较整齐的河谷处。其河床多为紧密漂砾石沉积层及抗冲刷能力较强的黏性土壤,其岸线稳定,冲淤变化不大,主槽稳定,极少摆动,平面形态较顺直或微弯。

(2)次稳定性河段——这类河段多位于河流下游平坦地带或平原丘陵的过渡地带,河流比降平缓,泥沙落淤,有广阔的冲积层。河床内边滩犬牙交错,主槽有周期性摆动,断面一般窄而深,漫滩流量小,岸线、河槽不稳定,河道顺直或微弯,但河弯有下移发展趋势,主流在河槽内摆动,天然冲淤明显。

(3)不稳定河段——这类河段的主流在整个河床内摆动,幅度大,变化快,河床有可能扩宽。

上述河段的详细情况详见附录3。判断河段类属,通常在桥位上游不小于3~4倍河床宽度,下游不小于2倍河床宽度范围内,根据附录3中所载分类条件作现场考察分析确定。对于变迁性及游荡性河段,在桥位上游至少还应包括一个河弯作考察范围。判断河段的稳定性及其变形大小,通常以50年左右作衡量标准。

## 第三节　河川径流

### 一、河川径流的形成过程及影响因素

地面径流和地下径流汇入河槽并沿河槽流动的水流,称为河川径流。某一时段流经河口或河流某断面的河水总量(水体体积),称为河川径流量。河川径流量的大小与测算时间长短

有关,可有瞬时最大值、日平均流量、月平均流量、年平均流量(简称年径流量)、多年平均径流量(又称正常径流量)等。此外,按形成径流量的原因,又可分为:洪水径流与枯水径流两类。洪水径流多来源于暴雨汇集,枯水径流多来自地下径流。在非水利类土木工程(道路、桥梁等)专业中,出口断面常指拟建桥、涵、堰、闸或水文站等所在的断面。

1. 河川径流的形成过程

流域内自降水开始到汇集的雨水流过出口断面的全过程,称为径流形成过程。一般将这一过程分为四个阶段,即降水—流域蓄渗—坡面漫流—河槽集流。

(1)降水过程

空气中水汽冷凝并降落到地表的现象,称为降水,如雨、雪、冰、雹及霰等现象。降水是水循环过程的最基本环节,又是水量平衡方程的基本要素及地表和地下径流的主要补给来源。

降水要素有三个,即降水量 $\Delta H$(mm)、降水历时 $\Delta t$(即降水的持续时间,常用单位为 min、h)、降水强度 $i$(即单位时间内的降水量,常用单位为 mm/min、mm/h)。按定义,有

$$i = \frac{\Delta H}{\Delta t} \tag{9-7}$$

每场雨的降水量可用自记雨量计测量,并用雨量累积曲线表示,如图 9-6a)所示;从中可整理出强度历时曲线,表示各种历时的强度大小,如图 9-6b)所示;也可整理成强度过程线,表示一场雨中逐时强度大小,如图 9-6c)所示。但需注意,图 9-6b)的历时 $t = \Delta t$,即历时是一种时段,而图 9-6c)中的 $t$ 则为时刻,即某一瞬时。两者符号相同,均用 $t$ 表示,但概念不同,不可混淆。$t$ 时段平均强度历时曲线常用下述数学模型表达:

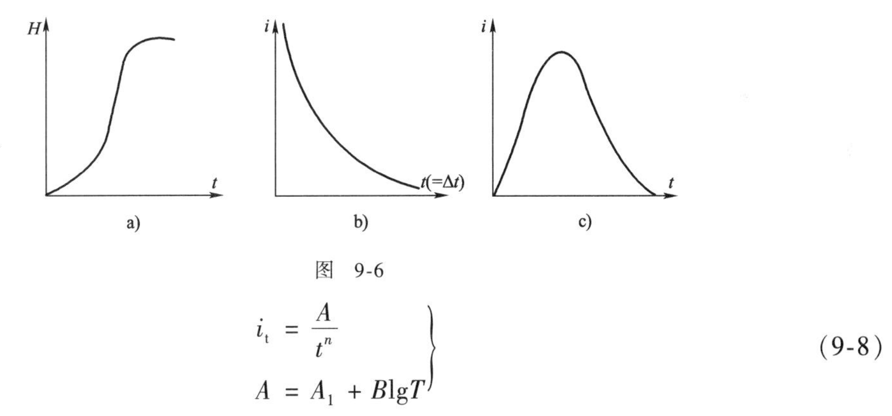


图 9-6

$$\left.\begin{aligned} i_t &= \frac{A}{t^n} \\ A &= A_1 + B\lg T \end{aligned}\right\} \tag{9-8}$$

式中: $t$——降水历时;

$A$——雨力,即单位时间的降水强度(mm/min、mm/h,与强度的单位相同);

$n$——暴雨衰减指数;

$A$、$A_1$、$B$、$n$——统称为暴雨参数;

$T$——重现期,即等于或大于该强度的暴雨强度可能重现的年距。

上述暴雨参数由实测降水资料整理确定,关于降雨观测及资料整编方法可参阅《土木工程水文学》(叶镇国编著,北京:人民交通出版社,2000 年)。

(2)入渗过程

雨水为土壤吸收并渗入地下的过程,称为入渗。单位时间的入渗量,称为入渗率,常用符

号$f$表示,单位为 mm/min 或 mm/h。土壤的入渗特性常用入渗曲线表示,由实测求得,如图 9-7a)所示。不同类型的土壤,其入渗曲线不同,通常按平均入渗率$\mu$计算,如图 9-7b)所示。若将同一次降水强度过程线与土壤入渗曲线绘于同一图中,如图 9-8 所示,可以得出,降水的初期损失量$I=\int_{t_0}^{t_1} f\mathrm{d}t$,净雨量$h=\int_{t_1}^{t_3}(i-f)\mathrm{d}t$,图中$t_c=t_3-t_1$,称为净雨历时,又称为产流历时;$H=\int_{0}^{t_5} i\mathrm{d}t$为本场降水的毛雨量,$t_s$为降水停止时间,则净雨量亦可表达为

$$h=H-I-\mu t_c \tag{9-9}$$

式中:$I$——初损失量;

$\mu$——后损的平均入渗率;

$t_c$——净雨历时。

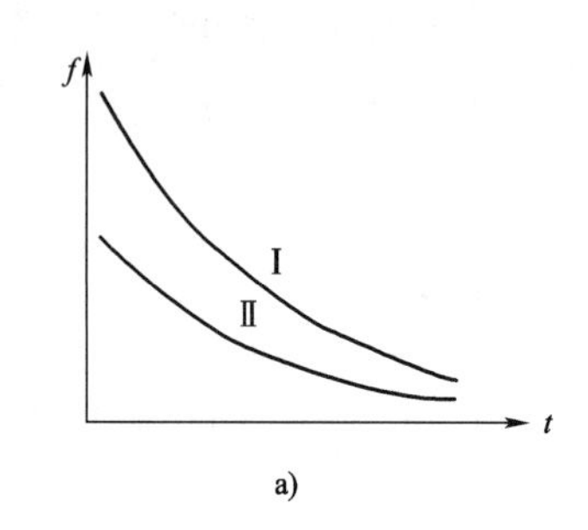


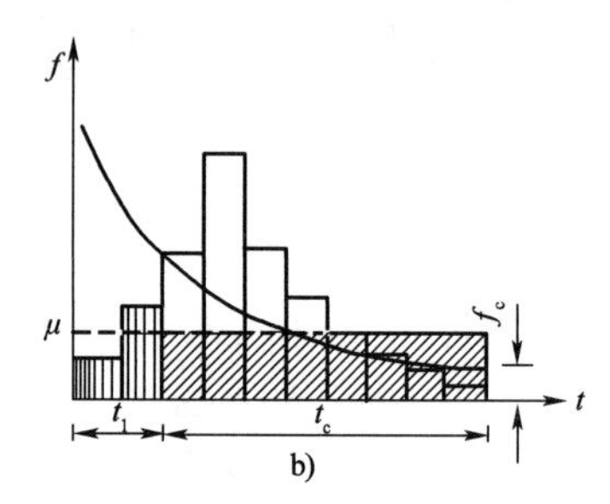


图 9-7

图 9-8 流域径流形成过程示意图

(3)坡面漫流过程

如图 9-7b)所示,当$i>f$时,雨水开始沿地表的汇流过程,称为坡面漫流过程。漫流速度与地表植被及地形等因素有关。

(4)河槽集流过程

坡面汇流由溪而涧进入河槽,最后到达流域出口断面的过程,称为河槽集流过程。如图 9-8 所示,一场降水的净雨量汇入河槽后,河中水位开始上涨,流量随之增大,当净雨结束后,流量及水位亦随之下降,至$t_4$时,本次暴雨径流亦随之告终,$\tau=t_4-t_3$,即流域最远点雨水流到出口断面的时间,称为流域最大汇流历时。从理论上说,流量过程线应从$t_1$开始,但实际上有所滞后而从$t_2$开始,这是全流域土壤入渗不均匀的结果。

2. 河川径流的主要影响因素

(1)降水——强度越大,历时越短,所产生的径流量越大,径流过程亦越急促。

(2)蒸发——若蒸发强度大,则降水前期土壤含水率小,入渗量因而加大,常导致径流量减小。

(3)下垫面因素——流域内的地形、地质、植被、湖泊、沼泽等自然地理因素,统称为下垫面因素。当流域面积小,地面及河沟坡度小,流域形状狭长,岩土渗透力强,植被较密时,河川径流量亦小。此外,人类活动,如修建水库、水土保持等,对于河川径流均有调蓄作用。

## 二、径流量的表示方法

为定量计算的需要,径流量的表示方法有以下几种:

(1)流量 $Q$——即单位时间内流经河流某断面的水量,常以 $m^3/s$ 计。洪水期的瞬时最大流量,称为洪峰流量。

(2)径流总量 $W$——时段 $T$ 内通过河流某断面的径流体积,常以 $m^3$ 计。实际中也常用 $km^3$ 或亿 $m^3$ 表示。

$$W = QT \tag{9-10}$$

(3)径流模数 $M$——单位流域面积 $F$ 上的径流量。按水文学计量的习惯,一般 $F$ 单位用 $km^2$,$Q$ 单位用 $m^3/s$,$M$ 单位用 $L/s \cdot km^2$,有

$$M = \frac{1\,000Q}{F} \tag{9-11}$$

径流模数常用来比较两流域的相似性。

(4)径流深度 $Y$——它是径流总量 $W$ 折算成全流域的平均水深,单位为 mm,常用来与降水量作比较,按定义有

$$Y = \frac{1}{1\,000}\frac{W}{F} \tag{9-12}$$

式中,$W$ 单位为 $m^3$,$F$ 单位为 $km^2$,$Y$ 单位为 mm。

(5)径流系数 $\alpha$——即径流深度与降水量之比或净雨量 $h$ 与毛雨量 $X$ 之比,有

$$\alpha = \frac{Y}{X} = \frac{h}{X} \tag{9-13}$$

式中:$\alpha$——纯数,它反映一定的地质地貌特征及流域内植被茂密情况对径流量的影响,是降水损失的一种折减系数。

必须注意,上述表示方法还可以互相变换,如

$$M = \frac{Q}{F},\ Q = FM,\ W = QT = FMT$$

## 三、我国河流水量的补给类型

一条河流的水情首先反映在水位过程线或流量过程线上。水位是流量的函数,因此二者过程线形状相似。

我国幅员辽阔,各地的地理气候相差悬殊,河水来源及其年内分布多样。所谓河水年内分布,即一年中逐时(或逐日、逐月)的河流流量情况。概括起来,河流水量补给可分为三类:

### 1. 雨源类

秦岭、淮河以南直到台湾、海南岛、云南广大地区的河流都属此类。其特点是:一年内径流量变化与降水变化一致,夏天雨季来临,流量增大,入秋以后,雨季结束,流量逐渐下降,如图9-9a)所示。

### 2. 雨雪源类

华北、东北地区的河流,在3~4月间由于融雪可形成春汛,又称为桃汛或凌汛。春汛后有一枯水期,入夏后,降水增多,在6~9月间又将形成夏汛和秋汛,如图9-9b)所示。

3. 雪源类

西北地区新疆、青海等地的河流,水量补给以融雪为主。每年 4 ~5 月间气温上升,河中流量开始增加,6 ~7 月间达到最高峰,以后气温下降,流量也随之下降,如图 9-10 所示。

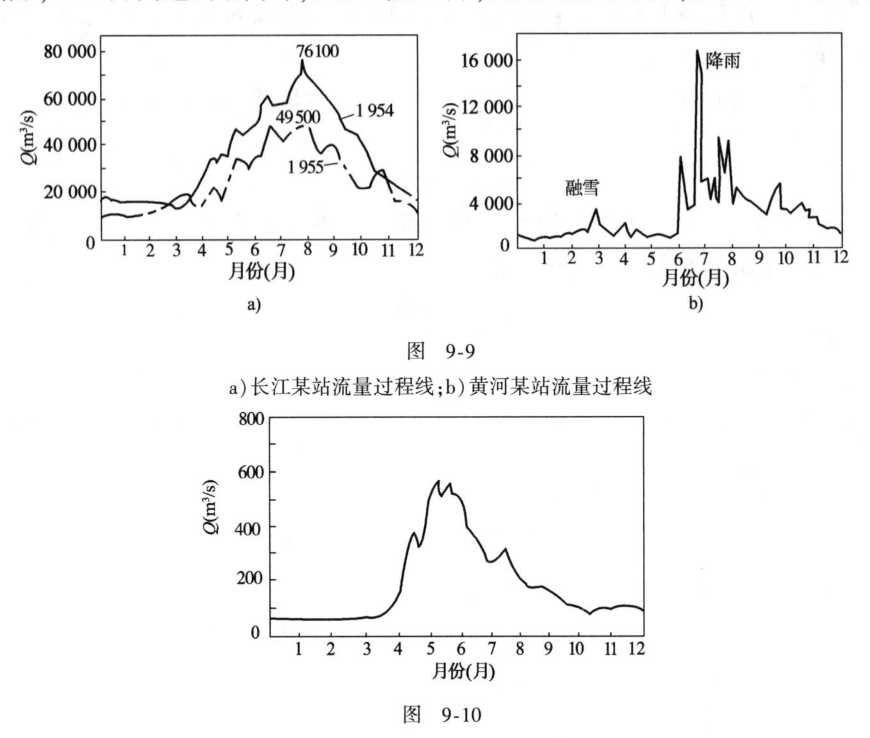


图 9-9

a)长江某站流量过程线;b)黄河某站流量过程线

图 9-10

# 第四节 河川水文资料的收集与整理方法

## 一、水位观测

水面高程,称为水位。它是确定桥高、桥长的必备资料。水文站观测的水位是指某一时刻该水文站测流断面的水面高程。它与桥位所在断面往往不在同一地点,因此,应注意它所依据的水准基面,必要时应作高程换算。

水位观测通常利用水尺记录。水尺的形式和水准尺相似,它固定在木桩上,如图 9-11a)所示。按照设定的水尺高程零点或相对高程,由水面与水尺刻度的交点,即可换算出任一时刻的水位。测读水位,可用人工方法与自动记录水位计。自动记录水位计可连续记录水位的逐时变化,人工观测通常每日三次,即 7 时、12 时、19 时,当水位涨落变化很大时,可每小时测读一次,当水位涨落变化不大时,也可于每日 8 时测读一次。此外,为了计算水面比降,还应设立比降水尺。如图 9-11b)所示为水文站测流断面和水尺布置情况。

水位观测资料用水位过程线表示,如图 9-9、图 9-10 所示。所谓水位过程线,即逐时水位变化曲线。它可有日水位过程线、月水位过程线等。多年水位观测资料是研究洪水变化规律的依据。

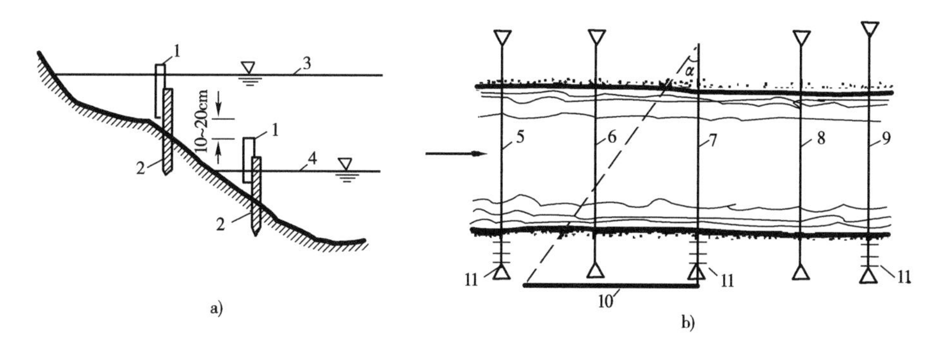


图 9-11

1-水尺;2-木桩;3-最高水位;4-最低水位;5-比降上断面;6-浮标上断面;7-基本测流断面;8-浮标下断面;9-比降下断面;10-基线;11-水尺

## 二、流量测算

流量测算需先测水位及相应过水断面,再测流速分布,而后即可测算出相应的流量。因此,水位 $z$ 与流量关系可表达为 $Q = Q(z)$。

1. 断面测量

某一水位 $z$ 下,河流的过水断面,简称为断面,又称为河流的形态断面。断面测量的方法是先测水位,再沿水面宽度取若干点测水深,由此可得河底高程,连接各测深点,即可绘出过水断面图,通过地形测量,还可绘出河谷断面图。测深工具有测深杆、回声测深仪等,最少测深垂线数 $n$,见表 9-1,其中水面宽度 $B < 100\bar{h}$(断面平均水深)时,称为窄深河道,$B > 100\bar{h}$时,称为宽浅河道,过水断面也是水位的函数,也可表达为 $A = A(z)$。

**最少测深垂线数 $n$ 值** 表 9-1

| 水面宽度(m) | | <5 | 5 | 50 | 100 | 300 | 1 000 | >1 000 |
|---|---|---|---|---|---|---|---|---|
| $n$ | 窄深河道 | 5 | 6 | 10 | 12 | 15 | 15 | 15 |
| | 宽浅河道 | — | — | 10 | 15 | 20 | 25 | >25 |

2. 流速测量

(1)浮标法——浮标,即带有识别标志的漂浮体,如图 9-12a)所示。浮标测流速应选择顺直河段,并布设基本测流断面,如图 9-11b)所示,在浮标上断面投放浮标,在基线 D 处观测浮标漂浮并记下浮标经浮标上、下断面的时间 $t$,河段长度 $L$ 可先测定,由此可得流速 $v = L/t$;按此法在浮标上断面沿水面宽度每隔一定距离投放浮标,即可得沿过水断面宽度的流速分布,测点平均流速可按下式计算:

$$\left.\begin{aligned} v_i &= \frac{v_{m(i-1)} + v_{mi}}{2} \\ v_1 &= \varphi v_{m1} \\ v_n &= \varphi v_{mn} \end{aligned}\right\} \tag{9-14}$$

式中:$v_{m(i-1)}$、$v_{mi}$——相邻浮标流速;

$v_1$、$v_n$——两岸的近岸区流速;

$\varphi$——流速系数;斜坡岸边,$\varphi = 0.7$;陡岸边,$\varphi = 0.8 \sim 0.9$;死水区,$\varphi = 0.6$。

由此可得流量为

$$\left.\begin{aligned} q_i &= v_i f_i \\ Q_f &= \sum q_i = \sum v_i f_i \\ A &= \sum f_i \\ Q &= K Q_f \\ v &= \frac{Q}{A} \end{aligned}\right\} \tag{9-15}$$

式中:$K = 0.8 \sim 0.95$,测流过程中水位必有变化,应取其平均值作相应水位。

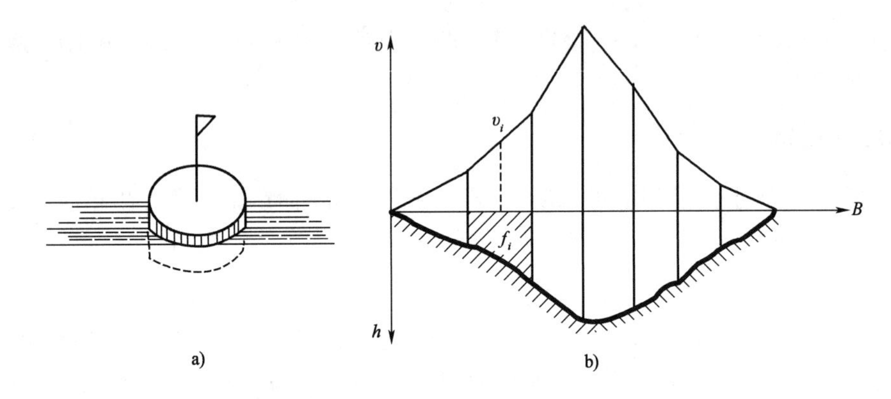


图 9-12
a)浮标;b)平面流速分布

(2)流速仪法——流速仪是一种专用的测速仪器,其中以旋杯式应用最广,如图9-13a)所示,通过旋杯在水流中的转速,即可换算得测点流速,此法比浮标法更精确。

采用流速仪法测流,应先测定过水断面,再沿水面宽度布设测速垂线,确定沿垂线的测点数及测点位置,而后测出每一垂线上各测点流速,再按式(9-16)计算各垂线平均流速 $v_{mi}$。常用的流速仪法测速垂线数及垂线测点数与位置见表9-2 、表9-3。

**常用测速垂线数** 表9-2

| 水面宽度(m) | | <5 | 5 | 50 | 100 | 300 | 1 000 | >1 000 |
|---|---|---|---|---|---|---|---|---|
| 最少垂线数 | 窄深河道 | 3 ~ 5 | 5 | 6 | 7 | 8 | 8 | 8 |
| | 宽浅河道 | — | — | 8 | 9 | 11 | 13 | >13 |

**测速垂线上的测点数及位置** 表9-3

| 垂线水深 $h$(m) | 施测点数 | 测 点 位 置 |
|---|---|---|
| >10 | 5 | 水面, $0.2h$, $0.6h$, $0.8h$, $h-\Delta$ |
| 3 ~ 10 | 3 | $0.2h$, $0.6h$, $0.8h$ |
| 1.5 ~ 3 | 2 | $0.2h$, $0.8h$ |
| <1.5 | 1 | $0.6h$ |

注:$\Delta$ 为流速仪净空。

按上述流速测量结果，由式(9-16)中任一方法即可算出任一垂线平均流速，同时亦可绘制成断面垂线平均流速分布图，如图9-13b)所示。

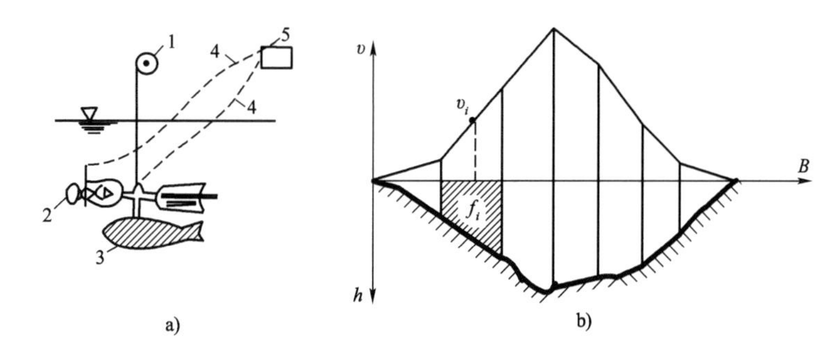


图 9-13
a)旋杯式流速仪；b)断面流速分布
1-绞车；2-旋杯；3-铅鱼；4-电线；5-计数器

$$\left.\begin{aligned}
&\text{五点法} && v_m = \frac{1}{10}(v_{0.0} + 3v_{0.2} + 3v_{0.6} + 2v_{0.8} + v_{1.0})\\
&\text{三点法} && v_m = \frac{1}{3}(v_{0.2} + v_{0.6} + v_{0.8})\\
&\text{两点法} && v_m = \frac{1}{2}(v_{0.2} + v_{0.8})\\
&\text{一点法} && v_m = v_{0.6}
\end{aligned}\right\} \tag{9-16}$$

在某一水位下测得垂线平均流速后，按式(9-15)即可算出该水位下相应的流量和断面平均流速。

## 三、水位流量关系曲线的延长与应用

### 1. 水位流量关系曲线的高水位延长

通过上述方法所得各种水位的流量，即可点绘出水位与流量关系曲线，如图9-14a)所示。但是，水位流量关系曲线的实测点据通常难有高水位或低水位情况，需要按水力学原理作适当的延长。一般情况，高水位部分的延长应小于曲线实测水位变幅的30%，低水位部分则应小于10%。

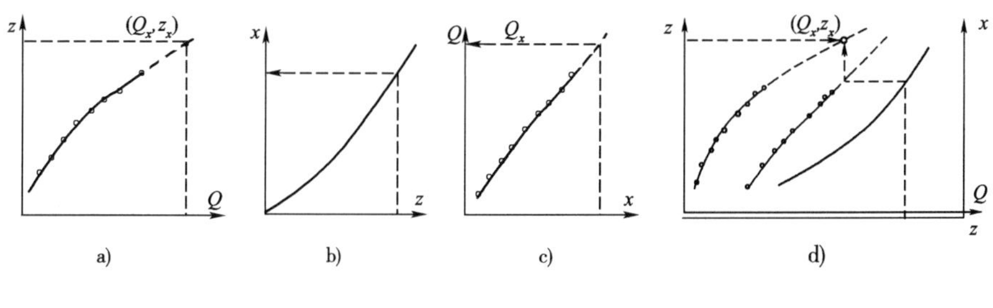


图 9-14

按谢才公式,有

$$\left.\begin{aligned} v &= C\sqrt{RJ} \\ C &= \frac{1}{n}R^{\frac{1}{6}} \\ v &= \frac{1}{n}J^{\frac{1}{2}}R^{\frac{2}{3}} \\ Q &= Av = A\cdot\frac{1}{n}J^{\frac{1}{2}}R^{\frac{2}{3}} \\ K &= \frac{1}{n}J^{\frac{1}{2}} \approx \text{const} \\ x &= AR^{\frac{2}{3}} = x(z) \end{aligned}\right\} \tag{9-17}$$

式中:$z$——水位;

$n$——糙率;

$R$——水力半径。

实践证明,在高水位情况下,上式中$K \approx$常数,故$Q$-$x$呈直线关系。当已知河谷断面图时,欲求高水位$z_x$的对应流量$Q_x$,可利用式(9-17)绘制$x$-$z$与$Q$-$x$曲线,如图9-14b)、c)所示,即可图解得$Q_x$,图9-14d)所示曲线是$z$-$Q$、$x$-$z$、$Q$-$x$三曲线的综合图,据此图解延长点据的方法更为简便,如箭头线段所指。

2. 水位流量关系曲线的低水延长

水位流量关系曲线,常用下述数学模型表达,即

$$Q = K(z - z_0)^n \tag{9-18}$$

式中:$z_0$——断流水位,当$z = z_0$时,$Q = 0$;

$K$、$n$——待定系数,由实测$(z_i, Q_i)$点据确定。

低水位延长方法,主要是确定断流水位$z_0$。它可以从河道纵断面图中查得,也可采用解析法计算。$z_0$即向低水位延长的最低水位控制值。

如图9-15所示,在水位流量关系曲线的低水位部分取三点$a$、$b$、$c$,由此可得三点的坐标值$(z_a, Q_a)$、$(z_b, Q_b)$、$(z_c, Q_c)$,其中使$b$点按$Q_a$、$Q_c$的几何平均值控制,即应有

$$Q_b = \sqrt{Q_a \cdot Q_c}$$

按式(9-18),有

$$K^2(z_b - z_0)^{2n} = k^2(z_a - z_0)^n(z_c - z_0)^n$$

解之,可得

$$z_0 = \frac{z_a z_c - z_b^2}{z_a + z_c - 2z_b} \tag{9-19}$$

3. 水位流量关系曲线的应用

(1)求解水位或流量。

(2)推求流量过程线。河道流量的测量工作量很大,欲得流量过程线则更为困难,但是实测水位过程线却十分方便。若有较稳定的水位流量关系曲线,借助于实测水位过程线,则可较为简便地获得流量过程线,如图9-15b)所示,为按实测$z$-$t$与$z$-$Q$关系曲线绘制流量过程线$Q$-$t$方法示意。

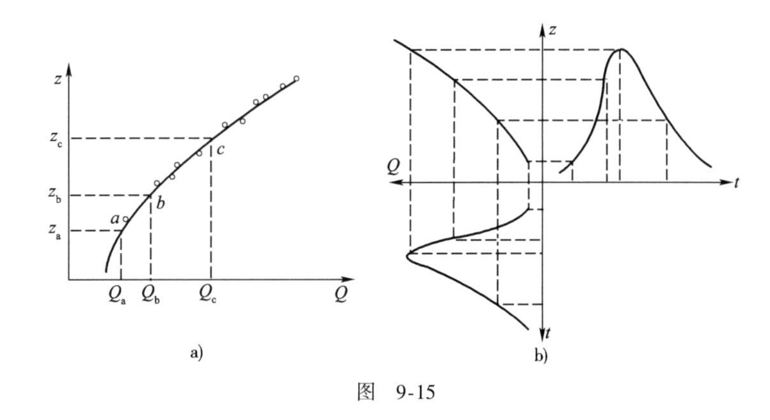


图 9-15

# 第五节 河流的泥沙运动

## 一、泥沙的主要特征

泥、土、沙、石等的混合体，统称泥沙。河中水流和泥沙都在不断地运动，当河床的泥沙被水带走后即形成冲刷现象；若泥沙沉积，则产生淤积现象。河流泥沙的冲淤变化则构成了河床的自然演变，较稳定的河床，则是泥沙冲淤平衡的结果。

按泥沙在河槽内的运动情况，可分为悬移质、推移质和床沙三类。在一定的水力条件下，泥沙处于运动状态，颗粒较细的泥沙被水流中的紊流旋涡带起，悬浮于水中向下游运动，这类泥沙称为悬移质；颗粒稍大的泥沙，则在床面上滚动、滑动或跳跃着间歇性地向下游移动，前进的速度远小于水流的流速，这类泥沙称为推移质；比推移质颗粒更大的泥沙，则下沉到河床床面静止不动，称为床沙。悬移质、推移质及床沙三者间颗粒大小的分界是相对的，与水流速度大小有关。

1. 泥沙的几何特征

泥沙的几何特征用粒径表示，其中有等容粒径（简称粒径）、平均粒径、中值粒径等，此外，还有 $d_{95}$ 等，它是研究河床冲淤及演变的基本数据。河床泥沙的颗粒组成情况则用泥沙级配曲线表示，如图 9-16 所示。

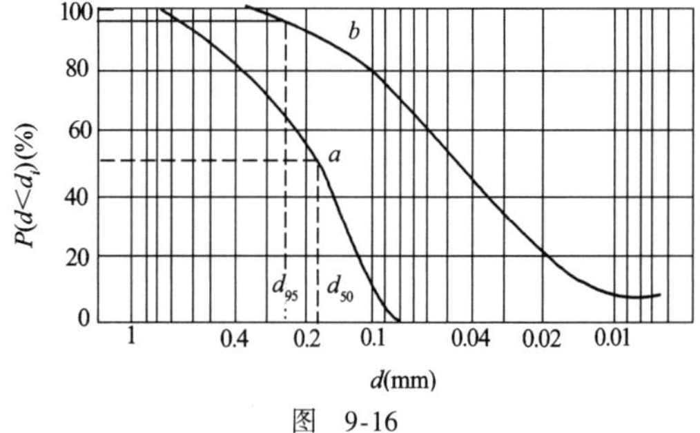


图 9-16

a-沙样粒径较粗，级配均匀；b-沙样粒径较细，级配不均匀

（1）泥沙粒径 $d$——又称等容粒径。泥沙颗粒形状极不规则，通常用与泥沙颗粒同体积的球体直径来表示，常用符号为 $d$，其单位为 mm。$d>0.05$mm 的泥沙，其粒径采用筛分法并以标准筛孔径来确定粒径大小；$d<0.05$mm 的泥沙则采用水析法，按泥沙在静水中沉降速度（又称为水力粗度）确定粒径的大小；对于大颗粒的卵（砾）石，常用直接测量方法测定粒径的大小。

（2）平均粒径 $\bar{d}$——沙样中各级粒径的质量加权平均值。有

$$\bar{d}=\frac{\sum d_i P_i}{\sum P_i} \tag{9-20}$$

式中:$d_i$——各级粒径,mm;

$P_i$——各级粒径泥沙的质量占沙样总质量的百分数,$\sum P_i=100$。

(3)中值粒径 $d_{50}$——占沙样质量 50% 的泥沙粒径。即大于或小于 $d_{50}$ 的泥沙在沙样总质量中各占一半。

(4)$d_{95}$——占沙样质量 95% 的泥沙粒径。

2. 泥沙的重力特性

泥沙的重力特性用泥沙重度表示,常用符号为 $\gamma_s$,单位为 kN/m³。泥沙的重度随岩石成分而异,但变化不大,常取 $\gamma_s=26\text{kN/m}^3$。

3. 泥沙的水力特性

泥沙的水力特性用水力粗度或沉速表示。

泥沙在静水中下沉时将受到水流阻力作用,且随泥沙沉降速度加快而增大,当阻力与泥沙所受重力相等时,泥沙将匀速下沉。泥沙颗粒在静止清水中的均匀下沉速度,称泥沙的沉速,又称水力粗度,它是泥沙运动及河床冲淤的重要参数。

## 二、泥沙的起动流速 $v_0$

河床上的泥沙在水流作用下由静止状态转变为运动状态的现象,称为泥沙的起动。此时的垂线平均流速,称为起动流速,以 $v_0$ 表示。我国桥墩冲刷计算中常采用张瑞瑾导出的公式:

$$v_0=\left(\frac{h}{d}\right)^{0.14}\left(17.6\frac{\gamma_s-\gamma}{\gamma}d+6.05\times10^{-7}\times\frac{10+h}{d^{0.72}}\right)^{0.5} \tag{9-21}$$

式中:$h$——水深,m;

$d$——粒径,m;

$v_0$——起动流速,m/s。

上式不仅适用于黏性细颗粒的散体泥沙,也适用于粗颗粒的散体泥沙。式(9-21)中第二个括号内的第一项反映重力对抗起动的作用,第二项反映颗粒黏结力的作用。对于大颗粒泥沙以第一项为主,对于细颗粒泥沙则以第二项为主。估算泥沙起动流速时,若 $d\geqslant2\text{mm}$,式(9-21)括号中第二项可略去;$d<2\text{mm}$ 时,式(9-21)括号中的第一项可略去。

## 三、输沙率、含沙量与挟沙力

单位时间内通过过水断面(测流断面)的泥沙质量,称为输沙率,单位是 kN/s。单位体积浑水中所含泥沙的质量,称为含沙量,单位是 kN/m³。在一定水力条件和泥沙条件下,单位体积水流能够挟带泥沙的最大质量,称为挟沙力,单位是 kN/m³。

在平原河流中,水流所挟带的泥沙中往往悬移质占绝大部分,推移质可以忽略不计,水流的挟沙力常用最大悬移质含沙量表示。当上游来沙量大于河段水流挟沙力时,泥沙将下沉并使河床淤积,若来沙量小于河段水流的挟沙力时,则会由本河段泥沙加以补充,造成河床冲刷。直接影响冲淤的主要是床沙质。在受冲刷河段内,床面上的细颗粒泥沙被水流带走,若得不到上游来沙的补充时,床面泥沙颗粒将逐渐增大并形成自然铺砌现象,称为河床粗化,它对桥下河床冲刷有一定的影响。

起动流速是推移质产生运动的条件,而推移质输沙率则表示推移质运动的强烈程度,它们都是计算桥梁孔径及墩台冲刷的重要参数。

推移质输沙率的计算方法可有多种,目前我国桥下一般冲刷计算中,采用以流速为主要参数,并按单位河宽的输沙率建立计算公式。如图 9-17 所示,推移质厚度 $h_s$ 与泥沙粒径 $d$ 有关,试验得出:$h_s = kd$,其中 $k$ 是系数,试验值 $k = 0.048$;单宽推移质输沙率 $g_s$ 则与流速 $v^4$ 成正比,因此有

$$g_s = \alpha v^4$$

$$G_s = Bg_s = \alpha B\left(\frac{Q}{B\bar{h}}\right)^4 \tag{9-22}$$

式中:$G_s$——过水断面处的输沙率;

$B$——河宽;

$\bar{h}$——断面平均水深;

$Q$——流量;

$\alpha$——系数。

## 四、沙波运动

河床床面因推移质运动,常呈此起彼伏的波浪状泥沙集团,此称为沙波;形体巨大的沙波,称为沙丘;更大的称为沙洲;位于主河槽两侧的沙滩,称为边滩;位于河槽中心部位的沙滩,称为中心滩。它们都是由推移质所形成。

如图 9-18 所示为试验室中观察到的沙波运动情况。当弗汝德数 Fr < 1 时,即为缓流时,随着流速增大将形成沙波,并发展为沙丘。流速加大到某一数值的,沙丘消失并成为平底。当弗汝德数 Fr > 1 时,即为急流时,随着 Fr 增大,水面将出现立波,河底出现起伏。Fr 加大,水面仍有立波,河底则会出现向上游运动的逆行沙波。

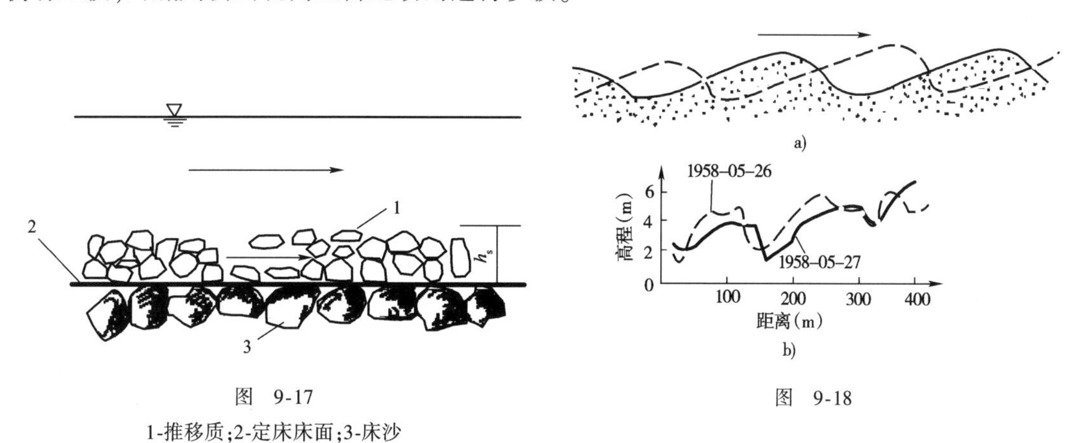


图 9-17

1-推移质;2-定床床面;3-床沙

图 9-18

桥梁墩台处的河底沙波运动,会直接影响桥梁墩台的冲刷深度。沙波运动的规模越大,冲刷坑深度的变幅也越大。据实际观测,长江的沙波下移速度为 3.5 ~ 13m/d,黄河沙波的下移速度为 90 ~ 120m/d。

# 第六节　河床演变

## 一、河床演变的基本知识

1. 河床形态变化的类型

河床的几何形状,称为河床形态。河床形态变化,称为河床演变,它是河床泥沙运动的结果,可有两种类型:

(1)纵向变形——河床沿水流方向的高程变化,称为河床的纵向变形,它是河流纵向输沙不平衡造成的结果。河源与上游的河床下切、下游河床的淤高,均属此类,其变化幅度随岩土性质而异,细沙河床的变化幅度可能很大。它对于桥梁工程设计的影响不可忽视。

(2)横向变形——河湾发展、河槽扩宽、塌岸、分汊、改道等河床平面形态的变化,统称为横向变形。河湾的发展与弯段水流离心力有关,它可使凹岸不断受到冲刷,凸岸不断出现淤积,产生横向比降,可导致河流截弯取直或河流改道。关于弯段水流的横比降及凹岸水位超高,可按式(2-11)、式(2-10)或式(9-2)计算。

2. 河床演变的影响因素

河床演变的影响因素很多,主要因素有:

(1)流域的产沙条件——流域的产沙量及泥沙组成等对河床演变有很大的影响。例如,黄河及华北地区一些河流,河水含沙量很大,因此下游河道淤积十分严重。

(2)流量变化——流量越大,水流的挟沙量就越多。流量变化越大,泥沙运动和河床的变形就越剧烈。设河水的含沙量为$\rho$,流量为$Q$,输沙率为$Q_s$,则有:

$$Q_s=\rho Q \tag{9-23}$$

(3)河床土质——土质坚实的河床变形缓慢,土质松软的河床易受冲刷。

(4)水流比降——河床比降大,流速大,冲刷力强,河床受冲刷厉害。反之则易于淤积。

(5)副流作用——水流中由于纵、横比降及边界条件的影响,其内部形成一种规模较大的旋转水流,如图9-19所示,称为副流。它从属于主流而存在。它是河床冲淤的直接原因。

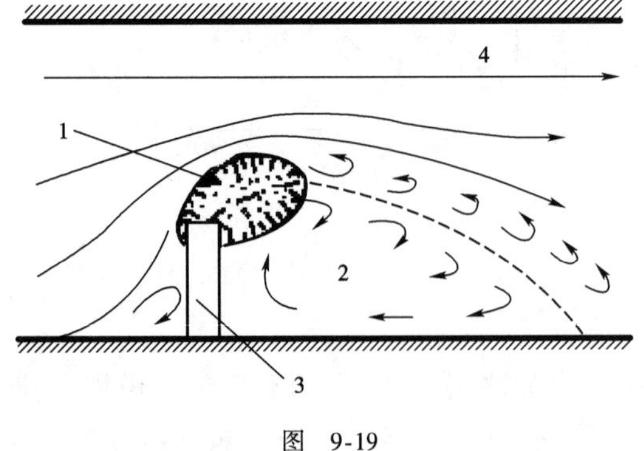


图　9-19
1-冲刷坑;2-回水区;3-路堤;4-主流

(6)人类活动因素——如兴修水利工程,建造堤坝、桥、涵等活动,都会对河床演变产生重大影响。

3. 建桥后的河床演变

建造桥梁后导致的河床演变属人类活动影响因素之一,它只是发生在桥位上下游不远的范围内。下面扼要分述:

(1)平原弯曲型河段(属于次稳定河段)

在这类河段上建桥,其孔径一般都大于或等于河槽宽度,建桥对河床的影响小。但是,当桥位通过水深较大的河湾时,因河床自身的天然演变,有可能形成河湾逼近桥台、桥头引道或导流堤,危及桥台基础。

(2)平原顺直河段(属于稳定性河段)

在这类河段上建桥,其孔径一般也不压缩河槽宽度,故对河槽自然演变的影响不会明显,建桥前后的河床演变将大致相同。但因河槽内交错的边滩不断向下游推移,桥下断面两岸附近将交替出现深槽,两岸墩台有可能受到严重的冲刷。如果河槽受到桥孔的压缩,则会引起泥沙停滞,河槽两岸坍塌以及边滩变形。

(3)平原游荡性河段及山前区变迁性河段

在这类河段上建桥,一般孔径多小于河槽宽度。若对过水断面压缩程度不大,且有合理的导流建筑物,水流将集中于单一的河道,可移动的泥沙将形成靠岸的暗滩,水深也有所增大。如对河槽压缩过大且无适当的导流建筑物时,河槽两岸受水流冲击后,河床将发生较大的变形,并会引起桥台和导流堤的严重冲刷及桥前淤积,对桥梁危害极大。

(4)山区河流

在这类河流上建桥,一般孔径与河槽宽度接近,对河槽断面不作压缩。山区河流一般河床稳定,如桥位布置合理且有合理的导流设施,河床将不会发生较大的变形。

此外,在多沙的河流中,建桥后,由于桥前壅水的影响,泥沙会在壅水区内沉积形成沙洲。

## 二、河相关系与造床流量

河床几何形态与水力及泥沙因素(如流量、泥沙粒径等)间的关系,称为河相关系。与多年流量过程综合作用相当的流量,称为造床流量。它是一个较大的流量,但并非最大的洪水流量。在实际工作中,多取平滩水位相应的流量作造床流量。一般是选取一个较长的河段作依据,当河段各断面水位基本上与该河段的河滩齐平时,此时相应的流量通常作为造床流量。它对河槽形态的塑造作用最大。当水位漫滩后,相应流量的作用反而会削弱。目前,河相关系多按经验公式计算:

(1)断面宽深比 $\beta$

$$\beta = \frac{\sqrt{B}}{h} \tag{9-24}$$

式中:$B$——平滩水位(造床流量)时的水面宽度,m;

$h$——平滩水位(造床流量)时的断面平均水深,m。

$\beta$ 的大小在一定程度上可反映河段的稳定性。$\beta$ 越大,则河槽越宽浅,河床的稳定性越差。稳定性河段:$\beta = 2 \sim 5$;次稳定性河段:$\beta = 5 \sim 20$;变迁性河段:$\beta = 5 \sim 30$;游荡性河段:$\beta = 15 \sim 40$。例如黄河在河南省境内的游荡性河段,$\beta = 19 \sim 32$,在山东省境内的弯曲性河段,$\beta < 6$;长江在湖北省境内,$\beta = 2.23 \sim 4.45$;汉江,$\beta = 20$。

(2)稳定河宽 $B$

根据独联体中亚细亚冲积河流的资料,可按下述经验公式计算 $B$ 值:

$$B = \zeta \frac{Q^{0.5}}{i^{0.2}} \tag{9-25}$$

式中:$Q$——造床流量,$m^3/s$;

$i$——河床比降,以小数计;

$B$——水面宽度,m;

$\zeta$——稳定河宽系数。稳定沙质河段:$\zeta=1\sim1.3$;不稳定河段:$\zeta=1.3\sim1.7$。

## 【习题】

9-1 扼要说明径流与河川径流、流域降水三要素,降水强度过程线与降水强度历时曲线等定义与内容。

9-2 扼要说明河川流量测量应进行哪些预备性工作及其工作步骤。

9-3 试用框图说明水位流量关系曲线的高水位延长方法。

9-4 $d_{95}$的定义是什么?

9-5 什么是输沙率、含沙量与挟沙力?

9-6 什么是副流?什么是河床演变?什么是河相关系及造床流量?

9-7 什么是净雨历时及流域最大汇流历时?

9-8 如图9-5a)地形图,求小桥断面处的流域面积$F_D$,河沟$A$、$B$在交汇点$C$的汇水面积及河长$L_{AD}$、$L_{BC}$,试绘出小桥断面上游的流域面积增长图。

9-9 某桥位处的流域面积$F=566km^2$,多年平均流量为$8.8m^3/s$,多年平均降雨量为688.7mm,试求其年径流总量、径流模数、径流深度及径流系数。

9-10 河宽$B=600m$,弯道处断面平均流速$v=1m/s$,该处河面中心曲率半径$R=1\ 000m$,求凹岸水面与凸岸水面的高差$\Delta H$。

9-11 已知各河段的河底特征点高程及其间距,见习题9-11表,试求各河段平均比降及全河的平均比降(写出计算式及计算过程,并将计算结果填入表中有关栏内)。

9-12 已知在某一水位下,用流速仪等仪器测得有关资料见习题9-12表,试计算此水位下的流量及断面平均流速,并绘出断面上的流速及流量沿水面宽度分布图。

9-13 已测得14对水位—流量点据,见习题9-13-1表,另由流速仪测得4个流量。水位$z=3m$,$z=4m$时的过水面积及水面宽度,见习题9-13-2表,试求$Q(3)$、$Q(4)$。

**河流平均比降计算** 习题9-11表

| 河段编号 | 底坡变化特征点高程(m) | 特征点间距(km) | 平均比降(%) |
|---|---|---|---|
| 1 | 41.9~72.5 | 211 | |
| 2 | 25.6~41.9 | 253 | |
| 3 | 16.3~25.6 | 248 | |
| 4 | 3.7~16.3 | 200 | |
| 5 | 0~3.7 | 60 | |

**河 流 流 量 测 算** 习题 9-12 表

| 垂线编号 | 起点距 $x$ (m) | 水深 $h$ (m) | 垂线间距 $l_i$ (m) | 垂线间面积 $f_i$ ($m^2$) | 垂线平均流速 $v_m$ (m/s) | 垂线间平均流速 $v_i$ (m/s) | 垂线间平均流量 $q_i$ ($m^3/s$) |
|---|---|---|---|---|---|---|---|
| 左岸水边线 | 9 | 0.00 | | | 0.00 | | |
| | | | 28 | 39.2 | | | |
| 1 | 37 | 2.81 | | | 0.745 | | |
| | | | 78 | 241 | | | |
| 2 | 115 | 3.37 | | | 1.000 | | |
| | | | 91 | 364 | | | |
| 3 | 206 | 2.47 | | | 0.904 | | |
| | | | 104 | 224 | | | |
| 4 | 310 | 1.35 | | | 0.800 | | |
| | | | 140 | 203 | | | |
| 5 | 450 | 1.05 | | | 0.620 | | |
| | | | 150 | 194 | | | |
| 6 | 604 | 1.85 | | | 0.790 | | |
| | | | 159 | 337 | | | |
| 7 | 746 | 3.45 | | | 0.902 | | |
| | | | 82 | 558 | | | |
| 8 | 905 | 3.58 | | | 0.665 | | |
| | | | 51 | 246 | | | |
| 9 | 987 | 2.42 | | | 0.660 | | |
| | | | 43 | 221 | | | |
| 10 | 1 038 | 3.35 | | | 0.395 | | |
| | | | 22 | 122 | | | |
| 右岸水边线 | 1 060 | 0.00 | | | 0.000 | | |

**水位—流量关系实测资料** 习题 9-13-1 表

| 水位 $z$(m) | 0.5 | 0.75 | 0.80 | 1.00 | 1.25 | 1.30 | 1.50 |
|---|---|---|---|---|---|---|---|
| 流量 $Q$($m^3/s$) | 700 | 780 | 800 | 860 | 1 010 | 1 050 | 1 260 |
| 水位 $z$(m) | 1.60 | 1.75 | 1.85 | 2.00 | 2.25 | 2.50 | 2.75 |
| 流量 $Q$($m^3/s$) | 1 300 | 1 400 | 1 600 | 1 780 | 1 900 | 2 350 | 2 780 |

**流速仪实测资料** 习题 9-13-2 表

| 水位(m) | 面积($m^2$) | 水面宽(m) | 流量($m^3/s$) |
|---|---|---|---|
| 1.0 | 530 | 196 | 860 |
| 1.5 | 650 | 210 | 1 260 |
| 2.0 | 780 | 223 | 1 780 |
| 2.5 | 900 | 231 | 2 350 |
| 3.0 | 1 020 | 239 | (　　) |
| 4.0 | 1 280 | 254 | (　　) |

# 第十章

# 水文统计的基本原理与方法

## 第一节　水文统计的基本概念

土木工程(道路及桥梁)专业水文计算的任务是为桥、涵、堰、堤等工程提供设计流量或水位,为水力及桥涵水文计算提供设计依据。但是,河中流量、水位的出现在数值及时间上有随机特性,无法按照纯物理成因方法获得符合需要的设计值,只能依靠长期实测资料寻找其统计规律,从中选择所需的设计依据。因此,1880 年以来数理统计方法便在水文分析与计算中得到了广泛的应用,被称为水文统计法。其理论依据是《概率论》原理,这是一种从事物大量现象的分析中推论事物本质的科学原理,有关基本概念简述如下:

### 一、随机事件及随机变量

1. 事件及其分类

所谓事件,即一定条件组合下发生的事情。自然界中的一切现象,就其出现情况来说,可分为三类:

(1)必然事件——即在一定条件下必然发生的事情。

(2)不可能事件——即在一定条件下不可能发生的事情。

(3)随机事件——即在一定条件下,出现可能性不确定的事情。按照概率论原理,降水和径流等均相当于随机事件,其出现的数值及发生的时间都有不确定性。同一桥位断面的水流流量,每次实测都可有不同数值。事物随机性的原因不在本身,而是众多影响因素作用的结果,因此有"天有不测风云"的说法。但是,水文现象的规律性却存在于大量的观测资料之中。例如,在长期的实测水位资料中,重现期为百年的洪水水位其出现的可能性必小于重现期为十年的水位,据此确定桥面高程的桥梁,前者发生水毁事故的可能性比后者小。可见,随机事件也有其规律性可循,不过其数值出现及出现时间只能用可能性大小比较,并可以从中选用所需的设计值。有关选择方法待后详述。

2. 随机变量

按概率论原理,水文测验中对水文特征值的多年观测相当于作重复随机试验,每次测验所得的具体结果可有多种,此称为随机变量,常以 $x$ 表示;同性质的一系列随机变量为系列,实测系列中随机变量的数量称为随机变量的容量。随机变量可有两种类型:

(1)连续型随机变量——系列中,凡两随机变量 $x_i \sim x_{i+1}$ 中可有任意值时,这类随机变量称为连续型随机变量,水文资料属于此类,江河中的水位、流量均有此特性。

(2)离散型随机变量——系列中,两随机变量中无中间值时,称为离散型随机变量。例如投掷一枚骰子,只可有 1、2、3、4、5、6 中任一数值,不会有 1.1、1.2…其中间值,表明这是一种离散型随机变量系列。

## 二、总体与样本

随机变量的所有可能结果,称为总体。总体中的一部分随机变量,称为样本。总体好比全貌,样品只是其中的局部。总体可以分割成许多样本,从中随意选取的样本称为随机取样的样本。随机事件的总体可有两类:

(1)容量无限总体——水文现象总体按时间过程取值,它包括过去、现在和将来的全部实测值,属于容量无限总体。但是水文系列的总体实际上不可得,只能通过样本推论总体。样本容量越大,推论总体越可信,因此对水文资料要尽可能获得长期的实测数据。

(2)容量有限总体——容量确定的总体称为容量有限总体。例如投掷一枚骰子,其随机变量变化只可能有六种,研究一个学校学生的年龄情况,学生人数有定值,也是有限总体。

按照数理统计法原理,研究容量足够多的样本将可以推测得总体情况的一般,即透过现象可以看到本质,这便是水文计算中大量应用数理统计法的根本原因。其中随机变量样本的发生率用频率表示,总体的发生率则用几率表示,由样本推论总体在于用频率推论几率,关于几率与频率的有关概念阐述如下。

## 三、几率和频率

1. 几率

事件出现的客观可能性,称为几率,又称概率、或然率、可能率,常用符号 $P$ 表示。对于事件 A 的几率,可表示为 $P = P(\mathrm{A})$。简单几率可按其定义式计算,有:

$$P(\mathrm{A}) = \frac{f_0(\mathrm{A})}{n} \tag{10-1}$$

式中：$f_0(\mathrm{A})$——事件 A 包含的基本事件数；

$n$——基本事件的总数。

**例 10-1** 袋中有白球 10 个，黑球 20 个，其差别只在颜色方面，其形状、大小及触摸的感觉完全相同。问摸出白球的几率为多少？摸出黑球的几率为多少？

**解**：按式（10-1）有

$$P(\text{白球}) = \frac{f_0}{n} = \frac{10}{20+10} = \frac{1}{3} = 33.3\%$$

$$P(\text{黑球}) = \frac{20}{30} = \frac{2}{3} = 66.7\%$$

且有

$$P(\text{白球}) + P(\text{黑球}) = \frac{1}{3} + \frac{2}{3} = 1$$

由此可知，几率的基本性质是

$$0 \leqslant P(\mathrm{A}) \leqslant 1$$

A 为必然事件时，$P(\mathrm{A}) = 1$；A 为不可能事件时，$P(\mathrm{A}) = 0$；A 为随机事件时，$0 < P(\mathrm{A}) < 1$。

事件的几率可分为两种：一种为事先几率，另一种为事后几率或后验几率。对于有限总体，其随机变量的几率可以事先算出，此称为事先几率或先知几率。对于无限总体，其随机变量的几率无法事先算出，只能作有待验证的推论，此称为事后几率或后验几率。各种水文现象特征值（如水位、流量）的几率均属事后几率。因此，河流某断面处某一数值的流量，其今后出现的几率不可能事先确定，只能通过较长期的实际观测结果加以推论。观测时间越长，数据越多，其推论结果越接近实际几率值。

关于几率的运算，详见《概率论》或有关书籍。现就与水文分析计算有关的几率运算定理简介如下：

（1）几率相加定理

若 A 与 B 是两个互斥事件（又称互不相容事件），其中 A 的几率为 $P(\mathrm{A})$，B 的几率为 $P(\mathrm{B})$，则 A 或 B 中任一事件出现的几率为

$$P(\mathrm{A}+\mathrm{B}) = P(\mathrm{A}) + P(\mathrm{B}) \tag{10-2}$$

同理，对事件 A，B，C，…多个互斥事件有

$$P(\mathrm{A}+\mathrm{B}+\mathrm{C}+\cdots) = P(\mathrm{A}) + P(\mathrm{B}) + P(\mathrm{C}) + \cdots \tag{10-3}$$

上式表明，互斥事件的这类问题出现几率大于各事件的几率。

（2）几率相乘定理

设 A，B，C，…为独立事件（即互不关联事件），其几率分别为 $P(\mathrm{A})$，$P(\mathrm{B})$，$P(\mathrm{C})$，…，则其同时或连续出现的几率为

$$P(\mathrm{A}\cdot\mathrm{B}\cdot\mathrm{C}\cdots) = P(\mathrm{A})\cdot P(\mathrm{B})\cdot P(\mathrm{C})\cdots \tag{10-4}$$

上式表明，其综合几率减小，即这类事件的几率减小。

2. 频率

在若干次随机试验中，事件 A 出现的次数 $f$ 与试验总次数（其中含 A 未出现的试验次数）$n$ 的比值，称为事件 A 的频率，记为 $W(\mathrm{A})$，有

$$W(\mathrm{A}) = \frac{f(\mathrm{A})}{n} \tag{10-5}$$

式中：$f(A)$——频数，即事件 A 出现的次数。

由上可知，频率是一个实测值，又称为经验几率；而几率则是一个理论值，反映事件的客观属性，是一个常数。可以证明（见表 10-1 的验证试验结果），当 $n$ 相当大时，有：

$$\lim_{n\to\infty} W(A) = P(A) \tag{10-6}$$

**蒲丰和皮尔逊的掷币试验** 表 10-1

| 试验者 | $n$ | $f$(正面) | $W$(正面) |
|---|---|---|---|
| 蒲丰 | 4 040 | 2 048 | 0.508 0 |
| 皮尔逊 | 12 000 | 6 019 | 0.501 6 |
| 皮尔逊 | 24 000 | 12 012 | 0.500 5 |

按式（10-1）计算可知，理论上的正面出现几率 $P$(正面) = 0.5，在表 10-1 的实际试验中，当 $n$ = 4 040 次时，$W$(正面) = 0.508 0；当 $n$ = 12 000 次时，$W$(正面) = 0.501 6；当 $n$ = 24 000 次时，$W$(正面) = 0.500 5，它表明当观测试验的次数足够多时，事件的几率可通过频率计算推出，随机试验次数愈多，所得的频率值愈接近几率值。因此，水文计算中通常要求收集尽可能多的资料来计算各水文特征值的频率，借以推论未来的水文情势。

## 四、累积频率及重现期

等量或超量值随机变量频率的累计值，称为累积频率，即在多次重复随机试验中，等量或超量出现的次数（累计频数）与总观测次数之比。等量或超量值随机变量在多年观测中平均多少年或多少次可能再现的时距，称为重现期，简称多少年一遇或多少次一遇。累积频率概念比较抽象，重现期的概念比较形象，两者只是随机变量累积频率的不同称谓而已。

设有随机变量 $x_1, x_2, x_3, \cdots, x_n$，其相应出现的频数为 $f_1, f_2, f_3, \cdots, f_n$，且有 $x_1 > x_2 > x_3 > \cdots > x_n$，而系列的总容量有 $n = f_1 + f_2 + f_3 + \cdots + f_n$。

按累积频率的定义有

$$\left.\begin{aligned} P(x \geqslant x_i) &= \frac{f_1 + f_2 + f_3 + \cdots + f_i}{n} = \frac{m(x \geqslant x_i)}{n} \\ \text{或}\quad P &= \frac{m}{n} \end{aligned}\right\} \tag{10-7}$$

式中：$m(x \geqslant x_i)$——等于或大于 $x_i$ 的累计频数；

$n$——总的观测次数。

在桥、涵、堰、闸等工程设计中，国家按各类工程的重要性，给定了各种等级的容许破坏率或安全率，工程设计只是通过大量实测资料的累积频率计算，从中选用符合国家容许破坏率或满足安全率要求的水位或流量作设计值，此即频率分析方法。所谓设计流量或设计水位，即符合规定累积频率标准的水位或流量。关于国家规定的累积频率标准见表 10-2 及附录 16 ~ 18。

**桥涵设计洪水频率** 表 10-2

| 构造物名称 | 公 路 等 级 | | | | |
|---|---|---|---|---|---|
| | 高速公路 | 一 | 二 | 三 | 四 |
| 特大桥 | 1/300 | 1/300 | 1/100 | 1/100 | 1/100 |
| 大、中桥 | 1/100 | 1/100 | 1/100 | 1/50 | 1/50 |

续上表

| 构造物名称 | 公路等级 | | | | |
|---|---|---|---|---|---|
| | 高速公路 | 一 | 二 | 三 | 四 |
| 小桥 | 1/100 | 1/100 | 1/50 | 1/25 | 1/25 |
| 涵洞及小型排水构造物 | 1/100 | 1/100 | 1/50 | 1/25 | 工作规定 |
| 路基 | 1/100 | 1/100 | 1/50 | 1/25 | 按具体情况确定 |

注:1. 二级公路的特大桥及三、四级公路的大桥,在河床比降大、易于冲刷的情况下,可提高一级洪水频率验算基础冲刷深度。

2. 本表摘自《公路工程水文勘测设计规范》(JTG C30—2015)。

频率只能预示单个水文特征值未来出现的可能性,而累积频率则可更有概括性地预示桥涵工程在运用中的可能破坏率或安全率,在水文计算中常将累积频率惯称为频率,但两者的概念不可混淆。

**例 10-2** 某桥位断面处有 40 年最高水位实测资料,见表 10-3,设容许破坏率 $[P]=5\%$,试确定相应的设计水位 $z_P$。

**实测水位频率分析** 表 10-3

| 编号 | 水位 $z$(m) | 频数 $f_i$ | 频率 $W(z_i)$(%) | 累积频率 $P(z \geq z_i)$(%) |
|---|---|---|---|---|
| 1 | 30 | 2 | 5 | 5 |
| 2 | 25 | 10 | 25 | 30 |
| 3 | 21 | 16 | 40 | 70 |
| 4 | 15 | 9 | 22.5 | 92.5 |
| 5 | 10 | 3 | 7.5 | 100 |
| Σ | — | 40 | 100 | — |

**解:**由上述计算,当 $[P]=5\%$,$z_P=30\text{m}$,这表明,根据已有实测水位的逐个分析与计算结果,所求设计水位 $z_P=30\text{m}$,其未来可能出现的破坏率 $P(z \geq z_P)=5\%$。显然,其安全率为 95%。

由上例计算可知,容许破坏率越小,则所选的水位或流量值越大;容许破坏率越大,则设计水位越低,桥的高度也越低,其工程投资可减小,但运营中遭到破坏的风险越大。显然,相同设计频率标准对于不同的资料系列所得的设计值可有不同,工程费用亦不同。

按重现期的定义,有

$$T(x \geq x_i) = \frac{1}{P(x \geq x_i)} \tag{10-8}$$

$$T(x \leq x_i) = \frac{1}{P(x \leq x_i)} \tag{10-9}$$

因 $P(x \geq x_i)+P(x \leq x_i)=1$,有

$$T(x \leq x_i) = \frac{1}{1-P(x \geq x_i)} \tag{10-10}$$

当确定设计洪水流量或水位时,$P(x \geq x_i)$ 为破坏率,常用式(10-8)计算重现期,即 $T(x \geq x_i) = \dfrac{1}{P(x \geq x_i)}$。对于给水工程设计,如确定设计枯水位或最小流量时,$P(x \geq x_i)$ 为安全率,

$P(x \leqslant x_i)$为破坏率,则常用式(10-10)表示设计水位或流量$x_i$的破坏重现期。如例10-2,$z_P \geqslant 30\text{m}$的破坏率为$P(z \geqslant z_P)=5\%$,则其重现期为

$$T(z \geqslant z_P)=\frac{1}{P}=\frac{1}{0.05}=20\ (\text{年})$$

这表明,$z_P$的破坏率为20年一遇,而其安全率的重现期为

$$T(z \leqslant z_P)=\frac{1}{1-P(z \geqslant z_P)}=\frac{1}{1-0.05}=1.05\ (\text{年})$$

即安全率为一年一遇。

对于取水工程中的枯水计算,一般要求的安全率为$P=90\% \sim 99\%$,若取$P(z \geqslant z_P)=99\%$,则其破坏率按式(10-10),有

$$T(z \leqslant z_P)=\frac{1}{1-P(z \geqslant z_P)}=\frac{1}{1-0.99}=100\ (\text{年})$$

即破坏率为一百年一遇。

必须注意:上述累积频率或破坏率是一种多年平均出现的可能性,而且每年出现的这一可能性均等。而重现期只是指长期内平均出现一次的时间间隔而不是固定的周期。从“平均值”的概念表明,百年一遇的洪水流量或水位,未来长时段内每年再现的可能性均等,并不意味着需要相隔固定的一百年才会再现;百年一遇的洪水流量,对于某一具体年份说,也可能再现数次,另一年份中可能一次也不会出现。因此,累积频率和重现期只是表明各类水文现象的稀遇性。显然,对洪水而言,重现期越长,相应的水位或流量等水文特征值也越大。相反,若重现期越短,则相应的水文特征值也越小。

保证率——所谓保证率,即$n$年内均能保证安全的几率,以$P_K$表示,水文分析中最大值(流量、水位等)的累积几率$P(x \geqslant x_1)$为破坏率,$1-P(x \geqslant x_1)$则为安全率,按式(10-4)的几率相乘原理有

$$P_K=(1-P)^n$$

例如当$P=1\%$时,若$n=30$年时,$P_K=(1-P)^{30}=(1-1\%)^{30}=74\%$,若$n=5$年时,$P_K=95.1\%$,可见保证率与保证安全的期限有关,期限越长,保证率越小。

# 第二节 经验累积频率曲线

## 一、水文计算资料的一般要求

按实测系列计算的累积频率,称为经验累积频率,根据各实测值$x_i$与相应的累积频率$P_i$点据$(P_i,x_i)$分布趋势绘制的图形,称为经验累积频率曲线。凡用于分析与计算的洪水资料,应审查其可靠性、独立性、一致性和系列代表性。

1. 可靠性

即资料数据应可靠。对于精度不高、错记、伪造等部分应考证并修正,确保分析结果的客观与准确。

2. 独立性

应选择同一洪水类型、符合独立随机条件的各年实测最大洪水流量。水文统计分析中把水文现象看成随机事件,彼此有关联的资料不能收入同一系列。例如,前后几天的日流量都是同一场暴雨造成的,彼此并不独立,因此,不能用连续记录的日流量组成系列。一般一年中只取一个同类水位或流量资料组成的系列,其独立性好,一年中取多个资料组成的系列,其独立性较差。

3. 一致性

即应收集同类型、同条件下的资料。不同性质的水文资料不能收入同一系列作经验累积频率分析的依据。

4. 代表性

计算洪水频率时,实测洪水流量系列不宜少于20年,且应有历史洪水调查和考证成果。实测系列愈长,愈能反映实际水文情势,代表性愈好。实测系列愈短,代表性愈差,由此推论的风险率、破坏率或安全率的可靠性也愈差。因此,分析资料应尽可能多,观测年限应尽可能长。

## 二、选择方法

对于设计洪峰流量或水位,可有以下两种选样方法。

(1)年最大值法——即每年在实测值系列中选取一个瞬时最大值组成样本系列。此法独立性好,但要求有长期的实测记录,有时难以满足。由此所得的累积频率为年频率,其重现期单位为年,即

$$P = \frac{m}{n}$$

$$T = \frac{1}{P}\ (\text{年})$$

且

$$T \geqslant 1\ \text{年}$$

(2)年超大值法——此法将 $n$ 年实测洪水位或洪峰流量按从大到小排列,并从大到小顺序取 $S$ 个实测系列组成样本。一般取 $S=(3\sim5)n$。若平均每年得 $a$ 个样本,则 $S=an$,由此所得累积频率为次频率,其重现期的单位为次,即

$$P' = \frac{m}{S}$$

$$T' = \frac{1}{P'}\ (\text{次})$$

且

$$T' \left.\begin{matrix} > \\ = \\ < \end{matrix}\right\} 1\ \text{年}$$

次重现期与年重现期可按下式换算:

$$T = \frac{n}{S}T' \tag{10-11}$$

超大值法选样每年取了多个样本,独立性较差,多用于资料不足情况。

**例 10-3** 年最大值选样,设累积频率 $P(Q \geqslant Q_i)=5\%$,求重现期 $T(Q \geqslant Q_i)$。

**解**:按式(10-8)有

$$T(Q \geqslant Q_i) = \frac{1}{P} = \frac{1}{0.05} = 20\text{ 年}(T>1)$$

此即二十年一遇。

**例 10-4** 按超大值选样,设 10 年资料中共得 100 个流量样本,求累计频数 $m=2$、$m=50$ 的流量的累积频率及重现期。

**解**:由式(10-7)、式(10-8)和式(10-11)得

$$P' = \frac{m}{S} = \frac{2}{100} = 2\%$$

$$T' = \frac{1}{P'} = \frac{1}{0.02} = 50\ (\text{次})$$

$$T = \frac{n}{S}T' = \frac{10 \times 50}{100} = 5\ (\text{年})(T>1)$$

对于 $m=50$,有

$$P' = \frac{m}{S} = \frac{50}{100} = 50\%$$

$$T' = \frac{1}{P'} = 2\ (\text{次})$$

$$T = \frac{n}{S}T' = \frac{10 \times 2}{100} = 0.2\ (\text{年})(T<1)$$

对于设计枯水位或枯水流量的选样,一般按年最小值取样,每年取一个日平均最低水位或最小流量组成样本系列。对于灌溉及给水工程 $P(Q \geqslant Q_{min})$ 属于安全率,$P(Q \leqslant Q_{min})$ 属于破坏率。

**例 10-5** 年最小值选样,设其累积频率 $P(Q \geqslant Q_i)=95\%$,求重现期 $T(Q \leqslant Q_i)$。

**解**:由式(10-10)有

$$T(Q \leqslant Q_i) = \frac{1}{1-P(Q \geqslant Q_i)} = \frac{1}{1-0.95} = 20\ (\text{年})$$

而

$$T(Q \geqslant Q_i) = \frac{1}{P(Q \geqslant Q_i)} = \frac{1}{0.95} = 1.05\ (\text{年})$$

## 三、频率分布特性

水文现象的观测资料通常都按年序记录,逐年数值大小变化不一,若将各年实测资料中选出的样本不论其发生年序而只按大到小次序排列,统计各水文特征值的频率值,即可绘出各特征值与相应频率关系图,称为频率分布图。如图 10-1a)所示为某水文站根据 75 年最大流量的实测记录(表 10-4)计算所得的频率分布直方图,它和一切随机变量的频率分布有共同特性,即特大、特小值出现次数少,频率值小,接近平均值的洪峰流量出现次数多,频率值大,其频率分布曲线呈铃形。其中出现频数最大的流量称为众数。

如图 10-1a)所示,设 $\Delta x$ 组间内各流量的频率为 $W_i$,则此组间累计频率按定义有

$$\Delta P = \sum W_i$$

若组距为 $\Delta x$,则组间平均频率为

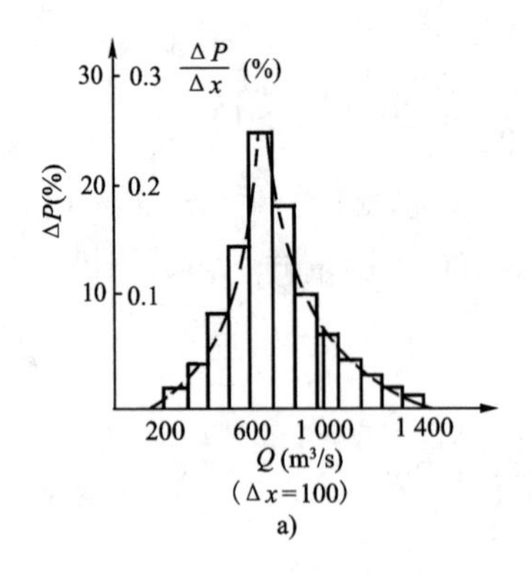


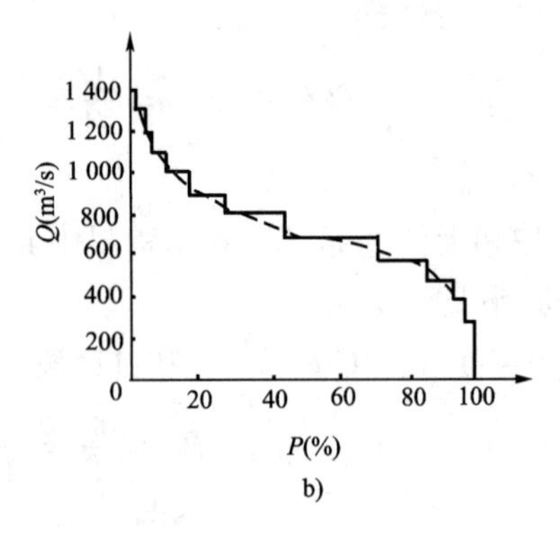


图 10-1

$$\overline{W_{\mathrm{i}}} = \frac{\Delta P}{\Delta x}$$

此值亦称为特征值在 $\Delta x$ 区间的频率密度。显然,对于连续型随机变量,任一点的频率值可用上述平均频率极限表达

$$W(x) = \lim_{\Delta x \to 0} \frac{\Delta P}{\Delta x} = \frac{\mathrm{d}P}{\mathrm{d}x} = f(x) \tag{10-12}$$

$$P(x \geqslant x_i) = \int_{x_i}^{\infty} f(x)\,\mathrm{d}x = F(x) \tag{10-13}$$

$$P(x \geqslant -\infty) = \int_{-\infty}^{+\infty} f(x)\,\mathrm{d}x = 1$$

式中:$f(x)$——频率密度函数,即 $x$ 的频率;

$F(x)$——频率分布函数,即 $x$ 的累积频率。

**某站实测最大流量频率分析** 表 10-4

| $x = Q_{\mathrm{m}}$ ($\mathrm{m^3/s}$) | $f$ (年) | $\Delta P = \sum W_i$ (%) | $m$ (年) | $P = \frac{m}{n}$ (%) |
|---|---|---|---|---|
| 1 | 2 | 3 | 4 | 5 |
| 200 ~ 300 | 1 | 1.3 | 75 | 100.0 |
| 300 ~ 400 | 3 | 4.0 | 74 | 98.7 |
| 400 ~ 500 | 6 | 8.0 | 71 | 94.7 |
| 500 ~ 600 | 11 | 14.7 | 65 | 86.7 |
| 600 ~ 700 | 20 | 26.7 | 54 | 72.0 |
| 700 ~ 800 | 14 | 18.6 | 34 | 45.3 |
| 800 ~ 900 | 8 | 10.7 | 20 | 26.7 |
| 900 ~ 1 000 | 5 | 6.7 | 12 | 16.0 |
| 1 000 ~ 1 100 | 3 | 4.0 | 7 | 9.3 |

续上表

| $x=Q_m$ ($m^3/s$) | $f$ (年) | $\Delta P=\sum W_i$ (%) | $m$ (年) | $P=\frac{m}{n}$ (%) |
|---|---|---|---|---|
| 1 100 ~ 1 200 | 2 | 2.7 | 4 | 5.3 |
| 1 200 ~ 1 300 | 1 | 1.3 | 2 | 2.6 |
| 1 300 ~ 1 400 | 1 | 1.3 | 1 | 1.3 |
| 总计 | 75 | 100.0 | — | — |

由表 10-4 可知,累积频率的最大值为 1,式(10-13)即寻找累积频率曲线数学模型的理论依据。

## 四、实用经验累积频率公式

式(10-7)是累积频率的古典定义式,它适用于作无穷次重复试验的频率计算,即 $n\to\infty$,对于实测系列有限的水文资料,往往会出现 $P(x\geqslant x_{\min})=1$ 的不合理结果。因为其中的 $x_{\min}$ 不能肯定是总体的最小值,而只是样本的最小值。因此,在工程实际中,多采用维泊尔(Weibull)公式计算累积率:

$$P(x\geqslant x_i)=\frac{m(x\geqslant x_i)}{n+1} \tag{10-14}$$

简写为

$$P=\frac{m}{n+1}$$

关于维泊尔公式,也称为数学期望公式,一般《水文学》中均未介绍出处,可按下述编著者叶镇国教授提出的“简法”推证。

设有总体共 $N$ 项,为抽样方便,可将总体分成 $n+1$ 个等距分组,$N\gg n$,每组中取下限值作为抽样代表,可得样本系列为 $x_1,x_2,x_3,\cdots,x_n$,而总体的最大值为 $x_M$,最小值为 $x_N$,每组中随机变量的个数即其平均频数,有 $f_i=\frac{N}{n+1}$。由表 10-5 计算结果可知,当 $x\geqslant x_m$ 时,有 $P(x\geqslant x_m)=\frac{m}{n+1}$,此即维泊尔公式。对于总体最小值有 $P(x\geqslant x_N)=\frac{n+1}{n+1}=1$,对于样本最小值 $P(x\geqslant x_n)=\frac{n}{n+1}<1$,可见,维泊尔公式并不是一种经验公式,而是按累积频率定义推出的理论公式。

**维泊尔公式的简法推证** 表 10-5

| 序号 | 总体分组 | 下限样本 $x_i$ | 平均组间累计频数 $f_i$ | 组间累计几率 $\Delta P(x\geqslant x_i)$ | 累积几率 $\sum\Delta P(x\geqslant x_i)$ | 备注 |
|---|---|---|---|---|---|---|
| 1 | $x_M$-$x_1$ | $x_1$ | $\frac{N}{n+1}$ | $\frac{1}{n+1}$ | $\frac{1}{n+1}$ | (1)理想样本共 $n$ 项。<br>(2)$x_M$-总体最大值;<br>$x_N$-总体最小值。<br>(3)$x_M\gg x_1$,$x_N\ll x_n$ |
| 2 | $x_1$-$x_2$ | $x_2$ | $\frac{N}{n+1}$ | $\frac{1}{n+1}$ | $\frac{2}{n+1}$ | |

续上表

| 序　号 | 总体分组 | 下限样本 $x_i$ | 平均组间累计频数 $f_i$ | 组间累计几率 $\Delta P(x \geq x_i)$ | 累积几率 $\Sigma \Delta P(x \geq x_i)$ | 备　注 |
|---|---|---|---|---|---|---|
| 3 | $x_2$-$x_3$ | $x_3$ | $\frac{N}{n+1}$ | $\frac{1}{n+1}$ | $\frac{3}{n+1}$ | (1)理想样本共 $n$ 项。<br>(2)$x_M$-总体最大值;<br>$x_N$-总体最小值。<br>(3)$x_M \gg x_1$, $x_N \ll x_n$ |
| ⋮ | ⋮ | ⋮ | ⋮ | ⋮ | ⋮ | |
| $m$ | $x_{m-1}$-$x_m$ | $x_m$ | $\frac{N}{n+1}$ | $\frac{1}{n+1}$ | $\frac{m}{n+1}$ | |
| ⋮ | ⋮ | ⋮ | ⋮ | ⋮ | ⋮ | |
| $n$ | $x_{n-1}$-$x_n$ | $x_n$ | $\frac{N}{n+1}$ | $\frac{1}{n+1}$ | $\frac{n}{n+1}$ | |
| $n+1$ | $x_n$-$x_N$ | $x_N$ | $\frac{N}{n+1}$ | $\frac{1}{n+1}$ | 1 | |

## 五、经验累积频率曲线的绘制与应用

1. 计算步骤

(1)按年序记录的实测系列,其大小往往十分零乱,应将实测资料不论年序而按由大到小的次序排列,再统计各值频数 $f_i$。

(2)按维泊尔公式计算各实测值的累积频率 $P_i(x \geq x_{min})$。

(3)以 $P_i$ 为横坐标,$x_i$ 为纵坐标,点绘实测系列的经验累积频率点据($P_i$,$x_i$)。

(4)通过($P_i$,$x_i$)各点的分布中心绘制一条光滑的曲线,此即经验累积频率曲线,如图10-2a)所示。

(5)按工程等级在表10-2中选定设计频率[$P$],在经验累积频率曲线上可查得设计值 $x_P$。

2. 经验累积频率曲线的外延问题

水文资料实测记录的年代都不很长,经验累积频率点据覆盖的范围往往难以满足设计频率标准的需要,常常需要对经验累积频率曲线作延长应用。但因曲线的两端陡峭,曲率变化很大,徒手目估延长,任意性很大,而且难以规范化。水文计算中常用海森几率格纸[图10-2b)],虽可使曲线两端有所展平,但仍难以解决方法的规范化问题。因此,通常先选用合适的频率密度函数,再按式(10-13)确定累积频率曲线,以此解决其外延问题,由此所得的累积频率曲线,称为理论累积频率曲线。

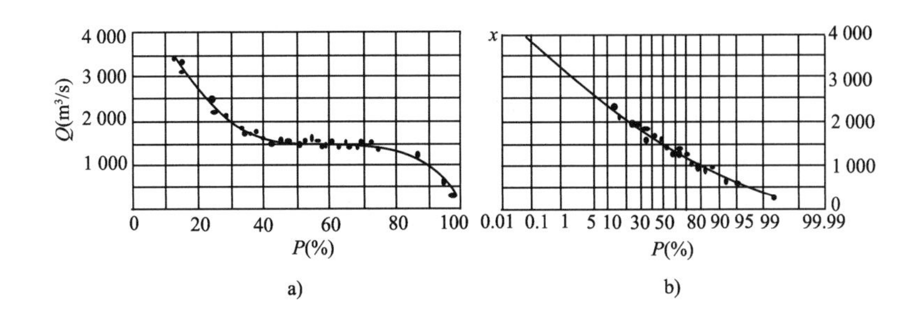


图 10-2

a)普通格纸;b)海森几率格纸

# 第三节 理论累积频率曲线

## 一、频率曲线的数学模型

1895 年,英国生物学家皮尔逊(K. Pearson)根据许多经验资料的统计分析,按照随机事件频率分布特性[图 10-1a)]建立了频率密度微分方程:

$$\frac{\mathrm{d}y}{\mathrm{d}x} = \frac{(x + d)y}{b_0 + b_1 x + b_2 x^2} \tag{10-15}$$

解上式可得 13 种形式的曲线,其中皮尔逊Ⅲ型曲线与洪水的实际频率密度曲线吻合最好,是目前世界各国应用最为广泛的理论频率密度曲线,其一般形状如图 10-3a)所示。我国交通、铁路、水利等行业的规范都推荐采用此曲线。

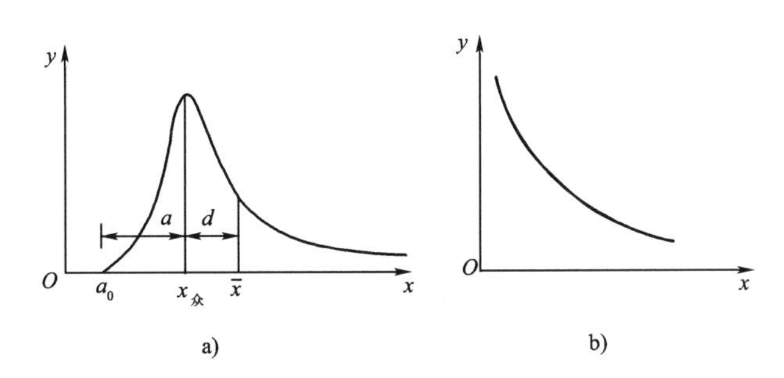


图 10-3

皮尔逊Ⅲ型曲线的频率密度函数为:

$$\left.\begin{aligned} y &= \frac{\beta^{\alpha}}{\Gamma(\alpha)}(x - a_0)^{\alpha-1}\mathrm{e}^{-\beta(x-a_0)} \\ \text{其中}\quad \text{伽马函数 } \Gamma(\alpha) &= \int_0^{\infty} x^{\alpha-1}\mathrm{e}^{-x}\mathrm{d}x \\ \alpha &= \frac{a}{d} + 1 = \frac{4}{C_s^2} \end{aligned}\right\} \tag{10-16}$$

$$\left.\begin{aligned}\beta &= \frac{1}{d} = \frac{2}{\bar{x}C_v C_s}\\ a &= \frac{\bar{x}C_v(4 - C_s^2)}{2C_s}\\ a_0 &= \bar{x}\left(1 - \frac{2C_v}{C_s}\right)\\ d &= \frac{\bar{x}C_v C_s}{2}\end{aligned}\right\} \tag{10-17}$$

式中：$\bar{x}$——实测系列的平均数；

$C_v$——实测系列的离差系数；

$C_s$——实测系列的偏差系数；

$a_0$——曲线的起点($a_0$,0)与系列零点距离。

由此,皮尔逊Ⅲ型曲线也可表达为

$$y = f(\bar{x}, C_v, C_s, x)$$

式中：$\bar{x}$、$C_v$、$C_s$——统计参数。

此式表明,当 $\bar{x}$、$C_v$、$C_s$ 确定时,皮尔逊Ⅲ型曲线确定,即频率密度函数已知,按式(10-13),可求得累积频率曲线的数学模型,即理论累积频率曲线。

皮尔逊Ⅲ型曲线只是一种人为选用的数学模型,它还必须符合水文现象的物理特性。例如,对于降水量及流量资料,应有 $a_0 > 0$,对于水位资料因与所取基准面有关,可有 $a_0 < 0$。

按式(10-17),当 $a_0 \geqslant 0$ 时,应有

$$a_0 = \bar{x}\left(1 - \frac{2C_v}{C_s}\right) \geqslant 0 \tag{10-18}$$

$$C_s \geqslant 2C_v$$

当 $C_s \geqslant 2C_v$ 时　　　　$a_0 \geqslant 0$

$C_s < 2C_v$ 时　　　　$a_0 < 0$

若把皮尔逊Ⅲ型曲线看成是实测系列的总体分布,实测系列作为随机样本,其最小值应有

$$a_{min} \geqslant a_0$$

令 $K = \frac{x}{\bar{x}}$,称为变率,又称为模比系数,则有

$$K_{min} \geqslant 1 - \frac{2C_v}{C_s} \tag{10-19}$$

$$C_s \leqslant \frac{2C_v}{1 - K_{min}}$$

上式即皮尔逊Ⅲ型曲线参数 $C_s$ 的物理条件。当 $C_s > 2C_v$ 时,皮尔逊Ⅲ型曲线将成单调的乙字形,如图10-3b)所示,这自然不符合水文现象的物理特性,此时,应另选频率密度曲线的

数学方程。但实践证明,作为一种规范化绘制累积频率曲线的数学工具,皮尔逊Ⅲ型曲线基本上都能满足水文计算要求。

在工程应用中强调的是这一理论曲线能否通过经验累积频率点据分布中心,并按此原则试算合适的理论累积频率曲线统计参数 $\bar{x}$、$C_v$、$C_s$,这种方法又称为适线法。

## 二、统计参数计算

设有随机变量系列 $x_1$、$x_2$、$x_3$、…、$x_n$,其相应出现的频数为 $f_1$、$f_2$、$f_3$、…、$f_n$,按概率论及统计学方法,三个参数可按下式计算。

1. 平均数(又称均值)$\bar{x}$

$$\left.\begin{aligned} \bar{x} &= \frac{x_1 f_1 + x_2 f_2 + \cdots + x_n f_n}{f_1 + f_2 + \cdots + f_n} = \frac{1}{N}\sum x_i \cdot f_i \\ N &= \sum_{i=1}^{n} f_i \end{aligned}\right\} \tag{10-20}$$

当 $f_1 = f_2 = f_3 = \cdots = f_n = 1$ 时,$N = n$

$$\bar{x} = \frac{1}{n}\sum_{i=1}^{n} x_i \tag{10-21}$$

按式(10-20)计算结果为加权平均数,式(10-21)为算术平均数。为简便计,式中求和区间符号在今后的运算均省略。按平均数的性质,有

$$\left.\begin{aligned} \sum x_i &= n\bar{x} \\ \sum (x_i - \bar{x}) &\equiv 0 \\ \sum (K_i - 1) &\equiv 0 \\ \sum K_i &= n \\ \Delta_i &= x_i - \bar{x} \end{aligned}\right\} \tag{10-22}$$

式中:$\Delta_i$——离差;

$K_i$——变率;

$n$——资料总项数。

平均数可用来表示实测系列的数值水平,又称为集中常数。利用平均数这一特性,还可绘制各类水文特征值的等值线图,表示其空间分布。

2. 离差系数 $C_v$

总体

$$\left.\begin{aligned} C_v &= \frac{\sigma}{\bar{x}} = \sqrt{\frac{\sum (K_i - 1)^2}{n}} \\ \sigma &= \sqrt{\frac{\sum (x_i - \bar{x})^2}{n}} \end{aligned}\right\} \tag{10-23a}$$

$$\left.\begin{aligned} C_v &= \frac{\sigma}{\bar{x}} = \sqrt{\frac{\sum (K_i - 1)^2}{n-1}} \\ \sigma &= \sqrt{\frac{\sum (x_i - \bar{x})^2}{n-1}} \end{aligned}\right\} \tag{10-23b}$$

式中:$\sigma$——系列均方差,表示系列对平均数的平均绝对离散程度,$\sigma$ 越大,系列离散度越大;

$C_v$——离差系数,表示系列对平均数的相对离散程度,$C_v$ 值也可制成等值线图,表示空间分布,对于降水量及径流量的 $C_v$ 值,通常是大流域小,小流域大;干流小,支流大;下游小,上游大;平原小,山区大;南方小,北方大;沿海小,内陆大;狭长流域大,扇形流域小,一般$C_v = 0.1 \sim 1.0$。

3. 偏差系数 $C_s$

$$\left.\begin{aligned} &\text{总体} \quad C_s = \frac{\sum (x_i - \bar{x})^3}{n\sigma^3} = \frac{\sum (K_i - 1)^3}{nC_v^3} \\ &\text{样本} \quad C_s = \frac{n}{(n-1)(n-2)} \cdot \frac{\sum (x_i - \bar{x})^3}{\sigma^3} \\ &\qquad\quad\; = \frac{n}{(n-1)(n-2)} \cdot \frac{\sum (K_i - 1)^3}{C_v^3} \end{aligned}\right\} \tag{10-24}$$

$C_s$ 表示系列中的分布情况,即正、负离差的对比情况,有

$C_s > 0$,即$\sum (x_i - \bar{x})^3 > 0$,正离差占优,称为正偏分布;$C_s < 0$,即$\sum (x_i - \bar{x})^3 < 0$,负离差占优,称为负偏分布;$C_s = 0$,即$\sum (x_i - \bar{x})^3 = 0$,正、负离差相当,称为对称分布。

在水文资料中,上述三个统计参数都由实测系列求得,它用以表示实测系列的基本数值特征,由此所得的皮尔逊Ⅲ型曲线则作为系列总体的假想分布。但是,皮尔逊Ⅲ型曲线只是一种数学模型,仍然是一种经验性的方法。三个参数中,$\bar{x}$ 较能反映系列数值水平情况,但因$\sum (x_i - \bar{x}) \equiv 0$,无法获得实际平均离差,为此,在 $C_v$ 计算式中取了$\sum (x_i - \bar{x})^2$,$C_s$ 计算式中取了$\sum (x_i - \bar{x})^3$,这却夸大了实际离差情况,其中以 $C_s$ 的误差最大。因此,当按适线法试算合适理论累积频率曲线时,常取 $\bar{x}$ 及 $C_v$ 的计算值,而试算 $C_s$ 值,即取不同的 $C_s$ 值代入皮尔逊Ⅲ型曲线方程求解能通过经验累积频率点据分布中心的理论累积频率曲线,式(10-24)只作为试算 $C_s$ 的初始值。此外,$C_s$ 的初始值还可参考下述经验关系:

设计暴雨　　$C_s = 3.5C_v$

设计最大流量$C_v < 0.5$ 时　　$C_s = (3 \sim 4)C_v$

$C_v > 0.5$ 时　　$C_s = (2 \sim 3)C_v$

年降水量研究不足地区　　$C_s = 2C_v$

年径流量研究不足地区　　$C_s = 2C_v$

## 三、离均系数表

当已知 $\bar{x}$、$C_v$、$C_s$ 三个统计参数时,皮尔逊Ⅲ型曲线随之确定,按式(10-13)及式(10-16)有

$$P(x \geqslant x_P) = \frac{\beta^{\alpha}}{\Gamma(\alpha)}\int_{x_P}^{\infty}(x-a_0)^{\alpha-1}e^{-\beta(x-a_0)}dx \tag{10-25}$$

令

$$t=\beta(x-a_0)$$

$$t_P=\beta(x_P-a_0)$$

当 $P$ 已知时[通常取 $P(\%)=0.01,0.1,\cdots,99.9$，$C_v=1$，见附录5]，$t_P=f(C_s)$，由上式有

$$x_P=\frac{t_P}{\beta}+a_0=\frac{\bar{x}C_vC_s}{2}t_P+\bar{x}-\frac{2\bar{x}C_v}{C_s}$$

令

$$\phi_P=\frac{x_P-\bar{x}}{\bar{x}C_v}$$

有

$$\phi_P=\frac{x_P-\bar{x}}{\bar{x}C_v}=\frac{K_P-1}{C_v}=\frac{C_s}{2}t_P-\frac{2}{C_s}=\phi(C_s) \tag{10-26}$$

$$\left.\begin{aligned}K_P&=\phi_PC_v+1\\x_P&=\bar{x}(\phi_PC_v+1)\\P&=0.01,0.1,\cdots,99.9\end{aligned}\right\} \tag{10-27}$$

式(10-27)即理论累积频率曲线的坐标公式。它表明，当 $C_s$ 一定时，$\phi_P$ 为定值时

$$K_P \propto C_v$$

如图10-4所示的两条曲线，若 $C_{s1}=C_{s2}=C_s$，$C_{v1}\neq C_{v2}$，由式(10-26)及式(10-27)有

$$\frac{K_{1P}-1}{C_{v1}}=\frac{K_{2P}-1}{C_{v2}}=\phi_P=\text{const} \tag{10-28}$$

按式(10-26)，取 $P(\%)=0.01,0.1,\cdots,99.9$，假定各种 $C_s$ 值，即可预制 $\phi$-$C_s$-$P$ 计算用表，详见附录5。当 $C_v\neq1$ 时，按式(10-27)，即可得理论累积频率曲线的坐标值。由此可见，已有 $\phi$-$C_s$-$P$ 表后，选配皮尔逊Ⅲ型曲线可不必作积分运算，而是利用附录5和式(10-27)查算。其中式(10-26)即离均系数 $\phi_P$ 的制表公式。当 $C_s=2C_v$，$C_s=3C_v$，$C_s=4C_v$ 时，利用式(10-27)还可制成 $K_P$-$C_v$-$P$ 计算用表。若理论累积频率曲线的点据欠密，必要时，读者可作加密应用。显然，利用离均系数表绘制理论累积频率曲线，可大大简化工作量，这也是皮尔逊Ⅲ型曲线被用作常用数学模型的主要原因。

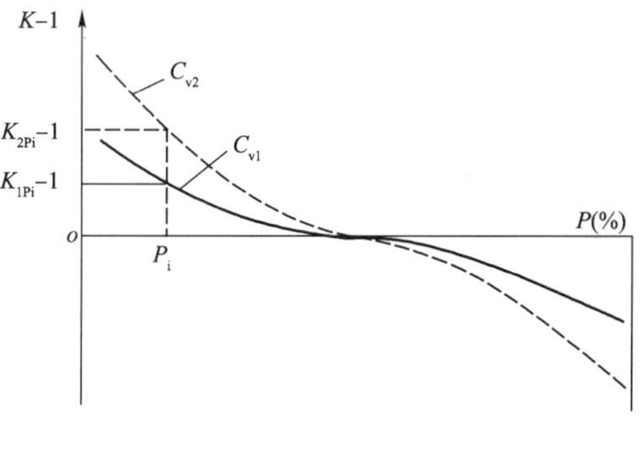


图 10-4

**例10-6** 求附录5中 $P=0.01\%$ 及 $P=95\%$，$C_s=2.00$ 时的离均系数 $\phi_P$ 值。

**解：**由式(10-17)，$C_s=2$ 时，$\alpha=\frac{4}{C_s^2}=\frac{4}{2^2}=1$

$$\Gamma(\alpha)=\int_0^{\infty}x^{\alpha-1}e^{-x}dx=1$$

由式(10-25)得

$$P=e^{-t_P}$$

有

$$t_P=-\ln P=-\frac{\lg P}{\lg e}=-2.3026\lg P$$

当 $P=0.01\%$ 时,

$$t_{0.01}=-2.3026\lg\frac{0.01}{100}=-2.3026\times(-4)=9.210$$

$$\therefore \qquad \phi_{0.01}=9.21-1=8.21$$

当 $P=95\%$ 时,

$$t_{95}=-2.3026\lg\frac{95}{100}=-2.3026\times(0.97772-1)=0.051$$

$$\phi_{95}=0.051-1=-0.949$$

本例题即附录5离均系数 $\phi_P$ 值制表的示例。

**例10-7** 已知合适理论累积频率曲线的统计参数 $\overline{Q}=1\,000\ \mathrm{m^3/s}$, $C_v=0.5$, $C_s=1.0$, 试求此理论累积频率曲线及设计频率 $P=1\%$ 的洪峰流量 $Q_{1\%}$。

**解:**查附录5,得 $C_s=1.0$ 时,$P(\%)=0.01,0.1,\cdots,99.9$ 等对应的 $\phi_{0.01},\phi_{0.1},\cdots,\phi_{99.9}$,由此可得 $K_{0.01},K_{0.1},\cdots,K_{99.9}$ 及 $Q_{0.01},Q_{0.1},\cdots,Q_{99.9}$,见表10-6。

理论累积频率曲线计算表　　　　表10-6

| $P(\%)$ | 0.01 | 0.1 | 1 | 5 | 10 | 50 | 75 | 90 | 97 | 99 | 99.9 |
|---|---|---|---|---|---|---|---|---|---|---|---|
| $\phi_P$ | 5.96 | 4.53 | 3.02 | 1.88 | 1.34 | -0.16 | -0.73 | -1.13 | -1.42 | -1.59 | -1.79 |
| $\phi_P C_v$ | 2.98 | 2.27 | 1.51 | 0.94 | 0.67 | -0.08 | -0.37 | -0.53 | -0.71 | -0.80 | -0.9 |
| $K_P=\phi_P C_v+1$ | 3.98 | 3.27 | 2.51 | 1.94 | 1.67 | 0.92 | 0.63 | 0.43 | 0.29 | 0.20 | 0.10 |
| $Q_P=K_P\overline{Q}$ | 3 980 | 327.0 | 2 510 | 1 940 | 1 670 | 920 | 630 | 430 | 290 | 200 | 100 |

由表计算结果得 $Q_{1\%}=2\,510\mathrm{m^3/s}$。

当 $C_s<0$ 时,$\phi_P$ 值仍可用附录5计算,但离均系数应用下式换算:

$$\phi_P(C_s<0)=-\phi_{1-P}(C_s>0) \tag{10-29}$$

按上式计算,即 $C_s<0$ 时的 $\phi_P$ 可查附录5 $C_s>0$ 中 $1-P$ 处的 $\phi_{1-P}$ 值,但符号相反。

**例10-8** 已知 $C_s=-0.5$,求 $P=5\%$ 时的离均系数 $\phi_5$ 值。

**解:**查附录5,由 $C_s=0.5$,$P=1-0.05=95\%$ 得 $\phi_{1-P}=-1.49$,按公式得

$$\phi_5=-\phi_{1-P}=-\phi_{95}=-(-1.49)=1.49$$

本例计算问题常见于枯水流量或水位资料的频率分析。

## 四、统计参数对理论累积频率曲线的影响

应用适线法选配合适理论累积频率曲线,实际上就是试算三个合适的统计参数。而绘制理论累积频率曲线只需利用附录5的 $\phi_P$ 值表查算,因此,了解统计参数对理论累积频率曲线的影响,将可避免应用适线法时的盲目性。

关于统计参数对皮尔逊Ⅲ型曲线形状的影响,如图10-5所示。

当 $C_s=0$ 时,皮尔逊Ⅲ型曲线呈对称分布,如图10-5f)所示。此时有 $d=-b=0$, $b_0=-x^2C_v^{\,2}=-\sigma^2$,由式(10-15),$b_2=0$,有

$$\frac{\mathrm{d}y}{\mathrm{d}x}=\frac{xy}{b_0}$$

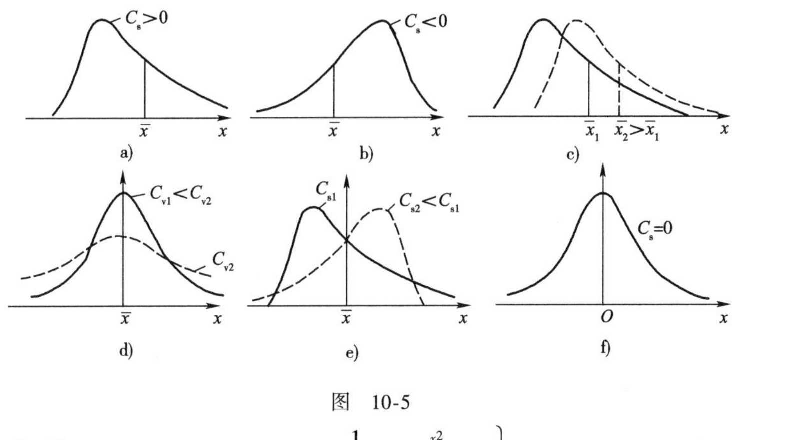


图 10-5

积分整理后,得

$$
\left.
\begin{aligned}
y &= \frac{1}{\sigma\sqrt{2\pi}} e^{-\frac{x^2}{2\sigma^2}} \\
\sigma &= \sqrt{\frac{\sum (x_i - x)^2}{n-1}}
\end{aligned}
\right\}
\tag{10-30}
$$

式中:$\sigma$——系列均方差;

e——自然对数底;

$\pi$——圆周率。

关于统计参数对理论累积频率曲线的影响,如图 10-6 所示。有

(1) $C_v$、$C_s$ 不变,理论累积频率曲线的 $x$ 值与 $\bar{x}$ 成正比,$\bar{x}$ 越大,曲线的位置越高,如图 10-6a)所示。

(2) $\bar{x}$、$C_s$ 不变,$C_v$ 越大,理论累积频率曲线的左上方越向上抬高,右下方越下降,$C_v$ 减小则作相反变化,如图 10-6b)所示。$C_v=0$,理论累积频率曲线成 $K=1$ 的直线,应有 $x_1=x_2=x_3=\cdots=x_n=\bar{x}$,实际上不会存在这样的理论累积频率曲线。

(3) $\bar{x}$、$C_v$ 不变,$C_s$ 越大,曲线左上段越陡,中段下凹,右下方越平缓;$C_s$ 越小,曲线则作相反变化,如图 10-6c)所示。由累积频率特性可知:

$$C_s=0 \text{ 时}, P(x \geqslant \bar{x}) = \int_{\bar{x}}^{\infty} y\mathrm{d}x = 0.5$$

$$C_s>0 \text{ 时}, P_1(x \geqslant \bar{x}) < P(x \geqslant \bar{x})$$

$$C_s<0 \text{ 时}, P_2(x \geqslant \bar{x}) > P(x \geqslant \bar{x})$$

上式中,$\bar{x}$ 为平均数。它表明,当为正偏分布($C_s>0$)时,曲线越向左偏,$P_1(x \geqslant \bar{x})$ 值越

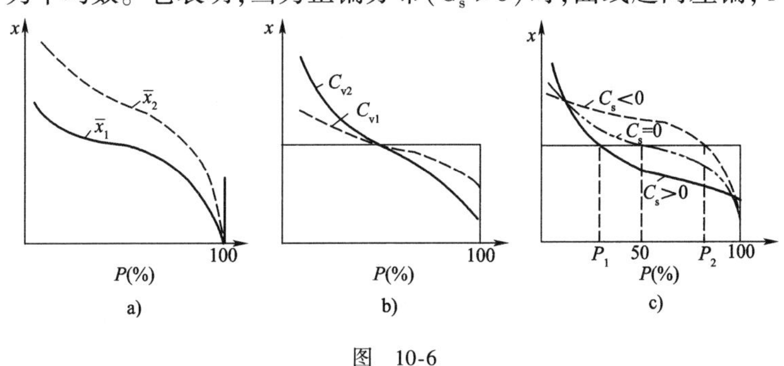


图 10-6

小,故正偏亦称“左偏”;当为负偏分布($C_s<0$)时,$C_s$ 越小,$P_2(x \geqslant \bar{x})$ 越大,曲线越向右偏,故负偏又称为“右偏”。

## * 五、抽样误差计算

1. 误差来源

水文计算的误差大致来源于两个方面:一是观测、记录、整编、计算及有关假定不够合理。这类误差将随科学技术发展而不断减小;二是由于抽样造成的,这一类误差始终存在。

抽样误差计算一是作安全系数考虑,另一是检验计算值是否超出给定的精度范围,并以此作为计算结果的评估标准。此外,选配理论累积频率曲线时还可作修正统计参数的参考值。

2. 抽样误差公式

由样本资料估计总体情况必然存在误差。因此,水文计算中,确定的设计值 $x_P$,均值 $\bar{x}$,均方差 $\sigma$,离差系数 $C_v$,偏差系数 $C_s$ 与总体的相应值自然存在误差。实践证明,抽样误差的几率分布可以近似地看作正态分布($C_s=0$),如图 10-5f)所示,其数学模型见式(10-30)。上述参数或计算值的抽样误差有三种类型:

(1)平均误差——即误差的平均值,常用均方差表示,有 $\sigma_{x_P}$、$\sigma_{\bar{x}}$、$\sigma_{\sigma}$、$\sigma_{C_v}$、$\sigma_{C_s}$ 等;

(2)机误 $E_x$——也是一种平均误差:

$$E_x=0.6745\sigma_x \tag{10-31}$$

(3)最大误差

$$\left.\begin{aligned}\Delta_{max}&=3\sigma_x\\ \Delta_{max}&=4E_x\end{aligned}\right\} \tag{10-32}$$

式中:$\sigma_x$——均方差。

按误差理论,抽样误差的可信程度用误差的累积几率表示,有

$$P(\bar{x}_M=\bar{x}\pm\sigma_{\bar{x}})=68.3\%$$
$$P(\bar{x}_M=\bar{x}\pm E_{\bar{x}})=50\%$$
$$P(\bar{x}_M=\bar{x}\pm 3\sigma_{\bar{x}})=99.7\%$$
$$P(\bar{x}_M=\bar{x}\pm 4E_{\bar{x}})=99.3\%$$

由图 10-5f)及式(10-31)有

$$\int_{-\sigma_x}^{+\sigma_x} y\mathrm{d}x=68.3\%,\ \int_{-E_x}^{+E_x} y\mathrm{d}x=50\%$$
$$\int_{-3\sigma_x}^{+3\sigma_x} y\mathrm{d}x=99.7\%,\ \int_{-4E_x}^{+4E_x} y\mathrm{d}x=99.3\%$$
$$\int_{-\infty}^{+\infty} y\mathrm{d}x=100\%$$

式中:$\bar{x}_M$——真值(总体平均值);

$\bar{x}$——样本均值。

当采用皮尔逊Ⅲ型曲线作为误差分布模型,当 $C_s=2C_v$ 时,各特征值的均方差由误差理论可按下式计算。

绝对误差：

$$\left.\begin{aligned}
\sigma_{x_P} &= \frac{\sigma}{\sqrt{n}}B \\
\sigma_{\bar{x}} &= \frac{\sigma}{\sqrt{n}} \\
\sigma_{\sigma} &= \frac{\sigma}{\sqrt{2n}}\sqrt{1+\frac{3}{4}C_s^2} \\
\sigma_{C_v} &= \frac{C_v}{\sqrt{2n}}\sqrt{1+2C_v^2+\frac{3}{4}C_s^2-2C_vC_s} \\
\sigma_{C_s} &= \sqrt{\frac{6}{n}\left(1+\frac{3}{2}C_s^2+\frac{5}{16}C_s^4\right)}
\end{aligned}\right\} \tag{10-33}$$

相对误差：

$$\left.\begin{aligned}
\sigma'_{x_P} &= \frac{\sigma_{x_P}}{x_P} = \frac{C_vB}{K_P\sqrt{n}}\times 100\% \\
\sigma'_{\bar{x}} &= \frac{\sigma_{\bar{x}}}{\bar{x}} = \frac{C_v}{\sqrt{n}}\times 100\% \\
\sigma'_{\sigma} &= \frac{\sigma_{\sigma}}{\sigma}\times 100\% \\
\sigma'_{C_v} &= \frac{\sigma_{C_v}}{C_v}\times 100\% \\
\sigma'_{C_s} &= \frac{\sigma_{C_s}}{C_s}\times 100\%
\end{aligned}\right\} \tag{10-34}$$

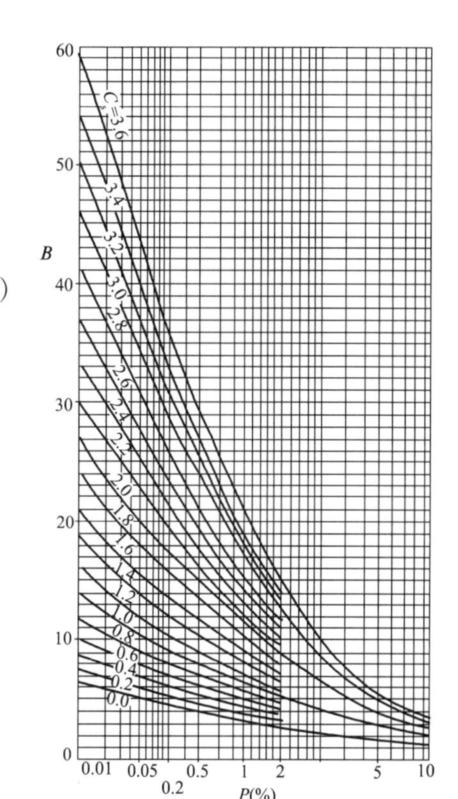


图 10-7

式中：$x_P$——设计值；

$\bar{x}$——样本平均数；

$C_v$——离差系数；

$C_s$——偏差系数；

$K_P$——变率；

$\sigma$——系列均方差；

$n$——样本容量（即资料总项数）；

$B$——误差参数，$B=B(P,C_s)$，可查图 10-7。

当采用正态分布曲线作误差几率分布模型时，可令 $C_s=0$ 代入式（10-33）及式（10-34），即得正态分布时的均方差公式。均方差又称均方误。从以上各式可以看出，各种特征值的均方差与样本容量大小成反比，项数越小，误差越大，所以水文计算要求有长系列。按式（10-34）计算结果见表 10-7。

表 10-7 计算结果表明，$C_s$ 的误差最大。百年资料（$n=100$）时，$\sigma'_x=42\%\sim126\%$，$n=10$ 时，$\sigma'_x\geqslant126\%$。就是说，误差值超出了 $C_s$ 的本身数值。可见一般直接由实测资料所得 $C_s$ 误

差较大,难以满足实用上的要求,因此,适线法试算往往以 $C_s$ 为主要对象。

样本统计参数的相对均方误 $\sigma'_x(C_s=2C_v)$ 表 10-7

| $\sigma'_x$ (%) / $n$ / $C_v$ | 参数 | | | | | | | | | | | |
|---|---|---|---|---|---|---|---|---|---|---|---|---|
| | $\bar{x}$ | | | | $C_v$ | | | | $C_s$ | | | |
| | 100 | 50 | 25 | 10 | 100 | 50 | 25 | 10 | 100 | 50 | 25 | 10 |
| 0.1 | 1 | 1 | 2 | 3 | 7 | 10 | 14 | 22 | 126 | 178 | 252 | 393 |
| 0.3 | 3 | 4 | 6 | 10 | 7 | 10 | 15 | 23 | 51 | 72 | 102 | 162 |
| 0.5 | 5 | 7 | 10 | 16 | 8 | 11 | 16 | 25 | 41 | 58 | 82 | 130 |
| 0.7 | 7 | 10 | 14 | 22 | 9 | 12 | 17 | 27 | 40 | 56 | 80 | 126 |
| 1.0 | 10 | 14 | 20 | 32 | 10 | 14 | 20 | 32 | 42 | 60 | 85 | 134 |

**例 10-9** 设样本容量为 50,离差系数 $C_v=0.5$,偏差系数 $C_s=1.25$,求百年一遇设计水位 $z_{1\%}=30\text{m}$ 的均方误、相对误差与绝对误差。

**解:**由 $P=\frac{1}{T}=\frac{1}{100}$,$C_s=1.25$,查图 10-7 得 $B=6.0$,查附录 5 得 $\phi_{1\%}=3.18$,有

$$K_{1\%}=\phi_{1\%}C_v+1=3.18\times0.5+1=2.59$$

$$\sigma'_{x1\%}=\frac{C_vB}{K_{1\%}\sqrt{n}}\times100\%=\frac{0.5\times6}{2.59\times\sqrt{50}}\times100\%=16.38\%\ (\text{相对值})$$

$$\sigma_{x1\%}=z_{1\%}\sigma'_{x1\%}=30\times0.1638=4.91(\text{m})(\text{绝对值})$$

# 第四节 现行频率分析方法

常用的频率分析方法有求矩适线法、三点适线法和矩法,现分别介绍如下:

## 一、求矩适线法

《概率论与数理统计》中,把式(10-20)、式(10-23)和式(10-24)表示的统计参数,称为矩。均值为原点矩,离差系数和偏差系数为以均值为中心的二阶和三阶中心矩,这些公式都称为矩法公式。求矩适线法是指统计参数中均值和离差系数分别按矩法公式计算,并假定偏差系数,作为 $C_s$ 的初试值。

此法以经验累积频率点据作为适线依据,先计算统计参数,再绘制理论累积频率曲线加以比较,并以此试算合适的 $C_s$ 值,从中推求设计值。当经验累积频率点据较分散时,宜用此法。计算框图如图 10-8 所示。

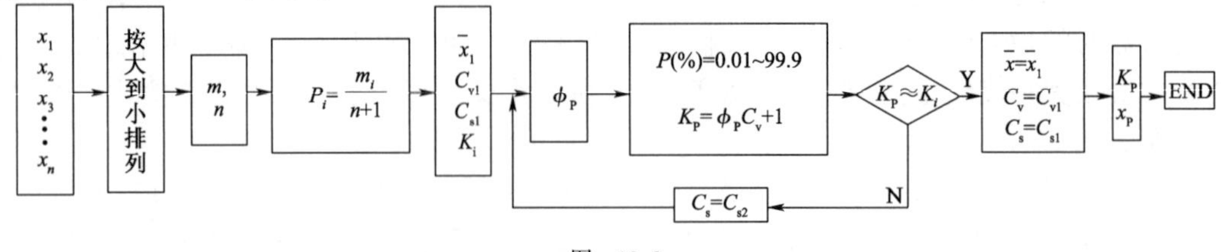


图 10-8

## 二、三点适线法

此法于1956年由波兰教授德布斯基提出。它先通过经验累积频率点据的分布中心目估绘出假想的合适曲线,再求所绘曲线的参数。该方法简便,当点据多而且规律性较好时,可得较满意的结果。其原理简述如下:

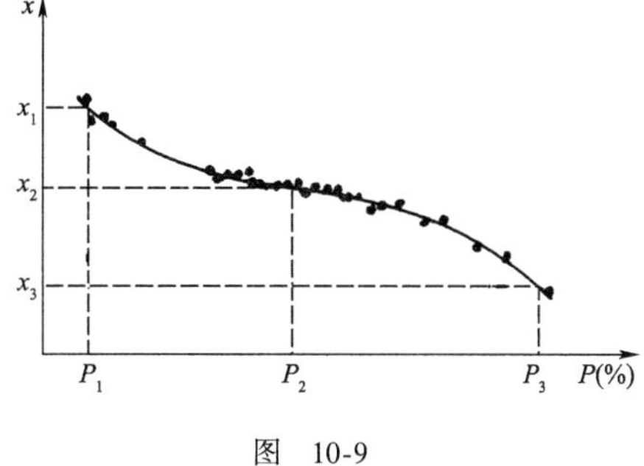


图 10-9

如图10-9所示,设有经验累积频率点据若干绘于图中,可先通过其分布中心目估绘出一条配合较好的曲线作为所求的理论累积频率曲线,再在此曲线上取三点,可得三个已知条件,即

$$(P_1,x_1),(P_2,x_2),(P_3,x_3)$$

按式(10-27)所取的三点可表达为

$$\left.\begin{aligned} x_1 &= \bar{x}(\phi_1 C_v + 1) \\ x_2 &= \bar{x}(\phi_2 C_v + 1) \\ x_3 &= \bar{x}(\phi_3 C_v + 1) \end{aligned}\right\}$$

式中: $\phi_i$——对应于三点频率 $P_i$ 的离均系数,$i=1,2,3$,$\phi_i=f(P_i,C_s)$;

$\bar{x}$、$C_v$、$C_s$——待求的平均值、离差系数、偏差系数。

解以上三式,得

$$S = \frac{x_1 + x_3 - 2x_2}{x_1 - x_3} = \frac{\phi_1 + \phi_3 - 2\phi_2}{\phi_1 - \phi_3} = S(P,C_s) \tag{10-35}$$

$$\bar{x} = \frac{x_3\phi_1 - x_1\phi_3}{\phi_1 - \phi_3} \tag{10-36}$$

$$C_v = \frac{x_1 - x_3}{x_3\phi_1 - x_1\phi_3} \tag{10-37}$$

式中:$S$——偏度系数,由其计算公式(10-35)可知,若设定 $P_1$、$P_2$、$P_3$ 时,查离均系数表,对每一偏差系数 $C_s$,可查得 $\phi_1$、$\phi_2$、$\phi_3$,由此可预制成 $C_s-S-P$ 专用计算表,见附录6。当已知 $S$ 值时,查附录6可得 $C_s$。

对于目估曲线,可由 $x_1$、$x_2$、$x_3$ 利用式(10-35)求得偏度系数 $S$,查专用偏度系数表即可得待求偏差系数 $C_s$,再按 $C_s$ 查离均系数表,可得离均系数 $\phi_1$、$\phi_2$、$\phi_3$,由式(10-36)、式(10-37)可求出 $\bar{x}$、$C_v$,以此 $\bar{x}$、$C_v$ 和 $C_s$ 为初试值绘制理论累积频率曲线,若与经验累积频率点据分布吻合较好,则表明目估曲线符合要求,可按此 $\bar{x}$、$C_v$ 和 $C_s$ 求设计值 $x_P$。当然,若吻合不好,可根据情况适当调整参数。此过程见框图10-10。

三点法的累积频率习惯取值有四种:

$P(\%)=1-50-99$;$P(\%)=3-50-97$;$P(\%)=5-50-95$;$P(\%)=10-50-90$。

上述四种累积频率的取值均已制成 $S=S(C_s)$ 专用表,详见附录6。若三点累积频率与表中累积频率不符,也可利用式(10-35)绘制 $S$-$C_s$-$P$ 曲线图解,如图10-11所示。

三点适线法采用先绘线,再求解参数的办法,同时考虑了三个参数的适线要求,十分简便。当 $C_v<0.5$ 时,通常可获较满意的结果。

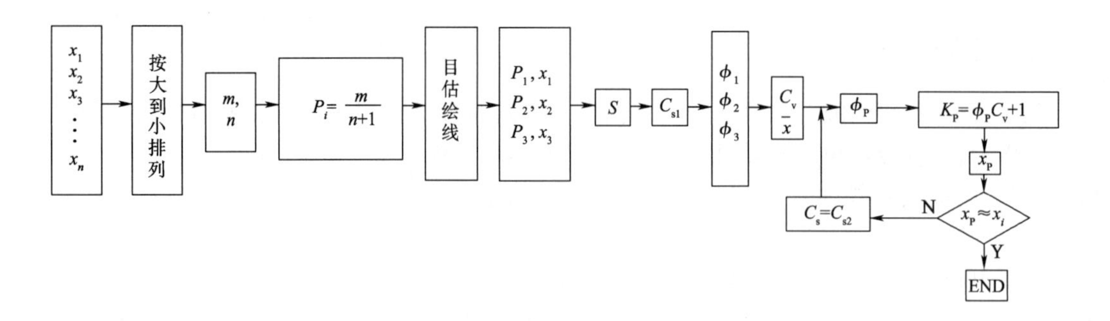


图 10-10

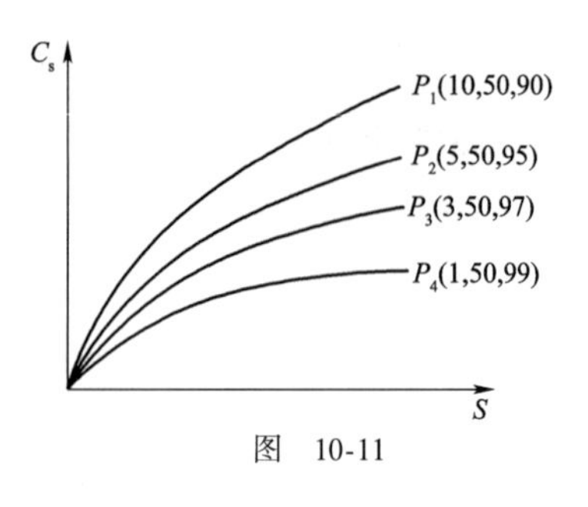


图 10-11

## 三、矩法

矩法即按实测系列所得三个参数直接确定设计值的方法,当缺乏实测资料或由历史调查资料推算设计值时,常采用此法(详见第十一章第二节及第三节)。

## 四、含特大值系列的频率分析方法

所谓特大值,即在数值上较资料中其他实测值大了许多的实测值,常用 $x_N$ 表示,其变率为 $K_N$。特大流量可来自实测资料,也可来自历史文献或历史调查。由于这些调查到的特大值能增加样本容量,使样本更具代表性,且在适线时能更好地控制大流量即小频率端的线型和走向,因而在实践中非常重要。

如图 10-12 所示,设调查期为 $N$,其中 $n$ 年连续实测流量中有特大值 $a_2$ 个,$n$ 年系列之外有特大值 $a_1$ 个,这类资料属于不连续系列,其中有

$$\left.\begin{aligned}&\text{查考年数 } N = T_2 - T_1 + 1\\&\text{缺测年数} = N - (n + a_1)\end{aligned}\right\} \tag{10-38}$$

这类资料的累积频率及统计参数计算都应考虑特大值的影响而另作如下处理。

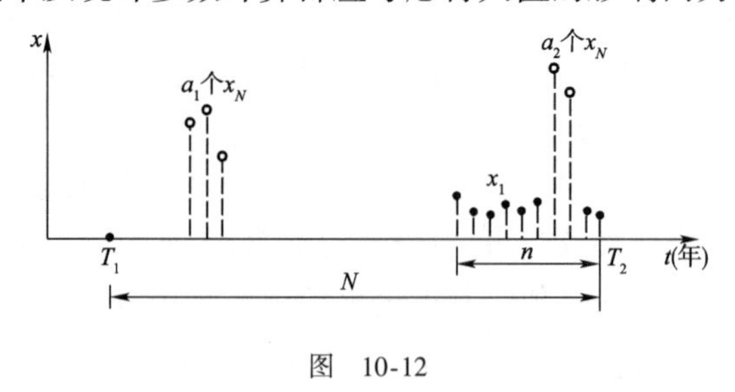


图 10-12

1. 经验累积频率计算

经验累积频率计算通常采用分别排队法,即调查期 $N$ 年中的特大洪水流量和实测洪水流量分别在各自系列中排位,实测洪水流量和特大洪水流量的经验频率分别按维泊尔公式估算。

$$\text{特大值:}\quad \left.\begin{aligned}&P = \frac{M}{N+1} \times 100\%\\&M = 1, 2, \cdots, (a_1 + a_2)\end{aligned}\right\} \tag{10-39}$$

$$\text{一般最大值：}\left.\begin{aligned} P &= \frac{m}{n+1}\times 100\% \\ m &= a_2+1, a_2+2, \cdots, n \end{aligned}\right\} \tag{10-40}$$

式中：$M$——历史特大值或实测系列中的特大值在调查期内的累计频数；

$m$——连续实测一般最大值在连续实测期内的累计频数。

2. 统计参数的计算

计算不连续系列的方法是设法将缺测年份的资料补齐，而后再按连续系列方法计算。

假定：缺测年份中各流量的平均值与连续实测 $n$ 年内一般最大值的平均值及均方差相等，即

$$\bar{x}_{N-n-a_1} = \bar{x}_{n-a_2} = \frac{1}{n-a_2}\sum_1^{n-a_2} x_i$$

$$\sigma_{N-n-a_1} = \sigma_{n-a_2} = \sqrt{\frac{1}{n-a_2}\sum_1^{n-a_2}(x_i - \bar{x}_N)^2}$$

(1) 平均值 $\bar{x}_N$

$$\because \quad \sum_1^N x_i = \sum_1^{a_1+a_2} x_{iN} + (N-n-a_1)\cdot\bar{x}_{N-n-a_1} + (n-a_2)\cdot\bar{x}_{n-a_2} = \sum_1^{a_1+a_2} x_{iN} + (N-a_1-a_2)\cdot\frac{\sum_1^{n-a_2} x_i}{n-a_2}$$

$$\therefore \quad \bar{x}_N = \frac{1}{N}\sum_1^N x_i = \frac{1}{N}\left[\sum_1^{a_1+a_2} x_{iN} + (N-a_1-a_2)\cdot\frac{\sum_1^{n-a_2} x_i}{n-a_2}\right] \tag{10-41}$$

(2) 离差系数 $C_{vN}$

$$\because \quad \sigma_N^2 = \frac{1}{N-1}\sum_1^N (x_i-\bar{x}_N)^2 = \frac{1}{N-1}\left[\sum_1^{a_1+a_2}(x_{iN}-\bar{x}_N)^2 + \frac{N-a_1-a_2}{n-a_2}\sum_1^{n-a_2}(x_i-\bar{x}_N)^2\right]$$

$$\therefore \quad C_{vN} = \frac{\sigma_N}{\bar{x}_N} = \sqrt{\frac{1}{N-1}\left[\sum_1^{a_1+a_2}(K_{iN}-1)^2 + \frac{N-a_1-a_2}{n-a_2}\sum_1^{n-a_2}(K_i-1)^2\right]} \tag{10-42}$$

(3) 偏差系数 $C_{sN}$——按适线法确定。

3. 计算错误核算公式

统计参数计算涉及多项资料运算，若计算能使下式成立，则认为 $\bar{x}_N$、$C_{vN}$ 计算无误。

$$\left.\begin{aligned} \sum_1^{a_1+a_2} K_{iN} + \frac{N-a_1-a_2}{n-a_2}\sum_1^{n-a_2} K_i &\equiv N \\ \sum_1^{a_1+a_2}(K_{iN}-1) + \frac{N-a_1-a_2}{n-a_2}\sum_1^{n-a_2}(K_i-1) &\equiv 0 \end{aligned}\right\} \tag{10-43}$$

**例 10-10** 已知某测站 1950—1984 年的实测最大流量记录（表 10-8），试分别用求矩适线法及三点适线法选配合适理论累积频率曲线，并推求设计流量 $Q_{1\%}$。

**某站实测最大流量经验累积频率计算** 表 10-8

| 序 号 | 记录年份(年) | $Q_i$(m³/s) | $K_i$ | $K_i-1$ | $(K_i-1)^2$ | $P=\frac{m}{n+1}$(%) |
|---|---|---|---|---|---|---|
| (一) | (二) | (三) | (四) | (五) | (六) | (七) |
| 1 | 1954 | 18 500 | 2.09 | 1.09 | 1.188 1 | 2.8 |
| 2 | 1962 | 17 700 | 2.00 | 1.00 | 1.000 0 | 5.6 |

续上表

| 序　号 | 记录年份(年) | $Q_i$(m$^3$/s) | $K_i$ | $K_i-1$ | $(K_i-1)^2$ | $P=\frac{m}{n+1}$(%) |
|---|---|---|---|---|---|---|
| (一) | (二) | (三) | (四) | (五) | (六) | (七) |
| 3 | 1961 | 13 900 | 1.57 | 0.57 | 0.324 9 | 8.3 |
| 4 | 1956 | 13 300 | 1.50 | 0.50 | 0.250 0 | 11.1 |
| 5 | 1953 | 12 800 | 1.44 | 0.44 | 0.193 6 | 13.9 |
| 6 | 1960 | 12 100 | 1.37 | 0.37 | 0.136 9 | 16.7 |
| 7 | 1963 | 12 000 | 1.35 | 0.35 | 0.122 5 | 19.4 |
| 8 | 1975 | 11 500 | 1.30 | 0.30 | 0.090 0 | 22.2 |
| 9 | 1950 | 11 200 | 1.26 | 0.26 | 0.067 6 | 25 |
| 10 | 1969 | 10 800 | 1.22 | 0.22 | 0.048 4 | 27.8 |
| 11 | 1973 | 10 798 | 1.22 | 0.22 | 0.048 4 | 30.6 |
| 12 | 1959 | 10 700 | 1.21 | 0.21 | 0.044 1 | 33.3 |
| 13 | 1965 | 10 600 | 1.20 | 0.20 | 0.040 0 | 36.1 |
| 14 | 1958 | 10 500 | 1.18 | 0.18 | 0.032 4 | 38.9 |
| 15 | 1952 | 9 690 | 1.09 | 0.09 | 0.008 1 | 41.7 |
| 16 | 1957 | 8 500 | 0.96 | -0.04 | 0.001 6 | 44.4 |
| 17 | 1955 | 8 220 | 0.93 | -0.07 | 0.004 9 | 47.2 |
| 18 | 1951 | 8 150 | 0.92 | -0.08 | 0.006 4 | 50.0 |
| 19 | 1968 | 8 020 | 0.91 | -0.09 | 0.008 1 | 52.8 |
| 20 | 1970 | 8 000 | 0.90 | -0.10 | 0.010 0 | 55.6 |
| 21 | 1980 | 7 850 | 0.89 | -0.11 | 0.012 1 | 58.3 |
| 22 | 1984 | 7 450 | 0.84 | -0.16 | 0.025 6 | 61.1 |
| 23 | 1971 | 7 290 | 0.82 | -0.18 | 0.032 4 | 63.9 |
| 24 | 1967 | 6 160 | 0.70 | -0.30 | 0.090 0 | 66.7 |
| 25 | 1964 | 5 960 | 0.67 | -0.33 | 0.108 9 | 69.4 |
| 26 | 1982 | 5 950 | 0.67 | -0.33 | 0.108 9 | 72.2 |
| 27 | 1977 | 5 590 | 0.63 | -0.37 | 0.136 9 | 75.0 |
| 28 | 1972 | 5 490 | 0.62 | -0.38 | 0.144 4 | 77.8 |
| 29 | 1974 | 5 340 | 0.60 | -0.40 | 0.160 0 | 80.6 |
| 30 | 1979 | 5 220 | 0.59 | -0.41 | 0.168 1 | 83.3 |
| 31 | 1983 | 5 100 | 0.58 | -0.42 | 0.176 4 | 86.1 |
| 32 | 1981 | 4 520 | 0.51 | -0.49 | 0.240 1 | 88.9 |
| 33 | 1976 | 4 240 | 0.48 | -0.52 | 0.270 4 | 91.7 |
| 34 | 1978 | 3 650 | 0.41 | -0.59 | 0.348 1 | 94.4 |
| 35 | 1966 | 3 220 | 0.37 | -0.63 | 0.396 9 | 97.2 |
| 总计 | — | 310 098 | 35.00 | 0.00 | 6.045 2 | — |

**解:**1)用求矩适线法求 $Q_{1\%}$

(1)将实测流量不论年序按从大到小排列,记入表 10-8 第(三)栏,再统计各流量的发生频数 $f$、累积频数 $m$,按维泊尔公式计算其经验累积频率 $P$,记入表 10-8 第(七)栏。

(2)计算平均值和核验计算结果

$$n = 1\,984 - 1\,950 + 1 = 35$$

由表 10-8 第(三)栏,计算平均值

$$\overline{Q} = \frac{\sum Q_i}{n} = \frac{310\,098}{35} = 8\,860\ (\mathrm{m^3/s})$$

由第(四)栏计算 $K_i$,如计算无误,应有:

$$\sum K_i = n = 35$$

$$\sum (K_i - 1) \equiv 0$$

(3)计算实测系列的离差系数

由第(六)栏计算离差系数。

$$C_v = \sqrt{\frac{\sum (K_i - 1)^2}{n - 1}} = \sqrt{\frac{6.045\,2}{35 - 1}} = 0.42$$

(4)取 $C_s = 2C_v = 2 \times 0.42 = 0.84$,$C_s = 3C_v = 3 \times 0.42 = 1.26$,$C_s = 4C_v = 4 \times 0.42 = 1.68$,列表计算(表 10-9)并绘线比较,如图 10-13 所示。

**理论累积频率曲线计算表**($\overline{Q} = 8\,860\mathrm{m^3/s}, C_v = 0.42$)　　表 10-9

| $\frac{C_s}{C_v}$ | 项目 | P(%) | | | | | | | | | | | |
|---|---|---|---|---|---|---|---|---|---|---|---|---|---|
| | | 0.01 | 0.1 | 1 | 5 | 10 | 25 | 50 | 75 | 90 | 95 | 99 | 99.9 |
| 2 | $\phi$ | 5.59 | 4.30 | 2.92 | 1.85 | 1.34 | 0.58 | −0.14 | −0.73 | −1.16 | −1.37 | −1.71 | −1.97 |
| | $\phi C_v$ | 2.35 | 1.81 | 1.23 | 0.78 | 0.56 | 0.24 | −0.06 | −0.31 | −0.49 | −0.58 | −0.72 | −0.83 |
| | $K_P$ | 3.35 | 2.81 | 2.23 | 1.78 | 1.56 | 1.24 | 0.94 | 0.69 | 0.51 | 0.42 | 0.28 | 0.17 |
| | $Q_P$ | 29 700 | 24 900 | 19 800 | 15 800 | 13 800 | 11 000 | 8 330 | 6 110 | 4 520 | 3 720 | 2 480 | 1 510 |
| 3 | $K_P$ | 3.75 | 3.06 | 2.34 | 1.80 | 1.56 | 1.22 | 0.91 | 0.69 | 0.55 | 0.49 | 0.41 | 0.36 |
| | $Q_P$ | 33 200 | 27 100 | 20 700 | 16 000 | 13 800 | 10 800 | 8 060 | 6 110 | 4 870 | 4 340 | 3 640 | 3 190 |
| 4 | $K_P$ | 4.15 | 3.31 | 2.45 | 1.82 | 1.55 | 1.18 | 0.89 | 0.70 | 0.59 | 0.55 | 0.52 | 0.50 |
| | $Q_P$ | 36 800 | 29 400 | 21 700 | 16 100 | 13 700 | 10 500 | 7 890 | 6 200 | 5 230 | 4 870 | 4 600 | 4 430 |

(5)经过适线,得出 $C_s = 3C_v = 1.26$ 线的拟合情况最佳。合适的参数为 $\overline{Q} = 8\,860\ \mathrm{m^3/s}$,$C_v = 0.42$,$C_s = 1.26$,得 $Q_{1\%} = 20\,700\mathrm{m^3/s}$。

(6)设计流量抽样误差计算

当 $P = 1\%$,$C_s = 1.26$,查图 10-7,得 $B = 6.4$

有 $\sigma = \overline{Q}C_v = 8\,860 \times 0.42 = 3\,721.2\ (\mathrm{m^3/s})$

$$\sigma_{Q_P} = \frac{\sigma}{\sqrt{n}} \cdot B = \frac{3\,721.2 \times 6.4}{\sqrt{35}} = 4\,025.6\ (\mathrm{m^3/s})$$

$$\sigma'_{Q_P} = \frac{\sigma_{Q_P}}{Q_P} = \frac{4\,025.6}{20\,700} = 19.4\%$$

按误差计算,设计流量应取 $Q_{1\%}=Q_P+\sigma_{Q_P}=20\ 700\pm 4\ 025.6(\mathrm{m^3/s})$

即设计频率 $P=1\%$ 的流量值可能的变化范围为 $Q_{1\%}=16\ 674.4\sim 24\ 725.6(\mathrm{m^3/s})$。

关于抽样误差值,为安全计应取正值,但会增加工程投资,视工程要求而定。对于交通土建工程,通常不考虑作误差修正,以本例情况,只取 $Q_{1\%}=20\ 700\mathrm{m^3/s}$,抽样误差只作为工程评估的指标。

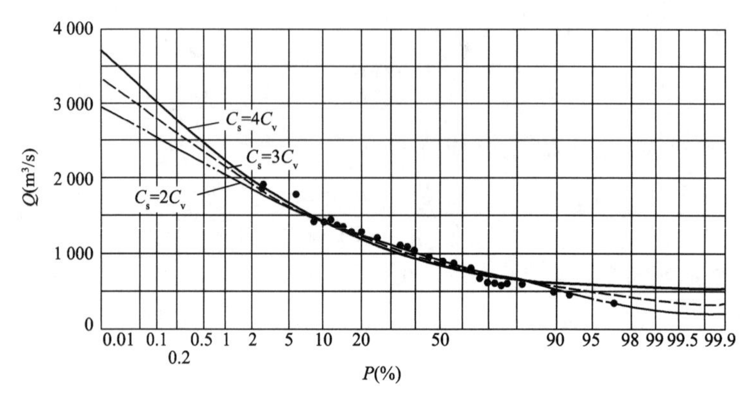


图 10-13

2)用三点适线法求 $Q_{1\%}$

(1)经验累积频率的计算与求矩适线法相同,见表10-8第(七)栏,其经验累积频率点据分布如图10-14所示。

(2)通过经验累积频率点据分布中心,目估绘出一条最佳的配合曲线,并以此作参数待定的理论累积频率曲线,如图10-14所示。

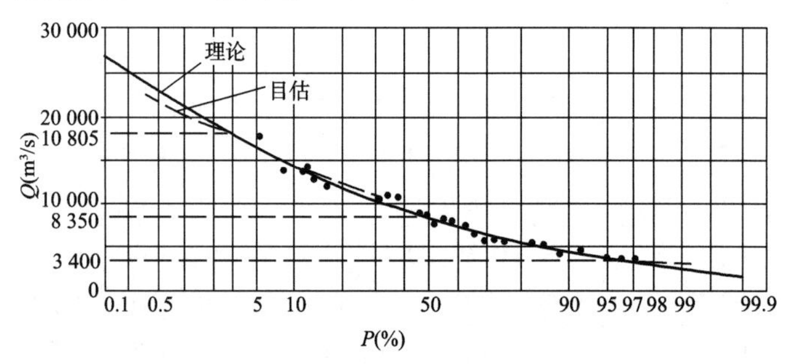


图 10-14

(3)在目估线上取三点,得

$$P_1=3\%,Q_1=18\ 050\mathrm{m^3/s}$$
$$P_2=50\%,Q_2=8\ 350\mathrm{m^3/s}$$
$$P_3=97\%,Q_3=3\ 400\mathrm{m^3/s}$$

(4)计算偏度系数 $S$

按式(10-35),得

$$S=\frac{Q_1+Q_3-2Q_2}{Q_1-Q_3}=\frac{18\ 050+3\ 400-2\times 8\ 350}{18\ 050-3\ 400}=0.324\ 2$$

查附录6偏度系数表,得:$C_s=1.02$

(5)目估曲线的参数计算——由 $C_s = 1.02$ 查附录5离均系数表得

$$P_1 = 3\%, \phi_1 = 2.261$$
$$P_2 = 50\%, \phi_2 = -0.167$$
$$P_3 = 97\%, \phi_3 = -1.405$$

代入式(10-36)、式(10-37),得

$$\overline{Q} = \frac{Q_3\phi_1 - Q_1\phi_3}{\phi_1 - \phi_3} = \frac{3\ 400 \times 2.261 - 18\ 050 \times (-1.405)}{2.261 - (-1.405)} = 9\ 015\ (\mathrm{m^3/s})$$

$$C_v = \frac{Q_1 - Q_3}{Q_3\phi_1 - Q_1\phi_3} = \frac{18\ 050 - 3\ 400}{3\ 400 \times 2.261 - 18\ 050 \times (-1.405)} = 0.44$$

(6)以这三个统计参数查离均系数表,得理论累积频率曲线坐标值,见表10-10,将此曲线绘于图10-14中,与经验累积频率点据比较,可见曲线通过所选的三点,且与其他经验点据吻合较好。

三点法合适理论累积频率计算　　表10-10

| 项目 | $P$(%) | | | | | | | | | | | | |
|---|---|---|---|---|---|---|---|---|---|---|---|---|---|
| | 0.01 | 0.1 | 1 | 5 | 10 | 25 | 50 | 75 | 90 | 95 | 97 | 99 | 99.9 |
| $\phi_P$ | 6.002 | 4.559 | 3.036 | 1.881 | 1.341 | 0.550 | -0.167 | -0.733 | -1.122 | -1.310 | -1.405 | -1.574 | -1.764 |
| $\phi_P C_v$ | 2.641 | 2.006 | 1.336 | 0.828 | 0.590 | 0.242 | -0.073 | -0.323 | -0.494 | -0.576 | -0.618 | -0.693 | -0.776 |
| $K_P$ | 3.641 | 3.006 | 2.336 | 1.828 | 1.590 | 1.242 | 0.927 | 0.677 | 0.506 | 0.424 | 0.382 | 0.307 | 0.224 |
| $Q_P$ | 32 823 | 27 099 | 21 059 | 16 476 | 14 334 | 11 197 | 8 353 | 6 107 | 4 564 | 3 819 | 3 441 | 2 772 | 2 018 |

(7)根据适线结果,选用合适参数计算设计值,得:

$$Q_{1\%} = 21\ 059(\mathrm{m^3/s})$$

(8)误差计算及评估指标

由 $P = 1\%$,$C_s = 1.02$,查图10-7,得 $B = 5.30$,有

$$\sigma = \overline{Q}C_v = 9\ 015 \times 0.44 = 3\ 966.6\ (\mathrm{m^3/s})$$

$$\sigma_{Q_P} = \frac{\sigma}{\sqrt{n}} \cdot B = \frac{3\ 966.6 \times 5.3}{\sqrt{35}} = 3\ 553.5\ (\mathrm{m^3/s})$$

$$\sigma'_{Q_P} = \frac{\sigma_{Q_P}}{Q_P} = \frac{3\ 553.5}{21\ 059} = 0.169 = 16.9\%$$

若考虑误差计算结果,设计洪水流量为:

$$Q_{1\%} = 21\ 059 \pm 3\ 553.5 = 17\ 505.5 \sim 24\ 612.5(\mathrm{m^3/s})$$

**例10-11**　已知 $\sum_1^{35}(K_i - 1)^3 = 1.804$,$\sum_1^{35}(K_i - 1)^2 = 6.054\ 2$,$\sum_1^{35}Q_i = 310\ 010\ \mathrm{m^3/s}$,求 $Q_{1\%}$。

**解:**采用矩法,有

$$\overline{Q} = \frac{\sum_1^{35}Q_i}{n} = \frac{310\ 010}{35} = 8\ 860\ \mathrm{m^3/s}$$

$$C_v = \sqrt{\frac{\sum(K_i - 1)^2}{n - 1}} = \sqrt{\frac{6.054\ 2}{35 - 1}} = 0.422\ 0$$

$$C_s=\frac{\sum(K_i-1)^3}{\frac{n}{(n-1)(n-2)}\cdot C_v^3}=\frac{1.804}{\frac{35}{(35-1)\times(35-2)}\times 0.422^3}=0.75$$

查附录5得 $$\phi_{1\%}=2.857$$

$$K_{1\%}=\phi_{1\%}C_v+1=2.857\times 0.422+1=2.2057$$

$$Q_{1\%}=\overline{Q}K_{1\%}=8\,860\times 2.2057=19\,542.5\ \mathrm{m^3/s}$$

矩法多用于缺乏实测资料或历史调查资料情况,但它缺乏经验累积频率点据验证,因此,一般要求尽量多收集资料按适线法确定设计流量。

# 第五节 相关分析

## 一、相关分析的意义及类型

自然界中各种现象间的近似关系称为相关关系。相关关系的分析方法,称为相关分析方法。

水文站的实测资料长短不一,有的是长系列,有的是短系列。寻找这两类系列的相关关系,目的是通过长系列资料延长短系列资料,以增大短系列资料的样本容量,减少频率分析和推求设计流量时的误差。此外,也常通过科学试验建立相关变量间的经验公式,如第四章第五节中尼古拉兹曲线的绘制及有关经验公式的建立等。

自然现象间的相关密切程度有三类:

(1)完全相关——即现象间存在函数关系,如图10-15a)、b)所示。

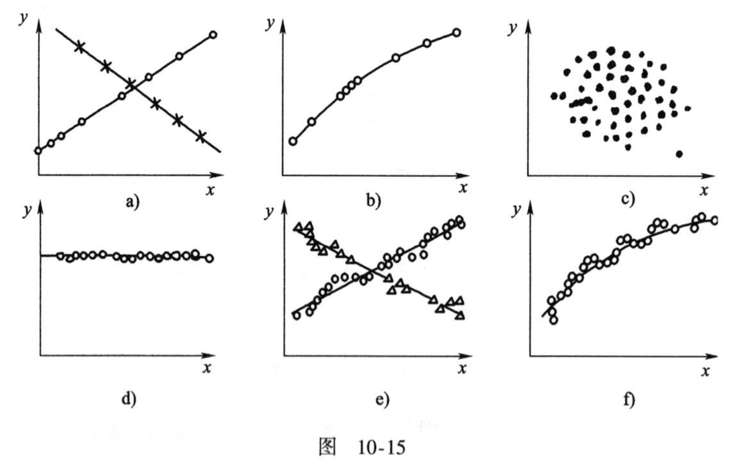


图 10-15

(2)零相关——即现象间没有关系,如图10-15c)、d)所示。

(3)统计相关——即现象间存在近似关系,如图10-15e)、f)所示。水文现象的相关关系多属此类。

按几何特性区分,相关关系可有两类:

(1)直线相关(包括可直线化的二次曲线在内)——两现象间的变化呈线性,如图10-15e)所示。

(2)曲线相关——现象间的关系呈非线性,如图 10-15f)所示。

按相关变量多少,可分为:

(1)简单相关——即两变量间的相关关系。其中可有直线相关与曲线相关两种。如图 10-15 所示,可表达为 $y=f(x)$。

(2)复相关——即多变量相关。可表达为 $y=f(x,z,w,\cdots)$。

本节所介绍的内容为简单相关中的直线相关分析方法。

## 二、直线回归方程的类型

自然现象间的相关关系式,称为相关方程或回归方程。设有相关变量$(x_1,y_1)$、$(x_2,y_2)$、$(x_3,y_3)$、…、$(x_n,y_n)$等 $n$ 对实测数据,将它点绘于图中,按点据分布趋势绘直线,一般可有两种回归方程,即:

1. $y$ 倚 $x$ 变直线回归方程

这一回归方程用 $y=ax+b$ 表示,其中 $a$、$b$ 为待定常数。其绘线的原则是:使直线的 $y$ 值与实测点纵坐标 $y_i$ 之间的平均误差最小,即使实测点$(x_i,y_i)$对称分布于直线上、下,如图 10-16a)所示,此称为 $y$ 倚 $x$ 变回归方程。直线与实测点间纵坐标的误差用离差表示,即:

$$\Delta y_1=y_1-y=y_1-ax_1-b$$
$$\Delta y_2=y_2-y=y_2-ax_2-b$$
$$\Delta y_3=y_3-y=y_3-ax_3-b$$
$$\vdots$$
$$\Delta y_n=y_n-y=y_n-ax_n-b$$

按绘线原则,显然有

$$\sum\Delta y_i\equiv 0$$

因此,为获得 $y$ 倚 $x$ 变回归方程的平均误差,常用均方差表示,即:

$$S_y=\sqrt{\frac{\sum(y_i-y)^2}{n-2}}=\sqrt{\frac{\sum(y_i-ax_i-b)^2}{n-2}} \tag{10-44}$$

式中:$a$——直线斜率;

$b$——直线的截距。

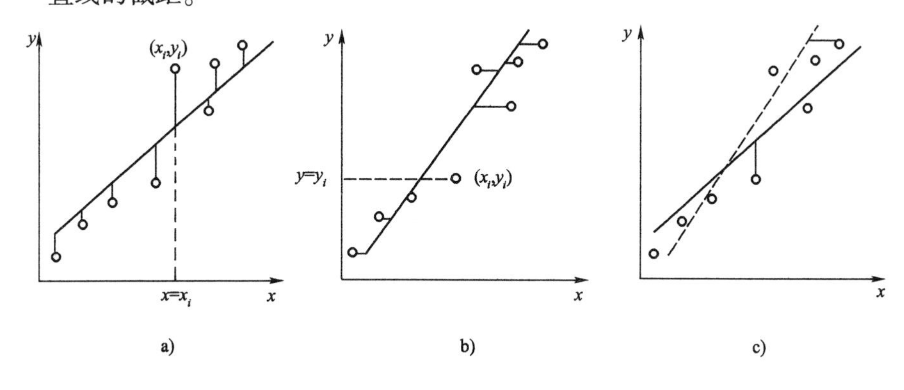


图 10-16

a)$y$ 倚 $x$ 变回归方程;b)$x$ 倚 $y$ 变回归方程;c)两类回归方程比较

为求 $S_y$ 的最小值,关键是确定合适的 $a$ 及 $b$ 值。由式(10-44)可知,$y$ 倚 $x$ 变回归方程的定线条件是使

$$S_y = S_{y\min}$$

即
$$\sum (y_i - ax_i - b)^2 = 最小值 \tag{10-45}$$

2. $x$ 倚 $y$ 变回归方程

这一方程常用 $x = a'y + b'$表示,其绘线原则是使直线上的 $x$ 值与实测 $x_i$ 之间的平均误差最小,即使实测点据$(x_i, y_i)$对称分布于直线的左、右,如图 10-16b)所示,同上理有

$$S_x = \sqrt{\frac{\sum (x_i - x)^2}{n-2}} = \sqrt{\frac{\sum (x_i - a'y_i - b')^2}{n-2}} \tag{10-46}$$

其定线的条件是

$$\sum (x_i - a'y_i - b')^2 = 最小值 \tag{10-47}$$

$y$ 倚 $x$ 变回归方程与 $x$ 倚 $y$ 变回归方程,由于定线条件不同,一般情况,两者不会重合,如图 10-16c)所示。且有

完全相关 $|a \times a'| = 1$

零相关 $|a \times a'| = 0$

统计相关 $0 < |a \times a'| < 1$

令 $\gamma^2 = a \times a'$,称为相关系数,其值越大,相关越密切,且有

完全相关 $|\gamma| = 1$

零相关 $|\gamma| = 0$

统计相关 $0 < |\gamma| < 1$

$a > 0$ 或 $a' > 0$,称为正相关,两变量变化成正比关系;$a < 0$ 或 $a' < 0$,称为负相关,两变量变化成反比关系。

## 三、直线回归方程的待定参数计算

设有对应的两实测系列:

$$x_1, x_2, x_3, \cdots, x_n$$

$$y_1, y_2, y_3, \cdots, y_n$$

相应的平均值为

$$\bar{x} = \frac{\sum x_i}{n}$$

$$\bar{y} = \frac{\sum y_i}{n}$$

1. $y$ 倚 $x$ 变回归方程的待定参数 $a$、$b$

若两系列相关,$y$ 倚 $x$ 变回归方程式有

$$y = ax + b$$

欲使这一关系式的图形能通过点据分布中心(图 10-17),应使其平均误差最小,由式(10-45)有

$$\sum (y_i - y)^2 = \sum (y_i - ax_i - b)^2 = 最小值$$

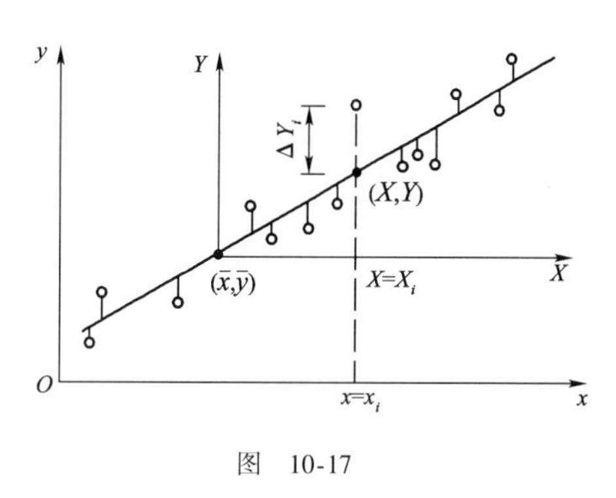


图 10-17

式中:$x_i$、$y_i$——实测点坐标值(已知值),$(x,y)$表示回归直线上的坐标值。

因$\sum(y_i-y)^2=\sum[(y_i-\bar{y})-(y-\bar{y})]^2$

可另取新坐标 $Y,X$,如图 10-17 所示,其原点为$(\bar{x},\bar{y})$,有

$Y=y-\bar{y}$,$X=x-\bar{x}$,$Y_i=y_i-\bar{y}$,$X_i=x_i-\bar{x}$

对于新坐标系,直线方程可表达为

$$Y=aX$$

由此,最佳回归直线的定线条件可改写成

$$\sum(Y_i-Y)^2=\text{最小值}$$

即
$$\sum(Y_i-aX_i)^2=\text{最小值}$$

令
$$\frac{\mathrm{d}\sum(Y_i-aX_i)^2}{\mathrm{d}a}=0$$

得
$$2\sum(Y_i-aX_i)^2\cdot(-X_i)=0$$

$$a=\frac{\sum X_i\cdot Y_i}{\sum X_i^2}=\frac{\sum(x_i-\bar{x})\cdot(y_i-\bar{y})}{\sum(x_i-\bar{x})^2} \tag{10-48}$$

上式即回归方程最佳配合直线的斜率,由此得 $y$ 倚 $x$ 变回归方程为

$$\left.\begin{aligned} y-\bar{y}&=a(x-\bar{x})\\ y-\bar{y}&=\frac{\sum(x_i-\bar{x})\cdot(y_i-\bar{y})}{\sum(x_i-\bar{x})^2}(x-\bar{x})\end{aligned}\right\} \tag{10-49}$$

利用上式合并常数项即得 $b$ 值。

2. $x$ 倚 $y$ 变回归方程的待定参数 $a'$、$b'$

同上,回归方程可用下式表达

$$x=a'y+b'$$

令
$$\sum(x_i-x)^2=\sum(x_i-a'y_i-b')^2=\text{最小值}$$

对于新坐标系,原点为$(\bar{x},\bar{y})$,上式可表达为

$$X=a'Y$$

$$\sum(X_i-X)^2=\sum(X_i-a'Y_i)^2=\text{最小值}$$

令
$$\frac{\mathrm{d}\sum(X_i-a'Y_i)^2}{\mathrm{d}a'}=0$$

得
$$a'=\frac{\sum(x_i-\bar{x})\cdot(y_i-\bar{y})}{\sum(y_i-\bar{y})^2} \tag{10-50}$$

$$\left.\begin{aligned} x-\bar{x}&=a'(y-\bar{y})\\ x-\bar{x}&=\frac{\sum(x_i-\bar{x})\cdot(y_i-\bar{y})}{\sum(y_i-\bar{y})^2}(y-\bar{y})\end{aligned}\right\} \tag{10-51}$$

式(10-50)即 $x$ 倚 $y$ 变回归方程斜率,式(10-51)即 $x$ 倚 $y$ 变回归方程,整理常数项可得 $b'$。

上述两回归方程在实际应用中,通常只需确定一种。例如当 $x_i$ 为长系列,$y_i$ 为短系列,欲

利用长系列实测值延长短系列值,应建立 $y$ 倚 $x$ 变回归方程。

## 四、相关系数计算公式

如前所述,相关系数 $\gamma$ 是两系列相关密切程度的评估数值指标。由相关系数的定义式有

$$\gamma = \pm \sqrt{a \times a'} = \pm \frac{\sum (x_i - \bar{x})(y_i - \bar{y})}{\sqrt{\sum (x_i - x)^2 \sum (y_i - y)^2}} \tag{10-52}$$

上式即相关系数的计算公式,它可由相关变量的实测值$(x_i, y_i)$求得。完全相关时,$\gamma = \pm 1$;零相关时,$\gamma = 0$;统计相关时,$0 < |\gamma| < 1$。

此外,又因系列均方差为

$$\sigma_x = \sqrt{\frac{\sum (x_i - x)^2}{n-1}}$$

$$\sigma_y = \sqrt{\frac{\sum (y_i - y)^2}{n-1}}$$

有

$$\left.\begin{aligned} a &= \gamma \frac{\sigma_y}{\sigma_x} \\ a' &= \gamma \frac{\sigma_x}{\sigma_y} \end{aligned}\right\} \tag{10-53}$$

式中:$a$、$a'$——两类回归方程的斜率,又称为回归系数。

由此,两回归方程也可表达为

$$\left.\begin{aligned} y - \bar{y} &= \gamma \frac{\sigma_y}{\sigma_x}(x - \bar{x}) \\ x - \bar{x} &= \gamma \frac{\sigma_x}{\sigma_y}(y - \bar{y}) \end{aligned}\right\} \tag{10-54}$$

由上式可知,$\sigma_x > 0$,$\sigma_y > 0$,若 $\gamma > 0$,则 $a > 0$ 及 $a' > 0$,此即正相关;若 $\gamma < 0$,则 $a < 0$,$a' < 0$,此即负相关;$\gamma = 0$,则 $a = 0$,$a' = 0$,此即零相关。

## 五、相关分析的误差

### 1. 回归直线的误差

回归直线只是实测系列$(x_i, y_i)$点据分布的最佳配合线,但各实测点并不会完全落在直线上,而是散布在直线的两旁,因此有一定的误差。其平均误差一般用均方差或机误表示,有

$$\left.\begin{aligned} S_y &= \sqrt{\frac{\sum (y_i - y)^2}{n-2}} = \sqrt{\frac{\sum (y_i - ax_i - b)^2}{n-2}} \\ S_x &= \sqrt{\frac{\sum (x_i - x)^2}{n-2}} = \sqrt{\frac{\sum (x_i - a'y_i - b')^2}{n-2}} \end{aligned}\right\} \tag{10-55}$$

$$\left.\begin{aligned} E_x &= 0.6745 S_x \\ E_y &= 0.6745 S_y \end{aligned}\right\} \tag{10-56}$$

式中:$S_x$、$S_y$——$x$ 倚 $y$ 变及 $y$ 倚 $x$ 变回归方程的均方误(均方差);

$E_x$、$E_y$——$x$ 倚 $y$ 变及 $y$ 倚 $x$ 变回归方程的机误。

按抽样误差计算，回归线的最大误差按下式计算：

或
$$\left.\begin{aligned}\Delta_{m-x}&=3S_x\\\Delta_{m-y}&=3S_y\\\Delta_{m-x}&=4E_x\\\Delta_{m-y}&=4E_y\end{aligned}\right\}\tag{10-57}$$

式(10-55)中的 $n-2$ 相当于自由度。如果只有两个实测点，则一定可使回归线通过两定点，并不会产生误差。如果有三个点，则回归线就难以配合成通过这三点，点线间将会出现离差 $\Delta y=(y_i-y)$，$\Delta x=(x_i-x)$。可以设想，这是多了一个点据产生的。如果有 $n$ 个点据，则离差可以认为由 $n-2$ 个点据引起，因此其平均误差公式应除以 $n-2$。经理论推导，式(10-57)还可有下列形式：

$$\left.\begin{aligned}S_x&=\sigma_x\sqrt{1-\gamma^2}\\S_y&=\sigma_y\sqrt{1-\gamma^2}\\\sigma_x&=\sqrt{\frac{\sum(x_i-x)^2}{n-1}}\\\sigma_y&=\sqrt{\frac{\sum(y_i-y)^2}{n-1}}\end{aligned}\right\}\tag{10-58}$$

回归线误差的几何意义如图 10-18 所示。

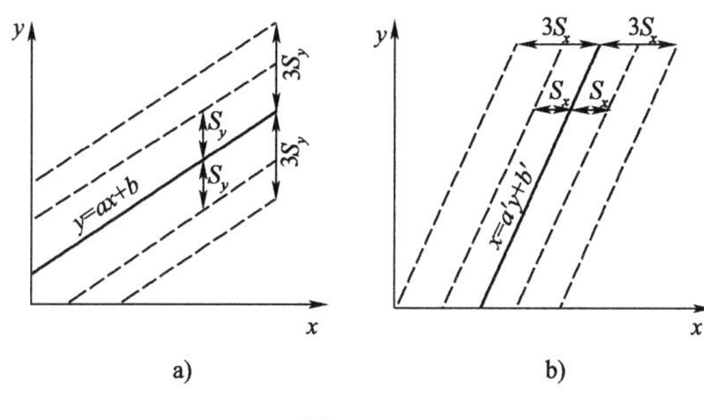


图 10-18

2. 相关系数的误差

(1)均方差
$$\sigma_\gamma=\frac{1-\gamma^2}{\sqrt{n}}\tag{10-59}$$

(2)机误
$$E_\gamma=0.674\,5\sigma_\gamma\tag{10-60}$$

(3)最大误差
$$\Delta_{m\gamma}=4E_\gamma$$

由抽样误差计算，有 $P(\gamma_M=\gamma\pm4E_\gamma)=99.3\%$，其中 $\gamma_M$ 为总体相关系数，$P$ 为 $\gamma_M=\gamma\pm4E_\gamma$ 的几率，为 99.3%，因此可以认为当

$$|\gamma|\gg|4E_\gamma|=\left|2.698\frac{1-\gamma^2}{\sqrt{n}}\right|$$

时，相关关系是密切的。按相关关系的定义应有：

$$|\gamma+4E_\gamma|=\left|\gamma+2.698\frac{1-\gamma^2}{\sqrt{n}}\right|\leqslant1$$

由上式可得

$$n \geq 7.279(1+\gamma)^2 \tag{10-61}$$

上式即相关分析至少应有同步观测资料项数的计算公式。当 $\gamma = 0.99$ 时,$n = 29$;$\gamma = 0.8$ 时,$n = 24$。一般要求 $|\gamma| > 0.8$,即 $n \geq 24$,即相关分析至少应有 $n = 24$ 对应资料。$|\gamma| < 0.6$ 时,则认为相关不成立。

必须注意,相关分析中的对应实测值($x_i, y_i$),主要是时间上的彼此“对应”。例如,若 $x_i$ 为1960年的实测资料,则 $y_i$ 亦应取1960年的实测资料。建立回归方程,只是一种数学分析手段,还应仔细考查所引用的相关变量彼此间是否存在本质上的关联。本质上无关系的数值,不能用来作建立回归方程的依据。此外,用回归方程展延的系列,如需要用到无实测点控制(即参证站也无实测值 $x_i$ 时)的直线外延部分,应特别慎重,注意考证,更应避免辗转相关。

**例10-12** 某站只有11年不连续的最大流量记录,但年雨量有较长期的记录,见表10-11,试作相关分析并用实测年雨量系列插补延长最大流量系列。

**某站同步实测最大流量和年雨量** 表10-11

| 序号 | 实测年份 | $Q_i$ ($m^3/s$) | $H_i$ (mm) | 序号 | 实测年份 | $Q_i$ ($m^3/s$) | $H_i$ (mm) |
|---|---|---|---|---|---|---|---|
| 1 | 1950 | — | 190 | 10 | 1959 | 33 | 122 |
| 2 | 1951 | — | 150 | 11 | 1960 | 70 | 165 |
| 3 | 1952 | — | 98 | 12 | 1961 | 54 | 143 |
| 4 | 1953 | — | 100 | 13 | 1962 | 20 | 78 |
| 5 | 1954 | 25 | 110 | 14 | 1963 | 44 | 129 |
| 6 | 1955 | 81 | 184 | 15 | 1964 | 1 | 62 |
| 7 | 1956 | — | 90 | 16 | 1965 | 41 | 130 |
| 8 | 1957 | — | 160 | 17 | 1966 | 75 | 168 |
| 9 | 1958 | 36 | 145 | | | | |

**解**:依题意设 $Q_i = y_i$,$H_i = x_i$,需用降水资料插补延长最大流量系列,应建立 $y$ 倚 $x$ 变回归方程,即

$$y = ax + b$$

待定参数为直线的斜率 $a$ 及截距 $b$。列表计算,见表10-12。

**某站最大流量与年雨量的相关计算** 表10-12

| 序号 | 年份 | $y_i = Q_i$ | $x_i = H_i$ | $y_i - \bar{y}$ | $x_i - \bar{x}$ | $(y_i - \bar{y})^2$ | $(x_i - \bar{x})^2$ | $(x_i - \bar{x})(y_i - \bar{y})$ |
|---|---|---|---|---|---|---|---|---|
| 1 | 1954 | 25 | 110 | -19 | -20 | 361 | 400 | 380 |
| 2 | 1955 | 81 | 184 | 37 | 54 | 1 369 | 2 916 | 1 998 |
| 3 | 1958 | 36 | 145 | -8 | 15 | 64 | 225 | -120 |
| 4 | 1959 | 33 | 122 | -11 | -8 | 121 | 64 | 88 |
| 5 | 1960 | 70 | 165 | 26 | 35 | 676 | 1 225 | 910 |
| 6 | 1961 | 54 | 143 | 10 | 13 | 100 | 169 | 130 |
| 7 | 1962 | 20 | 78 | -24 | -52 | 576 | 2 704 | 1 248 |

续上表

| 序号 | 年份 | $y_i=Q_i$ | $x_i=H_i$ | $y_i-\bar{y}$ | $x_i-\bar{x}$ | $(y_i-\bar{y})^2$ | $(x_i-\bar{x})^2$ | $(x_i-\bar{x})(y_i-\bar{y})$ |
|---|---|---|---|---|---|---|---|---|
| 8 | 1963 | 44 | 129 | 0 | -1 | 0 | 1 | 0 |
| 9 | 1964 | 1 | 62 | -43 | -68 | 1 849 | 4 624 | 2 924 |
| 10 | 1965 | 41 | 130 | -3 | 0 | 9 | 0 | 0 |
| 11 | 1966 | 75 | 168 | 31 | 38 | 961 | 1 444 | 1 178 |
| $\sum_{1}^{11}$ | | 480 | 1 436 | 0 | 0 | 6 086 | 13 772 | 8 736 |

由表10-12,有

$$\bar{H}=\bar{x}=\frac{\sum x_i}{n}=\frac{1\ 436}{11}=130\ (\text{mm})$$

$$\bar{Q}=\bar{y}=\frac{\sum y_i}{n}=\frac{480}{11}=44\ (\text{m}^3/\text{s})$$

$$\gamma=\frac{\sum(x_i-\bar{x})(y_i-\bar{y})}{\sqrt{\sum(x_i-x)^2\sum(y_i-y)^2}}=\frac{8\ 736}{\sqrt{13\ 772\times 6\ 086}}=0.95$$

$$a=\gamma\frac{\sigma_y}{\sigma_x}=0.95\times\sqrt{\frac{6\ 086}{13\ 772}}=0.63$$

得 $y$ 倚 $x$ 变回归方程为:

$$y-44=0.63(x-130)$$

$$y=0.63x-37.9$$

按上式,利用实测年雨量资料 $x_i$ 插补缺测年份和延长最大流量资料见表10-13。

**利用年雨量资料插补和延长最大流量系列计算** 表10-13

| 序　号 | 补插延长年份 | 年雨量 $x_i$ (mm) | 插补和延长的最大流量 $y_i$ ($\text{m}^3/\text{s}$) |
|---|---|---|---|
| 1 | 1950 | 190 | 82.8 |
| 2 | 1951 | 150 | 56.6 |
| 3 | 1952 | 98 | 23.8 |
| 4 | 1953 | 100 | 25.1 |
| 5 | 1956 | 90 | 17 |
| 6 | 1957 | 160 | 66.1 |

## 【习题】

10-1　扼要回答下述概念:

(1)几率、频率和累积频率有什么区别?土木工程为什么要按累积频率标准确定设计值?

(2)重现期和物理学中的周期有何区别?在洪水调查中,重现期、考证期有何异同?

(3)设计频率与保证率有何区别?

10-2 写出经验累积频率曲线点据的坐标式与理论累积频率曲线的坐标式。

10-3 试比较求矩适线法和三点法的异同点,分别绘出求矩适线法及三点法的计算步骤框图。

10-4 设有系列 $x_1$:1,2,3,4,5,6,20,求此系列的统计参数及 $x_{1\%}$ 值。

10-5 有A,B两系列,其统计参数有

$A: \overline{x}_A, C_{vA}, C_{sA}, P(x \geqslant \overline{x}_A) = P_A$

$B: \overline{x}_B, C_{vB}, C_{sB}, P(x \geqslant \overline{x}_B) = P_B, \overline{x}_A = \overline{x}_B$

若 $C_{sA} > C_{sB}$,试分析 $P_A$ 与 $P_B$ 哪个大?扼要说明其原因。

10-6 已知累积频率 $P=3\%$,$C_s=0.4$,求离均系数 $\phi_{3\%}$。若 $C_v = 0.5$,求变率。

10-7 已知累积频率 $P=3\%$,$C_s = -0.4$,求离均系数 $\phi_P$。

10-8 按三点适线法,取累积频率 $P_1=1\%$,$P_2=50\%$,$P_3=99\%$,求 $C_{s1}=0.18$,$C_{s2}=0.2$,$C_{s3}=2.069$ 相应的偏度系数 $S_1,S_2,S_3$。

10-9 已知某站1959—1978年实测洪峰流量资料(见习题10-9表),另经调查考证,得1887年,1933年洪峰特大流量 $Q_{1887}=4\ 100\text{m}^3/\text{s}$,$Q_{1933}=3\ 400\text{m}^3/\text{s}$,求 $Q_{1\%}$。

**某站1959—1978年实测洪峰流量** 习题10-9表

| 年份 | $Q_{max}$ ($m^3/s$) | 年份 | $Q_{max}$ ($m^3/s$) | 年份 | $Q_{max}$ ($m^3/s$) | 年份 | $Q_{max}$ ($m^3/s$) |
|---|---|---|---|---|---|---|---|
| 1959 | 1 820 | 1964 | 1 400 | 1969 | 720 | 1974 | 1 500 |
| 1960 | 1 310 | 1965 | 996 | 1970 | 1 360 | 1975 | 2 300 |
| 1961 | 996 | 1966 | 1 170 | 1971 | 2 380 | 1976 | 5 600 |
| 1962 | 1 096 | 1967 | 2 900 | 1972 | 1 450 | 1977 | 2 900 |
| 1963 | 2 100 | 1968 | 1 260 | 1973 | 1 210 | 1978 | 1 390 |

10-10 试述年最大值法与超大值法选样的异同点。

10-11 按年最大值法选样,得1960—1980年连续实测最大流量的总量 $\sum_{1}^{n} Q_i = 4\ 800\text{m}^3/\text{s}$,其中1976年特大流量 $Q_{1976}=1\ 200\text{m}^3/\text{s}$;又考查得1880年特大流量 $Q_{1880}=1\ 000\ \text{m}^3/\text{s}$;1890年特大流量 $Q_{1890}=1\ 100\text{m}^3/\text{s}$,试求:

(1)系列平均流量 $\overline{Q_N}$;

(2)各特大值重现期 $T(Q \geqslant Q_{1976})$,$T(Q \geqslant Q_{1880})$,$T(Q \geqslant Q_{1890})$;

(3)连续 $n$ 年系列中次大流量的重现期($Q_{1978}$ 为其中最大值)。

10-12 某桥位断面处仅有五年(1951—1955年)实测洪峰流量($\text{m}^3/\text{s}$):2 128,1 513,916,4 380,1 490,另有五年历史洪水调查流量:1882年,$Q_{1882}=9\ 120\text{m}^3/\text{s}$;1896年,$Q_{1896}=8\ 240\text{m}^3/\text{s}$;1822年,$Q_{1822}=6\ 000\text{m}^3/\text{s}$;1897年,$Q_{1897}=6\ 800\text{m}^3/\text{s}$;1930年,$Q_{1930}=7\ 100\text{m}^3/\text{s}$,求 $Q_{1\%}$。

10-13 已知 $i \sim t$ 关系的数学模型为 $i = \dfrac{A}{t^n}$,现有实测值如习题10-13表所载,试用直线

相关确定参数 $A,n$。

**实 测 $i\sim t$ 值** 习题 10-13 表

| $t$ | 5 | 10 | 15 | 20 | 30 | 45 | 60 |
|---|---|---|---|---|---|---|---|
| $i$ | 1.83 | 1.34 | 1.11 | 0.98 | 0.82 | 0.68 | 0.60 |

注:相关分析资料一般应有 24 对以上,本题数据只作为巩固理论学习的练习。

10-14 已知最大流量实测记录见习题 10-9 表,试分别用求矩适线法和三点法求 $Q_{1\%}$。

# 第十一章

# 桥涵设计流量及水位推算

## 第一节　按实测流量资料推算

### 一、设计流量及其工程意义

桥梁、涵洞及堰、坝的建造,必须考虑在未来运营期间将面临洪水的威胁。所谓洪水,即指流量大、水位高、具有一定灾害性的大水。它包括洪峰流量、洪水总量及洪水过程三大内容,统称为洪水三要素,是工程设计的重要依据。

此外,按规定频率标准(表10-3)的洪水,称为设计洪水;按规定频率标准确定的洪水总量,称为设计洪水总量;按规定频率标准确定的洪峰流量(又称最大流量),称为设计洪峰流量;按规定频率标准确定的洪水过程线,称为设计洪水过程线。对于小型防洪水库,入库洪水径流总量超过水库的拦洪蓄水能力时,即会遭受破坏。设计时,主要应考虑设计洪水总量,即所谓以“量”控制;对于较大水库,它有一定的调蓄能力,它的破坏与否,不仅取决于入库的洪水总量,还取决于泄洪方案及入库洪水的过程,设计洪水的含义则应包括洪峰流量、洪水总量与洪水过程线的全部三要素。

对于桥梁、道路及市政工程,例如桥、涵堤防、一级泵房及城市、厂矿排洪工程等,它们所面临工程破坏的主要因素是设计洪峰流量,即所谓以“峰”控制。对于设计洪峰流量,有关设计频率标准实际上是一种容许破坏率,例如[$P$]=1%,即容许破坏率为1%。设计洪峰流量简称设计流量,它是确定桥涵孔径的基本依据。

### 二、设计洪峰流量或水位的推算方法

设计洪峰流量是桥涵孔径及桥梁墩台冲刷计算的基本依据,设计洪水位则是桥面高程、桥头路堤堤顶高程等的设计依据。当有实测资料时,可按水文统计的频率分析方法确定设计洪峰流量和设计洪水位。其选样方法有:年最大值法或超大值法。其频率分析方法有求矩适线法和三点适线法等,对于含特大值系列,其经验累积频率及统计参数的计算,详见第十章。

## 第二节 按洪水调查资料推算

### 一、形态调查方法

所谓形态调查方法,即实地考察历史上发生过的洪水位痕迹(简称洪痕),并通过河道地形、纵、横断面、洪痕高程及位置等形态资料的测量,再按水力学方法推算出历史洪峰流量,此法又称为洪水调查方法。

历史洪水调查是获得水文资料的有效途径。对于有长期实测资料的河流,它具有增补资料的作用,对于缺乏实测资料的情况,历史洪水调查资料是桥位设计所必需的水文资料。此外,它还可核验现有实测资料的可靠性。历史洪水痕迹常留于古庙、碑石、老屋、祠堂、戏台、堰坝、桥梁、老树等处,实地调查即可发现。洪水调查工作包括:

(1)河段踏勘。确定历史洪水痕迹的位置及高程。

(2)现场访问。了解历史洪水情况,要做到"不失访一位老人,不漏掉一点情况,不放松一条线索,不错过一个机会"。

(3)形态断面及计算河段选择。形态断面是推算历史洪水流量的水力要素,它所在河段应具备的条件是:河段顺直无支岔,河道稳定、靠近桥位,滩地小,滩槽洪水流向一致,有足够的洪痕。形态断面一般在桥位上、下游各选一个,以便互相核对。符合条件的桥位断面,也可作形态断面。

(4)野外测量。其中包括:河段水准测量、简易地形图测量、洪水痕迹高程测量及计算河段纵横断面测量等。水准测量一般采用五等水准,地形测量比尺一般采用1:2 000 ~ 1:10 000,特别情况可用1:25 000。测量范围应包括整个计算河段,测量高程一般在历年最高洪水位以上2 ~5m。简易地形图上应标明水边线、洪水漫滩边界、历史洪痕、河槽形态、主流、中泓线、流向及水准点位置等。

此外,还应收集有关地区的历史文献及文物,考证辨认历史洪水痕迹发生的年代。同次洪水痕迹资料至少应查得3 ~5 个以上。

### 二、历史洪水流量推算方法

按形态调查所得的河谷断面及洪水痕迹高程,可得过水断面(即形态断面)。此外,将同次历史洪水痕迹垂直投影于计算河段深泓线上,如图11-1a)所示,并绘出纵剖面图,如图11-1b)所

示,从中可得到水面比降 $J$ 及河底比降 $i$,按谢才公式(4-38)计算即可得到所查洪峰流量。

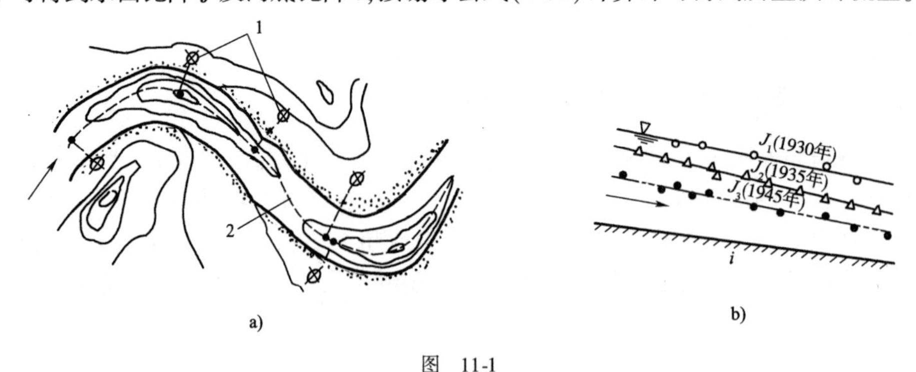


图 11-1

1-洪水痕迹;2-深泓线

当洪水比降资料缺少时,亦可取 $J=i$,按均匀流条件计算;对于水面宽度大于断面平均水深 $\bar{h}$ 的10倍时,可按宽浅河道计算,其水力半径 $R$ 近似取 $R\approx\bar{h}$;对于水面比降均一、河道顺直、河床断面较规整的复式断面河道,按均匀流计算,由式(6-23),有

$$Q = A_c v_c + A_t v_t = Q_c + Q_t \tag{11-1}$$

式中:$A_c$——主槽过水断面面积;

$A_t$——河滩过水断面面积;

$v_c$——主槽断面平均流速;

$v_t$——河滩断面平均流速;

$Q_c$——主槽流量;

$Q_t$——河滩流量。

若洪痕位于瀑布、急滩或河道由缓坡向急坡的转折处,由洪痕可得临界水深 $h_K$,按式(6-29)即可很方便地求得所查洪峰流量,有 $Q = A_K\sqrt{\dfrac{A_K g}{B_K}}$;若洪痕位于堰、小桥涵前,则可按汇流公式计算所查流量。

**例 11-1** 有一平原河流,形态断面如图11-2所示,调查得洪水比降 $J=0.0004$,河滩部分有植物覆盖,河槽部分表面较为平整。试按形态法计算调查的历史洪峰流量及断面平均流速。

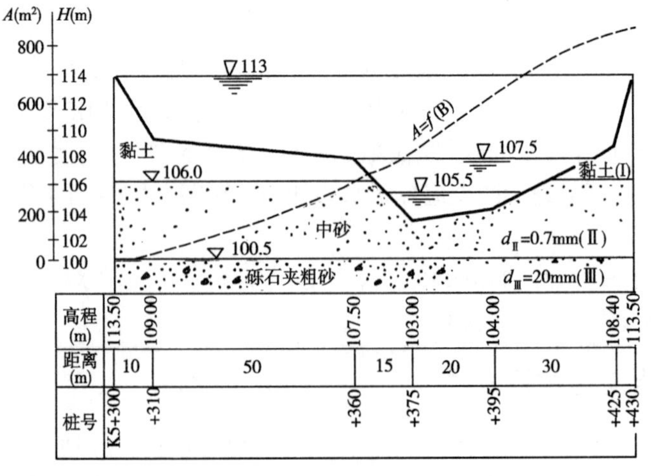


图 11-2

**解**:1)水面宽度及过水面积计算

按形态断面图,列表计算于表 11-1 中。

水面宽度及过水面积计算 表 11-1

| 桩号 | 河床高程(m) | 水深(m) | 平均水深(m) | 间距(m) | 过水面积($m^2$) | 湿周(m) | 合计 |
|---|---|---|---|---|---|---|---|
| K5 +300.00 | 113.50 | 0 | | | | | 河滩<br>$A_t = 285m^2$<br>$\chi_t = 60.99m$ |
| | | | 2.25 | 10 | 22.5 | 10.97 | |
| +310.00 | 109.00 | 4.5 | | | | | |
| | | | 5.25 | 50 | 262.5 | 50.02 | |
| +360.00 | 107.50 | 6.0 | | | | | |
| | | | 8.25 | 15 | 123.8 | 15.66 | 河槽<br>$A_c = 554m^2$<br>$\chi_c = 73.14m$ |
| +375.00 | 103.00 | 10.5 | | | | | |
| | | | 10.00 | 20 | 200.00 | 20.02 | |
| +395.00 | 104.00 | 9.5 | | | | | |
| | | | 7.30 | 30 | 219.0 | 30.32 | |
| +425.00 | 108.00 | 5.1 | | | | | |
| | | | 2.55 | 5 | 11.3 | 7.14 | |
| +430.00 | 113.50 | 0 | | | | | |

2)流量及流速计算

(1)河槽部分

查表 4-2,得糙率 $n_c = 0.02$,有

$$R_c = \frac{A_c}{\chi_c} = \frac{554}{73.14} = 7.57\ (m)$$

$$v_c = \frac{1}{n_c} R_c^{\frac{2}{3}} J^{\frac{1}{2}} = \frac{1}{0.02} \times 7.57^{\frac{2}{3}} \times 0.0004^{\frac{1}{2}} = 3.86 (m/s)$$

$$Q_c = A_c v_c = 554 \times 3.86 = 2\ 138\ (m^3/s)$$

(2)河滩部分

查表 4-2,得糙率 $n_t = 0.05$,有

$$R_t = \frac{A_t}{\chi_t} = \frac{285}{60.99} = 4.67\ (m)$$

$$v_t = \frac{1}{n_t} R_t^{\frac{2}{3}} J^{\frac{1}{2}} = \frac{1}{0.05} \times 4.67^{\frac{2}{3}} \times 0.0004^{\frac{1}{2}} = 1.12 (m/s)$$

$$Q_t = A_t v_t = 285 \times 1.12 = 319\ (m^3/s)$$

(3)全断面的流量及流速

$$Q = Q_c + Q_t = 2\ 138 + 319 = 2\ 457\ (m^3/s)$$

$$v = \frac{Q}{A_c + A_t} = \frac{2\ 457}{554 + 285} = 2.93\ (m^3/s)$$

## 三、历史洪峰流量重现期的确定方法

水文站的观测年限,通常称为实测期;洪水调查的年限,称为调查期;文献考证的年限,称为考证期。由此,确定洪峰流量重现期的方法有:

(1)在查考期 $N_1$ 年内,所得历史洪峰流量 $Q_i$ 为最大时,则重现期按式(10-38)有

$$T(Q \geqslant Q_i) = N_1 = T_2 - T_1 + 1$$

(2)在查考期 $N_1$ 年内,已有 $a_1$ 个洪峰流量大于所查得的历史洪峰流量 $Q_i$ 时,有

$$m(Q \geqslant Q_i) = a_1 + 1$$

$$T = \frac{N_1}{a_1 + 1} \tag{11-2}$$

(3)若查考期 $N_1$ 内有 $a_2$ 次历史洪水与本次所查得流量 $Q_i$ 接近但又无法判断它们的大小时,则 $Q_i$ 的排位可能为 $m=1\sim a_2+1$ 区间内,取其平均值计算,有 $m=\frac{1}{2}[1+(a_2+1)]=0.5a_2+1$,得

$$T = \frac{N_1}{0.5a_2 + 1} \tag{11-3}$$

(4)若在 $N_1$ 年内有几个考查期 $N_2$、$N_3$ 等,且 $N_1>N_2>N_3$,得历史洪峰流量为 $Q_2$、$Q_3$,但不能确认是否为 $N_1$ 年内最大或排第二,则可按各考查期作为重现期,即

$$\left.\begin{aligned} T_2(Q \geqslant Q_2) &= N_2 \\ T_3(Q \geqslant Q_3) &= N_3 \end{aligned}\right\} \tag{11-4}$$

## 四、设计洪峰流量的推算方法

1. 有长期实测资料的系列

当已有长期观测资料,而查考期 $N_1$ 年内所得历史洪峰流量 $Q_i$ 为其中的特大值时,可按含特大值系列计算,详见第十章第四节。

2. 只有短期实测资料的系列

当实测期 $n<20$ 年时,称为有短期实测资料的系列,其计算方法如下:

(1)由实测系列求出平均流量 $\overline{Q}$ 及历史洪水流量的变率 $K_1=\frac{Q_1}{\overline{Q}}$,$K_2=\frac{Q_2}{\overline{Q}}$,…

(2)计算各历史流量 $Q_i$ 的经验频率。

由上所述,确定历史洪水重现期 $T$ 后,则有

$$P(Q \geqslant Q_i) = \frac{m}{T+1} \times 100\%,\ m=1,2,3,\cdots$$

(3)假定 $C_v$、$C_s$ 值,利用下式试算合适统计参数,即

$$\left.\begin{aligned} K_1 &= K_{P1} = \phi_{P1}C_v + 1 \\ K_2 &= K_{P2} = \phi_{P2}C_v + 1 \\ K_3 &= K_{P3} = \phi_{P3}C_v + 1 \\ &\vdots \\ K_i &= K_{Pi} = \phi_{Pi}C_v + 1 \end{aligned}\right\} \tag{11-5}$$

式中:$K_i$——经验累积频率是 $P_i$ 的历史洪峰流量的变率;

$K_{Pi}$——统计参数是 $\overline{Q}$、$C_v$、$C_s$ 的理论累积频率曲线对应于 $P_i$ 的变率。

若式(11-5)成立,所设 $C_v$、$C_s$ 及 $\overline{Q}$ 即所求合适理论累积频率曲线,由此可推求设计流量 $Q_P$。

3. 缺乏实测资料时设计流量推算方法

(1)经验法——当历史洪峰流量数目较多时,可直接利用历史洪峰流量经验频率曲线推求设计流量 $Q_P$。

(2)采用相似参证站的实测平均径流率 $\overline{M}$ 、$C_v$ 值,假定 $C_s$ 满足下式

$$K_i = K_{Pi} = \phi_{Pi} C_v + 1$$

$$K_i = \frac{M_i}{\overline{M}} = \frac{Q_i}{\overline{Q}}$$

式中:$K_i$——实测流量变率;

$K_{Pi}$——理论累积频率曲线的变率计算值。

若上式成立,所取三个统计参数即可用以求设计流量 $Q_P$。

(3)假设 $C_v$ 、$C_s$ ,使下式成立,即

$$\frac{Q_1}{\phi_{P1} C_v + 1} = \frac{Q_2}{\phi_{P2} C_v + 1} = \frac{Q_3}{\phi_{P3} C_v + 1} = \cdots = \frac{Q_i}{\phi_{Pi} C_v + 1} \tag{11-6}$$

上式任一比值即 $\overline{Q}$ ,若上式成立,所设 $C_v$ 、$C_s$ 即合适参数,由此即可求得设计流量 $Q_P$。

## 第三节 按暴雨资料推算

当流域面积小于 100km² 时,称为小流域面积。这类河沟,通常缺乏实测流量资料,常按暴雨资料推算设计流量,即推算规定频率的流量。

### 一、传统方法——推理公式

1851 年由摩尔凡尼(T. J. Hulvaney)提出计算流量的方法,即推理公式的方法,至今已有两百多年的应用史,在《水力学与桥涵水文》(第 1 版)中已有介绍,现简述如下:

该方法利用径流成因关系,暴雨洪峰流量用下式计算,即推理公式

$$Q_m = 0.278 \frac{\psi A}{\tau^n} F \tag{11-7}$$

式中:$Q_m$——设计洪峰流量,m³/h;

$\psi$——洪峰径流系数;

$A$——24h 设计雨力,mm/h;

$\tau$——流域最大汇流历时,即水流自流域最远点流至出口的时间,h;

$n$——暴雨衰减指数;

$F$——流域面积,km²。

其中,$F$ 可从地形图中求得,$n$ 查有关水文手册,$A$ 可按无资料时 24h 雨力求得,待求数只有 2 个,即 $\psi$、$\tau$。

按三角形断面概化的小河沟,其汇流速度 $v_z$ 可按下述经验公式计算

$$v_z = m J^{\frac{1}{3}} Q_m^{\frac{1}{4}} \tag{11-8}$$

由此,流域最大汇流历时,即水流从流域最远点流到出口断面的时间 $\tau$ 为

$$\tau = 0.278 \frac{L}{v_z} = \frac{0.278 L}{m J^{\frac{1}{3}} Q_m^{\frac{1}{4}}} \tag{11-9}$$

将式(11-9)与式(11-7)联立解之,得

$$\tau = \tau_0 \psi^{-\frac{1}{4-n}} \tag{11-10}$$

$$\tau_0 = \frac{0.278^{\frac{3}{4-n}}}{\left(\frac{mJ^{\frac{1}{3}}}{L}\right)^{\frac{4}{4-n}}(AF)^{\frac{1}{4-n}}} \tag{11-11}$$

式中:$L$——主河沟长度,km;

$\tau_0$——汇流历时参数,h;

$\tau$——流域最大汇流历时,h;

$J$——主河沟平均比降,以小数计;

$m$——汇流参数,见表11-2。

**汇流参数 $m$ 经验值**　　表11-2

| 流域面积($km^2$) | <1 | 1~20 | 20~100 | 100~500 |
|---|---|---|---|---|
| $m$ | 0.4 | 0.6 | 0.8 | 1.1 |

上述式中 $L$、$J$ 可由地形图中求得,$\tau_0$ 可以求出,加上有图11-3,只要知道$\frac{A\tau_0^n}{A}$、$n$,即可图解得 $\psi$。随后按

$$\frac{\tau}{\tau_0} = \psi^{-\frac{1}{4-n}}$$

即可得 $\tau$,由公式(11-7)可解得 $Q_m$。

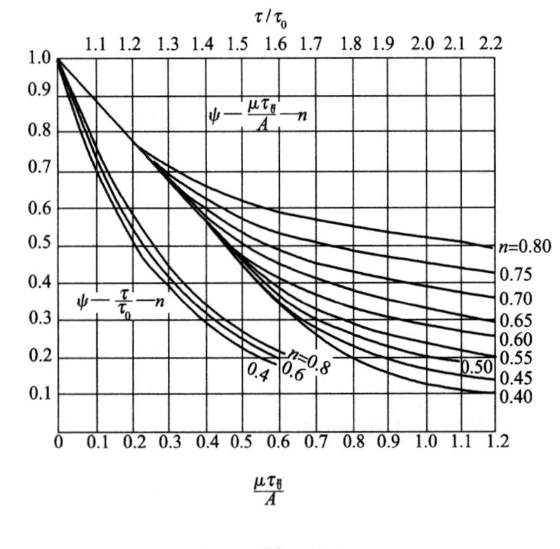


图　11-3

推理公式虽可解得 $Q_m$,但未交待公式的由来,对于公式(11-7)也未说明来历,这对教材,实属美中不足,作者采用新方法,弥补了推导公式之不足。

## 二、新方法的洪峰流量计算公式(此方法是叶镇国教授提出)

1. 洪峰流量计算公式的基本形式

实践经验表明,暴雨洪峰流量 $Q$ 与降雨强度 $i$、汇流面积(即流域面积)$F$ 有关,则暴雨洪峰流量可以表达为

或写成

$$\left.\begin{aligned} Q &= f(i,F) \\ Q &= K \cdot i^a F^b \end{aligned}\right\} \tag{11-12a}$$

其量纲公式为

$$[Q] = [i]^a[F]^b$$

有

$$[L]^3[T]^{-1} = ([L][T]^{-1})^a[L^2]^b$$

按量纲齐次原理,有

$[L]$:　$3 = a + 2b$

$[T]$:　$-1 = -a$

解上式,得

$$a = 1$$

$$b=1$$

由此,暴雨洪峰流量计算的基本表达式为

$$Q=KiF \tag{11-12b}$$

式中:$K$——单位换算系数。

若式中各变量单位为

$$[i]=[\mathrm{mm/h}]$$
$$[F]=[\mathrm{km^2}]$$
$$[Q]=[\mathrm{m^3/h}]$$

则 $$K=\frac{1}{1\ 000\times 3\ 600}\times 10^6=0.278$$

若式中各变量单位为

$$[i]=[\mathrm{mm/min}]$$
$$[F]=[\mathrm{km^2}]$$
$$[Q]=[\mathrm{m^3/h}]$$

如引入暴雨强度公式,则公式(11-12b)可表达为

$$Q=K\frac{A}{t^n}F$$

或 $$Q=K\frac{\psi A}{t_c^n}F$$

式中:$t$——暴雨历时,h;

$t_c$——暴雨净历时,h,即产生净雨量的时段;

$\psi$——洪峰径系数;

$A$——雨力,通常按24h雨力计算,即 $A=A_{24}$,mm/h;

$n$——暴雨衰减指数,可查水文手册;

$F$——流域面积,$\mathrm{m^2}$。

2. 暴雨洪峰流量汇流过程——等流时线原理

前面讲的是天上下落到地面形成的流量,下面再讲雨水在地面上的汇集过程。

如图11-4a)所示,地面上雨水流至流域出口断面汇流时间相等,各点的连线称为等流时线。图11-4a)中有三根等流时线,等流时线间所夹面积为 $f_1$、$f_2$、$f_3$,称为共时径流面积。全流域有

$$f_1+f_2+f_3=F$$

按等流时线的定义,$f_1$ 内的净雨量经 $\Delta t$ 后将全部流出流域的出口断面,$f_2$ 内的净雨量则需要 $2\Delta t$ 才全部流出流域出口断面,$f_3$ 内的净雨量则需经 $3\Delta t$ 才能全部流出流域出口断面。如第九章第三节所述,流域最远点雨水流至出口断面的时间,称为流域最大汇流历时,常用 $\tau$ 表示。如图11-4a)的流域最大汇流历时 $\tau=3\Delta t$ 为产生净雨量的时段,称为净雨历时,又称为产流历时,以 $t_c$ 表示,一场雨的地面径流过程线及形成的洪峰流量 $Q$ 可有三种情况:

(1) $t_c<\tau$

如图11-4b)所示,$t_c=\Delta t<\tau$,净雨量为 $h$,按等流时线原理,地面径流过程线为

$$t_0=0, Q_0=0$$

$$t_1 = \Delta t, Q_1 = \frac{f_1 h}{\Delta t} = if_1$$

$$t_2 = 2\Delta t, Q_2 = \frac{f_2 h}{\Delta t} = if_2$$

$$t_3 = 3\Delta t, Q_3 = \frac{f_3 h}{\Delta t}$$

$$t_4 = 4\Delta t, Q_4 = 0$$

得

$$Q_m = if_{max}$$

上述结果表明,当 $t_c < \tau$ 时,最大共时径流面积上汇集的净雨量将形成流域出口断面的最大流量。

(2) $t_c = \tau$

如图 11-4c)所示,$t_c = 3\Delta t = \tau$,各时段净雨量分别为 $h_1$、$h_2$、$h_3$,地面径流量过程线为

$$t_0 = 0, h = 0, Q_0 = 0$$

$$t_1 = \Delta t, h = h_1, Q_1 = \frac{f_1 h_1}{\Delta t}$$

$$t_2 = 2\Delta t, h = h_2, Q_2 = \frac{f_2 h_1 + f_1 h_2}{\Delta t}$$

$$t_3 = 3\Delta t, h = h_3, Q_3 = \frac{f_3 h_1 + f_2 h_2 + f_1 h_3}{\Delta t}$$

$$t_4 = 4\Delta t, h = 0, Q_4 = \frac{f_2 h_3 + f_3 h_2}{\Delta t}$$

$$t_5 = 5\Delta t, h = 0, Q_5 = \frac{f_3 h_3}{\Delta t}$$

$$t_6 = 6\Delta t, h = 0, Q_6 = 0$$

当 $h_1 = h_2 = h_3 = h$ 时

$$Q_m = Q_3 = \frac{(f_1 + f_2 + f_3) h}{\Delta t} = iF$$

(3) $t_c > \tau$

如图 11-4d)所示,$t_c = 4\Delta t > \tau$,各时段净雨量分别为 $h_1$、$h_2$、$h_3$、$h_4$,地面径流量过程线为

$$t_0 = 0, h = 0, Q_0 = 0$$

$$t_1 = \Delta t, h = h_1, Q_1 = \frac{f_1 h_1}{\Delta t}$$

$$t_2 = 2\Delta t, h = h_2, Q_2 = \frac{f_2 h_1 + f_1 h_2}{\Delta t}$$

$$t_3 = 3\Delta t, h = h_3, Q_3 = \frac{f_3 h_1 + f_2 h_2 + f_1 h_3}{\Delta t}$$

$$t_4 = 4\Delta t, h = h_4, Q_4 = \frac{f_3 h_2 + f_2 h_3 + f_1 h_4}{\Delta t}$$

$$t_5 = 5\Delta t, h = 0, Q_5 = \frac{f_3 h_3 + f_2 h_4}{\Delta t}$$

$$t_6 = 6\Delta t, h = 0, Q_6 = \frac{f_3 f_4}{\Delta t}$$

$$t_7 = 7\Delta t, h = 0, Q_7 = 0$$

当 $h_1 = h_2 = h_3 = h_4 = h$ 时,有

$$Q_m = Q_3 = Q_4 = \frac{(f_1 + f_2 + f_3)h}{\Delta t} = iF$$

上式表明,当各时段均匀降水,而 $t_c \geqslant \tau$时,流域出口形成的流量最大,流量过程线呈三角形或梯形,如图 11-4c)、f)所示。这是从天上降雨到地面汇流。因此,暴雨洪峰流量的计算公式可以表达为:

$$\left.\begin{aligned} t_c < \tau\text{时}, \quad & Q_m = KiF_{max} \\ t_c \geqslant \tau\text{时}, \quad & Q_m = KiF \end{aligned}\right\} \tag{11-13}$$

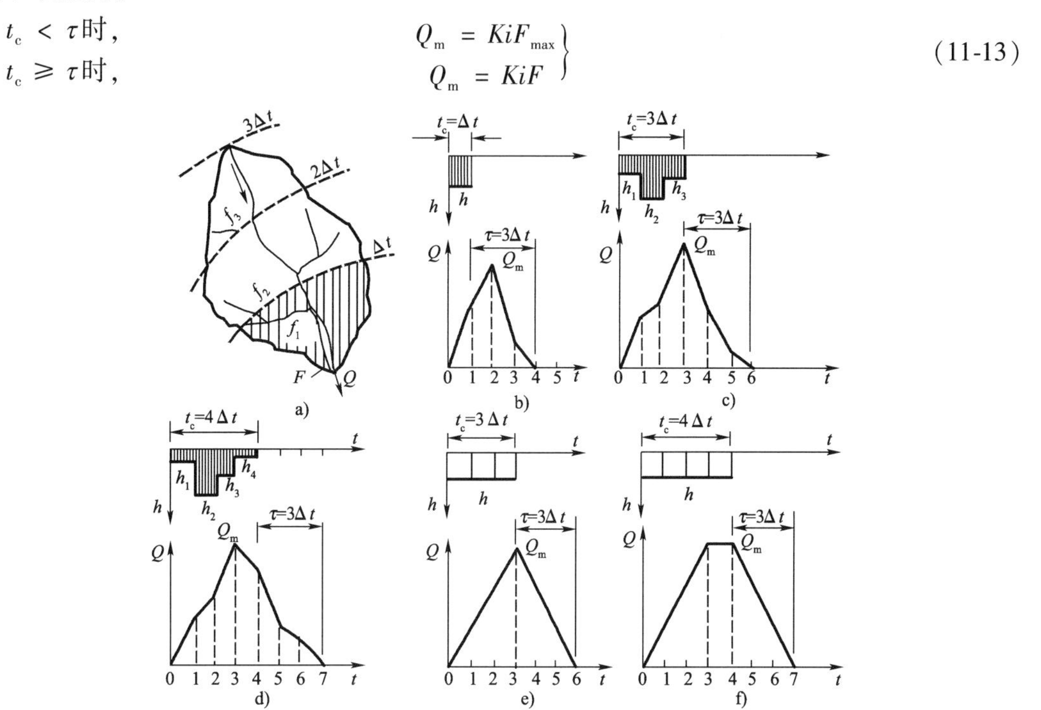


图 11-4 不同净雨量及净雨历时的径流过程线

a)流域中的等流时线;b) $t_c < \tau$;c) $t_c = \tau$;d) $t_c > \tau$;e) $t_c = \tau, h_1 = h_2 = h_3 = h$;f) $t_c > \tau, h_1 = h_2 = h_3 = h$

3. 暴雨洪峰流量的实用公式

由公式(9-8)可知,$t$ 时段的平均强度可表达为

$$\bar{i}_t = \frac{A}{t^n}$$

净雨强度则为

$$\bar{i}_{tc} = \frac{\psi A}{t_c^n}$$

当 $t_c \geqslant \tau$时,流域出口断面汇成的流量最大,于是有

$$\bar{i}_{tc} = \frac{\psi A}{\tau^n}$$

$$Q_m = K\bar{i}_\tau F = 0.278 - \frac{\psi A}{\tau^n}F \tag{11-14}$$

式中：$Q_m$——暴雨洪峰流量，$m^3/h$；

$\psi$——洪峰径流系数，即考虑暴雨损失对洪峰流量的折减系数，$\psi<1$；

$\tau$——流域最大汇流历时，h；

$A$——雨力，通常按24h雨力计算，即$A=A_{24,P}$，mm/h；

$F$——流域面积，$km^2$；

$n$——暴雨衰减指数，可查水文手册。

作者利用"量纲齐次性原理"证明暴雨洪峰流量的基本形式，利用"等流时线原理"证明净雨历时$\tau$时段内流域出口形成流量最大，这样把天上降水与地面汇流联系起来，形成了完整的体系。弥补了推理公式[如公式(11-14)]的不足，待求未知数为$\psi$、$\tau$。

## 三、新方法中$\psi$、$\tau$的计算

1.$\psi$的计算公式

图11-5所示为两场暴雨瞬时强度过程线，其中$\mu$为土壤平均入渗率(mm/h)，它是导致洪峰流量折减的主要参数。对于特定流域，如图11-5所示，$\psi$的计算可有两种情况，分述如下。

(1)$\tau<t_c$[图11-5a)]

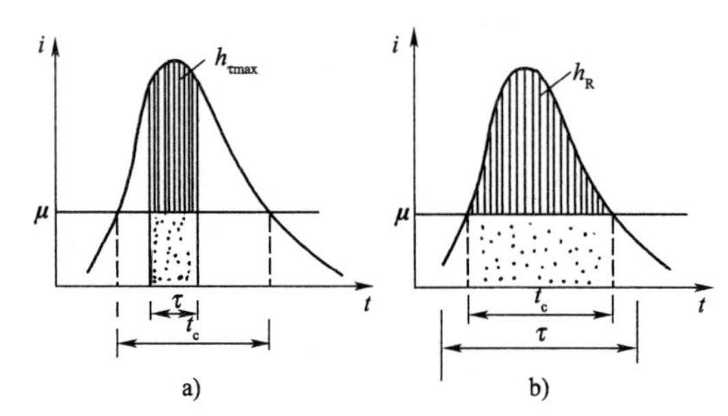


图 11-5

由式(9-8)知，$t$、$\tau$、$t_c$时段的最大平均暴雨强度可表达为

$$\left.\begin{aligned}\bar{i}_t&=\frac{A}{t^n}=At^{-n}\\\bar{i}_\tau&=\frac{A}{\tau^n}=A\tau^{-n}\\\bar{i}_{t_c}&=\frac{A}{t_c^n}=At_c^{-n}\end{aligned}\right\}\tag{11-15}$$

各时段雨量可表达为

$$\left.\begin{aligned}H_t&=t\cdot\bar{i}_t=At^{1-n}=f(t)\\H_\tau&=\tau\cdot\bar{i}_\tau=A\tau^{1-n}\\H_{t_c}&=t_c\cdot\bar{i}_{t_c}=At_c^{1-n}\end{aligned}\right\}\tag{11-16}$$

按$\psi$的定义，它是最大净雨量[图11-5a)中阴影部分]与总雨量之比，即

$$\psi=\frac{h_{\tau\max}}{H_\tau}=\frac{H_\tau-\mu\tau}{H_\tau}=1-\frac{\mu}{A}\tau^n=\psi(\mu,\tau)\tag{11-17}$$

(2)$\tau\geqslant t_c$[图11-5b)]

由式(11-16)，可得$t$时刻瞬时强度为

$$i_t=\frac{dH_t}{dt}=(1-n)At^{-n}=(1-n)\bar{i}_t$$

当$i_t=\mu$时，有$t=t_c$，得

$$\mu=i_t=(1-n)At_c^{-n}\tag{11-18}$$

最大净雨量[图11-5b)中阴影部分]为

$$h_R = H_{t_c} - \mu t_c = A t_c^{1-n} - \mu t_c$$
$$= A t_c^{1-n} - [(1-n) A t_c^{-n}] t_c$$
$$h_R = n A t_c^{1-n} \tag{11-19}$$

由此得 $\psi$ 的定义公式

$$\psi = \frac{h_R}{H_\tau} = n\left(\frac{t_c}{\tau}\right)^{1-n} = \psi(\mu, \tau) \tag{11-20}$$

式中：$t_c > \tau$时，$\psi > n$

$t_c \leqslant \tau$时，$\psi \leqslant n$

2. $\mu$ 的计算公式

由式(11-18)有

$$t_c = \left[(1-n)\frac{A}{\mu}\right]^{\frac{1}{n}} \tag{11-21}$$

将公式(11-21)代入公式(11-19)，得 $\mu$ 的计算公式

$$\left.\begin{aligned} t_c < 24\text{h 时}, \quad & \mu = (1-n) n^{\frac{n}{1-n}} \left(\frac{A}{h_R^n}\right)^{\frac{1}{1-n}} \\ t_c \geqslant 24\text{h 时}, \quad & \mu = (1-\alpha)\frac{H_{24,P}}{24} \end{aligned}\right\} \tag{11-22}$$

通常 $h_R$ 按经验公式计算

$$h_R = \alpha H_{24,P} \tag{11-23}$$

式中：$\alpha$——历时为 24h 的径流系数，见表 11-3；

$H_{24,P}$——24h 设计降雨量。

**降雨历时为 24h 的径流系数 $\alpha$ 值** 表 11-3

| 地 区 | $H_{24,P}$ (mm) | 土 壤 | | |
|---|---|---|---|---|
| | | 黏 土 类 | 壤 土 类 | 沙 壤 土 类 |
| 山区 | 100 ~ 200 | 0.65 ~ 0.8 | 0.55 ~ 0.7 | 0.4 ~ 0.6 |
| | 200 ~ 300 | 0.8 ~ 0.85 | 0.7 ~ 0.75 | 0.6 ~ 0.7 |
| | 300 ~ 400 | 0.85 ~ 0.9 | 0.75 ~ 0.8 | 0.7 ~ 0.75 |
| | 400 ~ 500 | 0.9 ~ 0.95 | 0.8 ~ 0.85 | 0.75 ~ 0.8 |
| | >500 | >0.95 | >0.85 | >0.8 |
| 丘陵区 | 100 ~ 200 | 0.6 ~ 0.75 | 0.3 ~ 0.55 | 0.15 ~ 0.35 |
| | 200 ~ 300 | 0.75 ~ 0.8 | 0.55 ~ 0.65 | 0.35 ~ 0.5 |
| | 300 ~ 400 | 0.8 ~ 0.85 | 0.65 ~ 0.7 | 0.5 ~ 0.6 |
| | 400 ~ 500 | 0.85 ~ 0.9 | 0.7 ~ 0.75 | 0.6 ~ 0.7 |
| | >500 | >0.9 | >0.75 | >0.7 |

对于降水资料，常取 $C_{s24} = 3.5C_{v24}$，$\overline{H}_{24}$、$C_{v24}$ 可查等值线图（见有关“全国年最大 24h 点雨量均值 $\overline{H}_{24}$ 等值线图”“全国年最大 24h 点雨量离差系数 $C_{v24}$ 等值线图”）。按公式(10-27)有：

$$H_{24,P}=\overline{H}_{24}(\phi_P C_{v24}+1)$$

$$i_{24,P}=\frac{H_{24,P}}{24}=\frac{A_{24,P}}{24^n}$$

∴
$$A_{24,P}=\frac{H_{24,P}}{24^{1-n}} \tag{11-24}$$

3. $\tau$的计算公式

小流域面积的小河沟,过水断面常概化为三角形断面,流域汇流速度按主河沟平均流速 $v$ 导出,则最大汇流历时可按下式求得:

$$\tau=0.278\frac{L}{v_\tau} \tag{11-25}$$

其中汇流速度用下述经验公式计算:

$$v_\tau=mJ^\sigma Q_m^\lambda \tag{11-26}$$

式中:$m$——汇流参数,见表11-2;

$J$——主河沟平均纵比降,以小数计;

$Q_m$——流域出口断面洪峰流量;

$\sigma$、$\lambda$——经验指数,与河沟断面形状有关。

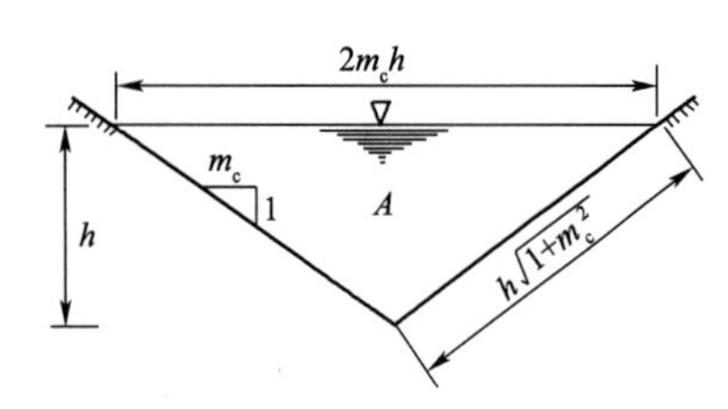

图11-6 概化的三角形断面

如图11-6所示,当主河沟断面概化为三角形时,设过水断面面积为 $A_c$,边坡系数为 $m_c$,水深为 $h$,暴雨洪峰流量为 $Q_m$,河中流速为 $v$(比汇流速度大),则

$$A_c=2m_ch\cdot\frac{h}{2}=m_ch^2=\frac{Q_m}{v}$$

$$h=\sqrt{\frac{A_c}{m_c}}=\sqrt{\frac{Q_m}{m_cv}}$$

$$R=\frac{A_c}{X}=\frac{m_ch^2}{2h\sqrt{1+m_c^2}}=\frac{m_ch}{2\sqrt{1+m_c^2}}=\frac{1}{2}\sqrt{\frac{m_c}{1+m_c^2}}\sqrt{\frac{Q_m}{v}}$$

按曼宁公式计算,有

$$v=\frac{1}{n}J^{\frac{1}{2}}R^{\frac{2}{3}}=\frac{1}{n}J^{\frac{1}{2}}\left(\frac{1}{2}\sqrt{\frac{m_c}{1+m_c^2}}\sqrt{\frac{Q_m}{v}}\right)^{\frac{2}{3}}$$

$$=\frac{1}{n}\left(\frac{1}{2}\sqrt{\frac{m_c}{1+m_c^2}}\right)^{\frac{2}{3}}\frac{Q_m^{\frac{1}{3}}}{v^{\frac{1}{3}}}J^{\frac{1}{2}}$$

由上式解 $v$ 得

$$v=\left(\frac{1}{n}\right)^{\frac{3}{4}}\left(\frac{1}{2}\sqrt{\frac{m_c}{1+m_c^2}}\right)^{\frac{1}{2}}Q_m^{\frac{1}{4}}J^{\frac{3}{8}} \tag{11-27}$$

令
$$v_\tau=Kv$$

有
$$m_1 = K\left(\frac{1}{n}\right)^{\frac{3}{4}}\left(\frac{1}{2}\sqrt{\frac{m_c}{1+m_c^2}}\right)^{\frac{1}{2}}$$

$$v_\tau = m_1 J^{\frac{3}{8}} Q_m^{\frac{1}{4}}$$

令
$$m = m_1 J^{\frac{1}{24}}$$

得
$$v_\tau = m J^{\frac{1}{3}} Q_m^{\frac{1}{4}}$$

由此得式(11-26)中的指数,当为三角形断面时

$$\sigma = \frac{1}{3}, \lambda = \frac{1}{4}$$

同理可得小河沟概化为抛物线形断面时,有

$$\sigma = \frac{1}{3}, \lambda = \frac{1}{3}$$

若将小河沟断面概化为矩形断面时,有

$$\sigma = \frac{1}{3}, \lambda = \frac{1}{5}$$

对于小流域三角形断面河沟,流域汇流速度可按下式计算:

$$v_\tau = m J^{\frac{1}{3}} Q_m^{\frac{1}{4}} \tag{11-28}$$

由此,流域最大汇流历时公式可按下式计算:

$$\tau = 0.278\frac{L}{v_\tau} = 0.278\frac{L}{mJ^{\frac{1}{3}}Q_m^{\frac{1}{4}}} \tag{11-29}$$

联立式(11-29)和式(11-14)解之,得

$$\left.\begin{aligned}\tau &= \tau_0 \psi^{-\frac{1}{4-n}}\\ \tau_0 &= \frac{0.278^{\frac{3}{4-n}}}{\left(\frac{mJ^{\frac{1}{3}}}{L}\right)^{\frac{4}{4-n}}(AF)^{\frac{1}{4-n}}}\end{aligned}\right\} \tag{11-30}$$

式中:$L$——主河沟长度,km;

$\tau_0$——汇流历时参数,h。

由上所述,小流域暴雨洪峰流量可表达为

$$Q_m = f(F, L, J, A, n, \mu, m, x)$$

可见,欲求 $Q_m$,需求解七个参数。其中,$F$、$L$、$J$ 为地形特征参数,可由地形图求得;$A$、$n$ 为气候特征参数,$n$ 可查水文手册或等值线图,$A$ 可按 24h 设计雨力计算,即 $A = A_{24,P}$,由式(11-24)求得;$\mu$、$m$ 为地质地貌特征参数,$\mu$ 可按式(11-22)求得,$m$ 可查表 11-2。因此,求解 $Q_m$ 只需计算 $\psi$、$\tau$。

## 四、小流域暴雨洪峰流量解算新方法

1. 数解法

由式(11-17)、式(11-20)及式(11-30)有两组方程

$$\left.\begin{aligned}\psi &= 1 - \frac{\mu}{A}\tau^{n} \\ \tau &= \tau_0 \psi^{-\frac{1}{4-n}}\end{aligned}\right\} \qquad (\tau < t_c, \psi > n) \tag{11-31}$$

$$\left.\begin{aligned}\psi &= n\left(\frac{t_c}{\tau}\right)^{1-n} \\ \tau &= \tau_0 \psi^{-\frac{1}{4-n}}\end{aligned}\right\} \qquad (\tau \geqslant t_c, \psi \leqslant n) \tag{11-32}$$

解式(11-31)、式(11-32),有

$\psi > n$ 时,

$$\frac{\mu\,\tau_0^n}{A} = \psi^{\frac{n}{4-n}} - \psi^{\frac{n}{4-n}} \tag{11-33}$$

$\psi \leqslant n$ 时,

$$\frac{\mu\,\tau_0^n}{A} = \frac{(1-n)\,n^{\frac{n}{1-n}}}{\psi^{\frac{3n}{(1-n)(4-n)}}} \tag{11-34}$$

由式(11-34),有

$$\psi = \left[\frac{(1-n)\,n^{\frac{n}{1-n}}A}{\mu\,\tau_0^n}\right]^{\frac{(1-n)(4-n)}{3n}} \tag{11-35}$$

如上所述,$F$、$L$、$J$、$A_{24,P}$、$h_R$、$\mu$、$\tau_0$ 均可求出,按式(11-33),即可解得 $\psi$。已知 $\psi$ 值后,按式(11-31),即得

$$\frac{\tau}{\tau_0} = \psi^{-\frac{1}{4-n}} \tag{11-36}$$

由此可得$\tau$,最后即得 $Q_m$。解算框图如图 11-7 所示。

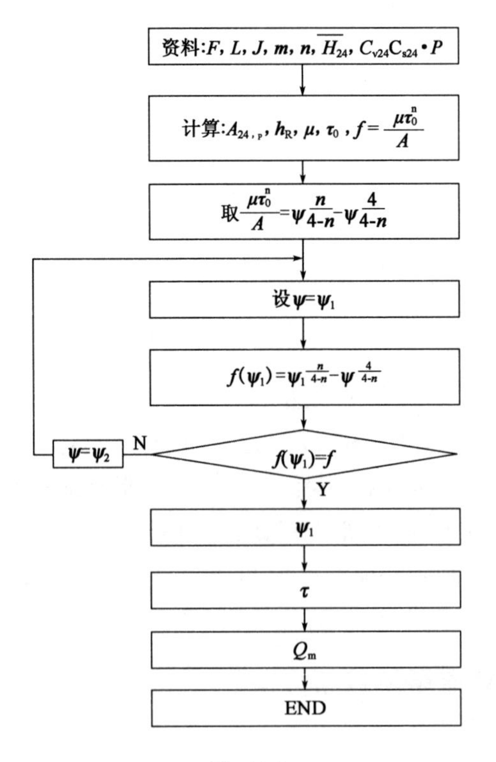


图 11-7

（数解法由叶镇国教授提出。它破解了“推理方法”只介绍图解法结果而不介绍方法由来的不足，这不得不说是一种优点。数解法不但简便，而且更加精确，可取代传统计算方法。）

2. 图解法

若 $n$ 为参数，在 $\psi > n$ 范围内取一系列 $\psi$ 值，按式（11-33）计算点据 $\left(\psi, \dfrac{\mu\tau_0^n}{A}\right)$；另在 $\psi \leq n$ 范围内取一系列 $\psi$ 值，按式（11-34）计算点据 $\left(\psi, \dfrac{\mu\tau_0^n}{A}\right)$，由此即可绘出图中的 $\psi - \dfrac{\mu\tau_0^n}{A} - n$ 曲线。若知 $\dfrac{\mu\tau_0^n}{A}$ 值，则在图中横坐标处即可图解得纵坐标 $\psi$ 值；再按式（11-36），以 $n$ 为参数，绘制 $\psi - \dfrac{\tau}{\tau_0} - n$ 曲线，已知 $\psi$ 时，便可在图中解得 $\tau$ 值（图 11-3）。

（此图解原理“推理方法”也未曾提及，作为教材也为不足。教材应使学者明理，懂计算。）

**例 11-2** 某站位于山区，壤土，查等值线得 $\overline{H}_{24} = 24\text{mm}$，$C_{v24} = 0.3$，$n = 0.75$，设计频率 $P = 10\%$，求平均下渗率 $\mu$。

**解：** $C_{s24} = 3.5C_{v24} = 3.5 \times 0.3 = 1.05$，查附录 5 得 $\phi_{10\%} = 1.341$，有

$$H_{24,P} = \overline{H}_{24}(\phi_P C_{v24} + 1) = 80 \times (1.341 \times 0.3 + 1) = 112.2(\text{mm})$$

$$A_{24,P} = \frac{H_{24,P}}{24^{1-n}} = \frac{112.2}{24^{1-0.75}} = 50.68\ (\text{mm/h})$$

查表 11-3，得 $\alpha = 0.65$，有

$$h_R = \alpha H_{24,P} = 0.65 \times 112.2 = 72.93\ (\text{mm})$$

$$\mu = (1-n)n^{\frac{n}{1-n}}\left(\frac{A}{h_R^n}\right)^{\frac{1}{1-n}}$$

$$= (1-0.75) \times 0.75^{\frac{0.75}{1-0.75}} \times \left(\frac{50.68}{72.93^{0.75}}\right)^{\frac{1}{1-0.75}}$$

$$= 1.7937(\text{mm/h})$$

**例 11-3** 引用例 11-2 的计算结果，即 $A_{24,P} = 50.68\ \text{mm/h}$，$\mu = 1.7937\text{mm/h}$，设桥位断面处流域面积 $F = 40\text{km}^2$，主河沟长 $L = 10\text{km}$，平均比降 $J = 0.0362$，求频率 $P = 10\%$ 的设计流量 $Q_{10\%}$。

**解：** 1）计算 $\tau_0$

查表 11-2，$F = 40\text{km}^2$，$m = 0.8$，按式（11-30）有

$$\tau_0 = \frac{0.278^{\frac{3}{4-n}}}{\left(\dfrac{mJ^{\frac{1}{3}}}{L}\right)^{\frac{4}{4-n}}(AF)^{\frac{1}{4-n}}}$$

$$= \frac{0.278^{\frac{3}{4-0.75}}}{\left(\dfrac{0.8 \times 0.0362^{\frac{1}{3}}}{10}\right)^{\frac{4}{4-0.75}} \times (50.68 \times 40)^{\frac{1}{4-0.75}}}$$

$$= 2.6(\text{h})$$

$$\frac{\mu\tau_0^n}{A_{24,P}} = \frac{1.7937 \times 2.6^{0.75}}{50.68} = 0.0725$$

2)计算 $\psi_x$

(1)数解法

取 $\psi_x = 0.93$ ,因所取 $\psi_x > n$ ,应用式(11-33)试算。有

$$f(\psi) = \psi^{\frac{n}{4-n}} - \psi^{\frac{4}{4-n}} = 0.93^{\frac{0.75}{4-0.75}} - 0.93^{\frac{4}{4-0.75}}$$

$$=0.0688 \neq \frac{\mu\tau_0^n}{A} = 0.0725$$

再取 $\psi_x = 0.926$

$$f(\psi) = 0.926^{\frac{0.75}{4-0.75}} - 0.926^{\frac{4}{4-0.75}}$$

$$=0.0727 \approx \frac{\mu\tau_0^n}{A} = 0.0725$$

故得 $\psi_x = 0.926$

(2)图解法

查图 11-3,当 $\frac{\mu\tau_0^n}{A} = 0.0725$ , $n = 0.75$ 时,得

$$\psi_x = 0.918$$

上述结果中,图解法误差较大,数解法比较准确,因此应尽量采用数解法确定 $\psi_x$ ,本例取 $\psi_x = 0.926$ 。

3)计算 $\tau$

(1)数解法

由式(11-30)得

$$\tau = \tau_0\psi^{-\frac{1}{4-n}} = 2.6 \times 0.926^{-\frac{1}{4-0.75}} = 2.6622(\mathrm{h})$$

(2)图解法

查图 11-3,当 $\psi_x = 0.926$ , $n = 0.75$ 时, $\frac{\tau}{\tau_0} = 1.02$

$$\tau = 1.02\tau_0 = 1.02 \times 2.6 = 2.652(\mathrm{h})$$

数解法比较准确,取 $\tau = 2.6622\mathrm{h}$。

4)设计流量 $Q_{10\%}$ 的计算

$$Q_{10\%} = 0.278\frac{\psi A}{\tau^n}F = 0.278 \times \frac{0.926 \times 50.68}{2.6622^{0.75}} \times 40$$

$$=250.39(\mathrm{m^3/s})$$

## 五、推算小流域暴雨洪峰流量的其他公式

1. 原交通部公路科研所推理公式

$$Q_m = 0.278\left(\frac{A_P}{\tau^n} - \mu\right)F \tag{11-37}$$

2. 暴雨径流简化公式

$$Q_m = \psi_0(h - z)^{1.5}F^{0.8} \cdot \beta \cdot \gamma \cdot \delta \tag{11-38}$$

式中：$Q_m$——洪峰流量，$m^3/s$；

$h$——径流厚度，mm。按附录 7 查用，其中区别见附录 9，汇流时间 $t$(min)：$F<10km^2$ 时，$t=30min$，$10km^2<F<20km^2$ 时，$t=45min$，$20km^2<F<30km^2$ 时，$t=80min$；

$z$——植物截留及洼蓄径流厚度，mm，按附录 10 查用；

$F$——流域面积，$km^2$；

$\beta$——洪水传播影响折减系数，按附录 11 查用；

$\gamma$——降水不均匀影响折减系数，按附录 12 查用；

$\psi_0$——地貌系数，按附录 13 查用；

$\delta$——湖泊水库调节作用影响折减系数，按附录 14 查用。

此公式在小桥涵设计中常用。

3. 经验公式

对于小流域的设计流量，除按上述降水资料推算外，还可用经验公式估算。但这类公式具有地区性局限。常见的经验公式有

$$Q = CF^n \tag{11-39}$$

式中：$F$——流域面积，$km^2$；

$Q$——流量，$m^3/s$；

$C$、$n$——参数，见表 11-4。

**参数 $C$,$n$ 经验值** 表 11-4

| 区 域 | 项 目 | 频 率 $P$ (%) | | | | | 适用范围($km^2$) |
|---|---|---|---|---|---|---|---|
| | | 0.5 | 1.0 | 2.0 | 5.0 | 10.0 | |
| 山地 | $C$ | 28.6 | 22.0 | 17.0 | 10.7 | 6.58 | 3～2 000 |
| | $n$ | 0.601 | 0.621 | 0.635 | 0.672 | 0.707 | |
| 平原沟壑 | $C$ | 70.1 | 49.9 | 32.5 | 13.5 | 3.20 | 5～200 |
| | $n$ | 0.244 | 0.258 | 0.281 | 0.344 | 0.506 | |

**例 11-4** 已知湖南省某河沟桥位断面处的流域面积 $F=25km^2$，流域内土壤含沙率经试验分析为 60%，冲积性土壤，主河沟平均比降 $J=19\%$，流域内大部生长密草，高度小于 1m。桥址上游处有一湖泊，其面积为 $0.5km^2$，流域长度为 10km，流域面积重心至桥址距离 $L_0=4km$，求设计频率 $P=2\%$ 的流量 $Q_P$。

**解**：查附录 13 得地貌系数 $\psi_0=0.06$；湖南省属第 5 暴雨区，流域土壤属Ⅳ类，按 $20km^2<F<30km^2$ 时，汇流时间 $t=80min$，查附录 7 得 $h=35mm$；湖泊率为 $\frac{0.5}{25}=2\%$，由附录 14 得 $\delta=0.99$；由附录 10 得 $z=5mm$；由附录 11 得 $\beta=0.85$；由附录 12 得 $\gamma=1.0$。按式(11-38)，得

$$\begin{aligned} Q_m &= \psi_0(h-z)^{1.5}F^{0.8}\cdot\beta\cdot\gamma\cdot\delta \\ &= 0.06\times(35-5)^{1.5}\times25^{0.8}\times0.85\times1\times0.99 \\ &= 109(m^3/s) \end{aligned}$$

## 第四节 桥位断面设计流量和设计水位推算

桥位断面和流量测量的水文站所在处通常不重合,在确定设计流量后,还需进一步换算成桥位断面处的流量或水位。

(1)水文测站、形态断面距桥位断面很近,流域面积相差小于5%时,可直接采用测站或形态断面处的设计流量,不必作换算。

(2)水文站或形态断面与桥位断面的流量相差小于10%时,可直接采用测站或形态断面处的设计流量,不必作换算。

(3)若测站或形态断面与桥位断面间的流域面积相差大于5%,流量超出10%时,可按下式换算

$$Q_{BP} = \frac{F_2^n b_2^m J_2^{\frac{1}{4}}}{F_1^n b_1^m J_1^{\frac{1}{4}}} Q_P \tag{11-40}$$

式中:$F_2$、$b_2$、$J_2$——桥位断面的流域面积,$km^2$,汇水面积宽度,km,平均比降;

$F_1$、$b_1$、$J_1$——测站或形态断面处的流域面积,$km^2$,汇水面积宽度,km,平均比降;

$m$——流域形状指数,雨洪 $m = \frac{1}{3}$;

$Q_P$——测站或形态断面处设计流量;

$Q_{BP}$——桥位断面的设计流量,$m^3/s$;

$n$——汇水面积指数,$F \leqslant 30km^2$,$n = 0.8$;$F > 30km^2$,$n = \frac{1}{2} \sim \frac{1}{3}$。

当 $F < 30km^2$ 或流域面积相差小于20%时,可按下式换算

$$Q_{BP} = \left(\frac{F_2}{F_1}\right) Q_P \tag{11-41}$$

**【习题】**

11-1 确定桥涵设计流量有几种途径?试扼要说明。

11-2 什么是形态调查法?试用框图说明按形态调查法的步骤。

11-3 洪水调查的内容有哪些?试述利用洪水调查资料确定设计流量或水位的方法。

11-4 什么是考证期?它与重现期有何区别?设某站1955—1957年三年中有实测流量 $Q_{1955} = 1\,000m^3/s$,$Q_{1956} = 1\,200m^3/s$,$Q_{1957} = 800m^3/s$,经历史洪水调查,得1880年流量 $Q_{1880} = 700m^3/s$,试确定本次历史洪水调查的考证期及 $Q_{1880}$ 的重现期。

11-5 已知24小时平均降雨量 $\overline{H}_{24} = 70mm$,离差系数 $C_{v24} = 0.3$,$n = 0.87$,偏差系数 $C_{s24} = 3.5C_{v24}$,设计频率 $P = 10\%$,求设计雨力 $A_{24,P}$。

11-6 已知平均暴雨强度 $\overline{i} = 20mm/h$,暴雨衰减指数为0.8,求瞬时暴雨强度 $i_t$。

11-7　已知24小时平均降雨量 $\overline{H}_{24}=70\text{mm}$，$C_{v24}=0.5$，$C_{s24}=3.5C_{v24}$，暴雨衰减指数 $n=0.8$，设计频率 $P=1\%$，求土壤的平均下渗率 $\mu$。

11-8　现欲建造高速公路的一级小桥，已知平均降水量 $\overline{H}_{24}=70\text{mm}$，$C_{v24}=0.5$，$C_{s24}=3.5C_{v24}$，暴雨衰减指数 $n=0.8$，流域面积 $F=30\text{km}^2$，主河沟长 $L=20\text{km}$，平均比降 $J=0.0037$。求设计流量 $Q_P$。

11-9　试述用推理公式及径流简化公式推算小流域设计洪峰流量各需要收集哪些水文资料？分别写出其计算步骤框图。

11-10　如习题11-10图所示暴雨强度过程线，已知暴雨衰减指数 $n=0.8$，$\tau=22\text{h}$，平均入渗率 $\mu=2\text{mm/h}$，求雨力 $A$。

11-11　如习题11-10图所示暴雨强度过程线，已知平均下渗率 $\mu=5\text{mm/h}$，流域最大汇流历时 $\tau=25\text{h}$，求洪峰径流系数 $\psi$。

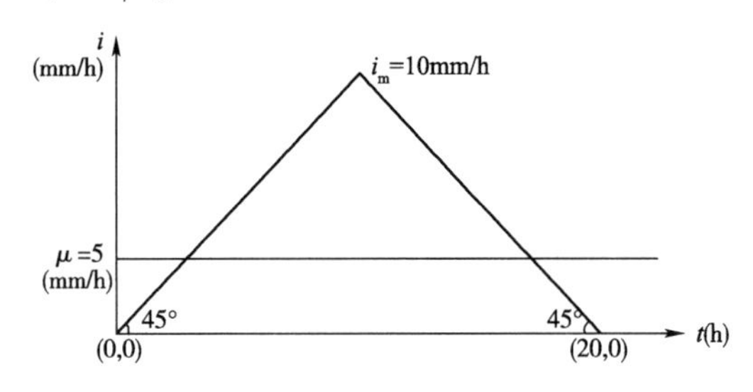


习题11-10图

11-12　如习题11-10图所示暴雨强度过程线，已知平均入渗率 $\mu=5\text{mm/h}$，流域最大汇流历时 $\tau=2\text{h}$，求洪峰径流系数 $\psi$。

11-13　经实测得流域最大汇流历时 $\tau=10\text{h}$，出口最大流量 $Q=200\text{m}^3/\text{s}$，河沟长10km，平均比降 $J=0.001\%$。求流域汇流参数 $m$。

11-14　由暴雨资料推算设计洪峰流量方法中，哪些参数含有设计条件？写出它们的名称。

第十二章

# 大中桥位勘测设计

跨越江河上的桥梁，它的整个设计工作包括：结合路线的总方向选择最佳桥位，确定合适的桥孔位置、桥孔长度和高度，按照桥梁墩台处可能出现的最大冲刷深度与河床地质情况，决定墩台基础的最小埋置深度，此外还要合理地布设桥头引道和必要的调治建筑物，选定恰当的桥梁方案、上部构造形式和墩台结构形式等。

## 第一节　桥涵分类及一般规定

### 一、桥涵分类

桥涵分类及一般规定等按《公路工程技术标准》（JTG B01—2014）的规定，其类别划分见表12-1。

桥梁分类标准　　表12-1

| 桥梁分类 | 多孔跨径总长 $L$(m) | 单孔跨径 $L_k$(m) |
|---|---|---|
| 特大桥 | $L>1\,000$ | $L_k>150$ |
| 大桥 | $100\leqslant L\leqslant 1\,000$ | $40\leqslant L_k<150$ |

续上表

| 桥 梁 分 类 | 多孔跨径总长 $L$(m) | 单孔跨径 $L_k$(m) |
|---|---|---|
| 中桥 | $30 < L < 100$ | $20 < L_k 40$ |
| 小桥 | $8 \leqslant L \leqslant 30$ | $5 \leqslant L_k < 30$ |
| 涵洞 |  | $L_k < 5$ |

注:1. 单孔跨径是指标准跨径。

2. 梁式桥、板式桥的多孔跨径总长为多孔标准跨径的总长;拱式桥为两岸桥台内起拱线间的距离;其他形式桥梁为桥面系车道长度。

3. 管涵及箱涵不论管径或跨径大小,孔数多少,均称为涵洞。

4. 标准跨径:梁式桥以两桥墩中间距离或桥墩中线与台背前缘间距为准;拱式桥和涵洞以净跨径为准。

5. 桥长的定义:

(1)桥孔长度 $L$(桥长)——设计水位上两桥台前缘之间的水面宽度。

(2)桥孔净长 $L_j$——桥长扣除全部桥墩宽度后的长度。

## 二、桥涵布置的一般规定

(1)按照《公路桥涵设计通用规范》(JTG D60—2015)的规定,桥涵布置应遵循以下原则:

①桥涵应根据公路功能、技术等级、通行能力及防灾减灾等要求,结合水文、地质、通航和环境等条件进行综合设计。

②桥涵应按照安全、耐久、适用、环保、经济和美观的原则,考虑因地制宜、就地取材、便于施工和养护等因素,进行全寿命设计。

③桥涵应与自然环境和景观相协调,特殊大桥宜进行景观设计。

④桥涵基本设置应结合农田基本建设考虑排灌的需要。

⑤特大桥、大桥桥位应选河槽顺直稳定、河床地质良好、河槽能通过大部分设计流量的河段,并应避开断层、岩溶、滑坡、泥石流等不良地质地带;在条件限制不得不跨越不良地质地带时,必须采取防控措施并进行严格论证。

⑥桥面铺装应有完善的桥面防水、排水系统。

⑦桥涵跨径小于或等于 50m 时,宜采用标准化跨径、装配式结构、机械化和工厂化施工。

⑧对于分期修建的桥梁,应选择先期与后期衔接的结构形式。

⑨桥涵应设置维修养护通道,特大桥和大桥应设置必要的养护设施。

(2)有桥台的桥梁,桥梁全长应为两岸桥台侧墙或八字墙尾端间的距离;无桥台的桥梁,桥梁全长应为桥面系的长度。

(3)桥涵标准化跨径规定如下:0.75m、1.0m、1.25m、1.5m、2.0m、2.5m、3.0m、4.0m、5.0m、6.0m、8.0m、10m、13m、16m、20m、25m、30m、35m、40m、45m、50m。

(4)桥涵设计洪水频率应符合下述标准,并应符合表 12-2 的规定。

**桥涵设计洪水频率** 表 12-2

| 公路等级 | 设计洪水频率 | | | | |
|---|---|---|---|---|---|
| | 特大桥 | 大桥 | 中桥 | 小桥 | 涵洞及小型排水构筑物 |
| 高速公路 | 1/300 | 1/100 | 1/100 | 1/100 | 1/100 |
| 一级公路 | 1/300 | 1/100 | 1/100 | 1/100 | 1/100 |
| 二级公路 | 1/100 | 1/100 | 1/100 | 1/50 | 1/50 |

续上表

| 公路等级 | 设计洪水频率 | | | | |
|---|---|---|---|---|---|
| | 特大桥 | 大桥 | 中桥 | 小桥 | 涵洞及小型排水构筑物 |
| 三级公路 | 1/100 | 1/50 | 1/50 | 1/25 | 1/25 |
| 四级公路 | 1/100 | 1/50 | 1/50 | 1/20 | 不做规定 |

①二级公路的特大桥以及三、四级公路的大桥,在河床比降大、易于冲刷的情况下宜提高一级洪水频率验算基础冲刷深度。

②沿河纵向高架桥和桥头引道的设计洪水频率应符合路基设计洪水频率的规定,见表12-3。

**路基设计洪水频率** 表12-3

| 公路等级 | 高速公路 | 一级公路 | 二级公路 | 三级公路 | 四级公路 |
|---|---|---|---|---|---|
| 设计洪水频率 | 1/100 | 1/100 | 1/50 | 1/25 | 按具体情况确定 |

(5)桥面净空应符合《公路工程技术标准》(JTG B01—2014)公路建筑限界的规定,并应符合下列规定:

①多车道公路上的特大桥为整体式上部结构时,中央分隔带应根据所采用的护栏形式确定。

②特大桥的人行道宽度经论证后可采用最小值0.5m。

③路、桥不同宽度间应顺适过渡。

④桥上设置的各种管线、安全设施及标志等不得侵入公路建筑限界。

(6)桥下净空应符合下列规定:

①通航或流放木筏的河流,桥下净空应符合通航标准或流放木筏的要求。

②跨线桥桥下净空,应符合被交叉公路、铁路、其他道路等建筑限界的规定。

③桥下净空应考虑泄洪、流水、漂流物、水塞以及河床冲淤等情况。

(7)桥梁及其引道的平、纵、横技术指标应与路线总体布置相协调,并应符合下列规定:

①桥上纵坡不宜大于4%,桥头引道纵坡不宜大于5%。

②对于结冰、积雪的桥梁,桥上纵坡宜适当减小。

③位于城镇混合交通繁忙处的桥梁,桥上纵坡和桥头引道纵坡均不得大于3%。

④桥头两端引道的线形应与桥梁的线形相匹配。

# 第二节 桥位选择

## 一、桥位选择的一般要求

根据《公路工程水文勘测设计规范》(JTG C30—2015)规定:

(1)除控制性桥位外,桥位选择原则上应服从路线走向,在适当范围内,可根据河段的水文地形、地质、地物等特征,综合考虑比选确定。

(2)对水文、地质和技术复杂的特殊大桥的桥位,应在已定路线大方向的前提下,根据河流形态、水文、地质、通航要求、地面设施、施工条件以及与地方经济社会发展的关系等，在较大范围内作全面的技术、经济比较后确定。必要时应先期进行物探和钻探，保证桥梁建造的可实施性。

(3)桥位选择在水文方面应符合下列规定：

①桥位应选在河道顺直、稳定、较窄的河段上。

②桥位选择应考虑河道的自然演变以及建桥后对天然河道的影响。

③桥轴线宜与中、高洪水位的流向正交。斜交时应在孔径及墩台基础设计中考虑其影响。

(4)通航水域的桥位选择应符合下列规定：

①桥位应选在航道稳定、顺直且具有足够通航水深的河段上，航道不稳定时，应考虑河道变迁的影响。

②桥轴线与通航主流的夹角不宜大于5°，大于5°时应增大通航孔的跨径。

③桥位应避开既有水工设施、港口作业区和船舶锚地等。

(5)对改扩建桥梁，既有桥梁位于港区、地形地物复杂处、航道弯道处或通航交织处，可另选桥位。拟建桥位与既有桥位之间的距离应考虑通航和防洪要求，且水中部分的桥墩宜相互对应。

## 二、各类河段上的桥位选择

(1)水深、流急的山区峡谷河段，桥位宜选在可以一孔跨越处。

(2)山区开阔河段，桥位应选在河槽稳定、水深较浅、流速较缓处。

(3)山前变迁河段，桥位宜选在两岸与河槽相对比较稳定的束窄河段上；必须跨越扩散段时，应选在河槽摆动比较小的地段。桥轴线宜与洪水总趋势正交。

(4)山前冲积漫流河段，桥位宜选在上游狭窄段或下游收缩河段上，不宜选在中游扩散段。

(5)平原顺直、微弯河段，桥位宜选在河槽与河床走向一致、槽流量较大处，桥轴线宜与河岸线正交。

(6)平原弯曲河段，桥位一般应选在主槽流向与河流总趋势一致的较长河段上；当河湾发展已逼近河床的基本岸边时，桥位宜选在河湾顶部的中间位置。

(7)平原分汊河段，桥位宜选在深泓线分汊点以上；在江心洲稳定的分汊河段上，桥位亦可选在江心洲或洲尾两汊深泓线汇合点以下。

(8)平原宽滩河段，桥位宜选在河滩地势较高、河槽居中、稳定、顺直和滩槽流量比较小的河段上。

(9)平原游荡河段，桥位宜选在两岸有固定依托的较长窄河段上，桥轴线宜与河岸正交。

(10)倒灌河段，桥位跨越倒灌河段的支流时，桥位宜选在受大河壅水倒灌影响范围之外或受大河壅水倒灌影响较小处跨越。

(11)潮汐河段，桥位不宜选在涌潮区段，应避开凹岸和滩岸消长多变地段，不宜紧邻挡潮闸。

(12)冰凌河段，桥位宜选在河道顺直稳定、主槽较深、流水顺畅的河段上，不宜选在浅滩、沙洲较多、河流分汊、水流不畅等容易发生水塞、冰坝的河段。

## 三、特殊地区的桥位选择

(1)水库地区的桥位选择应符合下列规定：

①应考虑修建水库而引起的河流状态的改变,以及可能产生的各种不利因素。

②在水库蓄水影响区内时,桥位宜选在库面较窄、岸坡稳定、泥沙沉积较少的地段;在封冰地区,不应选在回水末端容易形成冰坝的地段。

③在水库下游,桥位宜选在下游集中冲刷影响范围以外。

(2)泥石流地区的桥位选择应符合下列规定：

①泥石流发展强烈的形成区,应采取绕避方案。

②不宜挖沟设桥,亦不宜改沟并桥。

③路线必须通过泥石流流通区时,桥位应选在沟床稳定的流通区的直线段上,并宜与主流正交,不宜选在沟床纵坡由陡变缓、断面突然收缩或扩散地段以及弯道的转折处。

④路线通过泥石流堆积扇时,桥位应避开扇腰、扇顶部位,宜选在扇缘及其尾部,桥梁应沿等高线分散设置。如堆积扇濒临大河受到水流切割时,桥位选择应考虑切割的发展,留有一定的安全余地。

⑤路线通过泥石流堆积扇群时,桥位宜选在各沟出口处或横切各扇缘尾部。

(3)平原低洼(河网)地区的桥位选择应符合下列规定：

①桥位选择应注意与当地水利和航运规划相配合,不宜在水闸、引水或分洪口等水利工程附近。

②桥位宜选在两岸地势较高处,不宜选在淤泥或土质特殊松软的地段。

③桥位跨越灌溉渠网时,不应破坏原有排灌系统。

(4)岩溶地区桥位选择应符合下列规定：

①桥位宜避开强岩溶地区,选择岩溶发育轻微的区域。必须在强岩溶地区设桥时,应选在岩层比较完整、洞穴顶板较厚处。

②桥位应避开巨大洞室、大竖井和构造破碎带。无法绕避时,应使桥位垂直或以较小的斜交角通过。

③桥位宜设在非可溶岩层地带上,不宜设在可溶岩层与非可溶岩层接触带上。

④路线跨越岩溶丘陵区的峰间谷地时,桥位不宜选在漏斗、落水溶洞、岩溶泉、地下通道以及地下河床出露处。

⑤岩溶塌陷区的桥位应选在工业与民用取水点所形成的地下水位下降漏斗范围以外,覆盖层较厚、土层稳固、洞穴和地下水位稳定处。

⑥地下河床范围内不宜设桥。

(5)海湾地区的桥位选择应符合下列规定：

①桥位宜选在有岛屿相连、过水断面较窄的地段。

②桥位宜选在与两岸公路连接顺畅、桥轴线与海流流向正交的地段。

③桥位宜选在海岸基本稳定,泥沙来源少,沿岸泥沙流弱的地段。不宜选在两股或多股泥沙流相汇的地段。

④桥位选择宜避开船舶锚地。

## 四、桥位选择的地质要求

(1)桥位应选在河床有岩层或土质坚实、覆盖层较浅的地段。避免断层、溶洞、石膏、侵蚀性盐类岩层及其他不宜建造墩台基础的地段。

(2)避免桥头引道通过滑坍和潮湿泥沼等地质不良地段。

## 五、桥位选择的航运要求

(1)桥位应选在顺直河段,远离浅滩急弯。其顺直长度,上游不小于最长拖船队长度或木排长度的3倍及顶推船队长度的4倍。在桥轴线的下游则不小于最长拖船队长度或木排长度的1.5倍,顶推船队长度的2倍。

(2)河段航道稳定,有足够的水深。

(3)桥轴线应与设计通航水位时的航迹线垂直。否则,桥轴线的法线与航迹线的交角不宜大于5°,或采取增大通航孔跨径的措施。

(4)在流放木排的河段上,桥位应选在码头、储木场或木材编排场的上游。

## 六、桥位选择的其他要求

(1)城镇附近的桥位,应尽量避免通过市区并应考虑城镇规划要求,还应与城镇的治河、防洪及环境保护规划相配合。有防洪要求的城镇,桥位应选在城镇的上游。

(2)桥头接线应尽量避免拆迁有价值的建筑物,高压线等设施亦不宜轻易拆移。

(3)选择桥位,应力求桥梁和引道在平面上呈直线;否则,两端桥头以外应按规范保持一定的直线段。在山区受地形限制,难以保证足够的直线段长度时,也可从桥台处开始设置平滑曲线引道。

(4)大、中桥桥面纵坡应小于4%;桥头引道纵坡应小于5%,对于交通繁忙地区,引道纵坡不宜大于3%。桥头引道与桥面应保持同一坡度;引道较长时,为节约工程量,引道可采用变坡设计,并按一般路线要求设计竖曲线,竖曲线不应伸入桥面两端以外10m的范围内(困难时,可减至5m)。

(5)在旧桥附近的桥位,一般应选在旧桥的下游;如旧桥下抛有片石或落梁等情况,则宜选在旧桥的上游。两桥之间的距离考虑通航、施工、地质等情况确定。

## 七、推荐桥位的基本要求

实际工作中,桥位选择往往难以同时满足上述各点要求,一般在同一条河流上选定几处桥位,再作方案比较,从中择优推荐。其基本要求有:

(1)工程费、维修养护费和运营费(运营期一般按20年计算)的总和最低,工期短、工效高、经济效益好。

(2)施工场地和材料运输条件好。

(3)桥头引道和调治构造物的技术指标优化、合理且工程量少。

(4)对具有良好水文、地质条件的方案应优先择用。

(5)对当地农业、水利、交通运输及城镇的干扰最小。

图12-1所示为某公路干线上的渡口,此处拟改用桥渡,初拟三个桥位方案,其各项指标见表12-4,其中以第Ⅲ个方案桥位最佳:占田少、拆迁少,工程费及运营费之和最低,符合推荐桥位的基本要求,故作为推荐桥位。

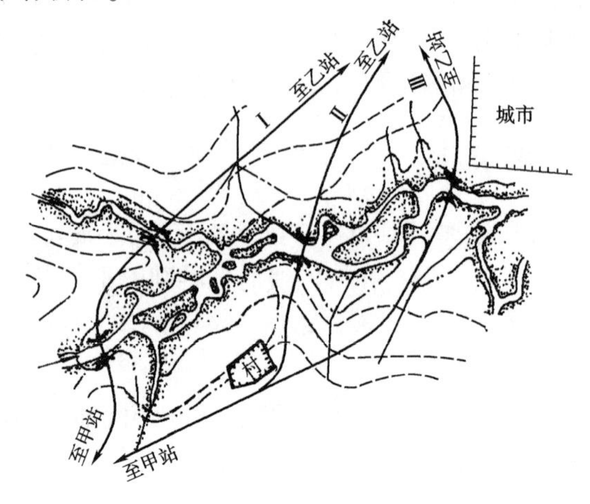


图 12-1

某干线公路大桥桥位方案比较　　表12-4

| 序号 | 项　目 | Ⅰ桥位 | Ⅱ桥位 | Ⅲ桥位 |
|---|---|---|---|---|
| 1 | 拆迁($m^2$) | 15 152 | 29 203 | 10 597 |
| 2 | 占田(亩)① | 97.1 | 66.5 | 23.6 |
| 3 | 河槽宽(m) | 510 | 750 | 740 |
| 4 | 覆盖层厚(m) | >100 | >100 | 20 |
| 5 | 河槽基础施工水深(m) | 17 | 18 | 20 |
| 6 | 全长(m) | 500 | 710 | 730 |
| 7 | 工程运营费(万元) | 100.8 | 97.5 | 112 |
| 8 | 建桥工程费(万元) | 587.8 | 630.5 | 570.6 |
| 9 | 配合城市规划 | 好 | 较好 | 较好 |
| 10 | 水文地形条件 | ①河道顺直,水流稳定;<br>②河南最窄,桥长最短;<br>③拆迁、占田数较大;<br>④与老路接线长 | ①与老路接线短;<br>②距离下游沙洲太近,不能满足通航要求;<br>③拆迁面积大;<br>④工程费用高 | ①符合路线总方向;<br>②与老路接线短;<br>③拆迁、占田少;<br>④河槽基本顺直稳定;<br>⑤与下游沙洲距离符合通航要求;<br>⑥工程费最低;<br>⑦桥长较长,施工水深较大 |

注:①1亩≈666.67$m^2$。

# 第三节 桥 位 勘 测

在进行桥梁设计前,对桥位地区的政治经济情况、自然地理情况及其他条件作详细调查与测量,统称为桥位勘测。

一般情况下桥位勘测的基本内容如下。

## 一、选定桥位

这是桥位勘测的第一项工作,主要是确定桥梁的跨河地点,选定桥位的有关要求如前所述。

## 二、桥位测量

桥位测量的基本内容有:

(1)测绘总平面图。它以较小的比例尺测绘桥位附近较大范围的总图,供布设水文基线、选定桥位与桥头路线、布置调治构造物与施工场地等使用。其比例尺一般河流采用1∶2 000 ~ 1∶5 000,较大河流采用1∶5 000 ~1∶10 000,较小河流采用1∶1 000 ~1∶2 000。若有数个桥位方案,应尽可能测绘在同一张图内,以便作相互比较。测绘范围为桥轴线上游约为洪水泛滥宽度的2倍、下游为1倍,顺桥轴线方向为历史最高洪水位以上2 ~5m或洪水泛滥边界以外50m。对于分汊河流、宽滩河流、冲积漫流和泥石流地区,其测绘范围可按实际情况确定。

总平面图内应标绘出地形图上所有内容:平面控制点、高程控制点、水准点、各方案的路线导线、桥位轴线、引道接线、水文基线、洪水位点、历史最高洪水泛滥线、洪水期流向、航标位置和船筏迹线等。

(2)桥址地形图。测绘范围应能满足桥梁孔径、桥头引道路基和调治构造物设计的需要。一般的测量范围为桥轴线上游约2倍桥长、下游1倍桥长,顺桥轴线方向为历史最高洪水位以上2m或洪水泛滥边界以外50m。图中应标绘对桥位设计有影响的地形、地物,必要时还应测绘河底等高线(水下地形)。大河常用比例尺为1∶2 000 ~1∶5 000,等高距1 ~5m;中小河常用比例尺为1∶500 ~1∶2 000,等高距为0.5 ~2m。

当正桥桥位与比较桥位的水文基线相距不远,桥位总平面图与桥址地形图要求施测范围又相差不大时,可适当扩大桥址地形图的测量范围和内容,而免测桥位总平面图。

(3)桥址纵断面图。主要供布置桥孔与河滩路基使用。一般应测至两岸历史最高洪水位以上2 ~5m或引道路肩设计高程以上。当桥梁墩台位于陡于1∶3的斜坡时,应在桥位上、下游各10 ~20m处增测辅助断面。桥址纵断面图的比例常采用1∶100 ~1∶1 000。

## 三、水文调查

水文调查与勘测的目的在于了解河流的水文情况,如收集水位、流速、比降、过水面积、糙率、含沙量、风向、风速、气温、降水、冰凌、冰雪覆盖深度、航道等级、船舶净空要求及附近桥梁和水工建筑物等资料。有关洪水资料的调查内容及方法,详见第十一章。

## 四、工程地质勘察

工程地质勘察是为了查明桥位区的地层岩性、地质构造,桥梁墩台及调治构造物处地基覆盖层与基岩风化层的厚度,基岩的风化程度和构造破碎程度,软弱夹层及地下水情况,测试岩土的物理力学性质,为设计提供地基承载力的数据,以便确定桥梁墩台的式样及埋置深度等。桥梁钻探点的个数、分布及钻孔深度应按工程地质情况及设计要求确定。

工程地质勘查应查明桥位附近地区的砂、石、石灰、黏土及其他材料的产地、储量、质量,料场位置、大小及运输条件等,而后提出工程地质报告、各桥位区域工程地质条件的综合评价及推荐桥位方案。一般应提供以下图表资料:

(1)桥位工程地质平面图。

(2)桥位工程地质纵剖面图。

(3)钻孔地质柱状图。

(4)物探、原位测试成果资料。

(5)岩土和天然建筑材料试验成果表。

(6)天然建筑材料分布示意图及自采材料料场调查表。

(7)其他资料。

# 第四节　大中桥孔计算

## 一、桥位河段的水流图式

大中桥位河段多为缓坡河段,水流因受桥孔压缩影响,桥前将出现图12-2a)型水面曲线;过桥水流亦多属堰流性质,即桥孔中将发生纵向与侧向收缩,形成收缩断面,可有淹没出流与自由出流情况。在自由出流条件下,收缩断面流速大,冲刷力强,桥孔设计除需满足泄流条件外,还需考虑桥孔中的冲刷因素。因此,大中桥孔的水力计算特点是按自由出流情况,并允许桥下有一定的冲刷。

大中桥的桥前壅水曲线,从理论上说为 $a_1$ 型水面曲线,其起点在上游无穷远处,至桥前一定距离处达到最大壅高值,而后呈堰流形式进入桥孔。但实际上,桥前壅水只是在一个有限的范围内。当无导流堤时,最大壅水高度 $\Delta z$ 发生在桥孔上游大约一个桥长处,如图12-2a)中断面②处,收缩断面则在断面③′处;当有导流堤时,$\Delta z$ 约在上游坝端处,如图12-2b)中断面②处,收缩断面则在桥位中线断面处,如图12-2b)中断面③所示。由于水流的分离现象,桥台上、下游两侧都将形成回流区,即有立轴副流。从桥位河段的纵剖面看,如图12-2c)所示,在

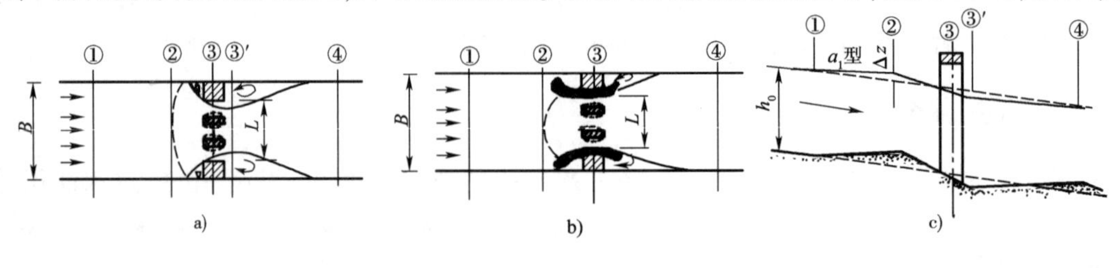


图　12-2

壅水范围内，流速沿程减小，常导致泥沙沉积，最大壅高断面之后，流速沿程增大，河床又将出现冲刷现象。为简化计，在实际工程中，常以二次抛物线代替 $a_1$ 型曲线，以便推求桥前最大壅水高度 $\Delta z$ 及沿程壅水水位变化。但是，当桥前河段为急坡河段时，上游不会出现壅水现象，其水力图式如图 7-2 所示，将在桥前发生水跃现象。

## 二、大中桥桥孔布设一般规定

按照《公路工程水文勘测设计规范》(JTG C30—2015)的要求，桥孔布设应遵循下列规定：

(1)桥孔布设必须保证设计洪水以内的各级洪水泥沙安全通过，并满足通航、流水及其他漂浮物通过的要求。

(2)桥孔布设应适应各类河段的特点及演变特点，避免河床产生不利变形，且做到经济合理。各类河段的特性及河床演变特点见 JTG C30—2015 附录 A。

(3)建桥后引起的桥前壅水高度、流势变化和河床变形，应在安全允许范围之内。

(4)桥孔设计应考虑桥位上下游已建或拟建的水利工程、航道码头和管线等引起的河床演变对桥孔的影响。

(5)桥位河段的天然河段不宜开挖或改移，需要开挖、改移河道时，应通过可靠的技术经济论证。

(6)跨越河口、海湾及海岛之间的桥梁，必须保证在潮汐、海浪、风暴前，海流及海底泥沙运动等各种海洋水文条件影响下，正常使用和满足通航的要求。

## 三、大中桥桥孔布设的原则

按照《公路工程水文勘测设计规范》(JTG C30—2015)的要求，桥孔布设应遵循下列原则：

(1)桥孔布设应与天然河流断面流量分配相适应。在稳定性河段上，左右河滩桥孔长度之比应近似与左右河滩流量之比相当；在次稳定和不稳定河段上，桥孔布设必须考虑河床变形和流量分布变化趋势的影响。桥孔不宜压缩河槽，可适当压缩河滩。

(2)在内河通航的河段上，通航孔布设应符合《内河通航标准》(GB 50139—2014)的规定，并应充分考虑河床演变和不同水位所引起的航道变化。通航海轮的桥梁，桥孔布设应符合《通航海轮桥梁通航标准》(JTJ 311—1997)的规定。

(3)主流深泓线上或主航道上不宜布设桥墩；在断层、陷穴、溶洞、滑坡等不良地质地段也不宜布设墩台。

(4)有流冰、流木的河段，桥孔应适当放大。

(5)山区河流的桥孔布设应符合下列规定：

①峡谷河段：峡谷河段宜单孔跨越。桥面高程应根据设计洪水位，并结合两岸地形和路线等条件确定。

②开阔河段：可适当压缩河滩，但不能压缩河槽；桥头河滩路堤应尽量与洪水主流正交，斜交时应增设调治工程。

(6)平原区河流的桥孔布设应符合下列规定：

①顺直微弯河段：桥孔布设应考虑河槽内边滩下移、主槽在河槽内摆动的影响。

②弯曲河段：应通过河床演变调查，预测河湾发展和深泓变化，考虑河槽凹岸水流集中冲刷和凸岸淤积等对桥孔及墩台的影响。

③滩槽较稳定的分汊河段:若多年流量分配基本稳定,可考虑布设一河多桥。桥孔布设应预计各汊流流量分配比例的变化,并应设置与流量分配相对应的导流构造物。

④宽滩河段:可根据桥位上下游主流趋势及深泓线摆动范围布设桥孔,并可适当压缩河滩,但应考虑壅水对上游的影响。若河汊稳定又不宜导入桥孔时,可考虑修建一河多桥。

⑤游荡河段:桥孔布设不宜过多压缩河床,应结合当地治理规划,辅以调治工程,在深泓线可能摆动的范围内,不宜设置桥墩。

(7)山前区河流的桥孔布设应符合以下规定:

①山前变迁河段:在辅以适当的调治构造物的基础上,可较大地压缩河滩。桥轴线应与河岸线或洪水总趋势正交。河滩路堤不宜设置小桥和涵洞。当采用一河多桥方案时,应堵截邻近主河槽的支汊。

②冲积漫流河段:桥孔宜在河流上游狭窄或下游收缩段跨越。若在河床宽阔、水流有明显分支处跨越,可采用一河多桥方案,并应在各桥间采用相应的分流和防护措施。桥下净空应考虑河床淤积影响。

## 四、桥孔长度计算

如图12-3所示,设计水位条件下,两桥台前缘之间的水面宽度,称为桥孔长,常以$L$表示。其中桥长$L$扣除全部桥墩厚度后的长度,称为桥孔净长,常以$L_j$表示。设桥墩厚度为$d$,桥墩数为$n$,按桥长定义有

$$L = L_j + nd \tag{12-1}$$

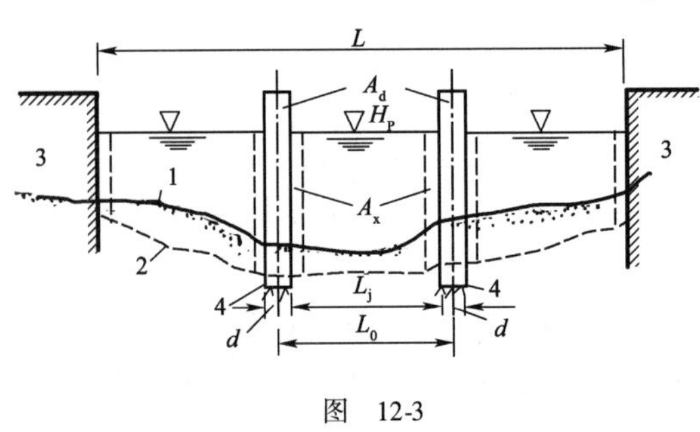


图 12-3

1-冲刷前断面;2-冲刷后断面;3-桥台;4-桥墩

大中桥的桥下河床一般不加护砌而允许有一定的冲刷。由于桥孔压缩了水流,桥下河床将出现冲刷,由此可导致河床过水断面不断扩大;但是,随着过水断面扩大,又会引起桥下流速减小,水流挟沙力下降,显然,冲淤关系将出现新的平衡。1875年,别列柳伯斯基(Н·Аьелелюσский)曾假定:当桥下断面平均流速等于天然河槽断面平均流速$v_s$时,桥下冲刷将随之停止,过水断面将不再变形。这一假定为考虑冲刷因素计算桥长提供了理论依据。关于桥长计算,可有两种方法:冲刷系数法和经验公式法,现分述如下:

### 1. 冲刷系数法

桥下河床冲刷后过水面积$A_{冲后}$与冲刷前过水面积$A_{冲前}$之比值$P$,称为冲刷系数。各类河段容许冲刷系数经验值见表12-5[摘自《铁路工程水文勘测设计规范》(TB 10017—1999)]。

**各类河段的容许冲刷系数** 表12-5

| 河段类别 | 冲刷系数 | 河段类别 | 冲刷系数 |
|---|---|---|---|
| 山区峡谷段 | ≤1.2 | 其他各类河段 | ≤1.4 |
| 山前变迁段 | 按地区经验确定 | | |

注:平原宽滩河流的平均水深小于或等于1.0m时,容许冲刷系数可大于表列数值。

按冲刷系数定义,有

$$P = \frac{A_{冲后}}{A_{冲前}} \geqslant 1 \tag{12-2}$$

因 $Q = v_{冲前}A_{冲前} = v_{冲后}A_{冲后}$ ,有

$$P = \frac{A_{冲后}}{A_{冲前}} = \frac{v_{冲前}}{v_{冲后}} \tag{12-3}$$

令 $v_{冲后} = v_s$ ,按别列柳伯斯基假定,当设计流量为 $Q_P$ 时,有

$$Q_P = v_{冲后}A_{冲后} = v_s PA_{冲前} \tag{12-4}$$

式中:$v_s$——天然河槽断面平均流速。

所谓冲刷系数法,即以冲刷系数 $P$ 作为控制条件推求桥下河槽冲刷前最小过水面积,从中确定桥孔最小长度的计算方法,故又称为过水面积控制法。

设桥孔侧收缩系数为 $\varepsilon$ ,桥墩阻水引起过水断面面积折减的系数为 $\lambda$ ,桥墩所占过水断面面积为 $A_d$ ,桥孔净长对应的净过水面积为 $A_j$,桥孔中,收缩断面面积为 $A_y$ ,单孔净长为 $l_j$ ,标准跨径为 $L_0$ ,收缩断面两侧的涡流所占桥下过水断面面积为 $A_x$ ,如图 12-3 所示,冲刷前桥下含桥墩在内的毛过水断面面积为 $A_q$ ,有

$$A_q = A_y + A_x + A_d = A_j + A_d$$

$\varepsilon$ 及 $\lambda$ 可按下述经验公式计算,即

$$\left.\begin{aligned} \lambda &= \frac{A_d}{A_q} \approx \frac{d}{L_0} \\ \varepsilon &= \frac{A_y}{A_j} = 1 - 0.375\frac{v_s}{l_j} \end{aligned}\right\} \tag{12-5}$$

由此得

$$A_j = A_q - A_d = (1 - \lambda)A_q$$

桥孔按泄流条件及容许冲刷系数,有

$$Q_P = v_{冲后}A_{冲后} = v_s PA_{冲前} = v_s PA_y = P\varepsilon v_s A_j = \varepsilon P(1 - \lambda)v_s A_q$$

得

$$\left.\begin{aligned} A_q &= \frac{Q_P}{\varepsilon P(1 - \lambda)v_s} \\ A_j &= (1 - \lambda)A_q = \frac{Q_P}{\varepsilon P v_s} \end{aligned}\right\} \tag{12-6}$$

式中:$A_q$、$A_j$——同时考虑泄流及冲刷因素的冲刷前桥下应有的最小毛过水面积和净过水面积。

以 $A_q$ 为控制条件可得最小桥长 $L$ ;以 $A_j$ 为控制条件,可得最小净长 $L_j$ 。方法如下:

1)数解法

(1)在实测桥位断面图上布设桥孔方案。

(2)计算设计水位下所取桥孔方案的毛过水面积 $A_{qx}$ (或净过水面积 $A_{jx}$ )。

(3)取 $A_{qx} \geqslant A_q$ (略大于 $A_q$ )且水面宽度最小的布设方案为最后采用方案,由此所得的最小水面宽度即所求桥长 $L$ (或 $L_j$ )。显然,面积相等且水面宽度最小的桥孔应含河槽部分。

(4)综合地质、地形、航运及基础类型等要求,按标准跨径划分桥孔长度、布设桥孔孔数。其中桥孔长度应取整米数,实际过水面积应等于或略大于按式(12-6)所得的计算过水面积。

2)图解法

(1)利用实测桥位断面图,绘制设计水位条件下沿水面宽度的过水断面面积累积曲线,如图 12-4 所示。

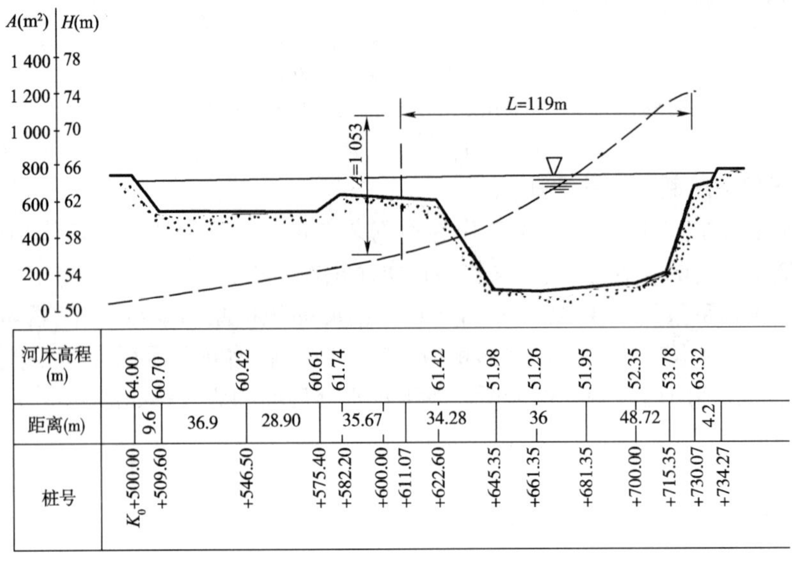


图 12-4

(2)按计算值 $A_q$(或 $A_j$)在过水断面面积累积曲线坡度较陡处确定水面宽最小的桥孔位置,相应的最小水面宽度,即桥孔长度 $L$(或 $L_j$)。

(3)如数解法中的第(4)点所述,划分桥孔长度和孔数,选用标准跨径。

当桥轴线与流向斜交时,桥下过水断面有效跨径应按桥轴线与流向垂直的投影面计算,如图 12-5 所示,可有两种情况:

①如图 12-5a)所示,桥墩纵轴线与流向平行时,有

$$L_\alpha = L_j\cos\alpha \tag{12-7}$$

②如图 12-5b)所示,桥墩纵轴线与流向斜交时,有

$$L_\alpha = L_j\cos\alpha - l\sin\alpha \tag{12-8}$$

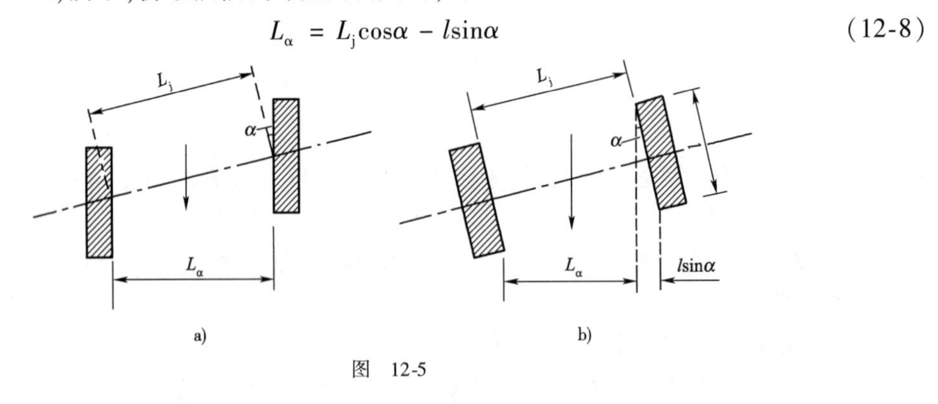


图 12-5

2. 经验公式法

按《公路工程水文勘测设计规范》(JTG C30—2015)规定,桥长采用下列经验公式计算。

1)峡谷河段

一般按地形布孔,不压缩河槽,可不作桥孔最小净长计算。

2）开阔、顺直微弯、分汊、弯曲河段及滩、槽可分的不稳定河段

$$L_j = K_q\left(\frac{Q_P}{Q_c}\right)^n B_c \tag{12-9}$$

式中：$L_j$——桥孔最小净长度，m；

$Q_P$——设计流量，$m^3/s$；

$Q_c$——河槽流量，$m^3/s$；

$B_c$——河槽宽度，m；

$K_q$、$n$——系数和指数。开阔、顺直微弯河段，$K_q = 0.84$，$n = 0.90$；分汊、弯曲河段，$K_q = 0.95$，$n = 0.87$；滩、槽可分的不稳定河段，$K_q = 0.69$，$n = 1.59$。

3）宽滩河段

$$L_j = \frac{Q_P}{\beta q_c} \tag{12-10}$$

$$\beta = 1.19\left(\frac{Q_c}{Q_t}\right)^{0.10} \tag{12-11}$$

式中：$q_c$——河槽平均单宽流量，$m^3/(s \cdot m)$；

$\beta$——水流压缩系数；

$Q_t$——河滩流量，$m^3/s$。

4）滩、槽难分的不稳定河段

$$\left.\begin{aligned} L_j &= C_P B_0 \\ B_0 &= 16.07\left(\frac{\overline{Q}^{0.24}}{\overline{d}^{0.3}}\right) \\ C_P &= \left(\frac{Q_P}{Q_{2\%}}\right)^{0.33} \end{aligned}\right\} \tag{12-12}$$

式中：$B_0$——基本河槽宽度，m；

$\overline{Q}$——年最大流量平均值，$m^3/s$；

$\overline{d}$——河床泥沙平均粒径，m；

$C_P$——洪水频率系数；

$Q_{2\%}$——频率为2%的洪水流量。

影响桥孔净长的因素较多，除进行必要的桥长计算外，尚应结合桥位地形、断面形态、河床地质、桥前壅水、冲刷深度、桥头引道填土高度等综合分析确定桥孔净长。设有堤防的河流，当壅水影响城镇、堤防和农田房舍时，可按桥前容许壅水高度确定桥孔净长。

**例 12-1** 已知设计洪峰流量 $Q_P = 3\ 500m^3/s$，设计水位 $H_P = 63.65m$；河槽流量 $Q_c = 3\ 190m^3/s$，过水面积 $A_c = 1\ 030m^2$；河滩流量 $Q_t = 310m^3/s$，过水面积 $A_t = 310m^2$；桥轴线与流向正交，求跨越此河道的桥孔长度 $L$。

**解：**1）桥下最小的毛过水面积 $A_q$

由已知资料,得天然河槽、河滩及全断面平均流速分别为

$$v_c=\frac{Q_c}{A_c}=\frac{3\ 190}{1\ 030}=3.10(\mathrm{m/s})$$

$$v_t=\frac{Q_t}{A_t}=\frac{310}{310}=1.0(\mathrm{m/s})$$

$$v_0=\frac{Q_c+Q_t}{A_c+A_t}=\frac{3\ 190+310}{1\ 030+310}=2.60(\mathrm{m/s})$$

初拟采用预应力钢筋混凝土简支梁,标准跨径 $L_0=30\mathrm{m}$,桥墩宽 $d=1.0\mathrm{m}$,设计流速取 $v_s=v_c=3.10\mathrm{m/s}$,冲刷系数取 $P=1.2$,有

$$\varepsilon=1-0.375\frac{v_s}{l_j}=1-0.375\times\frac{3.1}{30-1}=0.96$$

$$\lambda=\frac{A_d}{A}\approx\frac{d}{L_0}=\frac{1}{30}=0.033$$

$$A_q=\frac{Q_P}{\varepsilon(1-\lambda)Pv_s}=\frac{3\ 500}{0.96\times(1-0.033)\times1.2\times3.1}=1\ 010(\mathrm{m^2})$$

2)桥长计算

(1)绘制水面宽度与过水面积累积曲线,如图 12-4 所示。

(2)将两岸桥台前缘置于桩号 $K_0+730.07\mathrm{m}$ 与 $K_0+611.07\mathrm{m}$ 之间,得 $A_{qx}=1\ 053\mathrm{m^2}\approx A_q$,由此得桥长 $L=120\mathrm{m}$,桥孔孔数 $n=\frac{L}{L_0}=\frac{120}{30}=4$。

**例 12-2** 某桥跨越宽滩河段,设计流量 $Q_P=8\ 470\mathrm{m^3/s}$,河槽流量 $Q_c=8\ 060\mathrm{m^3/s}$,河槽宽度 $B_c=300\mathrm{m}$,试计算桥孔净长。

**解:**按宽滩河段计算,由式(12-10)、式(12-11)有

$$\beta=1.19\left(\frac{Q_c}{Q_t}\right)^{0.10}=1.19\times\left(\frac{8\ 060}{8\ 470-8\ 060}\right)^{0.10}=1.6$$

$$q_c=\frac{Q_c}{B_c}=\frac{8\ 060}{300}=26.87(\mathrm{m^3/s\cdot m})$$

$$L_j=\frac{Q_P}{\beta q_c}=\frac{8\ 470}{1.6\times26.87}=197(\mathrm{m})$$

**例 12-3** 某桥位原拟桥孔净长 $L_{j0}=280\mathrm{m}$,设计流量 $Q_P=5\ 320\mathrm{m^3/s}$,$Q_{2\%}=3\ 846\mathrm{m^3/s}$,河床颗粒平均粒径 $\bar{d}=30\mathrm{mm}$。此桥位处属滩、槽难分的不稳定河段,年最大流量平均值 $\overline{Q}=2\ 741\mathrm{m^3/s}$,试验算所拟桥长是否合适。

**解:**对滩、槽难分的不稳定河段,由式(12-12),有

$$C_P=\left(\frac{Q_P}{Q_{2\%}}\right)^{0.33}=\left(\frac{5\ 320}{3\ 846}\right)^{0.33}=1.113$$

$$B_0=16.07\left(\frac{\overline{Q}^{0.24}}{\bar{d}^{0.3}}\right)=16.07\times\left(\frac{2\ 741^{0.24}}{0.03^{0.3}}\right)=307.6\ (\mathrm{m})$$

$$L_j=C_PB_0=1.113\times307.6=342\ (\mathrm{m})>L_{j0}=280\mathrm{m}$$

采用 $L_j = 342\text{m}$。

## 五、标准跨径

所谓标准跨径，对于梁式桥、板式桥（涵洞），即两桥墩中心线的距离；对于拱式桥（涵）、箱涵、圆管涵，标准跨径为其净跨，通常用 $L_0$ 表示。目前已有各种标准跨径的桥（涵）定型标准图，当桥的跨径在 50m 以下时，一般均应选用标准跨径。

桥、涵标准跨径（单位：m）类型见第一节中二（3）规定。

# 第五节　桥面高程计算

## 一、桥面高程计算公式

桥面中心线上最低点的高程，称为桥面高程。它用以表示桥梁的高度。

桥面高程的确定应满足泄流、通航、流冰、流木的要求，并应考虑桥前壅水高度、波浪高度、水拱高度、河湾水位超高及河床淤积等因素影响，其计算公式有两类：

1. 非通航河流［图 12-6a）］

（1）按设计水位计算

$$H_{min} = H_P + \sum \Delta h + \Delta h_j + \Delta h_D \tag{12-13}$$

式中：$H_{min}$——桥面最低高程，m；

$H_P$——设计水位，m；

$\sum \Delta h$——各种水面升高值之和，m，其中包括考虑壅水、浪高、波浪壅高、河湾超高、水拱、局部股流壅高（水拱与局部股流壅高只取大者）、床面淤高、漂浮物高度等诸因素；

$\Delta h_j$——桥下净空安全值，m，见表 12-6；

$\Delta h_D$——桥梁上部构造建筑高度，m，包括桥面铺装高度。

**非通航河流和通航河流的不通航桥孔桥下净空安全值**　表 12-6

| 桥梁的部位 | | 高出计算水位（m） | 高出最高流冰面（m） |
|---|---|---|---|
| 梁底 | 洪水期无大漂流物 | 0.50 | 0.75 |
| | 洪水期有大漂流物 | 1.50 | — |
| | 有泥石流 | 1.00 | — |
| 支承垫石顶面 | | 0.25 | 0.50 |
| 拱脚 | | 0.25 | 0.25 |

注：1. 无铰拱的拱脚允许被设计洪水淹没，但不宜超过拱圈高度的 2/3，且拱顶底面至计算水位的净高不得小于 1.0m。

2. 在不通航和无流筏的水库区域内，梁底面或拱顶底面离开水面的高度不应小于计算浪高的 0.75 倍加上 0.25m。

3. 本表摘自《公路桥涵设计通用规范》（JTG D60—2015）。

（2）按设计最高流冰水位计算

$$H_{min} = H_{PB} + \Delta h_j + \Delta h_D \tag{12-14}$$

式中:$H_{PB}$——设计最高流冰水位,m;

其他符号意义同前。

2. 通航河流[图 12-6b)]

$$H_{tmin} = H_{tP} + H_{M} + \Delta h_{D} \tag{12-15}$$

式中:$H_{tmin}$——通航河流桥面最低高程;

$H_{tP}$——设计最高通航水位;

$H_{M}$——通航净空高度,见表 12-7;

其他符号意义同前。

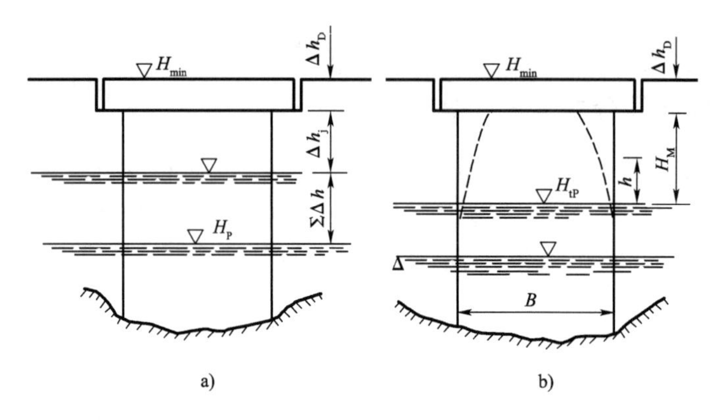


图 12-6

设计最高通航水位根据各种河流的具体情况确定,计算一般河流设计最高通航水位的洪水重现期见表 12-8。

在通航河段上,因需同时满足泄洪及通航要求,通常取式(12-13)或式(12-14)及式(12-15)计算结果的最大值作为采用的桥面高程。

**桥下通航净空高度最小限值** 表 12-7

| 航道等级 | 驳船吨级(t) | 天然和渠化河流 | | 限制性航道 | |
|---|---|---|---|---|---|
| | | 代表船舶、船队 | $H_M$(m) | 代表船舶、船队 | $H_M$(m) |
| Ⅰ | 3 000 及以上 | (1)4 排 4 列 | 24.0 | — | — |
| | | (2)3 排 3 列 | 18.0 | | |
| | | (3)2 排 2 列 | | | |
| Ⅱ | 2 000 | (1)3 排 3 列 | 18.0 | (1)2 排 1 列 | 10.0 |
| | | (2)2 排 2 列 | | | |
| | | (3)2 排 1 列 | 10.0 | | |
| Ⅲ | 1 000 | (1)3 排 2 列 | 18.0(长江)<br>10.0(其他) | (1)2 排 1 列 | 10.0 |
| | | (2)2 排 2 列 | 10.0 | | |
| | | (3)2 排 1 列 | | | |

续上表

| 航道等级 | 驳船吨级(t) | 天然和渠化河流 | | 限制性航道 | |
|---|---|---|---|---|---|
| | | 代表船舶、船队 | $H_M$(m) | 代表船舶、船队 | $H_M$(m) |
| Ⅳ | 500 | (1)3排2列 | 8.0 | (1)2排1列 | 8.0 |
| | | (2)2排2列 | | | |
| | | (3)2排1列 | | (2)货船 | |
| | | (4)货船 | | | |
| Ⅴ | 300 | (1)2排2列 | 8.0 | (1)1拖6 | 5.0 |
| | | (2)2排1列 | 8.0或5.0▲ | (2)2排1列 | 8.0 |
| | | (3)货船 | | (3)货船 | |
| Ⅵ | 100 | (1)1拖5 | 4.5 | (1)1拖11 | 4.5 |
| | | (2)货船 | 6.0 | (2)货船 | 6.0 |
| Ⅶ | 50 | (1)1拖5 | 3.5 | (1)1拖11 | 3.5 |
| | | (2)货船 | 4.5 | (2)货船 | 4.5 |

注:1. 本表摘自《内河通航标准》(GB 50139—2014)。

2. 角注▲号仅适用于通航拖带船队的河流。

**设计最高通航水位的洪水重现期** 表12-8

| 航道等级 | Ⅰ~Ⅲ | Ⅳ、Ⅴ | Ⅵ、Ⅶ |
|---|---|---|---|
| 洪水重现期(年) | 20 | 10 | 5 |

注:1. 对出现高于设计最高通航水位历时很短的山区性河流,Ⅲ级航道洪水重现期可采用10年,Ⅳ级和Ⅴ级航道可采用3~5年,Ⅵ级和Ⅶ级航道可采用2~3年。

2. 本表摘自《内河通航标准》(GB 50139—2014)。

## 二、各种水面升高值计算

1. 桥前最大壅水高度 $\Delta z$

列桥前最大壅水高度断面与桥下收缩断面间的能量方程可求解得 $\Delta z$ 值,但因阻力条件复杂,工程中常按下式计算

$$\Delta z = \eta(v_M^2 - v_0^2) \tag{12-16}$$

式中:$\eta$——水流阻力系数,见表12-9;

$v_M$——桥下断面设计平均流速,m/s,见表12-10;

$v_0$——桥前河道断面平均流速,m/s;

$\Delta z$——桥前最大壅水高度,m,如图12-2c)所示。

**水流阻力系数 $\eta$ 值表** 表12-9

| $Q_{tn}/Q_P$(%) | <10 | 11~30 | 31~50 | >50 |
|---|---|---|---|---|
| $\eta$ | 0.05 | 0.07 | 0.10 | 0.15 |

注:$Q_{tn}$ 为河滩路堤阻断流量,$Q_P$ 为设计流量。

桥下断面设计平均流速 $v_M$　　表 12-10

| 土 壤 种 类 | $v_M$(m/s) |
|---|---|
| 松软土壤(淤泥、细砂、松软淤泥质砂、黏土) | $v_M \approx v_c$ |
| 中等密实土壤(粗砂、砾石、小卵石、中等密实的砂黏土和黏土) | $v_M = \frac{1}{2}\left(\frac{Q_P}{A_j}+v_c\right)$ |
| 密实土壤(大卵石、大漂石、密实黏土) | $v_M = \frac{Q_P}{A_j}$ |

注:$v_c$ 为河槽断面平均流速,$A_j$ 为桥下净过水面积。

2. 桥下最大壅水高度 $\Delta z'$

(1)一般取 $\Delta z' = \frac{1}{2}\Delta z$。

(2)山区和半山区河流,常取 $\Delta z' = \Delta z$。

(3)平原河流,常取 $\Delta z' = 0$。

3. 波浪高度 $h_L$

$h_L$ 可通过调查确定,也可按经验公式计算,详见相关水文计算手册。

(1)波浪高度[图 12-7a)]

$$h_L = \frac{2.3\times 0.13\text{th}\left[0.7\left(\frac{g\bar{h}}{v_\omega^2}\right)^{0.7}\right]\text{th}\left\{\frac{0.0018\left(\frac{gK_D D}{v_w^2}\right)^{0.45}}{0.13\text{th}\left[0.7\left(\frac{g\bar{h}}{v_\omega^2}\right)^{0.7}\right]}\right\}}{\frac{g}{v_\omega^2}} \tag{12-17}$$

式中:$h_L$——累积频率 $P = 1\%$ 的波浪高度,m,即连续观测 100 个波浪,其中波高最大的高度;

th——双曲正切函数;

$v_\omega$——风速,m/s,为水面上 10m 高度洪水期自记 2min 平均风速的多年实测平均值;

$K_D$——有效浪程系数,见表 12-11;

$D$——浪程,又称为吹程,m,如图 12-7b)所示,自桥位处沿主风向至洪水泛滥边界的最大距离,m;

$\bar{h}$——沿浪程的平均水深,m;

$g$——重力加速度。

计算桥面高程时,通常以上述浪高的 2/3 计入。

$$v_\omega = \frac{v_{\omega 0} - 0.8}{0.88} \tag{12-18}$$

式中:$v_{\omega 0}$——洪水期水面 10m 处实测 10min 平均最大风速的多年平均值,m。

**有效浪程系数 $K_D$** 表 12-11

| $\overline{B}/D$ | 0.1 | 0.2 | 0.3 | 0.4 | 0.5 | 0.6 | ≥0.7 |
|---|---|---|---|---|---|---|---|
| $K_D$ | 0.3 | 0.5 | 0.63 | 0.71 | 0.80 | 0.85 | 1.00 |

(2)波浪侵袭高度:波浪沿斜面的爬高,称为波浪侵袭高度。如图 12-7c)所示,当确定河滩路堤或导流堤顶高程时,应计入这一高度。

$$h_e = \frac{1 + 2\sin\beta}{3} K_\Delta K_v K_e h_{L1\%} \tag{12-19}$$

式中:$\beta$——浪射线与路堤处水边线的夹角;

$K_\Delta$——边坡糙渗系数,见表 12-12;

$K_v$——风速影响系数,见表 12-13;

$K_e$——相对波浪侵袭高度系数,见表 12-14,即当 $K_\Delta = K_v = K_e = 1$ 时的波浪高度。

如图 12-7d)所示,波浪推进的路线,称为浪射线。当浪射线与路堤垂直时,$\beta = 90°$,$\sin\beta = 1$,$h_e = K_\Delta K_v K_e h_L$,当浪射线与路堤长度方向(即水边线方向)平行时,$\beta = 0$,$h_e = \frac{1}{3} K_\Delta K_v K_e h_L$,这表明,此时的波浪侵袭高度约为正向侵袭高度的 1/3。

**边坡糙渗系数 $K_\Delta$** 表 12-12

| 边坡护面类型 | 光滑不透水护面(沥青混凝土) | 混凝土及浆砌片石护面与光滑土质边坡 | 浆砌片石及草皮 | 一、两层抛石加固 | 抛石组成的建筑物 |
|---|---|---|---|---|---|
| $K_\Delta$ | 1.0 | 0.9 | 0.75 ~ 0.80 | 0.6 | 0.5 ~ 0.55 |

**风速影响系数 $K_v$** 表 12-13

| $v_\omega$(m/s) | 5 ~ 10 | 10 ~ 20 | 20 ~ 30 | >30 |
|---|---|---|---|---|
| $K_v$ | 1.0 | 1.2 | 1.4 | 1.6 |

**相对波浪侵袭高度系数 $K_e$** 表 12-14

| 边坡系数 | 1.00 | 1.25 | 1.50 | 1.75 | 2.00 | 2.50 | 3.00 |
|---|---|---|---|---|---|---|---|
| $K_e$ | 2.16 | 2.45 | 2.52 | 2.40 | 2.22 | 1.82 | 1.50 |

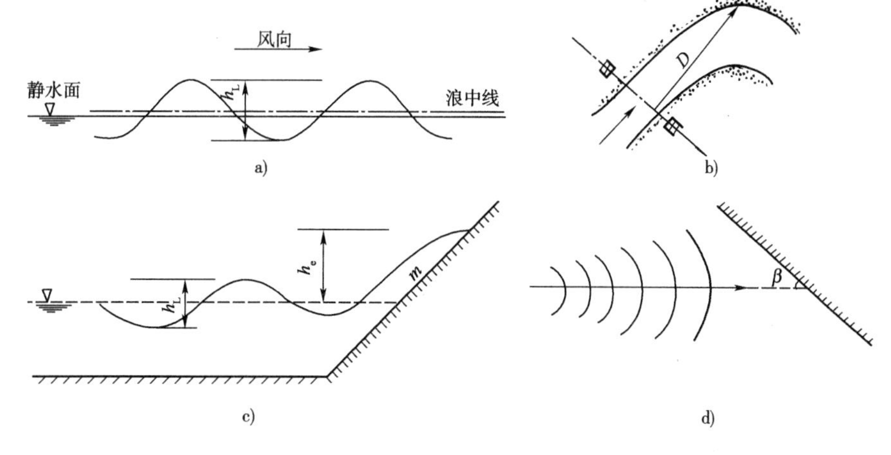


图 12-7

4. 水拱高 $h_\Delta$

河中涨水或在峡谷山口下游河段急泻而下的洪水,可出现两岸低、中间高的凸形水面,称为水拱现象,如图 9-2c)所示。它常见于半山区或山前区峡谷山口。水拱现象河中水面超出两岸边的高度,称为水拱高度,常以 $h_{\Delta}$ 表示,其值通常按现场调查决定。

5. 河湾横比降超高 $z_0$

如图 9-3e)所示,河湾水面横比降可使桥位断面水位凹岸高、凸岸低,其水位高差 $z_0$ 可按式(2-13)或式(9-2)计算。

6. 河床淤积高度

桥下河床逐年淤积,可使桥下水面随之抬高,确定桥下净空时,应予考虑。

河流淤积,抬高河底的速度极慢,在勘测期间,很难获得淤积历史资料,通常均由调查实测确定。对于山前区宽浅河道,中游有逐年淤高的扩散河段,考虑淤高影响的净空高度 $\Delta h_j$ 可参考选用表 12-15 中数据。

**山前区宽浅河道中游扩散河段桥下净空高度 $\Delta h_j$** 表 12-15

| 淤 积 情 况 | $\Delta h_j$ (m) | 淤 积 情 况 | $\Delta h_j$ (m) |
|---|---|---|---|
| 建桥前无明显淤积现象 | 1 ~ 2 | 建桥前有明显淤积现象 | 2 ~ 4 |

**例 12-4** 已知设计流量 $Q_P = 2\ 457\text{m}^3/\text{s}$,按冲刷系数法得桥下实有过水面积 $A = 578\text{m}^2$,河滩路堤阻断的河滩过水面积 $A_{tn} = 255\text{m}^2$,河滩流速 $v_{tn} = 1.12\text{m/s}$,桥墩面积折减系数 $\lambda = 0.04$,河床土质为中等密实土壤,浪程 $D = 0.5\text{km}$,河湾汛期沿浪程方向风速为 $v_{\omega} = 12\text{m/s}$,平均水深 $\bar{h} = 7\text{m}$,平均泛滥宽度 $B = 130\text{m}$,引道边坡系数 $m = 1.5$,桥前最大壅水高度要求不超过 1m,试求:(1)桥下水面升高值 $\sum \Delta h$;(2)检验桥孔是否可满足桥前最大壅水高度限制。

**解:** 1)$\Delta z$ 计算

$$Q_{tn} = v_{tn}A_{tn} = 1.12 \times 255 = 285.6(\text{m}^3/\text{s})$$

$$\frac{Q_{tn}}{Q_P} = \frac{285.6}{2\ 457} = 11.6\%\text{,查表 12-9,得 } \eta = 0.07$$

$$A_j = (1 - \lambda)A = (1 - 0.04) \times 578 = 555(\text{m}^2)$$

$$v_0 = \frac{Q_P}{A + A_{tn}} = \frac{2\ 457}{578 + 255} = 2.95(\text{m/s})$$

$$v_c = \frac{Q_P - Q_{tn}}{A_c} = \frac{2\ 457 - 285.6}{578} = 3.76(\text{m/s})$$

查表 12-10 得

$$v_M = \frac{1}{2}\left(\frac{Q_P}{A_j} + v_c\right) = \frac{1}{2} \times \left(\frac{2\ 457}{555} + 3.76\right) = 4.09(\text{m/s})$$

$$\Delta z = \eta(v_M^2 - v_0^2) = 0.07 \times (4.09^2 - 2.95^2) = 0.563(\text{m})$$

$\Delta z < 1\text{m}$,桥孔设计符合最大壅水高度要求。

2)$\sum \Delta h$ 的计算

(1)桥下壅水高度

$$\Delta z' = 0.5\Delta z = 0.5 \times 0.563 = 0.281(\text{m})$$

(2)波浪高度

$\frac{\bar{B}}{D}=\frac{130}{500}=0.26<0.7$，查表 12-11 得 $K_D=0.6$，有

$$h_L=\frac{2.3\times0.13\text{th}\left[0.7\left(\frac{g\bar{h}}{v_\omega^2}\right)^{0.7}\right]\text{th}\left\{\frac{0.0018\left(\frac{gK_DD}{v_\omega^2}\right)^{0.45}}{0.13\text{th}\left[0.7\left(\frac{g\bar{h}}{v_\omega^2}\right)^{0.7}\right]}\right\}}{\frac{g}{v_\omega^2}}$$

$$=\frac{2.3\times0.13\text{th}\left[0.7\left(\frac{9.8\times7}{12^2}\right)^{0.7}\right]\text{th}\left\{\frac{0.0018\left(\frac{9.8\times0.6\times500}{12^2}\right)^{0.45}}{0.13\text{th}\left[0.7\left(9.8\times\frac{7}{12^2}\right)^{0.7}\right]}\right\}}{\frac{9.8}{12^2}}$$

$$=\frac{2.3\times0.13\times0.394\times0.136}{0.068}=0.23(\text{m})$$

查表 12-12～表 12-14 得

$K_\Delta=0.75$，$K_v=1.2$，$K_e=2.52$，得波浪侵袭高度

$$h_e=K_\Delta\cdot K_v\cdot K_e\cdot h_L=0.75\times1.2\times2.52\times0.23=0.52(\text{m})$$

(3)桥下各项水面升高值

$$\sum\Delta h=\Delta z'+\frac{2}{3}h_L=0.281+\frac{2}{3}\times0.23=0.434(\text{m})$$

本例计算结果，当已知设计水位 $H_P$、桥梁上部结构高度 $\Delta h_D$ 及净空高度 $\Delta h_j$ 时，即可按式(12-14)确定桥面最低高程；由 $\Delta z+h_e=0.563+0.52=1.083\text{m}$，此计算结果可供确定桥头路堤的堤顶高程。

## 三、桥前壅水曲线

如前所述，在缓坡河道上，桥前 $a_1$ 型壅水水面曲线常近似按二次抛物线计算，如图 12-8 所示，有

$$y=\frac{\Delta z}{L_m^2}x^2$$

$$L_m=\frac{2\Delta z}{i}$$

设 $x=L_m-L_x$ 时，$y=\Delta z_x$，按上式有

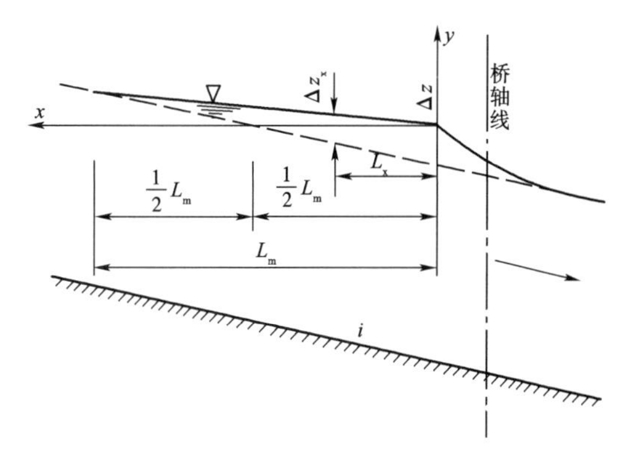


图 12-8

$$\Delta z_x = \left(1 - \frac{iL_x}{2\Delta z}\right)^2 \Delta z \tag{12-20}$$

式中:$L_m$——壅水曲线全长;

　　$i$——河道底坡。

# 第六节　调治构造物

## 一、调治构造物的类型

调治构造物的作用是调节水流、整治河道,使通过桥孔的水流均匀顺畅、防止桥位附近河床和河岸产生不利变形,以确保附近农田免遭水害,确保桥梁墩台和桥头引道的正常运用。合理布设调治构造物,是桥位勘测设计中的重要部分,它与桥孔设计有着相辅相成的作用。各类河道上桥位总体布设的一般要求,见附录4。

调治构造物按其对水流的作用,可分为三类,如图12-9所示。

1. 导流构造物

这类构造物主要有导流堤、梨形堤、锥坡体等。其作用是导引水流平顺通过桥孔,提高桥孔泄洪能力,减少对桥下河床的集中冲刷,减缓冲刷进程,减少对墩台的冲刷威胁,如图12-10a)所示。无导流堤时,被桥头路堤阻断的河滩水流将斜向流入桥孔,可引起桥台附近的严重冲刷;如图12-10b)所示,设置导流堤后,桥下河床的冲刷分布趋于均匀,并扩散到桥梁上下游的较大范围,减缓了冲刷进程。

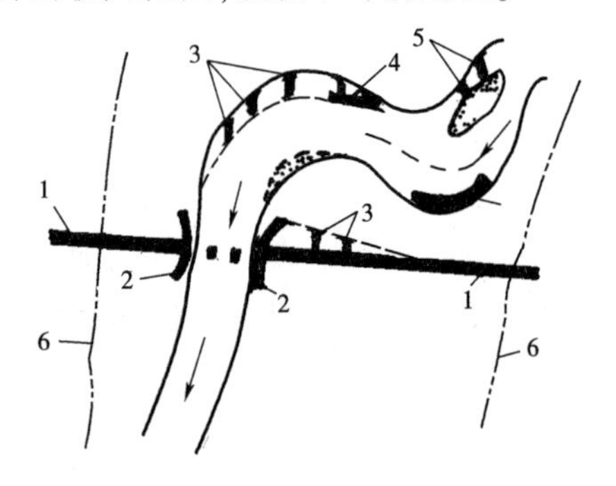


图　12-9

1-桥头引道;2-导流堤;3-丁坝;4-顺水坝;5-横坝;6-泛滥边界

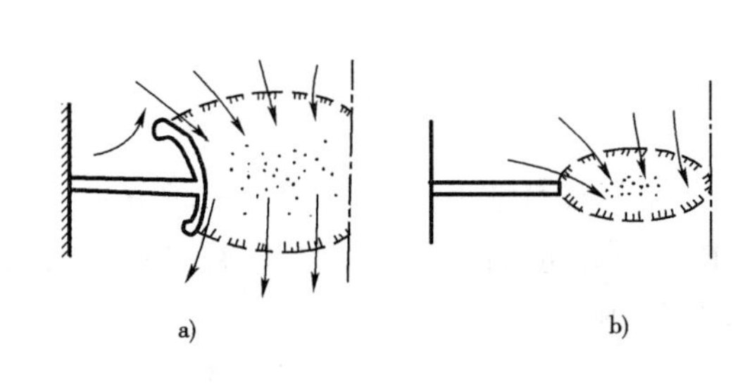


图　12-10

a)有导流堤;b)无导流堤

2. 挑流构造物

这类构造物有各种形式的丁坝、挑水坝等。其作用是将水流挑离桥头引道或河岸,束水归槽,形成新的整治岸线,改善水流条件,保护路基及河岸。

3. 底流调治构造物

这类构造物主要有拦沙横坝、挑坎、顺水坝和潜坝(坝顶略高于床面或与床面齐平)等。其作用是拦沙、导流、护岸。

以上各类调治构造物既可单独设置,也可联合应用。在滩地上,还可采用植树造林等生物措施配合调治或替代调治构造物。

## 二、调治构造物的类型及其布设

1. 导流堤

1)平面形状

导流堤的组成有上游坝、下游坝两部分,如图 12-11a)中 1、2 所示;上游坝的端部称为坝端,如图 12-11a)中 3 所示;导流堤与桥梁连接处,称为坝根,如图 12-11a)中 4 所示。导流堤的平面形状有曲线形[如图 12-11a)中 5 所示],直线形[如图 12-11a)中 6 所示],图 12-11a)中 7 为引道;曲线形导流堤还可有梨形堤[图 12-11b)]及长堤[图 12-12c)],又称为封闭式导流堤。

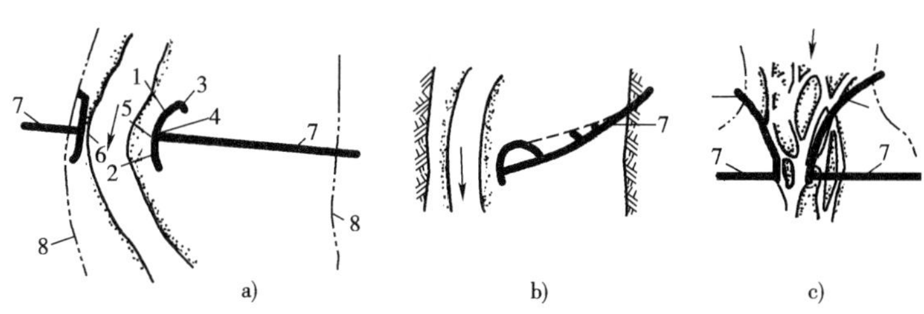


图 12-11

a)导流堤的形状及组成;b)梨形堤;c)长堤

1-上游坝;2-下游坝;3-坝端;4-坝根;5-曲线形导流堤;6-直线形导流堤;7-引道;8-洪水泛滥边界

曲线形导流堤的合理平面形状,应能引导被阻断的河滩水流垂直地流入桥孔,并使桥下断面中沿宽度方向的流量分布较均匀,使桥下河床的冲刷比较均匀,并使导流堤附近的冲刷也较缓和。一般认为:上游坝的形状,其近坝端处曲率应大,近坝根处的曲率应小,曲率变化近似于椭圆曲线;下游坝的形状可接近于直线,其轴线与水流方向的交角以小于 5°~6°为宜,相当于水流压缩后的扩散角;曲线形上游坝与直线形下游坝之间可用圆弧段连接。在实际工作中,导流堤的平面形状常采用不同半径的圆弧段和直线段组成,如图 12-12 所示,图 12-12a)、b)的梨形堤中,一般 $\theta = 45° \sim 60°$, $R_1 = bR_0$ ,其中 $R_0 = f\left(\frac{a}{b}, R, \theta\right)$ ,半径 $R$ 按下式计算

单侧河滩 $$R = \lambda L \tag{12-21}$$

非对称双侧河滩 $$R = \alpha\lambda L_j \tag{12-22}$$

式中:$L_j$——桥孔总净长,m;

$R$——半径,m;

$\lambda$、$\alpha$——系数,见表 12-16、表 12-17。

**λ 值** 表 12-16

| 天然状态下流入桥孔的流量(%) | λ | 天然状态下流入桥孔的流量(%) | λ | 天然状态下流入桥孔的流量(%) | λ |
|---|---|---|---|---|---|
| 50 | 1.0 | 65 | 0.6 | 80 | 0.2 |
| 55 | 0.9 | 70 | 0.5 | 90 | 0.1 |
| 60 | 0.7 | 75 | 0.3 | 100 | 0 |

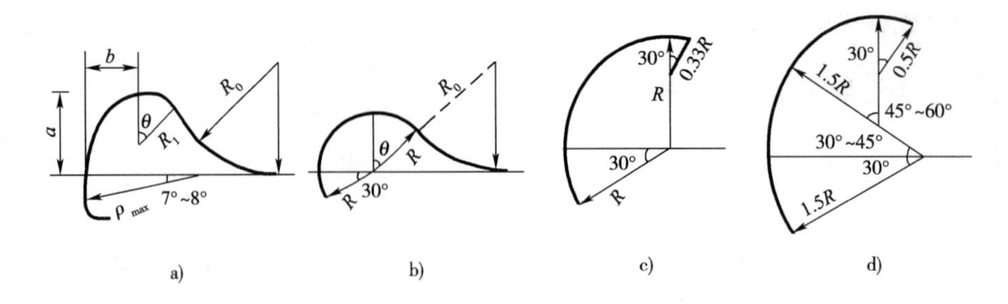


图 12-12

a)、b)梨形堤;c)非通航河道导流堤;d)通航河道导流堤

**$\alpha$ 值** 表 12-17

| $Q_{n1}/Q_{n2}$ | $\alpha$ | $Q_{n1}/Q_{n2}$ | $\alpha$ | $Q_{n1}/Q_{n2}$ | $\alpha$ | $Q_{n1}/Q_{n2}$ | $\alpha$ |
|---|---|---|---|---|---|---|---|
| 1.0 | 0.6 | 0.6 | 0.7 | 0.2 | 0.8 | 0 | 1.0 |
| 0.8 | 0.6 | 0.4 | 0.7 | 0.1 | 0.9 | | |

注:$Q_{n1}$为天然状态下小河滩的流量,$Q_{n2}$为大河滩的流量。

2)断面形状

通常为梯形,边坡系数和顶宽按表12-18选用。当堤高大于12m或坡脚长期浸水时,应作专门设计。

**导流堤顶宽和边坡系数** 表 12-18

| 堤 顶 宽 (m) | | 边 坡 | | |
|---|---|---|---|---|
| 堤头 | 堤身 | 堤头 | 堤身 | |
| | | | 迎 水 面 | 背 水 面 |
| 3~4 | 2~3 | 1:2~1:3 | 1:1.5~1:2 | 1:1.5~1:1.75 |

3)导流堤的堤顶高及其端部冲刷深度

导流堤在桥轴线处的顶面高程$H_{min}$可按下式计算,即

$$H_{min}=H_P+\Delta z+h_e+\sum\Delta h+0.25 \tag{12-23}$$

式中:$H_{min}$——导流堤顶面最低高程,m;

$H_P$——设计水位,m;

$\Delta z$——桥前壅水高度,m;

$h_e$——波浪侵袭高度,m;

$\sum\Delta h$——诸因素影响水面高的总和,m,如局部冲击高、股流自然壅高、河湾超高、河床淤积高等,设计时应按实际情况取值。

导流堤各断面顶面高程,可根据桥轴处堤面高程,按堤在河槽深泓线上的投影位置及水面比降推求;梨形堤按水面横比降推求。

导流堤附近的河床冲刷,除考虑河床自然演变冲刷外,还应计算导流堤端部的局部冲刷。在充分调查类似河段上既有导流堤的冲刷深度的同时,可结合式(12-25)的计算结果综合考虑确定。

导流堤端部的局部冲刷,可用下式计算

$$h_b=1.45\left(\frac{D_e}{h}\right)^{0.4}\left(\frac{v-v_0'}{v_0}\right)h\cdot K_m \tag{12-24}$$

式中：$h_b$——导流堤端部局部冲刷深度，m；

$D_e$——上游导流堤头部端点至岸边距离在垂直水流方向上的投影长度，m；

$h$——导流堤端部的冲刷前水深，m；

$v$——导流堤端部的冲刷前垂线平均流速，m/s，无实测资料时，可用谢才公式计算；

$v_0$——河床泥沙起动流速，m/s；

$$v_0 = \left(\frac{h}{d_{50}}\right)^{0.14}\left(29.04d_{50} + 6.05 \times 10^{-7} \times \frac{10 + h}{d_{50}^{0.72}}\right)^{0.5}$$（$d_{50}$、$h$ 均以 m 计）；

$v'_0$——堤头泥沙起冲流速，$v'_0 = 0.75\left(\frac{d_{50}}{h}\right)^{0.1} v_0$；

$K_m$——导流堤端部边坡对冲刷深度的折减系数，根据边坡系数 $m$ 计算，$K_m = 2.7^{-0.2m}$。

4）导流堤类型选择及布设

（1）当河滩路堤单侧阻断流量占总流量的15%以上，或双侧阻断流量占总流量的25%以上时，应设导流堤。曲线形导流堤可使水流平顺压缩，有较好效果。直线形导流堤可使水流逼向对岸，但堤旁水流压缩大，常形成回流区并发生泥沙淤积现象。

（2）当河槽两侧有对称河滩分布时，可在两侧桥头布设对称的曲线形导流堤，以使桥下滩地冲刷后扩展至全桥，与河槽连成一片，促使桥下水深均匀化。

（3）当河槽两侧河滩不均匀分布时，两侧导流堤应呈口朝上游的喇叭形，大滩一侧布设曲线形导流堤，小滩一侧布设两端带曲线的直线形导流堤，如图12-11a）所示。

（4）河湾建桥时，凹岸一侧布设直线形导流堤，凸岸一侧布设曲线形导流堤。

（5）单侧河滩阻断流量小于总流量的15%，或双侧河滩阻断流量小于总流量的25%时，可设置梨形堤；当桥与河槽正交，但一侧引道伸向上游与滩地斜交时，此侧桥头可布设梨形堤，并在引道上游一侧设置丁坝群加强防护，与滩地正交的另一侧引道桥头可布设直线形导流堤。

（6）斜交桥位，河槽两侧河滩对称分布时，通常在桥位与河流锐角相交一侧，布设梨形堤，另一侧则布设两端带曲线的直线形导流堤。斜交桥位的导流堤布设比较复杂，一般应通过模型试验确定。

（7）桥与河槽正交，但一侧引道向下游与滩地斜交形成“水袋”，可在斜交一侧桥头，设曲线形导流堤，对引道上游一侧加强边坡防护，并在适当位置设置小型排水建筑物，以排除“水袋”积水，正交一侧桥头可设置直线形导流堤。

（8）变迁性河段、冲积漫流性河段、洪水含沙量大足以形成泥流的河段，宜布设长堤，如图12-11c）所示。为平顺地压缩水流，通常有直线与曲线组合型，椭圆形和圆弧曲线形等；长堤堤身与集中股流的交角应小，一般小于20°～30°，上游坝端必须嵌入稳定河岸；堤身受集中股流顶冲处或穿过旧河汊的部位，应加强防护，必要时可设置短丁坝挑流。

当河滩阻断流量较小且流速不太大时，可在滩地一侧设梨形堤[图12-13a）]；在变迁性河段上，当岸坎不漫溢洪水并具有合适地形条件时，可布设梨形堤与长堤组合导流构造物，如图12-13b）所示。

（9）在一河多桥河段上，为免水流直冲两桥间的路基，可结合水流和地形条件布设分水堤，分别向两桥导流。分水堤由直线和圆弧组成，堤端部位置应视集中股流的摆动趋势而定，或设在两桥间地势较高处。如图12-14所示。

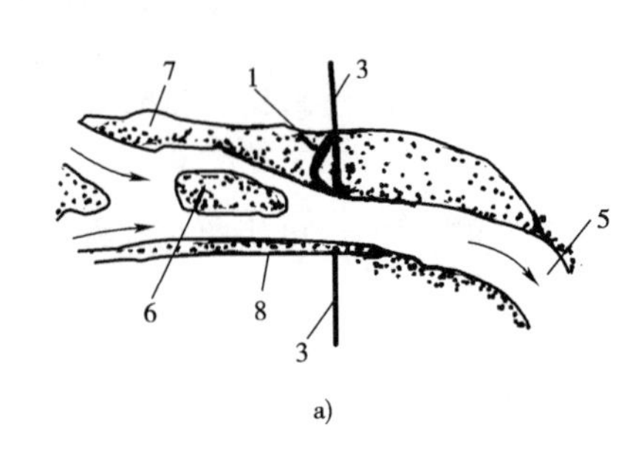


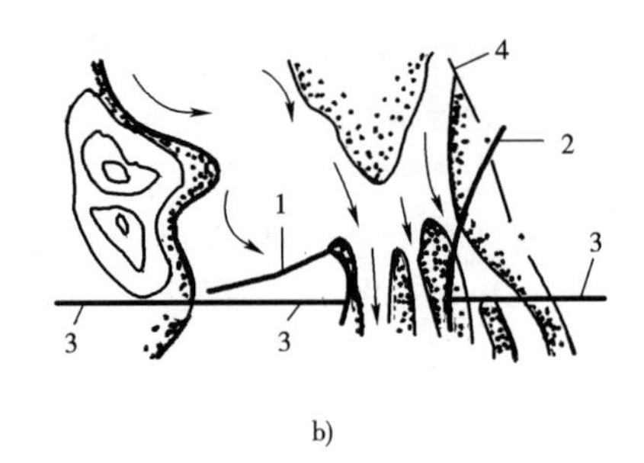


图 12-13

a)梨形堤;b)梨形堤与长堤组合

1-梨形堤;2-长堤;3-引道;4-泛滥线;5-河湾;6-新滩;7-老滩;8-河岸

(10)当河滩阻断流量小于总流量的5%时,只需加固桥头锥坡体;当桥下冲刷前河滩平均流速小于1m/s且在地形上也无必要修建导流堤时,可不设置导流堤。

导流堤应设置成不漫水,其平面形状和尺寸应通过计算拟定,并结合上、下游导流堤的经验及桥位河段的水文、地形、工程地质、流向、流速和股流位置等情况作必要的调整。导流堤的设计频率一般与桥梁设计频率相同。

2. 丁坝

丁坝常设置于桥头引道的一侧或河岸边上(图12-15),其作用在于将水流挑离桥头引道或河岸,束水归槽,并使泥沙在丁坝后部淤积,形成新的水边线(导治线),以达到改变水流流向,改善流动条件,保护路基或河岸的目的。

1)丁坝类型

(1)非淹没式:如图12-15a)所示,一般做成下挑式,$\alpha = 60° \sim 75°$。在平原区或半山前区的宽滩地段,水流易于摆动,流速较小,也可成上挑式,以促进淤积形成新岸。在凸岸且流速较小时,也可布置成正交丁坝,$\alpha = 90°$。

(2)淹没式:如图12-15b)所示,一般做成上挑式,$\beta = 100° \sim 105°$。

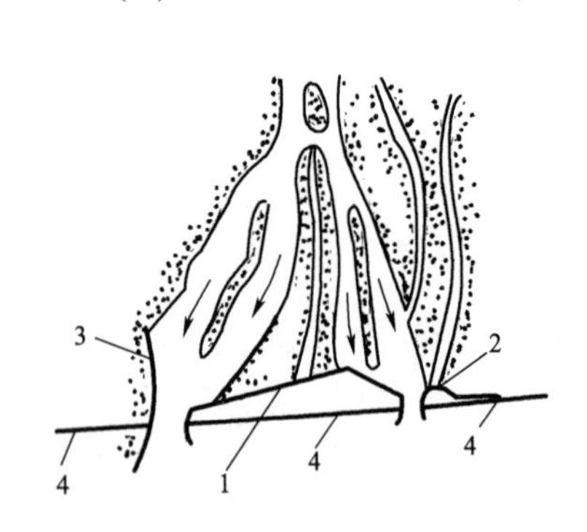


图 12-14

1-分水堤;2-梨形堤;3-封闭堤;4-引道

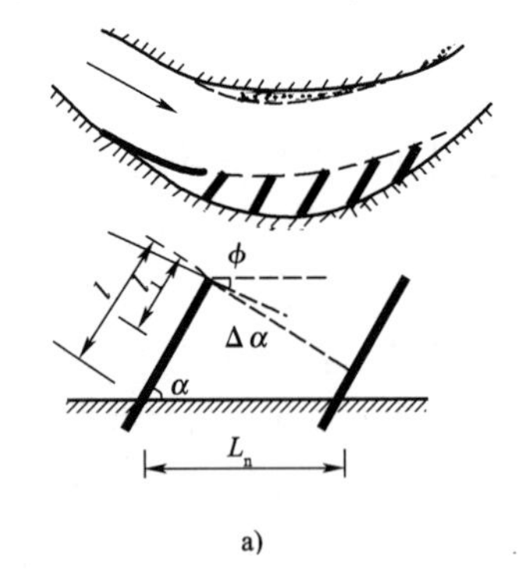


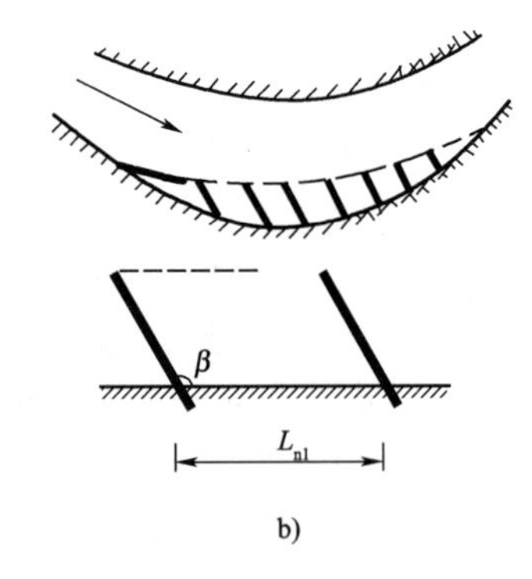


图 12-15

a)非淹没式;b)淹没式

2)丁坝间距

$$L_n = l\cos\alpha + l_1\sin\alpha\cot(\phi + \Delta\alpha) \tag{12-25}$$

式中:$L_n$——丁坝间距,m;

$l$——丁坝长度,m;

$l_1$ ——丁坝有效长度,m,一般取 $l_1 = \frac{2}{3}l$;

$\alpha$ ——丁坝与河岸夹角,(°);

$\phi$ ——水流动力轴线与河岸的夹角,(°);

$\Delta\alpha$ ——水流经坝顶后射入坝格的扩散角,一般取 $\Delta\alpha = 5° \sim 15°$,直线河段 $\Delta\alpha = 7.5°$。

3)丁坝布设要点

(1)丁坝形状一般为直线。其长度有

$$l < \frac{1}{4}B \qquad (B\text{ 为河宽}) \tag{12-26}$$

(2)丁坝间距经验值

$$\left.\begin{array}{ll}\text{直线段河岸} & L_n = 4l \\ \text{凹岸} & L_n = (1 \sim 2.5)l \\ \text{凸岸} & L_n = (4 \sim 8)l\end{array}\right\} \tag{12-27}$$

(3)丁坝坝顶

①非淹没式丁坝坝顶高程按式(12-23)计算。

②淹没式丁坝坝顶应设置 $\frac{1}{300} \sim \frac{1}{400}$ 的纵坡,保证丁坝随水位上升而逐步淹没,以免造成坝格间水流紊乱,冲刷加剧。淹没式丁坝坝顶高程一般按整治水位确定,通常取高于平均枯水位以上0.5~1.0m。

③横断面:常为梯形。其顶宽和边坡系数可按表12-18选用。对于大型丁坝或坝高大于12m时,应另作专门设计。

(4)丁坝头部局部冲刷深度

①参照类似河段已有丁坝的最大冲刷深度确定。

②按公式计算

当 $\frac{l_n}{h} \leqslant 1$ 时

$$h_b = 1.45\left(\frac{l_n}{h}\right)^{0.75}\left(\frac{v - v'_0}{v_0}\right)h \cdot k_\alpha \cdot k_m \tag{12-28}$$

当 $\frac{l_n}{h} > 1$ 时

$$h_b = 2.15\left(\frac{v - v'_0}{v_0}\right)h \cdot k_\alpha \cdot k_m \tag{12-29}$$

式中:$h_b$——丁坝头部局部冲刷深度,m,由河床面算起;

$l_n$ ——丁坝在垂直水流方向上的投影长度,m,正交时 $l_n = l$;

$h$ ——丁坝头部冲刷前水深,m;

$v$ ——丁坝头部冲刷前的垂线平均流速,m/s,无实测资料时,可用谢才公式计算;

$k_\alpha$ ——丁坝轴线与水流交角 $\alpha$ 的影响系数,$\alpha > 90°$ 为上挑,$\alpha < 90°$ 为下挑,$k_\alpha = \left(\frac{\alpha}{90°}\right)^{0.32}$;

其余符号意义同式(12-24)。

调治构造物基础埋置深度安全值 $K$ 可按以下情况参考选用:当调治构造物位于河槽内,对于稳定河段,$K$ 取 1m;对于河床土质为细颗粒的次稳定和不稳定河段,$K$ 取 1 ~ 2m;对于位于河滩内的调治构造物,$K$ 取 0.5m。

## 三、顺坝

顺坝又称顺水坝,其作用是保护河岸,常与水流平行,且多为淹没式。其坝顶与中水位齐平,纵坡与中水位的水面比降一致。上游坝根嵌入河岸,下游开口以便宣泄坝后水流。

(1)弯段河流的顺坝应有足够的长度,并随水流趋势弯曲。

(2)距河岸较远时,它与河岸间应设格坝,如图 12-9 所示,以促进坝后淤积护岸。格坝一端与顺坝正交,另一端应嵌入河岸。格坝间距一般为 20 ~ 30m,断面为梯形,顶宽为 1.5 ~ 2m,边坡一般采用 1∶1.5 ~ 1∶2。

## 【习题】

12-1 说明下列概念:

(1)大、中桥与小桥涵。

(2)桥位及桥位勘测。

(3)桥孔毛长度与净长度。

(4)净跨与标准跨径。

(5)桥面高程。

(6)设计水位。

(7)天然流速与容许不冲刷流速。

(8)冲刷系数。

(9)桥孔净过水面积与毛过水面积。

12-2 扼要说明桥位勘测的基本内容。

12-3 扼要说明大中桥桥位测量的内容。

12-4 什么是冲刷系数法?试用框图表示冲刷系数法的计算步骤。扼要说明冲刷系数法应收集的资料。

12-5 已知桥位上游 1km 内为河湾,风速为 12m/s,沿浪程方向的平均水深为 7m,平均泛滥宽度为 130m,引道边坡系数 $m=1.5$,护坡采用两层抛石加固。试求路堤的波浪侵袭高度。

12-6 已知设计流量 $Q_P=3\,500\text{m}^3/\text{s}$,相应设计水位时的河槽流量 $Q_c=3\,190\text{m}^3/\text{s}$,河槽平均流速 $v_c=3.10\text{m/s}$,桥位全断面的平均流速 $v_0=2.60\text{m/s}$,设计水位时的总过水面积 $A=1\,340\text{m}^2$,桥墩的墩中间距 $L_0=35\text{m}$,墩宽 $d=1.4\text{m}$(简支梁桥),跨越河道为平原区河段,土壤密实。求桥前最大壅水高度及桥下最大壅水高度。

12-7 某山前区河流上拟建一座中等桥渡,不通航。已知设计水位 $H_P=63.5\text{m}$,波浪高度 $h_L=0.3\text{m}$,桥前最大壅水高度 $\Delta z=0.2\text{m}$,上部结构高度 $\Delta h_D=1.1\text{m}$,为简支梁桥,不计水拱现象及河床泥沙淤积影响。求桥面高程。

12-8 某河桥渡有通航要求,通航驳船吨级为 2 000t,设计最高通航水位 $H_{tP}=68.3\text{m}$,上部结构高度 $\Delta h_D=1.5\text{m}$。求桥面高程。

12-9 扼要说明桥位选择的基本要求。

12-10 扼要说明桥孔布置原则。

12-11 扼要说明大中桥勘测设计应提供哪些成果资料。

12-12 扼要说明曲线形导流堤与直线形导流堤的作用。

12-13 分别说明曲线形导流堤与直线形导流堤的合理布设位置。

12-14 试述梨形堤及长堤的合理布设位置。

第十三章

# 桥梁墩台冲刷计算

## 第一节　墩台冲刷类型

大、中桥水力计算的三大基本内容是桥长、桥面最低高程及墩台基础最小埋置深度。河床冲刷计算内容则为合理确定墩台的最小埋置深度。

建桥后,河床冲刷现象十分复杂,常将冲刷现象分类计算而后加以累加。墩台的冲刷现象通常分为三类:

### 一、河床自然演变冲刷

河床在水力作用及泥沙运动等因素的影响下,自然发育过程造成的冲刷现象,称为河床自然演变冲刷。例如河床逐年下切、淤积、边滩下移、河湾发展变形及裁弯取直、河段深泓线摆动,一个水文周期内河床随水位、流量变化而发生的周期性变形,以及人类活动(如河道整治、兴修水利等),都会引起河床的显著变形,桥位设计时都应予考虑。

关于河床自然演变冲刷深度,目前尚无成熟的计算方法,一般多通过调查或利用桥位上、下游水文站历年实测断面资料统计分析确定。

### 二、桥下断面一般冲刷

桥下河床全断面发生的冲刷现象,称为一般冲刷。一般冲刷现象是桥孔压缩水流过水断面的结果。冲刷可使桥下河床断面不断扩大,但因此又将导致流速不断下降,使桥下河床的冲刷出现新的平衡,一般冲刷至此亦会随之终止。通常取一般冲刷停止时的桥下最大铅垂水深,称为一般冲刷深度,并以符号 $h_p$ 表示,如图 13-1a)所示。

### 三、墩台局部冲刷

水流因受墩台阻挡,在墩台附近发生的冲刷现象,称为墩台局部冲刷。如图 13-1b)、c)所示,局部冲刷将使墩台附近形成冲刷坑。当发生局部冲刷时,冲刷坑内泥沙不断被带走,冲刷坑不断发展,坑的深度不断加大。但是,随着冲刷坑的扩大加深,坑底流速将随之下降,水流挟沙力减小,而坑内泥沙因渐趋粗化,抗冲刷能力则不断加强。显然,局部冲刷同样会出现新的冲淤平衡,由此形成的冲刷坑最大深度,称为墩台局部冲刷深度,常用符号 $h_b$ 表示。

模型试验得出,墩台局部冲刷深度 $h_b$ 与冲向墩台的流速 $v$(常取垂线平均流速)有关,如图 13-1d)所示。

床面开始冲刷时的流速,称为床沙起冲流速,以 $v_0'$表示;床面泥沙起动时的流速,称为床沙启动流速,以 $v_0$ 表示;冲刷停止时的垂线平均流速,称为冲止流速,以 $v_z$ 表示,试验得出,墩台的冲刷过程与 $v_0'$、$v_0$ 及 $v_z$ 三者有关。

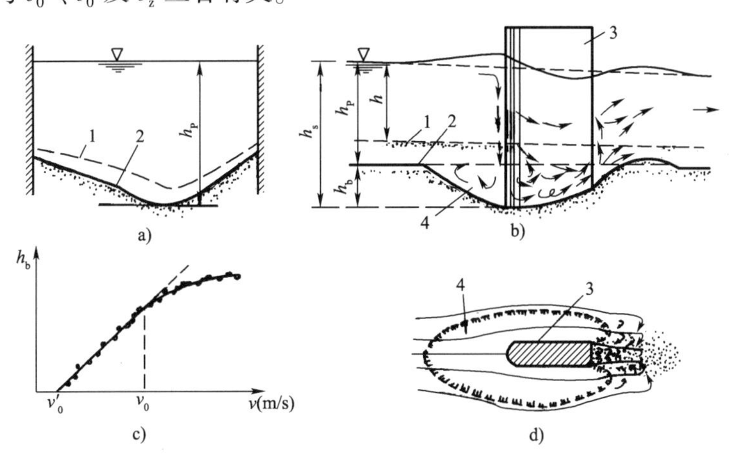


图 13-1

a)桥下一般冲刷及一般冲刷深度;b)局部冲刷及局部冲刷深度;c)局部冲刷深度与流速关系;d)局部冲刷坑平面图

1-冲刷前床面;2-冲刷后床面;3-桥墩;4-冲刷坑

## 第二节 桥下断面一般冲刷深度

关于桥下断面一般冲刷深度计算,目前尚无成熟理论,主要按经验公式计算。常用的经验公式有 64-1 公式与 64-2 公式以及包尔达可夫(E. B. БОЛДАКОВ)公式,其中 64-1 公式和 64-2公式为 1964 年全国桥渡冲刷计算学术会议推荐试用,1991 年《公路桥位勘测设计规范》

(JTJ 062—1991)正式作为推荐公式,经修正和简化后在现行《公路工程水文勘测设计规范》(JTG C30—2015)中仍然采用。

## 一、64-1 公式

1. 非黏性土河槽

此式假定:当河槽断面流速等于冲止流速时,桥下一般冲刷随即停止,且一般冲刷深度达到最大,由此有

$$h_P = \frac{q_{max}}{v} = \frac{q_{max}}{v_z} \tag{13-1}$$

式中:$q_{max}$——桥下断面最大单宽流量;

$v$——水流速度;

$v_z$——冲止流速。

式(13-1)即一般冲刷深度的定义式,又称冲止流速公式。

对于宽浅式河渠,水力半径 $R$ 可近似按断面平均水深 $\bar{h}$ 计算。

$$C = \frac{1}{n}R^{\frac{1}{6}} = \frac{1}{n}\bar{h}^{\frac{1}{6}}$$

$$A = \varepsilon L_j \bar{h}$$

$$Q_{cP} = AC\sqrt{\bar{h}i} = \frac{\varepsilon L_j \sqrt{i}}{n}\bar{h}^{\frac{5}{3}}$$

$$q = \frac{Q_{cP}}{\varepsilon L_j} = \frac{\sqrt{i}}{n}\bar{h}^{\frac{5}{3}}$$

$$q_{max} = \frac{\sqrt{i}}{n}h_{max}^{\frac{5}{3}}$$

由上两式得

$$q_{max} = q\left(\frac{h_{max}}{\bar{h}}\right)^{\frac{5}{3}} = \frac{Q_{cP}}{\varepsilon L_j}\left(\frac{h_{max}}{\bar{h}}\right)^{\frac{5}{3}}$$

在沙质河槽中有推移质运动,冲刷过程中又有上游来沙补偿,随着一般冲刷的发展,桥下各垂线处的单宽流量有向深槽集中趋势,且河槽越宽浅,越不稳定,单宽流量的集中趋势则越强,单宽流量值也越偏于增大,即实际最大单宽流量将大于上述计算值。

$$q_{max} = \xi\frac{Q_{cP}}{\varepsilon L_j}\left(\frac{h_{max}}{\bar{h}}\right)^{\frac{5}{3}} \tag{13-2}$$

$$\xi = \left(\frac{\sqrt{B}}{H}\right)^{0.15} \tag{13-3}$$

式中:$Q_{cP}$——桥下河槽部分的计算流量;

$\xi$——单宽流量集中系数;

$\varepsilon$ ——桥孔侧收缩系数；

$\overline{H}$ ——平滩水位时的断面平均水深；

$L_j$ ——河槽部分桥孔净长。

一般 $\xi = 1.2 \sim 1.4$，对于游荡性河段、变迁性河段及宽滩性河段，通常限用 $\xi \leq 1.8$，对于河滩，单宽流量无再分配现象，常取 $\xi = 1.0$。

式(13-1)的冲止流速，对于非黏性土，可按下述经验公式计算

$$v_z = E\,\overline{d}^{\frac{1}{6}} h_P^{\frac{2}{3}} \tag{13-4}$$

式中：$v_z$——冲止流速，m/s；

$\overline{d}$ ——土壤平均粒径，mm；

$h_P$ ——一般冲刷深度，m；

$E$——与含沙量 $\rho$ 有关的系数，按每年汛期三个月最大含沙量的平均值确定，有 $\rho < 9.81\text{N/m}^3$，$E = 0.46$；$\rho = 9.81 \sim 98.1\text{N/m}^3$，$E = 0.66$；$\rho > 98.1\text{N/m}^3$，$E = 0.86$。

将式(13-2)及式(13-4)代入式(13-1)得

$$h_P = \left(\frac{\xi Q_{cP}}{\varepsilon L_j E\,\overline{d}^{\frac{1}{6}}}\right)^{\frac{3}{5}} \left(\frac{h_{max}}{\overline{h}}\right) \tag{13-5}$$

此即用于计算桥下河槽一般冲刷深度的64-1公式。

2. 非黏性土河滩

非黏性土河滩无推移质运动，冲刷后无来沙补偿，单宽流量集中现象极微弱，常按土壤容许流速 $v_{max}$ 计算。由式(13-1)有

$$\left.\begin{aligned} h_{tP} &= \frac{q_{tmax}}{v_{max}} \\ q_{tmax} &= \frac{Q_{tP}}{\varepsilon L_{tj}}\left(\frac{h_{tmax}}{\overline{h}_0}\right)^{\frac{5}{3}} \end{aligned}\right\} \tag{13-6}$$

$$v_{max} = v_{H1} h_{tP}^{\frac{1}{5}} \tag{13-7}$$

将式(13-7)代入式(13-6)得

$$h_{tP} = \left[\frac{\dfrac{Q_{tP}}{\varepsilon L_{tj}} \cdot \left(\dfrac{h_{tmax}}{\overline{h}_t}\right)^{\frac{5}{3}}}{v_{H1}}\right]^{\frac{5}{6}} \tag{13-8}$$

式中：$h_{tP}$——桥下河滩一般冲刷深度；

$h_{tmax}$ ——河滩最大水深；

$\overline{h}_t$——河滩平均水深；

$L_{tj}$ ——河滩桥孔净长；

$Q_{tP}$ ——桥下河滩部分的计算流量；

$v_{H1}$ ——非黏性土壤水深为1m时的容许不冲刷流速，可查表13-1。

式(13-8)即计算河滩一般冲刷深度的64-1公式。

水深 1m 时非黏性土容许不冲刷流速 $v_{H1}$ 表　　表 13-1

| 河床泥沙 | | $\bar{d}$ (mm) | $v_{H1}$ (m/s) | 河床泥沙 | | $\bar{d}$ (mm) | $v_{H1}$ (m/s) |
|---|---|---|---|---|---|---|---|
| 砂 | 细 | 0.05 ~ 0.25 | 0.35 ~ 0.32 | 卵石 | 小 | 20 ~ 40 | 1.50 ~ 2.00 |
| | 中 | 0.25 ~ 0.50 | 0.32 ~ 0.40 | | 中 | 40 ~ 60 | 2.00 ~ 2.30 |
| | 粗 | 0.50 ~ 2.00 | 0.40 ~ 0.60 | | 大 | 60 ~ 200 | 2.30 ~ 3.60 |
| 圆砾 | 小 | 2.00 ~ 5.00 | 0.60 ~ 0.90 | 漂石 | 小 | 200 ~ 400 | 3.60 ~ 4.70 |
| | 中 | 5.00 ~ 10.00 | 0.90 ~ 1.20 | | 中 | 400 ~ 800 | 4.70 ~ 6.00 |
| | 大 | 10 ~ 20 | 1.20 ~ 1.50 | | 大 | > 800 | > 6.00 |

3.黏性土河床

平均粒径 $\bar{d} < 0.05$mm 的泥沙,称为黏性土。按黏性土的物理力学性能,随着土壤含水率增大,可由固态变成液态(即泥浆),黏结力则随之接近消失,抗冲刷能力也因此不复存在。黏性土由半固态向可塑态过渡时的含水率,称为塑限,以 $W_P$ 表示,由可塑态向流态过渡时的含水率,称为流限,以 $W_L$ 表示,流限与塑限之差,称为塑性指数,以 $I_P$ 表示;天然含水率 $W_0$ 与塑限的差值与塑性指数的比值,称为液性指数,以 $I_L$ 表示,按上述定义,有

$$I_P = W_L - W_P$$

$$I_L = \frac{W_0 - W_P}{I_P} \tag{13-9}$$

由此可见,液性指数越小,则塑性指数越大,黏性土的黏结力亦越大,抗冲刷能力越强,因而冲止流速亦越大,有

$$v_z \propto \frac{1}{I_L}$$

黏性土的抗冲刷能力与黏结力有关,而其颗粒间的孔隙率 $e$ 对黏结力也有影响。孔隙率越小,土壤越密实,黏结力越大,抗冲刷能力亦越强,同样有

$$v_z \propto \frac{1}{e}$$

因此,铁路部门给出试用的黏性土冲止流速经验公式有两种,即

$$\left.\begin{aligned} v_z &= 0.23\left(\frac{1}{I_L}\right)^{1.3} h_P^{\frac{2}{3}} \\ v_z &= 0.22\left(\frac{1}{I_L\sqrt{e}}\right)^{1.15} h_P^{\frac{2}{3}} \end{aligned}\right\} \tag{13-10}$$

仿前述推导方法,将式(13-10)代入式(13-1)得黏性土河床一般冲刷深度公式

$$h_P = \left[\frac{\xi \dfrac{Q_{cP}}{\varepsilon L_j}}{0.23\left(\dfrac{1}{I_L}\right)^{1.3}}\right]^{\frac{3}{5}} \left(\frac{h_{max}}{\bar{h}}\right) \tag{13-11}$$

$$h_P = \left[ \frac{\xi \dfrac{Q_{cP}}{\varepsilon L_j}}{0.22\left(\dfrac{1}{I_L \sqrt{e}}\right)} \right]^{\frac{3}{5}} \left(\frac{h_{max}}{\bar{h}}\right) \tag{13-12}$$

此外,对于河滩有 $L_j = L_{tj}$ , $h_{max} = h_{tmax}$ , $\bar{h} = \bar{h}_t$ , $h_P = h_{tP}$ ,其他符号意义同前。《公路工程水文勘测设计规范》(JTG C30—2015)基于另一组冲止流速经验公式推荐的一般冲刷深度公式如下:

河槽部分

$$h_P = \left[ \frac{\xi \dfrac{Q_{cP}}{\varepsilon L_j}\left(\dfrac{h_{max}}{\bar{h}}\right)^{\frac{5}{3}}}{0.33\left(\dfrac{1}{I_L}\right)} \right]^{\frac{5}{8}} \tag{13-13}$$

河滩部分

$$h_{tP} = \left[ \frac{\dfrac{Q_{tP}}{\varepsilon L_{tP}}\left(\dfrac{h_{tmax}}{\bar{h}_t}\right)^{\frac{5}{3}}}{0.33\left(\dfrac{1}{I_L}\right)} \right]^{\frac{6}{7}} \tag{13-14}$$

4.64-1 公式应用说明

计算流量说明如下:

(1)当桥下为全部河槽或冲刷后河槽可扩宽至全桥时,应取 $Q_{cP} = Q_P$ ,其中 $Q_P$ 为设计流量, $Q_{cP}$ 则为河槽部分桥孔的设计流量;当桥孔只压缩了部分河滩且冲刷后河槽无扩宽至全桥可能时,设计流量 $Q_P$ 将有一部分通过河滩处的桥孔,河槽及河滩部分桥孔的设计流量分别为

河槽桥孔

$$Q_{cP} = \frac{Q_c}{Q_c + Q_t} Q_P \tag{13-15}$$

河滩桥孔

$$Q_{tP} = \frac{Q_t}{Q_c + Q_t} Q_P \tag{13-16}$$

按谢才公式,有

$$Q_c = A_c C_c \sqrt{\bar{h}_c i}$$

$$Q_t = A_t C_t \sqrt{\bar{h}_t i}$$

故式(13-15)及式(13-16)可表达为

$$\left.\begin{aligned} Q_{cP} &= \frac{A_c C_c \sqrt{\bar{h}_c}}{A_c C_c \sqrt{\bar{h}_c} + A_t C_t \sqrt{\bar{h}_t}} Q_P \\ Q_{tP} &= \frac{A_t C_t \sqrt{\bar{h}_t}}{A_c C_c \sqrt{\bar{h}_c} + A_t C_t \sqrt{\bar{h}_t}} Q_P \end{aligned}\right\} \tag{13-17}$$

式中: $A_c$ ——桥下天然河槽的过水面积;

$C_c$ ——桥下河槽部分的谢才系数;

$\bar{h}_c$ ——桥下河槽部分的断面平均水深;

$A_t$ ——桥下河滩的过水面积;

$C_t$ ——桥下河滩部分的谢才系数;

$\bar{h}_t$——桥下河滩的断面平均水深;

$i$——河底比降。

显然,有
$$Q_P = Q_{cP} + Q_{tP}$$

(2) $\frac{h_{max}}{\bar{h}}$ 值的确定:通常在桥位附近枯水位或中低水位实测过水断面图中求得,也可在设计水位下实测桥位断面图中求得。设断面图中深槽底部高程为 $H_z$,设计水位为 $H_P$,桥下河槽部分的毛过水面积为 $A_c$ ,河槽部分相应的桥长为 $L_c$,则有

$$\left.\begin{aligned} \bar{h}_c &= \frac{A_c}{L_c} \\ h_{max} &= H_P - H_z \end{aligned}\right\} \tag{13-18}$$

同理,对于河滩有
$$\bar{h}_t = \frac{A_t}{L_t} \tag{13-19}$$

## 二、64-2 公式

此式按输沙平衡条件建立一般冲刷深度公式,故又称输沙平衡公式。设 $G_1$ 为上游天然河道的来沙量, $G_2$ 为桥下河槽断面的排沙量。显然,当 $G_1 > G_2$ 时,桥下将出现淤积; $G_2 > G_1$ 时,桥下将发生冲刷;当 $G_1 = G_2$ 时,桥下的冲淤平衡,一般冲刷深度至此达到最大值,按式(9-22)有

$$g_{s1} = \alpha_1 v_1^4$$

$$G_1 = B_1 g_{s1} = \alpha_1 B_1 v_1^4 = \alpha_1 B_1 \left(\frac{Q_1}{B_1 \bar{h}_1}\right)^4$$

$$g_{s2} = \alpha_2 v_2^4$$

$$G_2 = B_{2j} g_{s2} = \alpha_2 B_{2j} v_2^4 = \alpha_2 B_2 \left(\frac{Q_2}{B_{2j} \bar{h}_2}\right)^4$$

$$B_{2j} = \varepsilon(1 - \lambda) B_2$$

式中:$g_{s1}$——天然河道单宽推移质输沙率,kN/s · m;

$g_{s2}$——桥下河槽单宽推移质输沙率,kN/s · m。

令 $G_1 = G_2$ ,又 $\bar{h}_2 = h_P$

$$h_P = \left(\frac{\alpha_2}{\alpha_1}\right)^{\frac{1}{4}} \left(\frac{Q_2}{Q_1}\right) \left[\frac{B_1}{\varepsilon(1 - \lambda) B_2}\right]^{\frac{3}{4}} \bar{h}_1$$

上式即建立 64-2 公式的基本形式。考虑到单宽流量分布不均匀及集中趋势的影响,实用上一般冲刷深度常按下式计算

$$\left.\begin{aligned} h_P &= K\left(\xi \frac{Q_2}{Q_1}\right)^{4m_1} \left[\frac{B_1}{\varepsilon(1 - \lambda) B_2}\right]^{3m_1} h_{max} \\ K &= 1 + 0.02\lg \frac{H_{max}}{\sqrt{\bar{H}\,\bar{d}}} \end{aligned}\right\} \tag{13-20}$$

上式即 64-2 公式。

式中:$H_{max}$——造床流量(或平滩水位)时的断面最大水深;

$\overline{H}$——造床流量(或平滩水位)时的断面平均水深;

$m_1$——指数,见表13-2;

$Q_1$——桥位断面天然河槽的流量,$Q_1 = Q_c$;

$B_1$——桥位断面天然河槽水面宽度,$B_1 = B_c$;

$Q_2$——建桥后桥下断面河槽部分通过的设计流量;

$B_2$——建桥后桥下河槽的水面宽度。

**$m_1$值**($h_{max}$及$d_{95}$单位:m)　　表13-2

| $\frac{h_{max}}{d_{95}}$ | 0 | 50 | 100 | 150 | 200 | 400 | 600 | 800 | 1 000 | 5 000 | 10 000 |
|---|---|---|---|---|---|---|---|---|---|---|---|
| $m_1$ | 0.216 | 0.227 | 0.232 | 0.234 | 0.235 | 0.236 | 0.237 | 0.238 | 0.240 | 0.242 | 0.243 |

当桥下断面全部为河槽或冲刷后河槽可扩宽至全桥时,$Q_2 = Q_P$,$B_2 = L$(桥长);当桥孔只压缩了部分河滩,桥下河又不可能扩宽至全桥时,$Q_2 = Q_{cP}$,按式(13-15)计算,$B_2 = B_1 = B_c$。

## 三、包尔达可夫公式

包尔达可夫按别列柳伯斯基假定建立了一般冲刷深度公式,称包尔达可夫公式。

1. 均质土河床

$$h_P = Ph \tag{13-21}$$

式中:$h_P$——一般冲刷深度,m;

$h$——冲刷前垂线水深,m,如图13-2a)所示;

$P$——冲刷系数。

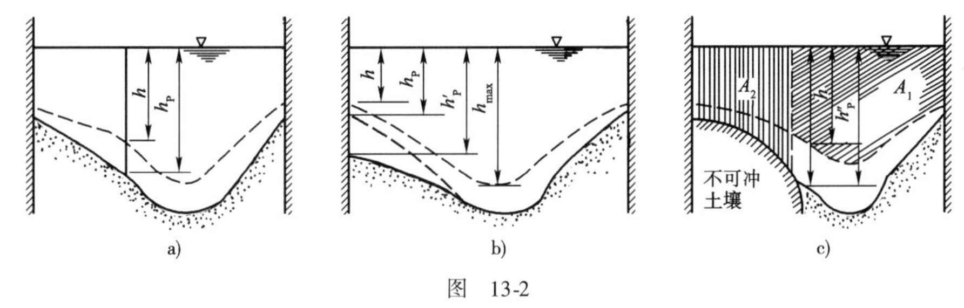


图 13-2

虚线-冲刷前河床床面;实线-冲刷后河床床面

2. 无导流堤时的桥台偏斜冲刷深度[图13-2b)]

$$h'_P = P\left[(h_{max} - h)\frac{h}{h_{max}} + h\right] \tag{13-22}$$

3. 岩土河床易冲土壤部分的冲刷深度

$$h''_P = \frac{PA_q - A_2}{A_1} \tag{13-23}$$

式中:$A_q$——冲刷前桥下计算毛过水面积,$m^2$;

$A_1$——冲刷前易冲刷部分的过水面积,$m^2$;

$A_2$——冲刷后不可冲刷部分,表层可冲土壤被冲去后的毛过水面积,$m^2$,如图13-2c)所示。

包氏公式没有考虑土质因素,也没有计及单宽流量集中情况,因此,本公式只适用于平原或山区的稳定性河段。

## 第三节　墩台局部冲刷深度

墩台周围因水流冲刷形成的冲刷坑最大深度,称为墩台的局部冲刷深度,常以 $h_b$ 表示。一般冲刷深度是自设计水位至一般冲刷线的最大深度,而局部冲刷则是从一般冲刷线至冲刷坑底的最大深度,如图 13-1b)所示。

关于局部冲刷深度计算,目前亦无成熟理论,主要应用经验公式估算。20 世纪 60 年代后,我国常用的经验公式有 65-1 公式、65-2 公式以及包尔达可夫公式。《公路工程水文勘测设计规范》(JTG C30—2002)中采用的是 65-1 修正式、65-2 公式。

### 一、非黏性土河床的局部冲刷深度

1. 65-1 修正式

$v \leqslant v_0$ 时,

$$h_b = K_\xi K_{\eta 1} B_0^{0.6}(v - v_0') \tag{13-24}$$

$v > v_0$ 时,

$$h_b = K_\xi K_{\eta 1} B_0^{0.6}(v_0 - v_0')\left(\frac{v - v_0'}{v_0 - v_0'}\right)^{n_1} \tag{13-25}$$

$$K_{\eta 1} = 0.8\left(\frac{1}{\bar{d}^{0.45}} + \frac{1}{\bar{d}^{0.15}}\right) \tag{13-26}$$

$$v_0 = 0.0246\left(\frac{h_P}{\bar{d}}\right)^{0.14}\left(332\bar{d} + \frac{10 + h_P}{\bar{d}^{0.72}}\right)^{0.5} \tag{13-27}$$

$$v_0' = 0.462\left(\frac{\bar{d}}{B_0}\right)^{0.06} v_0 \tag{13-28}$$

$$n_1 = \left(\frac{v_0}{v}\right)^{0.25\bar{d}^{0.19}} \tag{13-29}$$

式中:$h_b$——局部冲刷深度,m;

$B_0$——桥墩计算宽度,m,见附录 15;

$v_0$——河床泥沙起动流速,m/s;

$v_0'$——墩前泥沙起冲流速,m/s;

$v$——一般冲刷后墩前行近流速,m/s,常取 $v = v_z$,见式(13-4);

$\bar{d}$——泥沙平均粒径,mm;

$K_\xi$——墩形系数,见附录 15。

2. 65-2 公式

$$h_b = K_\xi K_{\eta 2} B_0^{0.6} h_P^{0.15}\left(\frac{v - v_0'}{v_0}\right)^{n_2} \tag{13-30}$$

$$K_{\eta 2} = \frac{0.0023}{\bar{d}^{2.2}} + 0.375\bar{d}^{0.24} \tag{13-31}$$

$$\left.\begin{aligned} v_0 &= 0.28(\bar{d}+0.7)^{0.5} \\ v_0' &= 0.12(\bar{d}+0.5)^{0.55} \end{aligned}\right\} \tag{13-32}$$

$$\left.\begin{aligned} &v > v_0 \text{时}, \quad n_2 = \frac{1}{\left(\dfrac{v}{v_0}\right)^{0.23+0.19\lg\bar{d}}} \\ &v \leqslant v_0 \text{时}, \quad n_2 = 1 \end{aligned}\right\} \tag{13-33}$$

式中：$h_b$——局部冲刷深度，m；

$h_P$——一般冲刷深度，m；

$B_0$——桥墩计算宽度，m，见附录 15；

$\bar{d}$——河床泥沙平均粒径，mm；

$v_0$——河床泥沙起动流速，m/s；

$v_0'$——墩前泥沙起冲流速，m/s；

$v$——行近流速，m/s；

$K_\xi$——墩形系数，见附录 15；

$K_{\eta 2}$——系数。

3. 包尔达可夫公式

$$h_b = \left[\left(\frac{v_P}{v_{max}}\right)^n - 1\right]h_P \tag{13-34}$$

式中：$v_P$—— 桥下设计流速，m/s，一般取 $v_P = v_z$；

$v_{max}$—— 岩土容许不冲刷流速，m/s，见附录 1；

$n$—— 墩台形状指数，见表 13-3。

**墩台形状指数** 表 13-3

| 序　　号 | 墩台类型和斜交度 | $n$ |
|---|---|---|
| 1 | 半流线型墩台和高桩承台，斜交小于 5° ~ 10° | $\frac{1}{4}$ |
| 2 | 非流线型墩台和基础 | $\frac{1}{3}$ |
| 3 | 非流线型墩台和基础斜交在 20°以内 | $\frac{1}{2}$ |
| 4 | 在摆动河流河槽区范围内的墩台，斜交在 45°以内 | $\frac{2}{3}$ |

## 二、黏性土河床

对于黏性土河床，《公路工程水文勘测设计规范》（JTG C30—2015）采用下式计算

$$\frac{h_P}{B_0} \geqslant 2.5 \text{时}, \quad h_b = 0.83K_\xi B_0^{0.6} I_L^{1.25} v \tag{13-35}$$

$$\frac{h_P}{B_0} < 2.5 \text{时}, \quad h_b = 0.55K_\xi B_0^{0.6} h_P^{0.1} I_L v \tag{13-36}$$

式中：$I_L$ ——冲刷坑范围内黏性土液性指数，适用范围为 0.16 ~ 1.48。

铁道部黏土桥渡冲刷研究小组的《黏土桥渡冲刷天然资料分析报告》推荐下列计算公式，

供参照试用

$$h_b = K_\xi B_0^{0.6} I_L^{1.25} v \tag{13-37}$$

$$h_b = K_\xi B_0^{0.6} (I_L e)^{0.7} v \tag{13-38}$$

式中：$e$——孔隙比；

其他符号意义同前。

## 第四节　桥下河槽最低冲刷线

### 一、计算公式

桥梁墩台处桥下河床自然演变等因素冲刷深度 $\Delta h$，一般冲刷深度 $h_P$、局部冲刷深度 $h_b$ 三者全部完成后的最大水深线，称为桥下河槽最低冲刷线，如图 13-1b）所示。

$$\left.\begin{aligned} h_s &= h_P + h_b + \Delta h \\ H_s &= H_P - h_s \\ H_N &= H_s - \Delta_c \end{aligned}\right\} \tag{13-39}$$

式中：$h_s$——桥下综合冲刷最大水深；

$H_P$——设计水位；

$H_s$——桥下最低冲刷线高程；

$H_N$——基础底埋置高程；

$\Delta_c$——基础埋深安全值，见表 13-4 及表 13-5。

**非岩性河床天然基础墩台埋深安全值 $\Delta_c$（m）**　　表 13-4

| 桥梁类别 | 总冲刷深度（m） | | | | |
|---|---|---|---|---|---|
| | 0 | 5 | 10 | 15 | 20 |
| 一般桥梁 | 1.5 | 2.0 | 2.5 | 3.0 | 3.5 |
| 特殊桥梁 | 2.0 | 2.5 | 3.0 | 3.5 | 4.0 |

**岩性河床基底埋置深度 $\Delta_c$ 参考值**　　表 13-5

| 岩石类别 | | 岩 石 名 称 | 埋入岩面深度（m）（按枯水季平均水深分级） | | |
|---|---|---|---|---|---|
| | | | $h<2$m | $h=2\sim10$m | $h>10$m |
| Ⅰ | 极软岩 | 胶结不良的长石砂岩、炭质页岩 | 3～4 | 4～5 | 5～7 |
| Ⅱ | 软质岩 | 黏土岩、泥质页岩 | 2～3 | 3～4 | 4～5 |
| | | 砂质页岩、砂质页岩互层、砂质砾岩 | 1～2 | 2～3 | 3～4 |
| Ⅲ | 硬质岩 | 板岩、钙质砂岩、矽质岩、石交岩、花岗岩、流纹岩、石英岩 | 0.2～1.0 | 0.2～2.0 | 0.5～3.0 |

## 二、计算说明

(1)64-1 公式及 64-2 公式中,有关参数中已包含了部分河床自然演变冲刷,故式中 $\Delta h$ 只应考虑未计及的其他冲刷深度,例如河流发育成长性变形和其他冲刷深度。

(2)稳定性河段,河槽不可能扩宽至全桥时,滩、槽部分的墩台可取不同的最低冲刷线高程。

(3)有边滩下移或深槽摆动的河段,应按摆动范围内最大水深计算冲刷深度,全桥用同一最低冲刷线;稳定的河滩部分,其墩台亦可采用另一相同的最低冲刷线。

(4)河滩不稳定的河段,且河槽可扩宽时,滩、槽内的墩台应采用同一最低冲刷线,按河槽最大水深计算冲刷深度。

(5)最低冲刷线高程确定后,可按实际情况和《公路工程水文勘测设计规范》(JTG C30—2015)的要求,选定基础底面最低埋置深度或基础底面的埋置高程。

**例 13-1** 已有水文资料:①多年实测洪峰流量及设计频率 $P=2\%$;②桥位河床断面图,如图 12-4 所示,其中滩、槽分界桩号为 $K_0+622.60\text{m}$,两岸桥台前缘桩号为 $K_0+611.07\text{m}$ 与 $K_0+730.07\text{m}$;③桥位断面附近水位流量关系曲线 $Q=f(z)$;水位面积曲线 $A=f(z)$ 与水位流速曲线 $v=f(z)$;④河槽糙率 $n_c=0.025$,河滩糙率 $n_t=0.0333$;⑤桥的上部结构为预应力钢筋混凝土梁桥,双柱式桥墩,直径 $D=1\text{m}$。试求河槽部分通过的设计流量 $Q_{cP}$。

**解**:按频率分析及资料③,得设计流量及设计水位;$Q_P=3500\text{m}^3/\text{s}$,$H_P=63.65\text{m}$,天然河槽流量 $Q_c=3190\text{m}^3/\text{s}$。由资料②、③、④得

桥下河槽过水面积 $A_c=1030\text{m}^2$

桥下河槽水面宽度 $L_c=730.07-622.60=107.47(\text{m})$

桥下河槽水面净宽 $L_j=L_c-3D=107.47-3\times1=104.47(\text{m})$

桥下河槽断面平均水深 $\bar{h}_c=\dfrac{A_c}{L_c}=\dfrac{1030}{107.47}=9.58(\text{m})$

$$C_c=\frac{1}{n_c}\bar{h}_c^{\frac{1}{6}}=\frac{1}{0.025}\times(9.58)^{\frac{1}{6}}$$

$$=58.3(\text{m}^{0.5}/\text{s})$$

由资料②,$K_0+611.07\text{m}$ 处水深为 2.14m,$K_0+622.60\text{m}$ 处水深为 2.23m,有

$$A_t=\frac{1}{2}\times(2.14+2.23)\times11.53=25.19(\text{m}^2)$$

$$B_t=622.60-611.07=11.53(\text{m})$$

$$\bar{h}_t=\frac{A_t}{B_t}=\frac{25.19}{11.53}=2.18(\text{m})$$

$$C_t=\frac{1}{n_t}\bar{h}_t^{\frac{1}{6}}=\frac{1}{0.0333}\times(2.18)^{\frac{1}{6}}=34.2(\text{m}^{0.5}/\text{s})$$

按式(13-15),得

$$Q_{cP}=\frac{Q_c}{Q_c+Q_t}Q_P=\frac{A_cC_c\sqrt{h_c}}{A_cC_c\sqrt{h_c}+A_tC_t\sqrt{h_t}}$$

$$=\frac{1\ 030\times58.3\sqrt{9.58}}{1\ 030\times58.3\sqrt{9.58}+25.19\times34.2\times\sqrt{2.18}}$$

$$=3\ 476(\mathrm{m^3/s})$$

**例 13-2** 已知：设计流量 $Q_P=3\ 500\mathrm{m^3/s}$，设计水位 $H_P=63.65\mathrm{m}$，深槽底部高程 $H_s=51.26\mathrm{m}$，平滩水位 $H_t=61.42\mathrm{m}$，平滩水位时的过水面积 $A_z=798\mathrm{m^2}$，平滩水位时的河槽水面宽度 $B_z=101.52\mathrm{m}$，天然河槽流量 $Q_c=3\ 190\mathrm{m^3/s}$，桥下河槽过水面积 $A_c=1\ 030\mathrm{m^2}$，桥下河槽水面宽度 $L_c=107.47\mathrm{m}$，天然河槽水面宽度 $B_c=108.39\mathrm{m}$，河滩水面宽度 $L_t=11.53\mathrm{m}$。采用四孔钢筋混凝土梁桥，标准跨径 $L_0=30\mathrm{m}$，桥墩直径 $D=1\mathrm{m}$，桥下河槽通过的设计流量 $Q_{cP}=3\ 476\mathrm{m^3/s}$，河床深8m内为砂砾层，平均粒径 $\bar{d}=2\mathrm{mm}$，$d_{95}=25\mathrm{mm}$，河滩6m深以内为中砂，表层土壤为疏松的耕地，桥位河段历年汛期含沙量 $\rho=30\mathrm{N/m^3}$，试用64-1公式及64-2公式分别计算河槽及河滩的一般冲刷深度 $h_P$ 及 $h_{tP}$。

**解：**1）河槽一般冲刷深度

（1）按64-1公式计算

$$\bar{H}=\frac{A_z}{B_z}=\frac{798}{101.52}=7.86(\mathrm{m})$$

$$\xi=\left(\frac{\sqrt{B_z}}{\bar{H}}\right)^{0.15}=\left(\frac{\sqrt{101.52}}{7.86}\right)^{0.15}=1.04$$

$$\lambda=\frac{D}{L_0}=\frac{1}{30}=0.033$$

$$v_c=\frac{Q_c}{A_c}=\frac{3\ 190}{1\ 030}=3.10(\mathrm{m/s})\text{，取 }v_p=v_c\text{，有}$$

$$L_j=L_c-3D=107.47-3\times1=104.47(\mathrm{m})$$

$$\varepsilon=1-0.375\frac{v_c}{L_0-D}=1-0.375\times\frac{3.10}{30-1}=0.96$$

由 $\rho=30\mathrm{N/m^3}$，有 $E=0.66$，得

$$h_P=\left(\frac{\xi Q_{cP}}{\varepsilon L_jE\bar{d}^{\frac{1}{6}}}\right)^{\frac{3}{5}}\left(\frac{h_{max}}{\bar{h}}\right)$$

$$=\left(\frac{1.04\times3\ 476}{0.96\times104.47\times0.66\times2^{\frac{1}{6}}}\right)^{\frac{3}{5}}\times\frac{12.39}{9.58}=13.30(\mathrm{m})$$

（2）按64-2公式计算

由式（13-20），有

$$K=1+0.02\lg\frac{H_{max}}{\sqrt{\bar{H}d}}=1+0.02\lg\frac{10.16}{\sqrt{7.86\times0.002}}$$

$$=1.04$$

$\frac{h_{max}}{d_{95}}=\frac{12.39}{0.025}=495.6$,据此查表 13-2 得

$$m_1=0.236$$

按式(13-20),有 $B_1=B_2=108.39\text{m}$,$B_2=B_c=108.39\text{m}$(按河槽不可能扩宽考虑);$Q_1=Q_c=3\ 190\text{m}^3/\text{s}$,$Q_2=Q_{cP}=3\ 476\text{m}^3/\text{s}$,得

$$\begin{aligned}h_P&=K\left(\xi\frac{Q_2}{Q_1}\right)^{4m_1}\left[\frac{B_1}{\varepsilon(1-\lambda)B_2}\right]^{3m_1}h_{max}\\&=1.04\times\left(1.04\times\frac{3\ 476}{3\ 190}\right)^{4\times0.236}\times\left[\frac{108.39}{0.96\times(1-0.033)\times108.39}\right]^{3\times0.236}\times12.39\\&=15.17(\text{m})\end{aligned}$$

(3)按包尔达可夫公式计算

按例 12-1,桥下计算面积 $A_q=1\ 010\text{m}^2$,采用的冲刷系数 $P=1.2$,但实有的桥孔毛面积 $A_{qx}=1\ 053\text{m}^2$,则桥下实有的冲刷系数有

$$P_x=P\frac{A_q}{A_{qx}}=1.2\times\frac{1\ 010}{1\ 053}=1.15$$

$$h_P=P_xh_{max}=1.15\times12.39=14.25(\text{m})$$

按上述计算结果,为安全计,取

$$h_P=15.17\text{m}$$

2)河滩一般冲刷深度

如图 12-4 所示,左岸位于较稳定河滩上,承例 13-1 数据,河滩水面宽度 $B_t=11.53\text{m}$,平均水深 $\bar{h}_t=2.14\text{m}$,按河槽不可能扩宽至全桥考虑,有

$$Q_{tP}=Q_P-Q_{cP}=3\ 500-3\ 476=24(\text{m}^3/\text{s})$$

$$h_{tm}=H_P-H_t=63.65-61.42=2.23(\text{m})$$

$L_{tj}=B_t=11.53\text{m}$,查表 13-1,$v_{H1}=0.32\text{m/s}$,得

$$\begin{aligned}h_{tP}&=\left[\frac{\frac{Q_{tP}}{\varepsilon L_{tj}}\left(\frac{h_{tm}}{\bar{h}_t}\right)^{\frac{5}{3}}}{v_{H1}}\right]^{\frac{5}{6}}=\left[\frac{\frac{24}{0.96\times11.53}\times\left(\frac{2.23}{2.18}\right)^{\frac{5}{3}}}{0.32}\right]^{\frac{5}{6}}\\&=5.08(\text{m})\end{aligned}$$

3)桥台偏斜冲刷深度 $h'_P$

因压缩河滩较多,且未设导流堤,应考虑左岸桥台可能遭受的偏斜冲刷。如图 12-4 所示,左岸桥台前缘 $K_0+611.07\text{m}$ 处水深 $h=2.14\text{m}$,按式(13-22),得

$$\begin{aligned}h'_P&=P_x\left[(h_{max}-h)\frac{h}{h_{max}}+h\right]\\&=1.15\times\left[(12.39-2.14)\times\frac{2.14}{12.39}+2.14\right]=4.50(\text{m})\end{aligned}$$

**例 13-3** 承例 13-1,13-2,$h_P=15.17\text{m}$,河床泥沙平均粒径 $\bar{d}=2\text{ mm}$,$E=0.66$,桥梁下部结构为钢筋混凝土双柱式桥墩,钻孔灌注桩基础,桩径为 1.2m,混凝土 U 形桥台,天然地基属浅基础。试计算桥墩局部冲刷深度 $h_b$。

**解:**(1)按 65-1 公式计算

按下部结构形式查附录15得 $K_\xi = 1, B_0 = 1.2\text{m}$

取 $v = v_z = E\bar{d}^{-\frac{1}{6}}h_P^{\frac{2}{3}} = 0.66 \times 2^{\frac{1}{6}}(15.17)^{\frac{2}{3}} = 4.54(\text{m/s})$

$$v_0 = 0.0246\left(\frac{h_P}{\bar{d}}\right)^{0.14}\left(332\bar{d} + \frac{10 + h_P}{\bar{d}^{0.72}}\right)^{0.5}$$

$$= 0.0246\left(\frac{15.17}{2}\right)^{0.14} \times \left(332 \times 2 + \frac{10 + 15.17}{2^{0.72}}\right)^{0.5}$$

$$= 0.851(\text{m/s})$$

$$v_0' = 0.462\left(\frac{\bar{d}}{B_0}\right)^{0.06}v_0 = 0.462 \times \left(\frac{2}{1.2}\right)^{0.06} \times 0.851$$

$$= 0.406(\text{m/s})$$

$$K_{\eta 1} = 0.8\left(\frac{1}{\bar{d}^{0.45}} + \frac{1}{\bar{d}^{0.15}}\right) = 0.8 \times \left(\frac{1}{2^{0.45}} + \frac{1}{2^{0.15}}\right)$$

$$= 1.31$$

$$n_1 = \left(\frac{v_0}{v}\right)^{0.25\bar{d}^{0.19}} = \left(\frac{0.851}{4.54}\right)^{0.25 \times 2^{0.19}} = 0.620$$

因 $v > v_0$,按式(13-25),得

$$h_b = K_\xi K_{\eta 1} B_0^{0.6}(v_0 - v_0')\left(\frac{v - v_0'}{v_0 - v_0'}\right)^{n_1}$$

$$= 1 \times 1.31 \times 1.2^{0.6} \times (0.851 - 0.406) \times \left(\frac{4.54 - 0.406}{0.851 - 0.406}\right)^{0.62}$$

$$= 2.59(\text{m})$$

(2)按65-2公式计算

$$v = 4.54\ (\text{m/s})$$

$$v_0 = 0.28(\bar{d} + 0.7)^{0.5} = 0.28 \times (2 + 0.7)^{0.5} = 0.46 < v$$

$$v'_0 = 0.12(\bar{d} + 0.5)^{0.55} = 0.12 \times (2 + 0.5)^{0.55} = 0.20$$

$$n_2 = \frac{1}{\left(\frac{v}{v_0}\right)^{0.23 + 0.19\lg\bar{d}}} = \frac{1}{\left(\frac{4.54}{0.46}\right)^{0.23 + 0.19\lg 2}} = 0.52$$

$$K_{\eta 2} = \frac{0.0023}{\bar{d}^{2.2}} + 0.375\bar{d}^{0.24} = \frac{0.0023}{2^{2.2}} + 0.375 \times 2^{0.24} = 0.44$$

$K_\xi = 1$,由公式(13-30)得

$$h_b = K_\xi K_{\eta 2} B_0^{0.6} h_P^{0.15}\left(\frac{v - v'_0}{v_0}\right)^{n_2}$$

$$= 1 \times 0.44 \times 1.2^{0.6} \times 15.17^{0.15} \times \left(\frac{4.54 - 0.20}{0.46}\right)^{0.52}$$

$$= 2.37(\text{m})$$

(3)按包尔达可夫公式计算

由例13-2,$v_c = 3.10\text{m/s}$(河槽断面平均流速)。取 $v_p = v_c = 3.10\text{m/s}, v_{max} = 1.2\text{m/s}, n = \frac{1}{3}$(见附录1,表13-3)。由例13-2包尔达可夫公式所得一般冲刷值 $h_P = 14.25\text{m}$,按式(13-34)

得

$$h_b = \left[\left(\frac{v_P}{v_{max}}\right)^n - 1\right]h_P = \left[\left(\frac{3.1}{1.2}\right)^{\frac{1}{3}} - 1\right] \times 14.25 = 5.30(m)$$

**例 13-4** 承例 13-1 ~ 例 13-3 资料及计算结果,试确定桥下最低冲刷线高程及基底最小埋置深度。

**解:**1)冲刷深度计算结果

由例 13-1、例 13-2、例 13-3 计算有

(1)一般冲刷深度:$h_P = 15.17m$

(2)局部冲刷深度:$h_b = 2.59m$

(3)总冲刷深度

按 64-2 公式及 65-1 修正式计算,有

$$h_P + h_b = 15.17 + 2.59 = 17.76(m)$$

按包尔达可夫公式计算,有

$$h_P + h_b = 14.25 + 5.30 = 19.55(m)$$

为安全计,取总冲刷深度

$$h_s = 19.55(m)$$

2)桥下河槽最低冲刷线高程

由表 13-4,取 $\Delta_c = 3.5m$,按式(13-29)得桥下河槽最低冲刷线高程

$$H_s = H_P - h_s = 63.65 - 19.55 = 44.1(m)$$

3)桥下河槽基底最小埋置高程

$$H_N = H_s - \Delta_c = 44.1 - 3.5 = 40.6(m)$$

4)河滩最低冲刷线高程及桥台基底最小埋置高程

据现场调查确认本河段比较稳定,河槽不可能扩宽至全桥,河滩及河槽处基底埋置可分别采用不同的高程。按前例计算结果有

$$h_{tP} = 5.08m > h'_P = 4.50m, 取 h_{cP} = 5.08m$$

由表 13-4,取 $\Delta_c = 2m$,则河滩最低冲刷线高程及基础底最小埋设高程有

$$H_{ts} = H_P - h_{tP} = 63.65 - 5.08 = 58.57(m)$$

$$H_{tN} = H_{ts} - \Delta_c = 58.57 - 2 = 56.57(m)$$

请注意,本例未考虑其他因素引起的冲刷深度,对于具体实桥,还应作实地调查计及其他因素的影响,而后合理确定墩台最小埋置深度。

## 【习题】

13-1 扼要说明下列概念:

(1)河床自然演变冲刷。

(2)河床一般冲刷及一般冲刷深度。

(3)河床局部冲刷及局部冲刷深度。

(4)桥下最低冲刷线高程与基底埋置高程。

(5)桥下毛计算过水断面面积 $A_q$,桥下天然河槽过水断面面积 $A_c$,天然河滩过水断面面积 $A_t$,三者有何关系?

13-2　已知桥位断面图中,两岸桥台前缘的桩号为 $K_0+611\text{m}$ 与 $K_0+731\text{m}$,3 孔钢筋混凝土梁桥,桥墩直径 $D=1\text{m}$。求桥长及桥孔净长。

13-3　已知设计流量 $Q_P=4\,000\text{m}^3/\text{s}$,桥下天然河槽过水面积 $A_c=1\,030\text{m}^2$,两岸桥台前缘的断面图桩号为 $K_0+611.07\text{m}$ 与 $K_0+730.07\text{m}$,槽、滩分界桩号为 $K_0+622.60\text{m}$,滩地过水面积 $A_t=25.19\text{m}^2$,河槽糙率 $n_c=0.025$,河滩糙率 $n_t=0.032$。试求通过河槽及河滩的设计流量。

13-4　已知平滩水位 $H_z=61.42\text{m}$ 时,水面宽度 $B_z=101.52\text{m}$,过水断面面积 $A_z=798\text{m}$。求断面单宽流量集中系数。

13-5　已知水文资料:设计流量 $Q_P=3\,500\text{m}^3/\text{s}$,设计水位 $H_P=63.65\text{m}$,河槽通过的设计流量 $Q_{cP}=3\,476\text{m}^3/\text{s}$;桥下天然河槽流速 $v_c=3.1\text{m/s}$,相应的过水面积 $A_c=1\,030\text{m}^2$,桥下河槽水面宽度 $L_c=107.47\text{m}$;桥孔中河滩水面宽度 $L_t=11.53\text{m}$;天然河槽水面宽度 $B_c=108.39\text{m}$;采用四孔预应力钢筋混凝土梁桥,标准跨径 $L_0=30\text{m}$,桥墩直径 $d=1\text{m}$;平滩水位 $H_z=61.42\text{m}$,相应过水面积 $A_z=798\text{m}^2$,水面宽度 $B_z=101.52\text{m}$,深槽底高程 $H_N=51.26\text{m}$;河床深8m以内为砂砾层,平均粒径$\bar{d}=2\text{mm}$,$d_{95}=25\text{mm}$,河滩深6m以内为中砂,表层土壤为疏松耕地,桥位河段历年汛期含沙量$\rho=9\text{N/m}^3$;河槽不可能扩宽至全桥。试求解:(1)分别用64-1公式和64-2公式计算桥下河槽、河滩的一般冲刷深度;(2)此桥按计算所得的最小桥长为多少?

13-6　基桥设计水位 $H_P=63.65\text{m}$,河床断面深槽的底部高程 $\nabla_z=51.26\text{m}$,建桥后,桥下冲刷后断面容许比建桥前的河床断面扩大1.2倍。求桥下一般冲刷深度。

13-7　已知一般冲刷深度$h_P=15.17\text{m}$,河床泥沙平均粒径$\bar{d}=2\text{ mm}$,沙质河床,历年汛期含沙量$\rho=50\text{N/m}^3$,桥梁下部结构为钢筋混凝土双柱式桥墩,直径 $d=1\text{m}$,钻孔灌注桩基础,桩径为1.2m,混凝土U形桥台,天然地基为浅基础。试用65-1修正式和65-2公式及包尔达可夫公式分别计算桥墩局部冲刷深度。

13-8　承题13-5一般冲刷深度、题13-7局部冲刷深度结果。设河床演变冲刷深度 $\Delta h=1\text{m}$,基础埋置深度安全值 $\Delta_c=2\text{m}$,设计水位 $H_P=63.65\text{m}$。试确定桥下最低冲刷深度、最低冲刷线高程以及基础底部埋设高程。

13-9　已知设计水位 $H_P=63.65\text{m}$,断面底部最低高程 $\nabla_N=51.26\text{m}$,桥台一侧水深 $h=3\text{m}$,容许冲刷系数 $P=1.2$。求桥台的局部偏斜冲刷深度。

13-10　扼要说明:大、中桥位设计应收集的水文资料及有关计算项目(只列出计算项目,不要求对各项目逐一阐述)。

# 第十四章
# 小桥涵勘测设计

## 第一节　小桥涵勘测设计内容

### 一、原则要求

按《公路工程技术标准》(JTG B01—2014)的规定:多孔跨径 $8m \leqslant L \leqslant 30m$,单孔标准跨径 $5m \leqslant L_0 < 20m$ 时,称为小桥;单孔标准跨径 $L_0 < 5m$ 时,称为涵洞;对于圆管及箱涵,不论管径或跨径大小,孔数多少,均称为涵洞。小桥涵在交通工程中占有较重要的地位,它分布于公路的全线,工程量比重大,投资额高,平原地区一般每公里约有 1 ~ 3 道,山区为 3 ~ 5 道,占公路总投资的 15% ~ 20%。它的布设还与农田水利有着密切的关系。

小桥涵的设计原则有:

(1)符合安全、经济、适用、美观的统一;适应所在公路的等级标准、性质、使用任务及未来的发展。

(2)因地制宜,就地取材,便于施工养护。

(3)有利于生态环保,密切配合当地农田水利,避免淹田、毁田、破坏排灌系统。

## 二、勘测设计内容

(1)小桥涵位置及类型选择。

(2)水文资料收集整理与分析计算,确定设计流量与设计水位。

(3)水力计算:

①小桥涵孔径计算。

②河床加固类型与尺寸计算。

③桥涵前壅水高度计算。

④进出口沟床的防护与处理措施。

(4)标准图选用。

(5)工程量计算与设计文件编制。

# 第二节　小桥涵位置选择

## 一、择位原则

(1)服从路线走向。

(2)逢沟设桥或涵,如图14-1a)所示。

(3)适应路线平纵要求并与路基排水系统协调。

(4)小桥轴线应与河沟流向垂直;涵洞轴线应与水流方向一致,使进出口水流平顺畅通。

(5)河段的河床地质良好,河道顺直。

(6)主体及附属工程的全部工程量最小,造价最低。

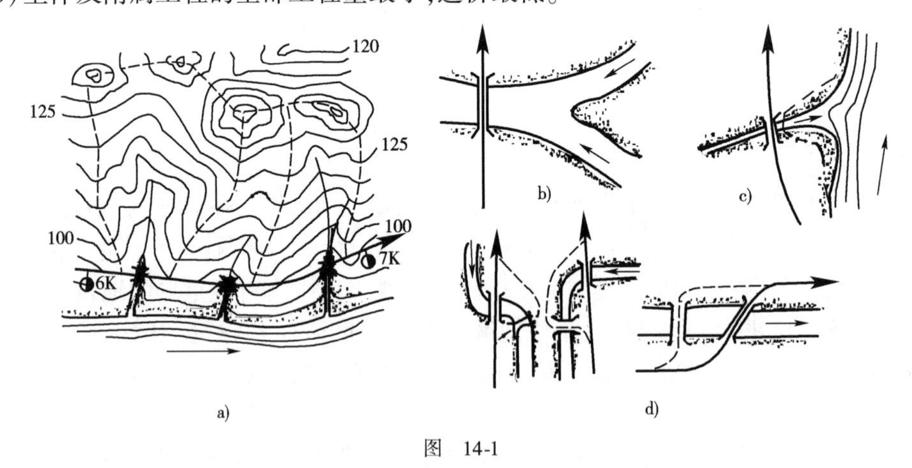


图　14-1

## 二、小桥定位与布设

(1)服从路线走向。但小桥工程量较大,定位时容许对路线作适当调整并按小桥需要选择跨河位置。

(2)轴线应与洪水主流方向正交。否则应使墩台轴线与水流方向平行,以减小水流对墩台的冲刷。

(3)桥位应布设在顺直河段。当遇河湾时,应择位于河湾的上游,万一必须在河湾下游跨河时,桥位应远离河湾,其距离应在 1 ~1.5 倍水面宽度范围以外。

(4)桥位应布设在地质良好、承载力大的河段,避免通过淤泥沉积地段。

(5)桥位应布设在河宽小、滩窄而高、汊流少的河段。当必须通过支流汇合口时,应在支流汇合口的下游跨越并远离汇合口,与汇合口的距离,一般应在 1.5 ~2.0 倍河宽以上,如图 14-1b)所示。

(6)跨越溪沟时,桥位应在大河倒灌水位线的范围以外,如图 14-1c)所示。

(7)桥位布设在两岸地质良好、土石方少,有利于路线的平顺衔接。

(8)对于沿溪路线,应有较好的线形条件。例如,必要时可利用河湾、“S”形河段及采取斜交办法跨河,如图 14-1d)所示。

## 三、涵洞的定位与布设

1. 涵洞的定位

涵洞定位应服从路线方向。

2. 设涵位置及辅助措施

1)平原区涵位

(1)设于河沟中心——称为河心涵,一般与路线方向正交,并使其进口对准上游沟心。

(2)设于灌渠线上——称为灌溉涵洞,保证灌渠水流畅通。

(3)裁弯取直设涵:如图 14-2 所示,当路线经弯曲河沟或多支汊河沟时,可裁弯取直改沟设涵或改沟整流设涵,称为改沟涵。

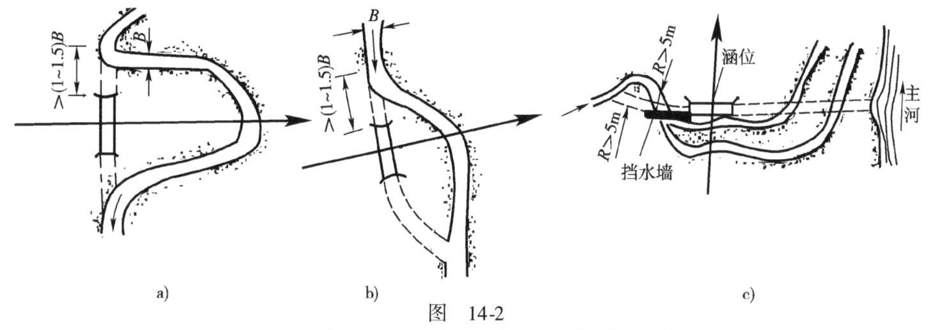


图 14-2

a)裁弯取直设涵;b)改沟设涵;c)改沟整流设涵

2)山岭地区涵位

(1)顺沟设涵:山区河沟坡陡流急,洪水迅猛,应顺沟设涵,一般不宜作改沟设涵强求正交。

(2)路线纵坡成凹形的低处或路线纵坡由陡变缓的变坡点应设涵,如图 14-3 所示。

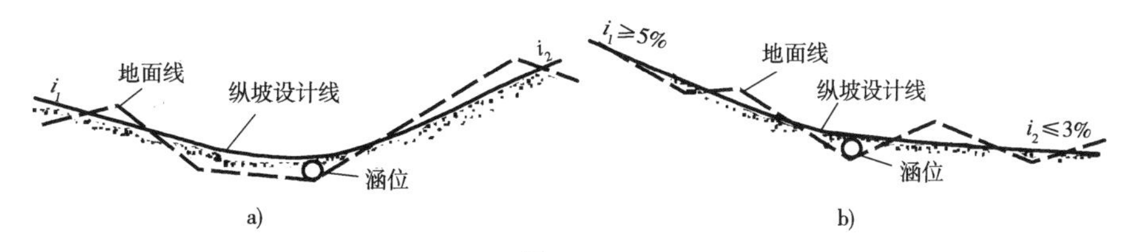


图 14-3

a)凹形路线低处涵位;b)急坡末端变坡点涵位

(3)旁山内侧截水沟及路基排水边沟出口处应设涵,如图 14-4a)所示。

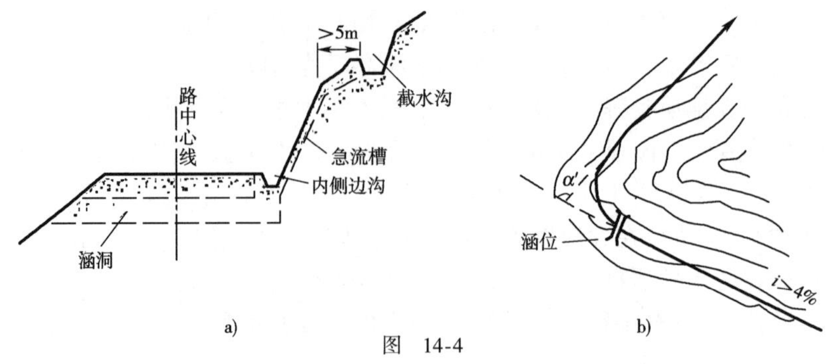


图 14-4

a)截水沟出口涵位;b)陡坡急弯涵位

(4)陡坡急弯处,路线偏角大于 90°,平曲线半径小,在弯道起(止)点附近应设涵,如图 14-4b)所示。

(5)土质密实,边坡稳定河沟,可改沟设岸坡涵,如图 14-5 所示。对原河沟应作片石盲沟排水。岸坡涵可缩短涵洞长度,有利于泄水。

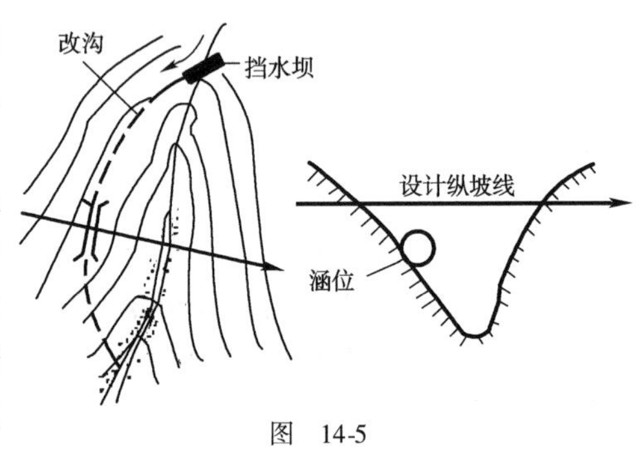


图 14-5

(6)并沟设涵:两溪相近(山区两溪相距 100m 以内,丘陵区在 200m 以内),或汇水面积小于 $0.03 \sim 0.05\text{km}^2$,纵坡 $i<0.3$,水流小,含沙量低的河沟,通过经济比较,可作并沟设涵,如图 14-6 所示,但应做好旧河沟堵塞及截水墙和路基的加固工程。此外,也可改沟不设涵,如图 14-6 所示。

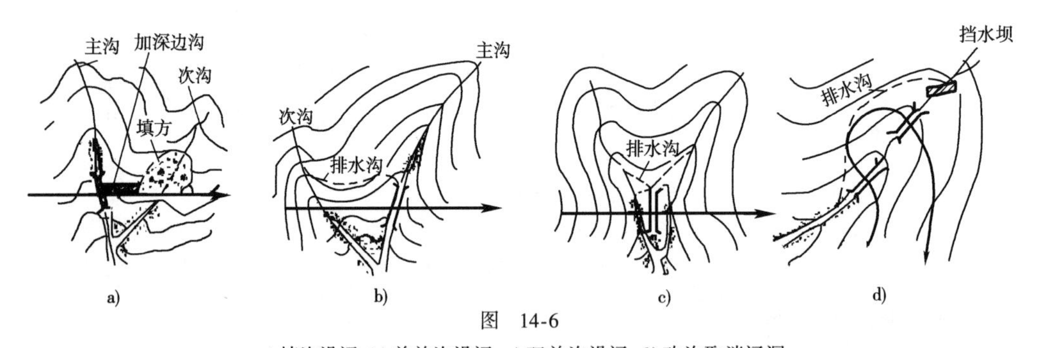


图 14-6

a)填沟设涵;b)单并沟设涵;c)双并沟设涵;d)改沟取消涵洞

(7)改涵为明沟:路线跨越丘陵地区的山脊线时,在马鞍形底部可开挖明沟排水不设涵洞,如图 14-7 所示。

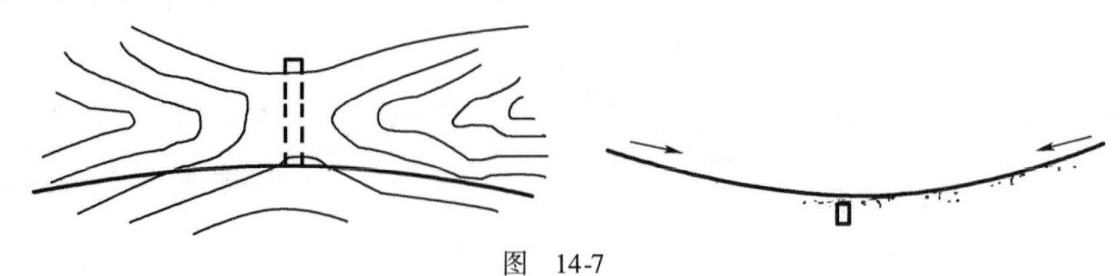

图 14-7

(8)必须在河湾处设涵时,涵位应设在凹岸一侧,有利于汇集水流。

# 第三节 小桥涵勘测与调查

## 一、水文勘测与调查

水文勘测的目的是确定设计流量和水位,并为确定桥涵孔径提供依据。不同的水文计算方法,可有不同的勘测内容。

1. 暴雨径流法

即由降水资料推求设计流量及水位。其勘测调查的内容有:

(1)汇水面积及主河沟纵坡测量。

(2)汇水区的土壤类属、植被情况及地面特征。

(3)农田水利情况。

(4)地区暴雨参数图表及等值线图。

2. 形态调查法

即通过现场查勘推求设计流量及水位。其勘测调查的内容有:

(1)形态断面的选定及测量。

(2)洪水调查、洪痕高程、位置及洪水比降测算。

(3)河段特征调查及糙率选定。

3. 直接类比法

即按类比法确定设计流量及水位,按已成桥经验确定小桥涵孔径。其勘查的内容有:

(1)已有桥结构类型、尺寸;洞口形式与加固方式。

(2)所在位置,主河沟长度、汇水面积、平均比降、桥涵前水深、下游河沟的天然水深、设计标准、设计流量与水位、地质地貌等。

(3)桥涵孔径、总长、基础类型及埋置深度、承载能力、修建年月及运营情况等。

## 二、小桥涵位置测量

小桥涵位置测量有现场勘定位置、确定其中心桩、实地检查小桥涵位置初步选择布设方案的合理性,为路线的设计高程控制提供依据。

1. 断面测量

为布图需要,小桥和涵洞对河沟断面测量的要求亦不同。

1)小桥

(1)施测范围——上游100~200m,下游50~100m,河岸以上或两侧泛滥线以外10~20m。

(2)比例尺:1∶50~1∶200。

(3)断面图要求——如图14-8a)所示,应在桥台范围上、中、下三处施测三个断面并绘于同一图中;断面图中应标明地面线、中心桩号、测时水位、调查洪水位、设计洪水位、土壤类别、地质探坑及钻孔柱状图等,如图14-8b)所示。

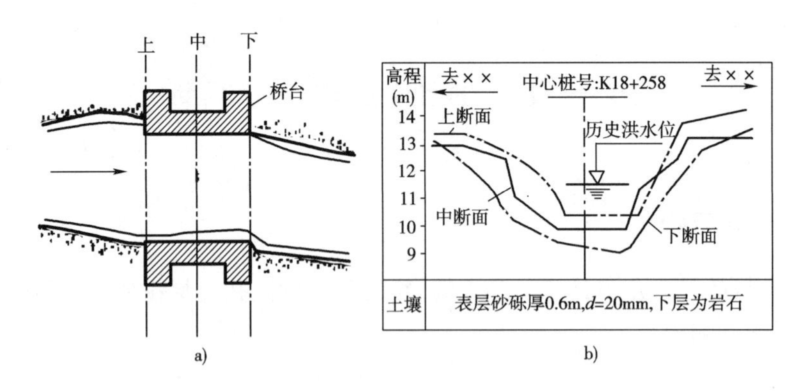


图 14-8

2)涵洞

涵洞布图一般只需纵剖面图,即在涵洞中心处测一个河沟纵断面。测量范围一般取上、下游洞口外15~20m。河沟纵剖面施测长度:平原区,上游200m,下游100m;山区,上游100m,下游50m。

2. 小桥涵址平面图绘制

小桥涵址平面图用于室内设计时回忆和了解桥涵位置情况,一般只绘制平面示意图,应标示地形、地貌特征、桥涵位置方向、主要地名、沟名以及现场拟定的改沟开挖示意线等,如图14-9所示。

当地形特别复杂,上、下游改河范围大,附属工程较多时,应考虑实测地形图。施测范围:上游为河宽的4倍,下游为河宽的2倍,地形图比例尺为1∶200~1∶500,范围大时,可用1∶1 000;等高线间距通常为1m。

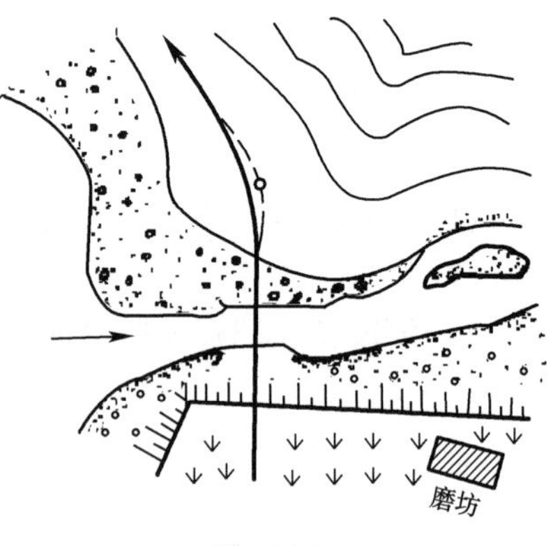


图 14-9

## 三、小桥涵现场勘查内容

1. 汇水面积

汇水面积利用地形图勾绘。

2. 主河沟平均坡度估算

1)山区河流

当主河沟长度$L>500$m时,平均坡度$J$按河沟陡坡转折点至涵位沟底间高差与两点间水平距离的比值计算;

当$L<500$m时,$J$取分水岭至涵位沟底高差与相应两点间水平距离的比值。

2)平原河流

当$L>800$m时,$J$取近桥涵一半主河沟的平均坡度;当$L<800$m时,$J$取桥涵至分水岭的主河沟平均坡度。

3. 主河沟断面形状折算

坡面集流时间对河沟流量影响不大,通常以河沟取代,并把不规则的天然河沟断面概化为三角形,按式(6-1)计算(令底宽$b=0$)。

4. 工程地质调查

小桥涵工程地质勘测以调查为主,挖探为辅,了解基底土壤承载力、地质构造、地下水情况及其对桥涵结构稳定性影响,以便确定基础埋置深度及采取有关防护措施。调查的方法一般采用目测和访问相结合。

调查的主要内容有:地基土壤的名称、颜色、所含成分(各种粒径所占百分比)、密实程度(按挖探或钻探进展的难易程度分疏松、中等密实、密实等)、含水干湿与可塑性(砂质土壤分干、湿、含水饱和;黏性土壤分流动性、塑性、硬性)、地下水情况、岩层走向、倾角及风化程度等。

当工程规模较大又难以判定地质情况时,可辅以挖探、钎探或钻探。土质河床一般采用坑探与钎探结合,探孔布置如图14-10所示。图中"·"为布设两孔时的探孔位置。"○"为布设一孔时的探孔位置。当地质较复杂时,可在上游或下游增加一个探孔,其位置如图中"⊗"所示。探孔深度一般应在预定基底高程以下1~2m。

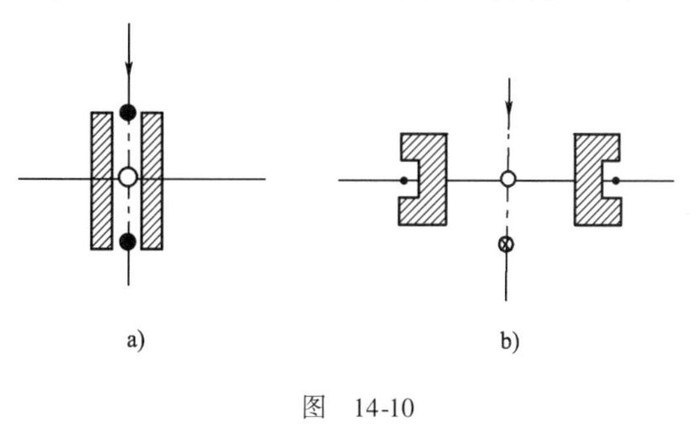

图 14-10
a)涵洞;b)小桥

5. 建筑材料调查

为了经济合理地选择桥涵结构类型和贯彻就地取材原则,其内容有:工程材料产地、分布、蕴藏量、质量、规格、开采条件及运输条件等。一般采用调查与实地勘查相结合。

6. 其他调查

(1)已建灌溉渠道设计流量、灌溉面积、渠道断面、渠底高程、底坡、糙率、当地对跨越渠道的意见等,以便确定桥涵类型、孔径和加固措施。

(2)当桥涵需兼作行人、牲畜、汽车或航行通道时,应调查有关跨径、净空及位置的要求。

(3)桥涵濒临大河时,应调查重现期 $T=1$ 年、$T=25$ 年及 $T=50$ 年的大河倒灌洪水位范围。

(4)山洪暴发时的泥石流情况及柴草、竹木等漂浮物的数量、大小和产生的原因。

(5)气温、风力、雨量、冰情及地震情况等。

# 第四节 小桥涵类型选择与布置

## 一、小桥涵分类

关于小桥分类详见《桥梁工程》,下面主要介绍涵洞分类。

1. 按材料分类

(1)砖涵。

(2)石涵:有石盖板涵和石拱涵。

(3)混凝土涵:有四铰管涵、拱涵等。

(4)钢筋混凝土涵:有管涵、盖板涵、箱涵、拱涵等。

(5)其他材料涵:木涵、瓦管涵、铸铁管涵、石灰三合土拱涵等。

2. 按构造形式分类

(1)管涵:又称圆管涵,其直径一般为0.5~1.5m,受力情况和适应基础的性能好,仅需设置端墙,不需墩台,圬工量小,造价低,但清淤不便。

(2)盖板涵:较适用于低填土的路基,还可做成明涵。

(3)拱涵:超载潜力大,便于就地取材,易于施工,是一种常用形式。

(4)箱涵:适用于软土地基,但因施工困难、造价较高,一般不常用。

3. 按洞顶填土情况分类

(1)明涵:洞顶不填土或填土小于0.5m,适用于低路堤涵洞。

(2)暗涵:洞顶填土高度大于0.5m,适用于高路堤涵洞。

4. 按水力性能分类

(1)无压涵洞:洞内水流具有自由表面,其入口水深低于进口高度,如图14-11a)所示。其中可有缓坡涵洞($i < i_K$)、急坡涵洞($i > i_K$)及临界坡涵洞($i = i_K$),水力特性见第六章第三节。

(2)半压涵洞:如图14-11b)所示,水流仅封闭洞口,洞内仍为无压流。

(3)有压涵洞:如图14-11c)所示,入口水深大于洞口高度,全涵为有压流,常见的倒虹吸管亦属此类。

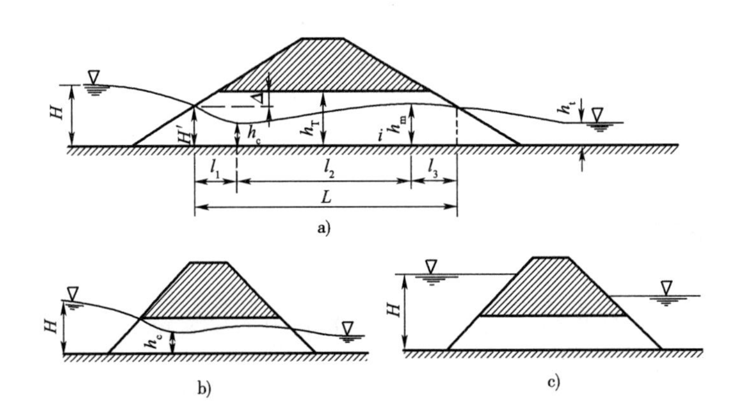


图 14-11

a)无压涵洞;b)半压涵洞;c)有压涵洞

5. 按涵洞洞身形式分类

(1)平置式坡涵如图14-12a)所示。

(2)平置式阶梯涵如图14-12b)所示。

(3)斜置式坡涵如图14-12c)、d)、e)所示。

## 二、小桥涵类型选择

小桥适用于跨越流量大,漂浮物多,有泥石流、冲积堆或深沟陡岸,填土过高的河沟;涵洞则适用于流量小,漂浮物少,不受路堤高度限制的河沟或灌溉水道。

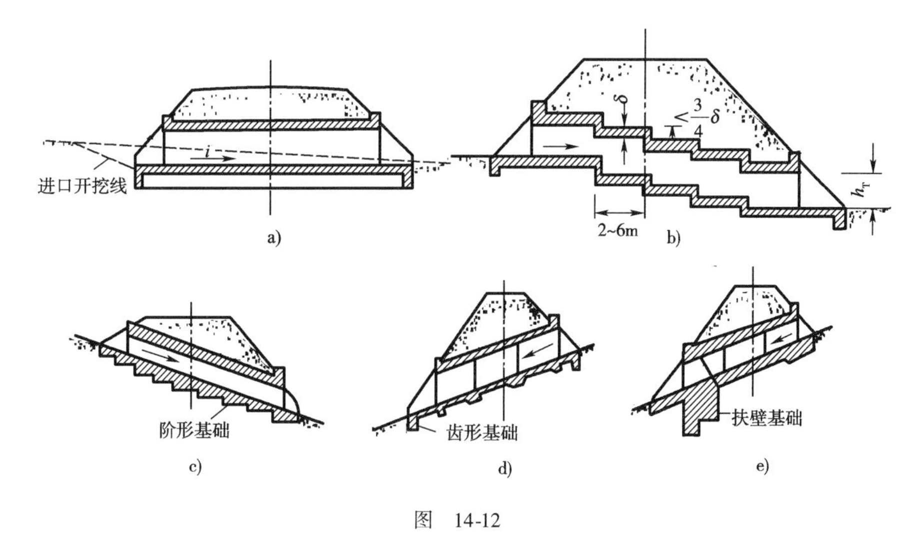


图 14-12

a)平置式坡涵;b)平置式阶梯涵;c)、d)、e)斜置式坡涵

1. 石拱桥涵

这是山区公路最常用的一种结构形式。其优点是:可就地取材,造价低,易施工,结构坚固寿命长,自重及超载潜力大。其适用于盛产石料地区,可用于流量大于 10m³/s ,跨径大于 2m,路堤高度在 2.5m 以上,地基条件良好的河沟,适应填土高度一般可达 30m。其缺点是建筑高度大,难以预制施工,难修复,占劳力多,工期长,对地基要求高。其常用孔径有 0.75 ~6.00m。

2. 石盖板涵

其优点是可以就地取材,结构坚固,建筑高度小,对地基要求不高,施工简便,易于修复。其适用于盛产石料地区,可用于流量在 10m³/s 以下,跨径在 2m 以下的河沟。其缺点是力学性能较差。

3. 钢筋混凝土盖板涵

这类小桥涵的优点是建筑高度较小,不受填土高度限制,可预制拼装,施工简便,对基础要求不高,易于修复。其适用于缺乏石料地区,流量大,填土高度受限制及高等级公路。其缺点是钢材用量大,造价高。这类小桥涵适应的填土高度一般为 12m,通常可预制或现场浇制。预制拼装可节约模板,缩短工期,不受气候影响,适用于桥涵多而集中并有运输吊装条件的公路;现场浇制整体性好,适用于工程分散、改建旧路中的单个桥涵及高标准公路的桥涵。

4. 钢筋混凝土箱涵

这类涵洞适用于较软弱的地基,但因造价高,施工困难,一般少用。

5. 钢筋混凝土圆管涵

这类小桥涵的优点是力学性能好、构造简单、工程量小、工期短、施工方便,适用于石料缺乏地区,可用于孔径为 0.5 ~1.5m、流量为 10m³/s 以下的小型涵洞,一般采用单孔较为经济,缺点是清淤困难。其适应的填土高度可达 15m。

小桥涵的孔数取决于流量大小、建筑高度限制条件及地基情况等综合因素,实践中一般采用单孔。

## 三、小桥涵布置要求

1. 平面布置

(1)位于洪水主流区。

(2)小桥轴线与洪水主流向正交;涵洞与洪水主流向平行。

(3)符合小桥涵位置选择条件(详见第十四章第二节)。

2. 立面布置

小桥的立面布置有:合理布置桥孔,确定桥面中心高程。

涵洞的立面布置主要有:选定洞底中心高程和涵洞底坡,确定引水及出水渠槽、洞口以及进、出口沟床的防冲刷消能措施。其立面布置经验有:

1)纵坡 $i<5\%$ 的平坦河沟

(1)顺坡设涵:即涵洞底坡与天然河沟底坡一致。

(2)设急坡涵洞:当河沟纵坡较大时,可以涵洞出口处沟床高程作起坡控制点,使 $i>i_K$($i_K$ 为临界底坡),在进口处作适当开挖,如图 14-12a)所示。

2)$5\%<i<10\%$ 的非岩石河沟或 $5\%<i<30\%$ 的岩石河沟

对于这类河沟,可采用斜置式坡涵,结合地形、地质情况,其基础可有台阶形[图 14-12b)、c)]、齿形[图 14-12d)]与扶壁形[图 14-12e)]。

3)$10\%<i<30\%$ 的河沟

这类河沟可采用洞身为阶梯形的平置坡涵,如图 14-12b)所示,其立面布置要求有:

(1)分节段长度一般为 2~6 m,随纵坡增大而减小。相邻两节段的最大高差一般不超过涵洞上部厚度的$\frac{3}{4}$,如图 14-13a)所示,否则,应在节间加设矮墙,如图 14-13b)所示,矮墙高度应小于 0.7m 或$\frac{1}{3}$的涵洞净高,分节长度一般应大于台阶高度的 10 倍,否则,台阶长度应按多级跌水计算确定,矮墙高度应避免过多压缩涵洞过水断面。

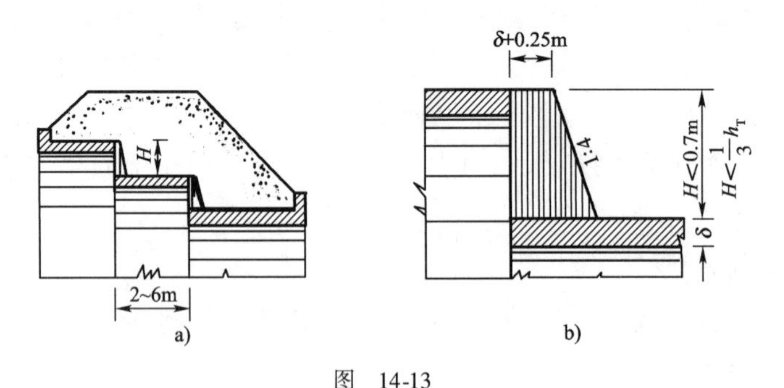


图 14-13

a)阶梯形平置坡涵的矮墙;b)矮墙大样

(2)当河沟纵坡变化较大时,可适应地形条件采用不等长分节洞身,不等高的阶梯形,跌水段长度应大于涵洞孔径,必要时应按多级跌水计算确定。

(3)涵洞采用的孔径应大于计算值,每节间应设沉降缝。

# 第五节 小桥孔径计算

小桥的泄流特性与宽顶堰相似,但小桥一般无槛高,故又称为无槛宽顶堰。小桥的水力计算主要是确定小桥孔径大小及桥前水深,小桥的设计流量由水文计算提供。

小桥设计通常考虑了一定的桥孔净空高度,一般桥孔不全淹没,如图 7-1e)、f)所示,小桥孔径计算主要是确定桥跨长度。

小桥孔径(桥长)计算以容许不冲刷流速为控制条件,即河床不容许发生冲刷。为了减小桥孔长度,通常采用人工加固办法提高容许不冲刷流速,但不宜造成过大的桥前水位壅高,以免加大上游淹没损失。

## 一、小桥泄流的淹没标准

小桥泄流可有自由出流与淹没出流两类,如图 14-14 所示。下面建立其自由出流与淹没出流的判别标准,简称为淹没标准。

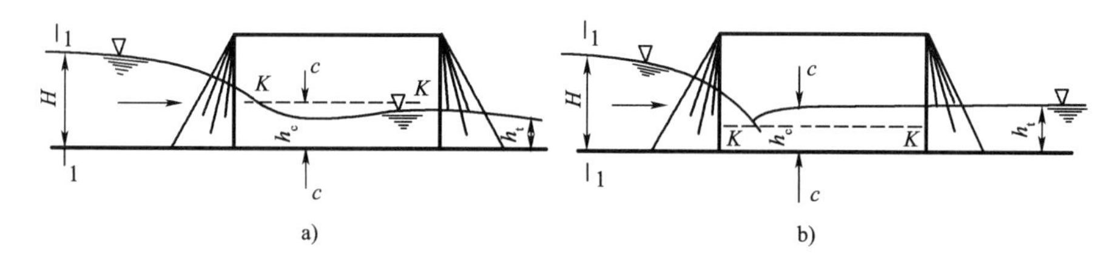


图 14-14

a)小桥自由出流;b)小桥淹没出流

如图 14-14a)所示,水流进入桥孔后与宽顶堰类似,在进口附近发生收缩,收缩断面水深 $h_c < h_K$($h_K$ 为桥孔中的临界水深),有

$$h_c = \Psi h_K \tag{14-1}$$

式中:$\Psi$——进口形状系数。非平滑进口,$\Psi = 0.75 \sim 0.80$;平滑进口,$\Psi = 0.80 \sim 0.89$。通常取 $\Psi = 0.9$。

小桥的流速系数 $\phi$、侧收缩系数 $\varepsilon$ 及流量系数与宽顶堰不同,由试验确定,见表 14-1。按矩形断面桥孔计算,桥孔有效泄流宽度 $b_c = \varepsilon b$,则临界水深为

$$\left.\begin{aligned} h_K &= \sqrt[3]{\frac{\alpha Q^2}{(\varepsilon b)^2 g}} \\ \text{又}\quad Q &= m(\varepsilon b)\sqrt{2g}H_0^{\frac{3}{2}} \end{aligned}\right\} \tag{14-2}$$

式中:$b$——桥孔净宽。

由式(14-2)有

$$h_K = \sqrt[3]{2\alpha m^2} H_0 \tag{14-3}$$

小桥侧收缩系数 $\varepsilon$ 及流速系数 $\phi$　　表 14-1

| 桥台形状 | $\varepsilon$ | $\phi$ |
|---|---|---|
| 1. 单孔桥,锥坡填土 | 0.90 | 0.90 |
| 2. 单孔桥,有八字翼墙 | 0.85 | 0.90 |
| 3. 多孔桥,或无锥坡,或桥台伸出锥坡之外 | 0.80 | 0.85 |
| 4. 拱脚淹没的拱桥 | 0.75 | 0.80 |

取宽顶堰流量系数的平均值,即 $m = 0.3442$, $\alpha = 1.0$,由式(14-3),得

$$h_K = 0.6188H_0$$

$$1.3h_K = 1.3 \times 0.6188H_0 = 0.8044H_0 \approx 0.8H_0$$

对比宽顶堰的淹没标准,得小桥淹没出流与自由出流的判别标准式:

1. 堰流

自由出流　　$h_y \geqslant 0.8H_0$

淹没出流　　$h_y < 0.8H_0$

2. 小桥(图 14-14)

自由出流　　$h_t < 1.3h_K$

淹没出流　　$h_t \geqslant 1.3h_K$

小桥水力计算一般忽略出口动能恢复项 $\Delta z$[图 7-3c)],其泄流能力可按下式计算

$$\left.\begin{aligned} &\text{自由出流} \quad Q = \varepsilon bh_c v_c = \varepsilon \Psi bh_K v_{max} \\ &\text{淹没出流} \quad Q = \varepsilon bh_t v_{c-c} = \varepsilon \Psi bh_t v_{max} \end{aligned}\right\} \tag{14-4}$$

式中:$h_t$——下游水深;

$v_c$——收缩断面流速($v_c > v_K$);

$v_{c-c}$——淹没出流时,收缩断面处的缓流流速($v_{c-c} < v_K$);

$v_{max}$——容许不冲刷流速。

## 二、小桥孔临界水深

由以上分析可知,小桥孔径水力计算的第一步是确定桥孔出流状态,而后按式(14-4)计算孔径 $b$,因此必须先确定桥孔中的临界水深 $h_K$。但应注意,桥孔中的临界水深一般不等于上、下游河沟或渠道中的临界水深(请读者试作论证)。

按临界流计算,有

$$Q = A_K v_K = \varepsilon bh_K v_K$$

又　　$$Q = A_c v_c = \varepsilon bh_c v_c = \varepsilon \Psi bh_K v_c$$

取　　$$v_c \leqslant v_{max}\text{(防冲刷条件)}$$

得　　$$v_K = \Psi v_{max}$$

因 $Q = A_K v_K$,有

$$\left.\begin{aligned} h_K &= \frac{\alpha v_K^2}{g} \\ h_K &= \frac{\alpha \Psi^2 v_{max}^2}{g} \end{aligned}\right\} \tag{14-5}$$

式中：$\alpha$——动能修正系数；

$v_{max}$——容许不冲刷流速。

上式即满足防冲刷条件的桥孔临界水深计算公式，容许不冲刷流速 $v_{max}$ 见附录 1。

此外，桥孔中的临界水深 $h_K$ 还可由进口阻力条件及桥前水头求得。由式(14-3)，有

$$h_K = \sqrt[3]{2\alpha m^2} H_0$$

其中

$$m = \varphi K \sqrt{1 - K}$$

$$K = \frac{h_c}{H_0} = \frac{h_c}{h_K} \cdot \frac{h_K}{H_0} = \Psi \frac{h_K}{H_0}$$

将 $m$、$K$ 代入上式，得

$$\left.\begin{aligned} h_K &= \frac{2\alpha\varphi^2\Psi^2}{1 + 2\alpha\varphi^2\Psi^3} H_0 \\ H_0 &= H + \frac{\alpha_0 v_0^2}{2g} \end{aligned}\right\} \tag{14-6}$$

式中：$H$——桥前水深；

$\varphi$——流速系数，见表 14-1；

$v_0$——桥前行近流速。

求得桥孔临界水深后，即可由下游水深 $h_t$ 进一步判别小桥的出流状态，按式(14-4)计算小桥孔径 $b$。

## 三、下游水深 $h_t$ 计算方法

(1)将下游河沟断面简化为三角形断面，由式(6-1)确定三角形断面的边坡系数。当为顺坡河沟时( $i > 0$ )，通常以下游棱柱形渠道或概化三角形断面渠道中的正常水深作为下游水深 $h_t$。当已知流量 $Q$，主河槽平均坡度 $i$，糙率 $n$ 时，采用曼宁公式，$h_t$ 可按下式计算

$$h_t = 1.189\,2\left[\frac{Q^3(m^2+1)}{n^3 i^{\frac{3}{2}} m^5}\right]^{\frac{1}{8}} \tag{14-7}$$

式中：$m$——边坡系数，按式(6-1)计算，当 $b = 0$ 时，$m = \frac{B}{2h}$。

(2)由概化河沟的控制断面水深通过水面曲线计算求解 $h_t$。但此法工作量大，难以得到理想结果，因此，小桥涵下游水深多按正常水深式(14-7)计算。

## 四、小桥孔长度计算

小桥可有单跨和多跨两类，桥孔长度取决于泄流宽度、桥墩宽度、上部结构底面对水面的超高及桥孔断面形状等。

1. 梯形及矩形断面桥孔长度 $L$ [图 14-15a)]

1) 自由出流

按宽顶堰泄流特性,桥孔泄流呈急流状态,且有 $h_c = \Psi h_K, v_c = \frac{1}{\Psi} v_K$,全桥孔水深 $h < h_K$,按临界流计算,考虑侧收缩影响,有

$$\frac{A_K^3}{\varepsilon B_K} = \frac{\alpha Q^2}{g}$$

因 $$A_K = \frac{Q}{v_K},\ v_c = v_{max} = \frac{1}{\Psi} v_K$$

得 $$B_K = \frac{gQ}{\alpha \varepsilon v_K^3} \tag{14-8}$$

$$B = \frac{gQ}{\alpha \varepsilon \Psi^3 v_{max}^3} \tag{14-9}$$

式中:$B_K$——临界流时的水面宽度;

$B$——考虑防冲刷条件时的水面宽度;

$\varepsilon$——侧收缩系数,见表 14-1;

$v_{max}$——容许不冲刷流速。

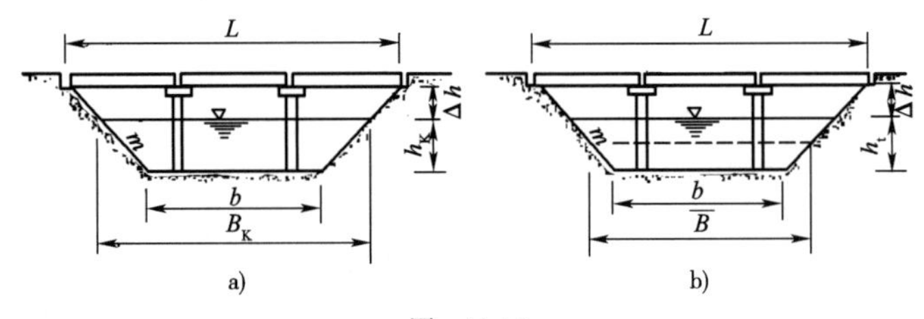


图 14-15

如图 14-15a)所示,桥孔长度可按下式计算

$$\left.\begin{aligned} L &= B_K + 2m\Delta h + Nd \\ L &= B + 2m\Delta h + Nd \end{aligned}\right\} \tag{14-10}$$

式中:$m$——边坡系数;

$\Delta h$——净空高度(小桥上部结构底面对水面的超高);

$N$——桥墩数;

$d$——桥墩宽度。

当为单孔桥时, $N = 0$;当为矩形断面桥孔时, $m = 0$。

2) 淹没出流

如图 14-15b)所示,对于梯形断面桥孔,可按概化的矩形断面计算。桥下过水断面面积有

$$A = \frac{Q}{v} = \frac{Q}{v_{max}}$$

考虑侧收缩影响,按概化矩形断面,有

$$\left.\begin{aligned} A &= \varepsilon \bar{B} h_t \\ \bar{B} &= \frac{Q}{\varepsilon h_t v_{max}} \end{aligned}\right\} \tag{14-11}$$

式中：$\bar{B}$——过水断面平均宽度，即相应于断面水深 $h = \frac{1}{2}h_t$ 处的水面宽度；

$h_t$——下游水深。

由此得

$$L = \bar{B} + Nd + 2m\left(\frac{1}{2}h_t + \Delta h\right) \tag{14-12}$$

式中：$\bar{B}$——过水断面平均宽度，按式(14-11)计算。

当为单孔桥时，$N = 0$；当为矩形孔桥时，$m = 0$。

2. 轴线与流向斜交的桥孔净长

当桥轴线与水流方向斜交时，如图14-16所示，设交角为 $\alpha$，则桥长按下式计算

$$L_j = \frac{L_\alpha + l_d \sin\alpha}{\cos\alpha} \tag{14-13}$$

式中：$l_d$——桥台宽度；

$L_\alpha$——有效泄流宽度。

按上述方法求得的桥孔长度，只是一种计算值，通常多按计算结果选用标准跨径 $L_0$ 作为实际桥孔长度，若 $\left|\frac{L_0 - L}{L}\right| > 10\%$，还应按标准跨径桥孔复核出流状态是否有变化，若与原出流状态不符，则应重选标准跨径。

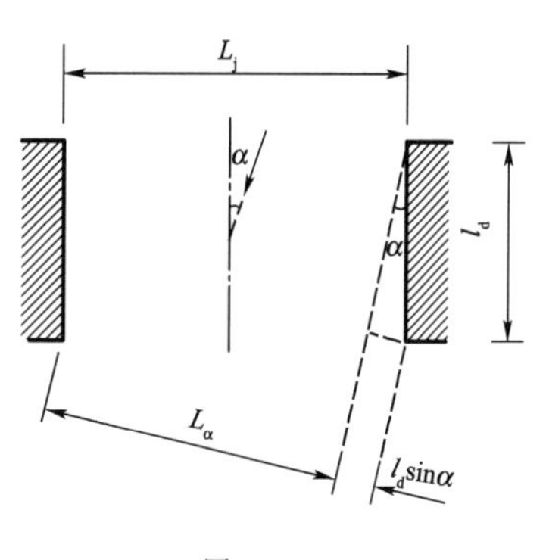


图 14-16

## 五、桥前水深 *H* 计算

考虑桥下防冲刷条件，桥前水深按自由出流情况计算，如图14-14a)所示。列出断面1－1与 $c-c$ 间的能量方程，有

$$H + \frac{\alpha_0 v_0^2}{2g} = h_c + (\alpha_c + \xi)\frac{v_c^2}{2g} = h_c + \frac{v_c^2}{2g\varphi^2}$$

由

$$h_c = \Psi h_K$$

$$v_c = v_{max} = \frac{v_K}{\Psi}$$

得

$$H = \Psi h_K + \frac{v_K^2}{2g\varphi^2\Psi^2} - \frac{\alpha_0 Q^2}{2gA_0^2} \tag{14-14}$$

通常取 $\alpha_0 = \Psi = 1$，则上式可改写为

$$\left.\begin{aligned} H &= h_K + \frac{v_K^2}{2g\varphi^2} - \frac{Q^2}{2gA_0^2} \\ A_0 &= f(H) \end{aligned}\right\} \tag{14-15}$$

考虑防冲刷条件，有 $v_K = \Psi v_{max}$，则上式可写成

$$H = h_K + \frac{v_{max}^2}{2g\varphi^2} - \frac{\alpha_0 Q^2}{2gA_0^2} \tag{14-16}$$

上式为满足防冲刷要求的桥前水深。因 $A_0 = f(H)$，当已知上游渠道及桥孔断面形状、流量，或容许不冲刷流速(河沟土质)时，利用式(14-15)或式(14-16)可试算求解。程序框图如图 14-17 所示。

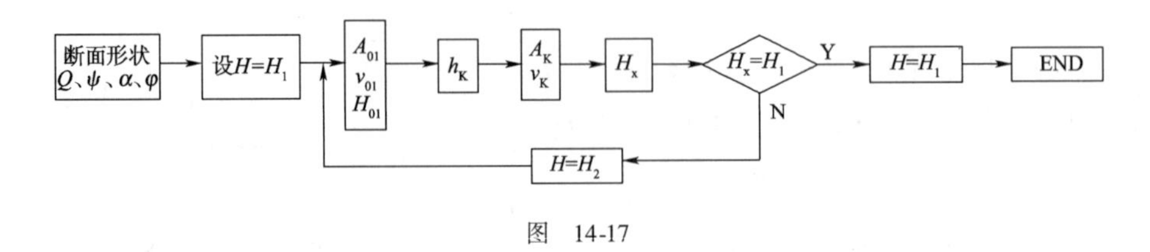


图 14-17

## 六、小桥孔径计算专用图表应用

在实际工作中，小桥孔径还可查有关专用图表，见表 14-2、表 14-3，表中流速可取土壤容许不冲刷流速 $v_{max}$，由河床土质类型或加固材料的种类确定。由此，按自由出流与淹没出流可分别查得孔径系数 $\beta$，小桥孔净长度可按下式求得

$$L_j = \beta Q \tag{14-17}$$

桥孔长度 $L$ 分单跨与多跨计算

$$\left.\begin{aligned} &\text{单跨} \quad L = L_j = \beta Q \\ &\text{多跨} \quad L = L_j + Nd \end{aligned}\right\} \tag{14-18}$$

**自由出流的桥梁孔径系数 $\beta$** 表 14-2

| 流速(m/s) | | | 2.00 | 2.25 | 2.50 | 2.75 | 3.00 | 3.25 | 3.50 | 3.75 | 4.00 | 4.25 | 4.50 | 4.75 | 5.00 | 5.25 | 5.50 |
|---|---|---|---|---|---|---|---|---|---|---|---|---|---|---|---|---|---|
| 孔径系数 | 桥台形状 | 伸出锥坡以外 | 1.53 | 1.08 | 0.79 | 0.59 | 0.45 | 0.36 | 0.29 | 0.23 | 0.19 | 0.16 | 0.13 | 0.11 | 0.098 | 0.085 | 0.074 |
| | | 八字翼墙 | 1.44 | 1.02 | 0.74 | 0.56 | 0.42 | 0.34 | 0.27 | 0.22 | 0.18 | 0.15 | 0.12 | 0.10 | 0.092 | 0.080 | 0.070 |
| | | 锥坡填土 | 1.36 | 0.96 | 0.70 | 0.53 | 0.40 | 0.32 | 0.26 | 0.20 | 0.17 | 0.14 | 0.12 | 0.098 | 0.087 | 0.070 | 0.066 |
| 桥下临界水深 $h_K$(m) | | | 0.41 | 0.52 | 0.64 | 0.77 | 0.92 | 1.08 | 1.25 | 1.44 | 1.63 | 1.84 | 2.07 | 2.30 | 2.55 | 2.82 | 3.09 |
| 桥前水深 $H$(m) | 桥台形状 | 伸出锥坡以外 | 0.69 | 0.08 | 1.09 | 1.30 | 1.56 | 1.83 | 2.11 | 2.43 | 2.75 | 3.11 | 3.50 | 3.89 | 4.31 | 4.76 | 5.23 |
| | | 锥坡填土或八字翼墙 | 0.66 | 0.84 | 1.04 | 1.25 | 1.49 | 1.75 | 2.02 | 2.33 | 2.64 | 2.89 | 3.35 | 3.72 | 4.12 | 4.56 | 5.00 |

注：1. 表中系数系当流量等于 $1m^3/s$ 时的孔径系数，河槽断面为矩形或宽的梯形。

2. 当流量不等于 $1m^3/s$ 时，表中所查得的孔径系数应乘以流量的数值才是所求的孔径。

查表程序如图 14-18 所示。

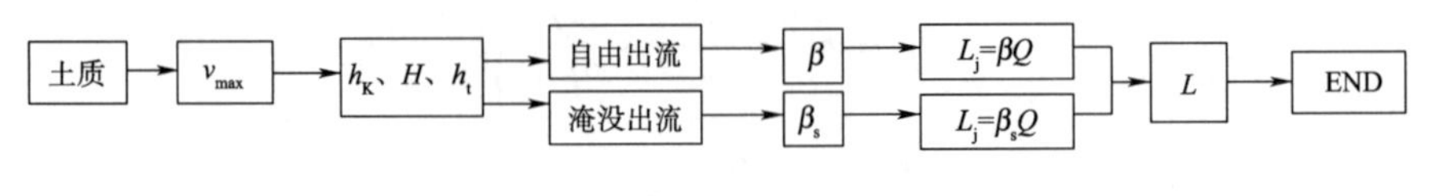


图 14-18

淹没出流的桥梁孔径系数 $\beta$　　表 14-3

| 流速(m/s) | | | 2.00 | 2.25 | 2.50 | 2.75 | 3.00 | 3.25 | 3.50 | 3.75 | 4.00 | 4.25 | 4.50 | 4.75 | 5.00 | 5.25 | 5.50 |
|---|---|---|---|---|---|---|---|---|---|---|---|---|---|---|---|---|---|
| 桥下游水深 $h_t$(m) | 0.5 | 孔径系数 | 1.17 | 1.05 | 0.94 | 0.85 | 0.78 | 0.72 | 0.67 | 0.63 | 0.59 | 0.55 | 0.52 | 0.50 | 0.47 | 0.45 | 0.43 |
| | | 桥前水深(m) | 0.75 | 0.82 | 0.90 | 0.98 | 1.07 | 1.17 | 1.28 | 1.39 | 1.51 | 1.64 | 1.78 | 1.92 | 2.08 | 2.34 | 2.41 |
| | 1.0 | 孔径系数 | 0.59 | 0.53 | 0.47 | 0.43 | 0.39 | 0.36 | 0.34 | 0.32 | 0.30 | 0.28 | 0.26 | 0.25 | 0.24 | 0.23 | 0.21 |
| | | 桥前水深(m) | 1.25 | 1.32 | 1.40 | 1.48 | 1.57 | 1.67 | 1.78 | 1.89 | 2.01 | 2.14 | 2.28 | 2.42 | 2.58 | 2.74 | 2.91 |
| | 1.5 | 孔径系数 | 0.39 | 0.35 | 0.31 | 0.28 | 0.26 | 0.24 | 0.23 | 0.21 | 0.20 | 0.19 | 0.17 | 0.16 | 0.16 | 0.15 | 0.14 |
| | | 桥前水深(m) | 1.75 | 1.82 | 1.90 | 1.98 | 2.07 | 2.17 | 2.28 | 2.39 | 2.51 | 2.64 | 2.78 | 2.92 | 3.08 | 3.24 | 3.41 |
| | 2.0 | 孔径系数 | 0.29 | 0.26 | 0.24 | 0.21 | 0.20 | 0.18 | 0.17 | 0.16 | 0.15 | 0.14 | 0.13 | 0.13 | 0.12 | 0.11 | 0.11 |
| | | 桥前水深(m) | 2.25 | 2.32 | 2.40 | 2.48 | 2.57 | 2.67 | 2.78 | 2.89 | 3.01 | 3.14 | 3.28 | 3.42 | 3.58 | 3.74 | 3.91 |
| | 2.5 | 孔径系数 | 0.23 | 0.21 | 0.19 | 0.17 | 0.16 | 0.15 | 0.13 | 0.12 | 0.12 | 0.11 | 0.10 | 0.10 | 0.09 | 0.09 | 0.09 |
| | | 桥前水深(m) | 2.75 | 2.82 | 2.90 | 2.98 | 3.09 | 3.19 | 3.28 | 3.39 | 3.51 | 3.64 | 3.78 | 3.92 | 4.08 | 4.24 | 4.41 |
| | 3.0 | 孔径系数 | 0.19 | 0.17 | 0.16 | 0.14 | 0.13 | 0.12 | 0.11 | 0.11 | 0.10 | 0.09 | 0.09 | 0.08 | 0.08 | 0.08 | 0.07 |
| | | 桥前水深(m) | 3.25 | 3.32 | 3.40 | 3.48 | 3.57 | 3.67 | 3.78 | 3.89 | 4.01 | 4.14 | 4.28 | 4.42 | 4.58 | 4.74 | 4.91 |
| | 3.5 | 孔径系数 | 0.16 | 0.15 | 0.13 | 0.12 | 0.11 | 0.10 | 0.10 | 0.08 | 0.08 | 0.08 | 0.07 | 0.07 | 0.07 | 0.06 | 0.06 |
| | | 桥前水深(m) | 3.75 | 3.82 | 3.90 | 3.98 | 4.07 | 4.17 | 4.28 | 4.39 | 4.51 | 4.64 | 4.78 | 4.92 | 5.08 | 5.24 | 5.41 |
| | 4.0 | 孔径系数 | 0.14 | 0.13 | 0.12 | 0.11 | 0.10 | 0.09 | 0.08 | 0.08 | 0.07 | 0.07 | 0.07 | 0.06 | 0.06 | 0.06 | 0.05 |
| | | 桥前水深(m) | 4.25 | 4.32 | 4.40 | 4.43 | 4.57 | 4.67 | 4.78 | 4.89 | 5.01 | 5.14 | 5.28 | 5.42 | 5.58 | 5.74 | 5.91 |

注：1. 表中系数系指当流量等于 $1m^3/s$ 时的孔径系数，桥台形状为八字翼墙，孔径应为孔径系数乘以流量。

2. 桥台形状不是八字翼墙，则应乘以下列系数：伸出锥坡以外乘以 1.06，锥坡填土乘以 0.94。

## 七、桥面及桥头路堤最低高程

如图 14-19 所示，有

桥面
$$\nabla_K = \nabla_0 + H + \Delta h + D \tag{14-19}$$

桥头路堤
$$\nabla_s = \nabla_0 + H + \Delta \tag{14-20}$$

式中：$H$——桥前水深，m；

$\Delta h$——桥下净空高度，m；

$\nabla_0$——河床底部高程，m；

$\Delta$——安全超高值，m，一般 $\Delta \geqslant 0.5m$；

$D$——小桥上部结构建筑高度，m。

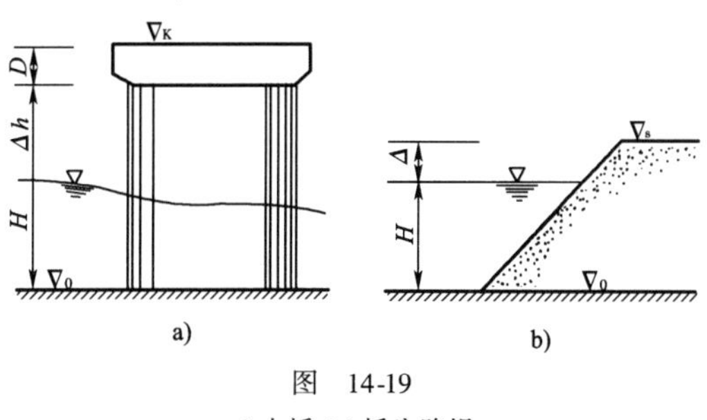


图　14-19

a) 小桥；b) 桥头路堤

# 第六节　涵洞孔径计算

涵洞洞身随路基填土高度增加而增长,洞身断面尺寸对工程量影响较大,因此计算涵洞孔径时,还要求跨径与台高有一定的比例关系,按经济比例常取1:1 ~1:1.5。所以,涵洞孔径计算除解决跨径尺寸外,还应从经济出发确定涵洞的台高。

通常可采用加固河床,提高容许流速的办法来减小涵洞孔径,但这一措施会使涵前水深增大,危及涵洞和路堤的使用安全。因此,控制涵前水深,满足泄流要求和具有一定合适断面高、宽比例,则是涵洞孔径计算的基本要求。

此外,涵洞孔径小,孔道长,涵前水深可高出进口,洞内水流可呈有压流与无压流。对于无压涵洞,其泄流特性还与洞长、底坡及涵洞的断面形状、尺寸、材料等因素有关。因此,涵洞的水流图式比小桥更为复杂,如图14-11、图14-20、图14-21及图14-22所示。

## 一、有压涵洞[图14-11c)]

设涵高 $h_T$,过水断面面积 $A$,水力半径 $R$,谢才系数 $C$,涵前水深 $H$,涵洞底坡 $i$,实验得出,当 $H>1.4h_T$,$i<i_f=\dfrac{Q^2}{A^2C^2R}$ 及进口被淹没后,涵洞即成为有压流。有压涵洞的孔径可按短管计算求解,详见第五章。有压涵洞洞内及出口流速大,洞内压力高,洞身构造段间的接头防渗漏困难,涵前积水深,水流对涵洞和路基有较大的破坏性,一般少用。因此,多用无压涵洞。

## 二、无压涵洞

当 $i>i_f$,普通进口(端墙或八字墙式),$H\leqslant1.2h_T$;流线型进口或进口呈抬高式(图14-23),$H\leqslant1.4h_T$,且下游水深 $h_t<h_T$ 时,全涵即成为无压流,其水力图式如图14-11a)所示。水流在涵洞进口附近将发生收缩,该处呈急流状态,$h_c<h_K$,收缩断面之后则为明渠非均匀流,涵洞长度 $L=l_1+l_2+l_3$,其中 $l_1$、$l_3$ 为急变流段,由经验公式确定,$l_2$ 为渐变流段,其末端水深及水面曲线可按分段求和法确定。

无压涵洞的水力特性,大多为明渠非均匀流,个别情况可按明渠均匀流计算。对无压非均匀流涵洞,其泄流特性必须计及洞长与底坡的影响,现定性分析如下。

### 1.缓坡涵洞及平坡涵洞

设涵洞底坡为 $i$,临界坡度为 $i_K$,当 $i<i_K$ 时,称为缓坡涵洞。

如图14-20a)所示,当涵洞较短时,收缩断面后水流将以 $c_1$ 型壅水曲线流出洞口,全涵为急流,泄流量受收缩断面控制,属宽顶堰自由出流,如图14-20b)所示;若涵洞较长时,$c_1$ 型水面曲线将穿越临界水深线 $K-K$ 而发生水跃,并以 $b_1$ 型水面曲线经临界水深 $h_K$ 流出洞口,但因 $h_c<h_K$,泄流特性仍与宽堰相似,泄流量受收缩断面控制,亦可按临界流条件计算,如图14-20c)所示;若涵洞过长时,水跃将逆流向上游移动并淹没收缩断面,全涵呈缓流,洞内将以 $b_1$ 型水面曲线经临界水深 $h_K$ 流出洞口,泄流量可按临界流条件计算。

对于平坡涵洞,如图14-21所示,其泄流特性亦与上述相似。这表明,对平坡及缓坡涵洞,洞长对泄流能力都有影响。

洞长对过水能力有影响的涵洞，称为“长涵”，洞长对过水能力无影响的涵洞，称为“短涵”。实验得出，当 $i$ 较小时，“长涵”与“短涵”的判别标准有

$$L_K = (64 - 163m)H \tag{14-21}$$

式中：$m$——涵洞流量系数，一般 $m = 0.32 \sim 0.36$；

$H$——涵前水深，m；

$L_K$——“长涵”与“短涵”的临界长度。由此有

长涵 $L \geqslant L_K$

短涵 $L < L_K$

“长涵”的泄流特性与明渠流类似，“短涵”的泄流特性与宽顶堰类似，其泄流量由涵前水深 $H$ 决定。

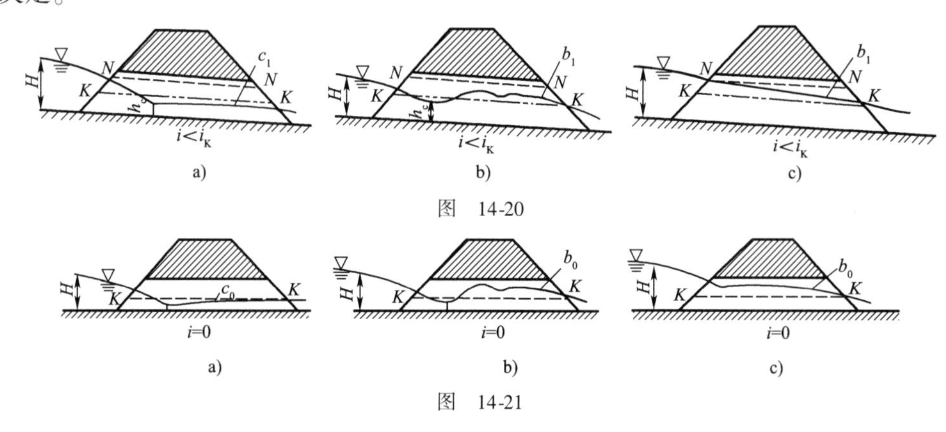


图 14-20

图 14-21

2. 急坡及临界坡涵洞

当涵洞底坡 $i > i_K$ 时，称为急坡涵洞；$i = i_K$ 时，称为临界坡涵洞。

如图 14-22a）所示，当涵洞较短时，水流将以 $c_2$ 型水面曲线流出洞口；如图 14-22b）所示，当涵洞较长时，水流将以 $b_2$ 型水面曲线流出洞口；如图 14-22c）所示，当洞长较短时，水流将以 $c_3$ 型水面曲线流出洞口。此外，若涵洞长度足够时，水流都经过涵洞末端正常水深断面流出洞口。由此可知，急坡涵洞及临界涵洞全涵均为急流，洞内不会发生水跃，当长度足够时，其出口均为正常水深，泄流能力只与涵前水深有关，与洞长无关。因此，通常多采用急坡涵洞，临界坡涵洞难以稳定，缓坡涵洞受洞长影响，应尽量避免应用。

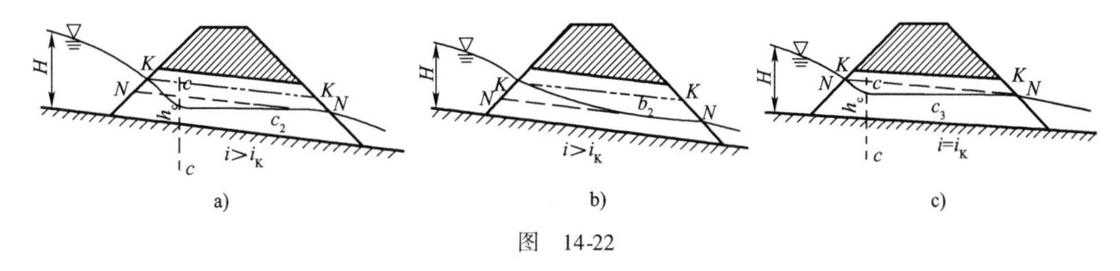


图 14-22

## 三、无压涵洞水力计算

无压涵洞的水力计算问题包括确定涵洞孔径、计算涵前水深、验算洞中流速是否符合防冲刷要求，其计算方法有：

1. 按明渠均匀流计算

详见第六章。此法简易,适用于较长的涵洞,但所得孔径较大。

2. 按明渠非均匀流计算

如图 14-11a)所示,列出涵前断面及收缩断面能量方程,得计算公式如下

$$\left.\begin{aligned}
&Q = \phi A_c \sqrt{2g(H_0 - h_c)}\\
&h_c = \Psi h_K, A_c = \varepsilon L_0 h_c = \Psi A_K\\
&H_0 = H + \frac{\alpha_0 v_0^2}{2g} = h_c + \frac{\alpha_c v_c^2}{2g\phi^2}\\
&v_0 = \frac{Q}{A_0}, A_0 = A_0(H,b,m)\\
&h_K = \frac{2\alpha\phi^2\Psi^2}{1+2\alpha\phi^2\Psi^3}H_0(\text{按进口条件计算})\\
&h_K = \frac{\alpha\Psi^2 v_{max}^2}{g}(\text{按防冲刷条件计算})
\end{aligned}\right\} \tag{14-22}$$

式中:$v_0$——行近流速;

$v_c$——收缩断面流速;

$v_{max}$——容许不冲刷流速;

$h_c$——收缩断面水深;

$h_K$——临界水深;

$\phi$——流速系数,箱涵、盖板涵,$\phi = 0.95$,拱涵、圆管涵,$\phi = 0.85$;

$\Psi$——进口形状系数,常取 $\Psi = 0.9 \sim 1.0$;

$A_c$——收缩断面过水面积;

$A_0$——行近流速过水断面面积;

$A_K$——临界流过水断面面积。

利用式(14-22),按已知条件情况,可计算 $h_c, h_K, H, L_0, Q$ 等水力要素,详见第七章。

涵洞底坡 $i$ 可按式(6-37)选用,有

$$i_K \leqslant i \leqslant i_{max}$$

式中:$i_K$——临界底坡。

$i_{max}$——涵洞防冲刷最大底坡。

令出口流速 $v = v_{max}$,则涵洞防冲刷最大底坡

$$i_{max} = \left(\frac{n v_{max}}{R_0^{\frac{2}{3}}}\right)^2$$

式中:$R_0$——正常水深断面的水力半径。

涵洞最小长度应有

$$L_{\min} = \frac{h_K - h_c}{i_K} = \frac{h_K - \Psi h_K}{i} = 0.1\frac{h_K}{i_K} \tag{14-23}$$

此外,涵洞设计一般多按设计手册查选,涵前水深 $H$ 常按水面降落系数 $\beta$ 计算,有

$$\left.\begin{aligned} \beta &= \frac{H'}{H} = \frac{h_T - \Delta}{H} \\ H &= \frac{h_T - \Delta}{\beta} \end{aligned}\right\} \tag{14-24}$$

式中:$\Delta$——涵洞净空高度;

$h_T$——涵洞净高;

$H'$——涵洞进口水深,如图 14-11a)所示。

现录《公路桥涵设计手册 · 涵洞》部分资料于表 14-6 以作示例。无升高管节时,$h_T = h_d$。常取 $\beta = 0.87$。

对于半压涵洞,如图 14-11b)所示,其水力计算公式如下

$$\left.\begin{aligned} v_c &= \phi\sqrt{2g(H_0 - \varepsilon h_T)} \\ Q &= \varepsilon\phi A\sqrt{2g(H_0 - \varepsilon h_T)} \\ H_0 &= H + \frac{\alpha Q^2}{2gA_0^2} \end{aligned}\right\} \tag{14-25}$$

## 四、常用无压涵洞设计参数标准[详见《公路桥涵设计手册 · 涵洞》(1993)]

1. $\Delta$ 值

1)现行涵洞标准图采用的 $\Delta$ 值

盖板涵、箱涵($h_d$——进水口净高)

$$h_d < 2.0\text{m}, \Delta = 0.1\text{m}$$

$$h_d \geqslant 2.0\text{m}, \Delta = 0.25\text{m}$$

砖、石、混凝土拱涵($h_T$——涵洞净高)

$$h_T \leqslant 1.0\text{m}, \Delta = 0.1\text{m}$$

$$h_T = 1 \sim 2\text{m}, \Delta = 0.15\text{m}$$

$$h_T > 2\text{m}, \Delta = 0.25\text{m}$$

2)《公路桥涵设计通用规范》(JTG D60—2015)规定的净高 $\Delta$ 值(表 14-4)

**《公路桥涵设计通用规范》规定的 $\Delta$ 值** 表 14-4

| 涵洞进口净高或内径 $h_d$(m) | 管 涵 | 拱 涵 | 矩 形 涵 |
|---|---|---|---|
| $h_d \leqslant 3$ | $\geqslant \frac{1}{4}h_d$ | $\geqslant \frac{1}{4}h_d$ | $\geqslant \frac{1}{6}h_d$ |
| $h_d > 3$ | ≥0.75m | ≥0.75m | ≥0.5m |

2. 涵洞流量系数 $m$、流速系数 $\phi$ 、侧收缩系数(又称挤压系数) $\varepsilon$ 及降落系数 $\beta$ 的常用值

$$m = 0.32 \sim 0.36$$

$$\phi = 0.95(\text{箱涵、盖板涵})$$

$$\phi = 0.85(\text{圆管涵、拱涵})$$

$$\varepsilon = \frac{1}{\sqrt{\alpha}} \tag{14-26}$$

式中常取 $\alpha = \varepsilon = 1$ 。

3. 涵洞出口或收缩断面处最大允许流速 $v_{max}$(即 $v'$ )的常用值(表 14-5)

涵洞最大允许流速常用值　　表 14-5

| 涵 洞 类 型 | 净跨(m) | $v_{max}$(m/s) | 涵 洞 类 型 | 净跨(m) | $v_{max}$(m/s) |
|---|---|---|---|---|---|
| 拱涵、盖板涵 | 0.5 ~ 1.5 | 4.5 | 拱涵、盖板涵、圆涵 | 2.0 ~ 4.0 | 6.0 |

## 五、小桥涵孔径估算方法

此法用于踏勘中作初步估算。通常,当洪水不溢槽时,若水深小于0.5m,可取水面宽度的一半作孔径;若水深大于0.5m,可取水面宽度与沟底宽度和的一半作孔径;当洪水溢槽时,常用沟顶宽,再考虑溢槽水深及泛滥宽度酌情加大桥孔孔径;当有历史洪水位调查资料时,可按设计历史洪水位的水面宽度和水深参照表 14-6 估定。

表 14-7 为无压涵洞标准设计水力计算表(示例),供读者设计时参考。

小桥涵孔径估算表　　表 14-6

| 桥涵式样 | 圆管涵 | | 箱拱涵 | | | | 小桥 | | | |
|---|---|---|---|---|---|---|---|---|---|---|
| 高水位时水面宽(m) | 水深(m) | | | | | | | | | |
| | 0.25 | 0.5 | 0.25 | 0.5 | 1.0 | 1.5 | 1.0 | 1.5 | 2.0 | 3.0 |
| 2.0 | 0.75 | 1.0 | 0.25 | 1.0 | | | | | | |
| 3.0 | 1.00 | 1.25 | 1.00 | 1.5 | | | | | | |
| 4.0 | 1.25 | 1.50 | 1.50 | 2.0 | | | | | | |
| 5.0 | 1.50 | | 2.00 | 3.0 | 3.5 | 4.0 | | | | |
| 6.0 | | | | 3.0 | 3.5 | 4.0 | | | | |
| 7.0 | | | | | 4.0 | 4.5 | | 5.0 | 5.0 | |
| 8.0 | | | | | | | 5.0 | 5.5 | 6.0 | |
| 10.0 | | | | | | | | 6.0 | 6.5 | 7.0 |
| 15.0 | | | | | | | | 9.0 | 10.0 | 11.0 |
| 20.0 | | | | | | | | | 12.0 | 14.0 |
| 25.0 | | | | | | | | | 16.0 | 18.0 |
| 30 | | | | | | | | | 18.0 | 20.0 |

**无压涵洞标准设计水力计算表(示例)** 表 14-7

| 涵洞类型 | | 跨径 $L_0$(或直径 $d$) | 涵洞净高 $h_T$ | 进水口净高 $h_d$ | 墩台高度 | 流量 $Q$ | 水深 $H$ | 水深 $H'$ | 水深 $h_K$ | 水深 $h_c$ | 流速 $v_K$ | 流速 $v_c$ | 坡度 $i_K$ | 坡度 $i_{max}$ ($v'$=4.5m/s) | 坡度 $i_{max}$ ($v'$=6m/s) | 说明 |
|---|---|---|---|---|---|---|---|---|---|---|---|---|---|---|---|---|
| | | m | m | m | m | $m^3/s$ | m | m | m | m | m/s | m/s | % | % | % | |
| 石盖板涵 | 无升高管节 | 0.5 | 1.0 | 1.0 | | 0.79 | 1.03 | 0.9 | 0.65 | 0.59 | 2.53 | 2.81 | 1.63 | 67.7 | | $\alpha=1$<br>$\varepsilon=\phi=0.95$<br>$\beta=0.87$<br>$\Psi=0.90$<br>$n=0.016$<br>$\Delta=0.1m$<br>$h_K$(式 14-22)<br>$H_0=H$ |
| | | 0.75 | 1.2 | 1.2 | | 1.59 | 1.26 | 1.1 | 0.80 | 0.72 | 2.80 | 3.11 | 12.6 | 41.8 | | |
| | | 1.00 | 1.5 | 1.5 | | 3.05 | 1.61 | 1.4 | 1.02 | 0.91 | 3.16 | 3.51 | 11.1 | 27.3 | | |
| | | 1.25 | 1.8 | 1.8 | | 5.09 | 1.95 | 1.7 | 1.23 | 1.11 | 3.48 | 3.86 | 10.2 | 19.5 | | |
| | | 1.50 | 2.0 | 2.0 | | 7.21 | 2.18 | 1.9 | 1.38 | 1.24 | 3.68 | 4.09 | 9.22 | 15.4 | | |
| | 有升高管节 | 0.75 | 1.2 | 1.6 | | 2.53 | 1.72 | | 1.09 | 0.98 | 3.27 | 3.65 | 15.2 | 32.9 | | |
| | | 1.00 | 1.5 | 2.0 | | 4.81 | 2.18 | | 1.38 | 1.24 | 3.68 | 4.08 | 13.4 | 21.8 | | |
| | | 1.25 | 1.8 | 2.4 | | 8.02 | 2.64 | | 1.67 | 1.50 | 4.04 | 4.49 | 12.2 | 15.8 | | |
| | | 1.50 | 2.0 | 2.7 | | 11.56 | 2.99 | | 1.89 | 1.70 | 4.30 | 4.78 | 11.0 | 12.3 | | |
| 钢筋混凝土盖板涵 | 无升高管节 | 1.50 | 1.6 | 1.6 | | 4.35 | 1.72 | 1.5 | 0.98 | 0.88 | 3.10 | 3.45 | 7.8 | 21.3 | | $\alpha=1$<br>$\varepsilon=\phi=0.95$<br>$\beta=0.87$<br>$\Psi=0.90$<br>$n=0.016$<br>$h_d\leqslant 2m,\Delta=0.1m$<br>$h_d>2m,\Delta=0.25m$<br>$h_K$(式 14-22)<br>$H_0\approx H$ |
| | | 2.00 | 1.8 | 1.8 | | 7.10 | 1.78 | 1.56 | 1.12 | 1.01 | 3.32 | 3.69 | 6.7 | 15.5 | | |
| | | 2.50 | 2.0 | 2.0 | | 10.64 | 2.01 | 1.75 | 1.27 | 1.14 | 3.53 | 3.92 | 6.0 | 11.8 | | |
| | | 3.00 | 2.2 | 2.2 | | 15.02 | 2.24 | 1.95 | 1.42 | 1.27 | 3.72 | 4.14 | 5.5 | 9.4 | | |
| | | 4.00 | 2.4 | 2.4 | | 23.18 | 2.47 | 2.15 | 1.56 | 1.40 | 3.91 | 4.34 | 4.7 | 7.2 | | |
| | 有升高管节 | 1.50 | 1.6 | 2.0 | | 7.22 | 2.18 | 1.75 | 1.38 | 1.24 | 3.68 | 4.08 | 9.2 | 15.4 | | |
| | | 2.00 | 1.8 | 2.4 | | 11.59 | 2.47 | 2.15 | 1.56 | 1.40 | 3.91 | 4.34 | 7.7 | 11.2 | | |
| | | 2.50 | 2.0 | 2.7 | | 17.62 | 2.82 | 2.45 | 1.78 | 1.60 | 4.17 | 4.64 | 6.9 | 8.4 | | |
| | | 3.00 | 2.2 | 2.9 | | 23.79 | 3.05 | 2.65 | 1.92 | 1.73 | 4.34 | 4.82 | 6.2 | 6.9 | | |
| | | 4.00 | 2.4 | 3.0 | | 33.53 | 3.16 | 2.75 | 2.00 | 1.80 | 4.42 | 4.91 | 5.1 | 5.4 | | |
| 钢筋混凝土圆涵 | | 0.75 | | | | 0.72 | 0.91 | | 0.53 | 0.47 | 2.20 | 2.44 | 6.0 | | 87.8 | $\alpha=1,H_0\approx H$<br>$\varepsilon=0.63,h_c=\varepsilon d$<br>$\phi=0.85,h_K=\frac{1}{\Psi}h_c$<br>$n=0.013,d\leqslant 3m,\Delta=\frac{d}{4}$ |
| | | 1.00 | | | | 1.47 | 1.20 | | 0.70 | 0.63 | 2.50 | 2.80 | 5.3 | | 54.7 | |
| | | 1.25 | | | | 2.57 | 1.50 | | 0.88 | 0.79 | 2.80 | 3.16 | 5.0 | | 40.8 | |
| | | 1.50 | | | | 4.05 | 1.82 | | 1.05 | 0.95 | 3.10 | 3.50 | 4.7 | | 27.2 | |
| 石拱涵 $\left[\frac{f_0}{L_0}=\frac{1}{3}\right]$ | 无升高管节 | 1.00 | 1.13 | | 0.80 | 1.65 | 1.18 | 0.98 | 0.67 | 0.60 | 2.57 | 2.86 | 1.42 | 6.43 | | $\alpha=1.0,h_K$(式 14-23)<br>$H_0\approx H$<br>$\phi=0.85,\Psi=0.9$<br>$\beta=0.87,n=0.020$<br>$h_T\leqslant 1.0m,\Delta=0.1m$<br>$h_T=1\sim 2m,\Delta=0.15m$<br>$h_T>2.0m,\Delta=0.25m$ |
| | | 1.50 | 1.70 | | 1.20 | 4.57 | 1.78 | 1.55 | 1.05 | 0.91 | 3.15 | 3.51 | 1.24 | 3.21 | | |
| | | 2.00 | 2.17 | | 1.50 | 8.39 | 2.21 | 1.92 | 1.26 | 1.13 | 3.51 | 3.90 | 1.09 | | 47.0 | |
| | | 2.50 | 2.83 | | 2.00 | 16.34 | 2.97 | 2.58 | 1.69 | 1.52 | 4.07 | 4.52 | 1.05 | | 29.6 | |
| | | 3.00 | 3.50 | | 2.50 | 27.72 | 3.74 | 3.25 | 2.13 | 1.92 | 4.57 | 5.08 | 1.01 | | 20.8 | |
| | | 4.00 | 4.33 | | 3.00 | 51.99 | 4.69 | 4.08 | 2.67 | 2.41 | 5.12 | 5.69 | 0.89 | | 13.7 | |

# 第七节　小桥及涵洞构造

## 一、小桥组成

小桥由上部结构、下部结构及附属工程组成。上部结构又称为桥跨结构,其中有承重结构和桥面系统;下部结构有桥墩和桥台,位于桥孔两岸的承重结构称为桥台,常用的桥台为U形,位于河中的承重结构,称为桥墩,小桥的桥墩一般为圆柱形;附属工程有桥头路堤、锥形护坡、护岸工程及调治构造物等。详见《桥梁工程》。

## 二、涵洞组成

如图14-23所示,涵洞组成的主体有洞口、洞身两大部分,附属工程有锥体、河床加固铺砌、路堤护坡、改沟渠道及其护砌、路堤边坡检查台阶等。锥体作用是收敛路堤边坡及导流;洞身是泄水道主体,其作用是泄水承重,承受洞顶填土及车辆活载等压力,洞身的组成有承重结构物、涵台(又称为边墙)、基础、防水层、沉降缝及构造缝等部分。涵洞底坡一般为 $i = 0.4\% \sim 0.6\%$,其中应有 $i_{min} \geq 0.4\%$,以利排水。沉降缝及构造缝的缝宽2~3cm,沉降缝间距为2~6m,视地基情况而定,构造缝取决于涵洞管节长度,但其缝宽不得小于0.5cm,以利填缝施工。

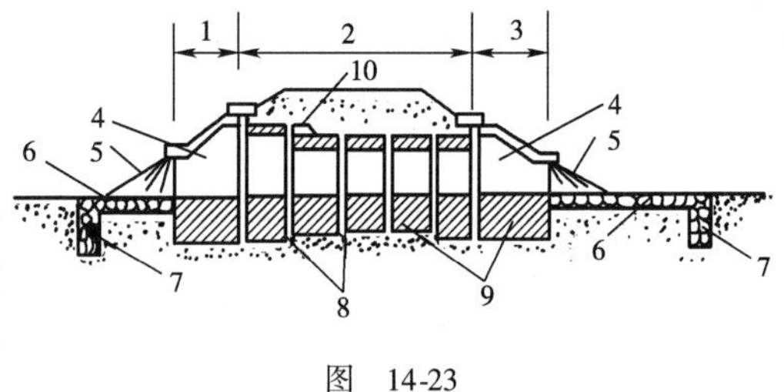


图　14-23

1-进口;2-洞身;3-出口;4-翼墙;5-锥体;6-河床铺砌;7-齿墙(垂裙);8-沉降缝;9-基础;10-矮墙(挡墙)

## 三、涵洞构造

1.洞身截面类型

涵洞身截面形状可有圆形、拱形及矩形三类,并分别称为圆管涵、拱涵、盖板涵及箱涵,其中盖板涵及箱涵断面均为矩形。

圆管涵简称圆涵,常用钢筋混凝土制成,如图14-24a)所示,管节长有0.5m及1.0m两种。管径 $d < 0.5$m时,常用素混凝土管;$d = 0.5$m时,应加单层钢筋;$d = 0.75 \sim 1.5$m时,应用双层钢筋。管壁厚度随管径大小及填土高度而异,参见表14-8。

拱形涵洞简称拱涵,多用浆砌石或干砌石制成。如图14-24b)所示,拱涵的组成有拱圈、护拱、涵台、铺底及排水设施等,其中拱圈为承重结构,多为等圆弧拱,其矢跨比有$\frac{1}{2}$、$\frac{1}{3}$、$\frac{1}{4}$。

盖板涵如图14-24d)、e)所示,其上方有承重的盖板。跨径在2m以下时,常用石盖板,厚15~40cm,视填土高度及跨径而定;跨径大于2m时,常用钢筋混凝土盖板,厚度为8~30cm,随填高度而定。箱涵为钢筋混凝土封闭式刚架。目前矩形断面涵洞多为盖板涵。盖板涵的基础厚度一般为60cm,铺底厚度一般为30cm。

圆涵适应的涵顶填土高度　　表 14-8

| 活载 \ 路堤填料 \ d(m) / δ(mm) | | 0.75 | 1.00 | 1.25 | | 1.50 | | | 2.00 | | | 2.50 | | |
|---|---|---|---|---|---|---|---|---|---|---|---|---|---|---|
| | | 90 | 100 | 120 | 130 | 140 | 160 | 180 | 180 | 220 | 240 | 200 | 230 | 240 |
| 中—活载 | 填土 | 2 | 4 | 4 | 8 | 5 | 10 | 15 | 5 | 10 | 15 | 5 | 10 | 15 |
| | 填石 | 1.7 | 3.5 | 3.5 | 7.0 | 4.5 | 8.6 | 12.6 | 4.5 | 8.8 | 13.0 | 4.5 | 8.8 | 13.1 |

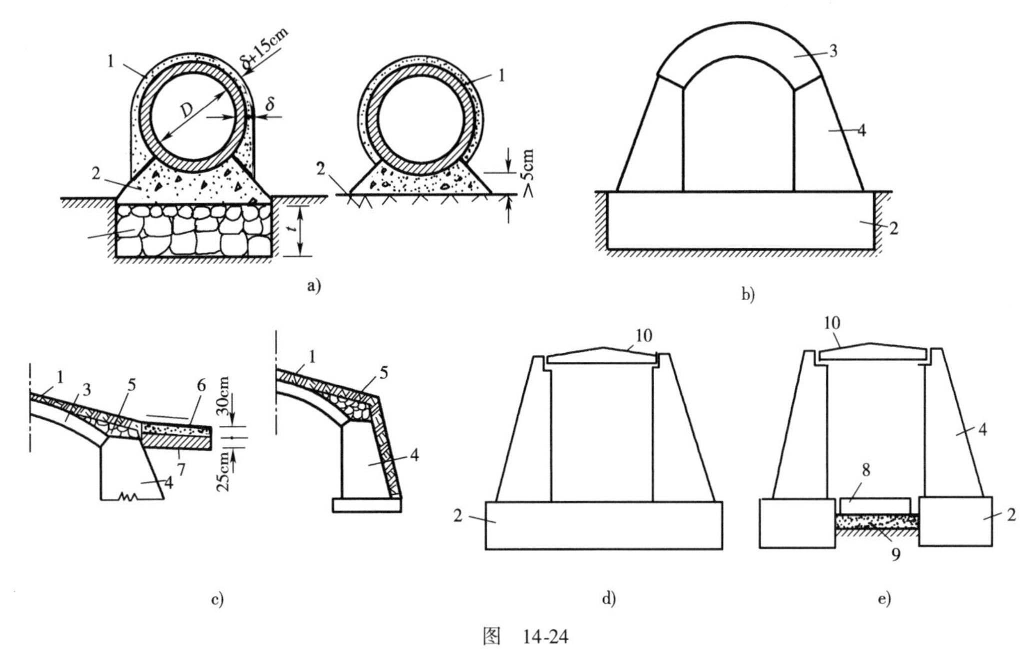


图 14-24

a)圆管涵;b)拱涵;c)不拱涵排水设施;d)整体式基础盖板涵;e)分离式基础盖板涵

1-胶泥层;2-管座;3-拱圈;4-涵台台身;5-护拱;6-碎石盲沟;7-夯实黏土层;8-流水板;9-反滤层;10-盖板

2. 涵洞洞口类型

涵洞的进水口与出水口,称为涵洞的洞口,位于涵洞的两端,如图 14-25 所示。常见的洞口有端墙式[图 14-25a)]、八字墙式[图 14-25b)]及跌水井式(图 14-26)。八字墙式洞口的两侧翼墙,其扩散角进口以 13°为宜,出口不宜大于 10°,但为有利于集纳水流及降低出口翼墙末端的单宽流量,实际工程采用的出口翼墙扩散角多为 30°,且左右对称。扩散角过大,可使近翼墙处产生涡流,导致冲刷危害。跌水井洞口可避免涵洞进口作过大的开挖。

3. 涵洞接缝及防漏止水

涵洞的接缝类型有平接缝与企口缝两种,如图 14-27 所示,其中企口缝只适用于作构造缝。缝间充填料有热沥青浸炼麻絮,防漏止水的构造除缝间作上述材料的充填外,洞内壁抹砂浆,外壁加铁皮箍(铁皮厚 1 ~ 2mm,宽 500mm),或外包热沥青油毛毡两层,或外包沥青浸炼防水纸八层,此外,在涵洞外壁的最外层,通常再加塑性黏土层,厚为 15 ~ 20cm,如图 14-27 所示。

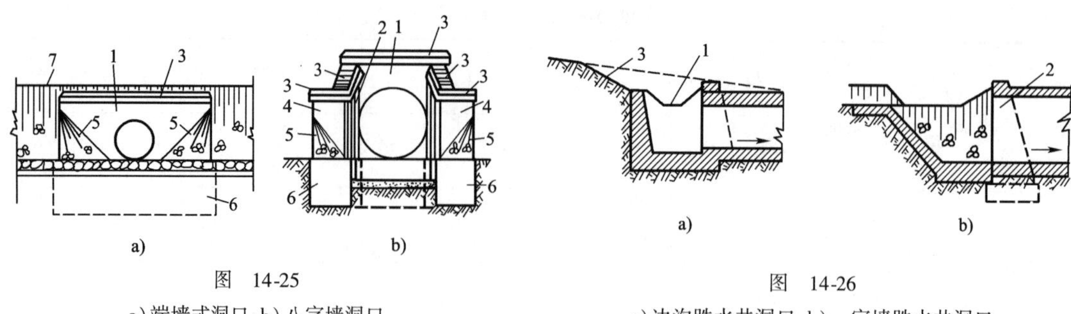

图 14-25

a)端墙式洞口;b)八字墙洞口

1-端墙;2-翼墙;3-帽石;4-雉墙;5-锥体;6 基础;7-路堤

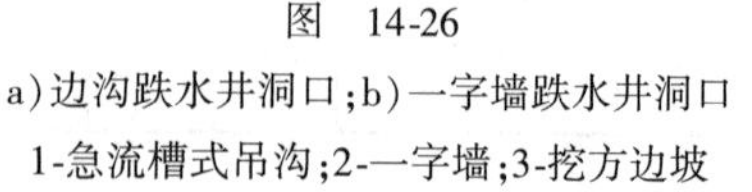

图 14-26

a)边沟跌水井洞口;b)一字墙跌水井洞口

1-急流槽式吊沟;2-一字墙;3-挖方边坡

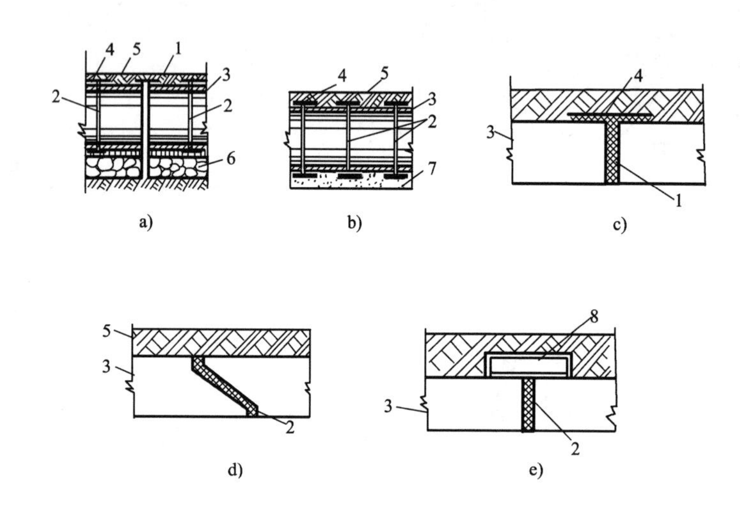

图 14-27

1-沉降缝;2-构造缝;3-管壁;4-铁皮箍;5-黏土保护层;6-片石基础(有基涵洞);7-砂垫层(无基涵洞);8-钢筋混凝土套箍

4. 涵洞基础

涵洞基础可有整体式与分离式两类。如图14-24d)所示为整体式,常用于跨径在 2m 以下的盖板涵;如图 14-24e)所示为分离式基础,常用于地质条件较好,跨径在 2m 以上的盖板涵。基础材料有混凝土、浆砌块石等,详见《基础工程》。在岩石地基上,涵洞可不设基础,称为无基涵洞,如图 14-24a)右图所示;在软弱地基上,涵洞应设基础,如图 14-24a)左图所示,称为有基涵洞。无基涵洞可不设沉降缝,有基涵洞应设沉降缝。

# 第八节　涵洞进出口沟床的加固与防护

## 一、进口沟床

$i<0.1$ 的坡度较小河沟且为缓坡涵洞,一般在翼墙前作 1m 干砌片石护砌,如图 14-28a)所示;流速小的多孔涵洞,则常在翼墙前作 1m 的 U 形干砌片石护砌。

$i=0.1\sim0.4$ 非岩石河沟，且为缓坡涵洞，则应在进口前设缓坡段，以防洞内发生水跃。缓坡段长约为涵洞净跨的1～2倍，沟槽开挖纵坡为1∶1～1∶4，沟槽及路基边沟均应作铺砌加固；当为急坡涵洞时，应开挖进口沟槽并作护砌，但可不设缓坡段。

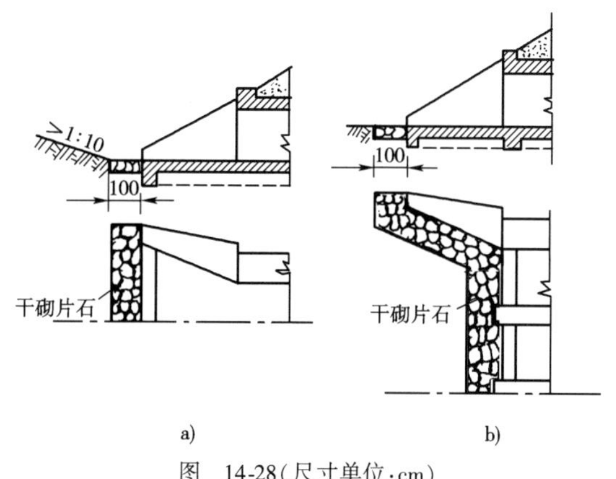


图　14-28（尺寸单位：cm）

$i>0.5$ 的坡陡河沟，可设跌水井洞口或缓流式跌水井洞口，上游河沟应开挖成纵坡1∶4～1∶10，急流槽及路基边沟均应作铺砌，如图14-29所示。此外，也可顺河沟修建急流槽与消力池，或多级跌水消能后再导水入洞。

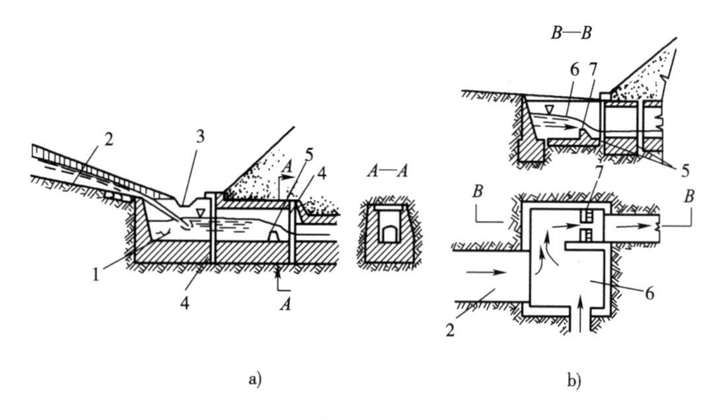


图　14-29

1-跌水井；2-急流槽；3-路基排水沟；4-沉降缝；5-消力槛；6-缓流式跌水井；7-消力墙

## 二、出口沟床

出口沟床的加固类型有：铺砌加固、挑坎防护及消能设施，如急流槽、多级跌水、消力池、消力戽等，详见第七章。

当涵洞底坡 $i<15\%$，出口流速较小时，常在洞口末端底部设截水墙，其后再作干砌片石铺砌，如图14-30a）所示。截水墙又名垂裙，其埋深与翼墙基础相同。铺砌下应设反滤层，铺砌长度在路基坡脚线以外1～2m，砌片石厚一般为0.35m，反滤层厚应不小于0.15m，浆砌片石下应设0.1m碎石垫层。涵洞出口铺砌类型及截水墙厚度见表14-9、表14-10。

此外，也可采用长铺砌截水墙加固涵洞出口，如图14-30b）所示，这类铺砌的长度可按下式计算

$$l=kq^{n} \tag{14-27}$$

式中:$l$——铺砌长度,m;

$q$——单宽流量,$m^3/(s \cdot m)$;

$k$、$n$——系数,见表14-11。

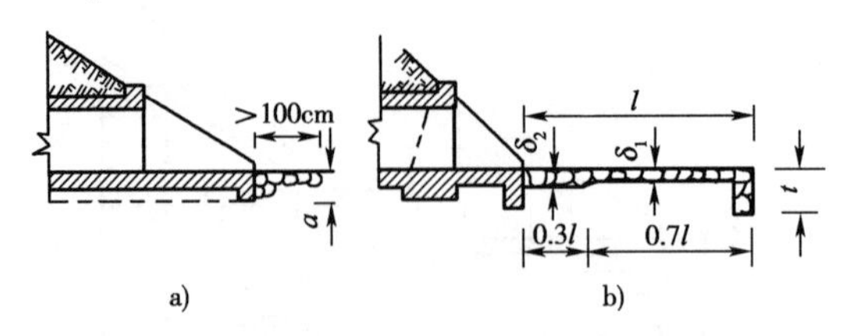


图 14-30

**涵洞铺砌类型** 表14-9

| 出口流速 $v$(m/s) | ≤1.0 | 1~2 | 2~6 | >6 |
|---|---|---|---|---|
| 铺砌类型 | 无铺砌 | 干砌片石 | 浆砌片石 | 混凝土 |

**截水墙厚度** 表14-10

| 截水墙埋深(m) | <1.2 | 1.2~1.5 | 1.5~1.8 | 1.8~2.1 | ≥2.1 |
|---|---|---|---|---|---|
| 截水墙厚度(m) | 0.4 | 0.5 | 0.6 | 0.7 | 0.8 |

**$k$、$n$ 值** 表14-11

| 土壤种类 | 自由出流 | | 淹没出流 | | 土壤种类 | 自由出流 | | 淹没出流 | |
|---|---|---|---|---|---|---|---|---|---|
| | $k$ | $n$ | $k$ | $n$ | | $k$ | $n$ | $k$ | $n$ |
| 亚黏土、亚砂土 | 2.5 | 0.7 | 1.7 | 0.7 | 卵石、砾石 | 1.7 | 0.75 | 1.1 | 0.75 |
| 重亚黏土、密实亚黏土 | 2.2 | 0.7 | 1.4 | 0.7 | 大卵石 | 1.1 | 0.75 | 0.7 | 0.75 |

对于小孔径涵洞,河沟坡度不大时,常取

$$l = (1 \sim 3)L_0 \tag{14-28}$$

如图14-30b)所示,铺砌厚度 $\delta_1$,按容许不冲刷流速确定,一般 $\delta_1 = 20 \sim 35$cm,常用单层片石铺砌,下设碎石垫0.1m。铺砌厚度 $\delta_2$ 按水压力小于防护砌体重力关系,有

$$\delta_2 = \frac{\gamma}{\gamma_s - \gamma}(h_K - h) \tag{14-29}$$

式中:$\gamma_s$——砌体重度,一般 $\gamma_s = 259.7\text{N/m}^3$;

$\gamma$——水的重度;

$h_K$——洞内临界水深;

$h$——铺砌上的平均水深。

铺砌末端截水墙的埋置深度可按冲刷深度 $\Delta$ 计算,有

$$\left.\begin{aligned} t &= \frac{4}{3}\Delta \\ \Delta &= \Delta_1 + \Delta_2 + \Delta_3 \end{aligned}\right\} \tag{14-30}$$

式中:$\Delta_1$——水流冲刷深度;

$\Delta_2$——水跃冲刷深度;

$\Delta_3$——偏斜冲刷深度。

如图14-31a)所示,有

$$\Delta_1 = h_z - h_0 = \left[ \left( \frac{v}{v_{H_1} h_0^{0.2}} \right)^{\frac{5}{6}} - 1 \right] h_0 \tag{14-31}$$

如图14-31b)所示,由式(6-28)有

$$\mathrm{Fr}_1 = \frac{\alpha v_1^2}{g h'}$$

又

$$h'' = \frac{h'}{2}(\sqrt{1 + 8\mathrm{Fr}_1} - 1) \approx \frac{h'}{2}\sqrt{8\mathrm{Fr}_1} = v_1\sqrt{\frac{2\alpha h'}{g}}$$

$$t_z \approx 1.4h''$$

$$\tan\phi = 0.1 - \frac{2h_0 - h'}{10t_z} = 0.1 - \frac{2h_0 - h'}{14h''} \tag{14-32}$$

根据研究,有

$$\Delta_2 = h_z - h_0 = 1.85K_p C\sigma h'' - h_0 \tag{14-33}$$

式中:$h''$——跃后水深;

$t_z$——表面旋滚及底部扩散旋滚构成的水深,如图14-31b)所示;

$h'$——跃前水深;

$v_1$——跃前断面流速;

$h_0$——下游冲刷前正常水深;

$K_p$——系数,当角度$\phi$值较小时,可查表14-12;

$\sigma$——折冲系数,当加固工程不长时,$\sigma=1.35$;

$C$——加固长度系数,见表14-13。

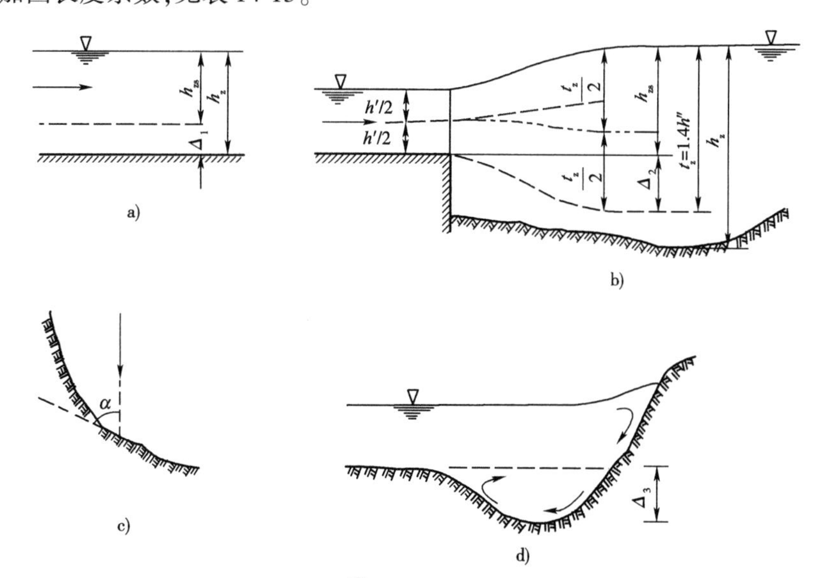


图 14-31

a)一般冲刷深度$\Delta_1$;b)水跃冲刷深度$\Delta_2$;c)水流偏斜平面图;d)偏斜冲刷深度$\Delta_3$及断面图

**系 数 $K_p$ 值** 表 14-12

| $\phi^{(0)}$ | 0 | 12 | 25 | 40 | 50 | 70 | 90 |
|---|---|---|---|---|---|---|---|
| $K_p$ | 1.0 | 1.2 | 1.4 | 1.7 | 1.9 | 2.3 | 2.4 |

**加固长度系数 $C$** 表 14-13

| 加固类型 | | | | | | | |
|---|---|---|---|---|---|---|---|
| 加固类型 | 混凝土砖 | $\frac{l}{h_0}$ | 0 | 5 | 15 | 17 | 20 |
| | 片石铺砌 | | 0 | 2 | 6 | 7 | 8 |
| $C$ | | | 1 | 0.89 | 0.76 | 0.65 | 0.54 |

当水流流向与河岸成夹角 $\alpha$ 时，在顶冲处将出现水位壅高并产生淘刷，如图 14-31c)、d)所示，由此产生的淘刷深度 $\Delta_3$ 可按下式计算

$$\Delta_3 = \frac{2.8v^2\sin\alpha}{\sqrt{1+m^2}} - 30d \tag{14-34}$$

式中：$v$——水流行近河岸的流速，m/s；

$m$——边坡系数；

$d$——土壤粒径，m，对于细粒土壤，可取 $30d \approx 0$；

$\Delta_3$——流向偏斜冲刷深度，m。

近年来，我国公路部门通过研究，提出了在涵洞出口八字翼墙范围内设挑坎消能经验，也有良好的防护效果，如图 14-32 所示。它可以加大表面流速，削减底部流速冲刷能量，缩短水跃长度，使铺砌末端变冲刷为淤积。

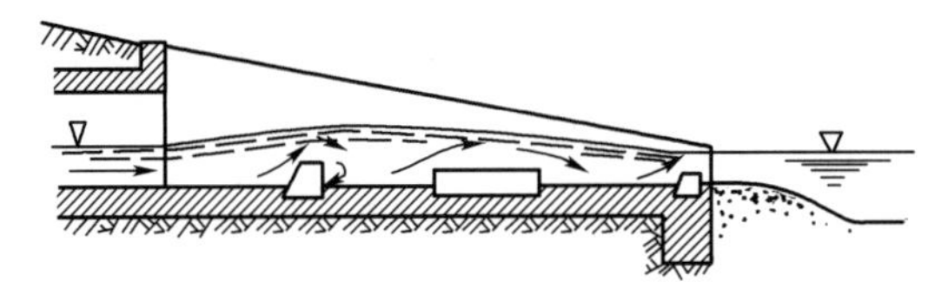

图 14-32

挑坎有三级与二级两种，其级数选择见表 14-14，挑坎的尺寸及布置如图 14-33 所示。上、下坎的间距 $D$ 与铺砌长度有关，铺砌越长，$D$ 越大，一般 $D=2\sim4$m。当出水口的天然水深为 1.5~2.5m 时，上坎高为 20cm，下坎高为 10cm，中间平台高在上、下坎高坡线上，当天然水深小于 1.5m 时，上、下坎高可按比例酌减。

**挑坎级数与八字墙铺砌长度关系** 表 14-14

| 八字墙铺砌长度(m) | >4 | 2~4 | <2 |
|---|---|---|---|
| 挑坎级数 | 3 | 2~3 | 1~2 |

## 三、急坡泄水建筑物

当路线通过陡峻山区河沟，其纵坡 $i>15\%$ 时，通常设急坡涵(一般涵底坡度大于 5%)，其出水洞口河沟应视地形、地质和水力条件，分别采用急流槽、消力池、人工加糙及多级跌水等设施对沟床作适当处理，消力池位于急流槽末端，人工加糙在急流槽的槽身底部。

公路工程常用的急流槽，一般底坡不大于 1:1.5，常用棱柱形渠槽。其进口部分常用矩形断面，进水口宽度按宽顶堰宽度计算，有

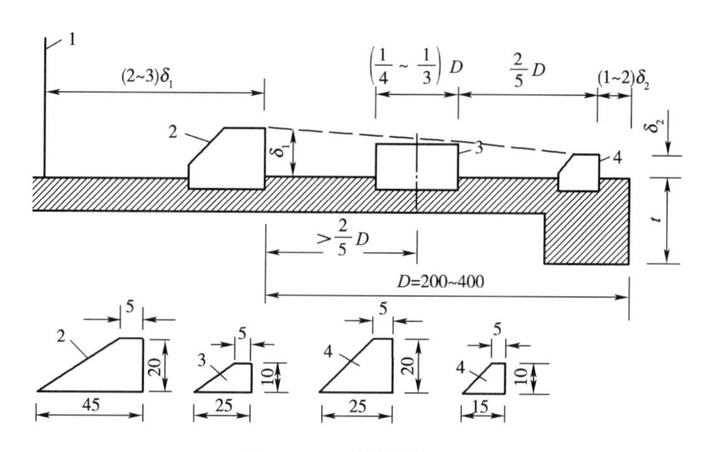


图 14-33 (尺寸单位:cm)

1-涵洞出口断面;2-上挑坎;3-平台;4-下挑坎

$$B = \frac{Q}{\varepsilon m \sqrt{2g} H_0^{\frac{3}{2}}}$$

急流槽的槽身部分底宽可按下列经验公式计算

$$\left.\begin{aligned} b &= 0.765 Q^{\frac{2}{5}} \\ \text{或}\quad b &= \frac{Q i^{\frac{3}{4}} \left(\frac{1}{n}\right)^{\frac{3}{2}}}{\xi^{\frac{3}{2}} v_{max}^{\frac{5}{2}}} \end{aligned}\right\} \tag{14-35}$$

式中:$b$——底宽,m;

$i$——底坡;

$Q$——流量,$m^3/s$;

$n$——糙率;

$v_{max}$——容许不冲刷流速;

$\xi$——水流掺气系数,当水力半径 $R<0.1$m 时,$i=0.1\sim0.2$,$\xi=1.33$;$i=0.2\sim0.4$,$\xi=1.33\sim2.00$;$i=0.4\sim0.6$,$\xi=2.00\sim3.33$。

关于急流槽、消力池、多级跌水等水力计算详见第七章。对于重大工程,涵洞进出口沟床的上述处理方案,还需进行模型试验验证,并作方案比较,择优选用。

## 【习题】

14-1 什么是小桥涵?

14-2 扼要说明小桥及涵洞择位原则的区别。

14-3 扼要说明小桥涵孔径计算与大中桥孔径计算的区别。

14-4 如图 9-5 所示,拟在 $A$ 处修建小桥一座,$B$ 处修建涵洞一座。地处长沙市郊,地区覆盖层为亚黏土,地面有 1.5m 以上的幼林及灌木丛,主河沟坡度 $i=0.07$,试求小桥及涵洞的设计流量 $Q_P$。

14-5　已知容许冲刷流速 $v_{max}=2.5\text{m/s}$,桥台伸出锥坡以外,流量 $Q=8\text{m}^3/\text{s}$,河底高程 $\nabla_0=100\text{m}$,设净空高度 $\Delta h=0.5\text{m}$,试求小桥的梁底面最低高程 $\nabla_x$。

14-6　已知无升高管节的石盖板涵,净跨 $L_0=1.5\text{m}$,净高 $h_T=2\text{m}$,糙率 $n=0.016$,容许最大出口流速 $v_{max}=4.5\text{m/s}$,试确定此涵管的上游积水深度 $H$、流量 $Q$、临界水深 $h_K$、临界流速 $v_K$、临界底坡 $i_K$、收缩断面水深 $h_c$、收缩断面流速 $v_c$ 及出口流速为 $v_{max}$ 时的相应底坡 $i_{max}$。

14-7　已知圆涵 $d=0.75\text{m}$, $\varepsilon=0.63$, $\Psi=0.9$, $\phi=0.85$, $n=0.013$, $\Delta=\frac{d}{4}$,求表 14-7 中各项。

* 第十五章

# 相似原理与量纲分析方法

## 第一节 相似概念

### 一、模型与原型相似

实际工程建筑或实物,称为原型。按一定比例关系作了缩小或放大后的建筑物或实物,称为模型。所谓模型与原型运动相似,即两者对应点的同名物理量(如流速、压强、力等)具有一定的比例关系。因此,模型与原型相似应有几何相似、运动相似、动力相似及初始条件与边界条件保持一致或相似等。

### 二、相似关系

1. 几何相似

模型与原型的对应线性长度成固定比例时,称为几何相似。设带下标“P”的物理量表示为原型量,带下标“M”的物理量表示为模型量,以 $l$ 表示长度,$A$ 表示面积,$V$ 表示体积,按定义,有

$$\left.\begin{aligned} C_l &= \frac{l_P}{l_M} \\ C_A &= \frac{A_P}{A_M} = \frac{l_P^2}{l_M^2} = C_l^2 \\ C_V &= \frac{V_P}{V_M} = \frac{l_P^3}{l_M^3} = C_l^3 \end{aligned}\right\} \tag{15-1}$$

式中:$C_l$——长度比尺;

$C_A$——面积比尺;

$C_V$——体积比尺。

当几何相似时,对应点的夹角亦相等。若用同一长度比尺缩小或放大的模型,称为正态模型;若长、宽、高采用不同长度比尺缩小或放大的模型,称为变态模型。正态模型与原型的形状相似,只是大小不一致而已,常用于局部模型或断面模型;变态模型与原型的形状不相似,常用于长、宽相差悬殊或长、高相差悬殊的模型制作,如河工模型等。严格地说,模型与原型间的表面粗糙度也应成同一比尺关系,但实际上往往只能近似地做到这一点。

2. 运动相似

模型与原型间相应点的速度方向相同,大小成固定比例关系时,称为运动相似。设点流速为 $u$ ,时间为 $t$ ,加速度为 $a$ ,断面平均流速为 $v$ ,相应的比尺为 $C_u$,$C_t$,$C_a$,$C_v$,有

$$\left.\begin{aligned} C_t &= \frac{t_P}{t_M} \\ C_u &= \frac{u_P}{u_M} = \frac{dl_P}{dl_M} \cdot \frac{dt_M}{dt_P} = \frac{C_l}{C_t} \\ C_a &= \frac{a_P}{a_M} = \frac{\dfrac{du_P}{dt_P}}{\dfrac{du_M}{dt_M}} = \frac{C_l}{C_t^2} = \frac{C_u}{C_t} = \frac{C_u^2}{C_l} \\ C_v &= \frac{v_P}{v_M} = C_u \end{aligned}\right\} \tag{15-2}$$

3. 动力相似

模型与原型间对应点液体所受同名力 $F$ 方向相同,其大小成固定比例时,称为动力相似。由定义,力的比尺有

$$C_F = \frac{F_P}{F_M} \tag{15-3}$$

以上各相似关系可用相似比尺表达,这就是相似关系的含义。它表明,凡流动相似,必须是几何条件相似、运动相似和动力相似的流动。其中,几何相似是运动相似和动力相似的前提和依据,动力相似是决定流动相似的主导因素,运动相似则是几何相似和动力相似的表现。

4. 初始条件相近和边界条件相似

初始条件相近和边界条件相似是保证相似的充分条件。在非恒定流中,初始条件必须具备;在恒定流中,初始条件失去实际意义。

# 第二节　相似准则

流体运动中各种力相似的数值标准,称为相似准则,又称为模型律。

液体运动,实质上是作用于液体质点上的动力与其惯性力相互作用的结果。液体所受的作用力有:重力、黏性力、压力、弹性力及表面张力等。这些力都是促使液体改变运动状态的动力。而惯性力则企图维持原有运动状态。在两相似流动中,这些动力与惯性力的比例关系应保持不变。

按惯性力,有 $I = ma = \rho Va$ ,则有

$$\frac{F_{\mathrm{P}}}{I_{\mathrm{P}}} = \frac{F_{\mathrm{M}}}{I_{\mathrm{M}}}$$

$$C_{\mathrm{F}} = \frac{F_{\mathrm{P}}}{F_{\mathrm{M}}} = \frac{I_{\mathrm{P}}}{I_{\mathrm{M}}} = \frac{(\rho Va)_{\mathrm{P}}}{(\rho Va)_{\mathrm{M}}} = C_{\rho}C_l^3C_{\mathrm{a}} = C_{\rho}C_l^2C_{\mathrm{v}}^2 = \frac{\rho_{\mathrm{P}}l_{\mathrm{P}}^2v_{\mathrm{P}}^2}{\rho_{\mathrm{M}}l_{\mathrm{M}}^2v_{\mathrm{M}}^2} \tag{15-4}$$

式(15-4)即两相似流动力的比尺公式,它取决于 $C_\rho, C_l, C_{\mathrm{v}}$。上式也可写成

$$\frac{F_{\mathrm{P}}}{\rho_{\mathrm{P}}l_{\mathrm{P}}^2v_{\mathrm{P}}^2} = \frac{F_{\mathrm{M}}}{\rho_{\mathrm{M}}l_{\mathrm{M}}^2v_{\mathrm{M}}^2} \tag{15-5}$$

令

$$\mathrm{Ne} = \frac{F}{\rho l^2 v^2} \tag{15-6}$$

有

$$\mathrm{Ne} = (\mathrm{Ne})_{\mathrm{P}} = (\mathrm{Ne})_{\mathrm{M}} = \mathrm{const} \tag{15-7}$$

式中:Ne——牛顿数。

上式表明,两种液流,其动力相似条件是牛顿数相等。Ne 又称为牛顿相似准数。牛顿数相等,此称为牛顿相似准则或牛顿模型律。

但是,由于各种力的性质不同,影响因素各异,要做到各种力与惯性之间都成同一比例是极困难的,甚至不可能。因此,模型设计中只能满足一些主要作用力相似,对于一些次要的作用力往往不全求满足相似条件。下面分别讨论几种主要力的相似准则。

## 一、重力相似准则

重力相似准则又称弗汝德相似准则。当作用在水流上的外力主要为重力 $G$ 时,牛顿数中有 $F = G$ ,由此得

$$C_{\mathrm{G}} = \frac{G_{\mathrm{P}}}{G_{\mathrm{M}}} = \frac{(mg)_{\mathrm{P}}}{(mg)_{\mathrm{M}}} = \frac{(\rho Vg)_{\mathrm{P}}}{(\rho Vg)_{\mathrm{M}}} = C_{\rho}C_l^3C_{\mathrm{g}}$$

由式(15-4), $C_{\mathrm{F}} = C_{\rho}C_l^2C_{\mathrm{v}}^2$

按重力相似,有

$$C_{\mathrm{G}} = C_{\mathrm{F}}$$

得

$$C_{\rho}C_l^3C_{\mathrm{g}} = C_{\rho}C_l^2C_{\mathrm{v}}^2$$

$$\left.\begin{aligned} \frac{C_{\mathrm{v}}^2}{C_{\mathrm{g}}C_{\mathrm{e}}} &= 1 \\ \frac{v_{\mathrm{P}}^2}{g_{\mathrm{P}}l_{\mathrm{P}}} &= \frac{v_{\mathrm{M}}^2}{g_{\mathrm{M}}l_{\mathrm{M}}} \end{aligned}\right\} \tag{15-8}$$

令 $\mathrm{Fr}=\dfrac{v^2}{gl}$,即弗汝德数,则上式可写成

$$(\mathrm{Fr})_{\mathrm{P}}=(\mathrm{Fr})_{\mathrm{M}} \tag{15-9}$$

上式表明,弗汝德数即重力相似准则,它反映了惯性力与重力的比值,故又称重力相似律。两种液流,其重力相似条件是弗汝德数相等。其中,$C_{\mathrm{v}}$、$C_l$ 及 $C_{\mathrm{g}}$ 中,只有两个是独立量,一般模型试验均有 $C_{\mathrm{g}}=1$,则有

$$\left.\begin{aligned} C_{\mathrm{v}} &= C_l^{0.5} \\ C_{\mathrm{Q}} &= C_l^{2.5} \\ C_{\mathrm{t}} &= \frac{C_l}{C_{\mathrm{v}}} = C_l^{0.5} \end{aligned}\right\} \tag{15-10}$$

式中:$C_{\mathrm{Q}}$——流量比尺,$C_{\mathrm{Q}}=\dfrac{Q_{\mathrm{P}}}{Q_{\mathrm{M}}}$。

## 二、黏性阻力相似准则(雷诺相似准则)

由牛顿内摩擦定律有

$$\left.\begin{aligned} T &= \mu A\frac{\mathrm{d}u}{\mathrm{d}y} = \rho\nu A\frac{\mathrm{d}u}{\mathrm{d}y} \\ C_{\mathrm{T}} &= \frac{T_{\mathrm{P}}}{T_{\mathrm{M}}} = C_{\rho}C_{\nu}C_lC_{\mathrm{u}} \end{aligned}\right\} \tag{15-11}$$

式中:$C_{\mathrm{T}}$——黏性力比尺;

$C_{\nu}$——运动黏度比尺。

按牛顿相似准则,两相似流动中,其黏性力与惯性力之比应相等,即应有

$$\frac{T_{\mathrm{P}}}{I_{\mathrm{P}}}=\frac{T_{\mathrm{M}}}{I_{\mathrm{M}}}$$

有

$$C_{\mathrm{F}} = \frac{T_{\mathrm{P}}}{T_{\mathrm{M}}} = \frac{I_{\mathrm{P}}}{I_{\mathrm{M}}} = C_{\rho}C_l^2C_{\mathrm{u}}^2$$

得

$$C_{\rho}C_l^2C_{\mathrm{v}}^2 = C_{\rho}C_{\nu}C_lC_{\mathrm{u}}$$

$$\frac{C_{\mathrm{u}}C_l}{C_{\nu}} = 1 \tag{15-12}$$

上式也可写成

$$\frac{u_{\mathrm{P}}l_{\mathrm{P}}}{\nu_{\mathrm{P}}}=\frac{u_{\mathrm{M}}l_{\mathrm{M}}}{\nu_{\mathrm{M}}} \tag{15-13}$$

令 $\mathrm{Re}=\dfrac{ul}{\nu}$,此即雷诺数由式(15-13)有

$$(\mathrm{Re})_{\mathrm{P}}=(\mathrm{Re})_{\mathrm{M}} \tag{15-14}$$

上式表明,两种液流,其黏性力相似条件是两者雷诺数相等。Re 称为黏性力相似准则,又称为雷诺相似准则,黏性力相似模型律。

管道、隧洞中的有压流动及潜体绕流问题,主要是受水流阻力作用,重力对这种流动的机理无影响,而阻力与黏性力的作用有关,所以这类流动的相似常需满足黏性力作用相似,也就是要求两相似流动的雷诺数相等。若模型与原型同为一种液体,黏度也相同时,有 $\nu_{\mathrm{M}}=\nu_{\mathrm{P}}$,$C_{\nu}=1$,由式(15-12)有

$$C_v = \frac{1}{C_l} \tag{15-15}$$

上式即黏性力相似的流速比尺与几何比尺关系。它与重力相似时的流速比尺不同[式(15-10)]。可见,重力相似与黏性阻力相似一般难以同时满足,解决这一问题的办法只有三种:

(1)取 $C_l = 1$,即使模型与原型相同,一般说,这已失去模型试验的意义,不可取。

(2)采用与原型不同的流体做试验,但必须满足流速比尺相同。由此,对黏度 $\upsilon$ 的比尺 $C_v$ 可推导如下:

为同时满足 Fr 和 Re 准则,有

$$C_T = C_G$$

即

$$C_\rho C_v C_l C_v = C_\rho C_l^3 C_g$$

在地球上进行试验,$C_g = 1$,由此得

$$C_v = \frac{C_l^2}{C_v} = \frac{C_l^2}{C_l^{0.5}} = C_l^{\frac{3}{2}} \tag{15-16}$$

上式即采用不同流体做试验,同时保证流速比尺相等时应满足的运动黏度的比尺关系。但是,除小规模试验水槽试验外,欲满足这一比尺关系是难以做到的。

(3)利用液流阻力平方区特性。

根据尼古拉兹实验可知,当流动为层流时,黏性力占主导地位,必须满足雷诺准则,但当流动进入阻力平方区时,沿程阻力系数与雷诺数无关,只与边界相对粗糙度有关。这表明,在阻力平方区内,液流阻力与雷诺数无关,只要相对粗糙度一样,水流阻力亦相同。因此阻力平方区或紊流粗糙区有自动模型区之称。

明渠水流,它同时受到重力和黏性力的作用,从理论上说,必须同时满足弗汝德数准则和雷诺准则,才能保证模型和原型的流动相似。但大多数的明渠水流都处于紊流阻力平方区内,因此,一般水工模型试验或河工模型试验,只需满足弗汝德数准则,即可保证模型与原型相似。由此可知,运用相似原理,还必须深入掌握流动特性与规律。

## 三、压力相似准则

按压力相似条件,其比尺关系应有

$$C_P = \frac{P_P}{P_M} = \frac{(pA)_P}{(pA)_M} = C_p C_l^2$$

按动力相似,由式(15-4)有 $C_P = C_F$,即

$$\left.\begin{aligned} C_p C_l^2 &= C_\rho C_l^2 C_v^2 \\ \frac{C_p}{C_\rho C_v^2} &= 1 \end{aligned}\right\} \tag{15-17}$$

由上式可写成

$$\frac{p_P}{\rho_P v_P^2} = \frac{p_M}{\rho_M v_M^2} \tag{15-18}$$

令 $\mathrm{Eu} = \frac{p}{\rho v^2}$,称为欧拉数,有

$$(\mathrm{Eu})_{\mathrm{P}}=(\mathrm{Eu})_{\mathrm{M}} \tag{15-19}$$

欧拉数又称压力相似准数。两欧拉数相等,称为欧拉相似准则或欧拉模型相似律。它反映了压力与惯性力的比例关系。欧拉数还可表达为

$$\mathrm{Eu}=\frac{\Delta p}{\rho v^2} \tag{15-20}$$

上式表明,两种液流,其压力相似的条件是模型与原型的欧拉数相等。

## 四、其他相似准则

1. 弹性力相似准则

按式(1-8),弹性力可按下式计算

$$F_{\mathrm{E}}=\Delta p\cdot A=\frac{Ed\rho}{\rho}A=El^2$$

由此有

$$C_{\mathrm{E}}=\frac{F_{\mathrm{E}}}{I}=\frac{El^2}{\rho l^2v^2}=\frac{E}{\rho v^2}=\frac{E_{\mathrm{P}}}{\rho_{\mathrm{P}}v_{\mathrm{P}}^2}=\frac{E_{\mathrm{M}}}{\rho_{\mathrm{M}}v_{\mathrm{M}}^2} \tag{15-21}$$

式中:$E$——流体体积弹性系数。

令 $\mathrm{Ca}=\frac{\rho v^2}{E}$,称为柯西数(Cauchy Number)。

因有

$$(\mathrm{Ca})_{\mathrm{P}}=(\mathrm{Ca})_{\mathrm{M}} \tag{15-22}$$

上式表明,两种流动,其弹性力相似的条件是两者的柯西数相等。其比尺关系有

$$\left.\begin{aligned}&\frac{C_\rho C_v^2}{C_{\mathrm{E}}}=1\\&\frac{\rho_{\mathrm{P}}v_{\mathrm{P}}^2}{E_{\mathrm{P}}}=\frac{\rho_{\mathrm{M}}v_{\mathrm{M}}^2}{E_{\mathrm{M}}}\end{aligned}\right\} \tag{15-23}$$

弹性力相似准则适用于如水击现象等流体弹性起主要作用的流动试验。

2. 表面张力相似准则(韦伯相似准则)

表面张力可用 $F_\sigma=\sigma l$,其中 $\sigma$ 为表面张力系数。惯性力与表面张力之比的纯数,称为韦伯数,以 We 表示,因有

$$\left.\begin{aligned}&\mathrm{We}=\frac{I}{F_\sigma}=\frac{\rho l v^2}{\sigma}\\&(\mathrm{We})_{\mathrm{P}}=(\mathrm{We})_{\mathrm{M}}\\&\frac{\rho_{\mathrm{P}}l_{\mathrm{P}}v_{\mathrm{P}}^2}{\sigma_{\mathrm{P}}}=\frac{\rho_{\mathrm{M}}l_{\mathrm{M}}v_{\mathrm{M}}^2}{\sigma_{\mathrm{M}}}\end{aligned}\right\} \tag{15-24}$$

其比尺关系有

$$\frac{C_\rho C_l C_v^2}{C_\sigma}=1 \tag{15-25}$$

式中:$C_\sigma$——表面张力系数比尺。

3. 非恒定性准则（斯特罗哈准则）

在非恒定流中，当地加速度 $\frac{\partial v}{\partial t} \neq 0$，这一加速度产生的惯性力与迁移加速度 $u\frac{\partial u}{\partial s}$ 产生的惯性力之比，称为斯特罗哈（Strouhal）数，以 St 表示。按定义有

$$\mathrm{St} = \frac{\frac{\partial u}{\partial t}}{u\frac{\partial u}{\partial s}} = \frac{\left(\frac{v}{t}\right)}{\left(\frac{v^2}{l}\right)} = \frac{l}{vt} \tag{15-26a}$$

上式表明，两种非恒定流，其相似条件为斯特罗哈数相等。即

$$(\mathrm{St})_{\mathrm{P}} = (\mathrm{St})_{\mathrm{M}} \tag{15-26b}$$

由此，有

$$\left.\begin{aligned} \frac{l_{\mathrm{P}}}{v_{\mathrm{P}}t_{\mathrm{P}}} &= \frac{l_{\mathrm{M}}}{v_{\mathrm{M}}t_{\mathrm{M}}} \\ C_{\mathrm{t}} &= \frac{t_{\mathrm{P}}}{t_{\mathrm{M}}} = \frac{l_{\mathrm{P}}v_{\mathrm{M}}}{l_{\mathrm{M}}v_{\mathrm{P}}} = \frac{C_l}{C_{\mathrm{v}}} \end{aligned}\right\} \tag{15-27}$$

如按弗汝德准则确定 $C_{\mathrm{v}}$ 值，有

$$\begin{aligned} C_{\mathrm{v}} &= C_l^{0.5} \\ C_{\mathrm{t}} &= \frac{C_l}{C_{\mathrm{v}}^{0.5}} = C_l^{0.5} \end{aligned} \tag{15-28}$$

上式表示，在原型中时间 $t_{\mathrm{P}}$ 内发生的流动变化，在模型中必须在 $t_{\mathrm{M}} = \frac{t_{\mathrm{P}}}{C_{\mathrm{t}}} = \frac{t_{\mathrm{P}}}{\sqrt{C_{\mathrm{l}}}}$ 时间内完成。

St 准数是非恒定流的相似准则，对于恒定流，St 准数无意义。

# 第三节　模 型 设 计

## 一、水力模型种类

（1）正态模型与变态模型。

（2）整体模型与断面模型。

桥梁、堰坝等总体工程按一定比尺确定的模型，称为整体模型。取整体某一流段或某一局部确定的模型，称为断面模型。研究工程总体布置的水力现象时，常用整体模型；研究工程局部水力特性时，常用断面模型。整体模型的长度比尺大，断面模型的长度比尺小。

（3）定床模型与动床模型。

河床固定不变的模型，称为定床模型。它常用于泄流特性研究。河床可变形的模型，称为动床模型。它常用于泥沙运动、河床演变等模型试验，试验槽中铺了一定厚度的试验砂。

## 二、模型设计

如前所述，在相似流动中，压强场必须相似。但压强场相似是流动相似的结果。压强场决

定于流动边界形状、性质和各相似准则,用数学表示,有

$$\mathrm{Eu} = \phi(\mathrm{Fr},\mathrm{Re},\mathrm{We},\mathrm{Ca},\mathrm{St}) \tag{15-29}$$

一般情况下,We、Ca 可忽略不计,对于恒定流,St 可不考虑,因而有

$$\mathrm{Eu} = \phi_1(\mathrm{Fr},\mathrm{Re}) \tag{15-30}$$

这表明,一般模型设计考虑的问题是重力相似、黏性土相似及压力相似。但满足了 Fr 及 Re 准则,则 Eu 准则随之可以满足。Eu 准则此时并非独立准则,而是重力相似和阻力相似的结果。关于模型设计,要点如下:

1. 模型比尺选择

几何相似是模型设计的前提,因此首应考虑模型长度比尺选定。其限制性条件有:

(1)试验场地大小。

(2)供水能力。

(3)制作条件。

(4)建造及运转费用。

通常多采用正态模型。但因原型长宽悬殊,正态模型难以实现时,亦可考虑采用变态模型。长度比尺越小,则模型越大,水力现象越接近于真实原型,但建造经费越高。显然 $C_l = 1$ 时,已失去模型试验意义,预期的试验目的也难实现。因此,在不造成失真或有损试验结果的前提下,模型应尽可能小,即长度比尺应尽可能选大,以保证试验经济性要求。此外,$C_l$ 的选定还需考虑供水能力与制作条件。

2. 模型律选择

由前可知,弗汝德准则与雷诺准则通常难以同时满足,选择要点如下:

1)当影响流速的因素主要是黏性力时,应选用雷诺准则,即雷诺模型律,其相似比尺关系见表 15-1。

**雷诺及弗汝德数准则的相似比尺关系** 表 15-1

| 比 尺 名 称 | 比 尺 符 号 | 比 尺 关 系 | | |
|---|---|---|---|---|
| | | $C_\mathrm{v}=1$ | $C_\mathrm{v}\neq1$ | Fr 相似 |
| 长度 | $C_l$ | $C_l$ | $C_l$ | $C_l$ |
| 流速 | $C_\mathrm{v}$ | $C_l^{-1}$ | $C_\mathrm{v}C_l^{-1}$ | $C_l^{0.5}$ |
| 加速度 | $C_\mathrm{a}$ | $C_l^{-3}$ | $C_\mathrm{v}C_l^{-3}$ | 1 |
| 流量 | $C_\mathrm{Q}$ | $C_l$ | $C_\mathrm{v}C_l$ | $C_l^{2.5}$ |
| 时间 | $C_\mathrm{t}$ | $C_l^2$ | $C_\mathrm{v}^{-1}C_l^2$ | $C_l^{0.5}$ |
| 力 | $C_\mathrm{F}$ | 1 | $C_\nu^2$ | $C_l^3$ |
| 压强 | $C_\mathrm{P}$ | $C_l^{-2}$ | $C_\mathrm{v}^2C_l^{-2}$ | $C_l$ |
| 功能 | $C_\mathrm{W}$ | $C_l$ | $C_\mathrm{v}^2C_l$ | $C_l^4$ |
| 功率 | $C_\mathrm{N}$ | $C_l^{-1}$ | $C_\mathrm{v}^3C_l^{-1}$ | $C_l^{3.5}$ |

考虑采用雷诺准则的模型有:

(1)层流状态(Re≤2 320)下的有压管流。

(2)水面平稳,流动极慢,Re≤580 时的明渠水流。

2)当影响流速的主要因素为重力时,应选用弗汝德准则,即重力相似模型律。其相似比

尺关系见表15-1。

考虑弗汝德准则的模型有：

(1)雷诺数很大,为紊流阻力平方区内的有压管流,即自动模型区的有压管流。

(2)明渠水流(除 Re≤580 的特殊情况外)。

# 第四节 量纲分析方法

关于量纲定义及其有关概念,已在第四章第三节中介绍。本节仅介绍量纲分析的两种方法:雷列(L. Rayleigh)法和Π定理分析法。

## 一、雷列法

雷列法的实质是应用量纲齐次性法则建立物理方程,如第四章第三节中建立 $\tau_0$ 关系式的方法。

**例15-1** 实验分析自由落体的落距 $s$ 与落体重力 $G$,重力加速度 $g$ 及时间 $t$ 有关。试确定 $s$ 与 $G$、$g$、$t$ 三者的关系结构。

**解**:由题意有 $s = s(G,g,t)$

上式可表达为 $s = KG^a g^b t^c$

其量纲式为 $[s] = [F]^a[LT^{-2}]^b[T]^c$

按量纲一致性原则有

$$[L][F]^0[T]^0 = [F]^a[L]^b[T]^{c-2b}$$

得 $a = 0, b = 1, c - 2b = 0, c = 2$

得关系结构式为

$$s = KG^0 gt^2 = Kgt^2$$

其中常数 $K$ 由试验确定,物理学中取 $K = \frac{1}{2}$,此即熟知的自由落体公式

$$s = \frac{1}{2}gt^2$$

$a = 0$,表明 $s$ 与质量无关,即铁块与木块下落时间相同时,其落距相同。

必须注意,物理方程量纲一致性原则不但是推导物理量关系结构形式的理论依据,而且也可用以检验新建方程或经验公式的正确性和严密性。但是,不少经验公式也存在量纲不一致现象,这些公式纯粹为解决工程计算着眼,仅仅是一些纯经验关系式,在理论上没有去考虑量纲一致性原则,故在理论上并非合理结构形式,应用时应注意其局限性与各物理量的单位规定。

例如,直角三角堰的泄流量有

$$Q = 1.343H^{2.47}$$

这是一个纯经验公式,应用时注意其单位规定:$H$ 必须用 m,$Q$ 对应为 $m^3/s$。纯经验公式表明,人们对所研究的物理量影响因素还缺乏全面和充分的认识。

雷列法选用的基本量纲只有三个:即 $[L]$,$[T]$,$[M]$,当影响流动的参数只有三个时,有

关指数有确定解,如例15-1,雷列法可建立指数有确定解的物理方程结构式。但是,若影响流动的参数多于三个时,则只能解得各指数关系,将无法获得其中指数有确定解的物理方程结构式。

## 二、Π 定理(1915)

此法又称为布金汉(Buckingham)Π 定理分析法。

Π 定理指出:任何物理过程,如果存在 $n$ 个变量互为函数关系,即

$$F(x_1, x_2, x_3, \cdots, x_n) = 0$$

若从中选取 $m$ 个基本物理量作为 $m$ 个基本量纲的代表(一般取 $m=3$),其余各物理量逐一和 $m$ 个基本物理量可组合成一个无量纲数 $\Pi_i$,由此,上式可用 $n-m$ 个无量纲数 Π 方程表达,即

$$\phi(\Pi_1, \Pi_2, \Pi_3, \cdots, \Pi_{n-m}) = 0$$

在水力学中,基本量一般取三个,即 $m=3$,其中分别为几何学量、运动学量及力学量。通常的基本量纲取 $[L]$、$[T]$、$[M]$ 或 $[L]$、$[T]$、$[F]$。设上式中的基本量为 $x_1, x_2, x_3$,按 Π 定理法有

$$\left.\begin{aligned} \Pi_1 &= \frac{x_4}{x_1^{a_1} x_2^{b_1} x_3^{c_1}} \\ \Pi_2 &= \frac{x_5}{x_1^{a_2} x_2^{b_2} x_3^{c_2}} \\ &\vdots \\ \Pi_{n-3} &= \frac{x_n}{x_1^{a_{n-3}} x_2^{b_{n-3}} x_3^{c_{n-3}}} \end{aligned}\right\} \tag{15-31}$$

因 $[\Pi_i] = [L]^0[T]^0[M]^0 = [1]$,有

$$\left.\begin{aligned} [x_4] &= [x_1]^{a_1}[x_2]^{b_1}[x_3]^{c_1} \\ [x_5] &= [x_1]^{a_2}[x_2]^{b_2}[x_3]^{c_2} \\ &\vdots \\ [x_{n-m}] &= [x_1]^{a_{n-m}}[x_2]^{b_{n-m}}[x_3]^{c_{n-m}} \end{aligned}\right\} \tag{15-32}$$

按量纲齐次性法则,上式中的指数 $a_i, b_i, c_i$ 可求得,并可确定 Π 方程的结构式。

下面讨论基本量纲的独立性问题。所谓量纲上是独立的,是所取 $m$ 个基本物理量不能组合成一个无量纲数。设 $x_1, x_2, x_3$ 为基本物理量,其量纲式可表达为

$$[x_1] = [L]^{\alpha_1}[T]^{\beta_1}[M]^{\gamma_1}$$

$$[x_2] = [L]^{\alpha_2}[T]^{\beta_2}[M]^{\gamma_2}$$

$$[x_3] = [L]^{\alpha_3}[T]^{\beta_3}[M]^{\gamma_3}$$

由此可组成新的物理量 $f$,其量纲式可写成

$$[f] = [x_1]^x[x_2]^y[x_3]^z = [L]^{\alpha_1 x+\alpha_2 y+\alpha_3 z}[T]^{\beta_1 x+\beta_2 y+\beta_3 z}[M]^{\gamma_1 x+\gamma_2 y+\gamma_3 z}$$

若 $[x_1][x_2][x_3]$ 为独立的基本量纲,则 $f$ 为有量纲数;若此三物理量的量纲为非独立量纲,则 $f$ 为无量纲数,即

$$[f] = [L]^0[T]^0[M]^0 = [1]$$

由此,有

$$\left.\begin{aligned}\alpha_1 x + \alpha_2 y + \alpha_3 z = 0\\ \beta_1 x + \beta_2 y + \beta_3 z = 0\\ \gamma_1 x + \gamma_2 y + \gamma_3 z = 0\end{aligned}\right\}$$

上述齐次方程组的系数行列式为

$$\Delta = \begin{vmatrix} \alpha_1 & \alpha_2 & \alpha_3 \\ \beta_1 & \beta_2 & \beta_3 \\ \gamma_1 & \gamma_2 & \gamma_3 \end{vmatrix}$$

由此得 $x_1, x_2, x_3$ 不能组成为无量纲量的条件是 $\Delta \neq 0$。因此有

$\Delta = 0$ 时, $x_1, x_2, x_3$ 为非独立量纲量。

$\Delta \neq 0$ 时, $x_1, x_2, x_3$ 为独立量纲量。

**例 15-2** 设 $s$ 为位移, $v$ 为速度, $a$ 为加速度。试证明三者的量纲为非独立的基本量纲。

**解:** 令

$$[s] = [L]^{\alpha_1}[T]^{\beta_1}[M]^{\gamma_1} = [L][T]^0[M]^0$$

$$[v] = [L]^{\alpha_2}[T]^{\beta_2}[M]^{\gamma_2} = [L][T]^{-1}[M]^0$$

$$[a] = [L]^{\alpha_3}[T]^{\beta_3}[M]^{\gamma_3} = [L][T]^{-2}[M]^0$$

得: $\alpha_1 = \alpha_2 = \alpha_3 = 1$ ; $\beta_1 = 0$ , $\beta_2 = -1$ , $\beta_3 = -2$ , $\gamma_1 = \gamma_2 = \gamma_3 = 0$ 。按式(15-40)有

$$\Delta = \begin{vmatrix} 1 & 1 & 1 \\ 1 & -1 & -2 \\ 0 & 0 & 0 \end{vmatrix} = 0$$

这表明,位移、速度及加速度三者为非独立量纲量。

**例 15-3** 试分析长度 $L$ 、时间 $T$ 及质量 $m$ 的独立性条件。

**解:** 三量的量纲可表达为

$$[A] = [L] = [L]^{\alpha_1}[T]^{\beta_1}[M]^{\gamma_1} = [L][T]^0[M]^0$$

$$[B] = [T] = [L]^{\alpha_2}[T]^{\beta_2}[M]^{\gamma_2} = [L]^0[T][M]^0$$

$$C = [M] = [L]^{\alpha_3}[T]^{\beta_3}[M]^{\gamma_3} = [L]^0[T]^0[M]$$

由此有

$$\alpha_1 = 0, \alpha_2 = 0, \alpha_3 = 0$$

$$\beta_1 = 0, \beta_2 = 1, \beta_3 = 0$$

$$\gamma_1 = 0, \gamma_2 = 0, \gamma_3 = 1$$

$$\Delta = \begin{vmatrix} 1 & 0 & 0 \\ 0 & 1 & 0 \\ 0 & 0 & 1 \end{vmatrix} \neq 0$$

这表明,长度、时间、质量为独立量纲量,可作基本量纲。

无量纲数既无量纲,又无单位,它的数值大小与选用的单位无关。例如雷诺数 Re 为无量纲数,无论采用公制还是英制,其数值均保持不变。一切有量纲的物理量都将因所取单位不同而有不同的数值。如果自变量为有量纲数,则物理方程中的因变量也将随所用单位不同而有不同的数值。单位是人们主观选用的,但客观规律不应随主观作用而异。所以,要正确反映客

观规律,应采用无量纲项组成物理方程。Π 定理把 $n$ 个物理量组成的方程式简化为 $n-m_1$ 个无量纲项组成的表达式,它具有描述自然规律的绝对意义,故它是反映客观规律的正确形式,而且也是进一步分析和实验研究的理论依据。

量纲分析方法是一种研究物理方程结构形式的科学方法。但是,欲正确运用这一方法,还必须对流动现象具有一定的分析能力,只有掌握了一定流体力学知识之后,才能更好地正确运用这一工具。例如沿程水头损失通用公式结构形式的确定,便是一个具体例证。

**例 15-4** 由式(4-11),试用 Π 定理求解 $\tau_0$ 的结构关系式。

**解:**由式(4-11)可表达为

$$F(\tau_0,v,R,\rho,\mu,\Delta)=0$$

取基本量纲为 $[L]$, $[T]$, $[M]$; $v,R,\rho$ 为基本物理量。本例 $n=6,m=3$,故可有 $n-m=6-3=3$ 个无量纲数 Π 方程,即

$$\phi(\Pi_1,\Pi_2,\Pi_3)=0$$

$$\Pi_1=\frac{\tau_0}{\rho^{a_1}v^{b_1}R^{c_1}}$$

$$\Pi_2=\frac{\mu}{\rho^{a_2}v^{b_2}R^{c_2}}$$

$$\Pi_3=\frac{\Delta}{\rho^{a_3}v^{b_3}R^{c_3}}$$

比较上述各式分子和分母的量纲,它们应满足量纲一致性原则,有

$$[\tau_0]=[\rho]^{a_1}[v]^{b_1}[R]^{c_1}$$

即 $$[ML^{-1}T^{-2}]=[ML^{-3}]^{a_1}[LT^{-1}]^{b_1}[L]^{c_1}$$

按等式两边量纲相等,即使$[\Pi_1]=[1]$,有

$[M]$: $$a_1=1$$

$[L]$: $$-3a_1+b_1+c_1=-1$$

$[T]$: $$-b_1=-2$$

解之得:$a_1=1$, $b_1=2$, $c_1=0$, $\Pi_1=\dfrac{\tau_0}{\rho v^2}$

同理有 $$[\mu]=[\rho]^{a_2}[v]^{b_2}[R]^{c_2}$$

$$[ML^{-1}T^{-1}]=[ML^{-3}]^{a_2}[LT^{-1}]^{b_2}[L]^{c_2}$$

$[M]$: $$a_2=1$$

$[L]$: $$-3a_2+b_2+c_2=-1$$

$[T]$: $$-b_2=-1$$

解之得:$a_2=1$, $b_2=1$, $c_2=1$, $\Pi_2=\dfrac{\mu}{\rho vR}$

同理得 $a_3=0$, $b_3=0$, $c_3=1$, $\Pi_3=\dfrac{\Delta}{R}$

将 $\Pi_1,\Pi_2,\Pi_3$ 代入关系式 $\phi$,得

$$\phi(\Pi_1,\Pi_2,\Pi_3)=0$$

或 $$\phi\left(\frac{\tau_0}{\rho v^2},\frac{\mu}{\rho vR},\frac{\Delta}{R}\right)=0$$

有 $$\frac{\tau_0}{\rho v^2}=f\left(\frac{\mu}{\rho vR},\frac{\Delta}{R}\right)$$

因 $$\frac{\rho vR}{\mu}=\mathrm{Re}$$

得 $$\tau_0=f\left(\mathrm{Re},\frac{\Delta}{R}\right)\rho v^2$$

若令 $$8f\left(\mathrm{Re},\frac{\Delta}{R}\right)=\lambda$$

则有

$$\left.\begin{aligned}\tau_0&=\frac{\lambda}{8}\rho v^2\\ \lambda&=\lambda\left(\mathrm{Re},\frac{\Delta}{R}\right)\end{aligned}\right\}$$

此即式(4-12)。

**例 15-5** 如图 15-1 所示，一桥墩长 $l_{\mathrm{P}}=24\mathrm{m}$，宽 $b_{\mathrm{P}}=4.3\mathrm{m}$，水深 $h_{\mathrm{P}}=8.2\mathrm{m}$，河中平均流速 $v_{\mathrm{P}}=2.3\mathrm{m/s}$，一孔净度 $L_{\mathrm{P}}=90\mathrm{m}$，实验室供水能力 $Q=0.2\mathrm{m^3/s}$。试设计此桥墩模型，确定模型尺寸及有关水力要素。

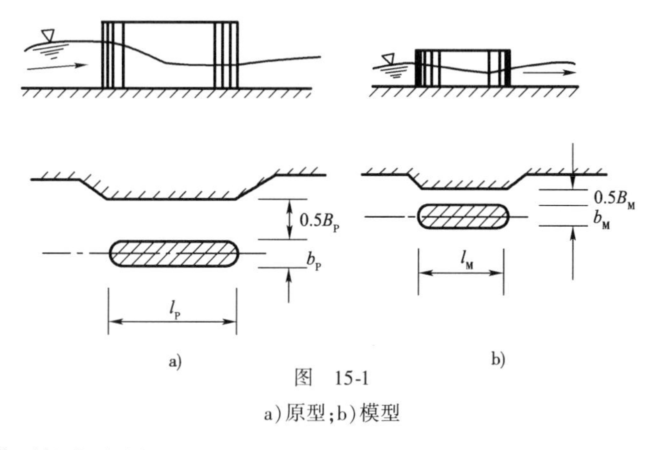


图 15-1

a)原型；b)模型

**解：**(1)确定模型长度比尺 $C_l$

原型流量

$$Q_{\mathrm{P}}=v_{\mathrm{P}}(L_{\mathrm{P}}-b_{\mathrm{P}})h_{\mathrm{P}}=2.3\times(90-4.3)\times8.2=1\ 620(\mathrm{m^3/s})$$

$$C_l^{2.5}=\frac{Q_{\mathrm{P}}}{Q_{\mathrm{M}}}=\frac{1\ 620}{0.2}=8\ 100$$

$$C_l=8\ 100^{\frac{1}{2.5}}=36.6$$

考虑模型场地条件，取 $C_l=50$。

(2)模型尺寸及有关水力要素

模型墩长 $$l_{\mathrm{M}}=\frac{l_{\mathrm{P}}}{C_l}=\frac{24}{50}=0.48(\mathrm{m})$$

桥墩宽度 $$b_{\mathrm{M}}=\frac{b_{\mathrm{P}}}{C_l}=\frac{4.3}{50}=0.083(\mathrm{m})$$

墩台间距 $B_M = \frac{B_P}{C_l} = \frac{90}{50} = 1.8(m)$

模型水深 $h_M = \frac{h_P}{C_l} = 3.2 = 0.164(m)$

## 【习题】

15-1 什么是模型律?什么是模型比尺?

15-2 模型相似的基本要求是什么?

15-3 保证重力相似并忽略阻力相似条件,可有哪些措施?

15-4 设计模型需考虑哪些问题?

15-5 什么是量纲?量纲与单位有什么区别?

15-6 什么是量纲一致性原则?

15-7 选定基本量纲$[L]$,$[T]$,$[M]$,求动力黏度$\mu$,运动黏度$\upsilon$,体积弹性系数$E$,动量$K$的量纲。

15-8 整理下列各组物理量成为无量纲数:

(1)$\tau, v, \rho$;

(2)$\Delta p, v, g, \gamma$;

(3)$F, l, v, \rho$;

(4)$\sigma, l, v, \rho$。

15-9 假设自由落体的落距$s$和质量$m$、重力加速度$g$、时间$t$等有关,试分别用雷利法和$\Pi$定理确定落距$s$计算公式的结构公式。

15-10 一个质量为$m$的球体,在距地面高为$H$处自由下落。试用量纲分析方法求球体落到地面时的速度表达式。

15-11 作用于一个沿圆周运动物体上的力$F$,已知它和物体质量$m$、速度$v$和圆半径$R$有关,用雷利法证明$F$与$\frac{mv^2}{R}$成比例。

15-12 试用$\Pi$定理推导水面船舶所受阻力$F$的表达式。它和船的进行速度$v$、船的代表性长度$l$、水的密度$\rho$和考虑波浪作用的重力加速度$g$有关。

15-13 水流绕桥墩流动时将产生绕流阻力,此阻力$F$和桥墩厚度$b$(或墩柱直径$d$)、水流速度$v$、水的密度$\rho$、动力黏度$\mu$及重力加速度$g$有关。试用$\Pi$定理推导绕流阻力$F$的表达式。

15-14 采用长度比尺$C_l = 20$,按重力相似条件设计一水工闸门,求:

(1)原型闸前水$H_P = 8m$,模型中水深应为多少?

(2)测得模型中流速$v_M = 2m/s$,流量$Q_M = 45L/s$,求原型流速$v_P$及$Q_P$。

15-15 一溢流坝泄流量$Q = 150m^3/s$,采用重力相似准则,实验室供水能力仅有$0.08m^3/s$。试求原型坝高$P = 20m$,坝顶水头$H = 4m$时,模型可做的最大高度$H_M + P_M$为多少?

# 附 录

附录 1(a)

**非黏性土的容许不冲刷平均流速 $v_{max}$**

| 编号 | 土及其特征 |  | 土的颗粒尺寸 (mm) | 水流平均深度 (m) |  |  |  |  |  |
|---|---|---|---|---|---|---|---|---|---|
|  | 名称 | 形状 |  | 0.4 | 1.0 | 2.0 | 3.0 | 5.0 | 10 及以上 |
|  |  |  |  | 平均流速 (m/s) |  |  |  |  |  |
| 1 | 2 | 3 | 4 | 5 | 6 | 7 | 8 | 9 | 10 |
| 1 | 灰尘及淤泥 | 灰尘及淤泥带细砂,沃土 | 0.005 ~ 0.05 | 0.15 ~ 0.20 | 0.20 ~ 0.30 | 0.25 ~ 0.40 | 0.30 ~ 0.45 | 0.40 ~ 0.55 | 0.45 ~ 0.65 |
| 2 | 砂,小颗粒的 | 细砂带中等尺寸的砂粒 | 0.05 ~ 0.25 | 0.20 ~ 0.35 | 0.30 ~ 0.45 | 0.40 ~ 0.55 | 0.45 ~ 0.60 | 0.55 ~ 0.70 | 0.65 ~ 0.80 |
| 3 | 砂,中颗粒的 | 细砂带黏土,中等尺寸的砂带大的砂粒 | 0.25 ~ 1.00 | 0.35 ~ 0.50 | 0.45 ~ 0.60 | 0.55 ~ 0.70 | 0.60 ~ 0.75 | 0.70 ~ 0.85 | 0.80 ~ 0.95 |
| 4 | 砂,大颗粒的 | 大砂夹杂着砾,中等颗粒砂带黏土 | 1.00 ~ 2.50 | 0.50 ~ 0.65 | 0.60 ~ 0.75 | 0.70 ~ 0.80 | 0.75 ~ 0.90 | 0.85 ~ 1.00 | 0.95 ~ 1.20 |
| 5 | 砾,小颗粒的 | 细砾带着中等尺寸的砾石 | 2.50 ~ 5.00 | 0.65 ~ 0.80 | 0.75 ~ 0.85 | 0.80 ~ 1.00 | 0.90 ~ 1.10 | 1.00 ~ 1.20 | 1.20 ~ 1.50 |

续附录1(a)

| 编号 | 土及其特征 | | 土的颗粒尺寸 (mm) | 水流平均深度 (m) | | | | | |
|---|---|---|---|---|---|---|---|---|---|
| | 名称 | 形状 | | 0.4 | 1.0 | 2.0 | 3.0 | 5.0 | 10及以上 |
| | | | | 平均流速 (m/s) | | | | | |
| 1 | 2 | 3 | 4 | 5 | 6 | 7 | 8 | 9 | 10 |
| 6 | 砾,中颗粒的 | 大砾带砂带小砾 | 5.00~10.00 | 0.80~0.90 | 0.85~1.05 | 1.00~1.15 | 1.10~1.30 | 1.20~1.45 | 1.50~1.75 |
| 7 | 砾,大颗粒的 | 小卵石带砂带砾 | 10.0~15.0 | 0.90~1.10 | 1.05~1.20 | 1.15~1.35 | 1.30~1.50 | 1.45~1.65 | 1.75~2.00 |
| 8 | 卵石,小颗粒的 | 中等尺寸卵石带砂带砾 | 15.0~25.0 | 1.10~1.25 | 1.20~1.45 | 1.35~1.65 | 1.50~1.85 | 1.65~2.00 | 2.00~2.30 |
| 9 | 卵石,中颗粒的 | 大卵石夹杂着砾 | 25.0~40.0 | 1.25~1.50 | 1.45~1.85 | 1.65~2.10 | 1.85~2.30 | 2.00~2.45 | 2.30~2.70 |
| 10 | 卵石,大颗粒的 | 小鹅卵石带卵石带砾 | 40.0~75.0 | 1.50~2.00 | 1.85~2.40 | 2.10~2.75 | 2.30~3.10 | 2.45~3.30 | 2.70~3.60 |
| 11 | 鹅卵石,小个的 | 中等尺寸鹅卵石带卵石 | 75.0~100 | 2.00~2.45 | 2.40~2.80 | 2.75~3.20 | 3.10~3.50 | 3.30~3.80 | 3.60~4.20 |
| 12 | 鹅卵石,中等的 | 中等尺寸鹅卵石夹杂着大个的鹅卵石,大鹅卵石带着小的夹杂物 | 100~150 | 2.45~3.00 | 2.80~3.35 | 3.20~3.75 | 3.50~4.10 | 3.80~4.40 | 4.20~4.50 |
| 13 | 鹅卵石,大个的 | 大鹅卵石带小漂圆石带卵石 | 150~200 | 3.00~3.50 | 3.35~3.80 | 3.75~4.30 | 4.10~4.65 | 4.40~5.00 | 4.50~5.40 |
| 14 | 漂圆石,小个的 | 中等漂圆石带卵石 | 200~300 | 3.50~3.85 | 3.80~4.35 | 4.30~4.70 | 4.65~4.90 | 5.00~5.50 | 5.40~5.90 |
| 15 | 漂圆石,中等的 | 漂圆石夹杂着鹅卵石 | 300~400 | — | 4.35~4.75 | 4.70~4.95 | 4.90~5.30 | 5.50~5.60 | 5.90~6.00 |
| 16 | 漂圆石,特大的 | — | 400~500及以上 | — | — | 4.95~5.35 | 5.30~5.50 | 5.60~6.00 | 6.00~6.20 |

附录 1(b)

## 黏性土的容许不冲刷平均流速 $v_{max}$

<table>
<tr><td rowspan="5">编号</td><td rowspan="5">土的名称</td><td colspan="2">颗粒成分(%)</td><td colspan="16">土 的 特 征</td></tr>
<tr><td rowspan="4">小于<br>0.005<br>(mm)</td><td rowspan="4">0.005<br>至<br>0.050<br>(mm)</td><td colspan="4">不大密实的土壤(孔隙系数1.2~0.9),土壤重度为12.0kN/m³ 以下</td><td colspan="4">中等密实的土壤(孔隙系数0.9~0.6),土壤重度为12.0~16.6kN/m³</td><td colspan="4">密实的土壤(孔隙系数0.6~0.3),土壤重度为16.6~20.4kN/m³</td><td colspan="4">极密实的土壤(孔隙系数0.3~0.2),土壤重度为20.4~21.4kN/m³</td></tr>
<tr><td colspan="16">水 流 平 均 深 度 (m)</td></tr>
<tr><td>0.4</td><td>1.0</td><td>2.0</td><td>3.0</td><td>0.4</td><td>1.0</td><td>2.0</td><td>3.0</td><td>0.4</td><td>1.0</td><td>2.0</td><td>3.0</td><td>0.4</td><td>1.0</td><td>2.0</td><td>3.0</td></tr>
<tr><td colspan="16">平 均 流 速 (m/s)</td></tr>
<tr><td>1</td><td>2</td><td>3</td><td>4</td><td>5</td><td>6</td><td>7</td><td>8</td><td>9</td><td>10</td><td>11</td><td>12</td><td>13</td><td>14</td><td>15</td><td>16</td><td>17</td><td>18</td><td>19</td><td>20</td></tr>
<tr><td>1</td><td>黏 土</td><td>30~50</td><td>70~50</td><td rowspan="2">0.35</td><td rowspan="2">0.40</td><td rowspan="2">0.45</td><td rowspan="2">0.50</td><td rowspan="2">0.70</td><td rowspan="2">0.85</td><td rowspan="2">0.95</td><td rowspan="2">1.10</td><td rowspan="2">1.00</td><td rowspan="2">1.20</td><td rowspan="2">1.40</td><td rowspan="2">1.50</td><td rowspan="2">1.40</td><td rowspan="2">1.70</td><td rowspan="2">1.90</td><td rowspan="2">2.10</td></tr>
<tr><td>2</td><td>重砂质黏土</td><td>20~30</td><td>80~70</td></tr>
<tr><td>3</td><td>硗瘠的砂质黏土</td><td>10~20</td><td>90~80</td><td>0.35</td><td>0.40</td><td>0.45</td><td>0.50</td><td>0.65</td><td>0.80</td><td>0.90</td><td>1.00</td><td>0.95</td><td>1.20</td><td>1.40</td><td>1.50</td><td>1.40</td><td>1.70</td><td>1.90</td><td>2.10</td></tr>
<tr><td>4</td><td>新沉淀的黄土性土</td><td>—</td><td>—</td><td>—</td><td>—</td><td>—</td><td>—</td><td>0.60</td><td>0.70</td><td>0.80</td><td>0.85</td><td>0.80</td><td>1.00</td><td>1.20</td><td>1.30</td><td>1.10</td><td>1.30</td><td>1.50</td><td>1.70</td></tr>
<tr><td>5</td><td>砂 质 土</td><td>5~10</td><td>20~40</td><td colspan="16">根据砂粒大小采用附录 1(a)的数值</td></tr>
</table>

**人工加固工程的容许不冲刷平均流速 $v_{max}$** 附录1(c)

| 编号 | 加固工程种类 | 水流平均深度(m) | | | |
|---|---|---|---|---|---|
| | | 0.4 | 1.0 | 2.0 | 3.0 |
| | | 平均流速(m/s) | | | |
| 1 | 平铺草皮(在坚实基底上)<br>叠铺草皮 | 0.9<br>1.5 | 1.2<br>1.8 | 1.3<br>2.0 | 1.4<br>2.2 |
| 2 | 用大圆石或片石堆积,当石块平均尺寸为 20~30cm<br>30~40cm<br>40~50cm及以上 | 3.3<br>—<br>— | 3.6<br>4.1<br>— | 4.0<br>4.3<br>4.6 | 4.3<br>4.6<br>4.9 |
| 3 | 在篱格内堆两层大石块,当石块平均尺寸为 20~30cm<br>30~40cm<br>40~50cm及以上 | 4.0<br>—<br>— | 4.5<br>5.0<br>— | 4.9<br>5.4<br>5.7 | 5.3<br>5.7<br>5.9 |
| 4 | 青苔上单层铺砌(青苔层厚度不小于5cm):<br>1.用15cm大小的圆石(或片石)<br>2.用20cm大小的圆石(或片石)<br>3.用25cm大小的圆石(或片石) | <br>2.0<br>2.5<br>3.0 | <br>2.5<br>3.0<br>3.5 | <br>3.0<br>3.5<br>4.0 | <br>3.5<br>4.0<br>4.5 |
| 5 | 碎石(或砾石)上的单层铺砌(碎石层厚度不小于10cm):<br>1.用15cm大小的片石(或圆石)<br>2.用20cm大小的片石(或圆石)<br>3.用25cm大小的片石(或圆石) | <br>2.5<br>3.0<br>3.5 | <br>3.0<br>3.5<br>4.0 | <br>3.5<br>4.0<br>4.5 | <br>4.0<br>4.5<br>5.0 |
| 6 | 单层细面粗凿石料铺砌在碎石(或砾石)上(碎石层厚度不小于10cm):<br>1.用20cm大小的石块<br>2.用25cm大小的石块<br>3.用30cm大小的石块 | <br>3.5<br>4.0<br>4.0 | <br>4.5<br>4.5<br>5.0 | <br>5.0<br>5.5<br>6.0 | <br>5.5<br>5.5<br>6.0 |
| 7 | 铺在碎石(或砾石)上的双层片石(或圆石):<br>下层用15cm石块,上层用20cm石块(碎石层厚度不小于10cm) | <br>3.5 | <br>4.5 | <br>5.0 | <br>5.5 |
| 8 | 铺在坚实基底上的枯枝铺面及枯枝铺褥(临时性加固工程用):<br>1.铺面厚度 $\delta=20\sim25$cm | — | 2.0 | 2.5 | — |
| | 2.铺面为其他厚度时 | 按以上值乘以系数 $0.2\sqrt{\delta}$ | | | |

续附录1(c)

| 编号 | 加固工程种类 | 水流平均深度（m） | | | |
|---|---|---|---|---|---|
| | | 0.4 | 1.0 | 2.0 | 3.0 |
| | | 平均流速（m/s） | | | |
| 9 | 柴排：<br>1.厚度 $\delta = 50$cm 时<br>2.其他厚度时 | 2.5<br>按以上值乘以系数 $0.2\sqrt{\delta}$ | 3.0 | 3.5 | — |
| 10 | 石笼(尺寸不小于0.5m×0.5m×1.0m者) | 4.0<br>及以下 | 5.0<br>及以下 | 5.5<br>及以下 | 6.0<br>及以下 |
| 11 | 在碎石层上5号水泥砂浆砌双层片石,其石块尺寸不小于20cm | 5.0 | 6.0 | 7.5 | — |
| 12 | 5号水泥砂浆砌石灰岩片石的圬工(石料极限强度不小于10MPa) | 3.0 | 3.5 | 4.0 | 4.5 |
| 13 | 5号水泥砂浆砌坚硬的粗凿片石圬工(石料极限强度不小于30MPa) | 6.5 | 8.0 | 10.0 | 12.0 |
| 14 | 1.20号混凝土护面加固<br>2.15号混凝土护面加固<br>3.10号混凝土护面加固 | 6.5<br>6.0<br>5.0 | 8.0<br>7.0<br>6.0 | 9.0<br>8.0<br>7.0 | 10.0<br>9.0<br>7.5 |
| 15 | 混凝土水槽表面光滑者：<br>1.20号混凝土<br>2.15号混凝土<br>3.10号混凝土 | <br>13.0<br>12.0<br>10.0 | <br>16.0<br>14.0<br>12.0 | <br>19.0<br>16.0<br>13.0 | <br>20.0<br>18.0<br>15.0 |
| 16 | 木料光面铺底,基层稳固及水流顺木纹者 | 8.0 | 10.0 | 12.0 | 14.0 |

注：表列流速值不得用内插法,水流深度在上述表值之间时,流速数值采用接近于实际深度的流速。

**石质土的容许不冲刷平均流速 $v_{max}$**

附录1(d)

| 编号 | 土的名称 | 水流平均深度（m） | | | |
|---|---|---|---|---|---|
| | | 0.4 | 1.0 | 2.0 | 3.0 |
| | | 平均流速（m/s） | | | |
| 1 | 砾岩、泥灰岩、页岩 | 2.0 | 2.5 | 3.0 | 3.5 |
| 2 | 多孔的石灰岩、紧密的砾岩、成层的石灰岩、石灰质砂岩、白云石质石灰岩 | 3.0 | 3.5 | 4.0 | 4.5 |
| 3 | 白云石质砂岩、紧密不分层的石灰岩、硅质石灰岩、大理石 | 4.0 | 5.0 | 6.0 | 6.5 |
| 4 | 花岗岩、辉绿岩、玄武岩、安山岩、石英岩、斑岩 | 15.0 | 18.0 | 20.0 | 22.0 |

注：1. 上列三表的流速数值不可内插,当水流深度在上述表列水深值之间时,则流速应采取与实际水流深度最接近时的数值。

2. 当水流深度大于3.0m(在缺少特别观测与计算的情况下)时,容许流速采用上列三表中水深为3.0m时的数值。

**渠道的不冲容许流速 $v_{max}$(m/s)** 附录1(e)

(一)坚硬岩石和人工护面渠道

| 岩石或护面种类 | 渠道流量($m^3$/s) | | |
|---|---|---|---|
| | <1 | 1~10 | >10 |
| 1. 软质水成岩(泥灰岩、页岩、软砾岩) | 2.5 | 3.0 | 3.5 |
| 2. 中等硬质水成岩(致密砾石、多孔石灰岩、层状石灰岩、白云石灰岩、灰质砂岩) | 3.5 | 4.25 | 5.0 |
| 3. 硬质水成岩(白云砂岩、砂质石灰硐) | 5.0 | 6.0 | 7.0 |
| 4. 结晶岩、火成岩 | 8.0 | 9.0 | 10.0 |
| 5. 单层块石铺砌 | 2.5 | 3.5 | 4.0 |
| 6. 双层块石铺砌 | 3.5 | 4.5 | 5.0 |
| 7. 混凝土护面(水流中不含沙和卵石) | 6.0 | 8.0 | 10.0 |

(二)土质渠道

| 均质黏性土质 | $v_{max}$(m/s) |
|---|---|
| 1. 轻壤土 | 0.60~0.80 |
| 2. 中壤土 | 0.65~0.85 |
| 3. 重壤土 | 0.70~1.00 |
| 4. 黏土 | 0.75~0.95 |

| 均质无黏性土质 | 粒径(mm) | $v_{max}$(m/s) |
|---|---|---|
| 1. 极细砂 | 0.05~0.1 | 0.35~0.45 |
| 2. 细砂、中砂 | 0.25~0.5 | 0.45~0.60 |
| 3. 粗砂 | 0.5~2.0 | 0.60~0.75 |
| 4. 细砾石 | 2.0~5.0 | 0.75~0.90 |
| 5. 中砾石 | 5~10 | 0.90~1.10 |
| 6. 粗砾石 | 10~20 | 1.10~1.30 |
| 7. 小卵石 | 20~40 | 1.30~1.80 |
| 8. 中卵石 | 40~60 | 1.80~2.20 |

说明:

(1)均质黏性土质渠道中各种土质的干重度为13~17kN/$m^3$;

(2)表中所列为水力半径 $R$ = 1m 情况;如 $R \neq$ 1m 时,应将表中容许流速值乘以 $R^{\alpha}$ 得相应的不冲容许流速。对于砂、砾石、卵石、疏松的土壤:$\alpha = \frac{1}{3} \sim \frac{1}{4}$;对于密实的壤土黏土:$\alpha = \frac{1}{4} \sim \frac{1}{5}$

附录2(a)

## 梯形渠道底宽 $b$ 求解图

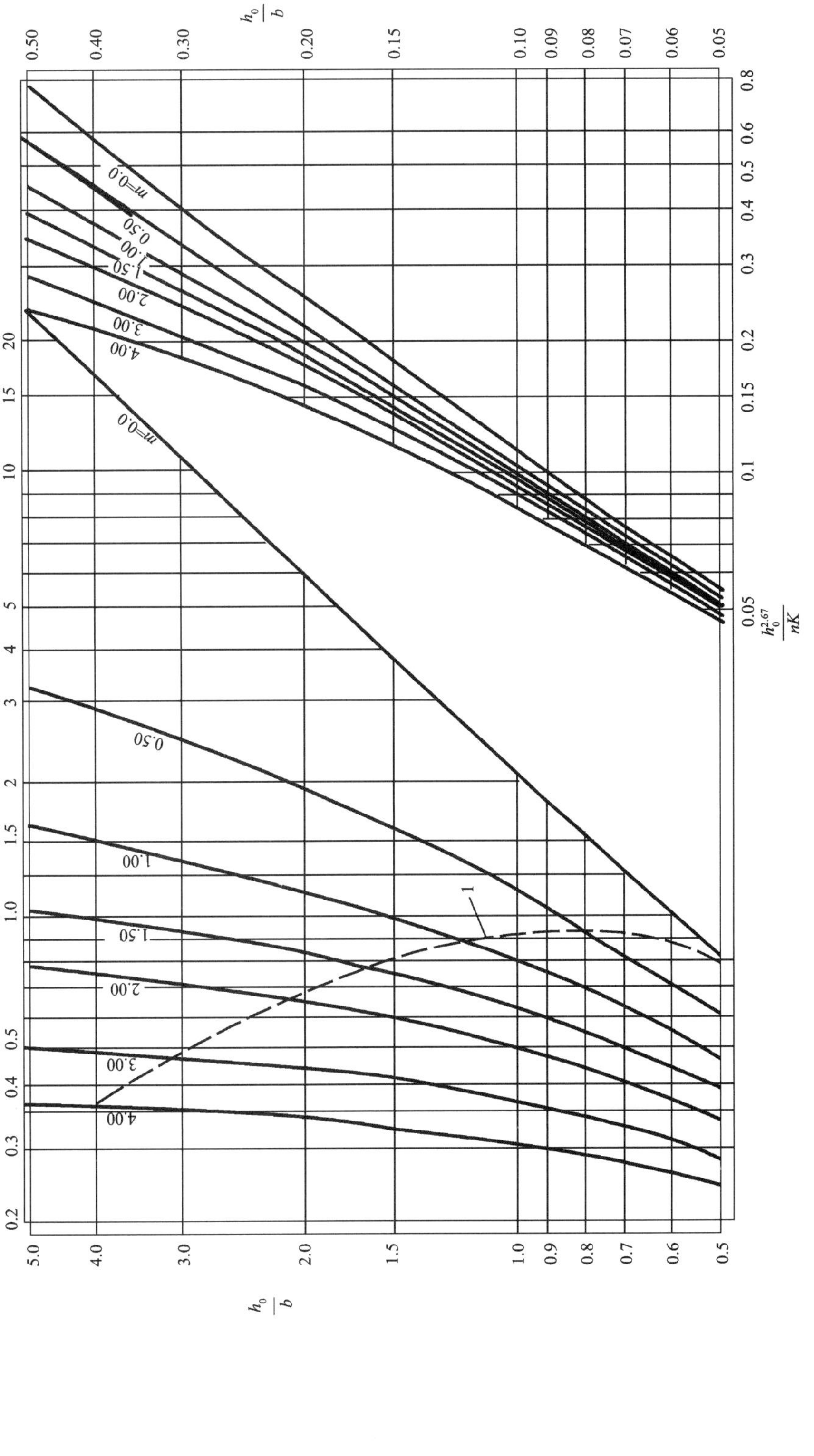

附录2(b)

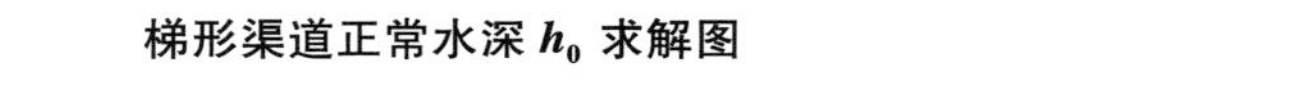

## 梯形渠道正常水深 $h_0$ 求解图

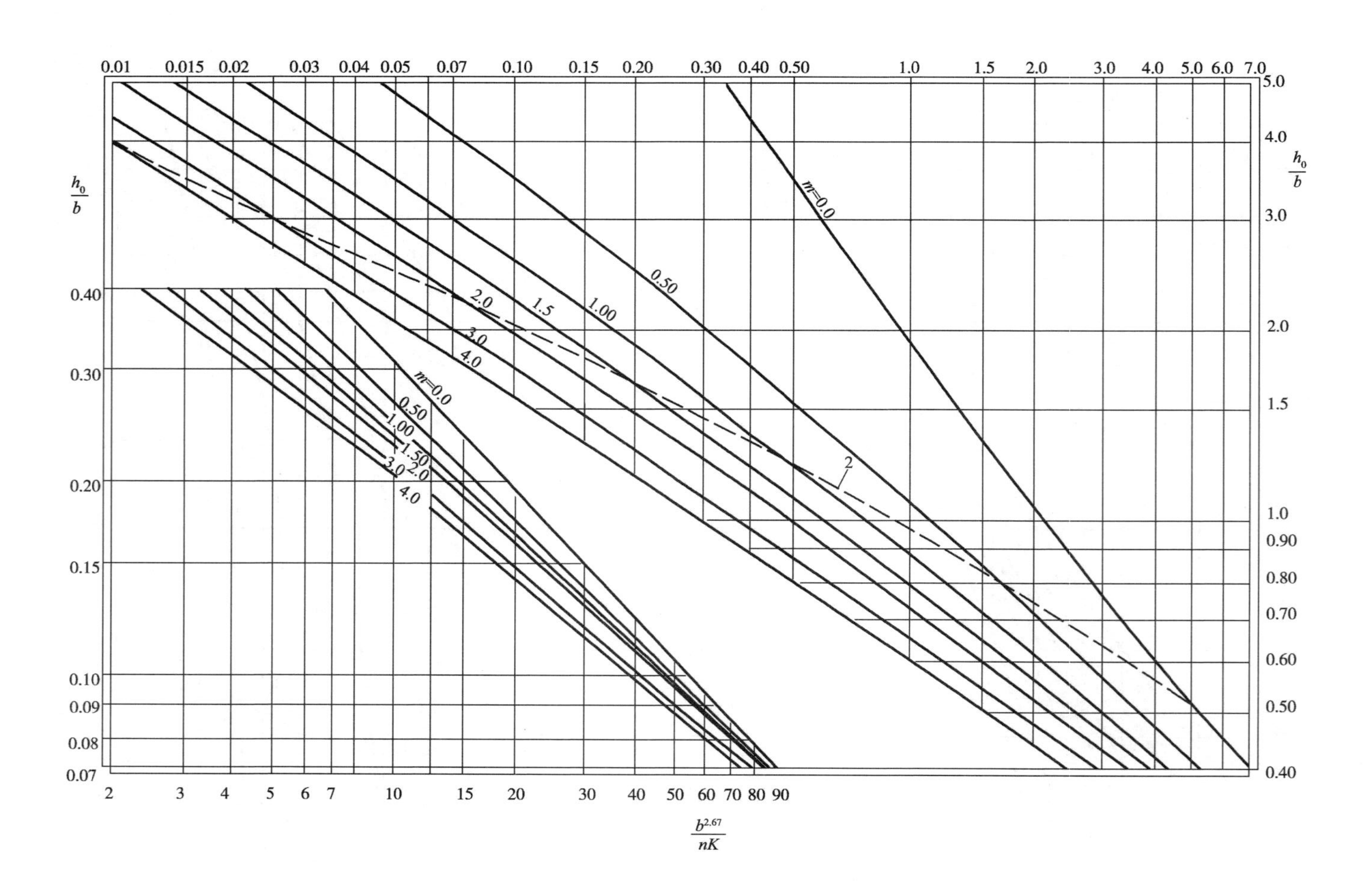

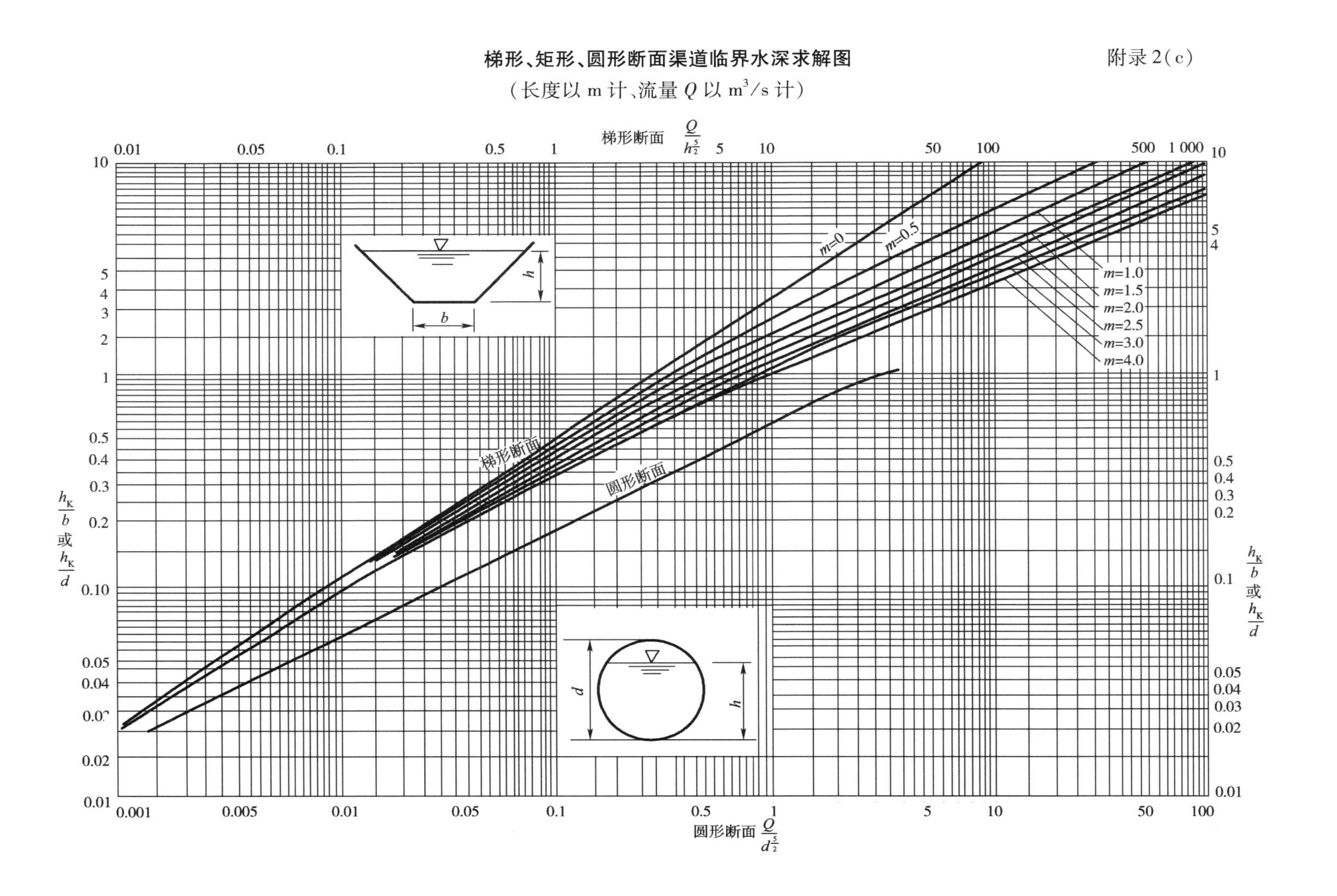
梯形、矩形、圆形断面渠道临界水深求解图
附录2(c)
(长度以m计、流量Q以m³/s计)
梯形断面 $\frac{Q}{h^{\frac{5}{2}}}$
0.01
0.05
0.1
0.5
1
5
10
50
100
500
1 000
10
5
4
3
2
1
0.5
0.4
0.3
0.2
0.10
0.05
0.04
0.0?
0.02
0.01
$\frac{h_K}{b}$ 或 $\frac{h_K}{d}$
m=0
m=0.5
m=1.0
m=1.5
m=2.0
m=2.5
m=3.0
m=4.0
h
b
梯形断面
圆形断面
d
h
0.1
0.05
0.04
0.03
0.02
0.01
0.001
0.005
圆形断面 $\frac{Q}{d^{\frac{5}{2}}}$

附录2(d)

无压圆涵管水跃共轭水深求解图

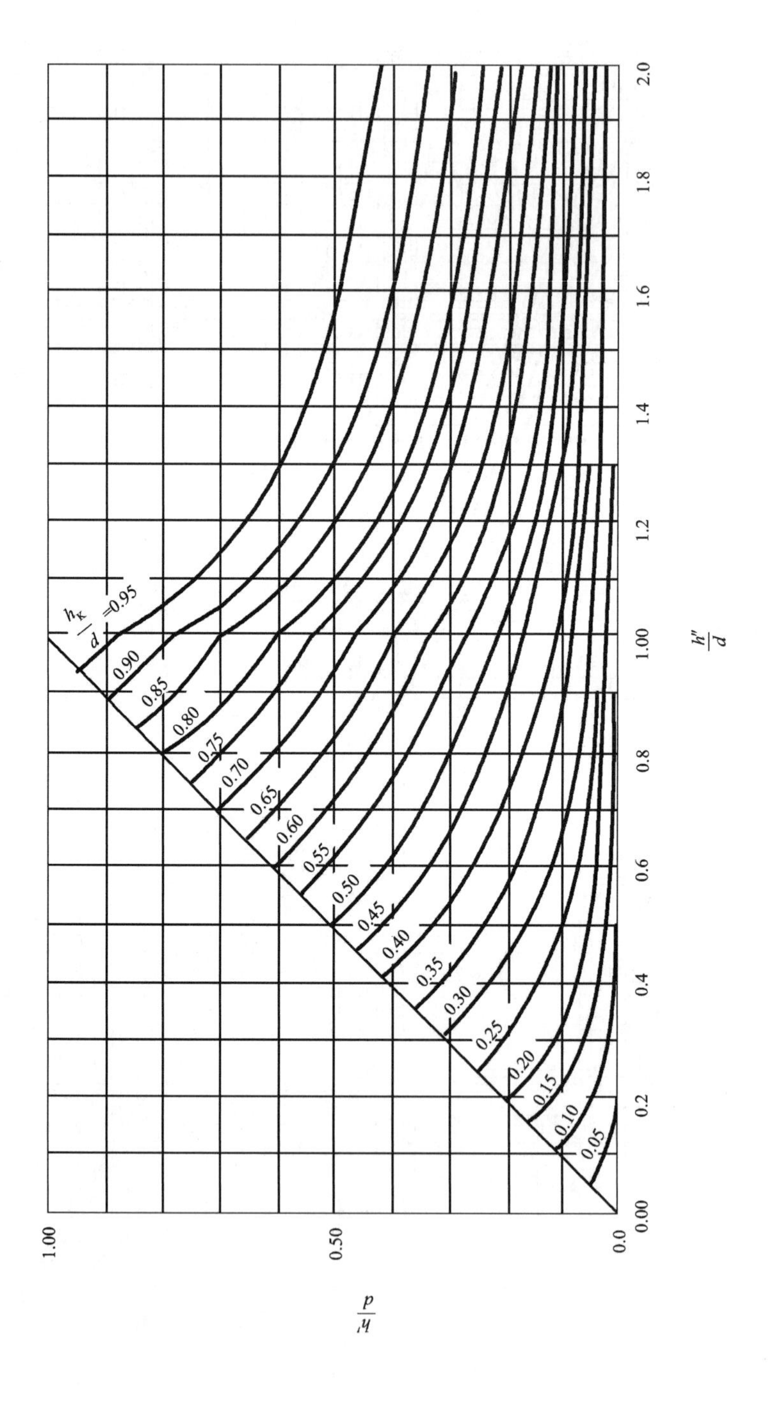

**桥位设计河段分类表**　　附录3

| 河流类型 | 河段类型 | 稳定程度：序号 | 稳定程度：分类 | 河流特性及河床演变特点：形态特征 | 河流特性及河床演变特点：水文泥沙特征 | 河流特性及河床演变特点：河床演变特征 | 河流特性及河床演变特点：河段区别要点 |
|---|---|---|---|---|---|---|---|
| 山区河流 | 峡谷河段 | Ⅰ | 稳定 | 1. 在平面上多急弯卡口，宽窄相间，河床为V形或U形；<br>2. 河流纵断面多呈凸形，比降缓陡相连；<br>3. 峡谷河段，河床狭窄，河岸陡峭多石质，中、枯水河槽无明显区别；<br>4. 开阔河段，河面较宽，有边滩，有时也有不大的河漫滩和明显阶地，有的地方也会出现心滩和沙洲，比降较缓，河床泥沙较细 | 1. 河床比降陡，一般大于0.2%；<br>2. 流速大，洪水时河槽平均流速可达到5～8m/s；<br>3. 水位变幅大，个别达到50m左右；<br>4. 含沙量小，河床泥沙颗粒较大；由于流速大，搬运能力强，故洪水时河床上有卵石运动 | 1. 河流稳定，变形多为单向的切蚀作用，速度相当缓慢；<br>2. 峡谷河段的进口或窄口上游，受壅水的影响，洪淤、枯冲；<br>3. 开阔河段有时有较厚的颗粒较细的沉积物，且多呈洪冲，枯淤变化；<br>4. 两岸对河流的约束和钳制作用大 | 1. 峡谷河段，河床窄深，床面岩石裸露或为大漂石覆盖，河床比降大，多急弯、卡口，断面呈V形或U形；<br>2. 开阔河段和顺直微弯河段，岸线整齐，河槽稳定，断面多呈U形，滩、槽分明，各级洪水流向基本一致 |
| | 开阔河段 | Ⅱ<br>Ⅲ | | | | | |
| 平原区河流 | 顺直微弯河段 | Ⅱ<br>Ⅲ | | 1. 平原区河流，平面外形可分为顺直微弯型、分汊型、弯曲型、宽滩型和游荡型；<br>2. 河谷开阔，有时河槽高出地面，靠两侧堤防束水；<br>3. 河床横断面多呈宽浅矩形，通常横断面上滩槽分明，在河湾处横断面呈斜三角形，凹岸侧窄深，凸岸侧为宽且高的边滩，过渡段有浅滩、沙洲；<br>4. 枯水期河槽中露出多种形态的泥沙堆积体；<br>5. 由于平原区河流多河弯、浅滩连续分布，因此，河床纵断面亦深浅相间 | 1. 河床比降平缓，一般小于0.1%，有时不到0.01%；<br>2. 流速小，洪水时河槽平均流速多为2～4m/s；<br>3. 洪峰持续时间长，水位和流量变幅小于山区河流；<br>4. 河床泥沙颗粒较细；水流输送泥沙以悬移质为主，多为沙、粉沙和黏粒；但也有推移质；<br>5. $\frac{Q_t}{Q_p}>0.4$ 或 $\frac{Q_t}{Q_c}>0.67$ 者为宽滩河流 | 1. 顺直微弯河段，中水河槽顺直微弯，边滩呈犬牙交错分布；洪水时边滩向下游平移，对岸深槽亦向下游平移；<br>2. 分汊河段，中高水河槽分汊；两汊可能有周期性交替变迁趋势；<br>3. 弯曲型河段，凹冲凸淤。自由弯曲型河段，由于周而复始的凹冲凸淤，随着凹岸侧冲刷下切和侵蚀，弯顶横移下行，凸岸侧成鬃岗地形并扭曲弯向下游；与此同时弯曲路径加长，阻力加大，颈口缩短，洪水时发生裁弯取直；<br>4. 宽滩蜿蜒型河段，河床演变与弯曲型河段类似；<br>5. 游荡型河段，河槽宽浅，沙洲众多，且变化迅速，主流、支汊变化无常 | 稳定性和次稳定性河段的区别，前者河槽岸线、河槽、洪水主流均基本稳定，变形缓慢；后者河湾发展下移，主流在河槽内摆动。分汊河段，两汊有交替变迁的趋势；宽滩河段泛滥宽度很宽，达几公里、十几公里，滩槽宽度比、流量比都较大，滩流速小，槽流速大 |
| | 分汊河段 | Ⅲ<br>Ⅳ | 次稳定 | | | | |
| | 弯曲河段 | Ⅲ<br>Ⅳ | | | | | |
| | 宽滩河段 | Ⅲ<br>Ⅳ | | | | | |
| | 游荡河段 | Ⅳ<br>Ⅴ | 不稳定 | | | | |

续附录3

<table>
<tr><th rowspan="2">河流类型</th><th rowspan="2">河段类型</th><th colspan="2">稳定程度</th><th colspan="4">河流特性及河床演变特点</th></tr>
<tr><th>序号</th><th>分类</th><th>形态特征</th><th>水文泥沙特征</th><th>河床演变特征</th><th>河段区别要点</th></tr>
<tr><td rowspan="2">山前区河流</td><td>山前变迁河段</td><td>V</td><td rowspan="4">不稳定</td><td rowspan="2">1. 山前变迁河段,多出现在较开阔的地面坡度较平缓的山前平原地带,河段距山口较远,其下多是比较稳定的平原河流,水流多支汊,主流迁徙不定,河槽岸线不稳,洪水时主流有滚动可能;<br>2. 冲积漫流河段,距山口较近,河床坡度较陡;因为地势单调平坦,水流出山口后成喇叭形散开,流速、水深骤减,水流夹带大量泥沙落淤在山口坦坡上形成冲积扇</td><td rowspan="2">1. 河床比降介于山区和平原区之间,一般为0.1% ~1%;但冲积漫流河槽有时大于2% ~5%;<br>2. 流速介于山区与平原区之间,洪水时河槽平均流速可达到3 ~5m/s;<br>3. 水流宽浅;水深变幅不大,既小于山区亦小于平原区;<br>4. 泥沙中等或较大;在干旱、半干旱地区,洪水时往往携带大量细颗粒泥沙(既有悬移质又有推移质),是淤积的主要材料</td><td rowspan="2">1. 山前变迁型河段,泥沙与河床演变特点有类似平原游荡型河段之处,但其比降和泥沙颗粒皆大于平原游荡型河段;主要还是山前河流的特点,夺流改道之势更为凶猛迅速;<br>2. 冲积漫流河段,通常无固定河槽,夹带大量粗颗粒泥沙的水流淤此冲彼;加以坡陡、流急造成水沙混合体奔突冲击,有很大的破坏力。洪水后,河床支汊纵横,支离破碎,没有固定河漫滩,是最不稳定的河段;河床有可能淤高</td><td rowspan="2">不稳定河段与次稳定河段的区别,前者主流在整个河床内摆动,幅度大,变化快,河床有可能扩宽;后者主流在河槽内摆动,幅度小。游荡性河段与山前变迁性河段的区别,前者土质颗粒细,冲刷深,回淤快,主流不仅在河床内摆动,甚至可能造成河道改道;后者颗粒粗,冲刷浅,由于河床淤高扩宽和主流摆动,造成主槽变迁,河岸傍切扩宽幅度小。冲积漫流河段地貌大致具有冲积扇体特征,床面逐年淤高,较游荡性河段明显,洪水股流按总趋势在高沟槽中通过</td></tr>
<tr><td>冲积漫流河段</td><td>Ⅵ</td></tr>
<tr><td rowspan="2">河口</td><td>三角港河口</td><td>V</td><td rowspan="2">1. 三角港河口段为凹向大陆的海湾型河口段;<br>2. 三角洲河口段为凸出海岸伸向大海的冲积型河口;河口段沙洲林立,支汊纵横交错</td><td rowspan="2">比降一般小于0.01%,流速也小;由于受潮汐影响,流速呈周期性正负变化;泥沙颗粒极细,多为悬移质</td><td rowspan="2">河口除受波浪和海流作用外,河流下泄的部分泥沙(进入河口后),由于受潮流和径流的相互作用,常形成拦门沙,加之咸、淡水交汇造成泥沙颗粒的絮凝现象,促进了泥沙的淤积,洪水期山洪占控制的河段,可能有河床冲刷。因此很多河口段河床的冲淤变化很明显</td><td rowspan="2">区别要点同形态特征</td></tr>
<tr><td>三角洲河口</td><td>Ⅵ</td></tr>
</table>

注:1. 表列河段为一般情况,如山区河段一般为稳定性河段,但也有例外的情况。有的山区河流有次稳定的、甚至有不稳定的河段,遇到这类场合,应根据具体河段的实际情况,分析其稳定性,决定采用何种勘测设计方法。

2. 表中序号表示河段的稳定程度,序号越小,河段越稳定;反之,越不稳定。

**各类河段上桥位总体布设的一般要求** 附录4

| 河段类型 | 桥 孔 布 设 | 调 治 构 造 物 |
|---|---|---|
| 峡谷性河段 | 1. 桥址的选择应设法满足路线平面的要求，尽量避免接线采用标准下限；<br>2. 采用单跨跨越河槽较合适，避免设置中墩；<br>3. 按地形布孔，一般可不作桥长计算 | 1. 通常不设调治构造物；<br>2. 如条件所限须在河槽中设置桥墩时，视流速和地质情况对桥墩加以必要的防护；<br>3. 如两岸为风化岩石，桥台视需要设置锥形护坡 |
| 稳定性河段 | 1. 桥孔不宜过多的压缩河槽；<br>2. 墩台基础可以视冲刷深度，置于不同高程上 | 1. 无漫溢流量，而桥孔又未压缩河槽时，两桥台处一般设置锥形护坡即可；<br>2. 两岸漫溢流量大时，可设置短曲坝，并对桥头引道进行必要的防护 |
| 次稳定性河段 | 1. 桥位宜设在较顺直河段上，并尽量使桥轴线与水流总趋向相垂直，并不宜采用多孔过小的跨径；<br>2. 可以适当地压缩河滩、边滩，促使河段趋向稳定；<br>3. 桥墩基础一般置于同一高程上，墩型的选择应考虑斜流的影响 | 1. 当桥位位于河湾发展处时，设置必要的丁坝；<br>2. 当河滩河槽受到较多的压缩时，引道作必要的防护，并以曲坝连接锥坡 |
| 变迁性河段 | 1. 桥孔布设位置应根据洪水主流总趋势确定，切不可不顾洪水总趋势，将桥孔放在原泄水面积较大处；<br>2. 采用一河一桥时，主河槽处的小支岔应封闭堵死，引线不宜设置小桥或涵洞；<br>3. 在不引起上游河段淤积时，桥孔可以较多地压缩河槽，但必须注意与农田水利相配合；<br>4. 桥下净高要考虑可能的股流自然涌高和床面淤积升高；<br>5. 桥墩基础应设在同一高程上 | 1. 必要设置调治构造物；<br>2. 设置调治构造物必须考虑与农田水利相配合；<br>3. 调治构造物应预留足够的高度，注意基础埋置深度，并结合地形、股流变化选择合理的形式 |
| 游荡性河段 | 1. 桥址应选在两岸土质较好，不易冲刷处；<br>2. 同变迁性河段1、2、3、4、5条 | 1. 同变迁性河段1、2、3条；<br>2. 桥台要做成深基础堡垒式的；<br>3. 桥址上游段需做固岸工程和调治构造物 |
| 宽滩性河段 | 1. 桥位宜选择在顺直或微弯、河滩地势较高和滩槽洪水流向一致的稳定段；<br>2. 一般对河滩可作较大的压缩，但要注意桥上游的壅水高度，不致危及农田、牧场、堤坝、居民点和其他建筑物等；<br>3. 当河段稳定、河槽扩宽和河滩冲刷较少时，墩台基础可置于不同高程上；<br>4. 一般宜修建一河一桥。当河床宽阔、有比较稳定的分汊河槽，流量分配易控制，又不宜合并一处时，可考虑一河多桥 | 1. 应作必要的导流防护工程；<br>2. 除桥头设导流构造物外，沿路基可设丁坝将水流挑离，以保持引道路堤的安全；<br>3. 设置调治构造物，应与农田水利相配合 |
| 冲积漫流性河段 | 1. 桥址的选择对线路的总方面影响很大，应特别重视与线路方向的配合；<br>2. 可采用一河一桥或一河多桥。采用一河多桥方案时，各汊流流量要给以一定的加大系数；<br>3. 设计桥孔长度对洪水的排水、输沙宽度最好不压缩；<br>4. 桥下净高要考虑可能的股流自然壅高和床面淤积升高 | 必须设置调治构造物，当一河多桥时，中间段可设置人字分水堤；近岸段可设置封闭式导流堤或梨形坝等 |

注：此表选自《大中桥孔设计研究报告》1976年。

附录 5

## 皮尔逊Ⅲ型曲线的离均系数 $\phi$ 值表

| $C_s$ | P(%) | | | | | | | | | | | | | | | $C_s$ |
|---|---|---|---|---|---|---|---|---|---|---|---|---|---|---|---|---|
| | 0.01 | 0.1 | 0.2 | 0.33 | 0.5 | 1 | 2 | 5 | 10 | 20 | 50 | 75 | 90 | 95 | 99 | |
| 0.0 | 3.72 | 3.09 | 2.88 | 2.71 | 2.58 | 2.33 | 2.05 | 1.64 | 1.28 | 0.84 | 0.00 | -0.67 | -1.28 | -1.64 | -2.33 | 0.0 |
| 0.1 | 3.94 | 3.23 | 3.00 | 2.82 | 2.67 | 2.40 | 2.11 | 1.67 | 1.29 | 0.84 | -0.02 | -0.68 | -1.27 | -1.62 | -2.25 | 0.1 |
| 0.2 | 4.16 | 3.38 | 3.12 | 2.92 | 2.76 | 2.47 | 2.16 | 1.70 | 1.30 | 0.83 | -0.03 | -0.69 | -1.26 | -1.59 | -2.18 | 0.2 |
| 0.3 | 4.38 | 3.52 | 3.24 | 3.03 | 2.86 | 2.54 | 2.21 | 1.73 | 1.31 | 0.82 | -0.05 | -0.70 | -1.24 | -1.55 | -2.10 | 0.3 |
| 0.4 | 4.61 | 3.67 | 3.36 | 3.14 | 2.95 | 2.62 | 2.26 | 1.75 | 1.32 | 0.82 | -0.07 | -0.71 | -1.23 | -1.52 | -2.03 | 0.4 |
| 0.5 | 4.83 | 3.81 | 3.48 | 3.25 | 3.04 | 2.68 | 2.31 | 1.77 | 1.32 | 0.81 | -0.08 | -0.71 | -1.22 | -1.49 | -1.96 | 0.5 |
| 0.6 | 5.05 | 3.96 | 3.60 | 3.35 | 3.13 | 2.75 | 2.35 | 1.80 | 1.33 | 0.80 | -0.10 | -0.72 | -1.20 | -1.45 | -1.88 | 0.6 |
| 0.7 | 5.28 | 4.10 | 3.72 | 3.45 | 3.22 | 2.82 | 2.40 | 1.82 | 1.33 | 0.79 | -0.12 | -0.72 | -1.18 | -1.42 | -1.81 | 0.7 |
| 0.8 | 5.50 | 4.24 | 3.85 | 3.55 | 3.31 | 2.89 | 2.45 | 1.84 | 1.34 | 0.78 | -0.13 | -0.73 | -1.17 | -1.38 | -1.74 | 0.8 |
| 0.9 | 5.73 | 4.39 | 3.97 | 3.65 | 3.40 | 2.96 | 2.50 | 1.86 | 1.34 | 0.77 | -0.15 | -0.73 | -1.15 | -1.35 | -1.66 | 0.9 |
| 1.0 | 5.96 | 4.53 | 4.09 | 3.76 | 3.49 | 3.02 | 2.54 | 1.88 | 1.34 | 0.76 | -0.16 | -0.73 | -1.13 | -1.32 | -1.59 | 1.0 |
| 1.1 | 6.18 | 4.67 | 4.20 | 3.86 | 3.58 | 3.09 | 2.58 | 1.89 | 1.34 | 0.74 | -0.18 | -0.74 | -1.10 | -1.28 | -1.52 | 1.1 |
| 1.2 | 6.41 | 4.81 | 4.32 | 3.95 | 3.66 | 3.15 | 2.62 | 1.91 | 1.34 | 0.73 | -0.19 | -0.74 | -1.08 | -1.24 | -1.45 | 1.2 |
| 1.3 | 6.64 | 4.95 | 4.44 | 4.05 | 3.74 | 3.21 | 2.67 | 1.92 | 1.34 | 0.72 | -0.21 | -0.74 | -1.06 | -1.20 | -1.38 | 1.3 |
| 1.4 | 6.87 | 5.09 | 4.56 | 4.15 | 3.83 | 3.27 | 2.71 | 1.94 | 1.33 | 0.71 | -0.22 | -0.73 | -1.04 | -1.17 | -1.32 | 1.4 |
| 1.5 | 7.09 | 5.23 | 4.68 | 4.24 | 3.91 | 3.33 | 2.74 | 1.95 | 1.33 | 0.69 | -0.24 | -0.73 | -1.02 | -1.13 | -1.26 | 1.5 |
| 1.6 | 7.31 | 5.37 | 4.80 | 4.34 | 3.99 | 3.39 | 2.78 | 1.96 | 1.33 | 0.68 | -0.25 | -0.73 | -0.99 | -1.10 | -1.20 | 1.6 |
| 1.7 | 7.54 | 5.50 | 4.91 | 4.43 | 4.07 | 3.44 | 2.82 | 1.97 | 1.32 | 0.66 | -0.27 | -0.72 | -0.97 | -1.06 | -1.14 | 1.7 |
| 1.8 | 7.76 | 5.64 | 5.01 | 4.52 | 4.15 | 3.50 | 2.85 | 1.98 | 1.32 | 0.64 | -0.28 | -0.72 | -0.94 | -1.02 | -1.09 | 1.8 |
| 1.9 | 7.98 | 5.77 | 5.12 | 4.61 | 4.23 | 3.55 | 2.88 | 1.99 | 1.31 | 0.63 | -0.29 | -0.72 | -0.92 | -0.98 | -1.04 | 1.9 |

续附录 5

| $C_s$ | P(%) | | | | | | | | | | | | | | | $C_s$ |
|---|---|---|---|---|---|---|---|---|---|---|---|---|---|---|---|---|
| | 0.01 | 0.1 | 0.2 | 0.33 | 0.5 | 1 | 2 | 5 | 10 | 20 | 50 | 75 | 90 | 95 | 99 | |
| 2.0 | 8.21 | 5.91 | 5.22 | 4.70 | 4.30 | 3.61 | 2.91 | 2.00 | 1.30 | 0.61 | -0.31 | -0.71 | -0.895 | -0.949 | -0.989 | 2.0 |
| 2.1 | 8.43 | 6.04 | 5.33 | 4.79 | 4.37 | 3.66 | 2.93 | 2.00 | 1.29 | 0.59 | -0.32 | -0.71 | -0.869 | -0.914 | -0.945 | 2.1 |
| 2.2 | 8.65 | 6.17 | 5.43 | 4.88 | 4.44 | 3.71 | 2.96 | 2.00 | 1.28 | 0.57 | -0.33 | -0.70 | -0.844 | -0.879 | -0.905 | 2.2 |
| 2.3 | 8.87 | 6.30 | 5.53 | 4.97 | 4.51 | 3.76 | 2.99 | 2.00 | 1.27 | 0.55 | -0.34 | -0.69 | -0.820 | -0.849 | -0.867 | 2.3 |
| 2.4 | 9.08 | 6.42 | 5.63 | 5.05 | 4.58 | 3.81 | 3.02 | 2.01 | 1.26 | 0.54 | -0.35 | -0.68 | -0.795 | -0.820 | -0.831 | 2.4 |
| 2.5 | 9.30 | 6.55 | 5.73 | 5.13 | 4.65 | 3.85 | 3.04 | 2.01 | 1.25 | 0.52 | -0.36 | -0.67 | -0.772 | -0.791 | -0.800 | 2.5 |
| 2.6 | 9.51 | 6.67 | 5.82 | 5.20 | 4.72 | 3.89 | 3.06 | 2.01 | 1.23 | 0.50 | -0.37 | -0.66 | -0.748 | -0.764 | -0.769 | 2.6 |
| 2.7 | 9.72 | 6.79 | 5.92 | 5.28 | 4.78 | 3.93 | 3.09 | 2.01 | 1.22 | 0.48 | -0.37 | -0.65 | -0.726 | -0.736 | -0.740 | 2.7 |
| 2.8 | 9.93 | 6.91 | 6.01 | 5.36 | 4.84 | 3.97 | 3.11 | 2.01 | 1.21 | 0.46 | -0.38 | -0.64 | -0.702 | -0.710 | -0.714 | 2.8 |
| 2.9 | 10.14 | 7.03 | 6.10 | 5.44 | 4.90 | 4.01 | 3.13 | 2.01 | 1.20 | 0.44 | -0.39 | -0.63 | -0.680 | -0.687 | -0.690 | 2.9 |
| 3.0 | 10.35 | 7.15 | 6.20 | 5.51 | 4.96 | 4.05 | 3.15 | 2.00 | 1.18 | 0.42 | -0.39 | -0.62 | -0.658 | -0.665 | -0.667 | 3.0 |
| 3.1 | 10.56 | 7.26 | 6.30 | 5.59 | 5.01 | 4.08 | 3.17 | 2.00 | 1.16 | 0.40 | -0.40 | -0.60 | -0.639 | -0.644 | -0.645 | 3.1 |
| 3.2 | 10.77 | 7.38 | 6.39 | 5.66 | 5.08 | 4.12 | 3.19 | 2.00 | 1.14 | 0.38 | -0.40 | -0.59 | -0.621 | -0.624 | -0.625 | 3.2 |
| 3.3 | 10.97 | 7.49 | 6.48 | 5.74 | 5.14 | 4.15 | 3.21 | 1.99 | 1.12 | 0.36 | -0.40 | -0.58 | -0.604 | -0.606 | -0.606 | 3.3 |
| 3.4 | 11.17 | 7.60 | 6.56 | 5.80 | 5.20 | 4.18 | 3.22 | 1.98 | 1.11 | 0.34 | -0.41 | -0.57 | -0.587 | -0.588 | -0.588 | 3.4 |
| 3.5 | 11.37 | 7.72 | 6.65 | 5.86 | 5.25 | 4.22 | 3.23 | 1.97 | 1.09 | 0.32 | -0.41 | -0.55 | -0.570 | -0.571 | -0.571 | 3.5 |
| 3.6 | 11.57 | 7.83 | 6.73 | 5.93 | 5.30 | 4.25 | 3.24 | 1.96 | 1.08 | 0.30 | -0.41 | -0.54 | -0.555 | -0.556 | -0.556 | 3.6 |
| 3.7 | 11.77 | 7.94 | 6.81 | 5.99 | 5.35 | 4.28 | 3.25 | 1.95 | 1.06 | 0.28 | -0.42 | -0.53 | -0.540 | -0.541 | -0.541 | 3.7 |
| 3.8 | 11.97 | 8.05 | 6.89 | 6.05 | 5.40 | 4.31 | 3.26 | 1.94 | 1.04 | 0.26 | -0.42 | -0.52 | -0.526 | -0.526 | -0.526 | 3.8 |
| 3.9 | 12.16 | 8.15 | 6.97 | 6.11 | 5.45 | 4.34 | 3.27 | 1.93 | 1.02 | 0.24 | -0.41 | -0.506 | -0.513 | -0.513 | -0.513 | 3.9 |

## 三点适线法——$S$ 与 $C_s$ 值关系表　　附录6

| $S$ | 0 | 1 | 2 | 3 | 4 | 5 | 6 | 7 | 8 | 9 |
|---|---|---|---|---|---|---|---|---|---|---|
| $P_{1-2-3}=1\%-50\%-99\%$ 时，$C_s$ 值 | | | | | | | | | | |
| 0.0 | 0.00 | 0.03 | 0.05 | 0.07 | 0.10 | 0.12 | 0.15 | 0.17 | 0.20 | 0.23 |
| 0.1 | 0.26 | 0.28 | 0.31 | 0.34 | 0.36 | 0.39 | 0.41 | 0.44 | 0.47 | 0.49 |
| 0.2 | 0.52 | 0.54 | 0.57 | 0.59 | 0.62 | 0.65 | 0.67 | 0.70 | 0.73 | 0.76 |
| 0.3 | 0.78 | 0.81 | 0.84 | 0.86 | 0.89 | 0.92 | 0.94 | 0.97 | 1.00 | 1.02 |
| 0.4 | 1.05 | 1.08 | 1.10 | 1.13 | 1.16 | 1.18 | 1.21 | 1.24 | 1.27 | 1.30 |
| 0.5 | 1.32 | 1.36 | 1.39 | 1.42 | 1.45 | 1.48 | 1.51 | 1.55 | 1.58 | 1.61 |
| 0.6 | 1.64 | 1.68 | 1.71 | 1.74 | 1.78 | 1.81 | 1.84 | 1.88 | 1.92 | 1.95 |
| 0.7 | 1.99 | 2.03 | 2.07 | 2.11 | 2.16 | 2.20 | 2.25 | 2.30 | 2.34 | 2.39 |
| 0.8 | 2.44 | 2.50 | 2.55 | 2.61 | 2.67 | 2.74 | 2.81 | 2.89 | 2.97 | 3.05 |
| 0.9 | 3.14 | 3.22 | 3.33 | 3.46 | 3.59 | 3.73 | 3.92 | 4.14 | 4.44 | 4.90 |
| $P_{1-2-3}=3\%-50\%-97\%$ 时，$C_s$ 值 | | | | | | | | | | |
| 0.0 | 0.00 | 0.04 | 0.08 | 0.11 | 0.14 | 0.17 | 0.20 | 0.23 | 0.26 | 0.29 |
| 0.1 | 0.32 | 0.35 | 0.38 | 0.42 | 0.45 | 0.48 | 0.51 | 0.54 | 0.57 | 0.60 |
| 0.2 | 0.63 | 0.66 | 0.70 | 0.73 | 0.76 | 0.79 | 0.82 | 0.86 | 0.89 | 0.92 |
| 0.3 | 0.95 | 0.98 | 1.01 | 1.04 | 1.08 | 1.11 | 1.14 | 1.17 | 1.20 | 1.24 |
| 0.4 | 1.27 | 1.30 | 1.33 | 1.36 | 1.40 | 1.43 | 1.46 | 1.49 | 1.52 | 1.56 |
| 0.5 | 1.59 | 1.63 | 1.66 | 1.70 | 1.73 | 1.76 | 1.80 | 1.83 | 1.87 | 1.90 |
| 0.6 | 1.94 | 1.97 | 2.00 | 2.04 | 2.08 | 2.12 | 2.16 | 2.20 | 2.23 | 2.27 |
| 0.7 | 2.31 | 2.36 | 2.40 | 2.44 | 2.49 | 2.54 | 2.58 | 2.63 | 2.68 | 2.74 |
| 0.8 | 2.79 | 2.85 | 2.90 | 2.96 | 3.02 | 3.09 | 3.15 | 3.22 | 3.29 | 3.37 |
| 0.9 | 3.46 | 3.55 | 3.67 | 3.79 | 3.92 | 4.08 | 4.26 | 4.50 | 4.75 | 5.21 |
| $P_{1-2-3}=5\%-50\%-95\%$ 时，$C_s$ 值 | | | | | | | | | | |
| 0.0 | 0.00 | 0.04 | 0.08 | 0.12 | 0.16 | 0.20 | 0.24 | 0.27 | 0.31 | 0.35 |
| 0.1 | 0.38 | 0.41 | 0.45 | 0.48 | 0.52 | 0.55 | 0.59 | 0.63 | 0.66 | 0.70 |
| 0.2 | 0.73 | 0.76 | 0.80 | 0.84 | 0.87 | 0.90 | 0.94 | 0.98 | 1.01 | 1.04 |
| 0.3 | 1.08 | 1.11 | 1.14 | 1.18 | 1.21 | 1.25 | 1.28 | 1.31 | 1.35 | 1.38 |
| 0.4 | 1.42 | 1.46 | 1.49 | 1.52 | 1.56 | 1.59 | 1.63 | 1.66 | 1.70 | 1.74 |
| 0.5 | 1.78 | 1.81 | 1.85 | 1.88 | 1.92 | 1.95 | 1.99 | 2.03 | 2.06 | 2.10 |
| 0.6 | 2.13 | 2.17 | 2.20 | 2.24 | 2.28 | 2.32 | 2.36 | 2.40 | 2.44 | 2.48 |
| 0.7 | 2.53 | 2.57 | 2.62 | 2.66 | 2.70 | 2.76 | 2.81 | 2.86 | 2.91 | 2.97 |
| 0.8 | 3.02 | 3.07 | 3.13 | 3.19 | 3.25 | 3.32 | 3.38 | 3.46 | 3.52 | 3.60 |
| 0.9 | 3.70 | 3.80 | 3.91 | 4.03 | 4.17 | 4.32 | 4.49 | 4.72 | 4.94 | 5.43 |
| $P_{1-2-3}=10\%-50\%-90\%$ 时，$C_s$ 值 | | | | | | | | | | |
| 0.0 | 0.00 | 0.05 | 0.10 | 0.15 | 0.20 | 0.24 | 0.29 | 0.34 | 0.38 | 0.43 |
| 0.1 | 0.47 | 0.52 | 0.56 | 0.60 | 0.65 | 0.69 | 0.74 | 0.78 | 0.83 | 0.87 |
| 0.2 | 0.92 | 0.96 | 1.00 | 1.04 | 1.08 | 1.13 | 1.17 | 1.22 | 1.26 | 1.30 |
| 0.3 | 1.34 | 1.38 | 1.43 | 1.47 | 1.51 | 1.55 | 1.59 | 1.63 | 1.67 | 1.71 |
| 0.4 | 1.75 | 1.79 | 1.83 | 1.87 | 1.91 | 1.95 | 1.99 | 2.02 | 2.06 | 2.10 |
| 0.5 | 2.14 | 2.18 | 2.22 | 2.26 | 2.30 | 2.34 | 2.38 | 2.42 | 2.46 | 2.50 |
| 0.6 | 2.54 | 2.58 | 2.62 | 2.66 | 2.70 | 2.74 | 2.78 | 2.82 | 2.86 | 2.90 |
| 0.7 | 2.95 | 3.00 | 3.04 | 3.08 | 3.13 | 3.18 | 3.24 | 3.28 | 3.33 | 3.38 |
| 0.8 | 3.44 | 3.50 | 3.55 | 3.61 | 3.67 | 3.74 | 3.80 | 3.87 | 3.94 | 4.02 |
| 0.9 | 4.11 | 4.20 | 4.32 | 4.45 | 4.59 | 4.75 | 4.96 | 5.20 | 5.56 | — |

注：$P_{1-2-3}=1\%-50\%-99\%$ 时，若 $S=0.35$，查得 $C_s=0.92$。

## 常用径流厚度 $h$ 值（简化公式用）　　附录7

| 区别 | 频率 / 汇流时间(min) / 土壤类型 | 1:15 | | | 1:25 | | | 1:50 | | | 1:100 | | |
|---|---|---|---|---|---|---|---|---|---|---|---|---|---|
| | | 30 | 45 | 80 | 30 | 45 | 80 | 30 | 45 | 80 | 30 | 45 | 80 |
| 第一区 | Ⅰ | 38 | 47 | 62 | 41 | 50 | 65 | 45 | 56 | 73 | 48 | 59 | 78 |
| | Ⅱ | 29 | 35 | 45 | 32 | 35 | 47 | 36 | 44 | 55 | 39 | 48 | 61 |
| | Ⅲ | 24 | 29 | 38 | 26 | 32 | 41 | 31 | 38 | 49 | 35 | 42 | 55 |
| | Ⅳ | 17 | 21 | 30 | 20 | 26 | 32 | 25 | 30 | 39 | 28 | 33 | 46 |
| | Ⅴ | 11 | 13 | 16 | 13 | 15 | 18 | 18 | 20 | 25 | 19 | 24 | 32 |
| | Ⅵ | 2 | 2 | 5 | 3 | 5 | 7 | 7 | 9 | 13 | 9 | 12 | 20 |

续附录 7

| 区别 | 频率 / 汇流时间(min) / 土壤类型 | 1:15 | | | 1:25 | | | 1:50 | | | 1:100 | | |
|---|---|---|---|---|---|---|---|---|---|---|---|---|---|
| | | 30 | 45 | 80 | 30 | 45 | 80 | 30 | 45 | 80 | 30 | 45 | 80 |
| 第九区 | Ⅰ | 53 | 93 | 74 | 58 | 69 | 81 | 63 | 74 | 86 | 70 | 80 | 94 |
| | Ⅱ | 46 | 53 | 61 | 50 | 59 | 67 | 56 | 64 | 72 | 63 | 71 | 82 |
| | Ⅲ | 40 | 45 | 53 | 46 | 53 | 59 | 51 | 58 | 66 | 57 | 64 | 73 |
| | Ⅳ | 32 | 36 | 41 | 38 | 42 | 47 | 43 | 48 | 53 | 48 | 55 | 59 |
| | Ⅴ | 20 | 22 | 23 | 26 | 28 | 28 | 30 | 32 | 34 | 37 | 40 | 41 |
| | Ⅵ | 3 | 4 | 5 | 5 | 6 | 9 | 10 | 9 | 15 | 18 | 19 | 22 |
| 第十区 | Ⅰ | 40 | 49 | 60 | 43 | 54 | 67 | 46 | 57 | 71 | 52 | 64 | 79 |
| | Ⅱ | 32 | 38 | 47 | 35 | 43 | 53 | 38 | 46 | 57 | 44 | 54 | 60 |
| | Ⅲ | 27 | 32 | 39 | 30 | 38 | 46 | 34 | 41 | 50 | 39 | 48 | 57 |
| | Ⅳ | 20 | 24 | 28 | 24 | 29 | 33 | 27 | 32 | 38 | 34 | 40 | 45 |
| | Ⅴ | 10 | 10 | 10 | 13 | 16 | 16 | 15 | 19 | 21 | 21 | 25 | 27 |
| | Ⅵ | — | — | — | — | — | — | — | — | — | 4 | 4 | — |
| 第十一区 | Ⅰ | 36 | 45 | 60 | 40 | 50 | 64 | 43 | 56 | 68 | 45 | 55 | 73 |
| | Ⅱ | 29 | 36 | 46 | 31 | 39 | 50 | 34 | 43 | 55 | 38 | 48 | 62 |
| | Ⅲ | 23 | 29 | 36 | 27 | 34 | 42 | 28 | 38 | 46 | 32 | 40 | 51 |
| | Ⅳ | 16 | 21 | 27 | 16 | 24 | 30 | 20 | 26 | 35 | 25 | 31 | 41 |
| | Ⅴ | 8 | 8 | 7 | 9 | 15 | 11 | 12 | 15 | 19 | 15 | 20 | 25 |
| | Ⅵ | — | — | — | — | — | — | — | — | — | — | — | — |
| 第十二区 | Ⅰ | 45 | 53 | 67 | 48 | 58 | 72 | 53 | 62 | 78 | 59 | 71 | 84 |
| | Ⅱ | 38 | 44 | 53 | 41 | 48 | 58 | 45 | 52 | 64 | 51 | 61 | 73 |
| | Ⅲ | 31 | 36 | 45 | 35 | 41 | 50 | 41 | 48 | 57 | 46 | 53 | 64 |
| | Ⅳ | 25 | 28 | 34 | 27 | 32 | 39 | 33 | 38 | 44 | 38 | 45 | 53 |
| | Ⅴ | 13 | 15 | 17 | 15 | 19 | 21 | 21 | 23 | 26 | 26 | 30 | 35 |
| | Ⅵ | 2 | 2 | 3 | 2 | 2 | 4 | 5 | 5 | 7 | 10 | 10 | 12 |
| 第十三区 | Ⅰ | 32 | 38 | 44 | 35 | 41 | 48 | 40 | 47 | 54 | 46 | 52 | 61 |
| | Ⅱ | 24 | 26 | 27 | 26 | 29 | 32 | 31 | 35 | 37 | 37 | 41 | 44 |
| | Ⅲ | 19 | 20 | 20 | 21 | 24 | 24 | 26 | 30 | 30 | 31 | 35 | 37 |
| | Ⅳ | 12 | 11 | 9 | 14 | 15 | 14 | 20 | 21 | 20 | 25 | 27 | 27 |
| | Ⅴ | — | — | — | 2 | — | — | 9 | 6 | 1 | 16 | 14 | 6 |
| | Ⅵ | — | — | — | — | — | — | — | — | — | — | — | — |
| 第十四区 | Ⅰ | 27 | 33 | 41 | 30 | 36 | 45 | 34 | 41 | 50 | 38 | 46 | 57 |
| | Ⅱ | 19 | 23 | 24 | 21 | 25 | 27 | 25 | 23 | 34 | 30 | 35 | 39 |
| | Ⅲ | 15 | 16 | 16 | 16 | 19 | 20 | 20 | 23 | 25 | 24 | 29 | 32 |
| | Ⅳ | 3 | 5 | 4 | 3 | 6 | 9 | 14 | 16 | 15 | 17 | 21 | 22 |
| | Ⅴ | — | — | — | — | — | — | 6 | 5 | 1 | 10 | 8 | 3 |
| | Ⅵ | — | — | — | — | — | — | — | — | — | — | — | — |
| 第十五区 | Ⅰ | 33 | 41 | 51 | 37 | 46 | 56 | 39 | 49 | 63 | 44 | 54 | 69 |
| | Ⅱ | 25 | 30 | 35 | 29 | 35 | 39 | 31 | 39 | 48 | 36 | 43 | 52 |
| | Ⅲ | 19 | 24 | 26 | 23 | 29 | 33 | 25 | 32 | 39 | 30 | 36 | 44 |
| | Ⅳ | 13 | 16 | 18 | 17 | 20 | 22 | 19 | 24 | 29 | 23 | 29 | 35 |
| | Ⅴ | 7 | — | — | 10 | 9 | — | 13 | 16 | — | 15 | 19 | 10 |
| | Ⅵ | — | — | — | — | — | — | — | — | — | — | — | — |

续附录7

| 区别 | 频率 / 汇流时间(min) / 土壤类型 | 1:15 | | | 1:25 | | | 1:50 | | | 1:100 | | |
|---|---|---|---|---|---|---|---|---|---|---|---|---|---|
| | | 30 | 45 | 80 | 30 | 45 | 80 | 30 | 45 | 80 | 30 | 45 | 80 |
| 第十六区 | Ⅰ | 34 | 42 | 53 | 36 | 45 | 56 | 41 | 90 | 63 | 45 | 56 | 71 |
| | Ⅱ | 25 | 30 | 36 | 28 | 34 | 41 | 32 | 38 | 47 | 38 | 44 | 51 |
| | Ⅲ | 20 | 24 | 29 | 23 | 28 | 33 | 27 | 33 | 40 | 31 | 38 | 47 |
| | Ⅳ | 15 | 17 | 19 | 16 | 20 | 24 | 21 | 26 | 31 | 25 | 30 | 37 |
| | Ⅴ | 7 | 5 | — | 9 | 10 | — | 13 | 15 | 13 | 18 | 21 | 21 |
| | Ⅵ | — | — | — | — | — | — | — | — | — | 2 | 1 | — |
| 第十七区 | Ⅰ | 48 | 58 | 70 | 52 | 64 | 76 | 58 | 70 | 85 | 66 | 79 | 93 |
| | Ⅱ | 39 | 46 | 54 | 44 | 52 | 61 | 50 | 59 | 68 | 58 | 67 | 76 |
| | Ⅲ | 35 | 42 | 45 | 39 | 45 | 53 | 44 | 53 | 60 | 52 | 61 | 69 |
| | Ⅳ | 28 | 33 | 35 | 32 | 37 | 42 | 32 | 45 | 50 | 45 | 53 | 59 |
| | Ⅴ | 21 | 22 | 16 | 24 | 28 | 26 | 29 | 34 | 32 | 38 | 43 | 42 |
| | Ⅵ | 1 | 1 | 2 | 6 | 2 | 2 | 12 | 9 | 5 | 19 | 19 | 13 |
| 第十八区 | Ⅰ | 44 | 52 | 69 | 46 | 57 | 75 | 52 | 64 | 81 | 57 | 69 | 87 |
| | Ⅱ | 35 | 44 | 53 | 37 | 46 | 58 | 43 | 53 | 64 | 49 | 58 | 70 |
| | Ⅲ | 31 | 38 | 46 | 32 | 40 | 51 | 37 | 46 | 57 | 43 | 52 | 64 |
| | Ⅳ | 25 | 30 | 37 | 28 | 33 | 41 | 33 | 39 | 47 | 37 | 45 | 55 |
| | Ⅴ | 16 | 20 | 21 | 20 | 22 | 25 | 24 | 28 | 31 | 28 | 33 | 39 |
| | Ⅵ | 6 | 5 | 3 | 7 | 8 | 6 | 10 | 12 | 11 | 16 | 18 | 21 |

## 土壤吸水类属

附录8

| 类属号 | 土壤名称 | 含沙率 |
|---|---|---|
| Ⅰ | 无裂缝岩石、沥青面、混凝土面、冻土、重黏土、沼泽土、水稻土 | 0~5 |
| Ⅱ | 黏土、盐土、碱土、龟裂地、山地草甸土 | — |
| Ⅲ | 壤土(亚黏土)红壤、黄壤、紫色土、灰化土、灰钙土、漠钙土 | 15~35 |
| Ⅳ | 黑钙土、黄土性土壤、灰色森林土、棕色森林土(棕壤)、森林棕钙土(褐土)生草沙壤土、冲积性土壤 | 35~65 |
| Ⅴ | 沙壤土(亚沙土)、生草的沙 | 65~85 |
| Ⅵ | 沙 | 85~100 |

注:1. 表中所指含沙率的粒径自0.05~3mm。

2. 取样位置在地面下0.2~0.5m。

3. 取样质量为200g。

4. 在根据土的类别确定径流厚度时,须考虑下列因素,酌情予以提高或降低类别:

(1)如某种土的含沙率大于表列该类别的平均范围,可提高1~2类;

(2)如底土不透水,视表土与心土厚薄,可降低一类;

(3)对于耕作土或异常松散土,可提高1~2类;

(4)如土中有遇水不闭合的裂隙(如岩土裂缝)或植物(森林)根系通道、虫孔、动物孔洞等较多时,可提高1~2类;

(5)土中夹杂碎石、卵石、砾石特多时,可提高1~2类。

**暴雨分区各区范围** 附录9

| 区别 | 分区界线 | | | | 分区范围 |
|---|---|---|---|---|---|
| | 东 | 南 | 西 | 北 | |
| 第一区 | 由海河入海处起至太行山麓 | 黄河 | 五台山、太行山 | 燕山山脉 | 主要是太行山东面山区,包括:河北西北部、河南西北角、山西东部一小部分 |
| 第二区 | 黄河 | 黄河 | 由海河入海处起至太行山东麓 | | 华北平原,包括:河北大部分、山东黄河以北、河南黄河以北的北角一小部分 |
| 第三区 | 黄海 | 沂河 | 运河 | 黄河、渤海 | 山东半岛,包括:山东大部分、江苏的沭阳以北一小部分 |
| 第四区 | 黄海 | 天目山、黄山、大别山、大洪山、荆山 | 武当区、巫山 | 沂河、运河、黄河、嵩山 | 淮河流域和长江下游平原,包括:江苏全部,安徽、河南的绝大部分,湖北北部的一小部分,山东西南角 |
| 第五区 | 武夷山 | 大庾岭和沿广西北部省界山脉 | 武陵山脉 | 黄山、大别山、大洪山、荆山 | 长江流域中游平原,包括:湖南全部,江西的万安、抚州、德兴以西的地区,湖北保康、广水以南地区,安徽西南角 |
| 第六区 | 括苍山、戴云山 | 罗浮山、九连山 | 武夷山、大庾岭、北江西江分水岭 | 天目山 | 东南丘陵区,包括:浙江、福建、广东的佛山、龙山以北地区,江西的万安、抚州以南地区 |
| 第七区 | 东海、台湾海峡 | 韩江、九龙江分水岭 | 括苍山、戴云山 | 杭州湾 | 东南丘陵区,包括:浙江、福建的沿海地区 |
| 第八区 | 韩江、九龙江分水岭 | 南海 | 国界 | 罗浮山、九连山、云开大山、十万大山 | 东南丘陵区,包括:广东的龙山、广州以南地区,广西玉林、十万大山以南到沿海地区 |
| 第九区 | 北江、西江分水岭 | 云开大山、十万大山 | 沿经度106°山脉 | 沿省界山脉,苗岭山脉 | 东南丘陵区,包括:广西大部分,广东西部一小部分 |
| 第十区 | 武陵山脉 | 苗岭、国界 | 沿经度107°山脉、大娄山、沿经度104°山脉 | 大巴山 | 云贵高原区,包括:贵州全部,四川东部和湖北西部地区,云南东部和广西西部地区 |
| 第十一区 | 沿经度104°山脉 | 国界 | 横断山 | 纬度28° | 云贵高原区,包括:云南大部分,四川雷波,越西以南地区 |
| 第十二区 | 沿经度107°山脉 | 大娄山 | 茶坪山、邛崃山、夹金山、大相岭 | 米仓山、摩天岭 | 四川盆地区,包括:四川一大部分 |
| 第十三区 | 大兴安岭、太行山、五台山、武当山、巫山 | 大巴山 | 洛河、泾河发源山脉分水岭 | 长城 | 黄土高原区,包括:山西太行山以西应县、兴县以南大部分地区,甘肃岷县榆中以东部分,陕西全部,河北怀来、张家口之间地区 |
| 第十四区 | 大兴安岭 | 太行山、五台山 | 贺兰山、六盘山 | 阴山、锡林浩特,国界 | 北部高原和黄河高原,包括:内蒙古自治区的大部分,河北、山西、陕西长城以北地区,黑龙江大兴安岭以西地区 |

续附录9

| 区别 | 分区界线 | | | | 分区范围 |
|---|---|---|---|---|---|
| | 东 | 南 | 西 | 北 | |
| 第十五区 | 小兴安岭 | 大小兴安岭南麓 | 大兴安岭 | 国界 | 黑龙江省齐齐哈尔以北地区 |
| 第十六区 | 国界 | 国界、龙江山、公主岭、双山、燕山山脉 | 大兴安岭 | 国界、大小兴安岭南麓 | 松花江平原,包括:黑龙江、吉林、内蒙古大兴安岭以东、辽河平原以西内蒙古的一部分,河北承德以北地区 |
| 第十七区 | 龙江山、公主岭 | 千山、辽东湾 | 大兴安岭东麓 | 双山 | 辽河平原区,包括:辽宁的大部分,即长春、通辽、建昌、旅大、本溪、辽源之间地区 |
| 第十八区 | 鸭绿江 | 西朝鲜湾 | 大连、本溪的连线 | 龙江山、千山 | 辽东半岛区,包括:辽宁的一部分,即大连、本溪、浑江、鸭绿江之间地区 |

注:1. 海南岛地区用第8区暴雨资料,兰州可用第14区的暴雨资料。
2. 新疆、西藏等地区,因形成最大洪水多半为融雪水,不在本分区方案之内。
3. 台湾省尚未分区。
4. 因内山区迎风坡常出现较大暴雨,分区用的降雨量—历时—重现期曲线系代表平均情况,因此在使用时应加注意。这些山区根据现有资料了解有:泰山南面山区;大别山山区;黄山山区;湘西山区;峨眉山山区;邛崃山区,腾冲附近;横断山脉;广西西北山区。还有受台风影响的沿海地区,在这些地区的迎风坡上也常有大暴雨出现。

**植物(或洼地)滞留的径流厚度 Z 值** 附录10

| 地面特征 | Z(mm) |
|---|---|
| 高1m以下密草,1.5m以下幼林,稀灌木丛,根浅茎细的旱田农作物——如麦类 | 5 |
| 高1m以上密草,1.5m以上幼林,灌木丛,根深茎粗的旱田农作物——如高粱,山地水稻田,结合治理,坡面已初步控制者 | 10 |
| 顺坡带埂的梯田<br>每个0.1~0.2$m^3$,每平方公里大于10万个的鱼鳞坑<br>每米0.3$m^3$左右,每平方公里大于5万米的水平沟<br>(后两项在黄土高原水土流失严重地区不考虑) | 10~15 |
| 稀林,树冠所遮盖的面积占全面积的百分比(即郁闭度)为40%以下,结合治理,坡面已基本控制者 | 15 |
| 平原水稻田 | 20 |
| 中等稠度林(郁闭度60%左右) | 25 |
| 水平带埂或倒坡的梯田 | 20~30 |
| 密林(郁闭度80%以上) | 35 |
| 阻塞地,青苔泥沼地,洪水时期长有农作物的耕地 | 20~40 |

**折减系数 $\beta$ 值** 附录11

| 流域面积重心至桥涵的距离 $L_0$(km) | 1 | 2 | 3 | 4 | 5 | 6 | 7 | 10 |
|---|---|---|---|---|---|---|---|---|
| 平地及丘陵汇水区 | 1 | 0.95 | 0.90 | 0.85 | 0.80 | 0.75 | 0.70 | 0.60 |
| 山地及山岭汇水区 | 1 | 1 | 1 | 0.95 | 0.90 | 0.85 | 0.80 | 0.70 |

## 折减系数 $\gamma$ 值

附录 12

| 汇流时间<br>(m I n) | 季候风气候地区 | | | | 西北和内蒙古地区 | | | |
|---|---|---|---|---|---|---|---|---|
| | 流域的长度或宽度(km) | | | | | | | |
| | 25 | 35 | 50 | 100 | 5 | 10 | 20 | 35 |
| 30 | 1.0 | 0.9 | 0.8 | 0.8 | 0.9 | 0.8 | 0.7 | 0.6 |
| 45 | | 1.0 | 0.9 | 0.9 | 1.0 | 0.9 | 0.8 | 0.7 |
| 60 | | | 1.0 | 0.9 | | 0.9 | 0.8 | 0.7 |
| 80 | | | | 1.0 | | 1.0 | 0.9 | 0.8 |
| 100 | | | | | | | 0.9 | 0.8 |
| 150 | | | | | | | 1.0 | 0.9 |
| 200 | | | | | | | | 1.0 |

## 地貌系数 $\psi_0$ 值

附录 13

| 地　形 | 按主河沟平均坡度<br>$J$(%) | 流域面积 $F$($km^2$)的范围 | | |
|---|---|---|---|---|
| | | $F<10$ | $10<F<20$ | $20<F<30$ |
| 平地 | 1,2 | 0.05 | 0.05 | 0.05 |
| 平原 | 3,4,6 | 0.07 | 0.06 | 0.06 |
| 丘陵 | 10,14,20 | 0.09 | 0.07 | 0.06 |
| 山地 | 27,35,45 | 0.10 | 0.09 | 0.07 |
| 山岭 | 60~100 | 0.13 | 0.11 | 0.08 |
| | 100~200 | 0.14 | | |
| | 200~400 | 0.15 | | |
| | 400~800 | 0.16 | | |
| | 800~1200 | 0.17 | | |

## 折减系数 $\delta$ 值

附录 14

| $\frac{f}{F}$(%) | 5 | 10 | 15 | 20 | 25 | 30 | 35 | 40 | 45 | 50 | 60 | 70 | 80 | 90 | 100 |
|---|---|---|---|---|---|---|---|---|---|---|---|---|---|---|---|
| $\delta$ | 0.99 | 0.97 | 0.96 | 0.94 | 0.93 | 0.91 | 0.90 | 0.88 | 0.87 | 0.85 | 0.82 | 0.79 | 0.76 | 0.73 | 0.70 |

注:1. 表中 $F$ 为桥涵的流域面积,$f$ 为水库控制的流域面积,单位均为 $km^2$。

2. 对于湖泊,也可以用本表数值。

## 墩型系数及桥墩计算宽度

附录 15

| 编号 | 桥墩示意图 | 墩型系数 $K_\xi$ | 桥墩计算宽度 $B_0$ |
|---|---|---|---|
| 1 | | 1.00 | $B_0=d$ |

续附录 15

<table>
<tr><th>编号</th><th>桥 墩 示 意 图</th><th>墩型系数 $K_\xi$</th><th>桥墩计算宽度 $B_0$</th></tr>
<tr><td>2</td><td>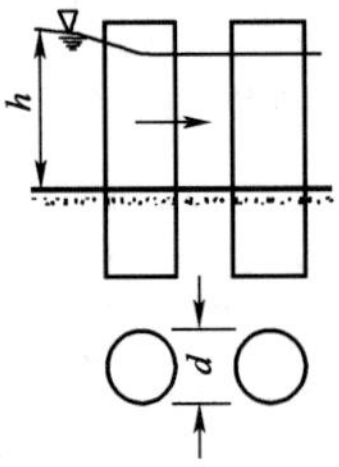<br></td><td>不带联系梁:$K_\xi = 1.00$<br>带联系梁:<table><tr><td>$\alpha$</td><td>0°</td><td>15°</td><td>30°</td><td>45°</td></tr><tr><td>$K_\xi$</td><td>1.00</td><td>1.05</td><td>1.10</td><td>1.15</td></tr></table></td><td>$B_0 = d$</td></tr>
<tr><td>3</td><td>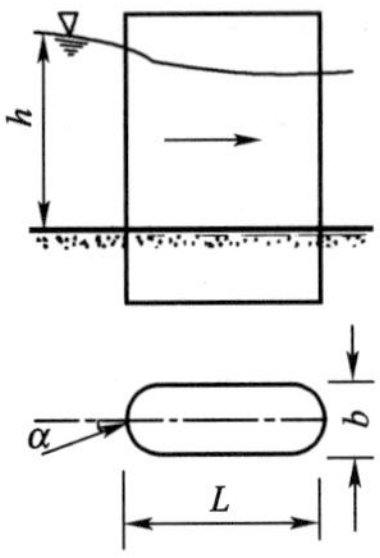<br></td><td>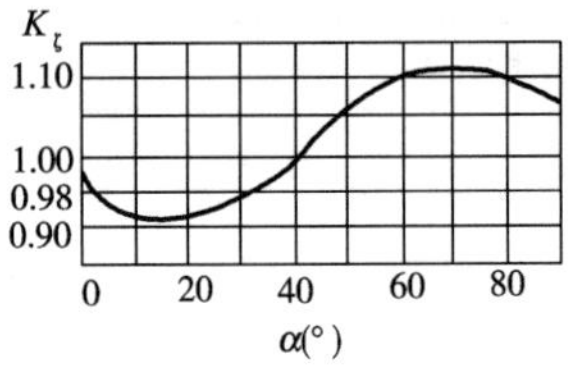<br></td><td>$B_0 = (L - b)\sin\alpha + b$</td></tr>
<tr><td>4</td><td>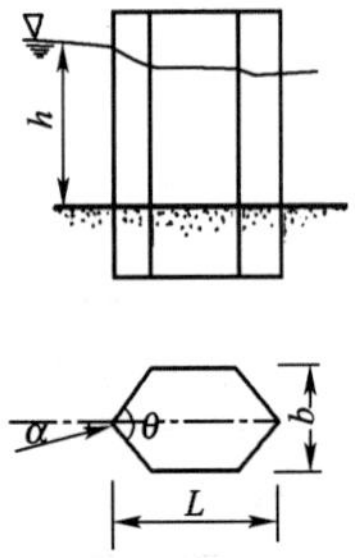<br></td><td><table><tr><td rowspan="2">与水流正交时各种迎水角的系数:</td><td>$\theta$</td><td>45°</td><td>60°</td><td>75°</td><td>90°</td><td>120°</td></tr><tr><td>$K_\xi$</td><td>0.70</td><td>0.84</td><td>0.90</td><td>0.95</td><td>1.10</td></tr></table>迎水角 $\theta = 90°$,与水流斜交时的系数 $K_\xi$<br>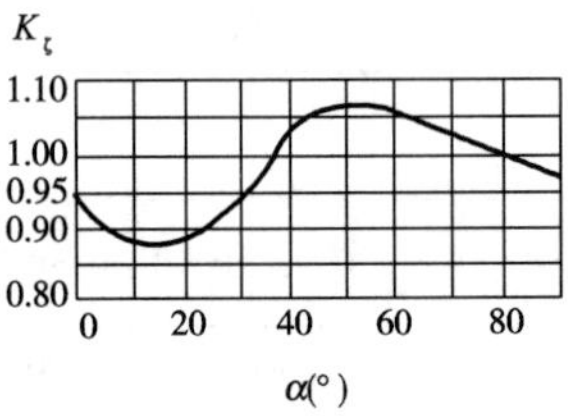<br></td><td>$B_0 = (L - b)\sin\alpha + b$<br>(为了简便按圆端墩计算)</td></tr>
<tr><td>5</td><td>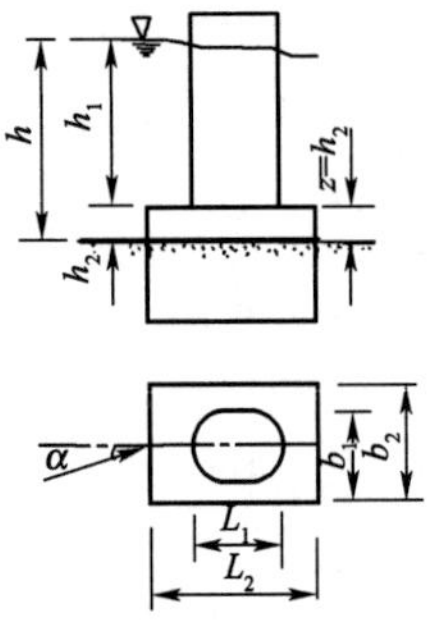<br></td><td>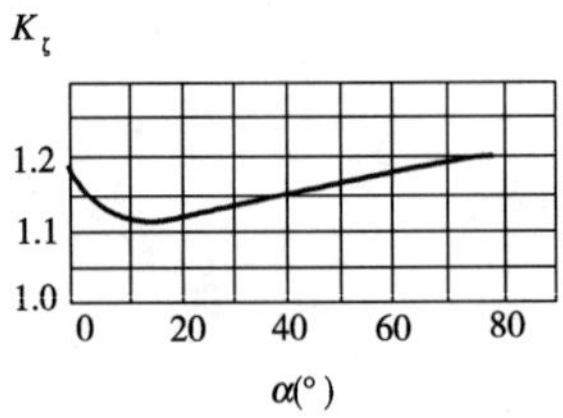<br></td><td>与水流正交时<br>$B_0 = \frac{b_1 h_1 + b_2 h_2}{h}$<br>与水流斜交时<br>$B_0 = \frac{B'_1 h_1 + B'_2 h_2}{h}$<br>其中<br>$B'_1 = L_1 \sin\alpha + b_1 \cos\alpha$<br>$B'_2 = L_2 \sin\alpha + b_2 \cos\alpha$</td></tr>
</table>

续附录15

| 编号 | 桥墩示意图 | 墩型系数 $K_\xi$ | 桥墩计算宽度 $B_0$ |
| --- | --- | --- | --- |
| 6 | 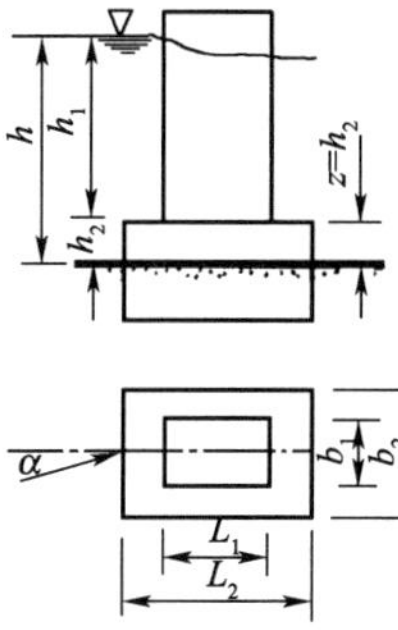  | $K_\xi = K_{\xi1} K_{\xi2}$ 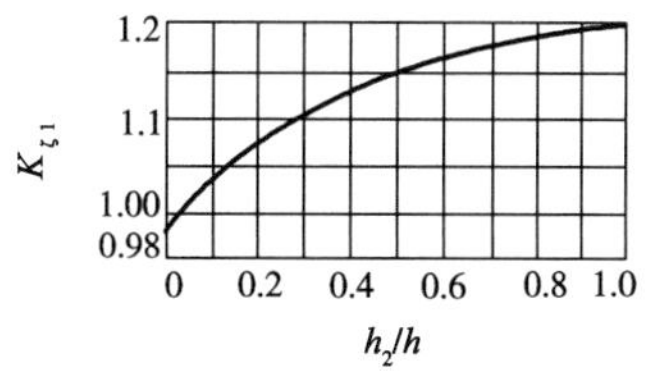<br><br>注：沉井和墩身的 $K_{\xi2}$ 相差较大时，根据 $h_1$、$h_2$ 的大小，在两线间按比例定点取值 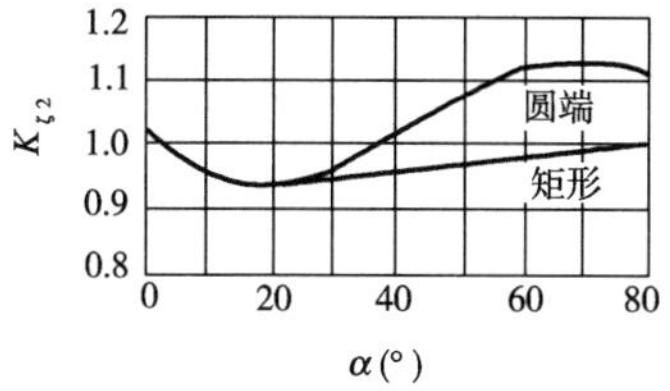<br> | 与水流正交时<br>$B_0 = \frac{b_1 h_1 + b_2 h_2}{h}$<br>与水流斜交时<br>$B_0 = \frac{B'_1 h_1 + B'_2 h_2}{h}$<br>其中：<br>$B'_1 = (L_1 - b_1)\sin\alpha + b_1$<br>$B'_2 = L_1 \sin\alpha + b_2 \cos\alpha$ |
| 7 | 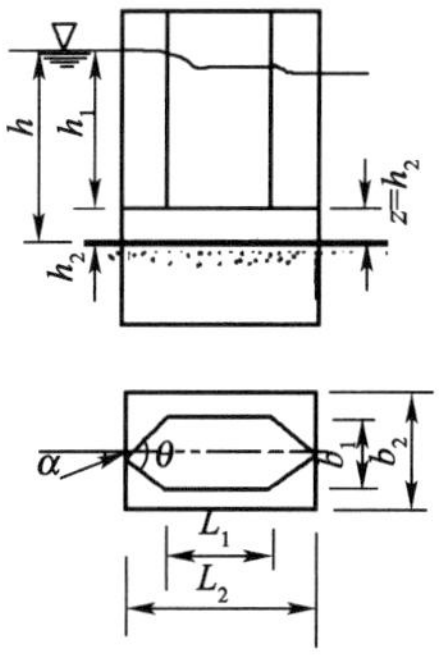  | 与水流正交时：$K_\xi = K_{\xi1}$ 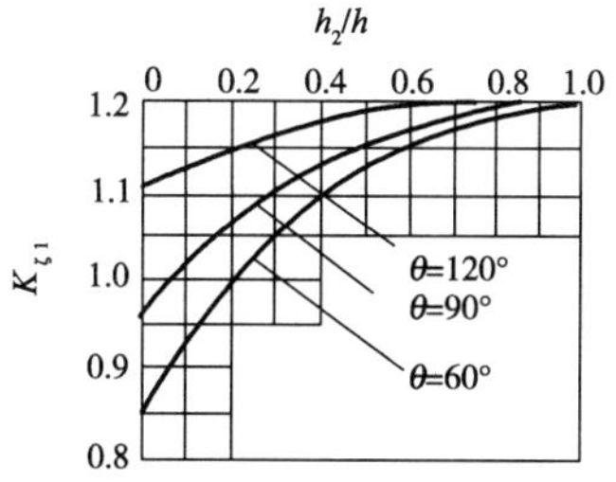<br><br>迎水角 $\theta = 90°$，与水流斜交时：$K_\xi = K_{\xi1} K_{\xi2}$ 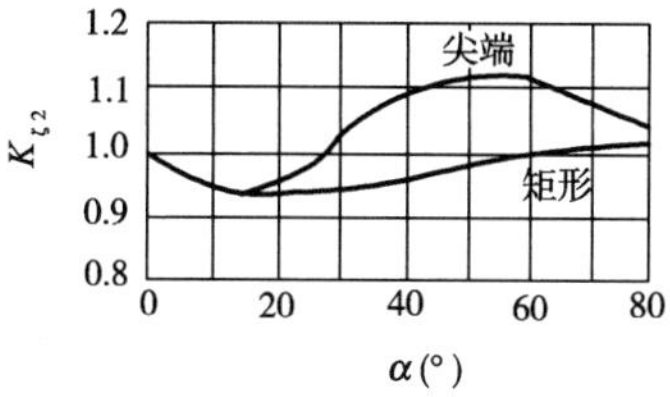<br><br>注：沉井和墩身的 $K_{\xi2}$ 相差较大时，根据 $h_1$、$h_2$ 的大小，在两线间按比例定点取值 | 与水流正交时<br>$B_0 = \frac{b_1 h_1 + b_2 h_2}{h}$<br>与水流斜交时<br>$B_0 = \frac{B'_1 h_1 + B'_2 h_2}{h}$<br>其中：<br>$B'_1 = (L_1 - b_1)\sin\alpha + b_1$<br>$B'_2 = L_2 \sin\alpha + b_2 \cos\alpha$ |

续附录 15

| 编号 | 桥墩示意图 | 墩型系数 $K_\xi$ | 桥墩计算宽度 $B_0$ |
|---|---|---|---|
| 8 | 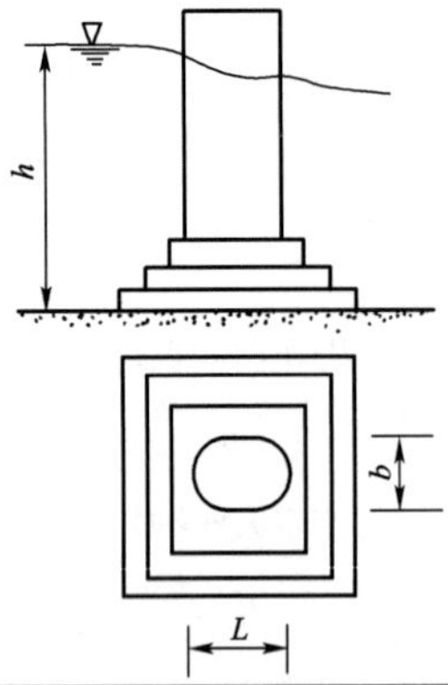 | 1.00 | 与水流正交时<br>$B_0=b$<br>与水流斜交时<br>$B_0=(L-b)\sin\alpha+b$ |
| 9 | 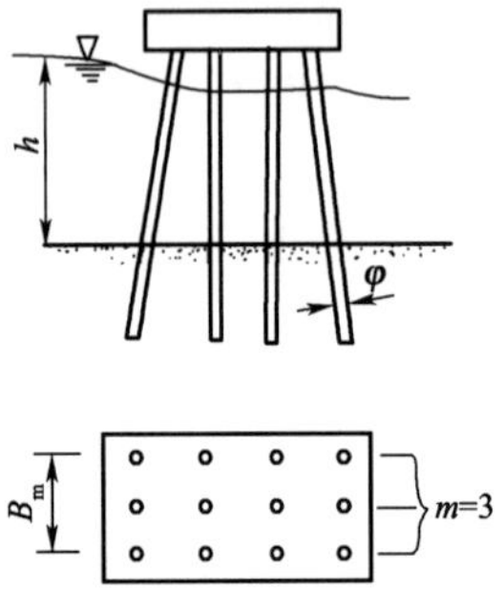 | $K_\xi=K'_\xi K_{m\varphi}$<br>式中:$K'_\xi$——单桩形状系数,按编号(1)、(2)、(3)、(5)定(多为圆柱,$K'_\xi=1.0$ 可省略);<br>$K_{m\varphi}$——桩群系数,<br>$K_{m\varphi}=1+5\left[\frac{(m-1)\varphi}{B_m}\right]^2$<br>其中:$B_m$——桩群垂直水流方向的分布宽度;<br>$m$——桩的排数 | $B_0=\varphi$ |
| 10 | 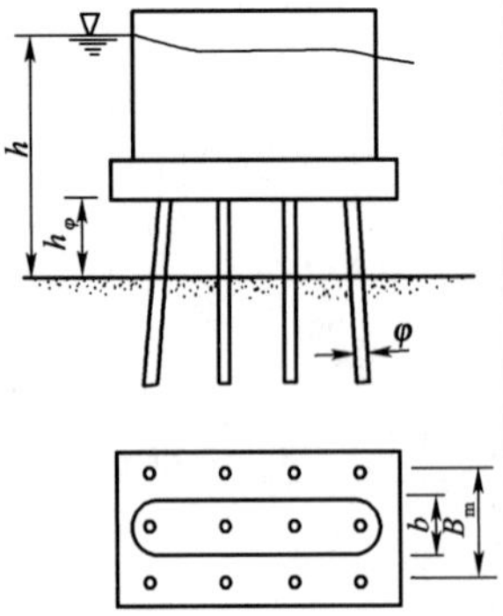 | 桩承台桥墩局部冲刷计算方法:<br>当承台底面低于一般冲刷线时,按上部实体计算;承台底面高于水面时,按排架墩计算;承台底面相对高度在 $0\leq h_\varphi/h\leq1.0$ 时,冲刷深度 $h_b$ 按下式计算:<br>$h_b=(K'_\xi K_{m\varphi}K_{h\varphi}{}^{0.6}+0.85K_\xi K_{h2}B_1{}^{0.6})K_{\eta1}(V_0-V'_0)\left(\frac{V}{V_0}\right)^{n1}$<br>式中:$K_{h\varphi}$——淹没柱体折减系数,<br>$K_{h\varphi}=1.0-\frac{0.001}{(h_\varphi/h+0.1)^3}$<br>$K_\xi$、$B_1$——按承台底处于一般冲刷线计算;<br>$K_{h2}$——墩身承台减少系数;<br>$K_{\eta1}$、$V$、$V_0$、$V'_0$、$n_1$ 同 65-1 公式 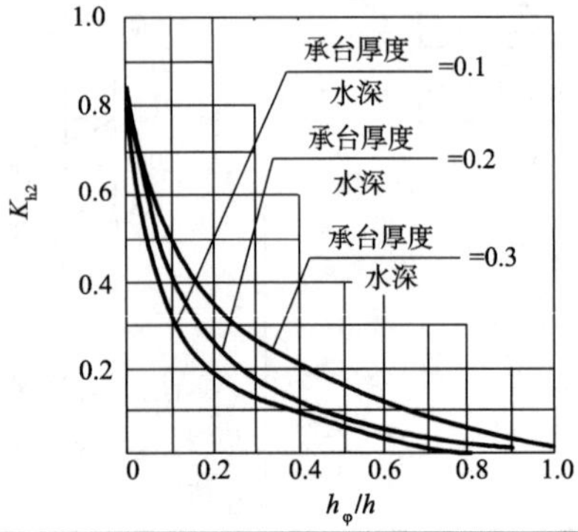 | |

**城市的等级和防洪标准** 附录 16

[《防洪标准》(GB 50201—2014)]

| 等　级 | 重　要　性 | 常住(万人) | 当前经济规模(万人) | 防洪标准[重现期(年)] |
|---|---|---|---|---|
| Ⅰ | 特别重要 | ≥150 | ≥300 | ≥200 |
| Ⅱ | 重要 | 150～50 | 300～100 | 200～100 |
| Ⅲ | 比较重要 | 50～20 | 100～40 | 100～50 |
| Ⅳ | 一般 | ≤20 | <40 | 50～20 |

**公路各类建筑物、构筑物的防护等级和防洪标准** 附录 17

| 防护等级 | 公路等级 | 分等指标 | 防洪标准[重现期(年)] | | | | | | | |
|---|---|---|---|---|---|---|---|---|---|---|
| | | | 路基 | 桥涵 | | | | 隧道 | | |
| | | | | 特大桥 | 大、中桥 | 小桥 | 涵洞及小型排水构筑物 | 特长隧道 | 长隧道 | 中、短隧道 |
| Ⅰ | 高速 | 专供汽车分向、分车道行驶并应全部控制出入的多车道公路，年平均日交通量为25 000～100 000辆 | 100 | 300 | 100 | 100 | 100 | 100 | 100 | 100 |
| | 一级 | 供汽车分向、分车道行驶，并可根据需要控制出入的多车道公路，年平均日交通量为15 000～55 000辆 | | | | | | | | |
| Ⅱ | 二级 | 供汽车行驶的双车道公路，年平均日交通量为5 000～15 000辆 | 50 | 100 | 100 | 50 | 50 | 100 | 50 | 50 |
| Ⅲ | 三级 | 供汽车行驶的双车道公路，年平均日交通量为2 000～6 000辆 | 25 | 100 | 50 | 25 | 25 | 50 | 50 | 25 |
| Ⅳ | 四级 | 供汽车行驶的双车道或单车道公路，双车道年平均日交通量2 000辆以下，单车道年平均日交通量400辆以下 | — | 100 | 50 | 25 | — | 50 | 25 | 25 |

注：年平均日交通量指将各种汽车折合成小客车后的交通量。

**国家标准轨距铁路各类建筑物、构筑物的防护等级和防洪标准** 附录18

<table>
<tr><th rowspan="3">防护等级</th><th rowspan="3">铁路等级</th><th rowspan="3">铁路在路网中的作用、性质</th><th rowspan="3">近期年客货运输(Mt)</th><th colspan="4">防洪标准[重现期(年)]</th></tr>
<tr><th colspan="3">设计</th><th>校核</th></tr>
<tr><th>路基</th><th>涵洞</th><th>桥梁</th><th>技术复杂、修复困难或重要的大桥和特大桥</th></tr>
<tr><td rowspan="3">Ⅰ</td><td>客运专线</td><td>以客运为主的高速铁路</td><td>—</td><td rowspan="3">100</td><td rowspan="3">100</td><td rowspan="3">100</td><td rowspan="3">300</td></tr>
<tr><td>Ⅰ</td><td>在铁路网中起骨干作用的铁路</td><td>≥20</td></tr>
<tr><td>Ⅱ</td><td>在铁路网中起联络、辅助作用的铁路</td><td><20,≥10</td></tr>
<tr><td rowspan="2">Ⅱ</td><td>Ⅲ</td><td>为某一地区或企业服务的铁路</td><td><10,≥5</td><td rowspan="2">50</td><td rowspan="2">50</td><td rowspan="2">50</td><td rowspan="2">100</td></tr>
<tr><td>Ⅳ</td><td>为某一地区或企业服务的铁路</td><td><5</td></tr>
</table>

注:1. 近期指交付运营后的第10年。

2. 年客货动量为重车方向的运量,每天一对旅客列车按1.0Mt年货动量拆算。

# 参 考 文 献

[1] 叶镇国. 水力学及桥涵水文[M]. 北京:人民交通出版社,1995.
[2] 叶镇国. 水力学与桥涵水文[M]. 北京:人民交通出版社,1998.
[3] 叶镇国. 水力学与桥涵水文[M]. 2 版. 北京:人民交通出版社,2012.
[4] 叶镇国. 实用水力水文计算原理与习题解法指南[M]. 北京:人民交通出版社,2000.
[5] 叶镇国. 土木工程水文学[M]. 北京:人民交通出版社,2000.
[6] 叶镇国. 土木工程水文学原理及解法指南[M]. 北京:人民交通出版社,2002.
[7] 湖南省土木建筑学会. 一级结构工程师考试必读[M]. 叶镇国,参编. 北京:中国建筑工业出版社,1997.
[8] 李国豪,等. 中国土木建筑百科辞典. 工程力学卷[M]. 叶镇国,参编. 北京:中国建筑工业出版社,2001.
[9] 马学尼,叶镇国. 水文学[M]. 2 版. 北京:人民交通出版社,1989.
[10] 向华球. 水力学[M]. 北京:人民交通出版社,1986.
[11] 湖南大学. 水力学[M]. 北京:人民交通出版社,1980.
[12] 张学龄. 桥涵水文[M]. 北京:人民交通出版社,1986.
[13] 吴应辉. 桥涵水文[M]. 北京:人民交通出版社,1988.
[14] 孙家驷. 公路小桥涵勘测设计[M]. 2 版. 北京:人民交通出版社,2004.
[15] 尚久驯. 桥渡设计[M]. 北京:中国铁道出版社,1983.
[16] 徐正凡. 水力学[M]. 北京:高等教育出版社,1987.
[17] 清华大学水力学教研室. 水力学[M]. 北京:人民教育出版社,1981.
[18] 黄文锃. 水力学[M]. 北京:人民教育出版社,1980.
[19] 西南交通大学水力学教研室. 水力学[M]. 3 版. 北京:高等教育出版社,1983.
[20] 高冬光. 桥渡设计[M]. 北京:人民交通出版社,2000.
[21] 孙振东. 因次分析原理[M]. 北京:中国铁道工业出版社,1979.
[22] 中华人民共和国行业标准. JTG B01—2014 公路工程技术标准[S]. 北京:人民交通出版社股份有限公司,2015.
[23] 中华人民共和国行业标准. JTG C30—2015 公路工程水文勘测设计规范[S]. 北京:人民交通出版社股份有限公司,2015.
[24] 中华人民共和国行业标准. JTG D60—2015 公路桥涵设计通用规范[S]. 北京:人民交通出版社股份有限公司,2015.
[25] 中华人民共和国行业标准. JTG B02—2013 公路工程抗震规范[S]. 北京:人民交通出版社股份有限公司,2014.
[26] 中华人民共和国国家标准. GB 50201—2014 防洪标准[S]. 北京,中国计划出版社,2014.
[27] 中华人民共和国行业标准. TB 10017—1999 铁路工程水文勘测设计规范[S]. 北京,中国铁道出版社,1999.